青海省林学会科技系列丛书

青海植物区系与森林植被地理

主　编：魏振铎

副主编：殷光晶　吴有林　白露超　侯亦可

　　　　祁生文　穆雪红　龚富玲

U0333905

 中华工商联合出版社

图书在版编目（CIP）数据

青海植物区系与森林植被地理 / 魏振铎主编 . -- 北
京 : 中华工商联合出版社，2023.12
　　ISBN 978-7-5158-3862-5

　　Ⅰ . ①青… 　Ⅱ . ①魏… 　Ⅲ . ①植物区系—研究—青海
②森林植被—植物地理学—青海 　Ⅳ . ① Q948.524.4
② S718.54

中国国家版本馆 CIP 数据核字（2023）第 250507 号

青海植物区系与森林植被地理

主　　编：魏振铎
出 品 人：刘　刚
责任编辑：祖冲力　吴建新
责任审读：付德华
封面设计：张合涛
责任印制：陈德松
出版发行：中华工商联合出版社有限责任公司
印　　刷：北京虎彩文化传播有限公司
版　　次：2024 年 4 月第 1 版
印　　次：2024 年 4 月第 1 次印刷
开　　本：710mm×1000 mm　1/16
字　　数：559 千字
印　　张：36.75
书　　号：ISBN 978-7-5158-3862-5
定　　价：188.00 元

服务热线：010-58301130-0（前台）
销售热线：010-58301132（发行部）
　　　　　010-58302977（网络部）
　　　　　010-58302837（馆配部、新媒体部）
　　　　　010-58302813（团购部）
地址邮编：北京市西城区西环广场 A 座
　　　　　19-20 层，100044
http：//www.chgslcbs.cn
投稿热线：010-58302907（总编室）
投稿邮箱：1621239583@qq.com

编 委 会

凡　例

1. 本书系在参阅以往文献资料的基础上，尽量采用最新研究成果，通过补充调查、综合分析研究后编写而成，属于应用基础研究范畴。

2. 书中记述的森林植物包括乔木、灌木、半灌木和与森林有关的林下、林缘、灌丛中的草本植物，也包括寄生、攀援和缠绕的一些层外木本植物和个别干果树种以及一些园林植物，但不包括水果树种。

3. 书中记述的森林植物以种子植物为主，附有少数与森林有关的真菌、苔藓和蕨类植物。

4. 书中记述的森林植物以天然分布种为主，栽培种仅列入了少数长期稳定栽培的种类。

5. 书中植物分类系统中，科的排列顺序：裸子植物按照郑万钧《中国植物志》第七卷（1978 年）系统；被子植物按照恩格勒尔（Engler）系统稍做变动，即将单子叶植物排在双子叶植物之后。属的排列和植物名称尽量与《青海植物志》保持一致。

6. 书中共记述青海植物 2698 种，隶属于 115 科 596 属。

7. 书中地名与《青海省地名录》保持一致。

8. 书中计量单位采用《中华人民共和国法定计量单位》，并采用国际符号。

9. 书中标点符号执行《标点符号用法（GB/T 15834—2011）》；数字表述执行《出版物中数字用法的规定（GB/T15835—2011）》。

10. 书中引用的统计数字如果未加注明，则一律截至 2020 年。

目　录

序　一 / 001

序　二 / 003

绪　论 / 001

上部　总论

第一篇　影响青海森林植物的诸因素概述 / 009

第一章　地史因素 / 010

第一节　综述 / 010

第二节　新生代以前的森林植物 / 011

第三节　新生代第三纪的森林植物 / 013

第四节　新生代第四纪的森林植物 / 014

第二章　历史因素 / 016

第一节　综述 / 016

第二节　历史时期对森林植被的负面影响 / 017

第三节　历史时期青海的植树造林活动 / 019

第三章　环境因素 / 021

第一节　生态区位 / 021

第二节　地貌 / 022

第三节　气候 / 025

第四节　土壤 / 028

第四章　社会因素 / 031

第一节　综述 / 031

第二节　社会因素对森林植被的负面影响 / 032

第二篇　青海植物区系地理 / 035

第五章　植物区系成分 / 036

第一节　从世界范围分析 / 036

第二节　从国内植物区系分区分析 / 042

第六章　森林植物的青藏化（高原化）/ 047

第一节　综述 / 047

第二节　森林植物的就地演化 / 049

第七章　森林植被的大类划分 / 056

第一节　按森林集中程度划分 / 056

第二节　按热量带划分 / 059

第三节　另类森林植物的划分问题 / 060

第八章　森林植被类型的分类系统 / 064

第一节　综述 / 064

第二节　森林植被的分类依据和原则 / 065

第三节　青海森林植被分类系统（草案） / 066

第三篇　青海森林植物地理 / 075

第九章　森林植物的地理分布 / 076

第一节　综述 / 076

第二节　森林植物的水平分布 / 078

第三节　森林植物的垂直分布 / 082

第十章　特种森林植物 / 087

第一节　孑遗种 / 087

第二节　青海特有种 / 088

第三节　青海基本特有种 / 089

第四节　省内濒危种 / 090

第五节　争议种 / 091

第六节　存疑种 / 094

第十一章　森林植物分区 / 098

第一节　综述 / 098

第二节　分区依据和原则 / 099

第三节　森林植物分区系统 / 100

第四节　各区概述 / 101

第四篇　青海森林植物的性质、地位和评价 / 105

第十二章　青海森林植物的性质和地位 / 106

第一节　综述 / 106

第二节　弧形森林带的统一性 / 108

第三节　弧形森林带的独立性 / 110

第四节　弧形森林带的地位 / 113

第十三章　灌木林的概念界定和功能 / 114

第一节　灌木林的概念界定 / 114

第二节　青海省灌木林的现状 / 115

第三节　灌木林的主要功能 / 117

中部　各论

第一章　青海植物属的分布区类型和区系分析 / 123

第一节　世界分布或广布（1 型）(Cosmopolitan or Wide Spread) / 124

第二节　泛热带分布（2 型）(Pantropie) / 196

第三节　热带亚洲和热带美洲间断分布（3 型）(Trop. As.and Trop. Amer.Disjuncted) / 206

第四节　旧世界热带分布（4 型）(Old World Trop) / 207

第五节　热带亚洲和热带澳大利亚分布型（5 型）(Trop.As. And Trop. Australia) / 209

第六节　热带亚洲和热带非洲分布型（6 型）(Trop.As.to Torp.Afr) / 210

第七节　热带亚洲分布（7 型）(Trop.As.or Indomal) / 212

第八节　北温带分布（8 型）(N.Temp) / 214

第九节　东亚—北美间断分布（9 型）(E.As.and N.Amer.Disjuncted) / 405

第十节　旧世界温带分布（10 型）(Old World Temp.) / 411

第十一节　温带亚洲分布（11 型）(Temp.As.) / 441

第十二节　中亚、西亚至地中海分布（12 型）(Mesit.，W.As.to C.As) / 453

第十三节　中亚分布（13 型）(C As) / 466

第十四节　东亚分布（14 型）(E As) / 475

第十五节　中国特有分布（15 型）(Endemic to China) / 487

第二章　青海森林植被地理分区分析 / 494

第一节　森林植被地理分区 / 494

第二节　祁连山地针阔叶林区 / 495

第三节　阿尼玛卿山—西倾山针阔叶林区 / 499

第四节　巴颜喀拉山—果洛山针阔叶林区 / 503

第五节　唐古拉山灌丛针阔叶林区 / 505

第六节　柴达木盆地灌丛针阔叶疏林区 / 507

下部　总说

第一章　20世纪青海林业取得的主要成就 / 511

第二章　青海林业特点的基本认识 / 515

第三章　青海林业发展布局和重点分析 / 518

第四章　东部山地造林探讨 / 521

　　第一节　东部山地造林技术的探讨 / 521

　　第二节　东部山地造林应坚持的原则 / 522

　　第三节　东部山地造林的具体措施 / 524

第五章　封山育林探讨 / 527

　　第一节　封山育林的必要性 / 527

　　第二节　封山育林的主要技术与措施 / 529

　　第三节　灌木林封育 / 531

第六章　青海省长江上游防护林建设探讨 / 533

　　第一节　概况 / 533

　　第二节　该区的主要特点 / 535

　　第三节　建设的指导思想与规划原则 / 535

　　第四节　主要规划设计思路 / 538

第七章　环青海湖盆地森林植被恢复探讨 / 540

　　第一节　环青海湖盆地森林概述 / 540

　　第二节　历史时期对环湖地区植被的影响 / 541

　　第三节　环湖地区森林恢复的可能性与必要性分析 / 544

第八章　黄河源区沙漠化现状与防治探讨 / 546

　　第一节　黄河源区沙漠化现状 / 546

第二节　黄河源区沙漠化成因分析 / 547

第三节　黄河源区沙漠特点分析 / 548

第四节　黄河源区沙漠化防治意见 / 549

第九章　青海东部残留林分调查及经营探讨 / 551

第一节　残留林分类型与分布 / 551

第二节　残留林分成因与变迁 / 552

第三节　残留林分生产与学术意义 / 553

第四节　残留林分经营意见 / 555

参考文献和参考资料 / 556

后记（一） / 565

后记（二） / 568

序 一

青海省地处我国内陆西北腹地，境内山峦叠嶂，地势高耸，植被稀疏，是国内少林省份之一。新中国成立以来，一代又一代的青海林业人，为了保护有限的森林资源，促其恢复成长，无私奉献，取得了斐然的成绩。"一日入林业，一世林业人"是无数林业工作者的真实写照，从刚参加工作的林业人到已步入耄耋之年的退休林业工作者，都对林业怀有深厚的感情，他们总结工作中的经验，撰写了许多学术水准很高的论文和专著，总结了一批适合青海林业发展的实用技术，取得了一批科研成果，涌现了一批先进典型，受到省内外同行专家的好评和关注。但由于缺乏资金支持，许多学术论文和专著没有发表，没有发挥其应有的作用。

第八届林学会提出了具有战略性、基础性、前瞻性的"学会发展战略构想"，主动服务"生态立省"战略，大力加强智库建设，构建有利于智库创新发展的长效机制，拓宽智库成果转化渠道，决定发行林学会科普系列丛书，建立林草科研报告、学术论文、林草专著数据库，发挥其"存史、资政、助研"的功能。

本书是林业专家魏振铎先生的遗作，受老先生家人委托交由省林学会资助出版发行，因时间仓促，书稿只写了上部，在老先生去世前交其家人，并对中部和下部做了大致安排。林学会在原稿的基础上，对中部进行了较大调整，对下部根据老先生的论文集作了补充和延伸。这是"青海省林学会科普系列丛书"的第一部，也是林学会加快推进学会更好服务林草科技和人才发展的一次创新。因续编者水平有限，难免出现瑕疵，敬请各位专家和读者批评指正！

青海省林学会

2023 年 7 月

序 二

　　青海省位处青藏高原的东北部，占有青藏高原土地面积的1/3。近几个世纪以来，对高原的研究，揭示其奥秘，已成为一门新兴的学科。早在中华人民共和国（以下简称新中国）成立后不久，即有一大批科技工作者跋涉于昆仑大地的山山水水、冰川雪原和沙漠戈壁之中，开展森林、植被、草地等的调查研究工作，倍受艰辛。到20世纪八九十年代，取得大量基础性资料，收获多项研究成果，并陆续出版了一批科学著作，成绩斐然。

　　自20世纪末至今，科技的发展，证明青藏高原具有巨大的生态功能，是亚洲的生命之源，也是我国的生态屏障。保护高原自然环境，恢复和重建包括森林在内的高原植被已成为青海省生态文明建设的重要任务。为此，就必须继续进行森林植被的调查研究，进一步为生态文明建设提供科学依据，编写本书实际上是为适应这种需要而进行的一种尝试。

　　在林学界，对森林的定义如何表述，一直存有争议，其核心是以何为主体，多数学者认为是以乔木为主体，从而把森林与灌丛并列，植被研究也是同样处理。作者认为，做为森林生态系统，既应有乔木，也应有灌木，还应包括一些与森林有关联的草本植物以及若干低等植物，因而在本书中采用了"森林植被"一词。可以看出，书中的"森林植物"和"森林植被"系同义语。

　　在过去的研究中，森林学和植物学被分为两个学科，前者是以研究森林生态系统为主，亦即森林内部环境与外部环境、内部环境与生物以及生物与生物之间的关系；后者则是研究植被的全部，并不特别着重于森林，二者虽有联系和若干共同点，但各有侧重。本书试图跨在二者之间，研究以往未涉及的一些内容，亦即采用植物学的若干理论和方法，来探讨森林学中的某些问题。书中的主要内容是记述青海省内森林植物的地理分布和立地条件等，同时，也探索了有关渊源、演化规律、分类分区等特点，提出了一些新的认识和见解。最后从一个老林业人的角度，提出了一些保护和发展森林植被的建议。

作者并未受过系统专业教育，科学素养和学术水平不高，出版这部著作，不过是想引起业界关注青藏高原森林学科的发展，开展学术讨论。不容置疑，书中的错误、缺点和疏漏之处肯定不少，诚请各位读者批评指正。同时，在此也向为本书提供资料和帮助的同行们表示衷心的感谢。

魏振铎谨识

2020 年 12 月

绪　论

（一）

　　青藏高原的隆起是世界地质史上的一件大事，它以其广袤的范围（258.13万 km²）和巨大的高度（达到对流层的 1/3 ~ 1/2），改变了北半球大片地区的地貌和海陆分布格局，也改变了大气环流的格局，形成了独立的高原气候系统和一系列的季风气候。高原的出现，在阻断了低纬度干热气候东延的同时，也以其巨大的动力作用迫使西风带产生分流，尤其是南支西风环流挟带着大量水气东移，使东南亚和我国南方的广大地区成为湿润区；而北支西风急流形成了亚洲中部荒漠带的干旱气候。同时，高原的巨大高度打乱了纬向地带规律，高度抵减了热量，从而在高原主体部分形成了高寒气候区。这些机制表明，青藏高原对亚洲气候具有先兆和预警作用。不仅如此，高原环流系统还对西太平洋有着重大的影响，从而也成为全球气候的敏感区和启动区。不仅如此，青藏高原还是欧亚大陆上孕育河流最多的地区，也是东亚、东南亚和南亚最重要河流的源头，加上众多的湖泊和大面积的沼泽，共同发挥着江河流域水文网循环的初始作用，成为东亚、东南亚和南亚大部分地区的生命之源，也被我国誉为"中华水塔"。可以看出，青藏高原对北半球自然要素的空间分异和生态因子的多样化，在地域分化和动态变化方面，有着不可估量的贡献和制约作用，在全球生态系统中处于突出的地位，既是前沿，又是功能区，更是我国的生态屏障。

　　青海省既是三江之源，又是内陆诸河之源，在 72.23 万 km² 的土地上，分布有 5000 多个湖泊、4200 多条河流，每年向下游输送 600 多亿 m³ 的源头活水。

湿地总面积达 712.39 万 km^2，占全国湿地总面积的 12.64%。丰富的水资源滋养着包括人类在内的众多生命和多种生态系统。而且做为下垫面的大面积水文网极大地影响着高原的吸热状况，从而改变近地面气流的运动和热交换过程，反作用于大气层，制约着高原和周边地区的气候。同时，位处江河源头的青海，居高临下，环境变化直接影响着下游广大地区人民生命财产和国土安全。很显然，青海承担着我国环境保护和生态平衡主战场的重任。

（二）

植被是生态系统诸多因素中最本质、最活跃、功能最大的核心部分，也是一个可由人类干预的因子，它不仅在很大程度上控制着水热条件的变化，护覆着高原的暴露面，使其免遭各种粒子流的侵袭，其中森林发挥的防护功能更大。森林是陆地上最大的生态系统，发挥着涵养水源、保持水土、防风固沙、改良土壤、调节气候、减少自然灾害、保障国土安全和造福人类等功能。同时，森林还有净化空气、制造氧气、吸收二氧化碳、除毒杀菌、吸附粉尘、降低噪音、防治污染、点缀风景、美化环境和增进人们身心健康等社会公益功能。青海森林由于主要分布于各大河流的两岸，不仅涵养水源，而且保持水土，护岸护坡，防止冲刷，减少泥沙淤塞，控制地表径流，做到均衡补给，从而减少下游的洪水灾害。

高原植被曾经历了一个漫长的演化过程，这个过程基本上与高原隆起相依相伴，在此之前，这里是湿热的海洋环境，成陆后，出现了热带和亚热带植物群，随着高原的上升，气候逐渐变冷变干，一些山地出现了温带和寒温带植物群，并出现了垂直带谱。到了第四纪，高原剧烈抬升，冰期来临，冰期和间冰期交替出现，环境大变，高原面上以寒旱气候为主，植物随着冷暖干湿的变化，也呈现出消失与重现、进退与适应等。在持续寒冷干燥的气候中，青海南部的草甸化、西部荒漠化、北部草原化在激烈地进行，高寒植被和旱生植被成为主宰，高原主体和北半部的自然面貌大变，森林在大范围内消失，代之以高寒灌丛和荒漠灌丛，继续在维护着生态环境。

青藏高原作为"地球第三级"和南北两级已不适宜人类居住，而青藏高原除了核心地区之外，在周围的广大范围内由于有植被覆盖，养育了数百万人口和几千万头牲畜，并在这里由世居民族创造了灿烂的高原文化和民族文化，这不仅在我国，即使在世界上也是具有重大意义的。

（三）

青藏高原生态环境有一个显著的特点就是脆弱性。长期以来，人们对此认识不足，对这里包括森林植被在内的自然资源进行了不合理的利用，在很大程度上破坏了高原生态系统。在历史上，青海东部因滥伐、火烧、战争和农牧交替等，使森林在大范围内消失，由森林草原地带变为单一的草原，荒山大面积出现，人类活动加剧了草原化和荒漠化进程。近几个世纪以来，由于人口增加，工业化推进和社会发展，主要依靠畜牧业的高原经济进一步加大了草场的压力，长期的牲畜超载，使鼠害猖獗，草地退化沙化严重，黑土滩在多地出现。与此同时，森林植被也遭到破坏，一些牧民为了扩大草场而去焚烧高寒灌丛。开发柴达木时人口大量涌入，为了获取燃料而大规模砍挖沙生灌木，几次大开荒和天然林区周围的毁林开荒，都使大面积的森林植被遭到破坏。虽然，在此期间曾经开展了人工种草、草原建设、护林防火、封山育林、造林更新等植被建设，也取得了很大成绩，但损失和修复之间的差距仍然很大，林业建设时起时伏，处于非稳定状态。本来，青藏高原还在继续上升，气候的寒旱化还在加剧，各种生态因子正在进行着退行性改变，青海环境的大背景并不好，加上世界气候变暖，造成了冰川后退、湖泊消失或萎缩、湿地干涸、河川断流、水土流失加剧等一系列环境问题，有些地方不得不进行生态移民。

从20世纪末期开始，我国将保护环境作为一项基本国策，贯彻执行可持续发展战略，维护生态平衡。为此，国家制定了一系列政策，随后党的十八大又将"生态文明"建设列入"五位一体"总体布局当中，并根据青海省的区位特征，习近平总书记做出了多次重要指示批示，首次明确了"三个最大"省情定位，提出"四个扎扎实实"重大要求，提出青海要建设产业"四地"，指出保护好青海生态环境是"国之大者"。青海省也做出生态立省、生态先行、绿色发展等战略决策，保护"三江源"，保护"中华水塔"，承担起保护江河下游广大地区人民生命财产和国土安全的历史重任，开展了保护高原自然本底各项要素的大规模行动，建起了三江源国家公园等一批自然保护地。实施了退耕还林、退牧还草，执行了生态效益补偿政策，调整了产业结构，科学发展社会经济。同时，还开展了"三北"防护林、天然林保护、退耕还林还草等林业重点工程，加大了造林绿化和封山育林规模，林业生产进入了大发展的时期。

通过三十余年的努力，青海生态文明建设取得了很大成绩，生态环境面貌大变，森林覆盖率大幅度提高，风沙危害程度减轻，水土流失面积缩小，野生动物回归，种群数量扩大，湿地面积增加，森林植被开始得到有效修复和大面积恢复。

（四）

对高原植被的调查研究，就青海省来看，在新中国建国之前，国内学者到此不多，仅有少数先驱者如郝景盛、邓叔群等做过短期考察，而外国考察者来的较多，其中主要有沙俄的普热瓦尔斯基（N.M.Przewalskii）曾先后四次来青海，进行采集标本和绘制地图，最后由马克西莫维奇（C.j.Maksimovic 1889）编著出版了《唐古特植物志》。不过这些调查或偏于一隅，或仅有线路考察，均不具有全面性。对青海植物的较大规模的调查是在新中国成立之后，成立伊始，即有一批科技工作者来到青海进行森林、植被、草地等调查研究工作，通过数十年的努力，于20世纪90年代取得了大批科技成果，出版了《青海植被》《青海森林》《青海木本植物志》《青海植物志》《青海1/100万植被图》《青海经济植物志》等专著。这些著作从总体上阐述了青海的森林植物，具有较高的学术水平，为学科的发展提供了理论基础与先导作用，也为青海林业生产发展做出了贡献。但是，受历史局限和当时条件制约，这些研究还存在若干缺憾，在调查方面，多以线路调查为主，面上的较少；以短时间季节性调查为主，长驻性和定点调查较少；静态调查较多，动态较少；在调查类别方面，专业性较多，综合性的尤其是全省性的大规模多学科的综合考察较少，使得许多地方成为空白或未深入区域，例如那棱格勒河流域，青藏公路东侧，黄河弧形谷地两侧（西倾山地）包括孟达林区、保安峡、坎布拉等处，即便是被称为"高原植物王国"的孟达林区，在对其进行综合考察时，也只记载了 500 多种植物，显然，并未对此调查清楚，工作有些粗放。

在研究方面，存在的主要问题是由于各自所依据的理论和方法不同，也由于研究的广度和深度有差异，因而对待同一研究对象有着不同的认识和处理，产生了许多争议，如把高原植被与其他地区等同看待，用平原地区的水平地带性来研究高原植被的分布；还有用内地乔木林的雨量线和温度指标来研究青海森林；再如用经典理论和传统观念来指导青海植被的研究，有人根据植物学中的基带理论，认为高原森林仅有垂直地带性，不具有水平地带性；也有用此理论在进行植被区划时，将柴达木盆地归入蒙新荒漠区，同时又认为祁连山地是一个孤立山体而将其一分为二，西部归入荒漠区，东部归入草原区；特别是在全省第二次土壤普查时，将全省的森林土壤均定为灰褐土，如此等等。事实上，在当时即有人提出异议，但因上述著作的高度权威性，这些不同意见并未受到关注。由于作者是这些学术活动的参与者，因而将这些争议尽量融入到本书之中予以表述。

科技的发展需要创新，对上述的一些争议，作者也有一些自己的看法，包括一些新认识、新见解、新处理和新命名等，均在本书中有所反映以便引起关注和讨论。

（五）

进入 21 世纪后，青海林业生态建设进入新的发展阶段，亦即实现林业生产的现代化，全省绿化事业的状况大为改观，从发展战略到具体对策都改变了旧的模式，国家大幅度增加对青海生态建设的投资，林业在很大程度上摆脱了落后的局面，由从属地位上升到主体地位。如在森林管护方面由原来的依靠林业职工和发动群众变为采用"购买服务"的方式，聘用大批生态管护员来进行管护；保护的对象，也由以前的仅保护森林灌丛变为保护一切绿色生态空间，即包括森林、灌丛、草地、湿地、冰川等自然本底。在造林方面，也由以群众投工投劳为主、国家补助为辅，变为以国家投资、工程造林、高标准造林为主。同时，所有营林活动全部实行工程管理，包括森林更新、林业有害生物防控和苗木培育等。尤为重要的是包括遥感技术、生物技术等在内的许多高新技术已在林业生产中开始运用，工厂化育苗、生化分析和碳值测定等新技术也已应用多时，在继续完善林业生态体系的同时，也构建起林业产业体系。在此期间，还建立起多种生态系统监测体系，互联网、大数据、北斗卫星等参与资源管理，一些林场从开始按类型经营向小班经营过渡。总之，营林事业的集约度大幅提高。即便是天然林区内长期存在的林农、林牧矛盾，也由于国民经济调整和发展以及农牧民群众的脱贫，而缓和下来，出现了新的场群关系。青海林业生态建设已经不再是过去那样小打小闹、见绿为好、点缀式绿化、粗放型经营的低水平状态，林业部门也已经从小农经济和小生产者的桎梏中被解放出来，逐渐溶入社会经济大发展的洪流之中，上升成为主体性的重要部门，参与建设美丽家园、美丽中国的伟大事业，发挥着生态建设主力军的作用。

　　林业建设的现代化发展，必将进一步加大森林植物的存量和增量，森林植物不再是资源型的生产对象，而是在更大的范围内继续产生着巨大的环境效应，"绿水青山就是金山银山"。作者做为一个毕生从事此项事业的林业人，出自激情，在本书的最后一部分，提出了一些保护与发展森林植物的意见。从总体上看，这些意见均属于补充性的，是零碎的和偏于一隅的，可能都是"书生之见"，并不一定符合实际，仅是为圆绿梦而做的一种旁白，俾其有益于今后的工作。

上 部

总 论

第一篇

影响青海森林植物的诸因素概述

第一章　地史因素

第一节　综述

地史对森林植物的影响总体上可分为三个时期：在古生代二叠纪以前为第一时期，在此漫长的历史阶段，青海一直是海洋环境，且多为浅海，森林植物生长在岛屿之上，此时为热带湿热气候，森林多由古木本植物组成，即以蕨类、羊齿类为主，由于气候缺乏冷暖干湿的季节性变化，所以树木大多数没有年轮，而且除了少数植物如格子蕨（*Clathropteris sp.*）遗留至今以外，其他几乎全部灭绝，此一阶段是为海浸时期。在中生代，由于燕山运动的作用，青海由海浸逐渐上升成陆，气候也出现了干旱倾向，树木也有了年轮，裸子植物开始繁茂起来，而在临海附近仍有古热带植物群，形成二者并存的局面，此一阶段可称陆生时期。新生代是青藏高原隆起时期，随着气候寒旱化，在高原主体部分的热带植物群已全部消失，被子植物开始繁茂，与裸子植物并存。在此期间，高原植被的演化和现代植被的形成，都是与高原的隆升相依相伴的。因此，研究高原植被应当重点研究新生代的地史。需要指出的是，这个过程还有以下三个特点：

一是青藏高原的隆起过程是进行性的，中间并无大范围的隆升与沉降的运动，总趋势是只升不降，少有反复，这里的各种生态因子也进行着退行性改变，植物群同时进行着消失、后退或就地演化等过程，热带、亚热带甚至暖温带植物在高原面上基本消失，代之以高寒植物群，生态系统由高级向低级转化。总的看来，高原植物的演化是以简化为主，仅在周边的有些条件较好的地方，形成了演化中心（如横断山脉地区），这里是以特化为主。

二是高原的隆起虽然是进行性的，但并非均衡的，其间有隆升，也有停顿；有缓慢上升，也有剧烈隆起。在这种情况下，植物有消失，也有"后退"，存在前进，也有重现，一种植物或植被类型消失了，总有另外一种植物或植被类型来代替。在大范围上，高原上一直是有植被存在的，并非不毛之地，即使到了今天，在高原的核心部分以及冰缘冻土地带仍有一些植物和植被类型顽强地在与不断恶化的环境进行着抗争，并由此产生了许多优良的抗性，从而构成了特有的、宝贵的高原植物基因库。另外，在植物进退中，从总体上看，应当是以退为主，即由高原向四周扩散；而由四周向高原的所谓"延伸分布"只能是偶然的、从属的以及少数的，因为从低海拔区向高海拔区分布，从条件较好的地方向条件差的地方分布是困难的，尤其是在高原上已经"三化"（草甸化、荒漠化、草原化）之后，植物再向其中分布是难以想象的。

三是青海高原植被的演化还与一些中小尺度的地质事件相关联，如高原主体部分的植被在高寒化的过程中，与大面积的多年冻土的形成同时发生；在西部柴达木盆地，荒漠植被在形成过程中又与盆地的成盐过程相关联；在北部和东北部，植被在草原化过程中，又与黄土的堆积同时发生；在省域东南部，植物还与各大江河的强烈切割以及河流的袭夺有关。

第二节　新生代以前的森林植物

现代地质学已查明，中生代以前的青海全省基本上属于海洋环境，而且多系浅海，其中有较多的岛屿，气候为热带气候，森林植物均生长在这些岛屿之上，它们属于古木本植物或者是木本植物形成的初级阶段，由于气候因素甚至连年轮也未形成，在后来的地史演化中几乎全部消失。

木本植物最早出现在晚泥盆世（距今 3.65 亿年），在柴达木盆地发现有斜方薄皮木（*Leptophleun rhomblicum*）和亚鳞木（*Sublepidodendron sp.*）。在早石炭世（距今 3.5 亿年），欧龙布鲁克地方开始出现裸子植物，在玉树州治多县拉木涌一带的岛屿上有浅沟古芦木（*Archaeocalamites scrobiculatus*）生长。到了中石炭世（距今 3.25 亿年），在祁连、柴达木盆地等处出现了多种鳞木（*Lepidodendron app.*）和窝木（*Bothrodendron sp.*）、翅羊齿（*Neuropteris sp.*）等，后者属裸子植物纲种子蕨目（*Pteridospermae*），当时已相当繁茂。在二叠纪（距今 2.8 亿年）时，青海有更多的地貌单元逐渐脱离海浸，气候开始出现旱化特征，树干中有了年轮，裸子植物开始繁茂起来，玉树州的上拉秀、多丽等处的岛屿上有热带森林，盛产大羽羊齿（*Gigantopteris*），还有横山羊齿（*Neuropteridium yokoyamae*）。在祁连、天峻、刚察等地的气候具有温干特征，生长有芦木（*Calamites*）、瓦家松（*WalChina*）、柯达获（*Cordaifes cf. prencipalis*）、中华瓣轮叶（*Lobatannularia*）等。[34][39]

在三叠纪（距今 2.3 ~ 2.0 亿年），青海气候继续朝干旱方面发展，大通出现肋木（*Pleuromeia*），湟中上五庄、湟源一带出现伏脂杉（*Annalepis zeilleri*）。直到晚三叠世（距今 2.0 亿年），又变为潮湿气候，此时在海拔较低的地方仍有较大面积的热带植物群，分布有网叶蕨（*Dictyophyllum sp.*）、格子蕨等，还有苏铁类的异羽石蕨（*Anomozanites app.*）等。省域北部生长有拟丹尼蕨（*Danaeopsis sp.*）、贝脑蕨（*Bernoullia sp.*）、拟托弟蕨（*Todites sp.*）等。在祁连、柴达木盆地的牦牛山、旺尕秀、怀头他拉等地有多种鳞木，下层林冠有窝木等。

从三叠纪末期到白垩纪，由于发生了燕山运动，青海已逐渐上升成陆，脱离海洋环境，但热带雨林气候仍在一些地方存在，从柴达木盆地的鱼卡到木里、热水、大通一带以裸子植物为主，还有拟银杏（*Ginkgoites*）、拜拉（*Batera sp.*）等，到了白垩纪衰败，代之以银杏（*Ginkgoites sp.*）、掉拜拉（*Sphenobaiera sp.*）、拟刺葵（*Phoenicopsis sp.*）、契干（*Czekanouskia sp.*）、松形叶（*Pityophyllum sp.*）、苏铁等，构成了茂密的森林。在晚侏罗世至早白垩世（距今 1.6 ~ 1.1 亿年），青海出现了干热气候，互助产有短叶松（*Brachyphyllum*）、坚叶杉（*Pagiophyllum*）、节柏（*Frenelopsis*）、羽叶（*Otogamites*）等，呈现疏林草原景观，在化隆有假松粉（*Pseudopium*）、罗汉松（*Podocarpus*）、苏铁（*Cycas*）、尖叶杉粉（*Pagiophyllenites*）、三节柏（*frenelopsis honenggeri*）等。在民和出现了山龙眼粉（*proteociadites*）、桃金娘粉（*Myrtaceordites*）、南美杉

粉（*Araucariacites*）、辐射华丽杉粉（*Callistopollenites*）等。【39】

第三节　新生代第三纪的森林植物

在第三纪，喜马拉雅运动开始并逐渐加强，青藏高原形成并不断升高，气候向寒旱方面转化，此时被子植物繁茂起来，青海地区缺乏古新世的地史资料，在始新世（距今 5800 万年），青海北部属于副热带干旱带西北疏林半荒漠区，此时地形分化不大，多为缓丘平原，炎热干燥，柴达木盆地区的湖泊水体较大，边缘山区针叶林繁茂，山之上部由冷杉（*Abies*）、云杉（*Picea*）属植物组成，下部由松（*Pinus*）和雪松（*Cedrus*）组成；阔叶林树木有山杨（*Populus sp.*）、桦木（*Betula*）、栎（*Quercus*）等，还有木兰科（*Magnoliaceae*）、山龙眼科（*Proteaceae*）等亚热带树种。在民和的孢粉中，有木兰科、蔷薇科、栎粉属（*Quercoidtes*）、桤木（*Alnus*）、刺柏（*Juniperus*）、铁杉粉（*Tsugaepillenites*）、银杏粉（*Ginkgo*）、苏铁等，麻黄粉（*ephedripites*）的出现说明了气候的干旱程度。

在渐新世（距今 2600 万年）时，森林树种虽然仍以木兰、山龙眼、松、云杉、雪松、冷杉、铁杉、桦、栎等为主，但分布面积和生长势已大为衰减，当时青海北部仍属亚热带气候，南部为热带，比北部条件要好，年降水量仍在 500mm 以上，北部已有了少数沙丘。【34】【39】

在中新世（距今 1200 万年），喜马拉雅运动进入第二期，高原继续抬升，气候已开始由亚热带向暖温带转换，降水减少，气温降低，南部成为亚热带—暖温带气候，北部变为温带森林草原区。亚热带植物种类如木兰、山龙眼、桃金娘等消失，乌兰一带有柳（*Salix*）、榆（*Ulmus*）、古臭椿（*Ailanthus confici*）、单籽豆荚（*Podogoniam。oehningens*）、变叶杨（*Populus。norinii*）、木豆（*Caianus cajan*（*Linn*）*Millsp*）、麻黄和澳洲桫椤（*Cyathidites*）等。同时耐寒的圆柏（*Sabina chinensis*（*L.*）*Antoine*）在山地阳坡得到发展。在贵德、同德、兴海等地有中新紫荆（*Cercis chinensis Bunge*）、槭（*Acer*）、单籽豆荚和茶藨子（*Ribes*）为多见。在昆仑山地，有铁杉、冬青（*Llex chinensis Sims*）、栎、楝科（*Meliaceae*）、山核桃（*Carya*）、杜鹃（*Rhododendron*）、柳等，多年冻土出现。[34][48]

在上新世（距今1200万～300万年），青藏高原缓慢抬升，气温继续降低，南北分异加剧，北部进一步干旱，比较喜湿的树种如铁杉、栎、粟（*Setaria*）等已经绝迹，雪松也很稀少，代之以温带种类，柴达木盆地的荒漠化进程加剧，边缘山地尚有松、云杉、刺柏、桦、桤木等组成的森林，麻黄数量增多，乌兰有变叶杨、柴达木杨（*Populus. Chaidamuensis*）、古垂柳（*Salix. Prebabylonica*）、赫丁榆（*Ulmus hedinii*）等，形成走廊状的河岸林，当时核桃在青海多有分布。[34][39]

第四节　新生代第四纪的森林植物

在第四纪，青藏高原进入快速抬升时期，此时冰期来临，冰期和间冰期交替，气候进一步向寒旱转化，冷暖干湿多次交替发生，造成森林、草原、荒漠不断进退、更迭，植被类型也在发生变化，热带和亚热带植物群消失，高寒植物群体涌现。

在渐新世、中新世（距今3000万～500万年），共和盆地有三门马（*Equuu sanmensis*）、古菱齿象（*Palaeoloxodon. Sp.*）和剑齿象（*Stagodon.*）活动，推测当时这里还属热带或亚热带气候，有着较大面积的湿地草原，湖泊和沼泽十分发育。此后，由于高原继续抬升，气候逐渐变冷变干，尤其是北部的荒漠化进程加快，规模扩大。[88]不过在青海湖周围的山地上还分布有云杉、雪松等组成的针叶林，河岸上有由杨柳等组成的岛状阔叶林，林下和林缘则以蒿类（*Artemisia*）植物占优势，当时的昆仑山在整个更新世（距今260万～1万年）可分为干旱、凉湿、干旱、较干旱四个气候阶段，在早更新世出现了冰川期，估计此时大部分地方无林，为荒漠草原，仅在条件较好的地方有圆柏（*Sabina*）灌丛和桦、栎等稀疏森林。到了间冰期，针叶林又开始发育，云杉林占有优势（有4种），与松、罗汉松（*Podocarpus*）等共同组成了山地森林，还有桦、鹅耳枥、榛（*Corylus*）、栎等。随后荒漠草原再一次出现，山地森林则以松占优势，还有少数鼠李科（*Rhamnaceae*）植物，最后成为半干旱草原。[19][39]

全新世（距今 1 万年）早期的植被类型已非常接近现代的状况，根据青海湖区的孢粉资料，在距今 8000～5000 年时，青海北部曾出现过一个相对的暖湿时期，现代植被基本上是在此一阶段形成的。当时在湖区尚有松、栎等，随后进入了冷干期，共和盆地在全新世时植被介于荒漠和草原之间，在河流沿岸有着比较繁茂的草类和乔灌木，有云杉、松、圆柏，以及杨、柳、榆、桦组成的针阔叶林带或走廊状的森林，黄河岸边有柽柳（*Tamarix. sp.*）、冬瓜杨（*Populus purdomii*），旱生植物有锥花小檗（*Berberis. Aggregata*）、白刺、单籽麻黄（*Ephedra monosperma*）、菊科（*Compositae*）、禾本科（*Gramineae*）、藜科、蓼科（*Polygonaceae*）、木樨科（*Olaceae*）等，蕨类植物有水龙骨科（*Polypodiaceae*）等[18]。在全新世中期，共和盆地的生草化程度达到顶峰，时至今日，盆地中的沙珠玉地区还残存着青海云杉和圆柏各一株的古木，后者高达 6m，胸径达 1m，说明此时此地还有森林存在。[88][78]在柴达木盆地，从现代植被分布情况来看，当时河岸边有胡杨（*Poplus euphratica*）林，山谷和山前地带有青海杨（*Populus przewalskii*）林。全新世晚期，盆地东部边缘山地还有着比较完整的青海云杉和祁连圆柏组成的环状针叶林带，这条林带还延伸到青海湖盆地的周围山地，后来在自然和社会双重作用下，有些地方已经消失，有些则呈断续状分布，甚至呈孤岛状，四周被荒漠所包围，残留至今。[34]

在青海南部高原，全新世早期的植被状况比现在要好，有草原和森林，河谷山地有云杉、松、栎、桤木、桦和少量的铁杉、冷杉。草本植物以蓼科、唇形科（*Labiatae*）和蔷薇科为主。此后，随着气候的高寒化，这些森林逐渐缩小范围，退居于高原边缘的高山峡谷之中，而一些喜暖树种如雪松、铁杉、桤木等逐渐退出青海省域，代之以大果圆柏（*Sabeina tibtica*）、密枝圆柏（*S. Convallium*）、方枝柏（*S. Saltuaria*）、紫果云杉（*Picea asperata Mast*）、川西云杉（*P. balfouriana*）、红杉（*Larix potaninii*）以及几种冷杉、桦树等。

第二章　历史因素

第一节　综述

本书所指的历史因素，是指新中国成立前漫长的历史时期人类社会对森林植物的影响。在此时期，对森林植被的破坏从未停止过，破坏范围虽然主要集中于省域东北部一角，但这里是青海的人口最为密集的区域，是"首善之区"，在历史后期这种破坏逐步向共和盆地和柴达木盆地以及青海湖盆区发展，使得湖周的森林灌丛在大范围内消失，并使柴达木盆地东部的孤形森林带也遭到一定程度的破坏，尽管这个过程缺乏历史文献记载，但从其他历史事件的史料描述和现实森林分布中的残留天然林分可以得到证实。由于森林植被的破坏，对自然环境和社会经济均产生了严重的影响。

一是加速了"三化"的进程。在自然条件下，草甸化、草原化和荒漠化的进程是比较缓慢的，而人类的社会活动在一定程度上推进了这些过程。前述的地史表明，在晚更新世到全新世早期，青海东部属森林草原地带，当时沿祁连山—冷龙岭南坡、达坂山南北两坡、拉脊山南北两坡和西倾山北坡各有一条森林带，共六条。到清朝末期，只有达坂山北坡的森林带还比较完整，西倾山北坡的森林也大体上成带，其余的数条均已不复连续，成为许多孤立的小林区或小片林，而在其间还散布着多达200余处的残留林分，这些都证明了原来这里森林的规模，而目前已被草原所代替，已经草原化了。其中森林消失最为严重的地方是在湟水流域和黄河下段的两侧，这里是青海开发最早、人口最多的地区，从现实森林分布状况分析，湟水、黄河和大通河流域应当有着相同的森林植被，但目前后二者的面貌已经大变，荒山大面积出现。

二是水土流失加剧。青海东部的黄土覆盖区属于我国黄土高原的最西端，大地貌总体上还算比较完整，山之上部有很多地方仍然保留着浑圆山顶等原始地貌状态，浸蚀沟比较年轻，溯源浸蚀尚在继续进行，两侧切割较为整齐，次生地貌和原始地貌并存，这些都说明水土流失发生的时间不长。虽然水土流失也是一种地质过程，但人类活动依然是主要因素，因为只有在自然植被被破坏之后才会发生地表冲刷和浸蚀现象，也就是与历史上长期破坏森林植被有关，尤其是近 200 年以来的破坏程度更为严重，加上高原寒旱气候的制约作用，植被恢复困难，因而加剧了水土流失，到新中国成立前，全省水土流失面积已达 3 万余 km^2。

三是自然灾害频发。根据历史文献记载，在历史的早期，青海省曾经是一个水草丰茂、肥壤沃土、风调雨顺、环境优美的地方，在森林植被破坏后，自然灾害就随之发生，首先是在植被条件较差的地方，土壤蓄水能力下降，土壤水含量减少，造成大范围的干旱，甚至成灾。史书记载，青海历史上曾发生过十次大旱，而其中的 8 次集中在清代以后。新中国成立早期的 30 年中，大旱即发生 3 次，小旱不断，干旱成为青海种植业的主要制约因素。历史上对洪灾的记载很少，但在近 300 年却越来越多，仅在 1891～1922 年的 31 年间，就发生过 6 次大洪水，许多地方以"洪水"、"浑水"命名。更为重要的是，对风灾也有多次记载，清同治年间，大风吹走了大通县企鹅山一带的两个男子和一头骡子。同时还有因水土流失而造成的沙埋、沙压以及泥石流等灾害更是越来越多。

四是生态环境恶化。农作物产量锐减，加上统治者的豪夺，农村经济衰败，人民生活困苦，由富饶向贫穷转化。到 1949 年，全省粮食产量下降到每公顷 750kg 左右，主产粮食的互助县也仅有 1120kg/hm² 上下，同时由于水土流失，山地干旱，植被稀少，草场退化，畜牧业也发展困难。至于原有的狩猎业也由于森林灌丛的消失使野生动物稀少，自然也不能作为一种谋生手段了。[34]

第二节　历史时期对森林植被的负面影响

历史时期出现的乱砍滥伐、森林火灾、垦殖、烧荒等对森林植被造成了较大的负面影响。

一是乱砍滥伐。乱砍，主要因大量薪材的索取所致。青海直到明代才发现了煤，但并未普遍利用，若干年来全省几乎全部利用森林灌丛作燃料，随着人口的增加，对薪柴的需求也在增加，形成了烧完乔木烧灌木，烧完灌木挖草根的生态破坏过程，这种状况一直持续到新中国成立后的很长一段时间，造成大量植被遭到破坏，水土流失加剧。滥伐是历代统治者以及一些木材商对森林的过度采伐利用。根据仅有的记载，无论是汉代赵充国在湟水流域采伐木材大小六万余枚，或是明代在修筑西宁城墙时对木材的"伐山浮河，数不可得"，还是马步芳家族统治青海时，对大通河、湟水和黄河两岸森林的大肆采伐，都属滥伐。因为这些采代既不讲求采伐方式，也不考虑森林的更新与恢复，均为按需择优的"掠夺式"采伐。尤其是1941—1943年，马步芳政府对大通县鹞子沟的森林采伐几乎是皆伐，即将橡材以上的大小树木全部伐除，数量多达17.7万 m³，面积达158.22 hm²。

二是林火。关于林火历史资料鲜有记载，新中国成立后第一次森林资源清查时，全省有0.57万 hm²的火烧迹地。1956年，门源仙米林区朱固沟内还保留着十余年前的火烧迹地，长达10余 km。玉树州乩扎林区总面积在10万 hm²以上，经多年多次的森林火灾，林相残败，大范围的原始林消失，火烧迹地随处可见。该州的江西林区到20世纪70年代时，仍有火烧迹地5处。分析森林火灾频发的原因，除了人们对森林保护缺乏认识之外，主要是缺少严格的管护，虽然早在春秋时，即有掌管森林的官员，但青海未有记载，也没有建立过专门的管护机构，林区内也无封闭式管理。直到历史后期，一些森林为寺院或官方所有，情况才有所好转。

三是战争。河湟地区自古以来就是各少数民族统治的地区，也是汉民族统治区的边陲，各民族之间以及汉民族与少数民族之间，为了扩大统治区的范围，进行着连绵不断的战争，有些战争的规模还很大，单方面的兵力即达数十万人。战争对森林植被的破坏一是火攻，即用焚烧森林的方法来消灭在其隐藏的对手。汉代的马援、唐朝的李靖、王君㚟以及明代的刘敏宽等将军都采用过火攻，有些甚至采用焚烧大面积草原的方法使敌马无草可食。清代为了平定罗卜藏丹津的叛乱，还直接用火焚烧祁连山森林，以便将敌人驱赶出林外。二是战备，即守战双方筹备和建造大批的军事设施，如堡垒、营房、栅寨、城池、敌楼、兵站、鹿砦以及滚木、云梯等，这些都需要大量木材，而且均为就地取材，用之多，弃之亦多。三是薪材，双方人员众多，需要大量薪柴，也是就地取材，亦是备之者多，弃之也多。

四是垦殖。在有文字记载的早期，青海东部由于植被条件好，土地肥沃，自然灾害少，因而从秦朝开始即有垦殖记录，此后，只要是汉民族统治时期，基本上都是以农耕为主，鼓励开荒。同时，从汉代赵充国上书屯田之后，历代军垦从未停止过，至清乾隆时，全省耕地面积已达 31.2 万 hm² (468 万亩)，而到 1949 年新中国成立时，全省耕地面积已达 45.58 万 hm² (687.7 万亩)，200 年间陡增 13.38 万 hm² (204.7 万亩)，是湟水流域和黄河下段森林消失最迅速的阶段。加之开垦多是刀耕火种，易引起林火，对森林植被的破坏更大。

五是烧牧。经营畜牧业需要大面积的草场，而扩大草场的唯一办法就是焚烧森林灌丛。一些牧民认为过密的林分影响林下牧草生长，不利于畜牧业，一方面牲畜易于在林中走失，不易寻找，另一方面牲畜在林中活动易于被树枝挂去毛被，因而主观上并不十分珍惜森林灌丛。烧牧的习惯一直延续到新中国成立之后，有些地方甚至在 20 世纪 90 年代还在进行。[34]

第三节　历史时期青海的植树造林活动

汉代赵充国率军曾在湟源一带栽杨插柳，治理河道，保护农田。晋朝时记载青海已有农桑。宋代李远在《青唐录》中记载"湟水夹岸皆羌人居，间以松篁，宛如荆楚"。明代有人记载湟水两岸梨枣成林。《西平赋》中记述这里有巴丹杏、林檎、枸杞、楸子等，这些都是人工栽培的树木。清乾隆时甘肃巡抚曾下令各道植树，还有许多文献记载有植树的记录，其中较详尽的是《丹噶尔厅志》中记载了湟源栽种柳树"或沿水堤，或夹道旁，或依傍田园，自临迤南，东至西石峡口，南至大小高陵，西至塔尔湾，共栽植约四十五万株"，而且记载官有林木有万余株。到民国三年（1914 年），周希武在《宁海纪行》一书中，记载从民和到西宁一带的湟水两岸"林树稠密","树木成行","烟树村落,络绎不绝"。

马步芳家族在统治青海时,曾开展过"植树造林运动",颇具影响,曾被宣传为"青海政绩之首","蜚声全国","林政为全国之冠",并受到国民党中央政府农林部的"明令嘉奖"。据官方资料,1929—1949年的20年里,全省共植树6027万株。新中国成立后,经第一次森林资源清查,此植树运动共保存有人工林33.60 hm²。此运动主要有以下特点:一是高度强制性。植树任务等于法定,必须完成,而且利用军事力量参与,每年都由多名"壮丁司令"指挥,或由公安机关以及警备司令部负责,保甲连坐,完不成任务的官员受申斥、撤职;一般百姓除了经受打骂之外,还要坐牢房。二是无偿摊派,义务出工出钱。每年植树时除了命令军队、学校师生和政府人员参加之外,还要征派大量民伕,同时向各地摊派栽苗,多数人家因无树砍取栽苗需要自己掏钱购买,最贵时每根栽苗价值一枚银元。这些征派均是无偿的。三是不讲林权。一经栽植,即为官有,虽曾在1948年提倡过民间植树,但在新中国成立后的调查中,很少见到保存的私有人工林。四是影响农时。由于植树任务过重,连小学生都分配有任务,往往由家长代植,每年春天要用20多天甚至一个多月才能完成,而此时正值春耕大忙时节,农民叫苦不迭,敢怒不敢言。上述这些都充分说明此运动的目的就是为军阀统治服务亦即为了壮大官僚资本,因而应当从根本上加以批判和否定。[34]

历史时期植树造林的主要贡献之一就是引种驯化了一批本地天然分布的和外来的树种,除一些果树和园林花卉之外,主要有:青杨(*Populus cathayana*)、旱柳(*Salix matsudana*)、垂柳(*S. babylonica*)、青海云杉、侧柏(*Platycladus orientalis*)、榆树(*Ulmus pumila*)、桑树(*Morus alba*)、合欢(*Albizia Julibrissin*)、槐(*Sophora japonica*)、甘蒙柽柳(*Tamarix austromongolica*)、小叶丁香(四季丁香、二度梅 *Syringa pubescens*)、暴马丁香(*S. Reticulate*)、泡桐(*Paulownia*)、栾树(*Koelreuteria paniculata*)、拐棍竹(*Fargesia robusta*)等。

第三章 环境因素

第一节 生态区位

在区位上,青海是一个比较特殊的省份,省域跨我国三个一级地理单元,南部为青藏高原,西北为亚洲中部荒漠带河西走廊,东北为黄土高原西延部分,西南为川西山地。不仅如此,在省域内部,还有着次一级的地理单元,即青南高原、柴达木盆地、祁连山地和西倾山地。由于各地理单元的自然本底不同,相互间差异较大,在各单元的交汇地带,其自然要素(主要是水热条件)在这里进行接触、渗透、融合、置换和叠加等过程,从而产生了一系列生态界面和多种过渡环境,形成了各种生态系统。各系统之间的环境与环境、环境与生物、生物与生物之间不断地、比其他地方更加剧烈地进行着信息和能量的交换,系统过程十分活跃,生物在此既有进退,也有适应和改造,易于形成新的类型和变异,成为演化中心地带,此即谓之"高原生态地理边缘效应"。[104]

在青海,至少有三个地方的生态地理边缘效应十分突出,分别为:一是大通河流域特别是中下游一带,这里是青藏高原、河西走廊、黄土高原三大地理单元交汇地带,在高原生态地理边缘效应影响下,这里出现了一个的广阔湿润区,包含有青海的门源仙米、互助北山和甘肃的天祝、连城共四个林区,相互间大体上呈连续分布,总面积接近 3000 km²,这在干旱半干旱的西北地区是很特殊的,在生态地理边缘效应的影响下,这里的森林繁茂,有许多特有植物种类,其中青海省部分是唐古特区系的核心地段,系 44 种植物模式标本产地,因而成为青海生物多样性最重要的地区之一。二是柴达木盆地东部边缘。这里是高原、荒漠和草原区的交汇地带，同样在生态地理边缘效应的影响下，出现了一个半环形的森林带，估计在全新世早期这个森林带还基本上完整，不仅呈连续分布，而且还与东边环青海湖盆地的森林带以及祁连山一带的森林相连接，后来由于气候持续变得冷干，荒漠化、草原化发展迅速，才使得这条森林带逐渐萎缩，呈断续分布，变为片块状孤岛式分布，加上人类活动的影响，遂变为今天的状况，而环青海湖盆地的森林带和祁连山一带的森林则因进一步高寒化而消失得更多，现实森林分布和许多残留林分的存在可兹证明。三是黄河弧形谷地及其两侧。这里东临西倾山区，南为青藏高原主体部分，西和西北为柴达木—共和盆地，北和东北为黄土高原，同样是位处我国三个一级地理单元之间的过渡地带，此处的地貌虽以高山峡谷为主，但却具有复杂的地貌群，全省其他地方具有的地貌类型这里几乎均有。气候也有异常表现，不仅水平地带性和垂直地带性叠加，而且北热南冷，青海省的主暖区和次冷区均位居于此，因而形成了一个特殊的生态功能区，是青海生物多样性最重要的地区，集中产有全省植物物种的 80% 以上，具有许多特有种类，是青海杨（*Populus. Przewalskii*）、垂枝祁连圆柏（*Sabina. Przewalskii kom.f. Pendula*）、贵南柳（*Salix juparica*）等特有种的模式标本产地，还有一个特殊的植物地理分布区——循化孟达国家级自然保护区，这里是青海森林植物独特分布区，也是青海森林生物多样性最丰富的地区之一。

第二节　地貌

青海省是青藏高原的组成部分，地势高拔，与西藏共称为"世界屋脊"。高原的隆起是青海构造地貌最主要最本质的方面，尤其是从上新世到第四纪的大规模强烈抬升活动，使高原上升至 4500 ~ 5000m，境内各条山脉和盆地也随之抬升到现在的高度，而且目前仍以平均每年 1cm 的速度抬升，这说明省内的地貌单元包括柴达木盆地和祁连山地都和青藏高原是一个整体，同为一种地质力量所构建，二者不能分开。全省最高处为昆仑山主峰布喀达坂峰，海拔

6660m，最低处在民和回族土族自治县下川口的湟水河边，海拔 1640m，相对高差达 5020m。由外营力构成的地貌以多年冻土冰缘地貌为主，约占总面积的一半；其次为风成干旱剥蚀地貌，约占总面积的 35%，河流湿地地貌约占 11%，黄土地貌占 4%。

全省地貌类型复杂多变，其中以高原面所占面积最大，达 50% 以上，有沙漠 2 万 km²，戈壁 5 万 km²，风蚀残丘（雅丹、盐壳）0.9 km²，湖泊 1.3 万 km²，冰川 0.57 万 km²。

全省土地面积按海拔高度划分，海拔 3000m 以下地区占 15.3%；3000m ~ 4000m 占 23.9%；4000m ~ 5000m 占 53.9%；5000m 以上的占 6.9%。

昆仑山自新疆进入青海后分为三支，北支为阿尔金山—祁连山—冷龙岭，中支为东昆仑山—巴颜喀拉山，南支为唐古拉山，此三条大山脉构成了青海地貌的骨架。阿尔金山的西段系青海、新疆两省区的界山，东延后为祁连山—冷龙岭，系甘肃、青海两省界山，全山系在青海绵亘约 1700 km，为寒冻风化和风成作用为主的构造高山，海拔多在 4000m 以上，主峰阿卡腾峰海拔 4643m。

东昆仑山亦称布尔汗布达山，大部分是现代冰川寒冻风化强烈的剥蚀构造高山，海拔多在 5000m 以上，主峰海拔 6860m。东延后与积石山相接，阿尼玛卿山为最高峰，海拔 6282m，山谷冰川发育。南支为巴颜喀拉山，系长江和黄河的分水岭，经强烈夷平后，峰脊低缓浑圆，多呈山原地貌，北西—南东走向，主峰海拔 5267m，东延为果洛山，山体逐渐陡峭。

唐古拉山为一块状拱形隆起高山，东西横亘于青海与西藏两省区的分界线上，是长江和澜沧江发源地，山体与高原主体相结合，并屹立于高原面上，夹于可可西里盆地和藏北高原之间，东南延伸接横断山脉。地势高攀，群峰耸立，主峰噶拉丹冬海拔 6621m，冰缘地貌十分发育，山峰之间为第四纪冰川。

在青海，与森林植被密切相关的地貌和地貌组合就是高山峡谷，上述各条大山脉在省域东部和东南部形成了一系列的高山峡谷，其中比较大的有 10 条，从北向南依次为黑河、大通河、湟水、黄河、玛可河（大渡河上游干流）、多柯河（大渡河上游支流）、金沙江（通天河）、盖曲（澜沧江上游支流）、支曲（澜沧江上游支流）、杂曲（澜沧江上游干流）、巴曲（亦为澜沧江上游支流），这些峡谷均属青藏高原东部和东南部众多高山峡谷的一部分。这个地段被称为我国大地貌由第一阶梯向第二阶梯的过渡地带，作者认为，称其为青藏高原的"裙部"更为形象简明。这10条峡谷的形象大多为V形谷，少数为U形谷或V+U的综合型山谷，切割深度不同，但多系深切，两侧山体高大，相对高差多在1000～2000m左右，甚至更大，坡度多在30度以上。各峡谷中间大都有串珠状的山间小盆地。这些高山峡谷中几乎全都有森林分布，是青海天然林的主要分布地带。

省域中部横贯的东昆仑山—积石山将青海分为南北两部分，南部由青藏高原主体和西倾山地构成两个地貌单元，以前者为主，被称为"青南高原"；北部也分为两个地貌单元，西部为柴达木盆地，东部为祁连山地，这是青海地貌分区的总表现。

柴达木盆地是我国海拔最高的内陆盆地，也是我国第三个大盆地，四周被高山所环绕，中间为一陷落地块，东西长约850 km，南北宽约250 km。习惯上采用的盆地面积为25.3万 km²，盆底海拔2600～3000m。盆地绝大部分被第三纪和第四系堆积物所覆盖，西北部为风蚀残丘，占有较大面积，几无植被。东部为黄土覆盖区，棕漠钙土发育，为盆地农区和前述弧形森林带分布区。南面东昆仑山山前地带为一窄带状戈壁滩，上有沙丘断续堆积，大都有稀疏植被分布。盆地底部为盐湖和盐沼地带，有数支内陆河注入。[108]

祁连山地属于青藏高原的延伸部分，由一系列北西或北西西走向的并列支脉所构成，岭脊平行相间，从北向南，有走廊南山—冷龙岭、托勒山、疏勒山、大通山—达坂山、宗务隆山—青海南山—拉脊山—拉扎山（小积石山）。青海省属于山地南坡，地势由西北向东南倾斜，主体山脊现代冰川十分发育，大小约有3000余条，面积约300 km²。在青海，各山沟中还有一系列的山间小盆地，较大的有青海湖、哈拉湖、西宁等。[3][101]

青南高原系指东昆仑山以南，东起黄河弯曲部（甘肃玛曲），西至可可西里（东羌塘高原），南至省界的广大地区，均属于青藏高原的高原面，东西长约1100 km，南北宽约330 km，总面积37.85 km²，是青海省最大的地貌单元。地势高耸，地层以中生代为主，总体上表现为山原地貌，多浑圆山顶和低山宽谷，是黄河、长江、澜沧江的发源地，有较大面积的高寒沼泽和众多的高原湖泊，东部江河源区切割逐渐加深，形成高山峡谷地貌。[42]

西倾山地，即上述黄河弧形谷地的东侧地带，为一孤立的地貌单元，东与甘肃省相接，西、北、南均以黄河谷地为界与共和盆地、祁连山地和青南高原毗连。山地在青海境内大体上呈放射状山系，东西最长约 240 km，南北宽约 200 km，总面积约 4.5 万 km²。黄河在此急剧下切，高山峡谷为主要地貌，也有串珠状的山间小盆地，出露岩系多为三叠纪具复理式构造的浅变质岩和碳酸盐岩。[42]

第三节 气候

青海省地处欧亚大陆的中央，远离海洋，因而气候的最本质表现之一就是干旱。从经向上看，大部分省域位处我国经向气候带的第三带——荒漠草原带上，仅在东部边缘部分地区跨有森林草原气候带的一部分。同时，青海省又是青藏高原的组成部分，高原以其巨大的高度抵减了热量的纬向分配关系，形成了大范围的高寒区，其热量很低，大部分地方的年均气温在 0℃以下。这是青海气候另一个最本质的表现，这两种表现共同构成了寒旱的气候特色。[84]

已如前述，兀立于西风带中的青藏高原，以其巨大的动力和热力作用影响着亚洲气候，在动力方面，高原迫使西风带发生南北绕流和中间爬越，这三支气流均为彼加速了的急流，从而打乱了行星风系，建立了季风气候，成为独立的气候系统，被称为"高原季风"。一般认为，由于高原对大气的加热和冷却作用，使得控制本区气候的机制在夏季是闭合的热低压，冬季则是闭合的冷高压，二者自成体系，冬季冷高压相对独立于蒙古高压，夏季的热低压相对独立于印度的热低压（印度季风）。这种作用制约着青海气候，首先是打破了纬向地带性，高原上不存在平原地区由南向北、由热变冷的地带性更替规律，而是由东南向西北由热变冷，形成了"高原地带性"规律，这种表现在省域南半部非常明显。其次，由冬夏两季的高低压变化也造成了青海气候的另一个特点，即两季性突出，也就是冬春（漫长）和夏秋（较短）两个季节，而且两季之间转换迅速，春季升温和秋季降温都很快。同时，由于湿热空气多在夏季吹上高原，因而降水高度集中于夏秋季节，从而形成了干（冬春）湿（夏秋）两季之分。

在省域北半部的两大地貌单元——柴达木盆地和祁连山地的气候，自然也被北支西风急流所控制，柴达木盆地本身就是一个长达1000多公里的大通道，在冬季，与河西走廊一起受帕米尔高原的动力作用影响，将紧贴地面的北支西风急流劈为南北两支，南支沿盆地通道东灌，寒冷而干燥，风速大风向稳定。此时的蒙古高压虽然也有增强西风带的作用，但毕竟是过境性的，而西风带则是常驻性的。

在夏秋季，高原上的热低压上升气流在四周辐散下沉，诱发高原两侧各出现了一个高压带，北侧的高压轴线是与东南季风和行星西风的明显分界线，其南侧为高原季风气候，北侧为内陆荒漠气候，柴达木盆地正处在高原季风控制范围之内，因而无论冬春或夏秋，盆地均为高原气候系统所控制。不仅如此，祁连山地也是同样，只不过在地形和东南季风的双重作用下，从柴达木盆地东灌的北支南侧西风急流向东南偏转，并逐渐减弱，从而使祁连山地并未形成荒漠气候。[34][84]

以上叙述充分说明了柴达木盆地和祁连山地不仅在地貌上与青藏高原连系在一起，同升同降，是个整体；而且在气候也同受高原季风的控制，均为青藏高原这个自然地理单元的组成部分，任何自然区划均不宜将其与高原分开。

在夏季，青藏高原是个热源，其隆起的地层表面所接受的热量，远比同纬度相等高度的自由大气层要高得多。以青海杂多县和汉中市为例，两地纬度基本相同，汉中海拔504.3m，杂多县海拔4067.5m，二者相差3563.2m，汉中年平均气温为14.3℃，如果按高度递减率（每升高100m气温下降0.6℃）将汉中年均温归算到杂多的海拔高度，将降至-7.3℃，但杂多县实测的多年年均气温为0.2℃，比汉中上空等高度的空气温度高出7.3℃，说明青藏高原的绝对热量虽然较低但相对热量较高，这即是"热岛效应"的一种表现。同时，由于高原上空气稀薄洁净，透明度大，因而辐射强烈，使得高原上的白天气温比日平均气温高出2～3℃。这不仅在一定程度上补偿了高度对温度的抵减，同时也增强了光合作用的实效，造成了同类植物和植被类型的分布高度比其他地区要高。例如川西云杉林在四川分布的最高海拔为 4100m，而在青海为 4300m；紫果云杉（*Picea purpurea*）在甘南的分布高度为 3800m，在青海可达 4100m；青杨（*Populus cathayana*）在其它地方最高分布高度不超过 3200m，在青海 3800m 处还有栽培。[34][103]

此外，在青海省，地貌对气候的影响还表现在热量的异常分布上，即最热处在省域中部，向南向北都逐渐递减而变冷，青海省的主暖区在黄河出省段的河谷一带；次暖区在湟水河谷向西直至柴达木盆地一线，这种状况进一步说明高原上不存在平原地区的纬向水平地带性规律。[24]

高原上影响森林植物的灾害性天气较多。一是旱灾。全省约有 2/3 的土地面积年降水量在 400mm 以下，旱灾频发，尤其是东部黄土丘陵地带更加严重，仅据新中国成立后 31 年的资料统计，旱灾的发生频率平均已达 4.4 年一次，更加值得关注的是春旱对新造幼林的危害更大，新造幼林即使在第一年成活，但经过漫长的冷、干、风相结合的冬季，土壤水分大量散失，到了第二年春季的三月下旬至四月上旬，迅速的升温（气温稳定通过 0℃，地温稳定通过 3℃）使林木结束休眠期并开始萌动展叶，急需水份供应，而第一场透雨最早也要在五月上旬才能到来，在此一个多月中，林木因缺乏水分补充而大量枯死，这是东部地区多年荒山造林失败的主要原因。二是低温霜冻。这种灾害发生一般山地多于谷地，高海拔区多于低海拔区，阴坡多于阳坡，发生时间和程度在四月最严重，九月次之，亦即多发于暮春和初冬，主要危害对象是苗木和更新幼树。如暮春的低温霜冻对湟水和黄河流域经济林果树花蕾危害尤为严重并因此造成当年产果量下降。三是冰雹。冰雹常常打落树叶，剥落枝上树皮，打断幼嫩枝条，打落花蕾、花和果实，威胁林木生长。青海省的雹日是全国最多的地区之一，多数地区年雹日数在 10 天以上，其中以海北州、玉树州和果洛州最多。四是沙害和沙尘暴。沙埋和沙割对林木的危害很大，而由大风和沙尘暴造成的土地剥蚀也很严重，大风还增强了土壤表层水分的蒸发，从而加大了干旱的程度。

青海气候对森林植物的影响还有一种机制，就是地域性的水热组合不甚合理。在北部，尤其是柴达木盆地，热量条件尚可，每年有 4 个月的平均气温均在 10℃ 以上，有利于林木生长，但降水稀少，年降水量在 50mm 以下，因而在大范围内无乔木林分布；在青海南部，有很大一部分地区年降水量在400mm以上，但热量不足，年均多在0℃左右，最热月气温多在10℃以下，自然也使得乔木林绝迹。这种尖锐的水热搭配矛盾并非仅在局部地方有表现，而是全省性的，这是造成青海森林资源稀少的另一主要原因。[34]

由于高原地貌在很大程度上决定着气候状况，因而全省气候分区也同地貌分区大体相同，同样划为3个气候区，即：西部盆地温带荒漠草原气候区、南部高原高寒草甸草原气候区、东部寒温带森林草原草甸气候区。其中以第三区对森林植被的影响最为突出，这个气候区的东边为省界，西边大体上以祁连—热水—海晏—兴海—昌马河—曲麻莱—杂多—结多—东坝一线为界，这里的位置即为高原"裙部"，地貌以高山峡谷为主，由于江河深切，相对高差大，山谷的纵深宽广，沟叉交错，起伏强烈，影响到气流运动的空间分布十分复杂，多为自成体系的局部环流系统，从而形成了特有的山地气候类型，亦即森林小气候，其中不仅有因中小地形变化而造成的水热条件再分配，如阴阳坡差异、垂直差异等，而且有着山谷风、地形雨、狭管效应或"烟筒作用"，还有逆温层、焚风效应以及林区特有的频雨现象，这可能是由森林的蓄热功能所致。

第四节　土壤

青藏高原是一个独立的自然地理单元，包括土壤在内的各种自然要素均按照高原地带性规律进行分布，不存在传统意义上的、平原地区的所谓"地带性土壤"。在青海，全省土壤可分为三大系列：一是高寒土系列，包含有高寒草甸土、高寒草原土、高寒沼泽化草甸土、高寒漠土和高寒灌丛草甸土等。需要说明的是有些文献中还划分有"亚高山草甸土"，按其分布高度是在"森林郁闭线以上，上接高山（即高寒，作者注）草甸土，但这个垂直带范围恰好是高寒灌丛草甸土的分布带，该文献将占全部土地面积1.83%的高寒灌丛草甸土划为一个亚类并附属于高山草甸土，而将仅占全部土地面积0.7%的所谓"亚高山草甸土"划为一个大类型，这种处理实在令人费解。二是荒漠土系列，包含有风沙土、盐渍土、棕钙土、棕漠钙土等。三是草原土系列，包含有栗钙土、灰钙土、黑钙土等。这三大系列可称为土壤的高原地带性表现，而森林土壤分布于此三大系列之中，但不从属于任何一个土壤类型。

青海森林土壤未进行过全面系统的调查，20世纪80年代初进行的全省土壤普查主要针对的是农牧业土壤，而将全省森林土壤全部划归灰褐土一个土类，当时即遭到林学界的反对，反对的理由主要有三：一是全省森林分布南北跨度很大，跨有纬度7°40′，尽管绝大部分属于寒温性针阔叶林，但内部差异还是较大，主要反映在树种和树种组合上，由不同树种或树种组合形成的森林土壤应当具有不同的性状，土壤基质南北也有差异，北部因受到黄土覆盖的影响，碳酸盐含量较高，石灰反映强烈，而南部含量较少甚至全无。二是青海森林多与周边省区的森林呈连续分布，研究青海森林土壤应当与周边省区的森林土壤类型相协调，不能因省界而形成两个土壤类型。例如湟水流域和黄河下段的森林与甘肃的森林相关联，1958年原林业部第三森林经理大队在进行森林经理专业调查时，将甘青两省有关地区的森林土壤均定为褐色森林土。再如大渡河上游玛可河林区的森林与四川省的森林呈连续分布，四川一侧定为棕色森林土。应当认为，原林业部调查队或兄弟省区的调查研究均具有较高的水平，而且当时青海土壤普查的负责人也在评审会上提出对本省森林土壤的调查研究还不够深入。三是灰褐土被认为是在干旱或半干旱气候条件下发育而成的森林土壤，而本省孟达林区年降水量达660mm以上，恐不能称其为"干旱半干旱"气候。同样，玛可河林区位处年降水量659～700mm等值线之间，金沙江、澜沧江上游各林区年降水量也在500～550mm左右，自然都不能认为是干旱、半干旱气候，将这些地方的森林土壤均定为"灰褐土"显然有些勉强。

20世纪八九十年代，在编写《青海森林》一书时，为了解决森林土壤问题，曾进行了一些补充调查，并邀请了全国著名土壤专家林伯群研究员来青进行考察和指导，最后由省林业勘察设计院讨论并由孙学冉、齐贵新两位先生执笔编制出了全省第一部森林土壤分类系统（草案），尽管支持这个系统的土壤剖面较少，显得有些薄弱，但仍然得到评审会专家们的认可。这个系统基本上是按照省内林学界对森林土壤长期观察研究并得到多数人一致认同而完成编制的。即北部为灰褐土，中部为褐色森林土，南部为棕色森林土，这三大块土类即为青海森林土壤的总体格局。[34][87]同时，通过调查研究还发现青海森林土壤是在高原高寒气候影响下形成的，不同于一般的山地森林土壤，主要是青海森林土壤中有永冻层或季节性冻层，成土过程中的化学作用较弱，物理作用较强，形成的土壤胶膜比较原始，土层的粗骨性突出。这些虽系一般高原土壤的特点，但在青海森林土壤中表现更加突出。同时，由于山高坡陡，排水良好，因而土层中一般不存在灰化现象，如此等等。

森林土壤应当是一门独立的学科，虽然与一般的土壤学研究有着较多的联系，但森林土壤与一般土壤还是有很大差异的，森林土壤的成土因素和发育过程比一般土壤要复杂得多，森林土壤不仅要受到大气候和山地小气候的制约，而且还要受到林内更小气候系统的制约。作为下垫面的森林，对近地表的气流运动也有重大影响，除了减小风速，稳定气温之外，还有着特殊的热交换和水循环作用，森林的吸热、蓄热和散热功能，以及对降水的截留、蒸发、蒸腾、雾化、渗透、过滤等功能，使林内林缘的水热条件优于无林地区，即便是同一成土过程，在森林内也被强化，如腐殖质积累过程，林内要比无林地带强许多倍，林内不仅有枯枝落叶层，还有由密集的草木根系形成了土壤表层特殊的环境条件，加上包括细菌在内的众多微生物和动物活动，在很大程度上增强了腐殖质的积累和腐殖质的含量。阐明这些，目的在于强调不宜将森林土壤与一般的土壤等同看待，也不宜用一般土壤学理论与方法来报道森林土壤学的研究，森林土壤研究不应当附属于一般土壤学之内的一个分支。

土壤是森林生态系统的组成部分，中国森林已经有了全国性的分类系统，[21]迫切需要研究森林土壤的全国分类系统，并在此基础上制定出各省的分类系统，以便为划分立地条件类型打下基础，这对森林植被的发展以及林业建设都具有重要的意义。

第四章　社会因素

第一节　综述

　　本章所谓的社会因素是指新中国成立后森林植物的变化情况，由于近百年来的积贫积弱，在新中国成立早期以及随后的一段时间里，首要任务是解决民生问题，生态建设和林业生产并非是十分紧迫的事，加上人们对森林的认识不足，林业生态建设在国民经济中占比不高。尤其在青海，森林资源不多，林业经济所占比重微不足道，自然不是大家关注的重点，所以在很长一段时间内，林业建设表现为时起时伏，起伏式发展。虽然森林植被面积有所增加，森林覆盖率得到提高，但也产生了一些负面影响，此一时期可称之为"林业生态建设的徘徊期"。

　　1978年，"三北"（东北、华北、西北）防护林工程启动实施，青海省14个县区纳入工程实施范围，林业生产开始出现转机，由于此时正值改革开放初期，国家经济尚在恢复，工程造林等林业生产采取以农民群众投工投劳为主，国家补助为辅的形式开展。经过十余年的努力，完成了"三北"防护林一、二、三期工程，林草植被得到一定程度的恢复和发展。此一段时间可称之为"林业生态建设的振兴期"。

　　随着社会经济的发展，在基本上解决"吃饭问题"的前提下，国家越来越关注每况愈下的环境问题。特别是在1998年，包括长江、嫩江、松花江在内的多条大江爆发百年一遇的全流域特大洪水后，更在全社会敲响了关于生态红线、环境安全的警钟，实现人与自然和谐发展逐渐成为社会共识和可持续发展的迫切需要。在此背景下，1998年及1999年，青海省先后启动天然林保护工程、退耕还林还草工程，通过这些工程建设，林业生产建设出现了前所未有的大好形势，进入了大发展的时期。

党的十八大后，国家对青海省提出了更高的要求，即保护好三江源，保护好"中华水塔"，保护好青藏高原的生态环境，青海林业生产和生态建设进入一个全新的发展时期，此时国家经济实力大增，林业生产由原来的以农民群众投劳为主转变为以国家投资为主，按照项目管理要求，并建立严格的检查验收制度，改变了以往的粗放经营模式。在森林资源管护上，逐步实行生态补偿机制，采用以购买服务为主的管护模式，聘用了一大批生态管护员，分区分片管护着包括森林、灌丛、湿地和野生动物在内的绿色生态空间，壮大了管护力量，增强了管护实效，全省生态环境得到较大程度的改善，森林覆盖率大幅度提高。青海省委省政府按照习近平总书记视察青海提出的"三个最大"要求，提出"四地"建设目标，要把青藏高原打造成全国乃至国际生态文明建设高地，林业生态建设正在高质量稳步发展。

第二节　社会因素对森林植被的负面影响

社会因素对森林植被的负面影响，主要包括过伐、偷砍滥伐、植被破坏、烧荒、开荒等，这些因素导致了森林植被的在短期内遭到破坏。

一是过伐。过伐主要发生在新中国成立初期，生产生活的恢复和大量基础设施建设，需要大量木材，青海森林资源本就不多，凡交通便利地方的森林早在旧社会已采伐殆尽，西北各省也缺乏木材的相互支援能力，只能依靠本省自己解决所需木材，这使得许多林区采伐量过大，有些荒漠半荒漠地带本不该采伐的林区也被采伐，如乌兰县希里沟林区。当时大多由用材单位自行采伐，往往超过批准的采伐量，后来省里成立了专业采伐队，才逐渐扭转了这一倾向。现在看来，应当认为这种采伐属于森林的主产利用，亦即正常资源消耗，但其采伐方式和采伐强度都不合理，缺乏系统的规划和伐后更新措施。

二是偷砍滥伐。这方面情况比较复杂，既有林区内和林区附近群众的盗伐，也有集体入林的盗伐，也有少数林区管理人员与外部相互勾结的盗伐，也有一些林区内的非林单位或其成员雇用当地群众的盗伐。此外，还有外省外县群众越界的盗伐。产生盗伐的原因除部分群众因生产生活所需外，还有以下原因：一是生产关系改变。每当生产资料所有制发生变革时，不论是"分"还是"统"，群众都会先将自己栽种的树木或林木砍伐，这是人工林遭受损失的主要原因。二是场群关系紧张。国有林区内有农牧民群众居住，林场被授权管理国家森林资源，而林区内群众则经营农牧业，在人口增加、生产发展的情况下，要求尽可能多地占有土地资源，用以扩大耕地和草场面积，国家、集体和个人利益在此交织在一起，处理不好易于产生矛盾甚至冲突，森林资源管理难度大。三是部分基层干部片面强调"群众利益"，以搞副业为名，组织一些群众入林乱砍滥伐，哄抢林木。四是新中国成立后的很长一段时间内，建筑材料、生产物资几乎全部用木材，为了无偿获得这些资源，促使一部分人铤而走险。此外在道路建设、采矿采金或群众搞副业时，从业者大都就地取材作为燃料。如在建设青藏公路时为了节省工程费用，就地砍挖灌木用来熬煮沥青，且作为先进经验加以推广。

三是植被破坏。主要是砍挖荒漠灌丛，如柴达木盆地自 1964 年开发以来，大量外来人员涌入，这些人大多是砍挖沙生灌木做生活燃料，有些人用推土机、卷扬机或拖拉机挖掘柽柳、白刺做燃料，有些人甚至用炸药炸取。许多单位和居民用柽柳、白刺编制围墙也造成了沙生植被的破坏。在十余年的时间里使都兰县以西至格尔木市 200 余公里的青藏公路两侧 5 ~ 10 km 范围内的沙生灌木几乎一扫而光，后来还继续向西延伸破坏至乌图美仁，直到 20 世纪末这种现象才得到制止。

四是烧荒。就是通过焚烧灌木林来扩大草场，这是牧民沿袭多年的做法。新中国成立初期，青海仍有些地方存在这种现象，有些地方政府每年下达扩大草场的任务指标，甚至一些地方焚烧灌木林长达半个多月，不仅牧民在烧，一些国营牧场也在开展，以此增加产草量。这种做法导致植被破坏、群落萎缩、水源枯竭、动物减少、虫鼠害猖獗，加剧了森林草原退化和沙化。

五是开荒。青海省在新中国成立后的 10 年间，曾进行过两次大规模的开荒，一次在 1958—1960 年，另一次在 1965 年之后，两次大开荒使全省耕地面积从 27.6 万 km² 增至 58.7 万 km²。这些新开荒地上有相当一部分是灌木林，如柴达木垦区是在昆仑山前的"细土带"上进行的，而这里曾是沙生灌木的分布地段。门源黑刺滩、贵德红柳滩等都是在此期间开垦的。另外，各天然林区周围也被开垦，并不断向林内蚕食，林线逐渐后退。

第二篇

青海植物区系地理

第五章　植物区系成分

植物区系按地理分布、起源地、迁移成分、历史成分和生态成分划分成若干类群，植物区系的研究为植物界的起源和演化奠定基础，也为植物的引种、驯化及生物多样性的保护提供科学依据。本章参照吴征镒《中国种子植物属的分布区类型》和中国植物区系对青海省种子植物属进行分析整理。

第一节　从世界范围分析

中国种子植物属的分布区类型大体概括为 15 个分布型，对每个分型又根据在该类型中间断分布或在某一局部形成分布中心的属进一步划分为亚型，共32 个亚型，青海 15 个分布类型均有。

一、世界分布或广布

世界分布区类型包括几乎遍布世界各大洲而没有特殊分布中心的属。青海有蓼属（*Poiygonum*）、猪毛菜属（*Salsola*）、酸模属（*Rumex*）、滨藜属（*Ateriplex*）、碱蓬属（*Suaeda*）、银莲花属（*Anemone*）、铁线莲属（*Clematis*）、毛茛属（*Rannunculus*）、碎米荠属（*Cardamine*）、独行菜属（*Lepidium*）、蔊菜属（*Rorips*）、悬钩子属（*Rubus*）、黄芪属（*Astragalus*）、老鹳草属（*Geranium*）、远志属（*Polygala*）、鼠李属（*Rhammus*）、堇菜属（*Viola*）、杉叶藻属（*Hippuris*）、龙胆属（*Gentiana*）、变豆菜属（*Sanicula*）、补血草属（*Linonium*）、鼠尾草属（*Salvia*）、拉拉藤属（*Galium*）、鬼针草属（*Bides*）、飞蓬属（*Erigeron*）、鼠麴草属（*Gnaphalium*）、千

里光属（*Senacia*）、香蒲属（*Typha*）、苍耳属（*Xanthium*）、剪股颖属（*Agrostis*）、早熟禾属（*Poa*）、紫菀属（*Aster*）、芦苇属（*Phragmites*）、苔草属（*Carex*）、藨草属（*Scirpus*）、灯心草属（*Juncus*）、沼兰属（*Malanxis*）等约 65 个属。

二、泛热带分布

泛热带分布区类型包括普遍分布于东、西两半球热带和在全世界热带范围内有一个或数个分布中心，但在其他地区也有一些种类分布的热带属。青海有蒺藜属（*Tribulus*）、花椒属（*Zanthoxylon*）、卫矛属（*Euanymus*）、凤仙花属（*Impatiens*）、鹅绒藤属（*Cynanuchum*）、菟丝子属（*Cucuta*）、蔓陀萝属（*Datura*）、三芒草属（*Aristida*）、虎尾草属（*Chloris*）、狼尾草属（*Pennisetum*）、棒头草属（*Polypogon*）、狗尾草属（*setaria*）等约 34 个属。

三、热带亚洲和热带美洲间断分布

这一分布区类型包括间断分布于美洲和亚洲温暖地区的热带属，青海有木姜子属（Litsea Lam）、辣椒属（Capsium Linn）、番茄属（Lycopersicon Mill）、万寿菊属（Tagetes Linn）、向日葵属（*Halianthus*）5 个属。几乎全部为栽培属。

四、旧世界热带分布

这一分布区类型包括热带亚洲、非洲和大洋洲间断分布，青海有百蕊草属（*Thesium Linn*）、槲寄生属（*Viscus Linn*）、合欢属（*Albizia Durazz*）、吴茱萸属（*Euodia Forst*）、天门冬属（*Asparagus Linn*）5 个属。

五、热带亚洲和热带大洋洲分布

这一分布区类型是旧世界热带分布区类型的东翼，青海有烟草属（*Nicotiana Linn*）、臭椿属（*Ailanthus*）2 个属，全部为栽培或逸为野生属。

六、热带亚洲和热带非洲分布

这一分布区类型是旧世界热带分布区类型的西翼，青海有大豆属（*Glycine*

Linn）、蓖麻属（*Ricinus Linn*）、杠柳属（*Periploca Linn*）、西瓜属（*Citrullus Schrad*）、香瓜属（Cucumis Linn）、画眉草属（*Eragrostis*）6个属，除画眉草属外全部为栽培属。

七、热带亚洲（印度—马来西亚）分布

热带亚洲是旧世界热带（与美洲新大陆热带相区别）的中心部分，青海有山胡椒属（*Lind era Thunb.*）、扁豆属（*Dolichos Linn.*）、菜豆属（*Vigna Sav*）、豇豆属（*Vigna Sav*）、栾树属（*Koelreutreia Laxm*）、小苦荬属（*Ixeridium*）6个属，其中豆科的3个属全部为栽培属。

八、北温带分布

北温带分布类型一般是指广泛分布于欧洲、亚洲和北美洲温带区的属，在青海北温带分布属占绝对优势，包括典型北温带分布和非典型北温带分布。

1.青海典型北温带分布的属有全国分布的14个大属中的13个，包括马先蒿属（*Pedicularis*）、风毛菊属（*Saussurea*）、柳属（*Salix*）、虎耳草属（*Saxifraga*）、委陵菜属（*Potentilla*）、紫堇属（*Corydalis*）、蒿属（*Artemisia*）、翠雀属（*Delphinium*）、报春花属（*Primula*）、杜鹃属（*Rhododendron*）、景天属（*Sedum*）、小檗属（*Berberis*）、乌头属（*Aconitum*）。

木本属有：冷杉属（*Abies*）、云杉属（*Picea*）、落叶松属（*Larix*）、松属（*Pinus*）、圆柏属（*Sabina*）、桦木属（*Betulaceae*）、杨属（*Populus*）、榆属（*Ulmus*）、樱属（*Serasus*）、海棠属（*Malus*）、花楸属（*Sorbus*）、忍冬属（*Lonicera*）、茶藨子属（*Ribes*）、岩黄芪属（*Hedysarum*）、山梅花属（*Philadelphus*）、枸子属（*Cotoneaster*）、蔷薇属（*Rosa*）、绣线菊属（*Spiraea*）等，共约19属。

与森林关系比较密切的草本属有：点地梅属（*Androsace*）、青兰属（*Dracocephalum*）、楼斗菜属（*Aquilegia*）、升麻属（*Cimicifuga*）、水胡芦苗属（*Halerpestes*）、金莲花属（*Trollius*）、龙牙草属（*Agrimonia*）、风铃草属（*Campanula*）、鹿蹄草属（*Pyrola*）、梅花草属（*Parnassia*）、红景天属

（*Rhodiola*）、蝇子草属（*Silene*）、驼绒藜属（*Ceratoides*）、棘豆属（*Oxytropis*）、拂子茅属（*Calamagrostis*）、披碱草属（*Elymus*）、野青茅属（*deyeuxia*）、碱茅属（*Puccinellia*）、燕麦属（*Avena*）、短柄草属（*Brachypodium*）、发草属（*Deschampsia*）、贝母属（*Fritillaria*）、黄精属（*Polygonatum*）、百合属（*Lilium*）、杓兰属（*Cypripedium*）、手参属（*Gymnadenia*）、天南星属（*Arisaema*）、鸢尾属（*Iris*）、葱属（*Allium*）、嵩草属（*Kobresia*）、草属（*Beekmania*）、海乳草属（*Glaux*）等约 32 属。

2. 非典型北温带分布的属有 5 种情形：

（1）北极—高山分布的有：北极果属（*Arctous alpinus*）、冰岛蓼属（*Koenigia*）、山蓼属（*Oxyria*）、兔耳草属（*Lagotis*）等。

（2）北温带和南温带间断分布的属分为 5 组：第一组，北温带和南温带（全温带）间断分布的属有柳叶菜属（*Epilobium*）、枸杞属（*Lycium*）、三毛草属（*Trisetum*）、金腰子属（*Chrysosplenium*）、荨麻属（*Urtica*）、冠芒草属（*Enneapogon*）等。第二组，北温带和澳大利亚或澳大利亚—南非洲或澳大利亚—南美洲间断分布的属有鹤虱属（*Lappula*）、当归属（*Angelica*）、驴蹄草属（*Caltha*）、小米草属（*Euphrasia*）等。第三组，北温带与南美洲、南非洲间断分布的属有唐松草属（*Thalictum*）、茜草属（*Rubia*）、缬草属（*Valeriana*）、异燕麦属（*Helictotrichon*）、女娄菜属（*Melandrium*）等。第四组，北温带与南美洲间断分布的属有蒲公英属（*Taraxacum*）、花锚属（*Halenia*）、野碗豆属（*Vicia*）等。第五组，北温带与南非洲间断分布的属有柴胡属（*Bupleurum*）等。

九、东亚和北美洲间断分布

该属间断分布于东亚和北美洲温带及亚热带地区。青海有人参属（*Panax*）、胡枝子属（*Lespedeza*）、黄华属（*Thermupsis*）、莛子藨属（*Triosteum*）、蟹甲草属（*Cacalia*）等约 24 个属。

十、旧世界温带分布

这一分布区类型一般是指广泛分布于欧洲、亚洲中—高纬度的温带和寒温带的属。青海有丁香属（*Syringa*）、麻花头属（*Serratula*）、筋骨草属（*Ajuha*）、糙苏属（*Phlomis*）、多榔菊属（*Doromicum*）、野芝麻属（*Lanium*）、草木樨属（*Melilotus*）、川续断属（*Dipsacus*）、荆芥属（*Nepeta*）、沙棘属（*Hippophae*）、水柏枝属（*Myricaria*）、瑞香属（*Daphne*）、香薷属（*Elsholtzia*）、角盘兰属（*Herminium*）、绿绒蒿属（*Meconopsis*）、橐吾属（*Ligularia*）、小黄菊属（*Pyrethrum*）、侧金盏属（*Adonis*）、美花草属（*Callianthemum*）、峨参属（*Anthriseus*）、芨芨草属（*Achnathrum*）、鹅观草属（*Roegneria*）等。另外，在旧世界温带分布中，还有三个间断分布的变型，其中青海有：地中海区、西亚（或中亚）和东亚间断分布的属有鲜卑花属（*Sibiraea*）、毛莲菜属（*Picris*）、天仙子属（*Hyoscyanus*）、漏芦属（*Leuzea*）等；地中海区和喜马拉雅间断分布的属有滇紫草属（*Onosma*）、刺参属（*Morina*）、扇穗茅属（*Littledatalea*）等；欧亚和南部非洲（有时还有大洋洲）间断分布的属有苜蓿属（*Medicago*）、胡芦巴属（*Trigonella*）、莴苣属（*Lactuca*）等约 73 个属。

十一、温带亚洲分布

这一分布区类型是指主要局限于亚洲温带地区的属。青海有锦鸡儿属（*Caragana*）、杏属（*Armeniana*）、亚菊属（*Ajania*）、细柄茅属（*Ptilagrostis*）、太子参属（*Pseudostelaria*）、大黄属（*Rheum*）、轴藜属（*Axyris*）、鸦跖花属（*Oxygraphis*）、寒原芥属（*Aphragmus*）、地蔷薇属（*Chamaerhodos*）、无尾果属（*Caluria*）、苦马豆属（*Sphaerophysa*）、狼毒属（*Stellera*）、翼萼蔓属（*Pterigocalyx*）、附地菜属（*Prigonatis*）、大黄花属（*Cynbaria*）等约 24 个属。

十二、地中海、西亚到中亚分布

这一分布区类型是指分布于现代地中海周围，经西亚或西南亚至中亚和我国新疆、青藏高原及蒙古高原一带的属。青海有角茴香属（*Mypecoum*）、糖芥属（*Erysimum*）、念珠芥属（*neotorularia*）、熏倒牛属（*Bieberstenis*）、骆驼蓬属（*Pegania*）、牻牛儿苗属（*Erodium*）、糙草属（*Asperugo*）、狼紫草属（*Lycopsis*）、顶羽菊属（*Acroptilon*）、翼首花属（*Pherocephalus*）、假木贼属

（*Anabasis*）、梭梭属（*Haloxylon*）、盐爪爪属（*Kalidium*）、骆驼刺属（*Alhagi*）、沙拐枣属（*Calligonum*），刺矶松属（*Acontholimon*）、琵琶柴属（*Reaumuria*）、锁阳属（*Cynomorium*）等约 42 个属。

十三、中亚分布

这一分布区类型是指只分布于中亚（特别是山地）而不见于西亚及地中海周围的属。青海有小甘菊属（*Cancrinia*）、双脊芥属（*Dilophia*）、冠毛草属（*Stephanachne*）、栉叶蒿属（*Neopanallasia*）、柔籽草属（*Thylacospermam*）、假耧斗菜属（*Paraguilegia*）、女蒿属（*Hippotytia*）、藏芥属（*Hedinia*）、固沙草属（*Orinus*）、三角草属（*Trikeraia*）、白麻属（*Poacynum*）、短舌菊属（*Brachautheum*）、木紫菀属（*Asterothanmus*）、合头草属（*Synpegma*）、沙冬青属（*Ameniopipta*）、沙鞭属（*Psamnochoa*）等约 33 个属。

十四、东亚分布

这一分布类型是指从东喜马拉雅一直分布到日本的一些属。青海主要有莸属（*Caryopteris*）、党参属（*Codonopsis*）、山莨菪属（*Anisedus*）星叶属（*circaeaster*）、侧柏属（*Platycladus*）、垂头菊属（*Cranenthodium*）、绢毛菊属（*Soroseris*）、箭竹属（*Sinarunadimaria*）、斑种草属（*Bothriospornum*）、苦苣苔属（*Corallodiscus*）、射干属（*Belamcanda*）、鸢尾属（*Iris*）、锦带花属（*Weigela*）、泡桐属（*Panulownia*）、香茶菜属（*Isodon*）、五加属（*Aconthopanax*）、肉果草属（*Lancea*）、微孔草属（*Microula*）、绵参属（*Eriophylon*）等约 47 个属。

十五、中国特有分布

中国特有分布的属是以中国整体的自然植物区为中心而分布界限不越出国境很远的属。青海有重羽菊属（*Diplazoptilon*）、铁线山柳属（*Clematacletra*）、黄三七属（*Soultea*）、毛舌菊属（*Nannoglottis*）、合头菊属（*Cyncolathium*）、黄冠菊（*Xanthopappus*）、细穗玄参属（*Scrofella*）、羽叶点地梅属（*Ponatosace*）、三蕊草属（*Sinochasta*）、马尿泡属（*Przewalskia*）、小果滨藜属（*Microgynoecium*）、藏豆属（*Stracheya*）、华福花属（*Sinadoxa*）、辐花属（*Lonatogoniopsis*）等约 26 个属。

第二节　从国内植物区系分区分析

根据《中国自然地理·植物地理》中的中国植物区系分区，青海省含有泛北极植物区中的 4 个亚区，即亚洲荒漠植物亚区、青藏高原植物亚区、中国—日本森林植物亚区、中国—喜玛拉雅森林植物亚区。其中，以青藏高原植物亚区所占面积最大，几乎占到全省土地总面积的 70%；其次为亚洲荒漠植物亚区，约占全省总面积的 25%；中国—喜玛拉雅森林植物亚区所占比例约在 4.5% 左右，而中国—日本森林植物亚区仅占 0.5% 左右。

在青藏高原植物亚区中，以唐古特地区所占面积最大，几乎可称其为青海专有区系。其次为帕米尔、昆仑、西藏地区中的羌塘亚地区。在亚洲荒漠植物亚区中，青海跨有中亚东部地区喀什亚地区（塔里木、柴达木亚地区）中的一小部分（即柴达木盆地）；在中国—喜玛拉雅森林植物亚区中，青海仅占有其横断山脉地区中的一小部分，而且所占的这部分被分为东西两部分，即西部的金沙江、澜沧江上游小区和东部的大渡河上游小区。至于中国—日本森林植物亚区的青海部分则是该区的华北地区中的黄土高原亚地区。[5]

实际上，这个分区系统在青海还需要做些补正，主要是：

1. 在《中国自然地理·植物地理》的图 44 中，所标绘的喀什亚地区东部界线似乎还要向西再后退一点，虽然柴达木—茶卡—共和盆地为一条荒漠延伸带，但从柴达木盆地的最东部起，植被已产生了变化，即由荒漠变为荒漠草原，尽管这里是荒漠和草原的过渡地带但以后者表现为主，一些典型的荒漠植物如梭梭、柽柳、沙拐枣等已基本消失，而代之以红砂、白刺、蒿类、针茅、芨芨草、滨藜等荒漠草原常见植物。因此喀什亚地区的东部界线应在东经 96 度线一带，即德令哈附近为宜。[108]

2. 在上述图件的标绘中，应将横断山脉地区与青藏高原植物亚区之间的界线再向北移动一些，因为尽管这里系二者的过渡地段，但从植物区系的表现来看，应以前者为主。

3.上述图件中，中国—日本森林植物亚区华北地区黄土高原亚地区的西部界线到了青海边界附近表现不够清晰，似乎是被省界所隔断，而这里的省界并无明显的自然界线，应将大通河下段、湟水和黄河临近出省的一段地区划归黄土高原亚地区。同样，这里虽然也是唐古特地区和黄土高原亚地区的过渡地带，但以后者表现为主。

青海省植物区系分区系统如下（括弧中系《中国自然地理·植物地理》中的分区编号）：

I.泛北极植物区（I）

　　B 亚洲荒漠植物亚区（IB）

　　　（1）中亚东部地区（IB5）

　　　　　1）塔里木、柴达木亚（喀什亚）地区（IB5a）

　　D 青藏高原植物亚区（ID）

　　　（1）唐古特地区（ID7）

　　　（2）帕米尔、昆仑、西藏地区（ID8）

　　　　　1）羌塘亚地区（ID8b）

　　E 中国—日本森林植物亚区（IE）

　　　（1）华北地区（IE11）

　　　　　1）黄土高原亚地区（IE11c）

　　F 中国—喜玛拉雅森林植物亚区（IF）

　　　（1）横断山脉地区（IF17）

　　　　　1）金沙江、澜沧江上游亚地区

　　　　　2）大渡河上游亚地区

唐古特地区包括：青海省除柴达木盆地、班玛县、囊谦县北部和可可西里地区之外的广大地区，甘肃省祁连山北坡，四川省石渠县，西藏自治区的丁青、索县、比如、那曲、安多部分地区及聂荣、巴青两个行政县，大致界于北纬30°30′～39°06′、东经91°～104°之间，总面积约70万km²。根据《中国种子植物区系·唐古特地区植物名录》的记载，已查明这一地区共有天然分布的种子植物 89 科 521 属 2105 种，由这些植物组成的大面积草甸、灌丛是这里的主要景观。在本区东部由青海云杉、祁连圆柏以及山杨（*Populus davidiana*）、桦木等组成了寒温性针阔叶林。由杜鹃、柳类、锦鸡儿、小檗、金露梅等组成了各种类型的灌丛。由嵩草、苔草等组成了高寒草甸，也有由针茅、蒿类等组成的较大面积的草原。在这些植物群落中，伴生种类丰富多样，以珠芽蓼（*Polygonum viviparum*）、圆穗蓼（*P. macrophyllum*）以及多种苔草、风毛菊、毛茛、翠雀、银莲花、报春花、点地梅、龙胆、獐牙菜、无心菜、女娄菜、卷耳、繁缕、红景天、虎耳草、委陵菜、黄芪、棘豆等。仅限于本区分布或略有延伸至邻区的有羽叶点地梅、马尿泡、穴丝荠（*Coelonema*）、扇穗茅、三蕊草、黄冠菊等。还有一些北极—高山成分如肾叶山蓼（*Oxyria digyna*）、冰岛蓼（*Koenigia islandica*）等。[20]

属于喀什亚地区的柴达木盆地，植被成分虽以中亚为主，但已大不同于西部一带，在这里，木霸王（*Zygophyllum xanthoxylum*）、裸果木（*Cymnocarpos przewalskii*）、矮沙冬青（*Ammopiptanthus nanu*s）、老鼠瓜（*Capparis spinosa*）等荒漠种已经消失，而代之以唐古特白刺（*Nitraria tanguorum*）、蒿叶猪毛菜（*Salsola abrotanoides*）、木本猪毛菜（*S. arbuscula*）、合头草（*Sympegma regelii*）、枸杞（*Lycium barbarum*；*L. ruthenicum*；*L. spp.*）、驼绒藜（*Ceratoides latens*）等荒漠伴生种，还有多种盐爪爪。这些植物与多种柽柳、膜果麻黄（*Ephedra przewalskii*）、梭梭、沙拐枣等一起组成了特殊的荒漠植物群。

在学术界，对柴达木盆地植被的性质和地位一直存在着争议，上述文献是将其划归亚洲荒漠植物区中的喀什亚地区，一些文献支持这种处理，[56]并建议将柴达木盆地在中国自然区划中也如此处理，《中国植被》中也是如此，在其植被区划中同样将柴达木盆地划归亚洲荒漠区。[20]另有一些文献[66]，则认为柴达木盆地和塔里木盆地原来曾是一个统一的盆地，后来被隆起的阿尔金山所隔断，柴达木盆地与青藏高原一起抬升成为高盆地，植被也发生了很大变化，走上了独立演化的方向，因而应当划归青藏高原植物区。作者认为，做为植物区系分区，《中国自然地理·植物地理》的处理是可以的，但在植被区划上则应划归青藏高原植物区才比较自然。[108]

青藏高原植物亚区—帕米尔、昆仑、西藏地区—羌塘亚地区在青海系指可可西里地区，这里共有种子植物212种，其中裸子植物2种（麻黄属），被子植物有28科88属210种（包括种以下等级），大科有菊科（11属30种）、禾本科（9属30种）、十字花科（14属23种）、毛茛科（9属18种）、豆科（3属15种）、石竹科（4属12种）、莎草科（2属12种）。区系成分比较复杂，有世界分布的2种，北温带和北极—高山分布的14种，青藏高原—中亚25种，喜玛拉雅—青藏—中亚24种，喜玛拉雅—青藏—克什米尔27种，喜玛拉雅—青藏26种，青藏—华北—东北9种，横断山区11种，青藏高原特有种72种，其中青藏高原特有18种、羌塘高原特有19种、唐古特地区特有23种、可可西里特有12种。这些植物在此组成了高寒草原、高寒草甸和高寒荒漠（垫状植被）。森林植物在此仅有垫状驼绒藜（*Ceratoides. Compacta*）、垫状金露梅（*Potentilla fruticosa var. pumila*）、匍匐水柏枝（*Myricaria prostrata*）等少数木本植物，而且高度很少超过10cm。[16]

中国—喜玛拉雅森林植物亚区中的横断山脉地区在青海虽然仅有两个小亚区，但这两个亚区却大有差异，在大渡河上游亚区中，由紫果云杉、方枝柏组成的针叶林内伴生有鳞皮云杉（*Picea retroflexa*）以及包括紫果冷杉（*Abies recurata*）、鳞皮冷杉（*A. Squarmata*）等在内的数种冷杉，还有红杉（*Alari potaninii*）、垂枝柏（*Sabina recurva*）等分布。而在金沙江、澜沧江上游亚地区中，则仅有川西云杉、密枝圆柏、大果圆柏等少数树种组成针叶林。[34]

两个亚区也有共同之处，一是高寒灌丛都很发育，主要由柳类、杜鹃、金露梅、锦鸡儿、沙棘等组成，面积很大；二是附属于针叶林的杨桦阔叶林并不十分发育，其原因可能是森林的原始状态较强，为阔叶树种留下的空间不多之故；三是林内下木层种类含有不少川西成分，如四川丁香（*Syringa sweginzowii*）、四川忍冬（*Lonicera szechuanica*）、细齿樱桃（*Cerasus serrula*）、川西樱桃（*S. Trichostoma*）、多腺小叶蔷薇（*Rosa willmottiae var. glandulifera*）等，从而与北部森林不同。

中国—日本森林植物亚区—华北地区—黄土高原亚地区虽然仅占省域东北部一角，但表现还是十分明显的，这里有以刺柏（*Juniperus formosana*）、油松（*Pinus tabuliformis*）、华山松（*P. armandii*）、青杆（*Picea wilsonii*）等为主组成的针叶林，也有以旱榆（*Ulmus glaucescens*）、山杏（*Armeniaca sibirica*）、冬瓜杨（*Populus purdomii*）等树种组成的阔叶林，还有一些这种成分的树种散生于林内，如小叶朴（*Celtis bungeana*）、多种槭树（*Aser davidi*；*A. ginnala*；*A. grosseri*；*A. tetramerum var. betulifolium*）、沙梾（*Swida bretschneideri*）等。[34]

　　值得注意的是，在靠近省界的孟达林区集中了一批华北成分的树种，其中有些甚至连甘肃中西部都没有，被孤零零地"关"在这里，如大叶钓樟（*Lindera umbellata*）、红果山胡椒（*L. erythrocarpa*）、绢毛木姜子（*Litsea sericea*）、栾树（*Koelreuteria paniculata*）、四萼猕猴桃（*Actinidia tetramera*）、铁线山柳（*Clematoclethra lasiocld*）、假稠李（*Maddenia hypoleuca*）、扁核木（*Prinsepia. Utilis*）、稠李（Padus. Racemosa）等，组成了类似西秦岭一带的森林植物群，这充分说明，将青海东北部边界一带从唐古特地区划分出来是很有必要的。[47]

第六章　森林植物的青藏化（高原化）

第一节　综述

植物在青藏高原隆升过程中，由于不适应环境的变化，就会从高原消失，有些是永久消失，如前述的古森林植物群，这种消失不在本章讨论之列。有些则是仅从高原及其周边消失，仍在其他地区存在，这类森林植物由于不参与现代高原森林植被的组建，自然也不属于讨论范畴。有些森林植物是从高原面上亦即环境最严酷的地方消失，但仍存在于高原周边地区，这些地方仍属高原范围之内，并在此进行演化，而且发育成高原植被类型。这种消失实际上是从高原上"退居"于周围地区。还有些植物留在原地进行适应生存，亦即就地演化。这两种情况可称之为森林植物的青藏化，亦即"高原化"过程。

以往许多研究者对植物在高原上的演化过程常采用"进退"来表示，由于过多地注意到高原植被与周边地区植被的联系，因而较多地强调了"进"，即认为高原植被大都是由周边地区分布而来，有些文献甚至用了"指状延伸"来表述这种过程。[65] 作者认为，在地史早期，即在第三纪之前，这种过程是存在的，植物既有进，也有退，但从第四纪开始，青藏高原进入快速抬升阶段，冰期来临，气候更加寒旱化，环境更加严酷，尽管在间冰期气候转向暖湿，一些后退消失的植物再次向高原做前进分布，但这毕竟是短时间、短距离的过程，而总体上则是以从高原"后退"或消失为主要表现，能够证明这一点的就是高原上的现代森林树种大都在这里的地史上出现过，或出现过它们的类群。尤其是在高原上已经"三化"（草甸化、草原化、荒漠化）之后，森林树种还能自然地侵入是难以想像的。如果说有些树种的种子较轻，可以随风到处飘扬，从而到达高原倒有可能，但像高原主要森林树种的圆柏类，其球果不可能随风向远处传播，只能依靠下落时的冲力在山坡上向下滚动，它怎样能从低海拔区向高海拔区发展？有些文献从四川松潘分布有 10 种圆柏而认为此处是该属的演化中心，[64] 但这里是著名的"松潘小低压"气候湿润多雨，年降水量在 1000mm 左右，附近就是大面积的沼泽区，而圆柏属系旱生植物系列，如何在此演化？它怎么由这里向高原去分布？相反，在青海也有 11 种圆柏，如果在这里演化而集中到松潘一带倒有可能。

众所周知，青藏高原在隆升过程中，产生了内部分异，南半部因受南支西风环流控制，湿润多雨，除了高原主体之外，其余部分条件较好，而北半部主要在青海，被北支西风环流所控制，干燥少雨，形成了以寒旱为主的环境特色，高原植物在这里不仅存在着"高原消失"，而且存在着"青海消失"，即有些植物从青海是消失了，但仍然生存于高原其他地区（主要是南坡）。例如曾在上新世消失的木兰（*Magnolia*）、冬青（*Lllex*）、山核桃（*Carya*），以及到了晚更新世才消失的核桃、枫香、鹅耳枥、芸香，甚至到全新世才消失的铁杉、雪松、桤木、楝等，仍然是川西、藏东等地区森林中的主要树种。在青海，森林植物"后退"的证明就是松和栎，松属植物在青海只有两种，即油松和华山松，油松比较耐干旱，因而比华山松分布的范围要广阔得多，松属曾在青海地史上长期存在过。栎属也同样，不过目前在青海仅有辽东栎（*Quercus. Wutaishansea Mary*）一种。根据《青海湖近代环境的演化和预测》的研究，在距今 8000~5000 年前时，青海省曾经有过一段相对的暖湿期，作者认为青海现代植被大约就在此时形成，当时青海湖区尚有松和栎分布，随后由于气候变为冷干而消失，并逐步"退居"于东部三河（大通河、湟水、黄河）流域一带，油松比较耐旱而没有向东"退"得更远，其西部界线位于西宁以西，亦即门源仙米林区下段—湟源东峡—贵德东山一线，而华山松和辽东栎则一直向东"退缩"到省界附近的孟达林区。说到孟达林区，它又是一个孤岛状的植物小区，前已述及，这里分布着 9 个单种属，寡型属 23 个，中国特有属 15 个，有 41 种木本植物为青海其他地区所未见，其中多为华北成分，但从此向东距 300 多公里的西秦岭小陇山林区之间几乎没有森林植被，它是如何形成的？从华山松和辽东栎由青海湖区"退居"于此的情况来分析，全孟达林区的森林植物也是具有"退居"的可能，亦即在更早的时间里，它们是布满青海东部的"三河"流域的，后因气候变化，其他地方均已消失，而孟达林区因四面被高山环绕的地形阻隔，降水较多，风速小，气候稳定，才成为具有"避难所"式的特殊小区。[47]我们知道，全新世之前，青藏高原冰期连绵不断，气候恶化，森林树种由内地向青海前进式分布的可能性几乎是不存在的，唯一合理的解释只能是"退居"于此。

　　在青海，还有一种现象值得关住，就是有些树种分布于省界边缘，它们是如何到此的？例如红杉，分布于大渡河上游玛可河林区最东端青川界山之上部，呈窄带状，生长尚属健壮。在玛可河上，青海森林和四川森林是连续分布的，如果红杉是从该河下游向青海"延伸"分布而来，那么就应当是连续的，但从文献[64]中的附图中看到，红杉在四川分布的最北界是在阿坝、壤塘一线，距青海红杉的分布区尚有 30~40 km，虽然红杉的种子可以随风吹向远处，但四川林区内为何未见生长？考虑到落叶松属也曾在青海地史上出现过，因而青川边界处的红杉是否也是从高原上"退居"于此？

　　还有山杨，它在青海北部分布很广，各林区几乎都有，但在玛可河林区却仅分布在林区最东端，也在青川交界处，和红杉具有同样的"命运"，值得注意的是在金沙江上游的东仲林区没有山杨分布，但在仅有一河（治河）之隔的西藏邓柯林区却有生长，这种止步于青海边境且无大的自然界线阻断的状况如何解释？同样还有暴马丁香（*Syringa reticulata var. amurensis*）分布在与互助北山林区一河（大通河）之隔的甘肃天祝林区，而青海未曾发现；在上述东仲林区还分布有香柏（*Sabina pingii var. wilsonii*），也是其他林区未见，是否仍然系"退居"的结果？这些推论目前尚无足够的证据，须待今后继续调查研究。

第二节　森林植物的就地演化

　　在森林植物青藏化（高原化）的过程中，有许多植物并未消失或退却，而是就地坚持用自我改变来适应高原环境。它们通过一系列演化过程从而在高原上坚持下来，并发展成现代植被。现将这些过程分述如下。

一、群体化过程

乔木树种大都形成纯林，由云杉、冷杉组成的针叶纯林是这里的"顶极群落"，林相整齐，林冠层密集，郁闭度大，林内阴暗，光照很弱，其他植物在此难以生存，因而下木层一般发育不良，群落稀疏，这是高原森林进行自身维护，保持本群系稳定的重要功能表现，附属于其内的杨、桦阔叶林也是同样，多以纯林形式出现。诚然，其他地区的森林也有如此表现，被认为是森林树种的本性，但高原森林表现得更为强烈，林相更加单纯整齐"干净"，高原上很少有树木葱茏、草木丛生、排列无序的杂木林，除了针阔叶树种演替阶段和半阴半阳坡之外，高原森林中的混交林也不多。多少能说明问题的是用杨、柳、榆等速生树种由人工营造的纯林，其群体化效应并不明显，常出现边行优势和中间的"小老头"树，对病虫害的抵御能力也不强，而用青海云杉、油松等天然林树种营造的人工林，其群体优势很快便会发挥出来，林相逐渐接近天然林，表现出明显的生物学特性和林学特性。

在高原上，群体化过程最突出的是灌丛，几乎所有的高寒灌丛都是单优结构，群落密集，层次简单，采用大量个体集中一起和强烈的排他性来保持本群系的稳定，并不断向外扩展，尽量占有更多的空间，荒漠灌丛也有这种表现。不仅森林植物是如此，高原上的其他植物也同样，由嵩草、苔草组成的高寒草甸，由针茅、扇穗茅组成的高寒草原均为单优结构。除了高山峡谷和山地沟谷之外，高原面上的基本景观是单块单色，各植物群落都是各踞其地，各守本土，相互间边界清楚，一目了然，这里同样很少有草木杂乱，多种混生的情形。

二、多型化过程

多型化是森林植物高原化的重要过程之一，是植物演化的初级阶段。除了缩小植物体和叶片、增加毛被、加厚角质层、提高木质化程度、缩短节间等生理变化之外，高原植物在适应过程中还有许多多型化的表现。

首先是生活型的多型化，其中既有种内的也有不同种间生活型的不同，前者如甘蒙柽柳（*Tamarix austromongolica*）通常为灌木，但有时也长成小乔木，沙棘（*Hippophae rhamnoides*）、乌柳（*Salix cheilophila*）、梭梭等也有这种表现，实际上，这是生态型和生活型的结合。有些植物的植株形态变化更是不可思议，如川西锦鸡儿（*Caragana erinacea*）的植株变为半球形，长在沙丘上的刺叶柄棘豆（*Oxytropis aciphylla*）也是如此。更奇特的是香柏，当它长在山坡的林内时，呈小乔木状，树高可达 10 余米，而当生长在金沙江边的沙滩上时，则变成另一种形态，其主干仍然存在，但不发育，细小瘦弱，高度不超过 1.8m，而侧枝却十分健壮，直径超过主杆，向四面水平伸展一段后再向上生长，并向中心倾斜，使整个植株变成馒头状的短圆锥形，这种不乔不灌的状态是青海森林植物四大怪异表现之一，为这种形态命名都十分困难。还有近年来在同德县黄河谷地发现的甘蒙柽柳天然残留林分几百"丛"，每丛都是由许多单独植株（也可能是同根萌蘖）密集地生长在一起，有些已经是多株相互融合，形成了新的"树干"，而且生长健壮，十分奇特，为许多专家所未见，也成为青海森林植物四大怪异之一，为其命名同样感到为难。

其次是形态多型化。最突出的是祁连圆柏，该种以前曾被分为祁连圆柏、甘川圆柏和柴达木桧三个种，后来合并，其叶形有针叶和鳞叶，有些植株全为针叶，有些全为鳞叶，有些二者兼有，有些幼时为针叶，长大后变为鳞叶。有些植株的枝条下垂，甚至如同垂柳一般。球果直径 3.5 ~ 7mm 均有，颜色有黑、黑紫、蓝黑、灰褐、灰黄、灰绿等多种，球果中甚至有 8% 的两粒型种子，既有雌雄同株，也有雌雄异株，而且占多数。再如金露梅（*Potentilla fruticosa*），由其叶片大小、植株毛被多少、花的颜色和直径等划分的种下等级多达 17 种。有些森林植物的模式标本产在外地，一到青海就产生变异，形态在很多地方与原描述不一致，而另立新种或新变种的理由又不够充分，这种被称为"四不象"的状况曾给植物分类学者和树木学家带来不少困惑。这在一些灌木树种中尤为多见，如柳类、茶藨子、枸子、柽柳等属，都有这种情况。玉树产有一种蔷薇，在编写《青海木本植物志》时，曾将标本拿到北京由专家鉴定为疏花蔷薇（*Rosa laxa*），而在《青海植物志》中又改为多腺小叶蔷薇（*Rosa willmottiae*）。青杨的模式标本产于四川，在青海栽培多年，产生了许多变异，依据本省标本描述的省内多种植物分类著作对其描述均有不同，这些都是多型化的表现，说明受到高原生态边缘效应的青海森林植物正处在激烈的分化之中。

第三是行为上的多型化。自然枯枝是常见的一些植物用以抗御高寒干旱气候的行为，当气候条件较好时，所有的枝上均生叶甚至开花，相反时则主动使一些枝条不长叶甚至干枯。荒漠植物中的梭梭也有自动落枝现象。根系转移是另一种行为，这是植物对抗草甸化的性状之一，因为草甸层（As）一般较厚，草茎和草根密集，其他植物的种子很难接触到土壤，无法依靠天然下种进行更新，只能用根在草甸层中穿行，并在合适的地方再萌发新株。山生柳（*Salix oritrepha*）、青山生柳（*S. Oritrepha var. amnematchinensis*）等表现最显著，鬼箭锦鸡儿（*Caragana jubata*）也有这种表现。大量结实是另一种多型化的表现，这在灌木中尤为明显，很多种类几乎年年大量结实，在野外看不到明显的种子年，这有助于加强下种能力和天然更新，高山绣线菊（*Spiraea alpina*）、甘青铁线莲（*Clematis tangutica*）、山生柳、秦岭小檗（*Berberis circumserrata*）以及一些荒漠灌丛都有这种能力。尤其是圆柏类不仅结实量大，而且还有一种功能就是种子延迟发芽，它们的种子在土壤中何时发芽要根据气候情况而定，有些当年不发第二年发，有些甚至在 3 ~ 5 年后才发芽。平顶，又是行为多型化的表现之一，肋果沙棘（*Hippophae neurocarpa*）灌丛由于生长在河漫滩上，高山峡谷中的风速很大，风力强劲，为了抗风，灌丛的顶部非常平整，似乎被人修剪过，其他灌丛也有类似的等高表现。此外，有些植物还有推迟展序的表现，具鳞水柏枝（*Myricaria squermata*）在条件较好的地方生长时，能够正常时间展序开花，但生长在玛可河林区和玉树地区等高海拔地区时，为了抵御早春的寒冷，花序出生后并不马上展开，而是卷成圆球状，有人据此建立了一个新种，叫球花水柏枝（*M. Laxa*），后来兰州大学张鹏云教授在编写《中国植物志》时才予以纠正，合并成一个种。

三、地理替代和衍生过程

地理替代具有大区域概念，即替代种能够在较大范围内适应，从而能够反映出两个地理单元之间的本质差异，也能反映出替代种分布区的独立地位。在青海，青海云杉被认是粗皮云杉（*Picea asperata*）的地理替代种，唐古特白刺（*Nitraria tangutorum*）是白刺（*N. Sibirica*）、山生柳是杯腺柳（*Salix cupularis*）、柴达木沙拐枣（*Calligonum zaidamense*）是蒙古沙拐枣（*C. Mongolicm*）、青海杨（*Populus przewalskii*）是小叶杨（*P. Simonii*）的地理替代种等。除此之外，还有森林类型上的替代现象，主要是当森林进入高原范围之后，圆柏类代替高山栎类成为阳坡替代型，而且还在冷杉消失后由其替代而分布在云杉之上，成为分布最高的森林群落。

衍生现象是指一些属系从临近的属演变而来，在青海主要表现在草本植物方面，木本植物中尚属少见。草本中如马尿泡属是从山莨菪属（*Anisodus*）、羽叶点地梅属是从点地梅属、合头菊属是从绢毛菊属、辐花属是从獐牙菜属衍生等。在森林植物中，比较可疑的是刺柏属和圆柏属的关系，在《中国植物志》第七卷中，刺柏属被排在圆柏属之后。显然，这是有问题的，因为我们知道，刺柏属均为三叶轮生，而圆柏属的多数种以交互对生的鳞形叶为主，一般认为，对生比轮生进化。同时，更加重要的是刺柏的球果成熟后先端开裂，这与柏科刺柏属之前的几个属如建柏属（*Fokienia*）、侧柏属（*Platycladus*）等的球果开裂是同样的性状，而圆柏属的球果不开裂则与柏科后面的罗汉松科（*Podocarpaceae*）、三尖杉科（*Cephalotaxaceae*）等的性状相近，因而圆柏显然比刺柏属进化，可能是柏科最进化的一个属，将其排在刺柏属之后为宜。自然，应当认为圆柏属是从刺柏属衍生而来。[102]

四、简化过程

一是植物总种数的减少，青海省高等植物约在 2400 种左右，达不到西藏植物 5700 种中的一半。二是树种减少，全省天然分布的乔木树种仅有 140 余种，灌木 400 种左右，木本植物在总体上显得贫乏。[45] 三是森林植被群落的结构简化，已如前述，以纯林占优势，无论是组成结构还是层次结构都要简单得多。灌丛也同样，最复杂的灌丛组成植物也不超过 60 种，一般保持在 20 ~ 30 种，高海拔地区的灌丛组成植物甚至只有 10 种左右。

简化过程表现最为突出的地区之一是可可西里，已如前述，这里植物总种数才 212 种，而且森林植物几乎全消失。另一个地区是柴达木盆地，自从成为高原盆地后，原来的温带荒漠植被高寒化，植被的稳定性不复存，全盆地植物总种数降至 300 种左右，一些典型的荒漠植物已经消失，如前述的木霸王、矮沙冬青、老鼠爪以及盐节木（*Halocnemum strobilaceum*）、盐穗木（*Halostachys caspica*）等，有些荒漠植物属内种数减少，如梭梭，在新疆有 3 种，柴达木盆地只有 1 种；沙拐枣属在中亚至新疆有 12 种，柴达木盆地只有 2 种；假木贼属（*Anabasis*）中亚至新疆有 8 种，柴达木盆地仅 1 种。[66][108]

五、矮化过程

为了适应高原气候，森林植物不得不降低本身高度。祁连圆柏在青海北部各林区的平均高度不超过 15m（在阿尼玛卿山北坡可达 20m）；其他圆柏类树种也是同样，其高度也随着海拔高度的升高而降低，到了玉树各林区仅在 10m左右；川西云杉在四川的平均高度为 20 ～ 30m，在青海的澜沧江上游最好的川西云杉林型——河谷灌丛川西云杉的林分平均高度才 20m，其他林型则在18m 以下。油松林在山西林龄 50 年时平均树高为 15.9m，河北为 15.2m，而在青海（尖扎）却仅有 6.4m。[34]青杆在陕西 60 年生的高度可达 22.4m，在青海仅有 16 ～ 18m。糙皮桦（*Betula utilis*）在其他省区多为高大乔木，而在青海不仅变成小乔木，而且有时还长成丛生大灌木状。灌木中也有类似情况，高山绣线菊和鬼箭锦鸡儿在高原边缘地带高度可达 50 ～ 60cm，而到了高原面上有时仅有 15 ～ 20cm。

六、特化过程

特化系指植物的专有分布，特有种属的多寡常常反映出一个地区在植物演化中的地位和作用，特有种属较多的地区大都为演化中心。青藏高原在隆起过程中，由于周边受到生态地理边缘效应的影响，植物变异强烈，形成的特有种属较多，而中心部分的高原面上，由于隆起时间不长，特化程度较差，有人甚至认为高原上的强烈辐射在植物演化中的作用微不足道。[69]同时，高原在隆起过程中还产生了南北分异，南部（西藏部分）地处亚热带和暖温带的一部分，虽被高度抵减，但并未全部高寒化，其南部依然湿润多雨，且冷暖交替剧烈，气候条件适合植物的演化，横断山脉区域成为我国植物演化中心之一，特有种属甚多，全西藏植物总种数达 5700 余种。而北半部（青海部分）由于地处温带，热量又被高度所抵减，加上北支西风急流的控制，干燥少雨，形成了以寒旱为主的环境特色，植物种数较少，自然特有属不多，但特化过程仍然在激烈地进行，现已知有中国特有属 24 个，占全国 214 属的 11.2%；在已知的青藏特有的 16 个属中，青海占一半，它们是马尿泡、小果滨藜、三蕊草、合头菊、藏豆、羽叶点地梅、辐花、颈果草。[102]青海特有属有华福花。这些属虽然均系草本植物，但也反映出特化过程的程度，值得注意的是全省发现特有种 139 个，其中木本植物 8 个（包含种下等级）。这些同样可以看出森林植物的特化过程在继续激烈地进行着。

七、组群过程

组群过程与前述的群体化过程不同，群体化系指一个种的种内个体增多，而组群过程系指一个属内种数的增加。有些属的起源和分布中心并不在青海，但当其分布到青海之后，却"带来"并在当地演化出一群本属植物，形成一大族。例如柳属，其主要分布区在四川和西藏，但在青海也有 40 余种，其中包括有本省特有种新山生柳和光果洮河柳（*Salix taoen sis var. leiocarpa*），还有为青海基本所有（主要分布区在青海）的青山生柳、贵南柳（*S. Juparica*）和光果贵南柳（*S. Juparica var. tibetica*）等。再如锦鸡儿，在青海多达 24 种，其中也产生了通天锦鸡儿（*Caragana junatovii*）等青海特有种。还有杜鹃花属，其主要分布区在四川、云南等省区，但青海也有 24 种，根据《青海木本植物志》的记述，其中有玉树杜鹃（*Rhododendron yushuense*）、果洛杜鹃（*Rh. Goloense*）、泽库杜鹃（*Rh. Zekoense*）和班玛杜鹃（*Rh. Bamaense*）4 个青海特有种，说明该种在高原上已开始另行组群。另外，蔷薇属在青海也有 24 种，圆柏属在青海虽然仅有 11 种，但和四川相等，并列全国第一，其中祁连圆柏被认为是青海基本特有种。组群过程还反映在一些草本植物上，一些大属中也多有特有种，如虎耳草、黄堇、萎陵菜、黄芪、马先蒿、风毛菊等。

第七章 森林植被的大类划分

第一节 按森林集中程度划分

森林植被在国土上的分布并非是均匀的，面积大小不同，密度有疏有密，按照森林集中程度将其划分为不同的区块，也就是划分成林区等单元，这不仅是森林经营管理上的需要，而且通过这种划分，既可以了解森林的现实分布状况，也可以了解其发展历史和演化过程，在学术上也具有一定意义。在以往的林业建设中，实际上只划了两级，即大林区和林场，而在其外还有许多小片林、疏林散生木地以及众多的残留林分，这是本节讨论的重点。因此，将青海森林按大林区、林场（中小型林区）、小片林和疏林散生地以及残留林分四级划分。

一是大林区。系按流域或山系划分的区块，在全省第一次森林资源清查时，省森林调查队曾将全省森林划为 9 大林区，即祁连林区、柴达木林区、大通河林区、湟水林区、黄河下段林区、黄河上段林区、隆务河林区、大渡河上游林区、金沙江和澜沧江上游林区。从后来的实践情况来看，这种划分仅在学术上、统计上和规划编制上起过作用，在林业生产上应用不多，由于这种划分大多为跨区性质的，因而并未按照这种大林区设置机构，加上区内森林多为非连续分布，当然实际意义不大。

二是林场（中小林区）。这是林业建设的基本单位，一般森林植被分布集中，林地连续，与周围界线分明，建有由国家授权的经营管理单位——国有林场，分为省属、州属、县属三类，县属居多，已经营管理林区多年。全省共设有管理天然林的林场约 83 个。

三是小片林和疏林散生木地。一般距离林场较远，面积小，孤立分散，很难单独建立林场，通常由州县林业主管部门代管，或由当地政府机构托管，少数由私人承包。这部分森林植被与耕地或草场成插花式镶嵌分布，大多由于林相残败，林木稀疏散生，不为人们所重视，以往多有破坏，直到近若干年来才逐步纳入到森林资源管护系统。这部分森林植被应当是原先大面积森林的一部分，在自然和社会双重因素的作用下保留下来，其存在可作为环境变迁的佐证，也可以作为林业前进的基地。这一类森林中的疏林散生木地可分为两类，一类是处于森林线以下，亦即寒温性针叶林带之内，可以通过封育、更新等人工干预使其恢复成有林地；另一类则处在寒温性针叶林带以上，与高寒灌丛草甸同带，异常稀疏散生，这是高原上特有的植被类型，因其分布范围较大，与残留林分又有区别，所以将在下节讨论。

四是残留林分。系指面积在一至数公顷左右的小片天然林分，它比上一级的小片林和疏林散生木地的面积更小，构不成图斑，进不了资源管理系统，因而更加不为人们所关注，很多处在自生自灭的状况。由于其数量较多，才引起了作者的注意并做了初步调查研究。

残留林分为社会残留和自然残留两种，社会残留是由社会历史亦即人类活动对森林的作用，主要是破坏而造成的，这类残留林分集中在省域东部，共有192片，总面积4785.94 hm²，其中由山杨和桦树构成的有165片，面积和片数分别占总数的74.7%和85.9%；由青海云杉构成的有18片708.33 hm²；由祁连圆柏和塔枝柏（Sabina komarovii）组成的有5片446.54 hm²；多树种混交的有4片57.53 hm²。从林分类型上看，与附近的天然林完全一致。但大都处于幼龄阶段，而且很多是萌生，呈次生林状态，林相残败，稀疏甚至散生，可以明显地看出是多次反复砍伐的结果，林下一般无下木层，草本层中也侵入了大量草原成分，森林小环境已处于消亡前夕。也有保护较好的，但不多。这些残留林分主要分布于湟水流域，有152片，3295.80hm²，分别占总片数79.2%和总面积的68.9%，这与此一地区开发较早、人口密集成负相关；其次是黄河流域的下段，有40片1490 hm²。大通河流域未做调查。大量残留林分的存在，可以看出历史早期森林的概貌，如果将这些残留林分的位置标在地图上，再将现存的天然林区也标上，就会发现，青海东部早期曾存在着6条森林带，即祁连山—冷龙岭南坡、达坂山南北坡、拉脊山南北坡和西倾山北坡。这说明历史早期青海东部的森林大体上是呈连续分布的，也说明了青藏高原东部有一条完整的弧形森林带，自然也就证明了祁连山地原本就是与青藏高原连系在一起的、统一的自然地理单元，绝不应当将其视为一个孤立山体而从高原上割离出去。目前这里森林的断续状态完全是社会历史原因造成的，由此也可以看出残留林分的学术价值。[102]

　　自然残留林分是在高原隆升、气候大变、环境恶化的情况下，大面积集中连片的森林不断缩小或消失，仅在条件较好的地方保留下来的小片残败林分或散生木，亦即是"三化"的产物。其面积一般不大，均呈孤岛状，四周被草甸、草原或荒漠所包围，林相衰败，多系疏林或散生，有些仅剩数百株或者更少，构不成森林群落，很难进行资源统计，无法纳入到资源管理体系之中，同样不为人们所关注，至今尚未进行过全省普查，仅就作者观察记载的有24片（事实上要多得多），按树种分别统计为青海云杉2片、祁连圆柏7片、方枝柏2片、大果圆柏2片、密枝圆柏6片、胡杨1片、青海杨（*Populus przewalskii*）1片、小叶杨1片、垂杨（*P. Simonii var. pendula*）1片、河北杨（*P. hopeiensis*）1片、甘蒙柽柳1片。这些残留林分是青海省内重要的自然遗存，应当也是森林资源的组成部分，虽然处在森林消失的前夜，但它的存在不仅可以看出青海森林的早先规模，而且可以推测出"三化"在现阶段的进展情况，成为地史后期环境变迁和气候演化的现实证物，并从某个侧面揭示了青藏高原的奥秘。例如有些学者利用天峻县南山残留林分中的一株树龄达917年的祁连圆柏年轮来研究近一千年来青海北部的气候变化，建立了冷暖干湿交替的时间序列数轴，依此预测今后一段时间的变化概况。[67]还有人用胡杨的残留林分及其化石推断胡杨起源于柴达木盆地，从而支持了柴达木和塔里木原先曾是一个统一的盆地，被隆起的阿尔金山隔成两处，并使柴达木继续抬升成为高盆地的观点。[66]同时，与天然林一样，残留林分的树种大部分也属于边缘分布和极限分布，而且比一般天然林分布得更高，范围更广，因而在森林学的发展和树木学研究方面也有一定价值。许多残留林分所处的立地条件，已经打破了一些传统的观念，包括乔木林生长的雨量线（400mm）和气温下限（每年至少需要4个月月均温超10℃）。分布在玉树地区的圆柏残留林分挑战了"森林具有嫌高原性"的观点。[59]

由于残留林分所处的环境条件更差，并且缺乏全林区大环境的庇护，孤立无助地与"三化"相抗争，至今未曾灭绝，因而产生了比一般森林树种更强的优良抗性，耐寒、耐旱、耐盐碱、抗风蚀沙割等特性更加突出，成为高原基因库和种质资源库中的佼佼者，必将成为林木育种和遗传基因工程的优选材料，当然也是环境治理和生态修复的优选树种。由此可见残留林分不仅有较高的学术价值，而且在生产上也有实用价值。事实上，青海云杉、祁连圆柏、油松三大乡土针叶树早已成为青海造林的当家树种，胡杨正在柴达木盆地发展，河北杨被引进城市后很受欢迎，广为栽植，甘蒙柽柳则是青海省北部地区重要的绿化材料，在大范围内征服着红土层和灰钙土层。[102][31]

第二节 按热量带划分

青海森林中的乔木林按热量带划分可分为温性针阔叶林和寒温性针阔叶林两大类，以后者为主。温性针叶林包括油松林、华山松林、刺柏林和青杆林。需要说明的是青杆在其他地区被认为是寒温性树种，但在青海它却与前述的几种处在同一分布带（等高度、等纬度、等经度）范围之内，因而划入温性针叶林之内。温性阔叶林包括旱榆（*Ulmus glaucescens*）林、山杏（*Armeniaca sibirica*）林、冬瓜杨（*Populus purdomii*）林等。寒温性针叶林包括青海云杉林、紫果云杉林、川西云杉林、鳞皮云杉林、巴山冷杉（*Abies Fargesii*）林、鳞皮冷杉（*A. Squamata*）林、红杉林、祁连圆柏林、大果圆柏林、密枝圆柏林、方枝圆柏林、塔枝圆柏林等。寒温性阔叶林有山杨林、白桦林、糙皮桦林、红桦林、青杨林等。

青海森林植物中的灌木林（灌丛）按热量带划分，有温性荒漠灌丛、高寒灌丛和寒温性灌丛三种。温性荒漠灌丛主要由多种柽柳（*Tamarix ramosissima*；*T. Hohenackeri*；*T. elongate*；*T. spp.*）、猪毛菜（*Salsola arbuscuta*；*S. abrotanoides*）、白刺（*Nitraria sibirica*；*N. tangutica*）、梭梭、膜果麻黄（*Ephedra przewals*）、枸杞（*Lycium barbarum*；*L. Chinese var. po taninii*；*L. dasystemum var. rubrucaulium*）等组成。

高寒灌丛包括由柳类（*Salixorintrepha S. neoamnematchinensis*；*S.orintrepha var. amnematchinensis*；*S. sclerophylla*；*S. sclerophylloids*）、杜鹃（*Rhododendron capitatum*；*Rh. thymifollium*；*Rh. Primuliflorum*；*Rh. yushuensis*）、金露梅（*Potentilla fruticosa*）、高山绣线菊（*Spiraea alpina*）、秦岭小檗（*Berberis. Circumcerrata*）、鬼箭锦鸡儿（*Caragana jubata*）、沧江锦鸡儿、窄叶鲜卑花（*Sibiraea angustata*）等组成。

在青海，无论植物学或林学界，以往均不承认有寒温性灌丛，认为它是附属于寒温性针阔叶林的，亦即属于演替序列中的过渡性群落，不具有稳定性。但作者从野外调查中发现情况并非如此，有些处在寒温带中的灌丛，其生存的立地条件比较特殊，其他树种很难在此立足，因而具有较为长期的稳定性。如乌柳、水柏枝、肋果沙棘等分布在地下水位较高的河漫滩上，其他树种难以忍耐长期的水浸，因而难以将它们更替。陇蜀杜鹃（*Rhododendron przewalskii*）分布在海拔较高的阴坡，又在山之中上部，与其同带分布的只有糙皮桦，当糙皮桦在某种原因得不到发展或生长稀疏时，陇蜀杜鹃就形成了很大的群落，并以其密集的枝叶全面覆盖着林地，内部阴暗潮湿，其他树种因得不到光照而难以生存，结果使陇蜀杜鹃灌丛能够在这些地方长期存在。其它还有西北小檗（*Berberis vernae*）、鲜黄小檗（*B. diaphana*）、短叶锦鸡儿（*Caragana brevifolia*）、水栒子（*Cotoneaster multiflorus*）、细枝绣线菊（*Spiraea myltilioides*）以及沙棘等，它们或因地处阳坡，或因位处小山脊附近，或因其生长在与非林地交界处，环境条件较差，其他树种难以与其争衡，因而能够长期存在，虽然其群落较小，但毕竟是一个独立的群系。[103]

第三节 另类森林植物的划分问题

在科学的发展进程中，人们总是用最简单的分类分型方法来认识客观事物，由于自然界是非常复杂的，无论何种方法或分类系统，都很难做到科学精准，严密无瑕，常常有例外出现，有些例外并非个案，往往成堆成群，这就形成了"另类"。就森林植物而言，林学界早就用二分法来认识植被和森林，例如将植物分为木本和草本，森林分为乔木林和灌木林、针叶林和阔叶林、人工林和天然林等。然而众所周知，在木本植物和草本植物之间还有"半灌木"，青海境内种类还不少；在乔木和灌木之间有"小乔木"（新疆还有"半小乔木"）[11]，青海种类也很多，其中有些虽然属于生态序列中的表现，如沙棘、甘蒙柽柳、梭梭等，但仍有许多种的本身生活型就是小乔木；森林中还有一大批攀援、缠绕植物以及寄生木本植物，以往都是将其归入灌丛之中，然而无论从外部形态或生活习性来看，人们无法将其与"灌木"连系在一起；即便是在人工林和天然林之间，也还有人工促进天然更新起来的森林，如何归属？尤其需要指出的是针叶树和阔叶树之分，似乎是经典方法，但在实际上却存在着退化叶、以枝代叶、肉质叶、鳞片状叶等一大批异类，以往这些统统被归入阔叶树之中，但从叶的形态来看，无论如何都不能和"阔叶"联系起来。

二分法在林学发展史上曾经起过重要作用，现在仍然是基础性的方法之一，但科学在发展，林学在进步，旧概念旧方法如果不能正确地反映客观实际，就需要予以更新，二分法似乎也应当向三分法转换。本书首先在森林类型分类系统中做了尝试，即在灌丛部分将退化叶、以枝代叶和鳞片状叶一起称为"特型叶"，从阔叶灌丛中分离出来，与针叶、阔叶并列。另外，在中部各论部分将半灌木单独列出，并将攀援、缠绕以及寄生性木本植物统统划归"层外植物"，而从灌丛中分离出来，单列一类。当然，这也是一种尝试。

青海森林植物中还有一个另类，即本章第一节中提到的疏林草甸，在青海，疏林草甸主要树种是密枝圆柏和大果圆柏。圆柏疏林草甸是一个非常特殊的植被类型，和圆柏林有很大的差异，主要表现为以下几点：

一是圆柏疏林草甸分布在高寒灌丛草甸带上，即在一般寒温性针叶林线以上，海拔 4000 ~ 4500m，是我国分布最高的乔木群落，位处各大江河及其支流支沟的最上端，属于高山峡谷与高原面的过渡地段。其气候以玉树县的巴塘、麦永、下拉秀和小苏莽三个观测站（系圆柏疏林分布区中气候最好的地方）为代表，年均温 -0.4 ~ 1.3℃，平均最高气温（7月）10.2 ~ 11.0℃，平

均最低气温（1 月）–9.6 ~ –12.6℃，≥ 0℃积温 1202.2 ~ 1386.0℃，≥ 5℃
积温 1000.3 ~ 1234.0℃，年降水量 496 ~ 521mm。而处在同一地区的圆柏林
气候指标（东仲、直门达二观测站为例）则为：年均温 4.3 ~ 5.0℃，平均最高
气温（7 月）14.0 ~ 17.0℃，平均最低气温（1 月）–5.0 ~ –6.0℃，≥ 0℃积
温 2000 ~ 2400℃，≥ 5℃积温 1800 ~ 2000℃，年降水量 480 ~ 510mm。二
者差异明显，圆柏疏林草甸已不再是寒温带上的植被类型，而是属于高寒植物
群中的组成部分。

二是圆柏疏林草甸极度稀疏、低矮，郁闭度一般在 0.2 以下，很多地段达
不到 0.1，枝条丛生，树冠团状或帚状，与严格意义上的"森林"概念相去较
远，所构成的"林分环境"与周围非林地相差不多。现据巴塘、小苏莽等 4 个
样地（也是圆柏疏林最好的"林相"）的测树资料，其平均调查因子为：平均
林龄 245 年，平均胸径 14.4 cm，平均树高 4.0m，平均郁闭度 0.3，平均每公
顷蓄积量 33.4m³。而同一地区圆柏林的平均调查因子（6 块标准地平均数）为：
平均林龄 248 年，平均胸径 23.0 cm，平均树高 23.0m，平均郁闭度 0.45，平
均每公顷蓄积量 175.3m³，差别同样明显。[102]

三是圆柏疏林草甸的林冠下植被虽然也有灌木生长，但数量极少，地表都
是以嵩草属和苔草属植物为主构成的草甸层（As 层），密集连续，包围着树木。
而圆柏林下的灌木较多，有时还形成下木层，草本层高度多在 20 cm 以上，种
类较多，大部分为寒温性森林林下常见种类，优势种往往不明显，土壤中也缺
乏草甸层，或不连续。

圆柏疏林草甸主要分布在玉树地区的东部，包括玉树、称多、囊谦三县，
治多（东风）和杂多（昂赛）二县还有一部分，分布区面积据不完全统计共有
406.1 km²。另外，在西藏的丁青、类乌齐等县也有分布，面积估计比玉树要大。
从大量事实分析，圆柏疏林草甸也是属于"后退"过程中形成的，亦即是原来
大面积森林的一部分，不可能是从外部侵入的，因为当一个地方已经草甸化之
后，再重新长出乔木树种是几乎不可能的。

圆柏疏林草甸极度稀疏的原因是草甸化的结果，在自然条件下，能在草甸
上长出新株纯属偶然，为了与草甸相抗衡，圆柏种子只能在自己的树冠下进行

更新，一代又一代，很难向外扩展。不过这种"株下更新"反而形成了圆柏疏林草甸的相对稳定性，虽然同样处于森林消失的前夜，但通过株下更新，短时间内草甸也奈何不了圆柏，从而使得这种特殊的植被群落能够存在至今。

　　早在20世纪80年代初期，当作者首次提出"圆柏疏林草甸"这个类型时，曾在学术界引起了争议，有些学者认为"疏林草甸"的提法是个概念性错误，认为它混淆了植被类型和植被区划的概念，有悖于经典的植物学。作者认为，"圆柏疏林草甸"毕竟是个客观存在，如何命名倒是次要的，即便是经典的植物学，也还允许有"稀树草原""灌草丛"等名称，那么为什么就不允许有"疏林草甸"的提法呢？如果它的面积不大，不值得大做文章，倒还可以考虑，然而能够在高原主体部分有数百平方公里的分布面积，就绝不能将其看成是少数例外而予以忽视。同时，由于圆柏疏林草甸所处的位置特殊，在自然条件下，既不能上升成为真正的森林，也没有任何乔木树种可以更替它，由上述可知难以将其归入寒温性针叶林中的圆柏林，又难以在高寒植被序列中找到它的位置，如何处理成了难题。作者认为，其他地区姑且不论，仅就青海而言，完全有理由将其做为一种独立的植被类型来看待，亦即将其与森林、灌丛、草甸、草原并列是可行的，至少在目前应当如此处理，因为别无他法。至于今后在更大范围内如何处理，须待进一步调查后才可定论。需要指出的是，同残留林分一样，这种植被类型在学术上也具有重要作用，它的存在，不仅可以看出原来森林的规模，也见证了地史后期的气候演化和环境变迁概况，在青藏高原研究中也具有重要意义。[102]

第八章　森林植被类型的分类系统

第一节　综述

　　建立森林植被分类系统，是林学和植被学研究中的重要项目，从这个系统中不仅可以看出一个地区森林植被的概貌，还可以了解其总体结构，并从各群系所处的位置大体上掌握其性质亦即它的生物学、生态学和林学特性，包括其外貌、组成、层次和层片结构，也能大致上了解相互间的内在联系以及其与环境的关系，是理论和方法相结合的重要研究内容。迄今为止，未见有全省森林植被分类系统，在编写《中国森林》和各省森林时，曾在数次全国编写会议上研讨过这一问题，大家认为要将全国 700 多个森林类型按科学方法纳入到一个系统中难度很大，当时形成了吴中伦和林英两位先生的两个系统草案，由于差异较大，各有论据，一时难以统一，为了不影响各省的编写进度，当时国家林业部负责编写工作的专家指导组决定，统一按"针、阔、竹、灌"四大类顺序排列，以下级别和顺序由各省自定。《青海森林》也按此规定编写，由于青海有竹无林，因而只有针、阔、灌三大类，其下的类型排列顺序则是按照该类型在省内的重要程度来决定，即按各类型分布范围和面积的大小、蓄积量的多寡而定，优者排前。应当认为，这个分类系统的优点是简明实用，易于掌握，但毕竟是一种人为安排，过于简单粗放，不属于科学严谨的分类系统。

　　在《青海植被》中，作者将青海森林植被分为森林和灌丛两大类，在"森林"中，又分为针叶林和落叶阔叶林两类，其下还分为暖温性常绿针叶林和寒温性常绿针叶林，再往下才按由树种组成的群系排列，阔叶林和灌丛也大致相同，不过灌丛中仅有高寒灌丛和温性灌丛两类，缺乏寒温性灌丛。总之，其系统是按 5 级排列，缺乏植被型亚组一级。

第二节　森林植被的分类依据和原则

一、分类依据

遵照生物群落学—生态学原则，与《中国植被》《中国森林》和《青海植被》的分类系统大体上保持一致，按照植被型组、植被型亚组、植被型、植被亚型、群系组和群系 6 级划分：

植被型组（Vegetation—type group），最高级的分类单位，陆地上的最大生态系统以及附属于其中的低层生活型，亦即绿色生态空间的第二级植物群（灌丛）。

植被型亚组（Vegetation—type subgroup），次高级分类单位，组成树种生活型和外貌相似的林分或植物群落。

植被型（Vegetation type），森林植被分类系统中最主要的单位，由外貌、生活型相似，热量带相同的群体联合组成植被亚型（Vegetation subtype），为植被型的辅助单位，建群层片和优势层片在冬季的外貌相似（常绿或落叶）。

群系组（Formation group），系一中级的分类单位，建群种或优势种为同属植物，其组成的群系自然相似度比较高。

群系（Formation），通常作为植被分类的基本单位，由建群种组建的群落在外貌、生活型、层片结构以及在生态系统中的作用均相同或相似，尤其是在原始的自然条件下，建群种的演化和发展与群系的发展是平行的，各不相干的。

二、分类原则

1.按常态、主适应带和主分布区归类原则。有些森林植物及其组成的群系常存在着两种生活型，如乔木或小乔木（糙皮桦、大果圆柏、密枝圆柏等）、小乔木或灌木（沙棘、甘蒙柽柳、梭梭）等，则按其常态或多数植株或较大群落的生活型进行归类，跨有两个以上热量带的（如金露梅、某些杜鹃等）也按其主要分布带进行归类。

2.本地表现为主的取舍原则。如前述的青杆，在内地被认为是寒温性树种，在青海却与温性树种同带，即归入温性针叶林之中。有些树种在内地形成林分，到了青海变成散生状态列入系统之中，如茶条槭（*Acer ginnala*）等。有些树种在林区中并非是片块状分布，而是在林缘或沟谷带状或不规则的行列式分布，似乎有群系但无群落，亦予以舍弃，如直穗小檗（*Berberis dasystachya*）、洮河柳（*Salix taoensis*）等。还有一个树种花叶海棠（*Malus transitoria*），也在林缘、林边或沟谷呈窄带状分布，有时还形成小群落，近些年还利用其叶制成"藏茶"，颇受欢迎，正在开发利用，人为营造的面积已达上千公顷，因而予以列入。

3.天然分布原则。亦即以天然分布的群系为主，栽培种类一般不予考虑，但有些树种如青杨（*Populus cathayana*）在青海栽培历史悠久，形成的林分面积也大，故作为例外予以列入。还有华北落叶松（*Larix principis—rupprechtii*）是新中国成立后引进的树种，栽培的范围也很广，成为锈病的中间寄主，但考虑到其影响很大，故予以列入。

4.稳定性原则。对于一些群系的稳定性难以确定的类型暂不列入。如四川丁香（*Syringa swegizowii*）、紫丁香（*S. oblata*）、峨眉蔷薇（*Rosa someiensis*）、刚毛忍冬（*Lonicera hispida*）、红花岩生忍冬（*L. rupicola var. syringanta*）、银露梅（*Potentilla glabra*）、蒙古绣线菊（*Spiraea mongolica*）以及多种悬钩子、多种茶藨子等。

第三节　青海森林植被分类系统（草案）

甲.森林（植被型组）

I.针叶林（植被型亚组）

A.温性针叶林（植被型）

一、常绿温性针叶林（植被亚型）

（一）松林（群系组）

1.华山松（*Pinus armandi*）林（群系）

2. 油松（*P. tabulaeformis*）林

（二）云杉林

3. 青杆（*Picea wilsonii*）林

（二）侧柏林

4. 侧柏（*Platycladus orientalis*）林

（四）刺柏林

5. 刺柏（*Juniperus formosana*）林

B. 寒温性针叶林

二、常绿寒温性针叶林

（一）冷杉林

6. 鳞皮冷杉（*Abies squamata*）林

7. 巴山冷杉（*A. fargesii*）林

（二）云杉林

8. 青海云杉（*Picea crassifolia*）林

9. 紫果云杉（*P. purpurea*）林

10. 川西云杉（*P. Balfouriana*）林

11. 鳞皮云杉（*P. Retroflexa*）林

（三）落叶松林

12. 红杉（*Alarix potaninii*）林

13. 华北落叶松（*L.principis—rupprechtii*）林（栽培）

（四）圆柏林

14. 祁连圆柏（*Sabina przewalskii*）林

15. 塔枝柏（*S. chinensis*）林

16. 密枝圆柏（*S. convallium*）林

17. 大果圆柏（*S. ibetica*）林

18. 方枝柏（*S. saltuaria*）林

19. 香柏（*S. pingiig var. wilsonii*）林

Ⅱ. 阔叶林

  A. 温性阔叶林

    一、落叶温性阔叶林

      （一）栎林

        20. 辽东栎（*Quercus liaototungensis*）林

      （二）杨树林

        21. 胡杨（*Populus euphratica*）林

        22. 青海杨（*P. Przewalskii*）林

        23. 冬瓜杨（*P. Purdomii*）林

        24. 河北杨（*P. hopeiensis*）林

        25. 小叶杨（*P. simonii*）林

        26. 青杨（*P. cathayana*）林（栽培）

      （三）榆树林

        27. 旱榆（*Ulmus glaucescens*）

      （四）杏树林

        28. 山杏（*Armeniaca sibirica*）林

    二、落叶寒温性阔叶林

      （一）杨树林

        29. 山杨（*Populus davidiana*）林

        30. 垂杨（*P. Simoni var. pendula*）林

      （二）桦树林

        31. 白桦（*Betula platyphylla*）林

        32. 红桦（*B. albaosinensis*）林

        33. 糙皮桦（*B. utilis*）林

乙. 灌丛

  I. 针叶灌丛

    A. 温性针叶灌丛

一、常绿温性针叶灌丛

（一）圆柏灌丛

1. 沙地柏（*Sabina vulgaris*）灌丛

B. 寒温性针叶灌丛

二、常绿寒温性针叶灌丛

（一）圆柏灌丛

2. 高山柏（*Sabina squamata*）灌丛

Ⅱ. 阔叶灌丛

A. 温性阔叶灌丛

三、落叶温性阔叶灌丛

（一）虎榛子灌丛

3. 虎榛子（*Ostryopsis davidiana*）灌丛

（二）驼绒藜灌丛

4. 驼绒藜（*Ceratoides latens*）灌丛

（三）猪毛菜灌丛

5. 木本猪毛菜（*Salsola arbuscula*）灌丛

6. 蒿叶猪毛菜（*S. abrotanoides*）灌丛

（四）盐爪爪灌丛

7. 盐爪爪（*Kalidium foliatum*）灌丛

（五）小檗灌丛

8. 匙叶小檗（*Berberis vernae*）灌丛

（六）岩黄芪灌丛

9. 花棒（*Hedysarum scoparium*）灌丛

（七）锦鸡儿灌丛

10. 甘蒙锦鸡儿（*Caragana opulens*）灌丛

11. 荒漠锦鸡儿（*C. roborovskyi*）灌丛

12. 川青锦鸡儿（*C. tibetica*）灌丛

（八）胡枝子灌丛

　　13. 多花胡枝子（*Lespedeza floribunda*）灌丛

（九）白刺灌丛

　　14. 白刺（*Nitraria sibirica*）灌丛

　　15. 唐古特白刺（*N. Tangutorum*）灌丛

（十）霸王灌丛

　　16. 霸王（*Zygophyllum xanthoxylum*）灌丛

（十一）酸枣灌丛

　　17. 酸枣（*Ziziphus jujuba var. spinosa*）灌丛

（十二）莸灌丛

　　18. 蒙莸（*Caryopteris mongholica*）灌丛

　　19. 唐古特莸（*C. tangutica*）灌林

（十三）枸杞灌丛

　　20. 黑果枸杞（*Lycium ruthenicum*）灌丛

　　21. 北方枸杞（*L. Chinennse var. potaninii*）灌丛

　　22. 新疆枸杞（*L. dasystemum*）灌丛

B. 寒温性阔叶灌丛

　一、落叶寒温性阔叶灌丛

　　（一）柳灌丛

　　　　23. 乌柳（*Salix cheilophila*）灌丛

　　　　24. 川滇柳（*S. Rehderiana*）灌丛

　　（二）桦木灌丛

　　　　24 坚桦（*Betula chinensis*）灌丛

　　　　25. 矮桦（*B. potaninii*）灌丛

　　（三）小檗灌丛

　　　　26. 秦岭小檗（*Berberis circumserrata*）灌丛

　　　　27. 鲜黄小檗（*B. diaphana*）灌丛

（四）绣线菊灌丛

 28. 细枝绣线菊（*Spiraea myrtilloides*）灌丛

（五）锦鸡儿灌丛

 29. 短叶锦鸡儿（*Caragana brevifolia*）灌丛

 30. 通天锦鸡儿（*C. Junatovii*）灌丛

（六）沙棘灌丛

 31. 沙棘（*Hippophae rhamnoides*）灌丛

 32. 肋果沙棘（*H. Neurocarpa*）灌丛

（七）杜鹃灌丛

 33. 陇蜀杜鹃（*Rhododendron przewalskii*）灌丛

 34. 玉树杜鹃（*R. Yushuense*）灌丛

 35. 果洛杜鹃（*Rh. goloense*）灌丛

C. 高寒阔叶灌丛

 一、落叶高寒阔叶灌丛

 （一）柳灌丛

  36. 山生柳（*Salix oritrepha*）灌丛

  37. 青山生柳（*S. oritrepha var. amnematchinensis*）灌丛

  38. 新山生柳（*S. neoamnematchinensis*）灌丛

  39. 硬叶柳（*S. sclerophylla*）灌丛

  40. 坡柳（*S. myrtillaocea*）灌丛

 （二）金露梅灌丛

  41. 金露梅（*Potentilla fruticosa*）灌丛

  42. 垫状金露梅（*P. fruticosa var. pumila*）灌丛

 （三）鲜卑木灌丛

  43. 窄叶鲜卑花（*Sibiraea angustata*）灌丛

 （四）绣线菊灌丛

  44. 高山绣线菊（*Spiraea alpina*）灌丛

（五）锦鸡儿灌丛

　　45. 鬼箭锦鸡儿（*Caragana jubata*）灌丛

（六）沙棘灌丛

　　46. 西藏沙棘（*Hippophae thibetana*）灌丛

（七）杜鹃灌丛

　　47. 百里香杜鹃（*Rhododendron thymifolium*）灌丛

　　48. 头花杜鹃（*Rh. Capitatum*）灌丛

　　49. 樱草杜鹃（*Rh. Primuliflorum*）灌丛

Ⅲ. 特型叶灌丛

　A. 温性特型叶灌丛

　　一、退化叶温性特型叶灌丛

　　　（一）麻黄灌丛

　　　　50. 中麻黄（*Ephedra intermedia*）灌丛

　　　　51. 膜果麻黄（*E. Przewalskii*）灌丛

　　　（二）沙拐枣灌丛

　　　　52. 青海沙拐枣（*Calligonum kozloui*）灌丛

　　　　53. 沙拐枣（*C. mongolicum*）灌丛

　　　　54. 柴达木沙拐枣（*C. zaidamense*）灌丛

　　　（三）木蓼灌丛

　　　　55. 锐枝木蓼（*Atraphaxis pungens*）灌丛

　　　　56. 沙木蓼（*A. bracteata*）灌丛

　　　（四）梭梭灌丛

　　　　57. 梭梭（*Haloxylon ammodendron*）灌丛

　　二、鳞片状叶温性特型叶灌丛

　　　（一）柽柳灌丛

　　　　58. 甘蒙柽柳（*Tamarix austromongolica*）灌丛

　　　　59. 密花柽柳（*T. arceuthoides*）灌丛

　　　　60. 多枝柽柳（*T. ramosissima*）灌丛

（二）水柏枝灌丛

61. 具鳞水柏枝（*Myricaria squamosa*）灌丛

62. 水柏枝（*M. bracteata*）灌丛

（三）枇杷柴灌丛

63. 红砂（*Reaumuria songarica*）灌丛

64. 五柱枇杷柴（*R. kaschgarica*）灌丛

B. 寒温性特型叶灌丛

一、鳞片状叶寒温性特型叶灌丛

（一）水柏枝灌丛

65. 宽苞水柏枝（*M. bracteata*）灌丛

丙．疏林草甸

I. 针叶疏林草甸

A. 高寒针叶疏林草甸

一、常绿高寒针叶疏林草甸

（一）圆柏疏林草甸

1. 大果圆柏（*Sabina. tibetica*）疏林草甸

2. 密枝圆柏（*S. Convallium*）疏林草甸

第三篇

青海森林植物地理

第九章 森林植物的地理分布

第一节 综述

前提及青藏高原的隆起，打乱了三维空间水热条件的分配关系，导致植被的分布规律也出现了异常，如何认识这个不同于平原地区的分布规律，学术界有着不同的观点，争议的核心问题是高原上以水平地带性为主，还是以垂直地带性为主，后来出现了"高原地带性"的理论，认为高原上的水热传递是由东南向西北递减，使得植被分布也是按山地森林、高寒灌丛、高寒草甸、高山流石滩植被的带谱更迭，而且垂直带谱也是如此，亦即垂直带谱叠加于水平带谱之上，变为垂直—水平式的地带性规律。这种理论得到了学界的基本认可。但它仅适用于高原主体部分即高原面上，不包括高原两侧地带，而青海省的北半部恰好位处高原北侧，这里不仅被分为柴达木盆地和祁连山地，而且热量分配出现异常，即最暖区和次暖区是在省域中间带，这更加增大了问题的复杂性。对于柴达木盆地，大家均承认其为一独立的地理单元，其植被分布自然也具有独立性，但对于祁连山地的认识却大相径庭。已如前述，问题的根本在于把祁连山视为一个孤立的山体还是其与青藏高原连在一起，持前者观点的人自然把祁连山地上的包括山地森林、高寒灌丛、高寒草甸在内的一切植被类型统统看成是垂直带谱的构成部分，不承认其有水平地带性，亦即按照"基带"表现进行归属，有些权威性较高的著作即是如此处理的，并将祁连山地分为东西两部分，西部归入荒漠区，东部归入草原区；持后者观点的则认为祁连山是青藏高原的延伸部分，是个"半岛"，其内部植被表现与青藏高原植被的相似度很高，理应服从高原地带性规律，如果把高原上的高原地带性看成是"原生的"，那么祁连山地的高原地带性可称为"次生的"。作者赞同后一种观点，不过，对这个"次生高原地带性"应当做一些补充认识，即其内部表现并不统一，各植被带也不完全连续，如湟水流域植被大体上是由东向西按山地森林、高寒灌丛、高寒草甸（草原）的顺序更迭，但在中间夹杂着大量的草原植被；而大通河和黑河流域则表现为比较"标准"的高原地带性，即按照山地森林、高寒灌丛、高寒草甸、高寒草原、高寒荒漠的顺序由东南向西北更迭。由于这种不规整，使得有些文献在处理祁连山地植被时，就只有描述，而没有对其地带性做出认定。

　　柴达木盆地的植被分布规律比较复杂，因为盆地的热量分布是一个环状封闭系统，热中心在察尔汗，年均温 5.1℃，向四周逐渐降低。但降水却是由东向西递减，北线从乌兰—德令哈—大柴旦到冷湖，年降水量分别是 160.0—147.4—82.0—17.6mm，南线从都兰—香日德—格尔木到乌图美仁，年降水量分别为 179.1—163.0—38.8—25.2mm，这种极不协调的地域性水热搭配使得植被到底"跟谁走"？从实际的植被分布来看，一种是由东到西按照山地森林—荒漠草原—荒漠的顺序展开；另一种是按照地下水位的高低由盆地边缘向盆地中央呈同心圆式逐步变化，一些著作将这两种均视为盆地植被的"地带性"分布规律。作者认为，从整体上看，盆地中的温度差异并不十分悬殊，全盆地年均温仅 1~5℃之差，而东部的都兰、乌兰、德令哈一线的年均温都在 2℃以上，与盆地中央察尔汗的最高年均温仅差 3℃左右，盆地植被（甚至一切生物）的生态因子主要是水分。因此，前一种植被分布属于大气候带、大类型的分布，这种分布基本上符合高原地带性的性质，因其系由东向西逐带更迭，应当属于变形了的高原地带性，作者称其为"准高原地带性"。如果将其中最东面的山地森林视为垂带谱上的组成部分，将其从水平带谱中除去，将这个水平带再向东延伸到湟水流域，就可看出这是一条完整的由东到西的水平带谱，即湟水流域的山地森林—高寒灌丛—高寒草甸（草原或草原化草甸）—荒漠化草原—荒漠。这更加证明了包括柴达木盆地在内的青海省北半部仍然属于高原地带性的作用范围之内。

　　另一种同心圆式分布的植被地带性虽然也受水分的影响，但主要是由地下水埋藏的深浅来决定，而且其植被分布仅属于种类和群落组成上的变化，不属于植被大类型所形成的带谱，无论其如何变化，都属于荒漠植被类型，因之不具有地带性意义，只能看成是一种"隐域性"的表现。

综上所述，青海植被分布规律总体上均属于高原地带性，进一步可分为三种；即南半部的典型高原地带性、祁连山地的次生高原地带性和柴达木盆地的准高原地带性。但是有一个例外，这就是西倾山地，前已述及，这里是青海省一个十分特殊的区域，由于其面积不大（约 3.5 万 km²），以往的各种文献大都将其归入到青南高原这个大地理单元之中，自然把这里的植被也看作是仅具有垂直地带性，而不具有独立的水平地带性。作者认为，这里是青海天然森林最集中的分布地带，有 31 个国有林区，涉及 14 个县，又有孟达植物小区，各种区系成分汇集，是许多植物种的适生中心，既是省内生物多样性最重要的地区，也是青海森林的异常分布区，全省主暖区亦位居于此，因此这里的植被分布规律应当单独研究，然而难度较大，因为其最暖区在北部，向南逐渐变冷，无论水平或垂直带谱都比较混乱，也不明显，连续性更差，无法理出其规律性。《四川森林》的作者在研究该省西部森林时，曾提出了一个新概念，即山地水平地带性，认为山地不存在平原地区的纬向水平地带性，也不存在高原上的高原地带性，而是一种介于二者之间的，反映一个较小范围（相对于上述二者而言）的水平差异的"三维空间复合体"。作者对这种"山地水平地带性"分析后认为其特点是：一是这是一种极其少有的现象，只有在聚集着如此大量的高大山体的地区才会有；二是垂直带谱叠加于水平带谱之上，成为垂直—水平式布局，同时，垂直带谱还掩盖着水平带谱；三是缺乏统一的、完整的、大范围的规律性表现，而是根据山体的布局状况形成分散的若干小系统；四是各植被带并非都是大的植被类型，很多情况下是属于森林内部差异的表现。按照这些特点，西倾山区的植被分布也大体上符合其性质。

第二节　森林植物的水平分布

青海森林植物水平分布的总体特征之一就是经向差异大于纬向差异，由于位处欧亚大陆中心地带，距海洋较远，大部分省域处在我国经向气候带的第三带——荒漠草原气候带上，仅在东部边缘跨有第二带——森林草原气候带的一部分，东南季风只能影响到东部，形成了东润西干的气候格局，使得东经95°线以西地区基本上无乔木林分布，柴达木盆地只生长了一些荒漠灌丛和小半乔木的稀疏群落，西部高原面上包括可可西里地区也是既高寒又干旱，只有匍匐状的少数木本植物在生长，这些都与真正意义上的森林生态系统相去较远，二者的差异属于本质的差异，即大气候带的差异。

在纬向上，青藏高原打破了热量的纬向地带性，青海省虽然出现了中间热、向南北两边逐渐变冷的异常气候格局，但差异要比经向为小，尤其是森林集中分布在东部，大地貌属于我国地势第一台阶到第二台阶的过渡地带（作者称其为高原"裙部"），均为高山峡谷，也均为迎风面，降水较多，在同一气候系统的支配下，水热组合相似度较高，使得森林在南北方向上也是有相对的一致性，基本上同属于寒温性针叶林，在林分结构、林下层片、林相和森林景观等方面也是有大体上的相似性。

然而，由于南北向的距离较大，纵跨纬度达 7°40' 有余，毕竟要受到太阳高度角的影响，加上降水、光照、辐射等方面的小区变化以及地史影响的不同，使寒温性针叶林内部产生了纬向差异，主要表现在树种和树种组合上，北部是以青海云杉、祁连圆柏为主，伴以山杨、桦木等阔叶树，向南到中段时，则与紫果云杉混生，再向南到大渡河上游是以紫果云杉、方枝柏为主，再向南到金沙江和澜沧江上游又改变为从川西云杉、密枝圆柏和大果圆柏为主。从性质上看，南北差异属于内部差异，与经向不同。

森林植物不仅具有水平和垂直两种分布，而且还存在着多种分布形式的表现，如残遗分布、边缘分布、极限分布、连续分布、间断分布等，其中极限分布将在垂直分布一节中讨论。值得一提的是有些树种存在着多种分布表现，反映了青海森林植物地理分布的复杂性。

1.残遗分布。随着青藏高原的隆起，大量森林植物从高原上消失，但在青海仍然留下了一些冰期以前的属种，如刺柏属、圆柏属、杨属、丁香属等，草本属有星叶草（*Circaeaster*），数量虽然不多，但因分布在全省广大的范围之内，在一定程度上能够反映出森林植物的古老性。

2.边缘分布。由于位处高原，环境严酷，许多树种难以立足，留下来的自然均处在其分布区的边缘，一般属于其最西或最北端。如青海云杉的最西边界在都兰县的香日德（东经97°53'）；紫果云杉分布的最北边缘在平安县峡群寺林区（北纬36°20'）；川西云杉的最北界在玉树市东仲林区（北纬32°44'）；大渡河上游的玛可河林区是鳞皮云杉、鳞皮冷杉、川滇冷杉（*Abies forrestii*）、黄果冷杉（*A. ernestii*）、红杉等分布的最北界（北纬31°48'）；隆务河林区是麦吊云杉（*Picea brachytyla*）分布区的北缘（北纬35°10'）；尖扎县坎布拉林区（东经101°32'）是刺柏、旱榆、山杏、青杆等温性针阔叶树种分布的最西界；贵德县东山林区（东经101°37'）是油松分布区的最西界；孟达林区则是一大批华北成分的温性树种的最西分布边缘。可以看出，边缘分布在树种研究上具有重要的意义。

3.连续分布。在大渡河上游玛可河林区的森林与四川的同一河流流域的森林呈连续分布，其中的树种包括紫果云杉、鳞皮云杉、鳞皮冷杉、川西云杉、方枝柏、红桦、白桦、山杨等。玉树金沙江上游林区和澜沧江上游林区与四川、西藏的森林呈连续分布，有关树种包括川西云杉、密枝圆柏、大果圆柏、红桦等也呈连续分布。大通河中下游地区的森林与甘肃连城、古城林区相连，相互间的主要树种包括青杆、油松、青海云杉、祁连圆柏、刺柏、山杨、桦木等，自然也呈连续分布。有些树种如青海云杉在省外和省内有些地区（如柴达木盆地）呈间断分布，但在省内的集中适生地区则呈连续分布，祁连圆柏也大体相同。由于省界的走向关系，很多森林植物在外省呈连续分布，但到青海却放分为两处，如紫果云杉、青杆、小叶朴、刺柏等。

4.间断分布。常反映森林植物进化上具有古老的性质。青海云杉在省外呈大距离间断分布，从内蒙古的大青山，到宁夏的贺兰山，再到甘肃的祁连山，中间间断达数百公里，在省内的柴达木盆地也从香日德到夏日哈，再到希里沟，中间也有数十公里的间断，说明其是荒漠化前的产物。祁连圆柏从甘肃分布到柴达木盆地也是同样，也有许多被荒漠包围的孤岛状林分。麦吊云杉大距离间断地从内地分布到海，以极少数植株孤零零地生长在隆务河流域的麦秀林区（也可能是处在青海消失的前夜）。沙地柏分散地生长在柴达木盆地的希里沟林区、贵南沙区和门源的宁禅林区。尤应注意的是生长在孟达林区的华山松、巴山冷杉、侧柏、辽东栎、陇东海棠（Malus kansuensis）、稠李（Padus racemosa）、木姜子、四蕚猕猴桃等一批温性树种，与西秦岭中间呈 200 余公里的大距离间断，至今尚无合理的解释。

森林线表现异常。由于高原环境条件较差，全省大面积的国土上无乔木林分布，即使在森林线的范围之内，森林分布的连续性也很差，多呈片块式分布，相互间也有不小距离的间断，除了东部三河（黄河、湟水、大通河）地区的森林比较集中之外，其余的从南到北分为数块大距离地被孤立于黑河、大渡河、金沙江和澜沧江上游各支流的两岸，加上社会历史原因，全省森林植被被分割成大小 60 余片。即使在林区内部，林木也只能利用空间差异，被局限在狭小的地区，加上地形影响，受高度、坡度、坡向、坡位的制约，小气候作用突出，很难集中连片，中间常被河谷、山脊、林中草地等隔断成小片状，无论林区内外，森林的分布都呈现出分散、零碎和小区间的间断状态。在这种情况下，森林线也就很不明晰，似乎是杂乱无章。不过，从全省大气候带的总体情况来看，还是有些端倪可寻的。与其他省区不同，青海不存在一条统一的、能够包含全部森林的、清晰的森林分布线，而是被地貌和水热分布隔开成数段，当然，由于森林主要分布于东部，可以看出，森林线大体上是与 400mm 降水量等值线相重合的，这条线地与年均温 2℃等值线大体一致，但年降水量 400mm 等值线被黄河谷地隔断成为南北两段，在"狭管效应"下，降水等值线只能位于半山腰上，变成了森林分布的"下线"，显然是不合理的。同时，此段黄河谷地是由串珠状的山间小盆地构成，如贵德、尖扎、循化等，盆地周围山地的森林"下线"虽然位处半山腰上，但在两个盆地相接的峡谷处，森林却几乎一直分布到黄河边，如松巴峡、公伯峡、积石峡等处，显然，大气降水不可能给予这些峡谷以特殊照顾，估计是与小地形造成的局部降水（包括垂直降水和水平降水）有关。

在柴达木盆地，另外还有一条"森林线"，不过这条线与气温关系不大，而基本上是与 200mm 年降水量等值线相一致，也就是寒温性针叶林的最西界，这就和传统认识大相径庭，虽然此线所依据的气候资料来自盆地底部，而森林是在山上，但两处的高度差并不大，如都兰县气象台实测的年降水量为179mm，而比其仅高百余米的夏日哈和英德日两地即有青海云杉和祁连圆柏林分布。乌兰县气象站测年降水量为159.1mm，而几乎与其等高处即有云杉和圆柏林分布。同时，这条线也并未将全部乔木林包含在内，在其西面还有胡杨和青海杨分布。这些都说明，在青海高原森林植物分布的复杂表现，完全有别于其他地区。

第三节　森林植物的垂直分布

森林植物的垂直分布规律是与高原气候的垂直变化表现相一致，一般认为，青藏高原上的气候垂直带不同于孤立山体，也不服从平原地区的气候带指标，而是有着自己的垂直气候带谱，从下向上，大体上可分为暖温带、温带、寒温带、亚寒带和寒带，各带的宽度不一，不仅有地域差异，而且垂直宽度差异很大，其中最宽的是寒温带，海拔可由2200m到4500m，宽达2300m；其次为亚寒带，由3500m到5000m，宽度达1500m；再次为温带，由2000m到3200m，宽达1200m；最窄为暖温带，由1650m到2300m，宽度650m。各带的分布高度和气候指标以及对应分布主要树种如下：

表 1.1　森林植物垂直分布表

气候带	海拔高（m）	年均温（℃）	最热月均温（℃）	分布树种
暖温带	1650 ~ 2300	9 ~ 6	20–18	梨、苹果、核桃旱柳、垂柳、榆
温带	2000 ~ 3200	7 ~ 4	19–15	油松、刺柏、青杆、冬瓜杨、旱榆、山杏
寒温带	2200 ~ 4500	5 ~ 2	16 ~ 10	梭梭、麻黄、白刺、云杉、冷杉、红杉、圆柏、山杨、桦树
亚寒带	3600 ~ 4800	3 ~ -1	12 ~ 9	山生柳、黄花垫柳、杜鹃、鬼箭锦鸡儿、高山绣线菊、园柏疏林
寒带	4900 以上	-2℃以下	8℃以下	垫状驼绒藜、匍匐水柏枝、铺地金露梅

上述气候带可按森林植被的分布带改称为栽培树种人工林带、温性针阔叶林带、寒温性针阔叶林带、高寒灌丛（疏林）带和垫状木本植物带。

青海森林植物垂直分布主要有以下特点：

1.垂直带谱简单。即使在东部，如果不考虑暖温带的人工林，仅就天然林来看，最复杂的垂直带谱也只有三带，即温性针阔叶林带、寒温性针阔叶林带和高寒灌丛带，大多数林区只有二条，即寒温性针阔叶林带和高寒灌丛带。在柴达木盆地中央几乎无垂直带谱，其东部的森林垂直带谱也很简单，除了少数地方（如希里沟林区）有寒温性针叶林带和高寒灌丛之外，其他地方就只有寒温性针叶林带。在高原面上，很多地方也只有高寒灌丛一条带。

2.各带之间过度缓慢。亦即相互间重叠很宽，缺乏清晰明确的分界线，只有在乔木林和灌木林之间有时分界明确，从上述的气候带的垂直跨度上也可以看出，最宽的复合带是温性针阔叶林带和寒温性针阔叶林带之间，其最宽的垂直重叠带宽可达1000m左右，一般多在200～500m。当然，不同山地也有差异，黄河流域大于湟水和大通河流域。

3.阴阳坡的垂直带谱差异明显。这是在小地形作用下，水热条件差异的具体表现，一般阴坡要复杂一些，针阔叶林带大部分在阴坡，阳坡通常只有圆柏类森林一条带，有时有山杨林或寒温性灌丛，有时甚至无森林分布只有草地。

4.南北差异明显。由于从黄河谷地到柴达本盆地，是青海的主暖区和次暖区，也是全省海拔较低的地带，将省城分为南北两部分，由中间向两边逐渐升高，南半部为青藏高原主体，接受的热量较多，林木分布的高度自然要比北半部高，如青海云杉在祁连林区的最高分布高度为3400m，而在阿尼玛卿山北坡的最高分布高度在3500m以上甚至更高；油松在大通河林区的最高分布高度为2750m，而黄河流域的油松最高分布高度可达3200m，在阿尼玛卿山北坡可达3700m。

5.最下部垂直带高度不一致，表现各异。黑河谷地海拔2787m，大通河谷最低海拔2108m，湟水河谷最低处海拔为1650m，大渡河上游玛可河出省境处海拔为3200m，澜沧江上游支流子曲河出省境处海拔为3400m。这些最低高度决定了森林垂直带谱的各带高度的差异，亦即地形在一定程度上影响着森林分布。同时，各地垂直带的最下方一带的表现也不同，黑河河谷最下一带为由垂杨组成的阔叶林，大通河河谷直接与山地森林相连接，湟水、黄河河谷则分布着不连续的荒漠草原植被，玛可河、子曲河河谷有时与森林相接，有时则分布着草原或草甸或草原化草甸植被，构成了最下层一带。

6. 与水平带谱相辐合。这是高原地带性的主要特点之一，即垂直带谱上的植被类型及其排列顺序，也在水平带谱上出现，如垂直带谱为温性针阔叶林—寒温性针阔叶林—高寒灌丛（疏林），而在森林内部，无论从东南到西北，还是由东到西水平带谱也大致如此。这种垂直—水平式的分布规律不仅表现在整个高原植被系统中，而且也表现在森林植被体系中，但因垂直带谱表现比较直观、明显，因而就掩盖了水平带谱，使得许多人仅承认森林的垂直差异，而否认内部的水平差异。

7. 多树种的极限分布。青海云杉在阿尼玛卿山北坡的极限分布高度为3550m，麦吊云杉在大渡河上游的玛可河林区的极限高度为3700m，油松在贵德县东山林区分布的极限高度为3200m，紫果云杉在玛可河林区的极限分布为4200m，，这里还是祁连圆柏和密枝圆柏的分布极限高度，各为4300m和4100m。生长在同仁县西卜沙林区的冬瓜杨，其极限分布海拔为2850m。尖扎县东果林区海拔3000m是旱榆的极限分布高度，等等。

主要大山的森林植被垂直分布带谱：

1. 祁连山—冷龙岭。

阳坡	植被类型	阴坡	植被类型
2800～3600m	祁连圆柏寒温性针叶林	2800～3400m	青海云杉寒温性针叶林
3600～3800m	高寒灌丛	3400～4000m	高寒灌丛、高寒草甸
3800m	高寒草甸		

2. 达坂山（互助北山）。

阳坡	植被类型	阴坡	植被类型
2100～2800m	冬瓜杨、小叶杨温性阔叶林	2100～2700m	油松、青杆温性针叶林
2600～3300m	祁连圆柏寒温性针叶林	2000～3300m	青海云杉、山杨、桦树寒温性针阔叶林
3300～3600m	高寒草甸	3300～3500m	高寒草甸

注：此带谱系根据《互助北山林场场志》载图编制，该图的阴坡要复杂得多，具体是：（1）温性针叶林中的油松分布高度为2000～2600m，青杆为2000～2700m；（2）寒温性针阔叶林中的白桦分布高度为2200～2700m，山杨为2000～2800m，青海云杉为2000～2900m，红桦为2600～3000m，糙皮桦为2700～3300m。

3. 西倾山（兰采、东果等林区）。

阳坡	植被类型	阴坡	植被类型
2200m以下	荒漠草原	2200m以下	红砂、芨芨草、骆驼蓬荒漠化草原
2200～2600m	草原	2200～2600m	针茅、蒿类
2400～2600m	油松、旱榆温性针阔叶林（有些地方缺）	2400～2800m	油松、刺柏温性针叶林
2500～4000m	祁连圆柏、塔枝柏寒温性针叶林	2500～3800m	青海云杉、紫果云杉、桦木寒温性针叶林
3900m以上	高寒草甸	2800～4000m	山生柳、杜鹃、金露梅高寒灌丛
		3900～4200m	高寒高甸
		4200m以上	高山流石坡稀疏植被

4. 阿尼玛卿山（中铁林区）。

阳坡	植被类型	阴坡	植被类型
3300～4100m	祁连圆柏、塔枝柏寒温性针叶林或高寒灌丛	3300～4100m	青海云杉寒温性针叶林
3300～4600m	高寒草甸	3300～4300m	山生柳、金露梅高寒灌丛
4600～5100m	高寒流石坡稀疏植被	4200～4600m	高寒草甸
5100m以上	高山冰雪带	4600～4900m	青海云杉、紫果云杉、桦木寒温性针叶林
3900m以上	高寒草甸	2800～4000m	高山流石坡稀疏植被
		4900m以上	高山冰雪带

5. 巴颜喀拉山（果洛山、玛可河林区）。

阳坡	植被类型	阴坡	植被类型
3400 ~ 4100m	方枝柏、密枝圆柏寒温性针叶林（有此地方缺）	3400 ~ 4100m	紫果云杉、川西云杉、鳞皮冷杉、白桦寒温性针阔叶林
4100 ~ 4600m	寒温性针叶疏林（有此地方缺，代之以高寒草甸）	4100 ~ 4600m	杜鹃、柳类高寒灌丛
4600m 以上	高寒草甸	4600m 以上	高寒草甸

6. 唐古拉山东段（扎将赛山、东仲林区）。

阳坡	植被类型	阴坡	植被类型
3340 ~ 3500m	河谷草原	3340 ~ 3500m	芨芨草、针茅河谷草原
3500 ~ 4000m	密枝圆柏寒温性针叶林	3500 ~ 3950m	川西云杉、白桦寒温性针阔叶林
3900 ~ 4500m	大果圆柏寒温性针叶林	3500 ~ 4200m	川西云杉寒温性针叶林
4500 ~ 4800m	高寒草甸	4200 ~ 4400m	杜鹃、山生柳高寒灌丛
4800 ~ 5000m	高山流石坡稀疏植被	4400 ~ 4800m	高寒草甸
5000m 以上	高山裸岩	4800 ~ 5000m	高山流石坡稀疏植被
		5000m 以上	高山裸岩

7. 唐古拉山东段（郭拉山、江西林区）。

阳坡	植被类型	阴坡	植被类型
3500 ~ 3800m	密枝圆柏、大果圆柏寒温性针叶林	3500 ~ 3800m	川西云杉、白桦寒温性针阔叶林
3800 ~ 4400m	高寒草原化草甸	3500 ~ 4100m	川西云杉寒温性针叶林
4400 ~ 5000m	高寒草甸	3800 ~ 4400m	杜鹃、柳类高寒灌丛
5000m 以上	高山流石坡	4400 ~ 5000m	高寒草甸（或草原化草甸）
		5000m 以上	高山流石坡稀疏植被、永久积雪带

第十章　特种森林植物

第一节　孑遗种

青海孑遗种有刺柏、密枝圆柏、胡杨、羽叶丁香和星叶草 5 种。

1. 刺柏（*Juniperus formosana*），最早发现于始新世民和县孢粉资料中[78]，系我国特有种，喜温暖湿润气候，分布范围北起秦岭，南至长江流域，东达台湾，西至西藏，大距离间断分布的格局也证明了其古老性。在青海，主要分布于黄河干流最东一段，西止于尖扎县坎布拉林区，其次分布于大通河流域，最西到达门源县仙米林区的朱固沟口，海拔 2000 ~ 2650m。

2. 密枝圆柏（*Sabina convallium*），最早见于西藏南木林中新世的地层中[55]，耐寒耐干燥，广布于四川、西藏。在青海，主要分布于澜沧江上游各支流两侧的山地阳坡和玛可可林区，与西藏、四川呈连续分布，多为纯林，密度较低，多疏林和散生，与川西云杉等共同构成寒温性针叶林，分布高度在海拔 3400 ~ 4300m。

3. 胡杨（*Populus euphratica*），起源于乌兰县中新世的变叶杨（*Populus norinii*）被认为就是现代的胡杨。有人根据这一地区的化石资料，提出了胡杨起源于柴达木盆地，向西扩展到塔里本盆地，由于阿尔金山隆起，才将两地隔断。[78]此后，由于柴达木盆地抬升成为高盆地，气候寒旱加剧，使得胡杨在大范围消失，现在仅在格尔木市的托拉海和那棱格勒河中段有小片稀疏林分生长，大都表现衰败，处于残留状态，且失去了开花结实能力，仅靠根蘖繁殖。

4. 羽叶丁香（*Syringa pinnatifolia*），冰前期产物，国家重点保护植物。在我国，主要分布于宁夏、陕西、甘肃、四川和西藏。在青海，分布于循化县孟达林区和民和县杏儿沟林区的沟谷林缘灌丛之中，生长健壮，花枝美丽，属于西宁市市花中的一员。

5. 星叶草（Circaeaster agrestis），由于它有着二岐状的脉序，所以普遍认为其具有早期被子植物的特点，因而属于孑遗种，虽系草本，但几乎广布于全省的针叶林下，时常有小片状群落，是林下草本层的组建种类之一，同时也证明了森林植被的古老性质，因为大都出现于原始林内，次生林中少见。

第二节　青海特有种

1. 垂枝祁连圆柏（Sabina przewalskii f. Pendula），是作者在尖扎县坎布拉林区发现的，特点是小枝下垂如垂柳，树姿优美，后来郑光荣先生在大通河流域的互助北山林区也发现此种，应当是祁连圆柏多型化的表现，如果能引种驯化成功，将是一种新的园林树种。

2. 青坡柳（Salix neomyrtillacea），这是作者和新疆八一农学院教授、《中国植物志》杨柳科编著者之一的杨昌友先生共同发表在《青海木本植物志》中的一个新种，是采用作者在玉树江西林区中采到的标本，作者在撰写拉丁语描述时，曾用了三个形容词：花药紫色（Purpurea）、花丝粉红色（Rosea）、苞片深紫色（Nigropurpurea），这是该种的主要特征。然而后来出版的《青海植物志》将本种和杜鹃叶柳（Salix rhododendrfolia）合并成一个种，看来该作者未曾到该种生长的地方，因为在早春，该柳树的雄花序开放时，远远望去，它的紫红色花序就像桃花一样，据作者所知，在我国上百种柳树中，尚未有开红花的，况且其叶形也和杜鹃叶柳差异甚大，二者处在同一林区，不可能是器官变异，因而作者认为这种合并是没有道理的，并且认定青坡柳就是个新种，而且是青海特有种。

3. 新山生柳（Salix neoamnematchinensis），是根据丁托娅教授在青海采集的标本并由她本人发表的一个新种。主要特征是雄花序仅长 0.5cm，雌花序长下足 1cm，雌花仅有一枚腹腺，无假花盘。这些均与青山生柳（S. Oritrepha

var. amnematchinensis）有较大区别。

4. 光果洮河柳（*Salix taoensis var. glabra*），模式标本产自门源，与原变种不同之处在于子房无毛或仅在基部有稀疏柔毛。[38]

5. 青海沙拐枣（*Calligonum kozloui*），分布于柴达木盆地的格尔木、德令哈、乌兰、都兰等处，海拔 2700 ~ 3100m。[38]

6. 柴达木沙拐枣（*C. zaidamense*），产于柴达木盆地的格尔木、德令哈、大柴旦（小柴旦），生于砾质戈壁平原，海拔 2800 ~ 3200m。[38]

7. 门源茶藨子（*Ribes menyuanensis*），生于海拔 2800m 左右的山麓灌丛。[38]

8. 通天锦鸡儿（*Caragana junatovii*），主要分布于治多、囊谦、玉树、称多，海拔 3600 ~ 4100m，生于山坡、林缘和江边陡崖上。[38]

9. 青海锦鸡儿（*C. chinghaiensis*），产于班玛、河南、同德、兴海、贵南，生于阳坡灌丛，海拔 2600 ~ 3600m。[38]

10. 束伞女蒿（*Hippolytia desmantha*），矮小丛生灌木，分布于称多、玉树，海拔 3450 ~ 4300m，生于悬崖石缝、沟谷阳坡等处[38]。

第三节　青海基本特有种

1. 祁连圆柏（*Sabina przewalskii*），主要分布区在青海，仅在甘肃中西部边缘地区以及四川松潘有分布，在青海由北向南，几乎在东部所有林区中，都组成了较大面积的针叶林。

2. 异株祁连圆柏（*S. Przewalskii var. dioecia*），《中国植物志》第 7 卷和《青海植物志》第 1 卷对祁连圆柏的描述均为"雌雄同株"，但作者在调查中发现大部分植株为雌雄异株，且分布范围更广，面积更大，考虑到《中国植物志》的权威性，便将雌雄同株的作为原变种，而将雌雄异株的作为另一变种，仅在青海植物学会 1984 年年会上做了大会交流，后又在《青海师范大学学报》（自然科学版）1990 年第 4 期上予以发表。

3. 贵南柳（*Salix juparica*），在青海广布于南北各林区，甚至分布到柴达木盆地，包括大通河、湟水、黄河、大渡河、金沙江和澜沧江上游各林区均有，向西到乌兰县，海拔 2700 ~ 4100m。

4. 光果贵南柳（*S. Juparica var. tibetica*），子房无毛，分布区同贵南柳。

5. 小锦鸡儿（*Caragana chinghaiensis var. minina*），与青海锦鸡儿不同之处在于植株高约 20cm，小叶狭条形，宽约 0.5mm，花冠长约 13mm，产于玉树。

6. 肋果沙棘（*Hippophae neurocarpa*），广泛分布于祁连、兴海、河南、久治、称多、玉树、囊谦、杂多、曲麻莱、治多等地的河谷阶地、河漫滩，海拔 2900 ~ 4000m。

第四节　省内濒危种

1. 巴山冷杉（*Abies fargesii*），遭受长期砍伐破坏，植株多已老化，失去结实能力，天然更新甚差，林下几无幼树。

2. 麦吊云杉（*Picea. brachytyla*），分布地点一是麦秀林区，仅存三株；二是玛可河林区，数量也不多，两个林区都曾进行过高强度的木材采伐，麦吊云杉尚有多少存在？未做过调查，估计已处于濒危状态。

3. 黄果云杉（*Picea Likiangensis var. hirtella*），数量十分稀少，仅在玉树州江西林区中树卡村郭拉沟口发现一株，已进入老龄阶段，且为农田所包围，很难长期保护。

4. 松潘叉子圆柏（*Sabina vulgaris var. erectopatens*），作者在玉树州江西林区交尼村村口河边发现了一株，当时未留标本，后在修筑公路时被损毁，后再未见到第二株。

5. 辽东栎（*Quercus Wutaishanica Blume*），全省仅在孟达林区和民和杏儿沟林区有分布，孟达林区的辽东栎因系硬杂木，在以往遭到不断的砍伐，几乎全部变成灌木状，失去开花结实能力，株下既未见到更新苗，也未见到掉落的果实外壳，同样处于濒危状态。

6. 稠李（*Padus racemosa*），作者在孟达林区仅见到一株，曾询问林场职工和当地群众，他们均表示很少见到别株，可能已非常稀少。

7. 国槐（*Sophora japonica*），1964 年，作者在孟达林区的沟谷森林下沿一带发现有数十株国槐散生，当时尚在幼龄，最高的不超过5m，多在3m左右，从各方面分析，不是人工栽培的，附近也无槐树生长，也不可能是逸为野生，当时做了详细记载，标明是"天然分布"。由于槐树也是少有的硬杂木，可能后来也没有保存住，因为在1983年的孟达自然保护区综合考察中，其植物名录中没有国槐，可能已经消失，也可能他们尚未发现，

8. 叶藏花（*Lonicera harmsii*），作者曾在孟达林区见过一株，此后再未见到，由于其为高品位的观赏材料，常被挖去栽植，因而越来越少。类似这种情况的植物还有多种，如甘青瑞香（*Daphne tangutica*）、大花杓兰（*Cypripedium macranthum*）等。

8. 拐棍竹（*Fargesia spathacea*），在青海主要分布在孟达林区，但分布区很小，仅在天池坝顶生长有数十株，由于林内放牧，拐棍竹的幼稍有甘甜味，所以均被牛啃食，年年长，年年啃，使植株变为球形或帚形，长此下去，恐逐渐萎缩消失。

第五节　争议种

1. 康定云杉（*Picea montigena*），1896年，由 M. T. Masters 根据 E. A. Wilson 采集的标本定名，当时仅在康定折多塘居民院内发现一株，主要形态特征是球果成熟前种鳞上部边缘红色或紫红色，背部绿色，其他与川西云杉无异，1936年郑万钧教授将其作为丽江云杉一个变种来处理。1978年，在《中国植物志》第7卷中，他又将其作为川西云杉一个变种，但川西云杉的种名发表较晚（1914年）；1981年，他又根据美国哈佛大学阿诺德树木园胡秀英博士的意见，保留了康定云杉这个种名。1982年，陈实先生在玛可河林区发现了此一类型，他将其做为川西云杉一个变型（*P. balforiana f. bicolor*），称之为"二色川西云杉"发表在植物分类学报上。1983年，作者又在澜沧江上游的江西林区发现了此一类型，说明康定云杉决不是只有一株，而是在广阔的范围内都有分布，仅就其大距离间断分布在上述三处，就证明了其古老性质，前述几种处理，不管是做为丽江云杉的变种，或是做为川西云杉的变种以及它的变型，

都是不妥的，应当保留康定云杉的种名。

2. 小叶杨（*Populus simonii*）和青海杨（*P. przewalskii*），在青海，小叶杨主要分布在大通河河谷，呈小片状，其还有一个变种，叫垂杨，主要分布在祁连县八宝河谷。1985 年，在编写《青海木本植物志》时，杨昌友先生将垂杨降为变型——弯垂小叶杨（*P. Simonides f. nutans*），同时，他又发表了一个新变型——毛果小叶杨（*P. simonii f. obovata*）；杨生福先生又在此时发表了民和杨（*P. minhoensis*），使这一小叶杨系列共有 2 个种和 2 个变型，由于在 20 世纪 80 年初，在都兰县的乌拉斯泰发现了青海杨的天然林，其形态和民和杨、小叶杨及其变型之间的差异很小，几乎全部表现在营养器官上，有些是枝条的生长态势，如下垂与否、与主杆的交角等；有些是叶柄的先端是扁或圆；有些是叶背面、朔果上有毛或否，或幼时有毛，后变无毛，如此等等，使人很难掌握，于是有人认为全青海均为小叶杨，还有人与此完全相反，认为全省均为青海杨。

作者在调查青海杨时，发现其被荒漠包围了多代，尽管已处在消亡前夜，但仍然与荒漠在抗争，一是降低高度，并增强根系生长，在干基部发枝，使植株多变为丛生状或圆帚形；二是增强天然下种能力，在其周围都有大量的更新幼树。正是由于这些潜质，可能在树木育种和抗性研究方面具有一定价值，因此作者便向编写《青海植物志》杨柳科的丁托娅教授建议尽量保存青海杨这个种。后来在出版时，她将青海的此一类型仅保留了青海杨和小叶杨两个种，其他一律取消，不过，这样做涉及到两个问题：一个是该不该连垂杨一起都取消？因为垂杨毕竟形成了森林群落并占有一定面积，而且是天然林，其他省区少见；二是仍然没有分清楚青海杨和小叶杨的分布界线和范围。作者认为，从垂杨的分布地点上看，小叶杨已不仅仅是温性阔叶林树种，实际上它已伸入至寒温带上，因此，建议将省域东部寒温带阔叶林的西部界线也做为小叶杨的西界，即在此线以东的均定为小叶杨；而青海杨可以认定为完全的温性阔叶林树种，将柴达木盆地东部和黄河上游谷地均做为青海杨的分布区。

3. 五裂茶藨子（*Ribes meyeri*），在很长时间内，人们将广泛分布于青海南北各林区的一种茶藨子定为木种，《青海木本植物志》也是如此处理，2013 2014 年，青海大学马明呈教授在开展国家级生态公益性科研项目青藏高原五裂茶藨子藏药成份研究及繁育技术时，也是采用这个名称。但自20世纪80年代初期之后，中国科学院西北高原生物研究所的潘锦堂先生（著名虎耳草科专家）在鉴定作者采集的玉树标本时，就将此一类型定为糖茶藨子（*R. himalense*），后来在《青海植物志》中也是如此处理。郑光荣先生认为应当是糖茶藨子的变种，并在他编著的《青海大通河流域高等植物名录》中，分为两个变种处理，即瘤糖茶藨子（*R. himalense var. verruculosum*）和异毛茶藨子（*R. himalense var. trichophyllum*），由于郑先生是常驻性的，经过多年观察研究，可信度应当是比较大的。

4. 多腺小叶蔷薇（*Rosa willmottiae var. glandulifera*），作者曾在玉树州江西林区的娘拉乡看见有人拿着一朵野生蔷薇，问其来历，回答是路边捡的，由于该地处于青藏交界线上，因而不敢断定该花产于何处。后在玉树县相古到东仲林区采到一种蔷薇，在编写《青海本本植物志》时，张志和教授曾将这个标本送到北京某权威单位鉴定为疏花蔷薇（*R. laxa*），当时作者认定玉树州只有一种蔷薇，但该志书中又记述有藏边蔷薇（*R. webbiana*），并指明产于互助和玉树，说明玉树产有两种蔷薇，但该志书并未指明标本产地，显得含糊。后在《青海植物志》中，仅记载有多腺小叶蔷薇一种。不过，在随后仍由同一单位出版的《青海植物名录》中，又将疏花蔷薇和藏边蔷薇都予载入，不过注明了出自《青海木本植物志》。

5. 杜鹃属（*Rhododendron*），青海不是杜鹃的主要分布区，仅有十余种，但由于地处高原，杜鹃属在此也有异常表现，致使人们在认识上产生了分歧，例如曾由我国著名的杜鹃科专家方文培教授定名的玉树杜鹃（*Rh. Yushuense*），在编写《青海植物志》时，被认为和海绵杜鹃（*Rh. pingianum*）是一个种而予以合并，同时，还将他定名的达坂山杜鹃（*Rh. dabanshanense*）与青海杜鹃（陇蜀杜鹃 *Rh. przewalskii*）合并一起；还有就是由秦仁昌教授发表的长管杜鹃（*Rh. tubulosum*）也与樱草杜鹃（*Rh. primuliflorum*）合并，并将原先的毛喉杜鹃（*Rh. cephalantum*）降级为樱草杜鹃的一个变种——微毛樱草杜鹃（*Rh. primuli florum var. cephalanthoides*）。在作者看来，这些处理有些是正确的，但是也有些值得商榷，如达坂山杜鹃高度一般不超过1m，属于中小型灌木，而青海杜鹃属于高大灌木，高度常在 2m 以上；达坂山杜鹃主要在乔木林线以上组成较大面积的灌丛，且会开白花；而青海杜鹃能在乔木林线以下组成灌丛，且以开紫红色的花为主，白花较少，如此等等，说明二者还是有一定区别的。另外，在编写《青海木本植物志》时，赵振璥先生根据青海农林科学院的标本发表了 4 个杜鹃新种，即前述的玉树杜鹃、果洛杜鹃、班玛杜鹃和泽库杜鹃，不过，此时该志书已经出版，这 4 个种只能以单行本印出，并做为该志书的附件发行。这可能使很多人没有看到，因而也就没有什么反应。需要说明的是发表时用的种加词（*yushuense*）和上述被合并的方教授所用的完全一样，发表时间也较晚，因而需要改变（如果这个种能够成立），同时，这个种所采用的是作者的标本，来自于囊谦县海拔 4100m 的大山顶上，植株高度多不超过 0.5m，且形成了大面积的灌丛，花期一片紫红色，与以往所见的同类型杜鹃灌丛大不相同。做此补记留待以后继续研究。

6. 竹类。1982 年，在编写《青海森林》时，通过补充调查，确认全省天然分布的竹类只有华桔竹即拐棍竹一种，分布在孟达林区，虽然当时已知大通河中下游的黑龙沟也有竹子分布，但未做过调查，而已在 1977 年开花死亡并消失。此后，各种调查成果包括《青海木本植物志》《青海植物志》和孟达自然保护区综合考察报告等都认定全省天然分布的竹类只有一种。然而，1997 年由青海省农业资源区划办公室和中国科学院西北高原生物研究所联合出版的《青海植物名录》中，却刊载了两个天然分布的竹种，一个是拐棍竹，另一个是华西箭竹（Fargesia nitida），令人费解的是二者对环境的描述基本一样，都是"产循化"，区别仅仅在于一个的海拔为 2200m，另一个是 2300m；一个是"山坡和沟谷林缘灌丛"，另一个没有"山坡"；一个是"互助有栽培"，另一个增加了"门源"；一个是分布于四川东部、湖北西部"，另一个则是"甘肃南部、四川西部"。看来这是不同的两个种，但又未注明标本采集人和标本号，如果是根据记载，而又未注明出处，重要的是两个种并非同属植物，这就更加令人迷惑。

第六节　存疑种

1. 秦岭冷杉（*Abies chensiensis*）。早在 1957 年，作者在孟达林区进行调查时，即发现该地有两种冷杉，后来陈实等调查时也发现有两种冷杉。1964 年，作者再次在孟达调查时，在现场对两种冷杉做了初步鉴定，一种为秦岭冷杉（或陕西冷杉），另一种为巴山冷杉，当时叫鄂西冷杉，均做了记载并保存至今，同时还采集了标本，但标本在 "文革" 中被焚烧。从此之后，再也无人提到两种冷杉，直到 20 世纪 80 年代初在编写《青海森林》进行补充调查以及后来对孟达林区进行综合考察时，也都记述只有巴山冷杉一种，由于该林区长期被外省人员越界破坏（他们只砍伐幼树和萌梢），可能已经彻底消失，或仅存少数植株。1993 年，作者再次去孟达，也只见到一种冷杉。

2. 太白红杉（*Alarix chinensis*）。据陈实先生讲，这是由中国科学院西北高原生物研究所某位专家向他提供的，并说有标本，但作者和林业部门以及当地林业工作人员多次入林调查，均未发现此种。不仅如此，后来在中国科学院西北高原生物研究所出版的一系列专著包括《青海经济植物志》《青海植物志》《青海植物名录》等著作之中也从未见过该种，可见这个种是不可靠的。

3. 高山松（*Pinus. densata*）。在《西藏植物名录》《西藏植物志》中记载，"分布于青海南部"，随后《青海植物志》《青海植物名录》也据此做了记载，但注明 "未见标本"。查青海南部的玉树、果洛二州各林区中并无松属植物，只有在黄河沿岸的贵德东山、尖扎坎布拉和冬果、同仁双朋西和西卜沙、循化尕楞和孟达林区有油松分布，由于油松和高山松的形态区别很小，二者仅在球果和小枝的颜色深浅和有无光泽上不同，因而在编写《青海森林》时就产生了疑惑，是否在这一带林区中确有高山松分布？于是派专人赴这些林区进行专项调查，并采回大量标本，经一一校核，证明并无高山松，全系油松。另外，在编写《青海木本植物志》时，也做了大致相同的调查研究，结论相同。

4. 云杉（*Picea asperata*），亦称粗皮云杉。1958 年以前，省内各种资料都将境内除了青杆、紫果云杉之外的云杉称为本种。此后才改称青海云杉，并以球果成熟前种球边缘紫红色，背部绿色，小枝深黄略带红色以及针叶先端钝尖而与粗皮云杉相区别，使其成为粗皮云杉的地理替代种。再往后经过多年调查，再未发现青海境内有粗皮云杉，但是到了 1987 年，由中国科学院西北高原生物研究所编著出版的《青海经济植物志》中又收录了该种，并指明产于尖扎县，生于海拔 2700m 的阴山坡。由于尖扎县的坎布拉、冬果林区和保安峡等处是青海森林的异常分布地区，树种和植物并未彻底查清，很难断定是否还有其存在，不过随后仍由该单位编著的《青海植物志》和《青海植物名录》中也未录入该种，估计是缺乏标本支持。

5. 高山栎（*Quercus semicarpifolia*）。1960 年，青海省森林调查队区队长盛宝藩先生在玛可河林区下可培村一户农民家的柴伙堆上看到了该种的干燥枝稍，并带回一片叶子交给了陈实先生，由于该农户住在距离青川交界处不远的地方，而青海这边从未见到过该种，因而难以确定该树种是否产自青海，想再去找农户问明，因工作关系没有机会去找。不过陈实先生仍然将其录入自己和左振常等人编写并铅印散发的全省第一份乔灌木名录（1964 年）之中。后来可能由于缺乏完整的标本，省内出版的各种有关文献再未刊载此种。

6. 裸果木（*Gymnocarpos. przewalskii*）。1962 年，作者和陈实先生在翻看青海省营林调查队王忠学先生等采集的标本时，发现有此种，当时还由陈实送到中国科学院西北高原生物研究所去做了鉴定为此种，但该标本并无记录，采于何处连王忠学本人也记不清，由于该队曾在柴达木盆地西部甚至青海、新疆边界处活动，后又在青海、甘肃交界处的阿尔金山一带调查，当然，也在共和县本地调查过，因而很难确定该种产自何处。有鉴于此，陈实先生在他的名录中并未记入。1982 年，作者在编写《青海省乔灌木检索表》时，曾听从与王忠学先生一起调查的左振常先生的建议，将本种录入，同样按照他的意见，注明产于柴达木，这个标本可能在"文革"中也被焚毁。因而《青海植物志》未记载。但随后出版的《青海植物名录》中又录入了该种，产地却变为"共和"，既无标本号，也无采集人，不符合该书体例，因而依旧存疑。

7. 椴树（*Tilia*）。在青海，本属植物虽在地史上长期存在过，但近代有无却难以确定，先是有人曾在中国科学院甘青考察队的标本中，发现有蒙椴（*T. mongolica*），但来自大通河流域，该流域不仅有青海林区，也有甘肃林区，青海省森林调查队曾在此处进行过森林调查，互助北山林场的郑光荣先生在此常驻调查 20 余年，均未发现此种。

1981 年，青海省农林科学院林业研究所李耀阶等先生发表了一份《青海乔灌木名录》（青海农林科技），其中记载有少脉椴（*T. paucicostata*），指明产于循化（估计为孟达林区），据此，作者将其录入到《青海乔灌木检索表》中，但作者始终未见到标本。此后出版的《青海植物志》和《青海植物各录》中均未录入。2013 年，刘更喜先生向作者说他曾在孟达林区见过椴树，是一株伐根上萌蘖的枝条，由于椴树的叶柄膨大，极易识别，因而具有一定可信度，但终究未留标本，难以认定。

8. 暴马丁香（*Syringa. reticulata var. amurensis*）。青海省境内栽培广泛，且历史悠久，寺院中多见，乐都瞿昙寺中有 13 株百年左右的大树，胸径在 50 cm 以上，树高 10m 以上，近若干年来由于成为西宁市市花的一种，更加被人们重视，栽植范围更广，几乎成为青海主要造林树种之一。但有无天然分布则说法不一，据郑光荣先生的调查，该种天然分布于甘肃天祝林区，与大通河一水之隔的青海林区未见生长，然而省内专门研究丁香的刘更喜先生却在自己编著的小册子《西宁的市花·市树》中记述，"暴马丁香分布于黄河以北的大通河、湟水流域的互助、大通、民和、乐都等地，多生长在海拔 2200 ～ 3200m 的高山阴坡和林间空地或林缘灌丛中"，但是未见到他的正式版本。

第十一章　森林植物分区

第一节　综述

　　森林植物分区是研究森林植被地理分异规律的学术领域，在青海，先是有《青海植被》对全省植被做了分区划分，后又有《青海森林》对全省森林做了分区研究。应当说，这些研究均属省内首次，无论在分区理论、依据、原则、系统和命名以及分区各论等方面都做了深入的探讨，第一次展示了青海森林植被的地域分异概况，具有较高的水平。尤其是《青海森林》中的森林分区一章，阐述得更为详尽。但是，受当时条件的制约和认识水平的局限，加上若干客观因素的影响，使这种分区研究存在着不少缺憾，需要对其做进一步的分析和研判。

　　首先，《青海森林》中的森林分区采取的是全覆盖原则，亦即将全省土地面积全部纳入到分区系统中，这是一般做法，但当时的林业部《中国森林》（也包括各省编写组）编写指导专家组做出决定，规定各省的森林分区不仅要全覆盖，而且一级区命名最后要加上"林区"二字，即将全省都划为林区。这样做，对全国多数省区来说还可以采用，然而在西北各省就有问题，尤其是新疆、青海、甘肃三省，均有很大一部分土地上无林，而且近期也不可能有林，怎么能称之为"林区"？当时这些省区的编写人员就提出了意见，但可能是从全国考虑，没有接受这个意见，仍然坚持规定做法。为了符合这种要求，迫使作者在统稿时不得不在这些无林的一级区名称中加上"人工"二字，意在反映这个地区并无森林分布，需待以后造林才能变成"林区"。这种渺茫的期待实在太脱离现实了，然而这种连作者自己都难以通过的无奈之举，居然在天水召开的对

《甘肃森林》的审稿会议上得到了肯定，还被认为是一个"聪明"的处理办法，甘肃的同志还准备学着采用。现在看来，这应当是《青海森林》中一处"硬伤"，因为森林分区是纯自然的，现在加上"人工"二字，不伦不类，算什么？这类问题在此后的《中国林业区划》中得到纠正，该书对西北地区并未采取全覆盖的做法，而是将大范围的荒漠干旱无林区和青藏高原主体部分划为"待补水区"和"暂不宜林区"，不再纳入区划系统，做到了从实际出发，不再强调"全国统一"的规定。

其次是大区划分中，将黄土丘陵做为一级区单独列出值得研究，因为青海东部处于我国黄土高原的西端，仅占有湟水和黄河下段的河谷地段，总面积不过两万余平方千米，在全省土地面积中所占比例过小，重点是这里并非青海森林的主要分布区，即便是在黄土丘陵区内，森林也并不分布在黄土覆盖地带，而是分布在高位石质山地。这里的重要性在于是农耕区，开发较早，人口稠密，是省内的首善之区，是全省政治、经济和文化中心，林业具有广阔的发展前景，但这些不应做为森林植物分区的主要依据，况且这样处理就把祁连山地和西倾山地割裂开来，难以保持其完整性。作者认为黄土区应在次一级分区中得到反映，而不宜在一级区中出现。

再次是二级区中，所采用的地貌类型不统一，既然以地貌类型如山地、丘陵、盆地、台地、高山峡谷等作为命名的首段要素，那就应当全部采用地貌类型，而不应当出现别的，但是在东部黄土丘陵针阔叶林区的亚区（二级区）名称中，却采用了地理位的概念，如"湟水流域""黄河下段"等。在青南高原针叶林区的二级区名称中，又出现了"高原西部"的提法，这些都造成了二级区名称的纷杂。作者认为，作为科学分类，应当做到严谨有序才好。

第二节　分区依据和原则

森林植物分区的依据是森林类型、自然地理条件和全国大范围的森林分区系统。在青海，由于地史和历史原因，单纯从森林类型的分布规律考虑还显不足，必须从森林的整体分布来分析，前述的不宜将黄土丘陵按一级区来对待就是例证。

还有如省内存在着大量的疏林地、散生和小片林地以及残留林分，需要予以关注，在森林分区中有所反映。正因如此，在森林分区中还不能仅从森林植物方面来考虑，还要注意森林类型与其他植被类型的关系，这就需要参考青海植被的分区情况，并把以往所有有关森林、植被的一切研究成果，都作为森林分区的依据。

对森林分区的原则，应当加以区分，即分为一般原则或称区划通则和特殊原则，区划通则如空间上的连续性、整体性和不重复性，各区必须完整，不能插花式分布或把一部分分离出去；各区内部必须具有相似性，区与区之间具有本质的差异性等。特殊原则是根据区划的具体情况，另行提出一些仅适合于本地的原则，如本章所做的森林分区就坚持了不全覆盖的原则（理由已前述）。另外还坚持了实用原则，作者认为，既然森林植物分区是为林业建设提供科学依据的，那么就应当使所划定的分区系统具有实用性，亦即要符合当前林业发展的集约程度和经营水平，单纯从学术层面出发，使分区过繁过细，是难以收到分类指导效果的。因此，本章就采取了二级分区的做法。

第三节   森林植物分区系统

根据本章的分区原则，参照《中国林业区划》的做法，将省域西部一部分地区划为"待补水区"和"暂不宜林区"，由于缺乏自然界线，不得不采用地理坐标——东经95°线来作为这两大区与省域东部的分界线，这条线的走向基本上与鱼卡—格尔木—曲麻河（曲麻莱县）扎河乡（治多县）—阿多乡（杂多县）一线相一致，在这条以西，以东昆仑山为界，北部划做"待补水区"，南部划为"暂不宜林区"，两区共占有全省约 1/3 的土地面积。划出这条线，唯一的缺点是将二处胡杨林划入了"待补水区"，不过，这也是无奈之举，无法兼顾。在这条线以东，则按照区划通则，保持各分区在地域上和空间上的连续性、完整性和不重复性，不应当是零碎的、被分割的，也不允许插花式镶嵌分布。

本章分区采用二级区划，即大区（一级区）和亚区（二级区），大区命名一律采用山系（或盆地）＋森林类型的两段式名称，如：祁连山地针阔叶林区。亚区一律按水系＋地貌＋热量带＋森林类型的四段式来命名，如：大通河流域高山峡谷温性寒温性针阔叶林亚区。

为了照顾到流域的完整性各山系之间的界线只能沿山脊或分水岭划分，例如：祁连山地的南部界线只能是沿青海南山—拉脊山的山脊（分水岭）来划分。

分区系统如下：

一、祁连山地针阔叶林区

（一）黑河流域山地寒温性针阔叶林亚区

（二）大通河流域高山峡谷温性寒温性针阔叶林亚区

（三）湟水流域黄土丘陵温性寒温性针阔叶林亚区

（四）青海湖湖盆山地寒温性针叶疏林亚区

二、阿尼玛卿山—西倾山针阔叶林区

（一）黄河下段黄土丘陵山地温性寒温性针阔叶林亚区

（二）黄河上段（至省境）高山峡谷寒温性针叶林亚区

（三）隆务河流域高山峡谷寒温性针叶林亚区

三、巴颜喀拉山—果洛山针阔叶林

（一）黄河上游源头低山宽谷高寒灌丛亚区

（二）大渡河上游源头高山峡谷寒温性针叶林亚区

四、唐古拉山灌丛针阔叶林区

（一）通天河流域高山峡谷寒温性针叶林疏林亚区

（二）澜沧江流域高山峡谷寒温性针阔叶林和高寒灌丛亚区

五、柴达木盆地灌丛针阔叶疏林区

（一）内陆河流域东部盆地温性灌丛和寒温性针阔叶疏林亚区

（二）内陆河流域中部盆地温性荒漠灌丛亚区

第四节　各区概述

一、祁连山地针阔叶林区

祁连山地针阔叶林区位于青海省东北部，也是青藏高原的东北部，西起东经 96° 06′，东至 102° 45′；北起北纬 35° 25′，南至北纬 39° 05′，东和北与甘肃省接界，西连柴达木盆地，南与茶卡—共和盆地以及西倾山地毗连，包含海北藏族自治州的全部，海西蒙古族藏族自治州天峻县全部和乌兰县一小部分，还包括西宁市区全部，海东市的互助、乐都、民和、化隆、平安 5 县，还包括海南藏族自治州的共和、贵德两县各一部，总面积约 7 万余 km²。

本区共分为 4 个亚区，包括黑河流域山地寒温性针阔叶林亚区、大通河流域高山峡谷温性寒温性针阔叶林亚区、湟水流域黄土丘陵温性寒温性针阔叶林亚区和青海湖湖盆山地寒温性针叶疏林亚区。

二、阿尼玛卿山—西倾山针阔叶林区

本区西起共和县沙珠玉河源头的共和盆地和茶卡盆地界山，东至民和县官亭乡张家坪省界，南起河南蒙古族自治县的欧拉乡省界，北至共和县黑马河乡的巴彦塘。介于东经 99° 05′ ~ 102° 58′，北纬 34° 05′ ~ 36° 32′。包括化隆、循化、同仁、泽库、尖扎、贵德、贵南、兴海、同德、玛沁和河南 11 个县全部，湟中、民和、共和县各一部。总面积约 7.8 万 km²。

本区是青海的一个特异地理单元，本区共划分三个亚区，包括黄河下段黄土丘陵山地温性寒温性针阔叶林亚区、黄河上段（至省境）高山峡谷寒温性针叶林区和隆务河流域高山峡谷寒温性针阔叶林亚区。

三、巴颜喀拉山—果洛山针阔叶林区

本区位居省境最东南地段，西起玛多县与曲麻莱县境界，北以阿尼玛卿山与阿尼玛卿—西倾山针阔叶林区相邻，南与东均达至青海四川两省境界。介于东经 96° 57′ ~ 101° 55′，北纬 32° 20′ ~ 35° 38′。包括玛多、达日、甘德、久治和班玛 5 县全部。总面积 6.27 万 km²。

本区下分为两个亚区，包括黄河上游源头低山宽谷高寒灌丛亚区和大渡河上游源头高山峡谷寒温性针阔叶林亚区。

四、唐古拉山灌丛针阔叶林区

本区位于省域南部,西起东经95°线,东至青、川两省境界,南起囊谦县与西藏丁青县境界,北至东昆仑山主脊,介于东经95°00'~97°45',北纬31°39'~35°40'。包括玉树、称多、囊谦三县全部,曲麻莱、治多、杂多三县各一部。总面积约9.45万km²。

本区分为两个亚区,包括通天河流域高山峡谷寒温性针叶林疏林亚区和澜沧江上游高山峡谷寒温性针阔叶林高寒灌丛亚区。

五、柴达木盆地灌丛针阔叶疏林区

柴达木盆地是一个独立的地理单元,西部为"待补水区",本区实际上仅包括盆地的中部和东部(含茶卡盆地)。西起东经95°线,东至天峻、刚察两县县界,南以东昆仑山主脊为界,北以阿尔金—祁连山为界,介于东经95°00'~99°55',北纬35°12'~39°19'。包括海西蒙古族藏族自治州所属的德令哈市、都兰县、乌兰县、天峻县全部,格尔木市、大柴旦镇各一部。总面积约12.69万km²。

本区下分两个亚区,包括内陆河流域东部山地盆地温性荒漠草原寒温性针叶疏林亚区和内陆河流域中部盆地温性荒漠灌丛亚区。

第四篇

青海森林植物的性质、地位和评价

第十二章　青海森林植物的性质和地位

第一节　综述

围绕青藏高原东北部、东部和东南部分布着大面积的森林，从祁连山北坡算起，向南到南坡再到西倾山，陇南、川西、漠北直到西藏的东部和南部，跨有18条大江大河河谷，纵横数千里，广袤数十万平方公里，涉及甘、青、川、滇、西藏五省区，形成了一个月牙状的弧形森林带包围着青藏高原的东部和南部，是我国第二大林区。

长期以来在如何认识和对待这一森林，在学术界一直存在着争议，本章将讨论此一问题，以便阐明其性质和地位。

青海森林也是这个弧形森林带的组成部分，虽然总面积不大，但分布范围较大，且处于南北森林的过渡地段，因而也有不容忽视的地位。研究青海森林就不得不关注这个大背景，了解其性质和相互关系，从而有利于森林的发展。

以往，人们对待这一森林主要有两种认识和观点，一是不承认其整体性；二是认为这片森林仅有垂直地带性，无水平地带性。早在1964年，侯学煜先生在他的论文《中国植被分区的原则、依据和系统单位》，就提出青藏高原及其外围地区不存在水平地带分异，只有垂直地带性规律。《云南森林》(1986)在处理云南省靠近青藏高原的森林时，将其统归属于热带和亚热带森林的垂直带谱之内，不认为具有水平地带性。1991年，周立华先生在《青海植被图1：2500000》说明书中，认为青海南部森林属于"北温带常绿阔叶林带上的山地垂直序列的针叶林带的范围"。此前，周兴民先生在《青海植被》中，认为这里的森林是"我国东部森林的一部分","是山地上部垂直带类型在高原上的衍生物"。即便是最具权威性的著作《中国植被》,也将祁连山看成是孤立山体而将其上的森林看成是山地垂直序列表现,从而将祁连山地一分为二,使其归属于荒漠区和草原区,与青藏高原彻底脱离干系。

早在1978年,张新时先生正确地阐明了高原面上的植被分布规律,提出了"高原地带性"的创新见解,做出了突出贡献,同时将高原东南部的森林纳入到高原地带性植被序列的第一带,使其成为高原植被的组成部分,应当说,这是一项重大的学术成就。然而,在随后对西藏森林的论述中,却又明确地指出其"属于山地垂直带植被",而且还做了分段归属:喜玛拉雅山南侧的森林划归热带、亚热带季风雨林,西藏东南部的森林划归热带常绿阔叶林,这种划分虽然也有地域差异,但作者并未明确指出其水平地带性。因此,只能认为其高原地带性规律并不适用于高原周边的森林,亦即仅承认这些森林的垂直地带性。

这样一来,围绕青藏高原东和东南部的弧形森林带就有了以下的"体系":在祁连山北坡的森林就属于荒漠,南坡的属于草原,再向南属于我国东部森林,到了青海南部、四川西部和西藏东部,隶属于常绿阔叶林,到了西藏南部却属于热带雨林。众所周知,利用"基带理论"来研究青藏高原植被是行不通的,那么,为什么对待这一弧形森林带时却采用了这一理论?看来学术界的主流观点仍然不认为环高原东和东南边这一森林为高原植被的一部分,将其与一般山地森林等同看待。

作者认为,这一环绕青藏高原东部和东南部的弧形森林带(以下简称"弧形森林带")应当是一个整体,亦即具有统一性,均与青藏高原的形成过程相依相伴,二者是共生的,无论南北都是适应高原环境的产物,而且大体上都是在同一地质时代出现的。

在以往的研究中,一方面受地域的局限,各自研究所属地区,少有人从青藏高原的总体上来观察和分析;另一方面人们过多地关注了周边地区森林与高原上森林的联系,总认为前者是后者的渊源。

作者承认高原森林与周边地区森林具有一定的联系,但不一定前者都是从后者中"诞生"并发展而来的。前章已经述及，高原周边森林中有许多林分类型和树种是从高原"退居"下来的并在此组成了大面积的森林，反过来成为周边森林的渊源。同时，存在于高原地段上的森林，在与高原环境的适应中，也产生了许多自身的改变，走上了独立的演化方向，开始了高原化的过程，这些都将在下节中加以讨论。

人们不承认弧形森林带是一个整体还有一个理由就是这片森林在青海和甘肃部分有大距离的间断，在青海的间断主要出现在湟水和黄河谷地，正是在这里，作者调查了多达近 200 处的残留林分，已如前述，这些残留林分都是由社会历史原因造成的，亦即对天然林破坏的结果，如果将这些残留林分和现存天然林标在同一张图上，就可看出原先在达坂山南北坡、青海南山—拉脊山南北坡、西倾山北坡各有一条完整的森林带，完全可以看出青海原先的森林是连续分布的。至于甘肃部分则有理由肯定也是由社会历史原因造成的森林间断，其最重要的证明就是孟达林区与西秦岭的小陇山林区相距 150 多 km，中间无任何森林植被，而孟达林区的林分类型、树种和区系成分却与西秦岭大体相同，这只能说明两地的森林应当是连续的，后来同样遭到破坏。能够证明这一点的是孟达林区早在新中国成立前的很长一段时期以及新中国成立后的数十年间，这里的群众从未间断过对孟达林区的越界砍伐，如果不是强有力的保护措施，那么孟达林区的森林早已不复存在了。对于弧形森林带的统一性和独立性等，将在下两节继续讨论。

第二节　弧形森林带的统一性

弧形森林带的统一性体现在以下五个方面：

一是地貌和地貌组合上的统一性。弧形森林带集中分布于青藏高原东部和东南部，这个地段在我国大地貌中被称为"第一阶梯向第二阶梯的过渡地段"，而作者认为将这里称为"高原裙部"可能更清晰形象一些。这里都是从高原向下游延伸而出的巨大山体，经过强烈切割，形成了众多平行的高山峡谷，从北向南，依次有党河、疏勒河、北大河、托莱河、黑河、大通河、湟水、黄河、洮河、白龙江、岷江、大渡河、雅砻江、金沙江、澜沧江、怒江、雅鲁藏布江等，雅鲁藏布江大峡谷还成为世界第一大峡谷，这些峡谷大都山体高拔，海拔在 3000 ~ 4500m 左右；山高谷深，相对高差达 1000 ~ 3000m，甚至更高；山势高耸，山体陡峻，坡度多在 30°以上；大部分峡谷均为 V 形谷，显示了年轻的性质。此种地貌不仅极大地影响着近地面气流的运动，而且这种影响的机制和程度大致相同，从而使所形成的小气候系统的相似性提高，自然也就增强了森林的统一性。

二是气候上的统一性。无论南北，弧形森林带在总体上均被高原气候系统即高原季风所控制，南支西风环流及其尾流漩涡是弧形森林带的主要水汽来源，各条峡谷均为暖湿气流的通道，热岛效应、边缘效应和狭管效应等在影响并支配着弧形森林带的一切。在这种气候机制作用下，统一表现为相对热量较高，两季性显著，干湿分明，降水高度集中于夏季，日照时数长，辐射强烈，年均气温 2 ~ 15℃，年均降水量 400 ~ 900mm。同时，气温的垂直变化强烈，一般峡谷中至少有三带，即温带、寒温带和高寒带，有些峡谷中甚至还有热带、亚热带或暖温带。

三是森林类型上的统一性。在上述气候条件作用下，弧形森林带在总体上属于温性和寒温性针阔叶林体系，虽有部分热带和亚热带类型，但并不占统治地位。在针阔叶比重上，又以针叶林占绝对优势，基本上是裸子植物的天下，是我国松、杉、柏类植物的集中分布区，据统计，这里共有松、杉、柏类植物 6 科 18 属 94 种，占我国同类总种数 189 种的近一半，其中有许多种组成了大面积的森林，出现了若干独有的林分类型。同时，弧形森林带又是以云冷杉组成的暗针叶林为主，主林层通常高大挺拔，林相整齐，优势种明显，林分密度大，林内阴暗潮湿，风速小，气温比较稳定，属于优良的森林生态系统，均是当地的"顶极群落"，而且具有显著的原始性和稳定性。

四是森林植物在演化上的统一性。弧形森林带植物在演化过程中，都经历了第四纪以来的环境大震荡，都是在反复多次的冰期和间冰期交替中，承受着气候的断崖式改变，通过进退、消失、重现、改造等演化过程，既有地理替代，也有衍生、简化和新生，最后形成了现代的森林植被格局。重要的是，在弧形森林带分布区内，有一巨大的横断山系，这里出现了多种多样的生境，成为生物进化的前沿地带，生物和非生物成分交错，结构多变，各种过程活跃，植物在此不断地进行着异化和特化，适应和变异，中间类型保留，新鲜类型涌现，新属新种之多，构成了我国一处重要的植物演化中心。这个中心向西影响西藏，向东影响四川，向北影响青海、甘肃，使这些地区的森林植物或多或少地都产生了大致相同的演化过程。

五是植物区系的融合也反映了统一性。众所周知，弧形森林带中的区系成分南部为中国—喜玛拉雅区系中的横断山脉成分，北部主要为青藏高原区系中的唐古特成分，二者虽然不属于一个区系，但都与青藏高原这个大背景相联系，均为围绕高原而展开的，重要的是这两种区系成分有融合，呈南北交错状态，除去附属于寒温性针叶林的山杨、桦树之外，再如属于唐古特成分的祁连圆柏向南一直分布至松潘地区[64]，而紫果云杉向北分布至拉脊山北坡的夏群寺林区；巴郎柳从西藏分布至玛沁县的黄河边；康定柳（*Salix paraplesia*）从西藏一直分布布至大通河流域；花叶海棠从祁连山南坡一直分布到四川，而大苞柳（*S. Pseudospissa*）则从四川分布至互助北山林区，这样的例子在草本植物中更为多见，说明弧形森林带既有内部差异，也有融合，亦即统一性的表现。

第三节　弧形森林带的独立性

弧形森林带的独立性系指弧形森林带"独立"于一般山地森林，不同于山地森林。既然多数学者同意将青藏高原做为一个独立的植被区域，那么，高原上的一切植被类型均早有独立性，包括高寒灌丛、高寒草甸、高寒草原等，自然也应包括高原边缘的森林在内，因为它是高原植被带谱中的一条带，亦即是高原植被的组成部分，怎么能将其排除在外？试想，如果在植被区划中，将弧形森林带所处的这一大块高山峡谷地带从高原上分割出去会是什么结果？做为独立植被区域的青藏高原还怎么保持完整性？

弧形森林带的独立性还表现在上层林冠即主林层的主要树种已基本高原化了。从北部来看，由青海云杉和祁连圆柏分别代表着阴阳两坡的主林层，青海云杉虽然是个古老种，分布范围广大，但其主分布区却在甘、青两省，即高原是其分布中心，它的形态与云杉（*Picea asperata*）十分相似，二者差别很小，青海云杉被认为是云杉的地理替代种，而云杉曾是高原地区的普遍种，那么，可以认定青海云杉就是在高原上演化而成，其本身就是一个高原种。至于祁连圆柏本身就是青海基本特有种，更是在高原上演化而成。在东南和南部，上层林冠组成树种中，是以丽江云杉组（*Sect. Casicta*）中的紫果云杉、川西云杉、丽江云杉三种，它们都组成了大面积的森林，另外还有林芝云杉（*Picea likiangensis var. linzhiensis*）、黄果云杉等，这个云杉组的主要种都在这里呈连续分布，这反映了这些种的年轻性，说明都是同高原隆升过程一起演化而来，完全适应于高原环境，大都具有完整的生态序列，即从高产林分到低产林分均有，川西地区的云杉、冷杉林的一般单位蓄积量在 400～800m³ 之间，有些高达 1190m³ [24]；西藏波密地区的箭竹灌木云杉林平均高 56.6m，平均胸径 92 cm（个别树高近 80m，胸径在 2m 以上），每公顷蓄积量在 2000m³ 以上（19）；在青海大渡河上游的玛可河林区中的紫果云杉林，全林平均单位蓄积量在 400m³ 以上，赶上东北林区的红松林。曾在一个样地中，测出每公顷的蓄积量高达 1070m³。这样的高产林分在其他山地森林中是很少见的，说明这里就是这些树种的适生中心，这些云杉就是高原种。同样，在青海，祁连圆柏也有自己的高产林分，前已述及，在阿尼玛卿山北坡的中铁林区，有一处祁连圆柏林，平均林龄 252 年，平均树高 16.3m，平均胸径 24.5 cm，平均疏密度 0.67，平均每公顷蓄积量高达 400.1m³，与一些云杉林相近，同样说明这里也是它的适生中心。

再看冷杉也是如此，同样在这里演化出了一批本地种，如岷江冷杉（*Abies faxoniana*）、苍山冷杉（*A. delavayi*）、墨脱冷杉（*A. delavayi var. motuoensis*）、黄果冷杉、紫果冷杉、察隅冷杉（*A. chayuensis*）、川滇冷杉（*A. forrestii*）、长苞冷杉（*A. Georgei*）等。也同样，这些冷杉林中也有许多高产林分，如川西地区的岷江冷杉林分平均单位蓄积量为 498m³，鳞皮冷杉林分单位蓄积量为 408～481m³，长苞冷杉每公顷蓄积量为 547～761m³。这些说明，这里不仅是这些树种的演化中心，同时也是适生中心。

弧形森林带中的云杉、冷杉树种大部分为中国特有种，或青藏特有种，甚至四川特有种和西藏特有种，这也证明了弧形森林带中上层林冠的高原化程度。

出现了高原替代的森林类型。这主要是指柏类，特别是圆柏属树种，成为高原上的骄子和弧形森林带中的主要组成树种，圆柏林不仅耐旱、抗风，还耐严寒，任何树种都无法与其相比较。圆柏林一方面替代了高山栎类灌丛，成为阳坡替代类型；同时由于其分布的海拔高度最高，从而也替代了冷杉，并且超过了云杉，成为分布最高的乔木林分。这在一般山地森林中是少见的。

弧形森林带中存在着水平地带性。这是以往人们未注意到的一种现象，亦即前述的"山地水平地带性"，如何认识这种"山地水平地带性"？首先，这至少在我国是一种特有现象，只有聚集了如此众多的巨大山体并占有如此广大范围的地方才会出现；其次，这是介于平原地带性和高原地带性之间的一种地带性，亦二者的过渡地段；第三，此种水平差异丝毫不影响弧形森林带的统一性，因为其属于弧形森林带的内部差异，与其他植被类型无关；第四，这是被垂直地带性掩盖了的水平地带性，二者交织在一起。一般山地森林是不存在这种复杂的状况的。其实，早就有学者提出了这一问题，文献[64]的作者说过"如果把这块巨大而独特的横断山区的植被水平分布规律归纳为一个孤立山山体垂直分布规律，从现象上看似乎是符合实际，如果能进一步观察分析，就发现这样的归纳是把复杂问题简单化了"。他还指出这里的云杉属三个组的分布明显地表现出了水平地带性，同时，一些特征性的林下层如杜鹃、藓类和箭竹由东向西依次消失也反映了水平地带的差异。

作者认为，弧形森林带的水平地带性差异主要表现在树种和树种组合上，例如，在北部是青海云杉、油松和祁连圆柏为主，向南则以紫果云杉、麦吊云杉、岷江冷杉为主，再向西南是以川西云杉、长苞冷杉和密枝圆柏等为主，再向西则为由铁杉、高山松、林芝云杉、川滇冷杉、西藏红杉（*Alarix griffithiana*）等为主组成森林。这种树种组合上的差异，自然也反映了气候上的差异，如北部以青海云杉为主的地段（祁连山北坡—黄河、隆务河）表现为温凉半干旱半湿润气候，而洮河、白龙江以南直至贡嘎山西坡以紫果云杉为主的地段则表现为比较温暖潮湿的气候，横断山区以川西云杉为主的地段是温润和寒干相结合的气候类型，而舒伯拉岭以西则为暖湿气候类型。

第四节　弧形森林带的地位

前数节叙述了弧形森林带的性质，也大致指出了其范围，但并没有明确这个弧形森林带的内外圈界线，内圈界线比较清楚，即弧形森林带向高原分布的终止线；外圈就比较复杂，因为并无一条自然界线，加上青藏高原本也缺乏明确的范围界线，使问题更加复杂化，尤其在四川和云南，弧形森林带是与其他森林连接一起，很难分开，为此作者采取了两条规定：一是按森林类型来定，即将温性和寒温性森林类型包括在弧形森林带范围之内，即将油松林、麦吊杉林、铁杉林、高山松林的分布界线（外圈）做为弧形森林带的外圈界线，暖温性森林则不包括在内；二是按海拔高度来确定，即大致将海拔 1800m（2000m）的等高线做为弧形森林带的外圈界线，不过也不能完全依靠这个等高线，因为有些温性森林类型的分布高度可能低于这个高度，有些的分布范围更大（如青杆），而有些暖温性树种的分布高度可能超过这个高度。因此，要将海拔高度与森林类型综合考虑才能确定。当然，有些地段的森林的外圈是自然终止的，如祁连山北坡，内外圈界线都很清楚，就不受上述限制了。

综上所述，弧形森林带在中国植被区划中无疑应当归属于青藏高原植物区中，而二级区划中也可以单独成区，不宜将其进行四分五裂的归属。

在我国森林体系中，人们将北方针叶林称为"泰加林"，对分布于东北地区的又称为"苔原林"或"寒原林"，对我国中部的针阔叶林称为"杂木林"，对南方的常绿阔叶林则称之为"硬叶林"，再往南就是"热带雨林"，那么，对环绕青藏高原东部和东南部这大片森林也应当有其独立的名称。

在林业实践中，人们将弧形森林带称为"西南高山森林"，但这里既有高山，也有亚高山，况且"西南"也过于宽泛，不宜用此名称。作者曾根据弧形森林带对高原具有屏蔽作用，又是高原的生态屏障，将这一森林命名为"屏风林"，并将白龙江以南的称为南屏风，以此的称为北屏风。后来又有人建议将这一森林命为"高原裙部林"或"裙部林"，或简称"裙林"，作者也同意这个叫法。

第十三章　灌木林的概念界定和功能

第一节　灌木林的概念界定

灌木，在实践中对其认识有个发展过程，传统林业在营林活动中，灌木并不受到关注，最多承认是森林的附属物，以往的施业案或经营方案中，多是将灌木视为下木，属于非目的树种，由灌木构成的群落，也被认为是"清除对象"或"改造对象"。在青海，人们也把灌木林称为"毛林"，由于不产木材，因此向来不受到大家的重视，从而发生大规模的砍挖、焚烧等破坏现象。

对灌木的认识是在北方大范围造林尤其是"三北"防护林体系建设工程上马之后，由于"乔、灌、草"相结合的工作方针提出后，人们才开始关注灌木的发展，并由此产生了灌木林算不算森林以及在森林定义中，对灌木如何表述等问题。

以往，学界对"灌丛"和"灌木林"的区别曾经有过议论，有人认为二者就是一回事，但凡是称做"林"的，必须要有直立的木本植物，而有些灌木呈匍匐状显然不能称其为"灌木林"。有人提出凡能上升成为乔木林的可称之为"灌丛"，如果永远不能上升为乔木林者则应称其为"灌木林"，而又有人持完全相反的认识，况且"上升"有自然的，也有人工的，把能否上升为乔木林做为标准显然不切实际。还有一种看法认为，在植被研究中一直是采用"植被"一词，而灌木林则是在林业生产中采用的。作者认为，凡灌木只要是形成群落的均称之为灌丛，而灌木林则是在营林中有一定规定并有标准的灌丛才能称之为灌木林，或简称灌林。

1982 年，原国家林业部在《森林调查主要技术规定》中指出，"灌木林地是指以培育灌木为目的，或者分布在乔木林界线以上，以及专为防护用途，覆盖度 > 40% 的灌木林地"。1996 年，原国家林业部在《森林资源规划设计调查主要技术规定》中又规定，"灌木林由灌木树种或因生境恶劣矮化成灌木型的乔木树种以及胸径 < 2 cm 的小杂竹丛构成，覆盖度在 30%（含 30%）以上的林地"。1999 年 5 月，原国家林业局森林资源管理司在《全国重点生态工程区森林资源现状调查操作办法》中，又恢复了 1982 年的提法，仅将覆盖度由 40% 改为 30%。根据原国家林业局 2004 年 1 月下发的《"国家特别规定的灌木林地"的规定》，"国家特别规定的灌木林地"特指分布在年均降水量 400 毫米以下的干旱（含极干旱、干旱、半干旱）地区，或乔木分布（垂直分布）上限以上，或热带亚热带岩溶地区、干热（干旱）河谷等生态环境脆弱地带，专为防护用途，且覆盖度大于 30% 的灌木林地，以及以获取经济效益为目的进行经营的灌木经济林。2021 年国家林业和草原局发布林地分类行业标准（LY/T 1812-2021），规定灌木林地为灌木覆盖度 ≥ 40% 的林地，不包括灌丛沼泽。事实上，青海省内还有相当大面积的稀疏灌丛，如柴达木盆地的很多荒漠灌丛和高寒地带的金露梅灌丛。人们普遍关注青海日益恶化的生态环境，但均未突出灌木林的地位，现实林业生产中只注重乔木造林，忽视了灌木林的营造和保护。

第二节　青海省灌木林的现状

青海省现有灌木林约 191.16 万 hm²。按其群落特征和分布环境可分为三大类：高寒灌丛、荒漠灌丛和河谷灌丛。

高寒灌丛指分布在乔木林分布界限以上的灌木林，分布区域主要在青南高原和祁连山地。主要类型有柳（*Salix oritrepha*；*S. oritrepha var. amnematchinensis*；*S. neoamnemastchinensis*；*S.sclerophylla* 等）灌丛、杜鹃（*Rhododendron capicatum*；*Rh. thymifolium*；*Rh.przewalskii*；*Rh.principis* 等）灌丛、金露梅灌丛、沙棘（*Hippophae neuroocarpus*；*H.thibetana*）灌丛、高山绣

线菊（*Spiraea alpi-na*）灌丛、鬼箭锦鸡儿（*Caragana jubata*）灌丛等。高寒灌丛因其分布范围广，下部多有草甸层，且与高寒草甸呈复域式分布，从而组成了高原地带性中一个重要的带谱——灌丛草甸带。

荒漠灌丛主要分布在柴达木盆地，常见类型有梭梭（*Haloxylon ammodendron*）灌丛、膜果麻黄（*Ephedra przewcalskii*）灌丛、柽柳（*Tamarix ramosissima*；*T. hohenackeri*；*T.laxa*；*T. elongata* 等）灌丛、白刺（*Nitraria tangutorum*；*N. sibirica*）灌丛、枸杞（*Lyci-um ruthenicum*；*L. dasystemum*；*L. cylindricum*）灌丛、蒿叶猪毛菜（*Salsola abrotanoides*）灌丛等，大部分生长在戈壁和固定、半固定沙丘上。由于柴达木盆地自阿尔金山隆起之后，已与塔里木盆地隔断，逐渐形成了高盆地，其荒漠灌丛也走上了独立演化的方向，具有简化和特化的表现，倍受学术界注意，其归属至今仍在争议。

河谷灌丛主要分布于省域东部和南部地区，多处于天然林区边缘、河漫滩和乔木林分布界限以下的山地，主要类型有柳（*Salix cheilophila*；*S. taoensis*；*S.rehderiana*）灌丛、沙棘（*Hippophae rhamnoides*）灌丛、水柏枝（*Myricaria germanica*；*M. squamosa* 等）灌丛、绣线菊（*Spiraea mongolica*；*S. myrtilloides*）、鲜卑木（*Sibiraea angustata*；*S. lae-vigata*）、栒子（*Cotoneaster multiflorus*）等。另外，还有人工栽培的沙棘、柠条等灌丛。

除了少数河谷灌丛之外，大部分灌木林均为单优结构，且一般群系稳定。其保持稳定的生理机制主要有：一是年年大量结实，实施重复天然下种，许多灌木的种子具翅或毛，可随风吹向远方，能够占领较大范围的阵地；二是以自动枯枝、落枝、缩短节间等方式进行自我调节，以适应气候的变化：三是以株下更新和根丛转移来现固领地，限制他种人侵；四是以强大的根系或平截的顶部以及密集群落来抗御强风的摧残；五是在柴达木盆地，柽柳、白刺和枸杞等还采用不断延伸茎枝并以茎变根的机理来抵御沙埋，形成了众多的沙包。因此，青海的灌木林是在青藏高原逐渐隆升过程中演化形成的特殊植物群落，在高寒、干旱环境中具有独特的生态功能，这是大自然的恩赐。

但是，在历史时期，对省内灌木林的破坏从来就没有停止过，战火、垦殖和樵采是主要的破坏手段。在东部地区，农民反复砍挖灌木是造成大面积水土流失的重要原因之一；在牧区，许多地方的牧民视灌木为草地上的赘物，认为影响放牧，以致形成了焚烧灌木的习惯，并一直延续到新中国成立以后。半个世纪以来，随着人口和牲畜的增加，曾采用焚烧灌木来扩大草场面积，破坏的灌木林面积无法统计，在柴达木盆地，从 1954 年起，沙生植被一直是当地的燃料，几十年的砍挖，使得青藏公路沿线两侧数公里至数十公里以内的沙生灌木被砍挖殆尽。至于对河谷灌丛的破坏则更是触目惊心，门源黑刺滩、布哈河河谷、沙柳河谷和刚察河河谷的大面积灌木林已基本上不复存在，"柳稍沟"、"红柳滩"和"香柴（杜鹃）坡"等地名已徒具虚名。

从各地的长期调查和对航片、卫片的判读分析，省内现在灌木林仅是原来灌木林的一部分，只能占到原面积的 1/3，全省灌木林适生范围约达 600 万 hm^2。如果将来青海省灌木林能恢复到如此规模，全省的生态环境将得到很大程度的改善。

目前，林草主管部门已开始认识到灌木林的重要功能，将其与乔木林等同看待，纳入到天然林保护工程之中，并在造林工作中强调了乔灌木结合，对天然林区以外的灌木林也正在进行地类改变和权属确认工作，亦即按照林地来对待。但是，这些活动依然是在主管部门内部进行，没有超出林业生产的范畴，对灌木林的恢复与发展仍然局限在传统的营林措施之中，尚未提高到战略地位加以认识，更未形成全社会的共识。

第三节　灌木林的主要功能

一是灌木林是生态的防护林。灌木林有着强大的根系，有些还有着密集的群落结构，能够抵御水浸、风蚀、沙埋和风割，其生态防护功能仅次于乔木林而远大于草地，在水源涵养、水土保持、防风固沙、防止土地沙化等方面作用显著。凡是有灌丛的地方，一般未见水泉干涸和水源枯竭，水土流失轻微，土地、草场还保留着原始景观。

二是灌木林是牲畜的防护林。灌木林内的气温比较稳定，风速较小，可以抗寒御风，是良好的牲畜紧急避险之处，可使其免受暴雨、冰雹和沙尘暴的侵袭。同时，灌木林还具有一定的蔽荫作用，可以减轻高原上特有的强烈辐射。更为重要的是牧区经常发生周期性的雪灾，给畜牧业往往带来毁灭性的打击，而灌丛有一定高度，不易被积雪掩埋，枝叶可临时充作牲畜饲料，其中山生柳和金露梅的适口性尚可，牧民称其为"救命草"。因此，有灌木林的地方灾情比较轻微。

三是灌木林是草场的防护林。人们焚烧灌木的理由之一是认为可以增加产草量，但未见有观测数据和长期的成效调查。据《青海省畜牧业资源和区划》一书记载，灌丛草场产草量仅次于沼泽草场而居第二位，那么焚烧后其产草量能否超过沼泽草场有待测定。与草地相比，灌木林生态系统要复杂得多，生物种类较为丰富，食物链也比较完整，栖息有多种动物，其中鸟类是草原毛虫的天敌，能在很大程度上控制其危害。据中国科学院西北高原生物研究所测定，并不十分密集高大的金露梅灌丛中即有鸟类 7 种，平均每公项达 12.9 只，其他灌木林中的鸟类应该更多。同时，灌木林中还栖息着大量的小型食肉动物，如香鼬（*Mustela altaica*）、黄鼬（*M.sibirica*）、艾虎（*M.eversmanni*）、石貂（*Mantes foina*）、青鼬（M.flaigula）、兔狲（*Felis manul*）、沙狐（*Vulpus corsac*）等，加上鹰、隼，这些都是以鼠类为食物的，对草原鼠害有很大的控制作用。应当说，当前的虫鼠害猖獗，造成草地沙化、退化和大面积的"黑土滩"，与灌木林在很大范围的消失不无关系。可以毫不夸张地说，灌木林就是是优良的护牧林。

四是灌木林是优良的薪炭林。我们一向不主张利用灌木林的燃烧值，但在实际上，灌木林一直是农村牧区的主要薪材能源。据《青海省农村能源区域规划》调查，灌木薪材在农牧区仅次于农作物秸秆和畜粪，居现有能源的第三位。灌木林平均每公顷可产薪材 225kg，理论薪材蕴藏量为 43 万吨，如按 20% 樵取，则每年可产薪材 8.6 万吨，折合标准煤 4.9 万吨。此外，牧区城镇的烧窑业也大都采用灌木作燃料，甚至在修筑公路熬煮沥青时，也采用灌木作燃料。

五是灌木林是可利用的经济林。尽管青海省气候寒旱，经济型灌木不多，但仍有一些灌木林可作为经济林加以开发利用，如可利用其果实制取饮料、油料的沙棘、白刺灌木，可作药用的枸杞、麻黄和杜鹃灌木林，还有可供编织的柳灌木和可提供纤维的鬼箭锦鸡儿灌木等。在牧区，灌木林枝条还可用作屋面板的代用品，小叶型杜鹃的枝条捆成小捆，是寺院修建经堂时的建筑材料。

六是灌木林是发展乔木林的"先锋"林。在天然林区，当乔木林被采伐、火烧或破坏之后，首先占领林地的是灌木林，这有利于护覆地表，减少水土流失，维持森林环境，为乔木更新创造条件。在荒山荒地，发展乔木林一般要通过滩草阶段，亦即先营造灌木，待立地条件改善之后，再营造乔木林。

综上所述，发展灌木林在青海林业生产中有重要意义，是生态治理的一个重要内容，不仅限于东部地区的浅山区，在全省生态环境治理与建设中也有着举足轻重的作用。

中　部

各　论

第一章 青海植物属的分布区类型和区系分析

　　植物分布区是指任何植物分类单元科、属或种分布的地域或地理范围，即它们分布于一定空间的总和。它是由植物种的发生历史及对环境的长期适应，以及许多自然因素影响的结果。不同的科属种表现出不同的分布范围，进而形成了各种分布类型。物种的分布区类型基本上分为连续分布区和间断分布区两类。连续分布是指生态上的连续，而不是空间上的连续，只是指连续分布的一个完整区域内在其适宜的生境中经常出现，由于各种植物生态适应的幅度不同，它们在分布区不同区域的多度也不相同。间断分布是指物种的分布区占据了两个以上分离的地域，这种分离地域的距离超过现存植物繁殖体按其自然散布能力能够到达的距离。分布区的间断大都是历史原因造成的，因此，研究间断分布区比研究连续分布区在生物地理上有更大的意义。植物地理成分对植物学，尤其对植物系统发生的研究，以及在生物多样性保护、植物资源合理利用、建设生态文明等方面的意义是不言而喻的。

　　本章根据陈灵芝主编的《中国植物区系与植被地理》，将青海森林植物分布区类型进行归类分析，共分为 15 个分布型。每个分布型有 1 至 6 个不等的分布亚型，共 32 个亚型。由于涉及植物种类不多，本书只归类到 15 个分布型，未进一步划分至亚型。

表 2.1　青海植物属分布区型

分布型	数量				
	科数	属数	属占比	种数	种占比
1. 世界分布或广布	33	62	10.40%	524	19.42%
2. 泛热带分布	22	34	5.70%	72	2.67%

续表

分布型	数量				
	科数	属数	属占比	种数	种占比
3. 热带亚洲和热带美洲间断分布	3	5	0.84%	7	0.26%
4. 旧世界热带分布	5	5	0.84%	13	0.48%
5. 热带亚洲和热带澳大利亚分布	2	2	0.34%	2	0.07%
6. 热带亚洲和热带非洲分布	5	6	1.01%	9	0.33%
7. 热带亚洲分布	4	6	1.01%	8	0.30%
8. 北温带分布	55	205	34.40%	1435	53.19%
9. 东亚和北美洲间断分布	15	24	4.03%	44	1.63%
10. 旧世界温带分布	24	73	12.25%	239	8.86%
11. 温带亚洲分布	16	25	4.19%	84	3.11%
12. 地中海、西至中亚分布	18	42	7.05%	80	2.97%
13. 中亚分布	12	33	5.54%	54	2.00%
14. 东亚分布	24	48	8.05%	92	3.41%
15. 中国特有分布	16	26	4.36%	35	1.30%
合　计		596		2698	

对青海省 156 科 596 属 2698 种种子植物分布区类型进行归类分析，北温带分布型属占比最高达到 34.4%，其次为旧世界温带分布型占 12.25%、世界广布型 10.4%，热带亚洲和热带澳大利亚分布型、旧世界热带分布型、热带亚洲和热带美洲间断分布型、热带亚洲和热带非洲分布型和热带亚洲分布型较低，且大部分属是引种栽培或逸为野生。从种数分析，最高为北温带分布型占比达到 53.19%，其次为旧世界温带分布型点比达到 19.42%，其他分布型均低于 9% 以下。

第一节　世界分布或广布（1 型）(Cosmopolitan or Wide Spread)

世界分布是指几乎遍布世界各大洲而没有特殊分布中心的属，或虽有一个或数个分布中心而包含世界分布种的属。该分布以前称为世界分布，但高等植物不可能有如此广的适应幅度，既能适应赤道气候，又能适应两极冰域，故采用"广布"一词。

该分布型在中国植物区系中，有 53 科 99 属，在青海植物区系中，约有 33 科 65 属 524 种（表 2.2.1）。主要有蓼科蓼属（27 种）、酸模属（5 种），藜科滨藜属（7 种）、藜属（8 种）、盐角草属（1 种）、猪毛菜属（13 种）、菠菜属（1 种）、碱蓬属（6 种），苋科苋属（5 种），马齿苋科马齿苋属（2 种），石竹科鹅肠菜属（1 种）、拟漆姑草属（1 种）、繁缕属（17 种），金鱼藻科金鱼藻属（1 种），毛茛科银莲花属（8 种）、铁线莲属（14 种）、毛茛属（30 种），十字花科碎米荠属（4 种）、独行菜属（8 种）、豆瓣菜属（1 种）、蔊菜属（2 种），蔷薇科李属（2 种）、悬钩子属（11 种），豆科黄芪属（79 种）、槐属（3 种），牻牛儿苗科老鹳草属（7 种），远志科远志属（3 种），鼠李科鼠李属（6 种），藤黄科金丝桃属（1 种），堇菜科堇菜属（8 种），小二仙草科狐尾藻属（1 种），杉叶藻科杉叶藻属（1 种），伞形科芹属（1 种）、变豆菜属（2 种），蓝雪科补血草属（4 种），龙胆科百金花属（1 种）、龙胆属（44 种），旋花科旋花属（3 种），唇形科鼠尾草属（4 种）、黄芩属（3 种）、水苏属（1 种），茄科茄属（4 种），玄参科水茫草属（1 种），狸藻科狸藻属（1 种），车前科车前属（4 种），茜草科拉拉藤属（13 种），菊科紫菀属（10 种）、鬼针草属（2 种）、飞蓬属（2 种）、鼠麹草属（1 种）、千里光属（5 种）、苍耳属（1 种），禾本科剪股颖属（6 种）、芦苇属（1 种）、早熟禾属（36 种）、小麦属（1 种），莎草科苔草属（40 种）、荸荠属（14 种）、藨草属（5 种），浮萍科浮萍属（2 种）、紫萍属（1 种），灯芯草科灯芯草属（23 种）、地杨梅属（2 种），兰科羊耳蒜属（1 种）、沼兰属（1 种）。

本类型中科分布的最大特点是没有任何木本的裸子植物，而以草本的被子植物为最多，尤其集中于豆科（2 属 82 种）、莎草科（2 属 59 种）、毛茛科（3 属 52 种）、龙胆科（2 属 45 种）、禾本科（4 属 44 种）。

表 2.2.1 青海植物 1 型科属种数量统计表

科名	属	种	种占比	科名	属	种	种占比
蓼科	2	32	6.11%	藜科	6	36	6.87%
苋科	1	5	0.95%	马齿苋科	1	2	0.38%
石竹科	3	19	3.63%	金鱼藻科	1	1	0.19%

科名	属	种	种占比	科名	属	种	种占比
毛茛科	3	52	9.92%	十字花科	4	15	2.86%
蔷薇科	2	13	2.48%	豆科	2	82	15.65%
牻牛儿苗科	1	7	1.34%	远志科	1	3	0.57%
鼠李科	1	6	1.15%	藤黄科	1	1	0.19%
堇菜科	1	8	1.53%	小二仙草科	1	1	0.19%
杉叶藻科	1	1	0.19%	伞形科	2	3	0.57%
蓝雪科	1	4	0.76%	龙胆科	2	45	8.59%
旋花科	1	3	0.57%	唇形科	3	8	1.53%
茄科	1	4	0.76%	玄参科	1	1	0.19%
狸藻科	1	1	0.19%	车前科	1	4	0.76%
茜草科	1	13	2.48%	菊科	6	21	4.01%
禾本科	4	44	8.40%	莎草科	3	59	11.26%
浮萍科	2	3	0.57%	灯芯草科	2	25	4.77%
兰科	2	2	0.38%				

　　本类型有水生或沼生植物，如金鱼藻科、莎草科（9属）、小二仙草科（1属）、灯芯草科、浮萍科、狸藻科（1属）等，这是由于水中环境条件更为稳定，天然障碍较少的缘故。草本植物中有许多具有随人杂草特性的植物，如苋科的苋属，石竹科的拟漆姑草属、繁缕属，菊科的蒿属、鬼针草属、飞蓬属、鼠麴草属、千里光属、苍耳属等均为1型属。旋花科的旋花属，十字花科的芥属、碎米荠属、独行菜属、葶菜属、大蒜芥属等，车前科的车前属，蓼科的酸模属，毛茛科的毛茛属，茜草科的拉拉藤属，茄科的茄属，堇菜科的堇菜属等，都是早期的随人杂草，随人定居，因而广布的。此外，还有草甸中的主要成分，如禾本科中的剪股颖属、羊茅属和早熟禾属，它们占该科1型分布属的全部，并有3/4是南北温带分布型（北温带型的亚型），表明它们是从泛温带或南北温带分布型进一步适应热带高山或两极的严酷气候而形成广布的，而旱生成分中耐盐性藜科的盐角草属、猪毛菜属、碱蓬属，同科中的藜属几近杂草化。此外还有毛茛科的银莲花属和铁线莲属，蔷薇科的悬钩子属，豆科的苦参属，茄科的茄属等也占据着广大的分布区。

表2.2.2 青海植物世界广布种统计

科名		属名		种名		生境	省内分布区
中文名	拉丁名	中文名	拉丁名	中文名	拉丁名		
被子植物门 ANGIOSPERMAE							
蓼科	Polygona–ceae	蓼属	Polygonum Linn	头序蓼	*Polygonum alatum Hamilt*	生于海拔2000～4400米的山坡林下、沟谷林缘、灌丛草甸、河谷阶地、河滩草甸、山坡崖下阴湿地	产民和、互助、乐都、循化、西宁、同仁、泽库、河南、久治、班玛、囊谦、曲麻莱、治多
				高山蓼	*Polygonum alpinum All*	生于海拔3800米的山坡林下、林缘草甸、沟谷灌丛、河沟砾地、宽谷阶地	产玉树
				两栖蓼	*Polygonum amphibium Linn*	生于海拔2300～3400米的河滩草甸、溪水河沟边、水渠岸边、沼泽草甸、湖塘浅水、阴湿草地	产湟源、西宁、河南
				木藤蓼	*Polygonum aubertii L*	生于海拔1800～2400米的沟谷及河边山坡阶地。西宁有栽培	产互助、乐都、循化、尖扎、同仁
				萹蓄	*Polygonum avivulare Linn*	生于海拔1700～3600米的田埂地边、路边荒地、河谷阶地、沟谷林缘、灌丛草甸、河边草甸、渠旁沙地	产民和、互助、乐都、循化、化隆、平安、湟中、湟源、西宁、大通、门源、祁连、海晏、刚察、贵德、贵南、同德、共和、兴海、天峻、都兰、乌兰、格尔木、德令哈、尖扎、同仁、泽库、河南、玛沁、甘德、久治、班玛、玉树、囊谦、杂多
				卷茎蓼	*Polygonum convolvulus Linn*	生于海拔2100～3600米的山坡林下、沟谷林缘、灌丛草甸、河岸溪水边、山坡田边	产乐都、循化、湟中、西宁、大通、贵德、共和、泽库、班玛

科名		属名		种名		生境	省内分布区
中文名	拉丁名	中文名	拉丁名	中文名	拉丁名		
				蓝药蓼	*Polygonum cyanandrum Diels*	生于海拔 2600 ~ 3900 米的山坡草地、沟谷林缘、河谷灌丛、河滩草甸	产互助、门源、班玛、杂多、囊谦
				齿翅蓼	*Polygonum dentato - alatum*	生于海拔 2100 ~ 2300 米的沟谷林缘、河岸溪边、田埂地边、水渠边	产互助
				叉分蓼	*Polygonum divaricatum Linn*	生于海拔 3200 ~ 3900 米的山坡林缘、灌丛草地、渠岸河边、阳坡林下	产玛沁、久治、班玛、称多、玉树、囊谦
				细茎蓼	*Polygonum filicaule Wall*	生于海拔 3200 ~ 3600 米的山沟林下、沟谷灌丛、河滩草甸、山坡林缘湿润草地	产泽库、班玛
				冰川蓼	*Polygonum glaciale*	生于海拔 3000 ~ 4200 米的山坡林缘、沟谷灌丛、河谷阶地、河滩草甸砾地、高山草甸裸地、高寒农田边	产门源、玛沁、班玛、称多、玉树、囊谦、杂多
				硬毛蓼	*Polygonum hookeri Meisn*	生于海拔 3400 ~ 4500 米的高寒草甸、高寒灌丛草甸、河滩草地、湖滨湿沙地、高寒沼泽草甸	产兴海、尖扎、同仁、泽库、河南、玛沁、甘德、久治、班玛、达日、玛多、称多、玉树、囊谦、曲麻莱、杂多、治多
				陕甘蓼	*Polygonum hubertii Lingelsh*	生于海拔 2200 ~ 3500 米的山坡林下、沟谷林缘、河谷灌丛、沟边湿地、河滩草甸	产互助、乐都、大通

续表

科名		属名		种名		生境	省内分布区
中文名	拉丁名	中文名	拉丁名	中文名	拉丁名		
				水蓼	*poiygonum hydropiper Linn*	生于海拔 2300 ~ 2500 米的渠岸水沟边、田埂地旁、河滩草甸、阴湿处	产西宁、大通
				酸模叶蓼	*Polygonum lapathifolium Linn*	生于海拔 1800 ~ 2600 米的河沟水边、田边渠旁、沟谷林下、林缘灌丛、河滩草甸、山沟阴湿地	产民和、乐都、湟源、西宁、大通、贵德、共和、兴海
				绵毛酸模叶蓼	*Polygonum lapathifolium Linn. var. salicifolium*	生于海拔 2000 ~ 2300 米的田埂地边、渠岸水沟边	产西宁、尖扎
				圆穗蓼	*Polygonum macrophyllum D*	生于海拔 3000 ~ 4600 米的河滩草甸、高寒草甸、高山灌丛、河谷阶地	产民和、互助、乐都、循化、化隆、平安、湟中、湟源、西宁、大通、门源、祁连、海晏、刚察、贵德、贵南、同德、共和、兴海、天峻、都兰、乌兰、格尔木、茫崖、尖扎、同仁、泽库、河南、玛沁、甘德、久治、班玛、达日、玛多、称多、玉树、囊谦、曲麻莱、杂多、治多、唐古拉
				狭叶圆穗蓼	*Polygonum macrophyllum D. Don var. stenophyllum*	生于海拔 4100 ~ 4600 米的高寒草甸、阴坡及河滩高寒灌丛草甸	产久治、玉树、囊谦
				何首乌	*Polygonum multiflorum Thumb*	植于海拔 2200 米左右的园林绿地	西宁有栽培
				荭草	*Polygonum orientale Linn*	植于海拔 2200 ~ 2450 米的庭院公园	西宁、同仁有栽培

科名		属名		种名		生境	省内分布区
中文名	拉丁名	中文名	拉丁名	中文名	拉丁名		
				柔毛蓼	*Polygonum pilosum*	生于海拔 1700 ~ 4100 米的河谷林缘、山坡林下、灌丛草甸、河滩草甸、沟谷河岸、阴湿山坡、沼泽草甸	产民和、互助、大通、同仁、泽库、河南、玛沁、久治、班玛、玉树、囊谦、治多
				西伯利亚蓼	*Polygonum sibiricum Laxm*	生于海拔 1800 ~ 4600 米的河岸草地、湖滨沙砾地、河谷阶地、沼泽草甸、河滩潮湿砾地、盐碱沼泽地、高山泉水出露处、渠岸溪边、高山草甸裸露处、畜圈周围、牛粪堆上	产民和、互助、乐都、循化、化隆、平安、湟中、湟源、西宁、大通、门源、祁连、海晏、刚察、贵德、贵南、同德、共和、兴海、天峻、都兰、乌兰、格尔木、德令哈、大柴旦、冷湖、茫崖、尖扎、同仁、泽库、河南、玛沁、甘德、久治、班玛、达日、玛多、称多、玉树、囊谦、曲麻莱、杂多、治多（可可西里 4900）、唐古拉
				细叶西伯利亚蓼	*Polygonum sibiricum Laxm.var*	生于海拔 2700 ~ 4500 米的高寒草甸裸地、高寒沼泽草甸、湖滨湿润沙地、河滩砾地、荒漠盐土滩、溪边盐碱湿地	产门源、海晏、刚察、共和、兴海、乌兰、格尔木、久治、玛多、曲麻莱
				支柱蓼	*Polygonum suffultum Maxim*	生于海拔 2300 ~ 2800 米的阴湿林下、河滩草甸、溪流水边、山坡灌丛、沟谷砾地	产互助、乐都、大通

科名		属名		种名		生境	省内分布区
中文名	拉丁名	中文名	拉丁名	中文名	拉丁名		
				太白蓼	*Polygonum taipaishanense Kung*	生于海拔 2800 ~ 3400 米的山坡灌丛草地、山沟石隙、河滩林下、沟谷林缘	产互助、乐都
				细叶蓼	*Polygonum tenuifolium Kung*	生于海拔 2800 ~ 4700 米的高山草甸、山地阴坡、高寒灌丛、河谷阶地、河滩草甸、阴湿山沟草地、湖滨沙滩	产互助、湟中、大柴旦、同仁、泽库、玛多、玉树、曲麻莱、治多
				珠芽蓼	*Polygonum viviparum Linn*	生于海拔 2000 ~ 4800 米的高寒草甸、高寒沼泽草甸、湖滨潮湿草地、沟谷灌丛、河谷阶地、林下林缘、河滩草甸、渠岸沟边	产民和、互助、乐都、循化、化隆、平安、湟中、湟源、西宁、大通、门源、祁连、海晏、刚察、贵德、贵南、同德、共和、兴海、天峻、都兰、乌兰、格尔木、德令哈、茫崖、尖扎、同仁、泽库、河南、玛沁、甘德、久治、班玛、达日、玛多、称多、玉树、囊谦、曲麻莱、杂多、治多（可可西里）、唐古拉
		酸模属	Rumex Linn	酸模	*Rumex acetosa Linn*	生于海拔 2800 ~ 4200 米的沟谷山麓、河谷阶地、河岸溪边、山沟砾地、河滩草地、山坡林间、林缘灌丛草甸	产大通、同德、同仁、泽库、河南、久治、班玛、玉树、囊谦
				水生酸模	*Rumex aquaticus Linn*	生于海拔 2100 ~ 3800 米的河溪水沟边、河滩草地、渠岸田梗、沼泽草甸、林间湿润草地、沟谷灌丛间	产互助、乐都、湟中、西宁、大通、海晏、刚察、同德、兴海、同仁、泽库、河南、玛沁

科名		属名		种名		生境	省内分布区
中文名	拉丁名	中文名	拉丁名	中文名	拉丁名		
				皱叶酸模	*Rumex crispus Linn*	生于海拔 2000～3000 米的田埂地边、河岸溪水边、田林路边、沟边湿地、宅旁荒地、村舍周围	产民和、互助、乐都、循化、化隆、平安、湟中、湟源、西宁、大通、门源、祁连、海晏、刚察、贵德、同德、都兰、尖扎、同仁、泽库、河南
				尼泊尔酸模	*Rumex nepalensis Spreng*	生于海拔 2700～4000 米的山坡林缘、河谷灌丛、田林路边、河滩草甸、渠岸水沟边、田边荒地	产民和、互助、乐都、同仁、河南、班玛、称多、玉树、囊谦、杂多
				巴天酸模	*Rumex patientia Linn*	生于海拔 2200～3600 米的田埂地边、渠岸路旁、山沟草甸、河岸沙地、林缘灌丛、林间空地、院宅、荒地	产民和、循化、西宁、大通、同德、兴海、都兰、同仁、泽库、玛沁、玉树、囊谦
藜科	Chenopo-diaceae	滨藜属	Atriplex Linn	中亚滨藜	*Atriplex centralasiatica Iljin*	生于海拔 3000～4300 米的干旱河滩、山麓砾地、湖滨沙地、畜圈周围、盐碱化荒漠砾地	产兴海、德令哈、玛多、治多
				大苞滨藜	*Atriplex centralasiatica Iljin var. Megalotheca*	生于海拔 2300 米的墙根沟边、宅旁荒地	产西宁
				野滨藜	*Atriplex fera*	生于海拔 2200～2900 米的路边荒地、田埂渠旁、河岸盐碱地	产西宁、共和、都兰、大柴旦
				榆钱波菜	*Atriplex hortensis Linn*	我国北方各省均有栽培，原产欧洲	民和、互助、乐都、循化、化隆、平安、湟中、湟源、西宁、大通有栽培

科名		属名		种名		生境	省内分布区
中文名	拉丁名	中文名	拉丁名	中文名	拉丁名		
				滨藜	*Atriplex patens*	生于海拔 2900 米左右的路边荒地、田边砂土地、村舍宅旁	产共和
				西伯利亚滨藜	*Atriplex sibirica Linn*	生于海拔 1900～3100 米的田边渠岸、宅旁荒地、畜圈灰堆周围、干旱盐碱地	产民和、西宁、贵南、共和、兴海、都兰、乌兰、格尔木、德令哈、尖扎
				鞑靼滨藜	*Atriplex tatarica Linn*	生于海拔 3000～3100 米的戈壁荒漠、干旱荒漠草原、盐碱滩地	产茫崖、共和
		藜属	Chenopodium Linn	尖头叶藜	*Chenopodium acuminatum Willd*	生于海拔 2500～2700 米的村舍田边、宅旁荒地、渠岸沟边、牲畜棚圈周围、山麓草地	产门源、祁连、共和
				藜	*Chenopodium album Linn*	生于海拔 1700～4300 米的山沟林缘、灌丛草地、畜圈周围、农田低湿地边、田林路旁、村舍宅旁、田边荒地、河沟渠岸、花坛墙脚	产民和、互助、乐都、循化、化隆、平安、湟中、湟源、西宁、大通、门源、祁连、海晏、刚察、贵德、贵南、同德、共和、兴海、天峻、都兰、乌兰、格尔木、德令哈、大柴旦、冷湖、茫崖、尖扎、同仁、泽库、河南、玛沁、甘德、久治、班玛、达日、玛多、称多、玉树、囊谦、曲麻莱、杂多、治多
				刺藜	*Chenopodium aristatum Linn*	生于海拔 2200～3760 米的田埂路边、沙质地	产西宁、门源、贵南、共和、同仁、泽库、河南、玉树

科名		属名		种名		生境	省内分布区
中文名	拉丁名	中文名	拉丁名	中文名	拉丁名		
				菊叶香藜	*Chenopodium foetidum Schrad*	生于海拔2000~4300米的田边渠岸、宅旁墙脚、路边荒地、半干旱山坡、河滩沙地、林缘草地、沟渠河岸、污水坑边	产民和、互助、乐都、循化、化隆、平安、湟中、湟源、西宁、大通、门源、祁连、海晏、刚察、贵德、贵南、同德、共和、兴海、尖扎、同仁、泽库、河南、玛沁、甘德、久治、班玛、达日、玛多、称多、玉树、囊谦、曲麻莱、杂多、治多
				灰绿藜	*Chenopodium glaucum Linn*	生于海拔1800~3760米的田林路边、宅院墙脚、河湖岸边、畜圈周围、灰堆旁、山脚潮湿地、盐碱性荒地	产民和、互助、乐都、循化、化隆、平安、湟中、湟源、西宁、大通、同德、共和、都兰、乌兰、德令哈、同仁、泽库、玉树
				杂配藜	*Chenopodium hybridum*	生于海拔2300~3500米的沟谷林缘、山坡灌丛、田边荒地	产互助、乐都、大通、门源、祁连、同德、同仁、泽库、玉树
				小白藜	*Chenopodium iljinii Golosk*	生于海拔2500~3200米的湖滨滩地、沟谷溪边、河滩湿地、田边荒地、盐碱性荒地	产循化、同德、共和、玛沁
				平卧藜	*Chenopodium prostratum Bunge*	生于海拔2500~3200米的河谷荒滩、山脚砾地、宅院周围、路边沟沿、畜圈灰堆	产门源、贵南、同仁、泽库
		盐角草属	Salicornia Linn	盐角草	*Salicornia europaea*	生于海拔2600~3000米的盐湖湖沼、湖滨沙地、荒漠盐碱地、河谷盐碱滩地	产都兰、乌兰、格尔木、德令哈

续表

科名		属名		种名		生境	省内分布区
中文名	拉丁名	中文名	拉丁名	中文名	拉丁名		
		猪毛菜属	Salsola Linn	蒿叶猪毛菜	*Salsola abrotanoides Bunge*	生于海拔 2800 ~ 3500 米的盐碱滩地、荒漠草原、戈壁边滩、沟谷河岸、山坡草地、山前洪积扇、干旱河滩砾地、干旱荒漠化草原	产贵南、共和、兴海、都兰、乌兰、格尔木、德令哈、大柴旦、茫崖
				木本猪毛菜	*Salsola arbuscula Pall*	生于海拔 2800 ~ 3300 米的山前砾质平原、河谷阶地、荒漠沙滩、戈壁砾地、湖滨河岸、沙丘间湿地	产都兰、德令哈、大柴旦
				青海猪毛菜	*Salsola chinghaiensis*	生于海拔 2900 ~ 3000 米的荒漠砾地、山前洪积扇、戈壁冲沟、河滩细沙砾地	产都兰（模式标本产地）
				猪毛菜	*Salsola collina Pall*	生于海拔 1700 ~ 4600 米的田边荒地、宅旁路边、沟谷渠岸、半干旱山坡、林缘草地、灌丛草甸、河滩沙地、河谷阶地、河沟水边	产民和、互助、乐都、循化、化隆、平安、湟中、湟源、西宁、大通、门源、祁连、海晏、刚察、贵德、贵南、同德、共和、兴海、天峻、都兰、乌兰、格尔木、德令哈、大柴旦、冷湖、茫崖、尖扎、同仁、泽库、河南、玛沁、甘德、久治、班玛、玉树、囊谦
				钝叶猪毛菜	*Salsola heptapotamica*	生于海拔 2300 ~ 2900 米的山麓低洼处、河滩湿地、湖滨盐碱地、荒漠湿沙地、盐土草甸、碱斑滩地	产西宁、共和、乌兰、德令哈

科名		属名		种名		生境	省内分布区
中文名	拉丁名	中文名	拉丁名	中文名	拉丁名		
				密枝猪毛菜	*Salsola implicata Botsch*	生于海拔 2800 ~ 3200 米的荒漠滩地、河谷阶地、河滩沙地、荒漠草原	产都兰
				松叶猪毛菜	*Salsola laricifolia*	生于海拔 3000 米左右的荒漠砾地、沙丘、干旱山坡、山前阶地	海南州和柴达木盆地
				单翅猪毛菜	*Salsola monoptera Bunge*	生于海拔 3200 ~ 3400 米的干旱河谷、阳坡草地、沟谷湿地、河滩沙地	产刚察、泽库
				珍珠猪毛菜	*Salsola passerina Bunge*	生于海拔 2600 ~ 3200 米的砾质河滩、戈壁湿沙滩、荒漠砾地、河谷阶地、湖滨盐碱滩、山前砾质平原	产祁连、贵南、共和、乌兰、都兰、格尔木、德令哈、大柴旦、茫崖
				长刺猪毛菜	*Salsola paulsenii*	生于海拔 3400 米左右的河滩沙地	产河南
				薄翅猪毛菜	*Salsola pellucida*	生于海拔 2300 ~ 3200 米的河滩沙地、荒漠砾滩、河谷阶地、干旱砾质山坡	产西宁、都兰
				刺沙蓬	*Salsola ruthenica*	生于海拔 2900 ~ 3300 米的荒漠草原、盐碱滩地、沙砾山坡、山前冲沟、干旱河道、湖滨河滩湿沙地	产兴海、都兰、德令哈、河南
				柴达木猪毛菜	*Salsola zaidamica*	生于海拔 2800 ~ 3000 米的荒漠沙地、河谷阶地、山前冲沟、湖滨湿地、河滩沙地、戈壁低湿地	产都兰、格尔木、德令哈

续表

科名		属名		种名		生境	省内分布区
中文名	拉丁名	中文名	拉丁名	中文名	拉丁名		
		菠菜属	Spinacia Linn	菠菜	*Spinacia oleracea*		民和、互助、乐都、循化、化隆、平安、湟中、湟源、西宁、门源、海晏、刚察、贵德、贵南、同德、共和、都兰、乌兰、尖扎、同仁、囊谦、玉树、称多有栽培
		碱蓬属	Suaeda Forsk ex Scop	角果碱蓬	*Suaeda corniculata*	生于海拔 2200 ~ 4300 米的沙砾河滩、湖滨砾地、荒漠草原、河谷阶地、低洼盐碱地、盐碱荒漠沙地	产西宁、刚察、贵德、贵南、共和、都兰、乌兰、玛多、囊谦、杂多
				碱蓬	*Suaeda glauca*	生于海拔 2200 ~ 3200 米的干山坡草地、河滩沙地、荒漠盐碱滩	产西宁、共和
				盘果碱蓬	*Suaeda heterophylla*	生于海拔 3100 米左右的山麓砾质滩地、戈壁荒漠草原	产格尔木
				奇异碱蓬	*Suaeda paradoxa Bunge*	生于海拔 2300 ~ 2600 米的阳坡荒地、河溪水沟边、湿润盐碱地、荒漠砾地	产西宁
				平卧碱蓬	*Suaeda prostrata Pall*	生于海拔 2700 ~ 3200 米的盐湖岸边、荒漠草原、低洼潮湿盐碱地、戈壁流水冲沟	产共和、都兰、乌兰、德令哈、大柴旦
				盐地碱蓬	*Suaeda salsa*	生于海拔 2900 ~ 3800 米的荒漠砾地、湖边盐渍地、干涸河滩	产共和、茫崖、玛沁
苋科	Amaranthaceae	苋属	Amaranthus Linn.	红叶苋	*Amaranthus caudatus Linn.*	全国各地多有栽培	海东、西宁、海北、海西、海南有栽培或逸为野生。

科名		属名		种名		生境	省内分布区
中文名	拉丁名	中文名	拉丁名	中文名	拉丁名		
				千穗谷	*Amaranthus hypochondriacus Linn.*	植于海拔1600~2300米的庭院公园	西宁有栽培
				繁穗苋	*Amaranthus paniculatus Linn.*	生于海拔2100~2800米的田埂路边、渠岸河沟边、阴坡荒地	产循化、平安、西宁
				反枝苋	*Amaranthus retroflexus Linn.*	生于海拔1700~2200米的路边湿地、田边荒地、河沟渠岸、山坡草地	产民和、循化、平安、尖扎
				苋	*Amaranthus tricolor Linn.*	全国各地多有栽培和逸生	西宁有栽培
马齿苋科	Portulacaceae	马齿苋属	Portulaca Linn	大花马齿苋	*Portulaca grandiflora Hook.*	原产巴西	民和、互助、乐都、循化、化隆、平安、湟中、湟源、西宁、大通、门源、贵德、尖扎、同仁有栽培
				马齿苋	*Portulaca oleracea Linn.*	生于海拔2200~3000米的田埂渠岸、路边菜地中	产海晏、刚察、共和、同仁
石竹科	Caryophyllaceae	鹅肠菜属	Malachium Fries	鹅肠菜	*Malachium aquaticum*	生于海拔2800米左右的庭院宅旁	产门源
		拟漆姑草属	Spergularia	拟漆姑	*Spergularia salina*	生于海拔1700~2880米的河谷阶地、山坡草地、河岸石隙、溪水沟边、田边荒地	产民和、互助、西宁、共和
		繁缕属	Stellaria Linn	沙生繁缕	*Stellaria arenaria*	生于海拔2900~5000米的山顶石隙、山坡草地、沙砾河滩、高山草甸裸地、河谷阶地、阴坡灌丛、高山流石滩	产同仁、泽库、河南、玛沁、久治、玉树、囊谦、曲麻莱、治多
				偃卧繁缕	*Stellaria decumbens Edgew*	生于海拔3600~4000米的高山石隙、山坡草地、河谷阶地	产祁连、共和、治多

科名		属名		种名		生境	省内分布区
中文名	拉丁名	中文名	拉丁名	中文名	拉丁名		
				垫状繁缕	*Stellaria decumbens Edgew, var. pulvinata Edgew*	生于海拔 3800 ~ 5000 米的山顶阳坡、沙砾山坡、高山流石坡、河谷阶地、河滩沙地、山前冲积扇、山麓、倒石堆、高山草甸、山坡草地	产大通、祁连、兴海、玛沁、甘德、囊谦、杂多、治多
				双歧繁缕	*Stellaria dichotoma Linn*	生于海拔 4000 ~ 4150 米的阳坡草地、沟谷灌丛、河滩沙地	产兴海、囊谦、治多
				异色繁缕	*Stellaria discolor Turcz*	生于海拔 2400 ~ 2500 米的沟谷草甸、河滩湿润处	产互助
				禾叶繁缕	*Stellaria graminea Linn*	生于海拔 2500 ~ 4200 米的山坡岩石缝隙、河谷阶地、山坡草地、沟谷林下、林缘灌丛、阳坡草甸、山坡砾地、灌丛、草甸、沙砾河滩、田边荒地	产互助、门源、祁连、同德、兴海、同仁、河南、玛沁、久治、玉树、囊谦
				中华禾叶繁缕	*Stellaria graminea Linn.var. chinensis Maxim*	生于海拔 3650 ~ 4400 米的田边渠岸、河滩草甸、河谷阶地	产囊谦
				线叶繁缕	*Stellaria graminea Linn.var. linearis Fenzl in Ledeb*	生于海拔 2380 ~ 2990 米的河滩疏林下、林缘草甸、沟谷湿地	产大通、祁连
				毛禾叶繁缕	*Stellaria graminea Linn. var. pilosula Maxim*	生于海拔 3000 米左右的河滩疏林下、沟谷林缘、灌丛草甸	产祁连

续表

科名		属名		种名		生境	省内分布区
中文名	拉丁名	中文名	拉丁名	中文名	拉丁名		
				繁缕	*Stellaria media*	生于海拔 2300～3850 米的山顶潮湿处、河岸沟边、河滩沙地、山坡草地、沟谷林缘、灌丛草甸、田边荒地	产西宁、大通、同仁、囊谦
				赛繁缕	*Stellaria neglecta*	生于海拔 2560 米左右的河岸水沟边草地	产同仁
				沼泽繁缕	*Stellaria palustris Ehrh*	生于海拔 2300～2400 米的沟谷林下、林缘灌丛、河滩草地、田边荒地	产民和
				准噶尔繁缕	*Stellaria soongorica Roshev*	生于海拔 2900～3000 米的沟谷林下、林缘灌丛、山坡草地、河谷阶地、河溪水边	产泽库
				亚伞花繁缕	*Stellaria subumbellata*	生于海拔 3000～4040 米的山沟林下、河谷林缘、灌丛草甸	产互助、玛沁、玉树
				毛湿地繁缕	*Stellaria uda F. N. Williams var. pubescens*	生于海拔 2200～4040 米的山地阴坡、高山草甸、沟谷灌丛、山坡草地、河滩草甸	产互助、大通、门源、刚察、同德、尖扎、同仁、泽库、河南、玛沁、久治、甘德、班玛、玉树、囊谦、治多
				雀舌草	*Stellaria uliginosa Murray*	生于海拔 2500～2900 米的渠岸沟边、河滩砾质地、水边湿地	产大通
				伞花繁缕	*Stellaria umbellata Turcz*	生于海拔 2190～5000 米的河谷阶地、沙砾河滩、河岸石隙、高山草原、高寒草甸、湖滨砾地、山坡草地、沟谷林下、灌丛草甸	产互助、大通、门源、祁连、贵南、乌兰、同仁、泽库、玛沁、久治、囊谦、杂多、治多

续表

科名		属名		种名		生境	省内分布区
中文名	拉丁名	中文名	拉丁名	中文名	拉丁名		
金鱼藻科	Ceratophyllaceae	金鱼藻属	Ceratophyllum Linn.	金鱼藻	*Ceratophyllum demersum Linn.*	生于海拔 1800 ~ 2800 米的淡水湖泊、沼泽死水坑	产民和、互助、乐都、循化、化隆、门源、贵德、尖扎、同仁
毛茛科	Ranunculaceae	银莲花属	Anemone Linn	展毛银莲花	*Anemone demissa Hook*	生于海拔 3800 ~ 4000 米的高山草甸、阴坡灌丛、河滩草甸、河谷草地	产久治、玉树
				小银莲花	*Anemone exigua Maxim*	生于海拔 2550 ~ 3600 米的山坡云杉林下、桦木林下、林缘灌丛中、沟谷草甸、河沟水边	产民和、大通、尖扎、同仁
				叠裂银莲花	*Anemone imbricata Maxim*	生于海拔 3200 ~ 5100 米的高山草甸、阴坡灌丛、高山流石坡、河谷阶地、河滩草甸、沟谷湖边	产大通、兴海、乌兰、河南、玛沁、久治、玛多、玉树、囊谦、曲麻莱、杂多、治多
				疏齿银莲花	*Anemone obtusiloba D. Don subsp. ovalifolia Bruhl*	生于海拔 2300 ~ 4800 米的河滩草甸、河谷草地、山坡林缘、沟谷灌丛、高山草甸、河溪水边草甸、高山流石坡	产民和、互助、乐都、西宁、大通、共和、尖扎、同仁、泽库、河南、玛沁、久治、玉树、囊谦、曲麻莱
				草玉梅	*Anemone rivularis Buch*	生于海拔 2300 ~ 3650 米的沟谷林下、阴湿灌丛、林缘草甸、河滩疏林下、渠岸沟沿、河滩草甸、河谷阶地、河沟溪水边、山麓湿地、山坡草地	产西宁、大通、兴海、尖扎、同仁、泽库、河南、玛沁、玛多、久治、囊谦、玉树、称多、杂多、治多
				小花草玉梅	*Anemone rivularis Buch.-Ham. ex DC. var. floreminore Maxim*	生于海拔 2000 ~ 3660 米的河滩草甸、河沟水渠边、山麓湿地、山坡草地、沟谷林下、林缘灌丛、河滩疏林下	产民和、互助、湟中、西宁、大通（模式标本产地）、兴海、玉树、曲麻莱、杂多

科名		属名		种名		生境	省内分布区
中文名	拉丁名	中文名	拉丁名	中文名	拉丁名		
				大火草	*Anemone tomentosa*	生于海拔 1850 ~ 2600 米的林缘山坡、河滩疏林、沟谷灌丛、河沟水边、河漫滩草甸	产民和、循化
				条裂银莲花	*Anemone trullifolia*	生于海拔 2700 ~ 4400 米的河滩草甸、山坡草地、溪水沟边、高山草甸、阴坡灌丛、湖滨河岸、山麓草甸	产循化、大通、同仁、河南、玛沁、久治、班玛、玉树、囊谦
		铁线莲属	Clematis Linn	芹叶铁线莲	*Clematis aethusifolia Turcz*	生于海拔 2000 ~ 2800 米的山坡林缘、沟谷灌丛、河谷阶地、山地阴坡、山坡草地、河边渠岸	产互助、循化、湟源、西宁、祁连、尖扎、同仁
				甘川铁线莲	*Clematis akebioides*	生于海拔 2200 ~ 3000 米的河滩林下、山坡草地、沟谷林缘灌丛中	产民和、循化、西宁、泽库
				短尾铁线莲	*Clematis brevicaudata*	生于海拔 1850 ~ 3000 米的沟谷林缘、河岸灌丛、山坡草地	产循化、湟中、大通、尖扎、泽库
				粉绿铁线莲	*Clematis glauca Willd*	生于海拔 2230 ~ 2750 米的山坡草地、田埂、沟边	产湟源、西宁、门源、祁连
				黄花铁线莲	*Clematis intricata Bunge*	生于海拔 2200 ~ 4200 米的山坡林缘、沟谷灌丛中、湖岸石隙、河谷沟边、山坡草地、渠岸田埂	产循化、湟中、门源、尖扎、泽库、玛多
				长瓣铁线莲	*Clematis macropetala*	生于海拔 1800 ~ 3200 米的阳坡林下、林缘、灌丛、河边和草地	产民和、互助、循化、湟中、大通、尖扎、同仁

科名		属名		种名		生境	省内分布区
中文名	拉丁名	中文名	拉丁名	中文名	拉丁名		
				小叶绣球藤	*Clematis montana Buch*	生于海拔 2600 米左右的山坡林下、沟谷林缘、河岸灌丛	产循化
				小叶铁线莲	*Clematis nannophylla Maxim*	生于海拔 1880～2650 米的山地阴坡、沟谷草地、山沟灌丛中	产互助、循化、湟中、西宁、尖扎、同仁
				美花铁线莲	*Clematis potaninii Maxim*	生于海拔 2600～3500 米的山坡林下、沟谷林缘、河岸灌丛中	产班玛玛可河林区
				长花铁线莲	*Clematis rehderiana Craib*	生于海拔 2500～4000 米的河滩岩隙、山坡砾地、林缘河岸、沟谷草地	产乐都、大通、同仁、玛沁、久治、玉树、囊谦
				西伯利亚铁线莲	*Clematis sibirica*	生于海拔 2600～2800 米的山坡林缘、沟谷林下、灌丛草甸、河滩草地	产互助、门源
				甘青铁线莲	*Clematis tangutica*	生于海拔 2300～4300 米的山坡林下、河滩疏林中、戈壁绿洲渠岸、河沟溪水、干旱冲沟、河谷阶地、河边砾地、湖滨岩隙、沙砾山坡、沟谷草地、河谷林缘	产民和、互助、乐都、循化、化隆、平安、湟中、湟源、西宁、大通、门源、祁连、海晏、刚察、贵德、贵南、同德、共和、兴海、乌兰、都兰、格尔木、德令哈、大柴旦、尖扎、同仁、泽库、河南、玛沁、甘德、久治、班玛、达日、玛多、称多、玉树、囊谦、曲麻莱、杂多、治多

科名		属名		种名		生境	省内分布区
中文名	拉丁名	中文名	拉丁名	中文名	拉丁名		
				毛萼甘青铁线莲	*Clematis tangutica*（*Maxim.*）*Korsh. var. pubescens*	生于海拔 3200～3800 米的山沟砾地、河滩林缘、河谷地带、山麓砾地	产班玛
				绿叶铁线莲	*Clematis canescens*		分布于玉树的东仲林区和称多
		毛茛属	Ranunculus Linn	班戈毛茛	*Ranunculus banguensis*	生于海拔 4100 米左右的高原湖边草甸	产可可西里 4950 米处
				鸟足毛茛	*Ranunculus brotherusii Freyn*	生于海拔 2800～4800 米的高山草甸、高山流石坡、湖边湿草地、沟谷溪水边、林缘草甸、山沟灌丛中、山坡草地、河滩砾地、沼泽草甸、高山流水线	产互助、乐都、大通、门源、兴海、尖扎、同仁、泽库、河南、玛沁、久治、玛多、玉树、曲麻莱
				茴茴蒜	*Ranunculus chinensis Bunge*	生于海拔 2200～3800 米的山坡草地、沟谷潮湿地、河沟水渠边、河滩草甸、林缘灌丛草甸、沼泽草甸边缘	产互助、循化、西宁、大通、尖扎、同仁、久治
				川青毛茛	*Ranunculus chuanchingensis*	生于海拔 3040～5085 米的高山草甸、高山流石坡、冰缘砾地、泉边湿地、溪水沟边草甸	产大通、尖扎、久治、玉树、曲麻莱
				大通毛茛	*Ranunculus dielsianus*	生于海拔 2100 米左右的山坡草地	产大通
				圆裂毛茛	*Ranunculus dondrergensis Hand*	生于海拔 4100～4300 米的山坡草地、河滩草甸、沟谷湿地	产达日
				叉裂毛茛	*Ranunculus furcatifidus*	生于海拔 2500～2700 米的河滩草甸、沟谷砾石地、河沟溪水边、沼泽草甸	产门源、贵德

科名		属名		种名		生境	省内分布区
中文名	拉丁名	中文名	拉丁名	中文名	拉丁名		
				甘藏毛茛	*Ranunculus glabricaulis*	生于海拔 2300 ~ 4980 米的河边草甸、山坡岩石碎屑中、高山砾地、宽谷河滩、高山流石坡、高寒草甸	产西宁、兴海、玉树、曲麻莱、杂多、治多
				宿萼毛茛	*Ranunculus glacialiformis*	生于海拔 4200 米左右的山坡草甸	产祁连
				砾地毛茛	*Ranunculus glareosus Hand*	生于海拔 4100 ~ 4980 米的高山草甸、高山冰缘湿地、河沟砾地、阴坡湿沙地、高山稀疏植被、高山流石坡	产祁连、兴海、玉树、囊谦、曲麻莱、杂多、治多
				基隆毛茛	*Ranunculus hirtellus Royle var. orientalis*	生于海拔 2300 ~ 4100 米的高山草甸、河岸水边、河滩砾地、沟谷草地、山坡路边	产循化、兴海
				小基隆毛茛	*Ranunculus hirtellus Royle var. humilis*	生于海拔 4500 米左右的高山草甸、沙砾河滩、阴坡潮湿砾地	产囊谦
				圆叶毛茛	*Ranunculus indivisus*	生于海拔 2800 ~ 4500 米的沼泽草甸、沟谷林中潮湿处、河滩草甸、林缘灌丛、河沟水边	产尖扎、同仁、久治、杂多
				阿坝毛茛	*Ranunculus indivisus (Maxim.) Hand. - Mazz. var. abaensis*	生于海拔 3000 ~ 4000 米的山坡草地、河滩草甸、水边潮湿地、高寒草甸、沼泽草甸、沟谷湖岸	产民和、互助、乐都、循化、化隆、平安、湟中、湟源
				毛茛	*Ranunculus japonicus Thunb*	生于海拔 2500 ~ 2800 米的山坡草地、河岸路边、田边荒地、沟谷林缘、河滩灌丛草甸	产民和、乐都、循化

科名		属名		种名		生境	省内分布区
中文名	拉丁名	中文名	拉丁名	中文名	拉丁名		
				伏毛茛	*Ranunculus japonicus Thunb. var. propinquus*	生于海拔 2600 米左右的山坡草地、河滩草甸	产民和
				棉毛茛	*Ranunculus membranaceus Royle*	生于海拔 3180～4590 米的河溪水沟边、沟谷湿地、高寒草甸、高山流石坡、河滩砾地、河岸草地	产互助、门源、同德、同仁、泽库、河南、玛沁、达日、玛多、囊谦、曲麻莱、杂多、治多
				柔毛茛	*Ranunculus membranaceus Royle var. pubescens*	生于海拔 2600～3900 米的山坡草地、河滩草甸、沟谷林缘、河溪水边	产西宁、门源、海晏、刚察、天峻、都兰
				门源毛茛	*Ranunculus mengyuanensis*	生于海拔 3000～3800 米的山坡草地、沟谷草甸	产门源
				浮毛茛	*Ranunculus natans*	生于海拔 2460～3200 米的湖滨草甸、河谷阶地、沟谷水边湿地、沼泽草甸、河滩林边、溪水渠岸	产大通、共和
				云生毛茛	*Ranunculus nephelogenes Edgew*	生于海拔 2210～4400 米的高山草甸、林中潮湿处、河滩草甸、河沟水渠边、林缘灌丛、高山流水线、沼泽草甸	产互助、循化、西宁、大通、同仁、泽库、河南、玛沁、久治、达日、玛多、称多、玉树、囊谦、曲麻莱、治多
				长茎毛茛	*Ranunculus nephelogenes Edgew. var. longicaulis*	生于海拔 2400～3780 米的山地阴坡、高山草甸、灌丛草甸、沼泽草甸、河滩草甸、山坡、林中潮湿处、河沟水渠边	产西宁、大通、祁连、共和、兴海、尖扎、泽库、河南、玉树

续表

科名		属名		种名		生境	省内分布区
中文名	拉丁名	中文名	拉丁名	中文名	拉丁名		
				爬地毛茛	*Ranunculus pegaeus Hand*	生于海拔 4200 米左右的阴坡杜鹃灌丛下、沟谷林缘草甸	产久治
				大瓣毛茛	*Ranunculus platypetalus*	生于海拔 4500 米右的高山砾地、岩石缝隙	产久治
				多根毛茛	*Ranunculus polyrhizus Steph*	生于海拔 4300 米左右的高山冰碛堆	产久治
				美丽毛茛	*Ranunculus pulchellus*	生于海拔 2700 ~ 4600 米的河溪水边、高山稀疏植被、山坡湿地、河滩砾地、沼泽草甸、高山草甸、高山流石坡	产循化、西宁、祁连、海晏、兴海、共和、尖扎、泽库、河南、玛沁、久治、玛多、玉树、囊谦、曲麻莱、杂多
				深齿毛茛	*Ranunculus pulchellus C. A. Mey. var. stracheyanus*	生于海拔 2600 ~ 4000 米的沟谷小溪边、河岸湿草地、高山草甸	产互助、门源、同仁、河南、玉树
				苞毛茛	*Ranunculus similis Hemsly in Hook*	生于海拔 4200 ~ 5100 米的高山稀疏植被、高山流石坡、高山草甸、高山沼泽草甸、山坡石隙、河滩沙砾地、河岸沟谷边湿地	产玛多、称多、玉树、囊谦、曲麻莱、治多（可可西里 4800 ~ 5200 米处）
				高原毛茛	*Ranunculus tanguticus*	生于海拔 2280 ~ 4400 米的河边砾地、河漫滩、高山砾石坡、河谷阶地、沼泽草甸、高山草甸、山地阴坡灌丛草甸	产民和、互助、乐都、循化、西宁、大通、门源、海晏、兴海、天峻、尖扎、同仁、泽库、河南、玛沁、久治、班玛、玛多、玉树、曲麻莱
				毛果毛茛	*Ranunculus tanguticus（Maxim.）Ovcz. var. dasycarpus*	生于海拔 2800 ~ 3200 米的山坡草地、沟谷林缘、高山灌丛、河滩疏林下、河沟水边草甸	产互助、门源

科名		属名		种名		生境	省内分布区
中文名	拉丁名	中文名	拉丁名	中文名	拉丁名		
十字花科	Cruciferae	碎米荠属	Cardamine Linn.	窄叶碎米荠	*Cardamine impatiens*	生于海拔 3600 米左右的沟谷湿地、河岸沟边、阴坡高寒灌丛草甸、溪边湿沙砾地	产玉树
				大叶碎米荠	*Cardamine macrophylla*	生于海拔 2400～4200 米的沟谷林缘、山坡林下、河岸灌丛、河滩湿沙地、高寒草甸、高山砾地	产民和、互助、乐都、同德、天峻、都兰、乌兰、格尔木、德令哈、大柴旦、冷湖、茫崖、囊谦
				多叶碎米荠	*Cardamine macrophylla Willd. Var. polyphylla*	生于海拔 3460～3800 米的山谷灌丛或林下	产玛沁、囊谦
				紫花碎米荠	*Cardamine tangutorum*	生于海拔 2400～4800 米的湿沙砾河滩、山坡砾石地、沟谷林缘、山坡林下、河岸灌丛、高山草甸、高寒灌丛、高山流石坡下部、河溪水边砾地	产民和、互助、乐都、循化、化隆、平安、湟中、湟源、西宁、大通、门源、祁连、海晏、刚察、贵德、贵南、同德、共和、兴海、天峻、乌兰、都兰、格尔木、德令哈、尖扎、同仁、泽库、河南、玛沁、甘德、久治、班玛、达日、玛多、称多、玉树、囊谦、曲麻莱、杂多、治多（可可西里）、唐古拉
		独行菜属	Lepidium Linn	独行菜	*Lepidium apetalum*	生于海拔 1700～5000 米的农田边、牲畜棚圈周围、村舍宅旁、渠岸墙脚、林边荒地、路边沟缘	产民和、互助、乐都、循化、化隆、平安、湟中、湟源、西宁、大通、贵德、贵南、同德、共和、兴海、天峻、都兰、乌兰、格尔木、德令哈、大柴旦、冷湖、茫崖、尖扎、同仁、泽库、河南、玛沁、甘德、班玛、久治、达日、玛多、称多、玉树、囊谦、曲麻莱、杂多、治多（可可西里）、唐古拉

续表

科名		属名		种名		生境	省内分布区
中文名	拉丁名	中文名	拉丁名	中文名	拉丁名		
				头花独行菜	*Lepidium capitatum*	生于海拔 2400 ~ 4300 米的田边荒地、沟谷渠边、河滩草甸、沙土滩地	产刚察、兴海、天峻、德令哈、同仁、河南、玛沁、久治、玛多、玉树、曲麻莱、杂多、治多
				心叶独行菜	*Lepidium cordatum*	生于海拔 2950 米左右的盐化沼泽滩地边	产柴达木盆地西北部
				楔叶独行菜	*Lepidium cuneiforme*	生于海拔 2500 ~ 3700 米的山坡草地、河滩草甸、农田边、河沟渠岸	产大通、门源、贵德、兴海、玉树
				宽叶独行菜	*Lepidium latifolium*	生于海拔 1700 ~ 3100 米的农田路边、田埂墙脚、河沟水渠边、河滩疏林缘、宅旁荒地	产民和、西宁、贵德、贵南、共和、都兰、格尔木、德令哈
				光果宽叶独行菜	*Lepidium latifolium Linn.var.affine*	生于海拔 2200 ~ 3000 米的盐碱沙滩、干旱山麓、田边荒地、渠岸路旁	产西宁、格尔木、德令哈、茫崖
				钝叶独行菜	*Lepidium obtusum Basin.*	生于海拔 2800 ~ 2900 米的荒漠水沟边、河谷沙地、绿洲田边、宅院荒地	产共和、格尔木
				柱毛独行菜	*Lepidium ruderale Linn.*	生于海拔 3000 米左右的田林路边、山坡草地	产乐都
		豆瓣菜属	Nasturtium R	西藏豆瓣菜	*Nasturtium tibeticum Maxim*	生于海拔 3800 ~ 4600 米的滚石河滩、沟谷石隙、湖滨砂砾地、林缘灌丛、峭壁岩缝、山顶裸地、山坡草地	产门源、贵德、玛沁、玛多、称多、囊谦、曲麻莱、杂多、治多
		蔊菜属	Rorippa Scop	蔊菜	*Rorippa indica（Linn.）*	生于海拔 3300 ~ 3800 米的山坡林缘、沟谷灌丛、河滩草甸	产久治、班玛

科名		属名		种名		生境	省内分布区
中文名	拉丁名	中文名	拉丁名	中文名	拉丁名		
				沼生蔊菜	*Rorippa islandica*（*Oed.*）*ed.*	生于海拔 1800 ～ 2600 米的田边荒地、河滩草甸、山坡草地、河沟渠岸	产民和、乐都、西宁、大通
蔷薇科	Rosaceae	李属	Prunus Linn	李	*Prunus salicina_Lindl*		民和、互助、乐都、循化、化隆、平安、湟中、湟源、西宁、大通、贵德、尖扎、同仁有栽培
				紫叶李	*p.ceras：fera Ehrh p：ssard*		西宁栽培
				稠李	*Prunus padus Linn*	生于海拔 2300 米左右的沟谷林下、山坡林缘灌丛中、河流两岸。	产循化孟达林区
		悬钩子属	Rubus Linn.	秀丽莓	*Rubus amabilis Focke in Engl*	生于海拔 2300 ～ 2900 米的山坡草地、河谷灌丛、山沟林下	产民和、互助、循化等县
				小果秀丽莓	*Rubus amabilis Focke var. microcarpus*	生于海拔 2900 米左右的山坡灌丛中	产循化
				紫色悬钩子	*Rubus irritans Focke Bibl*	生于海拔 2700 ～ 3800 米的高山灌丛、山坡林下、林缘灌丛、河岸草甸、山沟湿润处	产互助、乐都、湟中、西宁、大通、门源、祁连、兴海、尖扎、同仁、泽库、玛沁、班玛、玉树
				黄色悬钩子	*Rubus lutescens Franch*	生于海拔 3600 米左右的山坡草地、沟谷林缘、河岸灌丛中	据《青海木本植物志》载，产班玛玛可河林区
				腺花茅莓	*Rubus parvifolius Linn.var. adenochlamys*	生于海拔 2000 米右的山坡灌丛、河谷林下	产循化
				多腺悬钩子	*Rubus phoenicolasius Maxim*	生于海拔 3000 米左右的山坡林下、沟谷林缘、灌丛中	产班玛

续表

科名		属名		种名		生境	省内分布区
中文名	拉丁名	中文名	拉丁名	中文名	拉丁名		
				菰帽悬钩子	*Rubus pileatus Focke in Hook*	生于海拔 2000 ~ 2380 米的山沟林下、林缘、河岸草地、山坡灌丛	产民和、互助、循化
				毛果悬钩子	*Rubus ptilocarpus Yü et Lu*	生于海拔 3200 ~ 3700 米的沟谷林下、山坡灌丛	产班玛
				刺悬钩子	*Rubus pungens Camb*	生于海拔 2300 米左右的山坡林下、沟谷林缘、河沟两岸灌丛中	据《青海木本植物志》载，产互助北山林区
				库叶悬钩子	*Rubus sachalinensis Levl*	生于海拔 2200 ~ 2700 米的山坡草地、山沟灌丛、河谷林下、林缘草甸	产互助、乐都、湟中、湟源、西宁、大通、门源
				直立悬钩子	*Rubus stans Focke*	生于海拔 2100 ~ 2300 米的山坡林下、林缘沟谷湿地、河岸灌丛	产互助
豆科	Leguminosae	黄芪属	Astragalus Linn.	斜升黄芪	*Astragalus adsurgens Pall.*	生于海拔 1900 ~ 4300 米的山坡林缘、沟谷灌丛、轻度盐碱沙地、高寒灌丛草甸、河滩草甸、河岸疏林下	民和、互助、乐都、循化、化隆、平安、湟中、湟源、西宁、大通、门源、祁连、海晏、刚察、贵德、贵南、同德、共和、兴海、天峻、乌兰、都兰、格尔木、德令哈、尖扎、同仁、泽库、河南、玛沁、甘德、久治、班玛、达日、玛多、称多、玉树、囊谦、曲麻莱、杂多、治多
				团垫黄芪	*Astragalus arnoldii Hemsl.*	生于海拔 4400 ~ 5500 米的高山草地、砾石河滩、沙质山坡及冰川附近	产格尔木、曲麻莱、治多（可可西里）

科名		属名		种名		生境	省内分布区
中文名	拉丁名	中文名	拉丁名	中文名	拉丁名		
				白花团垫黄芪	*Astragalus arnoldii Hemsl.et Pears.form. albiforus*	生于海拔5200米左右的高寒草原、高寒草甸裸地、沙砾滩地	产可可西里
				漠北黄芪	*Astragalus austrosibiricus Schischk.*	于海拔2800米左右的山坡草地、沟谷林缘、沙砾河滩、阳坡草甸	产大通
				地花黄芪	*Astragalus basiflorus Peter.Stib.*	生于海拔2300米左右的山坡草地	产泽库扎毛寺和西卜沙（模式标本产地，原属甘肃省）
				祁连山黄芪	*Astragalus chilienshanensis*	生于海拔2600～4200米的林间草地、阴坡灌丛、高山草甸	产互助、湟中、大通、门源、祁连、同德、久治
				中天山黄芪	*Astragalus chomutovii B.Fedtsch.*	生于海拔2800～3000米的干旱荒漠中	产柴达木地区
				金翼黄芪	*Astragalus chrysopterus Bunge,*	生于海拔2300～3750米的山坡草地、沟谷林下、林缘灌丛中	产民和、互助、乐都、循化、化隆、平安、湟中、湟源、西宁、大通、门源、祁连、同德、贵德、都兰、尖扎、同仁、泽库、河南、玛沁
				背扁黄芪	*Astragalus complanatus Bunge, Mem.*	生于海拔2500米左右的林缘干旱山坡草地	产尖扎（坎布拉林场）
				丛生黄芪	*Astragalus confertus Benth.*	生于海拔3500～4700米的高山草地、河滩沙地、林缘草甸	产湟中、大通、贵德、贵南、同德、共和、兴海、乌兰、都兰、格尔木、玛沁、甘德、达日、玛多、玉树、称多、囊谦、曲麻莱、治多
				白花丛生黄芪	*Astragalus confertus Benth.*	生于海拔4800米左右的高山草原	产可可西里

续表

科名		属名		种名		生境	省内分布区
中文名	拉丁名	中文名	拉丁名	中文名	拉丁名		
				达板山黄芪	*Astragalus dabanshanicus Y.H.Wu, Acta Bot.*	生于海拔 3280 米左右的林缘草地、沟谷灌丛、河滩林下	产大通
				达乌里黄芪	*Astragalus dahuricus（Pall.）DC. Prodr.*	生于海拔 2380 米左右的河滩荒地、沟谷林缘、灌丛草甸、沟渠岸边	产民和
				大通黄芪	*Astragalus datunensis Y. C.Ho，Bull.*	生于海拔 3800 ~ 4000 米的高山草甸、山坡灌丛、河边草地	产湟中、湟源、西宁、大通（模式标本产地）、门源、贵德
				窄翼黄芪	*Astragalus degensis Ulbr.*	生于海拔 3500 ~ 3700 米的林缘草地、沟谷灌丛边、河岸崖缝	产玉树
				密花黄芪	*Astragalus densiflorus Kar.et Kir.*	生于海拔 2900 ~ 4750 米的高寒草甸间的沙砾裸地、河岸沙滩、山坡草地、沟谷林缘、灌丛草甸	产大通、贵德、贵南、同德、共和、兴海、玛沁、甘德、久治、班玛、达日、玛多、称多、玉树、囊谦、曲麻莱、杂多、治多
				悬垂黄芪	*Astragalus dependens Bunge, Bull.*	生于海拔 3000 ~ 3300 米的山坡草地、河岸沙地、沙砾滩地	产刚察
				黄白花黄芪	*Astragalus dependens Bunge var. flavescens*	生于海拔 200 ~ 3800 米的山坡草地、河沟边沙地	产循化、湟中、西宁、同德、共和、兴海（模式标本产地）、都兰（香日德）
				都兰黄芪	*Astragalus dulanensis Y. H. Wu, Bull*	生于海拔 3000 左右的河滩砾地、干旱山坡	产都兰
				胀萼黄芪	*Astragalus ellipsoideus Ledeb.*		青海海西

科名		属名		种名		生境	省内分布区
中文名	拉丁名	中文名	拉丁名	中文名	拉丁名		
				西北黄芪	*Astragalus fenzelianus* Peter-Stib.	生于海拔 3200~4600 米的高山草甸、山坡灌丛、河滩疏林草地	产民和、乐都、互助、湟中、湟源、西宁、大通、门源、祁连、同德、共和（模式标本产地）、兴海、同仁、泽库、河南、玛沁、甘德、久治、称多、玉树、囊谦、杂多、曲麻莱、治多
				多花黄芪	*Astragalus floridus* Benth.	生于海拔 2300~4300 米的林缘草地、沟谷林下、山坡灌丛	产互助、西宁、大通、门源、祁连、同德、兴海、同仁、泽库、河南、久治、玉树、称多、杂多、囊谦
				多毛多花黄芪	*Astragalus floridus* Benth. var.*multipilis*	生于海拔 4000 米左右的林缘草地	产玉树
				乳白花黄芪	*Astragalus galactites* Pall.	生于海拔 2000~3400 米的草原及荒漠草原区的干山坡、草滩和沙地中	产乐都、西宁、刚察、天峻、贵南、共和、尖扎
				格尔木黄芪	*Astragalus golmuensis* Y.C.Ho, Bull.	生于海拔 4100~4700 米的河滩沙地、砾石山坡	产格尔木（模式标本产地）、玛沁、玛多、曲麻莱、杂多、治多（可可西里）
				少毛格尔木黄芪	*Astragalus golmuensis* Y.C.Ho var.	生于海拔 4300 米的砾石滩、高山草甸裸地	产玛沁
				贵南黄芪	*Astragalus guinanicus* Y.H.Wu, Bull.	生于海拔 3200 米左右的沙砾干旱山坡、固定沙丘	产贵南
				长爪黄芪	*Astragalus handersonii* Baker in Hook.	生于海拔 3200~5000 米的河滩沙砾地、高山岩屑坡、冰缘湿沙地、河谷阶地、山前洪积扇、半固定沙丘	产海晏、共和、格尔木、玛沁、玉树、治多

科名		属名		种名		生境	省内分布区
中文名	拉丁名	中文名	拉丁名	中文名	拉丁名		
				长齿黄芪	*Astragalus hendelii Tsai et Yü, Bull.*	生于海拔 4200 ~ 4500 米的河岸沙滩、高山草甸沙砾地、高山流石坡	产都兰、玛多、曲麻莱
				短爪黄芪	*Astragalus heydei Baker in Hook*	生于海拔 4000 ~ 4800 米的砾石山坡草地、河滩沙地及沙梁上	产杂多
				粗壮黄芪	*Astragalus hoantchy Franch.*	生于海拔 2000 ~ 2200 米的干旱山坡及山沟砾地	产循化、同仁
				柴达木黄芪	*Astragalus kronenburgii Fedtsch.*	生于海拔 3000 ~ 3050 米的砾质河滩、沟谷及山前砾石地	产都兰、德令哈（模式标本产地）、大柴旦
				乐都黄芪	*Astragalus lepsensis Bunge var.*	生于海拔 2800 米左右的山坡草地	产乐都
				黄花黄芪	*Astragalus luteolus Tsai et Yu, Bull.*		青海兴海有分布
				甘肃黄芪	*Astragalus licentianus Hand.*	生于海拔 3500 ~ 4500 米的阴坡灌丛草甸、高山草甸	产民和、互助、乐都、循化、化隆、平安、湟中、湟源、门源、祁连、天峻、海晏、刚察、贵德、贵南、同德、共和、兴海、乌兰、久治、玛沁
				马衔山黄芪	*Astragalus mahoschanicus Hand.*	生于海拔 2000 ~ 4250 米的林缘灌丛、高山草甸、高山草原和荒漠草原带的山地阳坡、河滩草地、沙土地上	产民和、互助、乐都、循化、化隆、平安、湟中、湟源、西宁、大通、门源、祁连、海晏、刚察、贵德、贵南、同德、共和、兴海、都兰、乌兰、尖扎、同仁、泽库、河南、玛沁、甘德、达日、久治、玛多、称多、玉树、囊谦、曲麻莱、杂多、治多

科名		属名		种名		生境	省内分布区
中文名	拉丁名	中文名	拉丁名	中文名	拉丁名		
				孟达黄芪	*Astragalus mahoschanicus Hand.-Mazz.var. mengdaensis*	生于海拔 2200 米右的阳坡草地、沙砾河滩	产循化
				多毛马衔山黄芪	*Astragalus mahoschanicus Hand.-Mazz. var.multipilis*	生于海拔 3000 米左右的阳山坡草地、沙砾滩地	产贵德
				茵垫黄芪	*Astragalus mattam Tsai et Yü, Bull.*	生于海拔 4000～4800 米的高山草甸、河谷阶地、林缘灌丛草甸、河滩沙砾地、阴坡草地及冰缘雪线附近之砾石地	产同德（模式标本产地）、泽库、河南、玛沁、玛多、曲麻莱、治多
				大花茵垫黄芪	*Astragalus mattam Tsai et Yü var. macroflorus*	生于海拔 3600 米左右的高山草地、高寒草原、河滩草甸、沟谷沙砾地	产泽库
				草木樨状黄芪	*Astragalus melilotoides Pall.*	生于海拔 1800～2900 米的阳坡草地、沟谷砾地、河滩沙地、宅旁荒地、田边土崖、水沟边及人工疏林下的沙质土中	产民和、互助、乐都、循化、化隆、平安、湟中、湟源、西宁、大通、门源、尖扎、同仁、贵德、贵南、同德、共和、兴海
				膜荚黄芪	*Astragalus membranaceus Bunge, Astrag.*	生于海拔 2400～3400 米的山坡及沟谷的林间草地、林缘灌丛、河滩草甸	产湟中、循化、大通、同德、泽库、班玛
				蒙古黄芪	*Astragalus membranaceus Bunge var. mongholicus*	植于海拔 2230～2900 米林间空地	西宁、门源有栽培
				单体蕊黄芪	*Astragalus monadelphus Bunge in Mel.*	生于海拔 2800～3600 米的山坡草地、沟谷河岸、林缘阜地、灌丛草甸中	产互助、乐都、大通、贵德、同德、同仁、玉树

续表

科名		属名		种名		生境	省内分布区
中文名	拉丁名	中文名	拉丁名	中文名	拉丁名		
				异长齿黄芪	*Astragalus monbeigii Simps.*	生于海拔 3700 ~ 4600 米的河滩砾地、山坡草地及高寒草原	产玉树、囊谦
				长毛荚黄芪	*Astragalus monophyllus Bunge ex Maxim.*	生于海拔 3000 ~ 3800 米的戈壁荒漠、砾质滩地和砾石干山坡	产大柴旦
				雪地黄芪	*Astragalus nivalis Kar.et Kir.*	生于海拔 2800 ~ 4400 米的砾质山坡、河沟石隙、沙砾滩地、河谷阶地、山前冲积扇、干旱草原	产祁连、刚察、共和、兴海、乌兰、都兰、天峻、格尔木、大柴旦、德令哈、冷湖、茫崖、玛沁、玛多、称多、玉树、杂多
				黄萼雪地黄芪	*Astragalus nivalis Kar. Kir. var. aureocalycatus*	生于海拔 3600 ~ 4100 米的砾石山坡、沟谷河滩	产天峻（模式标本产地）、都兰、冷湖
				青藏黄芪	*Astragalus peduncularis Royle,*		青海有分布，我们未采到标本
				线苞黄芪	*Astragalus Peterae Tsai et Yu, Bull.*	生于海拔 2000 ~ 4500 米的山沟林缘、河滩疏林下、阴坡灌丛、高山草甸、河岸草丛	产民和、互助、乐都、循化、化隆、平安、湟中、湟源、西宁、大通、门源、祁连、海晏、刚察、贵德、贵南、同德、共和、兴海、天峻、乌兰、都兰、尖扎、同仁、泽库、河南、玛沁、甘德、久治、班玛、达日、玛多、称多、玉树、囊谦、曲麻莱、杂多、治多

科名		属名		种名		生境	省内分布区
中文名	拉丁名	中文名	拉丁名	中文名	拉丁名		
				多枝黄芪	*Astragalus polycladus Bur.et Franch.*	生于海拔 1900～4600 米的高寒草甸、高山草原、河滩草甸、林下、林缘、沟谷灌丛草甸，有时也进入荒漠草原地带	产民和、互助、乐都、循化、化隆、平安、湟中、湟源、西宁、大通、门源、祁连、海晏、刚察、贵德、贵南、同德、共和、兴海、乌兰、都兰、天峻、尖扎、同仁、泽库、河南、玛沁、甘德、久治、班玛、达日、玛多、称多、玉树、囊谦、曲麻莱、杂多、治多（可可西里）、唐古拉
				大花多枝黄芪	*Astragalus polycladus Bur.et Franch.var. magniflorum*	生于海拔 3190 米左右的林缘草地、河滩草甸	产同德
				光果多枝黄芪	*Astragalus polycladus Bur.et Franch.var. glabricarpus*	生于海拔 3600～4000 米的高山草甸、河滩草地、林缘灌丛边	产河南（模式标本产地）、同德、泽库
				紫萼黄芪	*Astragalus porphyrocalyx Y.C.Ho，Bull.*	生于海拔 3800～4850 米的阳坡草甸、河谷阶地、湖滨沙地、沙滩砾地	产玛多、曲麻莱、治多（可可西里）
				小苞黄芪	*Astragalus prattii Simps.*	生于海拔 3600～3800 米的山坡林缘、河岸灌丛、沟谷草甸	产河南、同德
				黑紫花黄芪	*Astragalus przewalskii Bunge ex Maxim.*	生于海拔 2900～4300 米的山坡及沟谷林下、林缘草甸、阴坡高寒灌丛中	产互助、乐都、湟中、大通、门源、祁连、同德、共和、兴海、同仁、泽库、河南、玛沁、玛多、王树

续表

科名		属名		种名		生境	省内分布区
中文名	拉丁名	中文名	拉丁名	中文名	拉丁名		
				拟变色黄芪	*Astragalus pseudoversicolor Y.C.Ho, Bull.*	生于海拔 3100 ~ 4000 米的山坡草地、砾石滩地	产德令哈、称多
				短毛黄芪	*Astragalus puberulus Ledeb.*	生于海拔 2800 ~ 3200 米的沙砾滩地、丘间洼地和弃耕地	产共和、都兰、格尔木、德令哈
				小垫黄芪	*Astragalus pulvinatus P.C.Li et*	生于海拔 4000 ~ 4800 米的高寒草甸、河谷阶地、河滩湿沙地、山坡砾地	产玛多、曲麻莱
				青南黄芪	*Astragalus qingnanicus Y.H.Wu, Bull.*	生于海拔 3200 米左右的沙滩砾地	产贵南
				小米黄芪	*Astragalus satoi Kitag.*	生于海拔 2300 ~ 3750 米的阳坡草原、干旱的黄土山崖、沟谷干草地	产湟中、西宁、大通
				石生黄芪	*Astragalus saxorum Simps.*	生于海拔 3700 ~ 4800 米的河谷滩地、山坡草地、溪边砾地	产格尔木、玉树、可可西里
				糙叶黄芪	*Astragalus scaberrimus Bunge, Mém.*	生于海拔 2000 ~ 3200 米的草原带山坡、河滩沙质地、湖滨草滩、田边荒地	产西宁、大通
				光叶黄芪	*Astragalus smithianus Peter-Stib.*	生于海拔 4500 ~ 5000 米的高山流石坡、河谷阶地、湖滨沙滩、河滩草甸、沙砾湿地	产玉树、杂多、囊谦
				劲直黄芪	*Astragalus strictus Grah.*	生于海拔 2800 ~ 4600 米的阳坡草地、河滩灌丛、田边湿草地、山麓砾石滩、山前冲积扇	产互助、贵德、同德、玛沁、玛多、玉树、囊谦
				松潘黄芪	*Astragalus sungpanensis Peter-Stib.*	生于海拔 3200 ~ 4600 米的高山草甸、高寒草原、沙砾阳坡、沟谷灌丛边、河岸砾地	产贵德、同德、都兰、格尔木、玛沁、久治、玛多、玉树、囊谦、杂多、治多

科名		属名		种名		生境	省内分布区
中文名	拉丁名	中文名	拉丁名	中文名	拉丁名		
				白花松潘黄芪	*Astragalus sungpanensis Peter-Stib.form.*	生于海拔3300米左右的干旱山坡草地、河谷阶地	产兴海
				青海黄芪	*Astragalus tanguticus Batalin in Acta.*	生于海拔2400～4300米的山坡及沟谷林缘、灌丛下、干旱的砾石山坡、河滩草地、阳坡石隙、田埂路边	产互助、湟源、西宁、大通、门源、祁连、海晏、刚察、贵德、贵南、同德、共和、兴海、尖扎、同仁、泽库、河南、玛沁、称多、玉树、囊谦、曲麻莱、杂多
				白花青海黄芪	*Astragalus tanguticus Batalin var. albiflorus*	生于海拔3600米左右的山坡草地	产称多
				康定黄芪	*Astragalus tatsienensis Eurean et Franch.*	生于海拔4000～5000米的高山草甸、阴坡灌丛、山顶砾石裸地	产河南、玛多、杂多、治多
				东俄洛黄芪	*Astragalus tongolensis Ulbr.*	生于海拔2800～4300米的林间草地、沟谷林缘、阴坡灌丛、河谷林下	产祁连、泽库、河南、玛沁、甘德、久治、班玛、达日、玛多、称多、玉树、囊谦、曲麻莱、杂多、治多
				无毛东俄洛黄芪	*Astragalus tongolensis UIbr. var. glaber*	生于海拔2800～4300米的沟谷林缘、山坡灌丛草地	产湟中、门源、祁连、同德、同仁、泽库、河南、玛沁、甘德、久治、班玛、达日、玛多、称多、玉树、囊谦、曲麻莱、杂多、治多
				长齿东俄洛黄芪	*Astragalus tongolensis Ulbri var. lanceolata-dentatus*	生于海拔3800～4100米的山坡林下及沟谷灌丛中	产久治、囊谦

科名		属名		种名		生境	省内分布区
中文名	拉丁名	中文名	拉丁名	中文名	拉丁名		
				长苞东俄洛黄芪	*Astragalus tongolensis Ulbr.var. longibratis*	生于海拔 3800 ~ 4100 米的沟谷林缘、山坡林下、灌丛草地	产久治（模式标本产地）、囊谦
				变异黄芪	*Astragalus variabilis Bunge ex Maxim.*	生于海拔 1800 ~ 2900 米的河岸沙滩、砾石干山坡、沟谷沙土地	产循化、都兰、德令哈、尖扎
				肾形子黄芪	*Astragalus weigoldianus Hand.*	生于海拔 3100 ~ 4700 米的高山草甸、阴坡灌丛草甸	产民和、互助、乐都、循化、化隆、平安、湟中、湟源、西宁、大通、门源、祁连、海晏、刚察、贵德、贵南、同德、共和、兴海、尖扎、同仁、泽库、河南、玛沁、甘德、久治、班玛、达日、玛多、称多、玉树、囊谦、曲麻莱、杂多、治多
				西倾山黄芪	*Astraglus xiqingshanicus Y.H.*	生于海拔 3600 ~ 3700 米的高山草甸裸地、河谷阶地	产门源、河南（模式标本产地）、玛沁
				玉门黄芪	*Astraglus yumenensis.*	生于海拔 2200 ~ 2400 米的干旱山坡草地、固定沙丘、沙砾滩地	产贵德
				云南黄芪	*Astragalus yunnanensis Franch.*	生于海拔 3600 ~ 4800 米的山坡草地、阴坡灌丛、高山草甸及山顶碎石带	产尖扎、玛沁、玛多
		槐属	Sophora Linn.	苦豆子	*Sophora alopecuroides Linn.*	生于海拔 1700 ~ 2800 米的河谷、田边等阳光充足、排水良好的石灰性土壤或沙质土	产西宁、海东、海南、海西

科名		属名		种名		生境	省内分布区
中文名	拉丁名	中文名	拉丁名	中文名	拉丁名		
				槐	*Sophora japonica Linn. Mang.*		海东及西宁有栽培
				龙爪槐	*Sophora japonica Linn. var.pendula*		西宁、民和有栽培
牻牛儿苗科	Geraniaceae	老鹳草属	Geranium Linn	粗根老鹳草	*Geranium dahuricum DC.Prodr.*	生于海拔 1850～2150 米的河沟渠岸、山坡草地、宅旁荒地、农田边	产民和、西宁
				毛蕊老鹳草	*Geranium eriostemon Fish.ex DC.Prodr.*	生于海拔 1800～2900 米的沟谷林下、林缘灌丛、山麓湿润处、河滩草甸	产民和、互助、循化、湟中、湟源、大通、尖扎、泽库
				萝卜根老鹳草	*Geranium napuligerum Franch. Pl.Delav.*	生于海拔 3800 米左右的林下空地	产囊谦
				尼泊尔老鹳草	*Geranium nepalense Sweet, Ceran.t.*	生于海拔 2100～3400 米的沟谷灌丛、田埂路边、宅旁荒地、砾石山坡、河岸草丛	产互助、湟中、西宁、门源、祁连、同德、尖扎、同仁、河南、玛沁、班玛
				草原老鹳草	*Geranium pretense Linn. Sp. Pl.*	生于海拔 2400～4000 米的山沟林下、林缘灌丛、山麓草地、河滩草甸	产乐都、大通、门源、祁连、同德、共和、兴海、乌兰、同仁、泽库、玛沁、班玛、称多、玉树、囊谦、杂多
				甘青老鹳草	*Geranium pylzowianum Maxim.Bull.*	生于海拔 2900～3900 米的高山草甸、沟谷灌丛下、山坡林下、林缘草甸、滩地潮湿处	产互助、乐都、湟中、湟源、贵德、同德、兴海、尖扎、同仁、泽库、玛沁、久治、班玛、玛多、玉树、囊谦

科名		属名		种名		生境	省内分布区
中文名	拉丁名	中文名	拉丁名	中文名	拉丁名		
				老鹳草	*Geranium sibiricum Linn. Sp. Pl.*	生于海拔 2100 ~ 3700 米的山坡草地、沟谷林间、林缘草甸、灌丛下、河滩草甸、渠岸路旁	产民和、互助、乐都、循化、湟源、西宁、大通、门源、祁连、贵德、同德、同仁、泽库、玛沁、称多、玉树、囊谦
远志科	Polygalaceae	远志属	Polygala Linn.	单瓣远志	*Polygala monopetala Cambess.*	生于海拔 3900 ~ 4000 米的山坡草地	产玉树
				西伯利亚远志	*Polygala sibirica Linn.*	生于海拔 1800 ~ 4000 米的山坡林下、灌丛草地、河谷坡地、山坡路旁、沟谷草地	产民和、乐都、湟中、湟源、大通、门源、祁连、兴海、尖扎、同仁、玉树、囊谦
				远志	*Polygala tenuifolia Willd.*	生于海拔 2000 ~ 2700 米的干旱山坡、山岩石缝隙	产民和、互助、循化、西宁、尖扎、同仁
鼠李科	Rhammaceae	鼠李属	Rhamnus Linn.	柳叶鼠李	*Rhamnus erythroxylon Pall.*	生于海拔 2000 ~ 2400 米的山沟林缘、流水沟旁	产循化、尖扎
				淡黄鼠李	*Rhamnus flavescens Y.*	生于海拔 3400 米左右的林区河边	产玉树
				小叶鼠李	*Rhamnus parvifolia Bunge, Enum.*	生于海拔 2200 ~ 2900 米的山坡、岩缝、沟谷灌丛、林下林缘	产民和、循化
				甘青鼠李	*Rhamnus tangutica J.*	生于海拔 2100 ~ 3700 米的山沟林间、山沟灌丛、河谷水沟边	产互助、乐都、西宁、大通、门源、同仁、泽库、班玛、玉树
				钝叶鼠李	*Rhamnus maximowicziana J.Vass.*		产尖扎
				落叶鼠李	*Rhamnus leptophylla schneid.*		产尖扎

续表

科名		属名		种名		生境	省内分布区
中文名	拉丁名	中文名	拉丁名	中文名	拉丁名		
藤黄科	Guttiferae	金丝桃属	Hypericum Linn.	突脉金丝桃	Hypericum przewalskii Maxim.	生于海拔2300~2800米的沟谷灌丛、山坡林缘、林下草地	产民和、互助、乐都、循化、大通、门源
菫菜科	Violaceae	菫菜属	Viola linn	双花菫菜	Viola biflora Linn	生于海拔2560~4150米的高山草甸、宽谷草原、林缘灌丛、阴坡林下、河渠水边、宅旁荒地	产民和、互助、乐都、循化、平安、大通、门源、刚察、贵德、同德、兴海、尖扎、同仁、泽库、河南、玛沁、久治、囊谦、杂多
				鳞茎菫菜	Viola dulbosa		
小二仙草科	Haloragidaceae	狐尾藻属	Myriophyllum Linn.	穗状狐尾藻	Myriophyllum spicatum Linn.	生于海拔2800~4600米的河湖水域、高山草甸间死水坑	产乌兰、河南、玛沁、久治、玛多
杉叶藻科	Hippuridaceae	杉叶藻属	Hippuris Linn.	杉叶藻	Hippuris vulgaris Linn.	生于海拔2000~4600米的沼泽、草甸、湖滨、河畔溪水、河沟浅水中	产互助、西宁、大通、门源、祁连、天峻、乌兰、德令哈、同仁、泽库、玛沁、甘德、久治、班玛、达日、玛多、玉树、称多、囊谦、曲玛莱
伞形科	Umbelliferae	芹属	Apium Linn.	芹菜	Apium graveolens Linn.		民和、互助、乐都、循化、化隆、平安、湟中、湟源、西宁、大通、门源、祁连、海晏、刚察、德德、贵南、同德、共和、乌兰、都兰、格尔木、德令哈、尖扎、同仁、久治、班玛、玉树、囊谦有栽培
		变豆菜属	Sanicula Linn.	首阳变豆菜	Sanicula giraldii Wolff, Pflanzenr.	生于海拔2300~3550米的山坡林缘、沟谷林下、灌丛草地	产民和、互助、乐都、循化、湟中、大通、同仁、班玛、玉树
				鳞果变豆菜	Sanicula hacquetioides Franch.	生于海拔3750米左右的阴坡草地	产久治

续表

科名		属名		种名		生境	省内分布区
中文名	拉丁名	中文名	拉丁名	中文名	拉丁名		
蓝雪科	Plumbaginaceae	补血草属	Limonium Mill	黄花补血草	*Limonium aureum*	生于海拔2230~4200米的林缘草地、高山荒漠、湖滨盐碱滩地	产西宁、门源、刚察、乌兰、都兰、格尔木、德令哈、大柴旦、玛多、玉树
				巴隆补血草	*Limonium aureum*（*Linn.*）*Hill. var.dielsianum*	生于海拔3000~4200米的山坡草地、荒漠、山前洪积扇	产乌兰、都兰、格尔木、德令哈
				星毛补血草	*Limonium*（*Linn.*）*Hill var.potaninii*	生于海拔2000~2900米的山坡草地、河岸阶地	产民和、西宁、共和、兴海、尖扎、同仁
				二色补血草	*Limonium bicolor*	生于海拔2000米左右的农田边	产民和
龙胆科	Gentianaceae	百金花属	Centaurium Hill	百金花	*Centaurium pulchellum*	生于海拔2500米的黄河岸边的柳树林下	产贵德
		龙胆属	Gentiana	阿坝龙胆	*Gentiana abaensis*	生于海拔3200~3900米的高山草甸、河谷灌丛草地	产久治、班玛
				道孚龙胆	*Gentiana altorum*	生于海拔4000~4600米的高山草甸、河谷阶地	产久治、玉树、杂多
				开张龙胆	*Gentiana aperta Maxim*	生于海拔2600~4200米的山坡草地、草滩、沼泽草甸、灌丛下	产民和、乐都、化隆、湟中、西宁（模式标本产地）、门源、祁连、共和、乌兰、天峻
				黄斑龙胆	*Gentiana aperta Maxim*	生于海拔2900~3500米的山坡草甸、河谷灌丛	产门源
				刺芒龙胆	*Gentiana aristata Maxim.*	生于海拔2900~4600米的阳坡草地、河滩草地、河谷灌丛、沼泽草甸、高山草甸、林缘灌丛草地	产互助、乐都、循化、化隆、湟源、大通、门源、祁连、兴海、河南、泽库、同仁、久治、玛沁、称多、玉树、杂多

科名		属名		种名		生境	省内分布区
中文名	拉丁名	中文名	拉丁名	中文名	拉丁名		
				白条纹龙胆	*Gentiana burkillii H*	生于海拔 2200～4500米的高山草甸、山坡草地、河谷阶地、水渠沟边、灌丛草甸	产循化、民和、刚察、兴海、乌兰、都兰、玛沁、玛多、玉树、曲麻莱、杂多、囊谦、治多
				蓝灰龙胆	*Gentiana caeruleo - grisea*	生于海拔 3400～4250米的高山草甸、河滩灌丛、沼泽草甸	产泽库（模式标本产地）、玛多、玉树
				粗茎秦艽	*Gentiana crassicaulis Duthie ex Burk*	生于海拔 3400～3800米的半阴坡草甸、苗圃	产河南、班玛
				肾叶龙胆	*Gentiana crassuloides Bureau et Franch.*	生于海拔 3950 米左右的湖岸冰碛垅上	产久治
				圆齿褶龙胆	*Gentiana crenulato - trancata*	生于海拔 4000～5100米的高山沙砾滩地、高山草甸、河岸湿地、冰缘带草地、湖滨沼泽草甸	产祁连、德令哈、玛沁、达日、玛多、杂多、称多、治多（可可西里）
				达乌里秦艽	*Gentiana dahurica Fisch*	生于海拔 2500～4300米的滩地干草原、阳坡草甸、河谷阶地、林缘灌丛中的干旱山坡、田边地头	产互助、乐都、循化、化隆、湟中、湟源、门源、祁连、刚察、贵南、共和、兴海、乌兰、德令哈、同仁、泽库、玛沁、玛多
				长萼龙胆	*Gentiana dolichocalyx T.*	生于海拔 3000 米左右的高山草甸、山坡及沟谷灌丛中	产久治
				青藏龙胆	*Gentiana futtereri Diels et Gilg*	生于海拔 3580～4300米的高山草甸、灌丛草甸、河谷阶地、山坡草地	产同德（模式标本产地）、泽库、河南、玉树、囊谦、杂多
				丽江龙胆	*Gentiana georgei Diels*	生于海拔 3400～4000米的山坡草地、高山草甸、河岸滩地	产河南

续表

科名		属名		种名		生境	省内分布区
中文名	拉丁名	中文名	拉丁名	中文名	拉丁名		
				南山龙胆	*Gentiana grumii Kusnez*	生于海拔 3200 ~ 4400 米的阳坡草地、林缘灌丛草甸、河滩草甸、沼泽草甸	产门源、刚察、共和、兴海、玉树、杂多
				钻叶龙胆	*Gentiana haynaldii Kanitz*	生于海拔 4000 ~ 4100 米的高山草甸、阳坡草地、河谷沙砾质草地	产囊谦、杂多
				针叶龙胆	*Gentiana heleonastes. H*	生于海拔 3800 ~ 4200 米的河滩草地、灌丛草甸、沼泽草甸、高山草甸阳坡	产河南、玛沁、久治
				六叶龙胆	*Gentiana hexaphylla Maxim*	生于海拔 3300 ~ 4300 米的高山草甸、灌丛边阳坡裸地、河谷阶地、古冰斗中草地	产久治、班玛
				膜果龙胆	*Gentiana hyalina T.*	生于海拔 4100 ~ 4600 米的山坡草地、滩地、河滩、高山草甸	产玛沁、玛多、玉树（模式标本产地）、治多、杂多
				全萼秦艽	*Gentiana lhassica Burk*	生于海拔 3650 ~ 4600 米的阳坡林下、河谷灌丛、山麓草地、高山草甸	产玉树、囊谦、杂多
				线叶龙胆	*Gentiana lawrencei Burk*	生于海拔 3050 ~ 4500 米的高山草甸、灌丛草甸、山谷草滩、河谷水边草地	产互助、湟源、门源、祁连、刚察、泽库、河南、玛沁、甘德、达日、玛多、玉树、曲麻莱、治多
				蓝白龙胆	*Gentiana leucomelaena Maxim*	生于海拔 2500 ~ 4600 米的高寒灌丛、沼泽草甸、河湖滩地草甸、高山草甸	产门源、共和、兴海、茫崖、德令哈、河南、泽库、同仁、玛沁、玛多、称多、玉树、曲麻莱、囊谦、治多（可可西里）

科名		属名		种名		生境	省内分布区
中文名	拉丁名	中文名	拉丁名	中文名	拉丁名		
				云雾龙胆	*Gentiana nubigena Edgew*	生于海拔 2800 ~ 4600 米的高山流石滩、高山草甸	产互助、乐都、门源、祁连、共和、兴海、同仁、泽库、河南、玛沁、玛多
				黄管秦艽	*Gentiana officinalis H*	生于海拔 2500 ~ 3450 米的山坡草地、林缘、沟谷灌丛、河滩、田边	产循化、泽库、久治
				黄白龙胆	*Gentiana prattii Kusnez*	生于海拔 3018 ~ 4100 米的山坡草地、高山草甸、滩地草丛、沟谷灌丛草甸	产同仁、久治、称多、玉树
				短蕊龙胆	*Gentiana prostrata Haenk.*	生于海拔 4100 ~ 4300 米的高山草甸、河谷湿沙地、山坡草地	产玛多、杂多
				假水生龙胆	*Gentiana pseudo - aquatica Kusnez*	生于海拔 2300 ~ 4600 米的高山草甸、河滩草甸、沼泽、林缘草地、高山灌丛草甸、河谷林下	产互助、化隆、共和、兴海、尖扎、泽库、同仁、称多、玉树、曲麻莱、杂多、囊谦、治多
				假鳞叶龙胆	*Gentiana pseudosquarrosa H.*	生于海拔 3200 ~ 4200 米的山坡草地、高山灌丛草甸、河岸滩地、高山草甸	产班玛、玉树、曲麻莱、杂多
				偏翅龙胆	*Gentiana pudica Maxim*	生于海拔 2600 ~ 4200 米的高山草甸、阳坡草地、河谷滩地	产互助、乐都、循化、化隆、门源、祁连、兴海、泽库、河南、玛沁
				岷县龙胆	*Gentiana purdomii Marq*	生于海拔 3500 ~ 5100 米的阳坡草地、高山草甸、沼泽草甸	产循化、格尔木、玛沁、甘德、久治、班玛、达日、玛多、称多、玉树、囊谦、曲麻莱

续表

科名		属名		种名		生境	省内分布区
中文名	拉丁名	中文名	拉丁名	中文名	拉丁名		
				管花秦艽	*Gentiana siphonantha* Maxim	生于海拔 3000～4500 米的河滩林下、山坡草甸、沟谷灌丛	产乐都、循化、湟中、门源、祁连、共和、兴海、乌兰、都兰、格尔木、德令哈、泽库、玛沁、玛多、玉树、曲麻莱
				匙叶龙胆	*Gentiana spathulifolia* Maxim	生于海拔 2800～3800 米的山坡草地、河谷滩地	产循化、班马
				鳞叶龙胆	*Gentiana squarrosa* Ledeb	生于海拔 2230～3600 米的山坡草地、干旱草原、沙砾河滩、撂荒地、高山草甸	产互助、乐都、循化、化隆、平安、西宁、祁连、刚察、贵南、共和、兴海、格尔木、同仁、泽库
				短柄龙胆	*Gentiana stipitata* Edgew	生于海拔 3700～4600 米的高山草甸、阳坡草地、河谷滩地	产玛沁、久治、班玛、称多、玉树、囊谦
				麻花艽	*Gentiana straminea* Maxim.	生于海拔 2600～4500 米的阳坡草地、沟谷河滩、灌丛草地、林缘空地、高山草甸	产互助、乐都、循化、化隆、湟中、湟源、大通、门源、祁连、贵德、贵南、共和、兴海、都兰、德令哈、同仁、泽库、河南、玛沁、甘德、久治、达日、玛多
				条纹龙胆	*Gentiana striata* Maxim	生于海拔 3200～3900 米的高山灌丛、高山草甸、河谷灌丛、林下林缘	产乐都、湟中、同德、泽库、河南、玛沁、久治
				紫花龙胆	*Gentiana syringea* T	生于海拔 3200～3900 米的河湖水边草地、阴坡草甸	产共和、泽库、玛沁
				大花龙胆	*Gentiana szechenyii* Kanitz	生于海拔 3400～4700 米的高山草甸、河岸阶地、山坡草地、湖滨滩地	产兴海、泽库、河南、玛沁、玛多、玉树、曲麻莱、杂多、治多

科名		属名		种名		生境	省内分布区
中文名	拉丁名	中文名	拉丁名	中文名	拉丁名		
				三歧龙胆	*Gentiana trichotoma Kusnez*	生于海拔 3000 ~ 4300 米的高山草甸、高寒灌丛	产互助、门源、祁连、玛多
				仁昌龙胆	*Gentiana trichotoma Kusnez*	生于海拔 3200 ~ 4000 米的阴坡草地、河岸阶地、沼泽草甸、高山灌丛	产兴海、泽库、河南、玛沁
				三色龙胆	*Gentiana tricolor Diels et Gilg in Futterer*	生于海拔 3050 ~ 4500 米的河滩草甸、山坡草地、高寒灌丛草甸、湖边草甸	产互助、兴海、共和、尖扎、同仁、囊谦、治多
				乌奴龙胆	*Gentiana urnula H.*	生于海拔 4300 ~ 4500 米的高山草甸、高山流石滩、阳坡砾石地	产玛多、称多、玉树
				蓝玉簪龙胆	*Gentiana veitchiorum Hemsl*	生于海拔 3200 ~ 4200 米的高山草甸、宽谷草滩、河岸草地	产共和、兴海、泽库、河南、玛沁、玛多、称多、玉树、曲麻莱、杂多、治多
				泽库秦艽	*Gentiana zekuensis T*	生于海拔 3400 ~ 3600 米的山坡灌丛中、林缘灌丛草甸	产同仁、泽库
旋花科	Convolvulaceae	旋花属	Convolvulus Linn	银灰旋花	*Convolvulus ammannii*	生于海拔 1800 ~ 3600 米的干旱山坡、阳坡草原、河谷荒滩、山前洪积扇	产民和、互助、乐都、化隆、西宁、门源、刚察、贵南、共和、兴海、乌兰、都兰、德令哈、尖扎、同仁、玛沁
				田旋花	*Convolvulus arvensis*	生于海拔 1800 ~ 3900 米的山坡草地、田边、荒地、灌丛	产民和、互助、乐都、循化、化隆、平安、湟中、湟源、西宁、大通、门源、海晏、共和、兴海、德令哈、乌兰、都兰、格尔木、尖扎、同仁、囊谦、玉树

科名		属名		种名		生境	省内分布区
中文名	拉丁名	中文名	拉丁名	中文名	拉丁名		
				刺旋花	*Convolvulus tragacanthoides*	生于海拔2500米的干旱山坡、沙砾河滩	产循化
唇形科	Labiatae	鼠尾草属	Salvia Linn	康定鼠尾草	*Salvia prattii Hemsl*	生于海拔3550~5000米的山坡下部草地、沟谷岩石缝、半阴坡杂草地、河滩、林下、林缘	产久治、称多、玉树、囊谦、杂多
				甘青鼠尾草	*Salvia przewalskii Maxim*	生于海拔1900~3800米的山谷、林下、山坡草地、河滩荒地	产互助、民和、循化、同仁、尖扎、玛沁、班玛
				粘毛鼠尾草	*Salvia roborowskii Maxim*	生于海拔2800~4200米的山谷草地、林中空地、灌丛草甸、河滩湿地、山麓裸地、田边	产民和、互助、乐都、循化、化隆、平安、湟中、湟源、西宁、大通、门源、祁连、海晏、刚察、贵德、贵南、同德、共和、兴海、尖扎、同仁、泽库、河南、玛沁、久治、班玛、称多、玉树
				串串红	*Salvia splendens Ker*		民和、互助、乐都、循化、化隆、平安、湟中、湟源、西宁、大通有栽培
		黄芩属	Scutellaria Linn.	连翘叶黄芩	*Scutellaria hypericifolia Levl*	生于海拔3200~3700米的山地半阴坡、河滩草甸、山谷林缘、苗圃	产河南、久治、班玛
				甘肃黄芩	*Scutellaria rehderiana Diels*	生于海拔2200米的山坡草地	产循化
				并头黄芩	*Scutellaria scordifolia Fisch*	生于海拔2230~2800米的村舍周围、田边、路边、水沟边、山坡草地、林下灌丛	产民和、互助、乐都、循化、湟源、西宁、大通、门源、同仁

科名		属名		种名		生境	省内分布区
中文名	拉丁名	中文名	拉丁名	中文名	拉丁名		
		水苏属	Stachys Linn	甘露子	*Stachys Linn*	生于海拔2000~4200米的山坡林下、沟谷灌丛、河滩草地、田边、水沟边	产互助、民和、循化、乐都、湟中、西宁、大通、门源、祁连、泽库、河南、尖扎、同仁、班玛、囊谦、称多、玉树
茄科	Solanaceae	茄属	Solanum Linn	红果龙葵	*Solanum alatum Moench*	生于海拔2000~2500米的河谷水边、村舍周围、撂荒地	产乐都、循化、共和、尖扎
				野海茄	*Solanum japonense*	生于海拔1900~2700米的宅旁荒地、河沟水边、田林路边、河滩灌丛、疏林草甸	产民和、互助、乐都、循化、平安、西宁、兴海、泽库、同仁
				茄	*Solanum melongena*		民和、互助、乐都、循化、化隆、平安、湟中、湟源、西宁、大通、门源、贵德、尖扎、同仁有栽培
				马铃薯	*Solanum tuberosum Linn*		民和、互助、乐都、循化、化隆、平安、湟中、湟源、西宁、大通、门源、祁连、海晏、刚察、贵德、贵南、同德、共和、兴海、乌兰、都兰、格尔木、德令哈、尖扎、同仁、泽库、玛沁、甘德、久治、班玛、囊谦有栽培
玄参科	Scrophulariaceae	水茫草属	Limosella Linn	水茫草	*Limosella aquatica*	生于海拔3000米左右的水中	产大通
狸藻科	Lentibulariaceae	狸藻属	Utricularia Linn	狸藻	*Utricularia vulgaris*	生于海拔2800~3400米的水域中	产门源、乌兰、德令哈、共和

续表

科名		属名		种名		生境	省内分布区
中文名	拉丁名	中文名	拉丁名	中文名	拉丁名		
车前科	Plantaginaceae	车前属	Plantago Linn	平车前	*Plantago depressa Willd*	生于海拔 2300 ~ 4400 米的灌丛草甸、山坡草地、田边渠岸、村舍宅旁、路边荒地	产民和、互助、乐都、循化、化隆、平安、湟中、西宁、大通、门源、祁连、海晏、刚察、贵德、贵南、同德、兴海、共和、天峻、乌兰、都兰、格尔木、德令哈、尖扎、同仁、河南、玛沁、甘德、班玛、久治、达日、玛多、称多、曲麻莱、杂多、玉树、囊谦、治多
				车前	*Plantago asiatica*	生于海拔 2300 ~ 4100 米的阴坡灌丛、田边路旁、村舍周围、河滩草甸	产互助、乐都、西宁、大通、贵南、班玛、曲麻莱
				条叶车前	*Plantago lessingii Fisch*	生于海拔 1800 ~ 3200 米的河滩草甸、山坡草地、田边沟沿、路边宅旁	产民和、乐都、西宁、贵德、尖扎
				大车前	*Plantago major*	生于海拔 1790 ~ 3200 米的山坡林缘、河边沙地、疏林草甸、田埂、路边、河滩湿地	产贵南、民和、互助、乐都、循化、化隆、平安、湟中、湟源、大通、西宁、门源、贵德、兴海、共和、同仁
茜草科	Rubiaceae	拉拉藤属	Galium Linn	刺果猪殃殃	*Galium aparine*	生于海拔 2200 ~ 4300 米的河边草甸、阳坡灌丛、沟谷林缘、农田、山坡石隙	产互助、民和、循化、化隆、平安、湟中、湟源、西宁、门源、刚察、贵德、共和、德令哈、尖扎、同仁、泽库、久治、班玛、玛多、称多、玉树、囊谦

科名		属名		种名		生境	省内分布区
中文名	拉丁名	中文名	拉丁名	中文名	拉丁名		
				细弱猪殃殃	*Galium aparine Linn. var. tenerum*	生于海拔2230～3900米的坡麓碎石滩、山沟林缘、河岸沟沿、河滩石隙、阴坡灌丛下、路边草丛	产民和、互助、乐都、循化、西宁、大通、门源、海晏、同仁、泽库、河南、玛沁
				珔草	*Galium boreale*	生于海拔2350～3500米的阴坡灌丛、山坡草地、田边宅旁	产民和、乐都、湟源、共和、泽库、同仁、玉树
				硬毛珔草	*Galium boreale Linn. var. ciliatum*	生于海拔2700～3800米的灌丛草甸、河谷石隙、阴坡林下、林缘草地、阳坡草地	产互助、乐都、循化、大通、门源、泽库、同仁、尖扎、班玛、玉树、囊谦
				西南拉拉藤	*Galium elegans Wall*	生于海拔1800米左右的山坡路旁、沟谷草地	产循化
				奇特猪殃殃	*Galium paradoxum Maxim*	生于海拔2300米左右的山沟林下、河谷林缘灌丛	产互助
				少花猪殃殃	*Galium pauciflorum Bunge, Enum*	生于海拔4000～4200米的河漫滩草甸、山谷溪水边、山坡潮湿处	产治多、曲麻莱
				中亚猪殃殃	*Galium rivale*	生于海拔2800～3500米的河滩草甸、阴坡林下、沟谷林缘、灌丛草甸	产乐都、湟源、大通
				准葛尔拉拉藤	*Galium soongoricum*	生于海拔2230～6100米的山坡灌丛、阴坡林缘、林下草地、河漫滩	产互助、乐都、西宁、海晏、泽库、久治、班玛、玛多
				蓬子菜	*Galium verum*	生于海拔2100～4300米的高山草甸、林缘灌丛、河滩草甸、山坡草地、田捅路旁	产民和、乐都、湟源、大通、祁连、刚察、贵南、共和、尖扎、泽库、同仁、河南、玛沁

续表

科名		属名		种名		生境	省内分布区
中文名	拉丁名	中文名	拉丁名	中文名	拉丁名		
				绒毛蓬子菜	*Galium verum Linn . var. tomentosum*	生于海拔 2900 ~ 3610 米的山坡草地、田边渠岸、河滩草地、疏林下、灌丛中	产门源、刚察、乐都、兴海、尖扎、玉树
				毛果蓬子菜	*Galium verum Linn . var. trachycarpum*	生于海拔 2900 ~ 3500 米的田边渠岸、宅旁、山坡草地、路边荒地、河滩疏林下	产大通、门源、祁连、泽库、玉树
				粗糙蓬子菜	*Galium verum Linn . var. trachyphullum*	生于海拔 2350 ~ 3300 米的河滩草甸、山坡林缘、灌丛草甸、田边	产民和、门源、共和、同仁、尖扎
菊科	Compositae	紫菀属	Aster Linn.	三脉紫菀	*Aster ageratoides Turcz.*	生于海拔 2500~2850 米的沙砾河滩、田埂路边、干旱山坡、林缘灌丛、河谷疏林下	产民和、互助、乐都、循化、化隆、平安、湟中、大通、门源
				异叶三脉紫菀	*Aster ageratoides Turcz.*	生于海拔 1800 米左右的河畔草地	产互助
				块根紫菀	*Aster asteroides* (*DC.*)	生于海拔 2750 ~ 4800 米的沼泽草甸、山坡草地、高山草甸、河谷阶地	产互助、乐都、门源、祁连、刚察
				重冠紫菀	*Aster diplostephioides* (*DC.*)	生于海拔 2800 ~ 4600 米的林缘灌丛、河滩草甸、湖滨滩地、高山草甸、河岸疏林下	产互助、乐都、循化
				狭苞紫菀	*Aster farreri W.*	生于海拔 2600 ~ 3200 米的山沟灌丛、河谷林下、山坡草地、高山草甸	产民和、互助、乐都、循化、化隆
				柔软紫菀	*Aster flaccidus Bunge,*	生于海拔 2800 ~ 5000 米的河滩、草甸、高山草甸、高山流石滩	产民和、互助、乐都

科名		属名		种名		生境	省内分布区
中文名	拉丁名	中文名	拉丁名	中文名	拉丁名		
				灰木紫菀	*Aster poliothamnus Diels*，	生于海拔2500～3800米的干旱山坡、河滩砾地	产民和、乐都、循化、化隆
				缘毛紫菀	*Aster souliei Franch.*	生于海拔3500～4500米的沟谷林缘、灌丛草甸、高山草甸、砾石山坡、河谷阶地、沙砾河滩	产循化、河南、同仁、班玛、治多、杂多、称多、囊谦、玉树
				东俄洛紫菀	*Aster tongolensis Franch.*	生于海拔3700～4300米的沟谷林缘、圆柏林下、沙砾滩地、山崖石缝、田边	产玛多、称多、囊谦、玉树
				夏河紫菀	*Aster yunnanensis Franch.*	生于海拔3300～4300米的高山草甸、沙砾河滩、山坡草地、河沟灌丛、山坡林缘	产刚察、共和、兴海、天峻
		鬼针草属	Bidens Linn.	小花鬼针草	*Bidens parviflora Willd.*	生于海拔2000～2800米的河滩疏林下、田边荒地、宅旁路边	产民和、乐都、循化、化隆、平安、贵德、兴海、尖扎、同仁
				狼把草	*Bidens tripartita Linn.*	生于海拔2230～2500米的水沟边、湿草地	产民和、乐都、湟源、西宁、循化
		飞蓬属	Erigeron Linn.	飞蓬	*Erigeron acer Linn.*	生于海拔2500～3800米的河滩草甸、田边渠岸、沟谷林缘、灌丛、山坡草地、河岸阶地、宅旁荒地	产门源、祁连、民和、互助、乐都
				展苞飞蓬	*Erigeron patentisquamus J.*	生于海拔3200～4400米的沟谷林下、林缘灌丛、阴坡草甸、山顶岩隙	产同仁、玉树
		鼠麹草属	Gnaphalium Linn.	秋鼠麹草	*Gnaphalium hypoleucum DC.*	生于海拔3300米左右的山坡草地	产班玛

续表

科名		属名		种名		生境	省内分布区
中文名	拉丁名	中文名	拉丁名	中文名	拉丁名		
		千里光属	SenecioLinn.	额河千里光	*Senecio argunensis Turcz.*	生于海拔2230～2600米的渠岸沟沿、河沟水边、沟谷疏林下、路边湿草地、宅周田边、河滩草甸	产互助、乐都、循化、湟中、湟源、西宁、同仁
				高原千里光	*Senecio diversipinnus Ling，*	生于海拔2300～4000米的河滩草地、河谷阶地、山谷坡地、沟谷林缘、林下灌丛草甸	产互助、乐都、大通、共和、兴海、河南、泽库、久治、班玛、玛沁、玉树
				北千里光	*Senecio dubitabilis C.*	生于海拔2450~2900米的河边草地、田边渠岸、山坡草地、撂荒地	产互助、大通、祁连、乌兰、格尔木、德令哈、尖扎、同仁
				西域千里光	*Senecio krascheninnikovii Schischk.*	生于海拔2900~3100米的河沟水边、田埂路边、撂荒地	产都兰、格尔木、德令哈
				天山千里光	*Senecio thianschanicus Regel et Schmalh.*	生于海拔2700～4500米的沙砾河滩、河谷阶地、山谷湿地、沟渠水边、阴坡灌丛	产民和、互助、乐都、循化、化隆
		苍耳属	Xanthium Linn.	苍耳	*Xanthium sibiricum Patrin ex Widder in Fedde，*	生于海拔1800～3700米的水边、宅旁荒地、农田、沟渠沿岸、路边	青海多地有分布
禾本科	Gramineae	剪股颖属	Agrostis Linn.	柔毛剪股颖	*Agrostis eriolepis Keng ex Y.*	生于海拔3850米的高山草地	产玉树
				巨序剪股颖	*Agrostis gigantea*	生于海拔1850～3600米的河滩草甸、灌丛、林边、山坡路边草地	产民和、互助、乐都、西宁、大通、同德、泽库、玉树

科名		属名		种名		生境	省内分布区
中文名	拉丁名	中文名	拉丁名	中文名	拉丁名		
				小花剪股颖	*Agrostis micrantha Steud.*	生于海拔 2600 ~ 3380 米的林缘草甸、河滩灌丛草地	产互助、贵南、同德
				甘青剪股颖	*Agrostis hugoniana Rendle,*	生于海拔 2500 ~ 4200 米的灌丛草甸、高山草地、沟谷河滩、阴坡林缘	产乐都、湟中、大通、门源、祁连、贵南、同德、共和、兴海、泽库、玛沁、久治、玛多、玉树、杂多
				川西剪股颖	*Agrostis hugoniana Rendle var.*	生于海拔 2000 ~ 4100 米的山坡草甸、高山灌丛、山谷林缘、河滩草地	产民和、互助、乐都、门源、祁连、兴海、泽库、河南、玛沁、久治、班玛、称多、玉树
				疏花剪股颖	*Agrostis perlaxa Pilger in*	生于海拔 2400 ~ 3600 米的阴坡灌丛、沟谷林下、林缘草甸、河谷阶地、洪积扇湿润处	产互助、湟中、同德、共和、同仁、泽库、玛沁、班玛、玉树
		芦苇属	Phragmites Trin.	芦苇	*Phragmites australis*（*Cav.*）*Trin.*	生于海拔 2000 ~ 3200 米的湖边、沼泽、沙地、河岸、田边等处	产循化、西宁、大通、贵德、贵南、共和、兴海、天峻、乌兰、都兰、格尔木、德令哈、冷湖、大柴旦、茫崖、同仁、泽库、班玛
		早熟禾属	Poa.Linn.	高原早熟禾	*Poa alpigena*（*Blytt*）*Lindm.*	生于海拔 2000 ~ 4300 米的高山草甸、高寒草原、河谷阶地、山坡林下、林缘草甸、沟谷灌丛、河滩草甸、河岸水沟边	产民和、互助、乐都、西宁、门源、海晏、刚察、兴海、天峻、尖扎、同仁、玛多、玉树、囊谦、治多
				细叶早熟禾	*Poa angustifolia Linn.*	生于海拔 1700 ~ 3800 米的山坡草地、河滩疏林下、沟谷草甸	产民和、乐都、同德、泽库

科名		属名		种名		生境	省内分布区
中文名	拉丁名	中文名	拉丁名	中文名	拉丁名		
				早熟禾	*Poa annua Linn.*	生于海拔2800～4350米的山坡林下、林缘草地、沟谷灌丛、河漫滩疏林草甸、河溪水沟边	产互助、乐都、湟中、兴海、同仁、泽库、河南、久治、称多、**囊谦**、治多
				渐尖早熟禾	*Poa attenuata Trin. Mem.*	生于海拔2160～4300米的高山草甸、河岸沙滩、山坡灌丛、河谷阶地	产乐都、尖扎、杂多
				胎生早熟禾	*Poa attenuata Trin. var. vivipara Rendle*	生于海拔2650～5100米的高寒草甸、高山流石坡、高山石隙、阴坡高寒灌丛、河滩砾地、山坡草地	产乐都、门源、祁连、兴海、同仁、泽库、河南、玛沁、久治、达日、玛多、称多、玉树、**囊谦**、曲麻莱、杂多、治多
				波密早熟禾	*Poa bomiensis C.*	生于海拔3600～5100米的高山草甸、高寒草原、高山流水线附近、河谷阶地、河滩草地、湖滨湿润处、沟谷灌丛、河岸沙砾地	产湟中、大通、祁连、兴海、天峻、乌兰、都兰、德令哈、同仁、河南、玛沁、久治、玛多、称多、曲麻莱、治多
				藏北早熟禾	*Poa borealis-tibetica C.*	生于海拔3400～4900米的高寒草原、山顶石隙、砾石山坡、沙砾滩地、高山流石坡、河谷阶地、山前冲积善、湖滨沙地、高山弃耕地	产泽库、河南、玛沁、达日、玛多、称多、曲麻莱、治多
				小早熟禾	*Poa calliopsis Litv.*	生于海拔3000～5000米的高山草甸、高寒草原、沙砾河滩、山顶岩隙、湖滨滩地、沟谷灌丛、山坡林下、林缘草地、河谷阶地、河沟草甸	产门源、海晏、兴海、天峻、格尔木、尖扎、同仁、泽库、河南、玛沁、久治、达日、玛多、称多、玉树、曲麻莱、治多（可可西里）、唐古拉

科名		属名		种名		生境	省内分布区
中文名	拉丁名	中文名	拉丁名	中文名	拉丁名		
				疏花早熟禾	*Poa chalarantha*	生于海拔 3700 ~ 4000 米的山坡疏林下、林缘灌丛、沟谷河岸	产玛沁、玉树
				冷地早熟禾	*Poa crymophila*	生于海拔 2300 ~ 4800 米的高山草甸、高寒草原、山坡林缘、沟谷灌丛、河滩疏林下、河谷阶地、沙砾山坡、高山石隙、高山流水线、湖滨河岸、山前冲积扇、宽谷湖盆砾地、阴坡高寒灌丛草甸	产民和、互助、乐都、循化、化隆、平安、湟中、湟源、西宁、大通、门源、祁连、海晏、刚察、贵德、贵南、同德、共和、兴海、天峻、都兰、乌兰、格尔木、德令哈、大柴旦、冷湖、茫崖、尖扎、同仁、泽库、河南、玛沁、甘德、久治、班玛、达日、玛多、称多、玉树、曲麻莱、囊谦、杂多、治多（可可西里）、唐古拉
				垂枝早熟禾	*Poa declinata*	生于海拔 2400 ~ 3600 米的河岸草地、沟谷林缘、灌丛草甸、河滩疏林下、山坡湿润草地	产互助、乐都、西宁、祁连、兴海、同仁、泽库、河南、玛沁、玉树
				长稃早熟禾	*Poa dolichachyra*	生于海拔 3000 ~ 3400 米的高山草地、河滩草甸、河谷阶地、沟谷草坡	产门源、祁连
				光盘早熟禾	*Poa elanata Keng ex Tzvel.*	生于海拔 2300 ~ 4500 米的沟谷林下、阴坡灌丛、高山草甸、河谷滩地、沙砾山坡、阳坡岩缝	产互助、祁连、贵南、兴海、泽库、玛沁、玛多、囊谦、杂多
				川青早熟禾	*Poa indattenuata Keng ex L.*	生于海拔 2600 ~ 4500 米的高寒草原、河滩草甸、山坡砾地、河谷阶地、山沟溪水边草地、山顶岩隙	产民和、共和、都兰、德令哈、同仁、玛多、玛沁、囊谦

续表

科名		属名		种名		生境	省内分布区
中文名	拉丁名	中文名	拉丁名	中文名	拉丁名		
				开展早熟禾	*Poa lipskyi Roshev.*	生于海拔2300～3800米的沟谷林缘、灌丛草甸、河滩疏林下、山坡草地、沟谷河岸	产互助、同德
				纤弱早熟禾	*Poa malaca Keng ex P.*	生于海拔2300～3950米的山坡林下、林缘草地、沟谷灌丛、河岸草地	产互助、乐都、湟中、西宁、门源、祁连、泽库、玛沁、班玛、玉树
				大锥早熟禾	*Poa megalothyrsa Keng ex Tzvel.*	生于海拔3450～4200米的山坡草地、高山草原、河沟砾地、河滩草甸、沟谷林缘、阴坡灌丛	产都兰、称多、玉树、曲麻莱、杂多、治多
				小药早熟禾	*Poa micrandra Keng ex P.*	生于海拔2000米左右的河滩疏林下草甸	产民和
				林地早熟禾	*Poa nemoralis Linn.*	生于海拔2400～3200米的山坡林下、林缘湿草地、河岸田边	产互助、祁连、同德、同仁
				山地早熟禾	*Poa orinosa Keng ex P.*	海拔2400～4700米的高寒草原、高山草甸、河谷阶地、沟谷阴坡灌丛、林缘草地、河沟水边、潮湿处、山顶石隙、河滩砾地	产西宁、大通、门源、祁连、贵南、兴海、都兰、泽库、班玛、称多、囊谦、曲麻莱
				曲枝早熟禾	*Poa pagophila*	生于海拔3300～4000米的山坡草地、沟谷林缘、灌丛草甸、河滩草甸、湖滨砾地	产尖扎、玉树
				少叶早熟禾	*Poa paucifolia Keng ex*	生于海拔1800～3700米的砾石质山坡、沟谷林下、河滩草甸、林缘草地、河谷草地	产民和、互助、乐都、西宁、门源、祁连、贵德、共和、兴海、乌兰、河南、玉树

科名		属名		种名		生境	省内分布区
中文名	拉丁名	中文名	拉丁名	中文名	拉丁名		
				宿生早熟禾	*Poa perennis Keng ex*	生于海拔2800～4500米的山坡草地、高山草甸、高寒草原、沟谷灌丛、河滩草地	产湟中、门源、贵南、同德、共和、兴海、泽库、河南、玛沁、玉树、囊谦、曲麻莱、杂多
				疏穗早熟禾	*Poa polycolea Stapf in*	生于海拔3700～4100米的沟谷草地、阴坡疏林下、林缘灌丛草甸	产大通、玉树、杂多
				波伐早熟禾	*Poa poophagorum*	生于海拔2800～4800米的高山草甸、高寒草原、沙砾山坡、高山流水线、沙砾滩地、湖滨草甸、山前冲积扇、河漫滩草地、河谷阶地、山谷路旁	产门源、祁连、刚察、共和、兴海、天峻、乌兰、都兰、格尔木、德令哈、同仁、泽库、玛沁、久治、玛多、杂多、曲麻莱、治多
				草地早熟禾	*Poa pratensis Linn.*	生于海拔2080～4300米的山坡草地、河滩草甸、沟谷林下、河岸路边、林缘灌丛、湖滨草原、河边渠岸	产民和、互助、乐都、循化、西宁、大通、门源、祁连、刚察、兴海、都兰、格尔木、尖扎、同仁、泽库、玛多、玉树、囊谦、杂多
				假泽早熟禾	*Poa pseudo-palustris*	生于海拔2480～3400米的山坡林缘、沟谷灌丛草地、河漫滩草甸	产湟中、门源、同德、共和
				光稃早熟禾	*Poa psilolepis Keng ex L.*	生于海拔2500～4000米的河漫滩草甸、高寒草原、山坡林缘、阳坡草地、沟谷河岸	产门源、祁连、刚察、泽库、河南、玛沁、久治、玉树、囊谦
				青海早熟禾	*Poa rossbergiana Hao,*	生于海拔3000～4650米的高山草甸、阴坡灌丛、高寒草原、沙砾山坡、河岸阶地、湖滨湿沙砾地	产平安、同德、玛多、称多、曲麻莱、治多

续表

科名		属名		种名		生境	省内分布区
中文名	拉丁名	中文名	拉丁名	中文名	拉丁名		
				锡金早熟禾	*Poa sikkimensis*	生于海拔2700~4500米的高寒草原、高山草甸、山坡砾地、山沟流水线附近、沟谷林缘、河岸灌丛、河谷阶地、湖滨砾地	产共和、泽库、班玛、玛多、囊谦、曲麻莱、杂多
				华灰早熟禾	*Poa sinoglauca Ohwi,*	生长于海拔2600~4500米的山坡草地、沟谷林下、林缘灌丛、高寒草甸、高山草原、河滩草甸	产民和、互助、乐都、大通、门源、祁连、海晏、刚察、共和、兴海、河南、玛沁、班玛、玉树、囊谦、杂多
				窄颖早熟禾	*Poa stenachyra Keng ex L.*	生于海拔2600~3000米的山坡草甸、河岸水沟旁、沟谷湿润草地	产门源、祁连
				散穗早熟禾	*Poa subfastiana Trin.*	生于海拔2600~4400米的河滩草甸、山坡疏林下、阴坡高寒灌丛、林缘草地、沙砾河滩、河沟溪水边	产门源、玉树、囊谦、杂多
				四川早熟禾	*Poa szechuensis Rendle,*	生于海拔1850~4100米的沟谷林下、林缘草甸、山坡灌丛、河滩疏林草甸	产民和、互助、乐都、门源、贵德、同德、泽库、杂多
				西藏早熟禾	*Poa tibetica Munro ex Stapf in Hook.*	生于海拔2500~5000米的高山草甸、高寒草原、湖滨湿地、沟谷岩隙、河滩草甸、河谷阶地、沙砾滩地、山沟流水线附近	产西宁、大通、门源、祁连、刚察、共和、兴海、天峻、乌兰、都兰、格尔木、玛沁、玛多、玉树、杂多

科名		属名		种名		生境	省内分布区
中文名	拉丁名	中文名	拉丁名	中文名	拉丁名		
				套鞘早熟禾	*Poa tunicata Keng ex C.*	生于海拔3000 ~ 3700米的山沟林下、河滩草甸、田边荒地、渠岸路边、山坡林缘、沟谷灌丛	产民和、互助、乐都、湟中、西宁、门源、同德、兴海、玉树
		小麦属	Triticum Linn.	小麦	*Triticum aestivum Linn.*		民和、互助、乐都、循化、化隆、平安、湟中、湟源、西宁、大通、门源、祁连、海晏、刚察、贵德、贵南、同德、共和、天峻、都兰、乌兰、尖扎、同仁、泽库、河南、玛沁、久治、班玛、玉树、囊谦有栽培
莎草科	Cyperaceae	苔草属	Carex Linn.	团穗苔草	*Carex agglomerata C.*	生于海拔1900 ~ 3000米的山沟林下、林缘草甸、山谷阴处、河滩草甸、山坡灌丛草甸	产民和、互助、乐都、大通、门源
				祁连苔草	*Carex allivescens V.*	生于海拔2300 ~ 2800米的田边渠岸、山沟灌丛、山坡林下、河滩草甸	产互助、门源
				北疆苔草	*Carex arcatica Meinsh.*	生于海拔2680 ~ 3250米的沼泽草甸、河岸阶地、水边湿沙地、河滩草甸	产互助、共和
				糙果苔草	*Carex asperifructus Kuekenth.*	生于海拔2000 ~ 2400米的山坡草地	产门源
				尖鳞苔草	*Carex atrata Linn. subsp.*	生于海拔3100 ~ 3800米的河滩草甸、山坡草地、沟谷林下、灌丛草甸	产互助、同仁、泽库、河南、玛沁、甘德、久治、班玛

科名		属名		种名		生境	省内分布区
中文名	拉丁名	中文名	拉丁名	中文名	拉丁名		
				黑褐苔草	*Carex atrofusca Schkuhr subsp.*	生于海拔2600~5000米的山坡草甸、高山流石滩、河谷阶地、高山草甸、湖滨湿沙地、河漫滩、灌丛草甸	产民和、互助、乐都、循化、化隆、平安、湟中、湟源、大通、门源、祁连、海晏、刚察、贵德、贵南、同德、共和、兴海、天峻、都兰、乌兰、格尔木、德令哈、茫崖、尖扎、同仁、泽库、河南、玛沁、甘德、久治、班玛、达日、玛多、称多、玉树、囊谦、曲麻莱、杂多、治多（可可西里）、唐古拉
				青绿苔草	*Carex breviculmis R.*	生于海拔2000米左右的河滩草甸	产民和
				藏东苔草	*Carer cardiolepis Nees in Wight,*	生于海拔2600~4400米的阴坡灌丛、沟谷沙地潮湿处、河滩草地、坡麓砾石地	产民和、互助、祁连、玉树、囊谦、杂多
				扁囊苔草	*Carer coriophora Fisch.*	生于海拔2600~3500米的山谷草甸、山坡林下、林缘灌丛草甸、河沟水边	产祁连、同德、泽库
				密生苔草	*Carex crebra*	生于海拔2300~4400米的高山草甸、山坡草地、河谷阶地、河滩疏林下、山坡林缘草甸、灌木丛、河溪湖滨湿沙地	产互助、乐都、大通、同德、共和、兴海、同仁、泽库、河南、门源、祁连、海晏、刚察、玉树、囊谦
				白颖苔草	*Carer duriuscula*	生于海拔2450~3300米的河沟水渠边、河谷阶地、湖边草地、山谷路边、山坡草地	产民和、互助、西宁、大通、共和、兴海、都兰、冷湖、同仁、治多

科名		属名		种名		生境	省内分布区
中文名	拉丁名	中文名	拉丁名	中文名	拉丁名		
				针叶苔草	*Carer duriuscula*	生于海拔 3100 ~ 4700 米的湖滨湿地、河滩草甸、泉旁溪边、河边沙地	产海晏、刚察、共和、乌兰、玛多、玉树、可可西里
				无脉苔草	*Carex enervis*	生于海拔 2500 ~ 4500 米的山坡草甸、湖滨沼泽、沼泽草甸、河滩湿沙草地	产互助、共和、兴海、玛多、玉树、囊谦、杂多
				箭叶苔草	*Carex ensifolia*	生于海拔 2300 ~ 4200 米的湖边、湿沙质草地、河滩草甸、高山沼泽草甸、阳坡高寒草甸	产大通、大柴旦、称多、玉树
				格里苔草	*Carex griffithii*	生于海拔 3200 ~ 3900 米的高山草甸、河谷水边、沟边草甸、阴坡林下、林缘灌丛草地	产同德、河南、玛沁、久治
				红嘴苔草	*Carex haematostoma*	生于海拔 3800 ~ 4700 米的高山砾石坡、高山草甸、河谷阶地、河滩草甸砾地、山地阴坡湿润处	产玉树
				点叶苔草	*Carex hancockiana Maxim.*	生于海拔 2200 ~ 3400 米的山沟林下、林缘草甸、山坡灌丛、河滩草甸、沟谷湿沙地	产互助、循化、大通、门源、久治
				伊凡苔草	*Carex ivanovae Egorova,*	生于海拔 2600 ~ 5000 米的干旱山坡、高山草原、高寒草甸、河谷阶地、湖滨沙地、沟谷灌丛、林下林缘草甸	产民和、互助、乐都、循化、化隆、平安、湟中、湟源、大通、门源、祁连、海晏、刚察、贵德、同德、共和、兴海、天峻、都兰、乌兰、格尔木、德令哈、同仁、泽库、河南、玛沁、甘德、久治、班玛、达日、玛多、称多、玉树、囊谦、曲麻莱、杂多、治多（可可西里）、唐古拉

科名		属名		种名		生境	省内分布区
中文名	拉丁名	中文名	拉丁名	中文名	拉丁名		
				甘肃苔草	*Carex kansuensis*	生于海拔 2700～4500 米的山坡草甸、沟谷灌丛、沙砾河滩、河谷阶地、高山草地、山坡林下、林缘草地	产民和、互助、乐都、循化、化隆、平安、湟中、湟源、大通、门源、祁连、海晏、刚察、贵德、贵南、同德、共和、兴海、天峻、都兰、乌兰、格尔木、德令哈、同仁、泽库、河南、玛沁、甘德、久治、班玛、达日、玛多、称多、玉树、囊谦、曲麻莱、杂多、治多（可可西里）、唐古拉
				绿穗苔草	*Carer chlorastachys*	生于海拔 1900～3100 米的河滩湿草地、沼泽草地、山沟林下、沟谷林缘、灌丛草甸、山坡草甸	产民和、互助、门源、同仁
				明亮苔草	*Carex laeta Boott, Illustr.*	生于海拔 3750 米左右的山坡林下、沟谷林缘、灌丛草甸、河边湿地、湖滨草地	产玉树
				披针苔草	*Carex lanceolata Boott in A.*	生于海拔 2600～2700 米的沟谷林缘、山坡林下、灌丛草甸、河滩沙地	产互助
				膨囊苔草	*Carex lehmanii Drejer, Symb.*	生于海拔 1200～4500 米的山坡草地、河滩草甸、山谷沟边、山坡林下、林缘灌丛	产民和、互助、乐都、大通、祁连、尖扎、泽库、玉树
				小钩毛苔草	*Carex microglochin Wahlenb.*	生于海拔 3160～4200 米的湖边草甸、沼泽草甸	产都兰、玉树

科名		属名		种名		生境	省内分布区
中文名	拉丁名	中文名	拉丁名	中文名	拉丁名		
				青藏苔草	*Carex moorcroftii Falc.*	生于海拔 2000～4900 米的河漫滩草甸、高山草甸、高寒沼泽草甸、湖边湿沙地、高山灌丛草甸、阴坡潮湿处、河谷阶地、河岸溪边湿沙草地	产民和、互助、乐都、循化、化隆、平安、湟中、湟源、大通、门源、祁连、海晏、刚察、贵德、贵南、同德、共和、兴海、天峻、都兰、乌兰、格尔木、德令哈、茫崖、同仁、泽库、河南、玛沁、甘德、久治、班玛、达日、玛多、称多、玉树、囊谦、曲麻莱、杂多、治多（可可西里）、唐古拉
				木里苔草	*Carex muliensis Hand.*	生于海拔 3950～4200 米的沼泽草甸、湖边草甸、河滩草甸	产久治、玉树
				圆囊苔草	*Carex orbicularis Boott,*	生于海拔 2800～4300 米的溪水沟边、河滩草甸、湖边湿沙地、高山沼泽草甸、高山草甸	产互助、西宁、共和、治多
				粗根苔草	*Carex pachyrrhiza Franch.*	生于海拔 2500 米左右的山坡林下、山谷灌丛草甸、山坡草地阴湿处	产门源
				小苔草	*Carex parva Nees in Wight,*	生于海拔 4200 米左右的沼泽草甸	产玉树
				柄状苔草	*Carex pediformis C.*	生于海拔 3400～3900米的山坡林下、沟谷林缘、灌丛草甸、河湖水边湿沙地	产共和、玛沁、玉树

续表

科名		属名		种名		生境	省内分布区
中文名	拉丁名	中文名	拉丁名	中文名	拉丁名		
				红棕苔草	*Carex przewalskii Egorova,*	生于海拔 2500～4500 米的高山草甸、河溪水边、河谷阶地、山麓湿沙地、湖滨沼泽草甸、河漫滩草甸、泉水沟边	产门源、祁连、海晏、刚察、贵德、贵南、同德、共和、兴海、天峻、德令哈、尖扎、同仁、泽库、河南、玛沁、玛多、玉树、杂多、治多
				无味苔草	*Carex pseudofoetida Kuekenth.*	生于海拔 3200～5000 米的高寒沼泽草甸、高山冰缘湿地、高山草甸、湖滨湿沙地、泉眼水边、河滩草地、河谷阶地湿处、沟谷湿沙地	产互助、海晏、刚察、同德、共和、乌兰、泽库、河南、玛沁、达日、玛多、称多、玉树、囊谦、曲麻莱、治多（可可西里）
				青海苔草	*Carex qinghaiensis Y.*	生于海拔 3300～3400 米的山坡和沟谷灌丛草甸	产同仁
				糙喙苔草	*Carex scabrirostris Kuekenth.*	生于海拔 2600～4500 米的高山草原、高寒草甸、河谷阶地、湖滨河滩湿沙地、峡谷灌丛、潮湿阴坡草甸	产民和、乐都、湟源、大通、门源、祁连、兴海、尖扎、同仁、泽库、玛沁、玛多、玉树、曲麻莱、杂多、治多
				紫喙苔草	*Carex serreana Hand.*	生于海拔 1990～4500 米的沟谷林下、林缘灌丛草甸、河谷潮湿处	产大通、门源、囊谦
				似柄状苔草	*Carex subpediformis (Kuekenth.) Sut.*	生于海拔 2600～3200 米的沟谷林下、林缘草甸、山坡草地、河滩草甸	产祁连
				干生苔草	*Carex supina Willd. ex Wahlenb.*	生于海拔 2300～4400 米的阳坡草地、河谷阶地、沙砾河滩、高山草甸、沟谷灌丛、山坡林下、林缘草甸	产民和、乐都、大通、门源、祁连、共和、兴海、河南、玉树

科名		属名		种名		生境	省内分布区
中文名	拉丁名	中文名	拉丁名	中文名	拉丁名		
				唐古拉苔草	*Carex tangulashanensis Y.*	生于海拔3600~4400米的山坡草甸、河谷沟边、高山草甸、沙砾河滩草甸。青海特有	产兴海、天峻、玉树、杂多
				玉树苔草	*Carex yushuensis*	生于海拔3800米左右的高山草甸及砾石山坡	产玉树，青海特有
				泽库苔草	*Carex zekuensis*	生于海拔2800~3900米的山坡草地、河谷阶地、阳坡草甸、沟谷林下、林缘灌丛草甸、河溪水边	产乐都、湟中、同德、尖扎、泽库、玛沁、玉树、囊谦
		荸荠属	Eleocharis	阔基荸荠	*Eleocharis abnorma*	生于海拔3300米左右的湖边浅水中	产海县、共和
				硬秆荸荠	*Eleocharis callos*	生于海拔3240米左右的湖边浅水中	产海晏、共和
				耳海荸荠	*Eleocharis erhaiensis*	生于海拔3200~3300米的沼泽草甸、河溪浅水中、湖滨河滩潮湿处	产海晏、共和
				扁基荸荠	*Eleocharis fennica Pall.er Kneuck.*	生于海拔3100米左右的水边	产德令哈
				似扁基荸荠	*Eleocharis fennica Pall.er Kneuck.*	生于海拔3300米左右的湖边浅水处、沼泽草甸	产海晏、刚察、共和
				无毛荸荠	*Eleocharis glabella*	生于海拔3200米左右的湖边浅水中、河溪水边湿地	产海晏、刚察、共和
				中间型荸荠	*Eleocharis intersita Zinserl.*	生于海拔2800~3800米的湖边、沼泽地、路边	产海晏、刚察、共和、兴海、天峻、都兰、乌兰、格尔木、德令哈、大柴旦、冷湖、茫崖

续表

科名		属名		种名		生境	省内分布区
中文名	拉丁名	中文名	拉丁名	中文名	拉丁名		
				郭氏荸荠	*Eleocharis kuoi*	生于海拔 3200 米左右的湖边浅水中	产海晏、共和
				怪基荸荠	*Eleocharis paradoxa*	生于海拔 3200 米右右的湖边浅水中	产海晏、共和，青海特有
				本兆荸荠	*Eleocharis penchaoi*	生于海拔 3200 米左右的湖边浅水处	产海晏、共和，青海特有
				青海荸荠	*Eleocharis qinghaiensis*	生于海拔 3300 米左右的湖边浅水中	产海晏、刚察、共和，青海特有
				卵穗荸荠	*Eleocharis soloniensis* （*Dubois*）*Hara,*	生于海拔 2500 ~ 3600 米的浅水中	产玉树
				单鳞苞荸荠	*Eleocharis uniglumis* （*Link.*）	生于海拔约 1900 米的河边、水边或沼泽地	产民和
				具刚毛荸荠	*Eleocharis valleculosa Ohwi var.*	生于海拔 2800 ~ 3000 米的河湾湖滨浅水中、沼泽地	产天峻、都兰、乌兰、格尔木、德令哈、大柴旦、冷湖、茫崖
		藨草属	Scirpus Linn.	双柱头藨草	*Scirpus distigmaticus* （*Kuekenth.*）*Tang et Wang, Fl.*	生于海拔 2550 ~ 4600 米的高寒草甸、高寒沼泽草甸、高山草原、平缓阳坡、半阳坡潮湿处、河谷阶地草甸、湖滨河岸、水边草地	产民和、互助、湟源、大通、兴海、门源、祁连、海晏、刚察、共和、尖扎、同仁、泽库、玛沁、久治、称多、玉树、囊谦、曲麻莱、杂多、治多
				扁秆藨草	*Scirpus planiculmis F. Schmidt.*	生于海拔 1600 ~ 2800 米的沟谷水边湿地、沼泽河溪浅水处	产西宁、共和、乌兰、格尔木、德令哈、大柴旦
				细秆藨草	*Scirpus setaceus Linn.*	生于海拔 1800 ~ 3900 米的河滩草甸、沟谷山涧浅水中、沼泽草地	产民和、循化、西宁、门源、海晏、刚察、贵德、共和、称多、玉树

科名		属名		种名		生境	省内分布区
中文名	拉丁名	中文名	拉丁名	中文名	拉丁名		
				球穗藨草	*Scirpus strobilinus Roxb.*	生于海拔 2670 ~ 2900 米的湖滨水边、路旁湿草地、沙丘间湿地、沼泽草甸	产乌兰、格尔木、德令哈
				水葱	*Scirpus tabernaemontani Gmel.*	生于海拔 2740 ~ 3200 米的河溪浅水边、沼泽草甸、河滩草地	产贵德、海晏、刚察、共和、格尔木
浮萍科	Lemnaceae	浮萍属	Lemna Linn	浮萍	*Lemna minor Linn.*	生于海拔 2000~3200 米的淡水池塘、沼泽积水坑	产民和、互助、乐都、循化、化隆、平安、湟中、大通、门源、贵德、尖扎、同仁
				品萍	*Lemna trisulca Linn.*	生于海拔 2200~2800 米的淡水池塘、湖泊边缘浅水处	产民和、互助、乐都、循化、化隆、湟中、乌兰、都兰、格尔木、德令哈
		紫萍属	Spirodela Schleid.	紫萍	*Spirodelapolyrrhiza (Linn.)*	生于海拔 2000~2600 米的淡水池塘、沼泽积水坑	产民和、互助、乐都、循化、化隆、平安、湟中、湟源、贵德、尖扎
灯芯草科	Juncaceae	灯芯草属	Juncus Linn	葱状灯芯草	*Juncus allioides Franch. Nouv.*	生于海拔 2400~4000 米的沟谷林下、林缘灌丛、河滩草甸、沼泽草甸	产民和、互助、乐都、湟中、泽库、班玛、久治、玉树
				走茎灯芯草	*Juncus amplifolius A.*	生于海拔 2800~4600 米的沟谷灌丛、山坡林缘、河滩湿草地、高山草地、疏林边草甸	产民和、互助、玛沁、玉树、囊谦
				小花灯芯草	*Juncus articulatus Linn.*	生于海拔 2200~2400 米的沟谷水池、山坡林下、林缘湿地、河湾浅水中、沼泽草甸积水处	产循化、西宁

续表

科名		属名		种名		生境	省内分布区
中文名	拉丁名	中文名	拉丁名	中文名	拉丁名		
				小灯芯草	*Juncus bufonius Linn .*	生于海拔1800~3800米的河滩草甸、林缘湿地、沟谷林下、河溪水边、沼泽草甸、浅水池中	产民和、互助、乐都、循化、化隆、大通、门源、祁连、刚察、贵南、共和、兴海、乌兰、都兰、德令哈、同仁、玛沁、达日、称多、玉树、囊谦、杂多
				栗花灯芯草	*Juncus castaneus Smith .*	生于海拔2200~4300米的沟谷林缘、灌丛草甸、河滩草甸、湖滨河岸草地、林下湿草地、沼泽草甸	产民和、互助、乐都、循化、化隆、平安、湟中、湟源、西宁、大通、门源、祁连、海晏、刚察、贵南、共和、兴海、天峻、同仁、泽库、玛沁
				扁茎灯芯草	*Juncus compressus Jacq .*	生于海拔1900米左右的河滩草甸、林缘湿草地	产民和
				雅致灯芯草	*Juncus condinnus D .*	生于海拔2000~3200米的河滩草甸、湖滨湿草地、林缘灌丛、沼泽草甸、高山林下	产民和、海晏、刚察、共和
				厚柱灯芯草	*Juncus crassitylus A .*	生于海拔2600~3200米的山坡林下、沟谷林缘、灌丛草甸、河滩湿草地	产互助、门源、祁连
				扩展灯芯草	*Juncus effusus Linn .*	生于海拔2200~3800米的河谷林下、林缘灌丛草地、湖滨沼泽、河滩草甸、河溪水沟边湿草地	产互助、门源、祁连、海晏、刚察、玛沁
				细灯芯草	*Juncus gracillimus（Buchen）Krecz .*	生于海拔2360~2800米的沼泽水边、河湖岸边	产西宁、都兰

科名		属名		种名		生境	省内分布区
中文名	拉丁名	中文名	拉丁名	中文名	拉丁名		
				喜马拉雅灯芯草	*Juncus himalensis Klotzch*,	生于海拔2400~4600米的高山草甸、沟谷林缘、山坡灌丛、沼泽草甸、湖滨湿草地、河沟水边	产民和、互助、门源、贵德、贵南、同德、共和、兴海、玛沁、班玛、久治、达日、玛多、称多、玉树、囊谦
				无耳灯芯草	*Juncus himalensis Klotzch var.*	生于海拔2500~4200米的山坡林下、沟谷灌丛、高寒草甸、高山沼泽草甸、林缘草地、河滩草甸、河湖溪水边湿草地	产兴海、泽库、河南、玛沁、久治、班玛、称多、玉树、囊谦
				甘川灯芯草	*Juncus leucathus Royle*,	生于海拔3000~3800米的河滩灌丛草甸、山坡林下、沼泽草甸、沟谷林缘、高山草甸、河岸湖滨湿草地	产互助、兴海
				长苞灯芯草	*Juncus leucomelas Royle ex D.*	生于海拔2600~4800米的高山草甸、高寒沼泽草甸、河边湿草地、阴坡灌丛、湖滨草甸	产互助、称多、玉树、囊谦
				多花灯芯草	*Juncus modicus N.*	生于海拔2500~3100米的潮湿草地、山坡灌丛、沟谷河滩草甸	产互助、循化、大通
				单枝灯芯草	*Juncus potaninii Buchen.*	生于海拔2400~2800米的山坡林下、河岸石隙、沟谷林缘、河岸灌丛、河滩草甸、溪水沟边湿草地	产民和、互助、乐都、湟中、门源、久治、玉树
				长柱灯芯草	*Juncus przewalskii Buchen Bot.*	生于海拔3000~4400米的阴坡灌丛、高山草甸、河岸石缝、高山沼泽草甸、河滩湿地	产互助、门源、同德、同仁、玛沁、囊谦

续表

科名		属名		种名		生境	省内分布区
中文名	拉丁名	中文名	拉丁名	中文名	拉丁名		
				假栗花灯芯草	*Juncus pseudocastaneus* (Lingelsh.) G.	生于海拔2800~4200米的高寒草甸、高寒沼泽草甸、沟谷灌丛、山坡林缘、河滩草甸、湖滨沼泽、河岸水边	互助、门源、同仁、泽库、玛沁、久治、玉树、杂多
				桔灯芯草	*Juneus sphacclatus* Deene,	生于海拔3600~4200米的高山草甸、高寒泽草甸、河滩单甸、湖滨湿地、阴坡高山灌丛、沟谷河溪水边	产玛沁、称多、囊谦
				唐古特灯芯草	*Juncus tangutieus* Sam,	生于海拔2800~3600米的高山灌丛、河滩草甸、沟谷湿地	产互助、乐都
				展苞灯芯草	*Jumeus thomsonli* Buchen.	生于海拔2200~4800米的高寒草甸、高寒沼泽草甸、阴坡高寒灌丛、山坡林下、河谷林缘、河岸灌丛、河滩草甸、河溪水沟边、湖滨湿地	产民和、互助、乐都、循化、化隆、平安、湟中、湟源、西宁、大通、门源、祁连、海晏、刚察、贵德、同德、共和、兴海、天峻、都兰、乌兰、同仁、泽库、河南、马沁、甘德、久治、班玛、达目、玛多、称多、玉树、**囊谦**、曲麻莱、杂多、治多
				西藏灯芯草	*Juncus tibeticus* Egor,	生于海拔2800~3500米的高山草甸、阴坡灌丛、沟谷林下	产互助、大通、门源
				贴苞灯芯草	*Juncus triglumis* Linn,	生于海拔2600~3800米的山坡林缘、灌从草甸、沼泽地、河滩草甸、河溪水边湿草地	产民和、循化、互助、门源、祁连、玛沁

续表

科名		属名		种名		生境	省内分布区
中文名	拉丁名	中文名	拉丁名	中文名	拉丁名		
		地杨梅属	Lazula DC.	多花地杨梅	*Lazula multifiora*	生于海拔 2400 ~ 3800 米的山坡林下、河谷林缘、河岸灌丛草间、河滩湿草地	产互助、大通、玛沁
				穗花地杨梅	*Luzula spleata*	生于海拔 2800 ~ 3500 米的阴坡高山灌丛、高山草甸	产互助、大通，门源
兰科	Orchidaceae	羊耳蒜属	Liparis L. C.Rich.	羊耳蒜	*Liparis japonica*	生于海拔 2400 ~ 2800 米的山坡林下、河谷林缘阴湿地	产互助、乐都、平安、门源
		沼兰属	Malaxis Soland. ex Sw.	沼兰	*Malaxis monophyllos*	生于海拔 2000 ~ 4100 米的山坡林下、林缘路边、沟谷灌丛、河岸草地	产民和、互助、乐都、湟中、湟源、大通、门源、贵德、贵南、同德、共和、同仁、泽库、玉树、囊谦

第二节　泛热带分布（2型）（Pantropie）

　　泛热带分布（2型）是指热带植物广泛分布在全球的热带，其中最典型的分布区图往往呈现三斜带式，即有亚洲大洋洲中心、非洲中心和中南美洲中心三大中心。其中许多乔木、草本和灌木属的种绝大多数都能达到亚热带甚至暖温带。该型有2个亚型：热带亚洲、大洋洲（至新西兰）和中美洲至南美洲（或墨西哥）间断分布（2-1）；热带亚洲、非洲和中美洲至南美洲间断分布（2-2）

　　该分布型在中国植物区系约有365属，分别录属于153科。在青海植物区系中，约有22科34属72种（表2.2.3）。主要有裸子植物麻黄科麻黄属（7种）；被子植物榆科朴属（1种），桑寄生科栗寄生属（1种），藜科藜属（1种），芸香科花椒属（1种），卫矛科卫矛属（10种），凤仙花科凤仙花属（3种），鼠李科枣属（2种），葡萄科葡萄属（3种），锦葵科苘麻属（1种）、蜀葵属（1

种），木槿属（2种），柿树科柿树属（1种），马钱科醉鱼草属（1种），夹竹桃科夹竹桃属（1种），萝藦科白前属（4种），旋花科打碗花属（1种）、菟丝子属（1种）、牵牛花属（1种），茄科曼陀罗属（1种），菊科豨莶属（1种）、百日菊属（1种），香蒲科香蒲属（5种），眼子菜科眼子菜属（4种），禾本科三芒草属（2种）、孔颖草属（1种）、虎尾草属（1种）、马唐属（1种）、狼尾草属（2种）、棒头草属（1种）、狗尾草属（3种）、锋芒草属（2种），百合科菝葜属（3种），薯蓣科薯蓣属（1种）。

　　本类型中属数最多的是禾本科（8属13种）和卫矛科（1属10种）。该类型中有11种是引进栽培种。

表 2.2.3　青海植物 2 型科属种数量统计表

科名	属	种	种占比	科名	属	种	种占比
麻黄科	1	7	9.72%	榆科	1	1	1.39%
桑寄生科	1	1	1.39%	藜科	1	1	1.39%
芸香科	1	1	1.39%	卫矛科	1	10	13.89%
凤仙花科	1	3	4.17%	鼠李科	1	2	2.78%
葡萄科	1	3	4.17%	锦葵科	3	4	5.56%
柿树科	1	1	1.39%	马钱科	1	1	1.39%
夹竹桃科	1	1	1.39%	萝藦科	1	4	5.56%
旋花科	3	3	4.17%	茄科	1	1	1.39%
菊科	2	2	2.78%	香蒲科	1	5	6.94%
眼子菜科	1	4	5.56%	禾本科	8	13	18.06%
百合科	1	3	4.17%	薯蓣科	1	1	1.39%

表 2.2.4　青海植物泛热带分布种统计

科名		属名		种名		生境	省内分布区
中文名	拉丁名	中文名	拉丁名	中文名	拉丁名		
裸子植物 GYMNOSPERMAE							
麻黄科	Ephedraceae	麻黄属	Ephedra Tourn	木贼麻黄	*Ephedra equisetina Bunge*	生于海拔 2300 ~ 2500 米的干旱山脊、河岸石壁、岩石缝隙	产互助、乐都、循化、大通、贵德、柴达木盆地

科名		属名		种名		生境	省内分布区
中文名	拉丁名	中文名	拉丁名	中文名	拉丁名		
				山岭麻黄	*Ephedra gerardiana Wall*	生于3400～4500米的干旱山坡、山顶岩石缝隙	产西宁、大通、祁连、天峻、格尔木、德令哈、治多、玉树、囊谦
				中麻黄	*Ephedra intermedia*	生于海1650～3800米的山沟、干旱山坡、干旱河谷、湖岸岩石缝中、戈壁沙滩、荒漠砾地、盐渍地、田埂荒地、草原	产民和、互助、循化、平安、西宁、贵南、兴海、都兰、格尔木、德令哈、大柴旦、同仁、泽库、称多
				矮麻黄	*Ephedra minuta Florin*	生于海拔2400～4600米的高山带阳坡、山顶裸露岩石上、山崖岩石缝隙、砂砾地、阳坡林缘	产民和、互助、乐都、循化、大通、祁连、天峻、尖扎、泽库、河南、玛沁、久治、达日、玉树、囊谦
				单子麻黄	*Ephedra monosperma*	生于海拔3100～4900米的山顶石缝、砾石滩	产循化、共和、兴海、德令哈、玛沁、玛多、囊谦、曲麻菜、治多（可可西里）
				膜果麻黄	*Ephedra przewalskii Stapf*	生于海拔2700～3300米的固定和半固定沙丘、沙砾干河滩、山前冲积扇、荒漠砾地、戈壁沙滩	产共和、格尔木、德令哈、都兰、大柴旦、诺木洪
				草麻黄	*Ephedra sinica Stapf*	生于海拔2300～3400米的干旱山坡、湖岸石隙、河滩沙地、固定沙丘、田边荒地	产民和、互助、循化、贵南、乌兰、尖扎、同仁、泽库、河南
被子植物 ANGIOSPERMAE							
榆科	Ulmaceae	朴属	Celtis Linn	小叶朴	*Celtis bungeana Bl*	生于海拔1800～2300米的沟谷林缘、河岸林下、山坡灌丛	产互助、循化
桑寄生科	Loranthaceae	栗寄生属	Korthalsella Van Tiegh	狭茎栗寄生	*Korthalsella japonica*（*Thumb.*）	生于海拔2750米左右的山坡及河岸沟谷林中	产门源

续表

科名		属名		种名		生境	省内分布区
中文名	拉丁名	中文名	拉丁名	中文名	拉丁名		
蒺藜科	Zygophyllacea	蒺藜属	Tribulus.Linn.	蒺藜	*Tribulus terrestris Linn. Sp.PL.*	生于海拔1880～3250米的干旱坡地、河岸沙砾地、干草原、宅旁荒滩、河滩沙地、田边杂草丛	产民和、乐都、循化、西宁、大通、贵德、贵南、兴海、尖扎
芸香科	Rutaceae	花椒属	Zanthoxylum Linn.	花椒	*Zanthoxylum bungeanum Maxim.Bull. Acad. Sci. St.Pétersb.*	生于海拔1600～2400米的山坡、山沟林缘、河边灌丛、庭院周围、田边地埂有栽培	产民和、互助、乐都、循化、化隆、平安、湟源、西宁、大通、贵德、尖扎、同仁
卫矛科	Celastraceae	卫矛属	Euonymus Linn.	卫矛	*Euonymus alatus* (*Thumb.*)	生于海拔1800～2300米的山坡林内	产互助、乐都、循化、西宁、大通
				丝绵木	*Euonymus bungeanus Maxim.Prim. Fl.Amur.*		西宁有栽培
				纤齿卫矛	*Euonymus giraldii Loes. Bot. Jahrb.*	生于海拔2000～3200米的山坡林下、林缘灌丛	产互助、循化
				冬青卫矛	*Euonymus japonicus Thunb.*		西宁有栽培
				矮卫矛	*Euonymus nanus Bieb. Fl.Taur. Cauc.*	生于海拔2600～3200米的沟谷林下、林缘灌丛、山坡、河岸	产互助、乐都、班玛
				栓翅卫矛	*Euonymus phellomanus Loes.*	生于海拔2400～3000米的山坡林缘、河谷灌丛、河岸岩隙	产班玛，西宁有栽培
				紫花卫矛	*Euonymus porphyreus Loes.*	生于海拔2200～3700米的山坡林下、林缘灌丛、山沟石隙	产民和、互助、门源、尖扎、同仁、班玛
				八宝茶	*Euonymus przewalskii Maxim.Bull.*	生于海拔2300～3600米的山沟林下、林缘灌丛中	产民和、互助、乐都、循化、湟中、湟源、西宁、大通、门源、尖扎、同仁、泽库、班玛

科名		属名		种名		生境	省内分布区
中文名	拉丁名	中文名	拉丁名	中文名	拉丁名		
				石枣子	*Euonymus sanguineus Loes.Bot. Jahrb.*	生于海拔 2000 ~ 2500 米的山坡林缘、沟谷灌丛	产互助、循化
				疣枝卫矛	*Euonymus verrucosoides Loes.Bot. Jahrb.*	生于海拔 3200 ~ 3700 米的山坡林下、沟谷林缘灌丛	产循化、班玛
凤仙花科	Balsaminaceae	凤仙花属	Impatiens Linn.	川西凤仙花	*Impatiens apsotis Hook.*	生于海拔 3200 ~ 3700 米的沟谷林缘、山坡林下	产班玛
				凤仙花	*Impatiens balsamina Linn.*		民和、互助、乐都、循化、化隆、平安、湟中、湟源、西宁、大通、门源、贵德、尖扎、同仁有栽培
				水金凤	*Impatiens noli-tangere Linn.*	生于海拔 1700 ~ 2800 米的河滩林缘、阴湿崖下、山坡灌丛下	产互助、乐都、循化
鼠李科	Rhammaceae	枣属	Ziziphus Mill	无刺枣	*Ziziphus jujuba Mill.*		民和、循化、贵德、尖扎有栽培
				酸枣	*Ziziphus jujuba Mill. var.spinosa*	生于海拔 2000 ~ 2500 米的干旱山坡、河谷沟沿、田埂路边	产民和、循化、同仁
葡萄科	Vitaceae	葡萄属	Vitis Linn.	桑叶葡萄	*Vitis ficifolia Bunge，Mém.*	生于海拔 2200 米左右的山坡及沟谷灌木林中	产循化
				少毛葡萄	*Vitis piasezkii Maxim.var. pagnuccii*	生于海拔 2000 米左右的沟谷半阴坡灌木林中	
				葡萄	*Vitis vinifera Linn.*	生于海拔 1600 ~ 2300 米	民和、乐都、循化、化隆、西宁、尖扎有栽培
锦葵科	Malvaceae	苘麻属	Abutilon Mill.	苘麻	*Abutilon theophrasti Medic.*		民和、互助、乐都、循化、化隆、平安、湟中、湟源、尖扎有栽培

续表

科名		属名		种名		生境	省内分布区
中文名	拉丁名	中文名	拉丁名	中文名	拉丁名		
		蜀葵属	Althaea Linn.	蜀葵	Althaea rosea（Linn.）	生于海拔 2900 米以下	民和、互助、乐都、循化、化隆、平安、湟中、湟源、西宁、大通、门源、祁连、海晏、刚察、贵德、贵南、共和、尖扎、同仁有栽培
		木槿属	Hibiscus linn.	光籽木槿	Hibiscus leiospermus		西宁庭院、公园有栽培
				野西瓜苗	Hibiscus trionum Linn.	生于海拔 1800～2400 米的荒坡、滩地、河沟水边、田边路旁	产民和、乐都、循化、平安、尖扎
柿树科	Ebenaceae	柿树属	Diospyros Linn.	黑枣	iospyros lotus Linn	植于海拔 1700～1900 米的庭院宅旁。	民和、循化有栽培
马钱科	Loganiaceae	醉鱼草属	Buddleja Linn	互叶醉鱼草	Buddleja alternifolia Maxim	生于海拔 1700～3000 米的阳山坡及林下灌丛中	产民和、互助、乐都、循化、平安
夹竹桃科	Apocynaceae	夹竹桃属	Nerium Linn	夹竹桃	Nerium indicum		民和、互助、乐都、循化、化隆、平安、湟中、湟源、西宁、大通、门源、海晏、贵德、贵南、共和、尖扎、同仁、久治、班玛庭院有栽培
萝藦科	Asclepiadaceae	白前属	Cynanchum Linn.	鹅绒藤	Cynanchum chinense	生于海拔 1800～2400 米的沟谷灌丛、林缘田边、河滩草地、阳坡草地	产互助、循化、西宁、贵德、尖扎
				华北白前	Cynanchum hancockianum	生于海拔 1700～2100 米的河谷阶地、河滩沙砾地、干旱山坡、岩石缝隙	产民和、循化、尖扎
				竹灵消	Cynachum inamoenum	生于海拔 2400～3450 米的山坡灌丛、林下、路边	产民和、循化、班玛、玉树
				地梢瓜	Cynanchum thesioides	生于海拔 1850～2700 米的干旱山坡、沙砾河滩、河谷阶地、半荒漠化草原	产循化、贵德、兴海、尖扎、同仁

续表

科名		属名		种名		生境	省内分布区
中文名	拉丁名	中文名	拉丁名	中文名	拉丁名		
旋花科	Convolvulaceae	打碗花属	Calystegia R. Br.	打碗花	*Calystegia hederacea Wall.*	生于海拔 1800 ~ 2700 米的田边	产民和、西宁
		菟丝子属	Cuscuta Linn.	欧洲菟丝子	*Cuscuta europaea Linn.*	生于海拔 2500 ~ 4300 米的干旱山坡及沟谷草地，寄生于草本植物上	产民和、互助、乐都、湟中、门源、兴海、尖扎、同仁、称多、玉树、囊谦
		牵牛花属	Pharbitis Choisy	圆叶牵牛	*Pharbitis purpurea*		民和、互助、乐都、循化、化隆、平安、湟中、湟源、西宁、大通有栽培或逸生
茄科	Solanaceae	曼陀罗属	Datura Linn.	曼陀罗	*Datura stramonium Linn*	生于海拔 2000 ~ 2500 米的河岸田埂、沟谷阳坡、撂荒地、村边宅旁	产民和、互助、乐都、循化、化隆、西宁、门源、祁连、贵德、贵南、同德、共和、尖扎、同仁
菊科	Compositae	豨莶属	Siegesbeckia Linn.	腺梗豨莶	*Siegesbeckia pubescens*	生于海拔 2000 ~ 2800 米的农田水沟边、灌丛草地路边	产乐都、循化、大通
		百日菊属	Zinnia Linn.	百日菊	*Zinnia elegans Jacq.*		民和、互助、乐都、循化、化隆、平安、湟中、湟源、西宁、大通、门源、海晏、贵德、共和、乌兰、都兰、格尔木、德令哈、尖扎、同仁有栽培
香蒲科	Typhaceae	香蒲属	Typha Linn.	长苞香蒲	*Typha angustata*	生于海拔 2500 ~ 2800 米的沙漠地区的河沟浅水边、淡水池沼	产贵德、贵南、共和、乌兰、都兰、格尔木、德令哈
				狭叶香蒲	*Typha angustifolia*	生于海拔 2200 ~ 2800 的湖泊浅水中、淡水池塘岸边、沼泽湿地、积水洼地	产民和、互助、乐都、循化、化隆、湟中、湟源、乌兰、都兰、格尔木、德令哈

续表

科名		属名		种名		生境	省内分布区
中文名	拉丁名	中文名	拉丁名	中文名	拉丁名		
				蒙古香蒲	*Typha davidiana*	生于海拔2200～3000米的河湾浅水处、沟谷积水洼地、沼泽湿地、湖泊池沿边	产民和、互助、乐都、循化、化隆、湟中、湟源、大通、贵南、乌兰、都兰、格尔木、德令哈、尖扎
				宽叶香蒲	*Typha latifolia*	生于海拔2000～3200米的河湖岸边、浅水池沼、积水低洼地	产民和、互助、乐都、循化、化隆、湟中、湟源、大通、乌兰、都兰、格尔木、德令哈、尖扎、同仁
				小香蒲	*Typha minima*	生于海拔2000～2400米的沼泽湿地、浅水河湾、淡水池沼	产民和、湟源、大通、门源、海晏
眼子菜科	Potamogetonaceae	眼子菜属	Potamogeton Linn	浮叶眼子菜	*Potamogeton distinctus*	生于海拔2500米左右的浅水池沼、沼泽积水地	产贵德
				尖叶眼子菜	*Potamogeton oxyphyllus*	生于海拔3800～4500米的浅水坑、沼泽草甸积水坑、河湾水池中	产祁连、称多
				龙须眼子菜	*Potamogeton pectinatus*	生于海拔1800～4600米的池塘静水中、沼泽水坑、高原湖泊、河沟浅水中	产民和、互助、湟中、湟源、大通、门源、祁连、海晏、刚察、同德、兴海、天峻、都兰、乌兰、同仁、泽库、河南、玛沁、甘德、久治、班玛、达日、玛多、称多、玉树、囊谦、曲麻莱、杂多、治多
				抱茎眼子菜	*Potamogeton perfoliatus*	生于海拔4500米左右的高寒草甸地带的静水池塘、沿泽水坑中	产玛多

科名		属名		种名		生境	省内分布区
中文名	拉丁名	中文名	拉丁名	中文名	拉丁名		
乔本科	Gramineae	三芒草属	Aristida Linn.	三刺草	*Aristida triseta Keng*	生于海拔 2700 ~ 4300 米的山坡草地、干燥草原、河谷灌木林下	产互助、乐都、大通、同德、同仁、泽库、河南、玛沁、玉树、囊谦
				三芒草	*Aristida adscensionis Linn.*	生于海拔 1800 米的干旱草滩	产循化
		孔颖草属	Bothriochloa Kuntze	白羊草	*Bothriochloa ischaemua（Linn.）*	生于海拔 1880 ~ 2600 米的山坡草地、路边沙地	产循化、兴海、尖扎、同仁
		虎尾草属	Chloris Sw.	虎尾草	*Chloris virgata Sw.Fl.Ind*	生于海拔 1850 ~ 2600 米的路旁荒野、河岸沙地	产民和、乐都、循化、西宁、贵南、贵德、共和、兴海、尖扎、同仁
		马唐属	Digitaria Hall.	紫马唐	*Digitaria violascens Link.*	生于海拔 2260 米的路边、田边	产西宁
		狼尾草属	Pennisetum Rich.	白草	*Pennisetum centrasiaticum Tzvel.*	生于海拔 1850 ~ 4000 米的山坡草地、河滩砾地、田边草丛、林缘灌丛、路旁、固定沙丘、水沟边	产民和、互助、乐都、循化、化隆、平安、湟中、湟源、西宁、大通、门源、祁连、海晏、刚察、贵德、贵南、同德、共和、兴海、天峻、乌兰、都兰、格尔木、德令哈、冷湖、大柴旦、茫崖、尖扎、同仁、泽库、玛沁、久治、班玛、称多、玉树、囊谦
				中型狼尾草	*Pennisetum longissimum S.*	生于海拔 2230 ~ 3800 米的路边、田埂及河岸、山坡草地、河沟边沙地	产互助、西宁、同仁、玉树、杂多

续表

科名		属名		种名		生境	省内分布区
中文名	拉丁名	中文名	拉丁名	中文名	拉丁名		
		棒头草属	Polypogon Desf.	长芒棒头草	*Polypogon monspeliensis*（*Linn.*）*Desf.*	生于海拔 1800 ~ 3050 米的河滩草甸、潮湿沙土地、水沟边	产民和、互助、乐都、循化、西宁、贵德、贵南、兴海、乌兰、都兰、格尔木、德令哈
		狗尾草属	Setaria Beauv.	金色狗尾草	*Setaria glauca*（*Linn.*）	生于海拔 2100 ~ 2500 米的水沟边、路旁、田边	产乐都、西宁
				狗尾草	*Setaria viridis*（*Linn.*）	生于海拔 1800 ~ 3600 米的山坡、河滩、田边、路旁、水沟边、荒野	产民和、乐都、循化、化隆、西宁、贵德、贵南、共和、兴海、尖扎、同仁、玛沁、称多、玉树、囊谦
				巨大狗尾草	*Setaria viridis*（*Linn.*）*Beauv.subsp. phcnocoma*	生于海拔 1800 ~ 3610 米的田边、水沟边	产循化、西宁、玉树
		锋芒草属	Tragus Hall.	虱子草	*Tragus berteronianus Schult.*	生于海拔 2230 ~ 2800 米的山坡草地	产乐都、西宁
				锋芒草	*Tragus racemosus*（*Linn.*）	生于海拔 2200 ~ 2900 米的干旱山坡草地、沙砾干河滩	产贵德、共和、兴海
百合科	Liliaceae	菝葜属	Smilax Linn.	防己叶菝葜	*Smilax menispermoidea A.*	生于海拔 2300 ~ 2500 米的沟谷及山坡阴处、河沟林下、林缘灌丛	产循化
				小叶菝葜	*Smilax microphylla C.*	生于海拔 2200 米左右的山坡阴湿处、沟谷林下、林缘灌丛	产民和
				鞘柄菝葜	*Smilax stans Maxim.*	生于海拔 2200 ~ 2500 米的沟谷及山坡林下、林缘灌丛中	产互助、循化

续表

科名		属名		种名		生境	省内分布区
中文名	拉丁名	中文名	拉丁名	中文名	拉丁名		
薯蓣科	Dioscoreaceae	薯蓣属	Dioscorea Linn.	穿龙薯蓣	*Dioscorea nipponica*	生于海拔 2200 ~ 2600 米的沟谷林下、山坡林缘、灌丛草地、河滩河岸	产民和、互助、循化

第三节　热带亚洲和热带美洲间断分布（3 型）
（ Trop. As.and Trop. Amer.Disjuncted ）

热带亚洲和热带美洲间断分布（3 型）是指间断分布于美洲和亚洲热带和亚热带地区的热带属，在东半球可延伸到澳大利亚东北部或西南太平洋岛屿。

该分布型在中国植物区系约有 53 科 80 属。该分布型在青海植物区系中，约有 3 科 5 属 7 种（表 2.2.5），且多为栽培引进种。其中有樟科木樟子属 1 种，茄科辣椒属 1 种、番茄属 1 种，菊科向日葵属 2 种、万寿菊属 2 种。

表 2.2.5　青海植物 3 型科属种数量统计表

科名	属	种	科名	属	种
樟科	1	1	茄科	2	2
菊科	2	4			

表 2.2.6　青海植物热带亚洲和热带美洲间断分布属统计

科名		属名		种名		生境	省内分布区
中文名	拉丁名	中文名	拉丁名	中文名	拉丁名		
被子植物 ANGIOSPERMAE							
樟科	Lauraceae	木姜子属	Litsea Lam.	绢毛木姜子	*Litsea sericea* (*Nees*) Hook.	生于海拔 2200 ~ 2700 米的沟谷林中、山麓林缘、河岸灌丛	产循化

续表

科名		属名		种名		生境	省内分布区
中文名	拉丁名	中文名	拉丁名	中文名	拉丁名		
茄科	Solanaceae	辣椒属	Capsium Linn	辣椒	*Capsium annuum Linn*		民和、互助、乐都、循化、化隆、平安、湟中、湟源、西宁、大通、门源、贵德、尖扎、同仁有栽培
		番茄属	Lycopersicon Mill	西红柿	*Lycopersicon esculentum*		民和、互助、乐都、循化、化隆、平安、湟中、湟源、西宁、大通、门源、海晏、刚察、贵德、贵南、同德、共和、乌兰、都兰、格尔木、德令哈、尖扎、同仁、玉树有栽培
菊科	Compositae	向日葵属	Helianthus Linn.	向日葵	*Helianthus annuus Linn.*		青海多地产
				菊芋	*Helianthus tuberosus Linn.*		都兰、尖扎、同仁有栽培
		万寿菊属	Tagetes Linn.	万寿菊	*Tagetes erecta Linn.*	久治有栽培	青海多地产
				孔雀草	*Tagetes patula Linn.*	久治有栽培	青海多地产

第四节　旧世界热带分布（4型）（Old World Trop）

旧世界热带分布（4型）指分布区范围包括亚洲、大洋洲、非洲三大洲分布的热带属。

该分布型在中国植物区系约有 89 科 184 属。该分布型在青海植物区系中，约有 5 科 5 属 13 种（表 2.2.7）。其中有檀香科百蕊草属（3 种），桑寄生科槲寄生属（1 种），豆科合欢属（1 种），芸香科吴茱萸属（1 种），百合科天门冬属（7 种）。

表 2.2.7　青海植物 4 型科属种数量统计表

科名	属	种	科名	属	种
檀香科	1	3	桑寄生科	1	1
豆科	1	1	芸香科	1	1
百合科	1	7			

表 2.2.8　青海植物旧世界热带分布属统计

科名		属名		种名		生境	省内分布区
中文名	拉丁名	中文名	拉丁名	中文名	拉丁名		
被子植物 ANGIOSPERMAE							
檀香科	Santalaceae	百蕊草属	Thesium Linn	长花百蕊草	*Thesium longiflorum* Hand.	生于海拔 3600～4300 米的干旱沙质草滩、河谷阶地、山坡草地、河难砾地	产久治、囊谦、杂多、治多
				长叶百蕊草	*Thesium longifolium* Turoz.	生于海拔 1700～3700 米的河谷林缘、河谷阶地、沙砾山坡、河滩草地、山坡灌丛草地	产民和、互助、西宁、门源、祁连、同德、同仁、玛沁、玉树
				砾地百蕊草	*Thesium saxattile* Turcz.	生于海拔 2300～3300 米的山坡阴坡、沙砾滩地、河岸草地	产乐都、西宁、刚察、同仁
桑寄生科	Loranthaceae	槲寄生属	Viscus Linn	线叶槲寄生	*Viscus fargesii* Lecomte Not.	寄生于海拔 1800～2300 米的山麓、河谷中的桦木和山杨枝干上	产民和、互助、循化
豆科	Leguminosae	合欢属	Albizia Durazz.	合欢	*Albizia julibrissin* Durazz. Mag. Tosc.		尖扎有栽培
芸香科	Rutaceae	吴茱萸属	Euodia Forst	臭檀	*Euodia daniellii* （*Benn.*）	生于海拔 2200 米左右的沟谷林缘、山坡灌丛	产循化孟达林区
百合科	Liliaceae	天门冬属	Asparagus Linn.	攀援天门冬	*Asparagus brachyphyllus*	生于海拔 2230～3800 米的山坡草地、田林路边、河岸草滩	产互助、乐都、湟中、湟源、西宁、贵德、贵南、兴海、尖扎、同仁、玉树

续表

科名		属名		种名		生境	省内分布区
中文名	拉丁名	中文名	拉丁名	中文名	拉丁名		
				羊齿天门冬	*Asparagus filicinus Ham.*	生于海拔 2200 ~ 3750 米的山坡林下、沟谷灌丛、林缘草地、山坡草地	产民和、循化、班玛、玉树、囊谦
				戈壁天门冬	*Asparagus gobicus Ivan.*	生于海拔 2300 ~ 3200 米的黄土山崖、荒漠草原、河岸沙砾地、干旱山坡	产乐都、循化、贵德
				长花天门冬	*Asparagus longiflorus Franch.*	生于海拔 2200 ~ 3800 米的山坡草地、沟谷河岸、河滩沙地、田边荒地、山坡林缘草地	产互助、乐都、湟中、湟源、大通、门源、海晏、贵德、贵南、共和、尖扎、同仁、泽库、称多、玉树
				石刁柏	*Asparagus officinalis Linn.*		西宁有栽培
				西北天门冬	*Asparagus persicus*	生于海拔 800 ~ 3500 米的戈壁盐碱地、湖边砾地、荒漠滩地	产乌兰、都兰、格尔木、德令哈、大柴旦、碱滩地、沙砾河岸、冷湖
				青海天门冬	*Asparagus przewalskii N.*	生于海拔 2200 ~ 2500 米的沟谷林缘、灌木丛中、河谷阶地、干旱山坡、山麓草地	产互助、西宁、循化、同仁

第五节　热带亚洲和热带澳大利亚分布型（5 型）
（Trop.As. And Trop.Australia）

热带亚洲和热带澳大利亚分布型（5 型）是指分布在热带亚洲和大洋洲的属，分布于旧世界热带区域的东翼，其西端可达马达加斯加，但不见于非洲大陆。

该分布型在中国植物区系约有 81 科 225 属。该分布型在青海植物区系中，仅有 2 科 2 属 2 种（表 2.2.9）。其中有枯木科臭椿属 1 种，茄科烟草属 1 种，全部为引种栽培或逸为野生。

表 2.2.9   青海植物 5 型科属种数量统计表

科名	属	种	科名	属	种
苦木科	1	1	茄科	1	1

表 2.2.10   青海植物热带亚洲和热带大洋洲分布属统计

科名		属名		种名		生境	省内分布区
中文名	拉丁名	中文名	拉丁名	中文名	拉丁名		
被子植物门 ANGIOSPERMAE							
苦木科	Simaroubaceae	臭椿属	Ailanthus Desf	臭椿	*Ailanthus altissima*（*Mill*）*Swingle, Journ.*	多生于海拔 1800 ~ 2400 米的宅旁地边、崖坎路边	民和、乐都、循化、化隆、平安、西宁、尖扎、同仁等地引种栽培或逸为野生
茄科	Solanaceae	烟草属	Nicotiana Linn	烟草	*Nicotiana tabacum Linn*		民和、互助、乐都、平安、湟中、湟源、门源、贵德、贵南、同德、共和、兴海、天峻、都兰、乌兰、格尔木、德令哈、尖扎、同仁有栽培

第六节   热带亚洲和热带非洲分布型（6 型）
（Trop.As.to Torp.Afr）

热带亚洲和热带非洲分布型（6 型）本类型分布范围位于旧世界热带的西翼，即从热带非洲至印度—马来，尤其是其西部，部分属也可分布到斐济等南太平洋岛屿，但不见于澳大利亚大陆。该分布类型的 2 个亚型，华南、西南至印度和热带非洲间断（6-1），热带亚洲和东非或马达加斯加间断（6-2）。

该分布型在中国植物区系约有 68 科 130 属。该分布型在青海植物区系中，仅有 5 科 6 属 9 种（表 2.2.11）。其中有豆科大豆属（1 种），大戟科蓖麻属（1 种），萝藦科杠柳属（1 种），葫芦科西瓜属（1 种）、香瓜属（2 种），禾本科画眉属（2 种）。本分布型除除禾本科外全部为栽培种。

表 2.2.11 青海植物 6 型科属种数量统计表

科名	属	种	科名	属	种
豆科	1	1	大戟科	1	1
萝藦科	1	1	葫芦科	2	3
禾本科	1	3			

表 2.2.12 青海植物热带亚洲和热带非洲分布属统计

科名		属名		种名		生境	省内分布区
中文名	拉丁名	中文名	拉丁名	中文名	拉丁名		
被子植物 ANGIOSPERMAE							
豆科	Leguminosae	大豆属	Glycine Linn.	大豆	Glycine max (Linn.)		民和、互助、乐都、循化、化隆、平安、湟中、西宁、大通、门源、尖扎的农舍及田埂有少量栽培
大戟科	Enphorbiaceae	蓖麻属	Ricinus Linn	蓖麻	Ricinus communis Linn.		民和、互助、乐都、循化、化隆、平安、湟中、湟源、西宁、大通、门源、贵德、尖扎有栽培
萝藦科	Asclepiadaceae	杠柳属	Periploca Linn	杠柳	Periploca sepium		西宁有栽培
葫芦科	Cucurbitaceae	西瓜属	Citrullus Schrad. Ex Eckl.	西瓜	Citrullus lanatus (Thunb.) Matsum.		民和、互助、乐都、循化、化隆、平安、贵德、尖扎、同仁有栽培
		香瓜属	Cucumis Linn.	甜瓜	Cucumis melo Linn.		民和、乐都、循化、化隆、贵德、尖扎、同仁有栽培

科名		属名		种名		生境	省内分布区
中文名	拉丁名	中文名	拉丁名	中文名	拉丁名		
				黄瓜	Cucumis sativus Linn.		民和、互助、乐都、循化、化隆、平安、湟中、西宁、大通、门源、贵德、贵南、尖扎、同仁有栽培
禾本科	Gramineae	画眉草属	Eragrostis Wolf	大画眉草	Eragrostis cilianensis（All.）	生于海拔 1880 ～ 2800 米的荒芜草地、田边、路旁	产乐都、循化、西宁、贵南、共和、兴海
				小画眉草	Eragrostis minor	生于海拔 2200 ～ 2600 米的荒芜田野、草地、路旁、干河滩	产西宁、贵南、贵德、兴海
				黑穗画眉草	Eragrostis nigra	生于海拔 1200 ～ 3600 米的山坡草地、黄土丘陵、田间、道旁	产民和、乐都、循化、化隆、贵德、尖扎、同仁

第七节　热带亚洲分布（7型）（Trop.As.or Indomal）

热带亚洲分布（7型）所指范围是广义的，即从中国南岭以南向西经过广西西南部、云南高原南缘和西藏东南的热带部分，向东直到台湾沿海低平地区，南到海南岛和南海岛礁。以上是中国境内部分，境外则包括热带喜马拉雅、中南半岛、缅甸、泰国、印度尼西亚、马来半岛、马来群岛，东达新几内亚岛、西太平洋和西南太平洋诸岛，而不到澳大利亚大陆北部的热带部分。该分布类型有4个亚型，包括爪哇（或苏门答腊）、喜马拉雅至华南、西南间断或星散（7-1），热带印度至华南（7-2），缅甸、泰国至西南（7-3），越南（或中南半岛）至华南（或西南）。

该分布型在中国植物区系约有68科130属。该分布型在青海植物区系中，仅有4科6属8种（表2.2.13）。其中有樟科山胡椒属（2种），豆科扁豆属（1种）、菜豆属（1种）、豇豆属（2种），无患子科栾树属（1种），菊科小苦荬属（1种）。
本分布型中豆科4种全部为栽培中。

表 2.2.13 青海植物 7 型科属种数量统计表

科名	属	种	科名	属	种
樟科	1	2	豆科	3	4
无患子科	1	1	菊科	1	1

表 2.2.14 青海植物热带亚洲分布属统计

科名		属名		种名		生境	省内分布区
中文名	拉丁名	中文名	拉丁名	中文名	拉丁名		
被子植物门 ANGIOSPERMAE							
樟科	Lauraceae	山胡椒属	Lindera Thunb.	红果山胡椒	*Lindera erythrocarpa Makino*,	生于海拔 2200 ~ 2300 米的山坡谷地林下及林缘灌丛	据《青海木本植物志》载，产循化孟达林区
				大叶钓樟	*Lindera umbellata Thunb.*	生于海拔 2200 ~ 2700 米的沟谷林下、山坡林缘	产循化
豆科	Leguminosae	扁豆属	Dolichos Linn.	扁豆	*Dolichos Iablab Linn.*		民和、互助、乐都、循化、化隆、平安、西宁、门源、贵德、尖扎、同仁有栽培
		菜豆属	Phaseolus Linn.	菜豆	*Phaseolus vulgaris Linn.*		民和、互助、乐都、循化、化隆、平安、湟中、湟源、西宁、大通、门源、祁连、海晏、刚察、贵德、贵南、同德、共和、乌兰、都兰、格尔木、尖扎、同仁有栽培
		豇豆属	Vigna Savi	饭豇豆	*Vigna cylindrica (Linn.)*		民和、乐都、循化、化隆、平安、湟中、西宁有栽培
				豇豆	*Vigna sinensis (Linn.) Ensl. Gen. Pl.No.*		民和、乐都、循化、化隆、平安、湟中、西宁有栽培

续表

科名		属名		种名		生境	省内分布区
中文名	拉丁名	中文名	拉丁名	中文名	拉丁名		
无患子科	Sapindaceae	栾树属	Koelreuteria Laxm	栾树	*Koelreuteria paniculata Laxm*	生于海拔 1800~1900米的山坡林下、沟谷河岸	产循化
菊科	Compositae	小苦荬属	Ixeridium (A.Gray) TzveI	窄叶小苦荬	*Ixeridium gramineum (Fisch.)*	生于海拔 1850~3900米的河边渠岸、田边荒地、河滩草甸、疏林下、山坡草地	青海多地有分布

第八节 北温带分布（8型）（N.Temp）

北温带分布（8型）是指广泛分布于欧洲、亚洲和北美洲温带地区的属，绝大部分无疑是古北大陆的固有成分，但有不少属由于历史和地理的原因经过热带高山，而跨入南温带或者甚至两极者，故亚型较多。该分布型共有6个亚型，环北极（8-1），北极—高山（8-2），北极至阿尔泰和北美洲间断（8-3），北温带和南温带间断（泛温带）（8-4），欧亚和温带南美洲间断（8-5），地中海、东亚、新西兰和墨西哥—智利间断（8-6）。

该分布型在青海植物区系中，有55科205属1435种（表2.2.15）。其中有松科冷杉属（5种）、落叶松属（5种）、云杉属（6种）、松属（3种），柏科刺柏属（2种）、圆柏属（12种），杨柳科杨属（20种）、柳属（52种），胡桃科胡桃属（1种），桦木科桦木属（5种）、榛属（1种），壳斗科栎属（1种），榆科榆属（8种），桑科葎草属（1种）、桑属（1种），荨麻科荨麻属（8种），桑寄生科油杉寄生属（1种），蓼科冰岛蓼属（1种）、山蓼属（1种），藜科甜菜属（3种）、驼绒藜属（4种）、虫实属（10种）、地肤属（4种），石竹科无心菜属（26种）、卷耳属（3种）、女娄菜属（11种）、剪秋罗属（1种）、漆姑草属（2种）、蝇子草属（11种），毛茛科乌头属（10科）、类叶升麻属（1种）、楼斗菜属（5种）、升麻属（1种）、翠雀属（21种）、碱毛茛属（3种）、芍药属（4种）、白头翁属（2种）、水毛茛属（2种）、驴蹄草属（1种）、唐松草属（19种）、金莲花属（6种），小檗科小檗属（16种），罂粟科紫堇属（28种）、绿绒蒿属（9种）、罂粟属（3种），十字花科南芥属（4种）、山芥属（1种）、芸苔属（10种）、肉叶荠属（8种）、芥属（1种）、桂竹香属（1种）、播娘蒿属（1种）、葶苈属（37种）、条果芥属（1种）、大蒜芥属（3种）、蔊菜属（1种），景天科八宝属（1种）、红景天属（12种）、景天属（16种），虎耳草科落新妇属（1种）、金腰属（6种）、梅花草属（9种）、山梅花属（4种）、茶藨子属（15种）、虎耳草属（32种），蔷薇科龙芽草属（1种）、羽衣草属（1种）、樱属（6种）、沼委陵菜属（1种）、枸子属（16种）、山楂属（2种）、草莓属（5种）、水杨梅属（1种）、苹果属（12种）、稠李属（1种）、委陵菜属（41种）、蔷薇属（22种）、地榆属（2种）、花楸属（6种）、绣线菊属（7种），豆科岩黄芪属（7种）、棘豆属（39种）、胡卢巴属（1种）、紫藤属（1种）、山黧豆属（3种）、野豌豆属（18种），亚麻科亚麻属（3种），大戟科大戟属（11种），水马齿科水马齿属（1种），槭树科槭属（8种），椴树科椴树属（1种），锦葵科锦葵属（3种），胡颓子科胡颓子属（2种），柳叶菜科柳兰属（1种）、露珠草属（1种）、月见草属（1种）、柳叶菜属（3种），伞形科页蒿属（3种）、毒芹属1种、芫荽属（1种）、胡萝卜属（1种）、独活属（2种）、藁本属（2种）、当归属（2种）、柴胡属（15种），山茱萸科梾木属（3种），鹿蹄草科单侧花属（1种）、鹿蹄草属（1种），杜鹃花科北极果属（1种）、杜鹃花属（21种），报春花科点地梅属（14种）、海乳草属（1种）、报春花属（20种），木犀科白蜡属（4种）、茉莉属（3种），龙胆科喉毛花属（5种）、假龙胆属（3种）、扁蕾属（7种）、花锚属（1种）、獐牙菜属（11种），花荵科花荵属（1种）、齿缘草属（9种）、鹤虱属（5种），唇形科风轮菜属（1种）、青兰属（6种）、薄荷属（1种），玄参科小米草属（2种）、兔耳草属（5种）、马先蒿属（76种）、玄参属（4种）、婆婆纳属（11种），列当科列当属（3种），狸藻科捕虫堇属（1种），茜草科茜草属（1种），忍冬科忍冬属（22种）、接骨木属（2种）、荚蒾属（5种）、锦带花属（1种），五福花科五福花属（1种），败酱科缬草属（6种），茄科枸杞属（6种），桔梗科风铃工草属（1种），菊科蓍属（2种）、和尚菜属（1

种）、香青属（11 种）、蒿属（58 种）、矢车菊属（1 种）、蓟属（4 种）、还阳
参属（4 种）、火绒草属（11 种）、蜂斗菜属（1 种）、风毛菊属（64 种）、苦苣
菜属（2 种）、蒲公英属（8 种）、狗舌草属（3 种），泽泻科泽泻属（2 种），禾
本科冰草属（3 种）、看麦娘属（2 种）、燕麦属（3 种）、芮草属（1 种）、短柄
草属（4 种）、雀麦属（9 种）、拂子茅属（4 种）、沿沟草属（2 种）、发草属（6 种）、
野青茅属（9 种）、稗属（2 种）、披碱草属（12 种）、冠芒草属（1 种）、羊茅
属（17 种）、异燕麦属（6 种）、茅香属（3 种）、大麦属（15 种）、溚草属（4 种）、
臭草属（8 属）、落芒草属（2 种）、黍属（1 种）、䅟草属（1 种）、碱茅属（12 种）、
针茅属（19 种）、三毛草属（6 种），莎草科嵩草属（20 种），天南星科菖蒲属（1
种）、天南星属（2 种），百合科葱属（26 种）、贝母属（7 种）、百合属（5 种）、
洼瓣花属（3 种）、舞鹤草属（1 种）、黄精属（6 种）、扭柄花属（1 种），鸢尾
科鸢尾属（16 种），兰科凹舌兰科（1 种）、珊瑚兰属（1 种）、杓兰属（5 种）、
火烧兰属（1 种）、斑叶兰属（1 种）、手参属（1 种）、玉凤花属（3 种）、角盘
兰属（3 种）、对叶兰属（1 种）、兜被兰属（3 种）、红门兰属（6 种）、舌唇兰
属（2 种）、绶草属（1 种）。

表 2.2.15　青海植物 8 型科属种数量统计表

科名	属	种	属占比	科名	属	种	属占比
松科	4	19	1.95%	柏科	2	14	0.98%
杨柳科	2	72	0.98%	胡桃科	1	1	0.49%
桦木科	2	6	0.98%	壳斗科	1	1	0.49%
榆科	1	8	0.49%	桑科	2	2	0.98%
荨麻科	1	8	0.49%	桑寄生科	1	1	0.49%
蓼科	2	2	0.98%	藜科	4	21	1.95%
石竹科	5	5	2.44%	毛茛科	12	75	5.85%
小檗科	1	16	0.49%	罂粟科	3	40	1.46%
十字花科	11	68	5.37%	景天科	3	29	1.46%
虎耳草科	6	67	2.93%	蔷薇科	15	124	7.32%
豆科	6	69	2.93%	亚麻科	1	3	0.49%
大戟科	1	11	0.49%	水马齿科	1	1	0.49%

续表

科名	属	种	属占比	科名	属	种	属占比
槭树科	1	8	0.49%	椴树科	1	1	0.49%
锦葵科	1	3	0.49%	胡颓子科	1	2	0.49%
柳叶菜科	4	5	1.95%	伞形科	8	29	3.90%
山茱萸科	1	3	0.49%	鹿蹄草科	2	2	0.98%
杜鹃花科	2	22	0.98%	报春花科	3	35	1.46%
木犀科	2	7	0.98%	龙胆科	6	44	2.93%
花荵科	3	15	1.46%	唇形科	3	8	1.46%
玄参科	5	98	2.44%	列当科	1	3	0.49%
狸藻和	1	1	0.49%	茜草科	1	1	0.49%
忍冬科	4	30	1.95%	五福花属	1	1	0.49%
败酱科	1	6	0.49%	茄科	1	6	0.49%
桔梗科	1	1	0.49%	菊科	13	170	6.34%
泽泻科	1	2	0.49%	禾本科	25	152	12.20%
莎草科	1	20	0.49%	天南星科	2	3	0.98%
百合科	7	49	3.41%	鸢尾科	1	16	0.49%
兰科	13	29	6.34%				

　　该型是青海种子植物分布型的主要类型，属占比 34.4%，种占比 53.19%。该型中禾本科、蔷薇科、菊科、毛茛科、十字花科是大科。

表 2.2.16　青海植物北温带分布属统计

科名		属名		种名		生境	省内分布区
中文名	拉丁名	中文名	拉丁名	中文名	拉丁名		
裸子植物门 GYMNOSPERMAE							
松科	Pinaceae	冷杉属	Abies Mill.	黄果冷杉	*Abies ernesti Rehder*	生于海拔 3300 ~ 3600 米的沟谷阴坡林中	产班玛
				巴山冷杉	*Abies fargesii Franch*	生于海拔 2700 ~ 3000 米的山谷阴坡、半阴坡	产循化

科名		属名		种名		生境	省内分布区
中文名	拉丁名	中文名	拉丁名	中文名	拉丁名		
				岷江冷杉	*Abies faxoniana* Rehd	生于海拔 3300～3500 米的沟谷阴坡林中	产循化、班玛
				川滇冷杉	*Abies forrestii* C	生于海拔 3300～3600 米的阴坡、半阴坡林中	产班玛县玛可河林区
				鳞皮冷杉	*Abies squamata* Mast	生于海拔 3200～3800 米的阴山坡及河谷、半阴坡林中	产班玛、玉树
		落叶松属	Larix Mill.	落叶松	*Larix gmelini* (Rupr.)	栽培范围在海拔 1800～3200 米之间的林区	海东、西宁、海南及门源、祁连有栽培
				日本落叶松	*Larix kaempferi* (Lamb.)	植于海拔 2700 米左右的云杉林缘	大通东峡林区、泽库麦秀林场有栽培
				黄花落叶松	*Larix olgensis* Henry	植于海拔 2700 米左右的云杉林缘	大通县东峡林区有栽培
				红杉	*Larix potaninii* Batalin	生于海拔 3300～4200 米的山地阴坡、半阴坡、山脊	产循化（存疑）、班玛
				华北落叶松	*Larix principis-rupprechtii* Mayr	生于海拔 1800～3200 米	民和、互助、乐都、循化、化隆、平安、湟中、西宁、大通、门源、祁连、贵德、共和有栽培
		云杉属	Picea Dietr.	麦吊云杉	*Picea brachytyla* (Franch.)	生于海拔 2900～3650 米的山地阴坡、山谷下部、河沟岸边	产泽库、班玛
				青海云杉	*Picea crassifolia* Kom	生于海拔 2400～3800 米的河谷阶地、山地阴坡、半阴坡、山顶、沟谷两岸	产民和、互助、乐都，湟中，湟源、门源、祁连、海晏、刚察、同德、兴海、都兰、乌兰、格尔木、同仁、泽库、河南、玛沁

续表

科名		属名		种名		生境	省内分布区
中文名	拉丁名	中文名	拉丁名	中文名	拉丁名		
				川西云杉	*Picea Likiangensis* (*Franch.*)	生于海拔 3500 ~ 4600 米的山地阴坡、半阴坡、河谷两岸、沟底、山脊	产班玛、玉树、囊谦
				紫果云杉	*Picea purpurea Mast*	生于海拔 2380 ~ 4300 米的山地阴坡、半阴坡、沟谷、河岸、山脊林中	产民和、湟中、同仁、泽库、久治、班玛、玉树
				鳞皮云杉	*Picea retroflexa Mast*	生于海拔 3100 ~ 3800 米的山地阴坡或半阴坡、河谷岸边	产班玛
				青杆	*Picea wilsonii Mast*	生于海拔 1800 ~ 3600 米的山地阴坡中下部、河谷两岸	产互助、乐都、门源、循化、尖扎
		松属	Pinus Linn.	华山松	*Pinus armandi Franch*	生于海拔 2200 ~ 2600 米的沟谷林中、山地阳坡和半阳坡	产民和、循化
				樟子松	*Pinus sylvestris Linn*	植于海拔 2800 米以下的林区山地及庭园	互助、西宁、大通有栽培
				油松	*Pinus tabulaeformis Carr*	生于海拔 2000 ~ 2800 米的山地阳坡、半阳坡、河岸沟边	产民和、互助、乐都、循化、化隆、西宁、门源、贵德、尖扎、同仁
柏科	Cupressaceae	刺柏属	Juniperus Linn	刺柏	*Juniperus formosana Hayata*	生于海拔 1800 ~ 2900 米的裸石山坡、河谷岩缝、林下林缘	产民和、互助、循化、门源、尖扎、同仁
				杜松	*Juniperus rigida Sieb*		西宁有栽培
		圆柏属	Sabina Mill	圆柏	*Sabina chinensis*		西宁有栽培
				密枝圆柏	*Sabina convallium*	生于海拔 3200 ~ 4100 米的沟谷河岸、山地阳坡、半阳坡疏林林缘	产班玛、称多、玉树、囊谦

科名		属名		种名		生境	省内分布区
中文名	拉丁名	中文名	拉丁名	中文名	拉丁名		
				塔枝圆柏	*Sabina komarovii*	生于海拔 3400~4100 米的山地阳坡、半阳坡岩隙、沟谷河岸向阳处	产班玛
				小子圆柏	*Sabina microsperma*	生于海拔 3450 米左右的沟谷岩隙、半阳坡疏林边	产玉树
				香柏	*Sabina pingii*	生于海拔 3400~3850 米的河边岩缝、山地阴坡、沟底	产玉树
				祁连圆柏	*Sabina przewalskii* Kom	生于海拔 2250~4300 米的山地阳坡、半阳坡、山顶岩隙、沟谷河岸、山沟林下、疏林林缘、山脊、石头缝隙、沙砾滩	产民和、互助、乐都、循化、化隆、平安、湟中、湟源、西宁、大通、门源、祁连、海晏、刚察、贵德、贵南、同德、共和、兴海、尖扎、同仁、泽库、河南、玛沁、班玛
				垂枝祁连圆柏	*Sabina przewalskii* Kom	生于海拔 3200~3600 米的山地阳坡、河谷石隙、林下林缘。青海特有	产互助、门源、同德、尖扎、同仁、泽库、玛沁
				垂枝柏	*Sabina recurva*	生于海拔 3100 米左右的山地阳坡	产泽库
				方枝柏	*Sabina saltuaria*	生于海拔 3000~3100 米的山地阴坡、河谷岸边	产循化
				高山柏	*Sabina squamata*	生于海拔 2240~3600 米的山顶、岩隙、山地阴坡、半阴坡林缘、河岸沟底、河边凸崖	产循化、西宁
				大果圆柏	*Sabina tibetica* Kom	生于海拔 3200~4500 米的山地阳坡、半阳坡、山脊石隙、山麓林缘	产泽库、班玛、玉树、囊谦、称多、杂多、治多、曲麻菜

科名		属名		种名		生境	省内分布区
中文名	拉丁名	中文名	拉丁名	中文名	拉丁名		
				叉子圆柏	*Sabina vulgaris Ant*	生于海拔3200～3400米的固定或半固定沙丘、林缘、山坡岩隙	产化隆、祁连、海晏、贵南、共和、柴达木
被子植物门 ANGIOSPERMAE							
杨柳科	Salicaceae	杨属	Populus Linn	新疆杨	*Populus alba Linn*		西宁、大通有栽培
				北京杨	*Populus x beigingensis*		西宁有栽培
				加杨	*Populus x canadensis Moench*		西宁有栽培
				青杨	*Populus cathayana Rehd*	生于海拔2200～3900米的山坡林下、沟谷及河流两岸林中	产民和、互助、乐都、循化、化隆、湟中、湟源、西宁、大通、门源、贵德、尖扎、同仁、泽库、称多、玉树、囊谦
				宽叶青杨	*Populus cathayana Rehd*	生于海拔1680～3760米的山坡及沟谷林中	产民和、互助、循化、湟中、西宁、大通、门源、同仁、玉树
				山杨	*Populus davidiana Dode*	生于海拔2000～3000米的山坡林下、山脊、沟谷林缘	产民和、互助、乐都、循化、湟中、西宁、大通、门源、祁连、尖扎、同仁、泽库
				胡杨	*Populus euphratica*	生于海拔2700～2800米的荒漠河谷、低湿沙地	产都兰、格尔木
				二白杨	*Populus. gansuensis C.*	生于海拔1700米左右的山坡及沟谷林缘	产民和
				河北杨	*Populus hopeiensis*		民和、西宁有栽培

科名		属名		种名		生境	省内分布区
中文名	拉丁名	中文名	拉丁名	中文名	拉丁名		
				苦杨	*Populus laurifolia*		共和有栽培
				箭杆杨	*Populus nigra Linn*		民和、西宁、都兰、格尔木、德令哈有栽培
				青甘杨	*Populus przewalskii Maxim*	生于海拔 1650 ~ 2900 米的山谷及河滩林中	产民和、互助、乐都、循化、湟中、湟源、西宁、大通、门源、祁连、尖扎、同仁、都兰
				小青杨	*Populus pseudo - simonii*		西宁有栽培
				冬瓜杨	*Populus purdomii Rehd.Journ.*	生于海拔 2000 ~ 2800 米的山坡林中、沟谷及河流两岸	产互助、循化、西宁、祁连、同仁
				光皮冬瓜杨	*Populus purdomii Rehd.var. roekii*	生于海拔 2800 ~ 3000 米的山坡及沟谷林中、河流溪水边	产互助、循化
				小叶杨	*Populus simonii Carr*	生于海拔 1800 ~ 3350 米的山坡、沟谷、河流溪水边	产民和、互助、乐都、循化、湟中、湟源、西宁、大通、门源、祁连、贵德、贵南、同德、共和、都兰、同仁、泽库
				川杨	*Populus szechuanica Schneid*	生于海拔 3900 米左右的山坡及沟谷河岸	产循化
				毛白杨	*Populus tomentosa Carr*		西宁有栽培
				乡城杨	*Populus xiangchengensis*	植于海拔 3640 米左右的庭院道旁	囊谦有栽培
				小钻杨	*Populus xiaozhuanica*		民和有栽培

科名		属名		种名		生境	省内分布区
中文名	拉丁名	中文名	拉丁名	中文名	拉丁名		
		柳属	Salix Linn.	白柳	*Salix alba Linn*	生于海拔 2800 米左右的荒漠沙地	产都兰、格尔木
				秦岭柳	*Salix alfredi Gorz*	生于 2000～3800 米的山坡林下、沟谷林缘、河滩疏林、高山滩丛、河流溪水边	产互助、乐都、循化、大通、门源、尖扎、同仁、泽库
				奇花柳	*Salix atopantha Schneid*	生于海拔 2100～3650 米的山坡林缘、沟谷林下、河岸灌丛	产乐都、循化、化隆、湟中、湟源、大通、门源、祁连、海晏、贵德、同德、兴海、尖扎、同仁、玛沁、班玛
				垂柳	*Salix babylonica*	原产黄河流域和长江流域，现全国各地均有栽培	西宁、尖扎有栽培
				庙王柳	*Salixbiondiana*	生于海拔 3000～4000 米的山坡林下、沟谷林缘、河流两岸灌丛中	产互助、乐都、循化、海晏、玉树、囊谦
				密齿柳	*Salix characta*	生于海拔 2100～3600 米的山坡灌丛、河岸林缘、沟谷石隙、沙砾滩地、湖滨灌林	产都兰、乌兰、格尔木、同仁、玉树
				乌柳	*Salix cheilophila*	生于海拔 1750～4500 米的山坡灌丛、沟谷林下、河流两岸、溪流水边、河滩疏林、峡谷崖下、高山阴坡灌丛	产互助、乐都、循化、化隆、湟中、湟源、西宁、大通、门源、祁连、贵德、贵南、同德、乌兰、大柴旦、同仁、班玛、玉树、曲麻莱
				光果乌柳	*Salix cheilophila*	生于海拔 2200～3550 米的沟谷林缘、河沟两岸、溪边林下及灌丛中	产西宁、大通、祁连、班玛
				秦柳	*Salix chingiana*	生于海拔 2700 米左右的山坡及沟谷、河滩河岸	产循化

科名		属名		种名		生境	省内分布区
中文名	拉丁名	中文名	拉丁名	中文名	拉丁名		
				褐背柳	*Salix daltoniana*	生于海拔 3600 ~ 4000 米的沟谷林中、河岸林缘、高山灌丛、峡谷石缝、河滩疏林	产玉树
				腹毛柳	*Salix delavayana*	生于海拔 3200 ~ 3700 米的沟谷山坡、高山灌丛	产互助、玉树
				毛缝腹毛柳	*Salix delavayana*	生于海拔 3900 米左右的山坡	产玉树
				银背柳	*Salix ernesti*	生于海拔 2600 ~ 2800 米的山坡灌丛、河谷林缘、山顶灌丛草甸	产互助、门源
				贡山柳	*Salix fenglana*	生于海拔 3850 米左右的高山灌丛、阳坡山麓、河滩灌丛	产囊谦
				吉拉柳	*Salix gilashanica*	生于海拔 2800 ~ 3440 米的山坡灌丛、沟谷、林缘	产循化、兴海
				川柳	*Salix hylonoma Schneid*	生于海拔 2500 ~ 2850 米的山坡林下、沟谷林缘、河滩疏林中、河岸、山沟溪水边	产互助、循化、平安、大通、门源、尖扎、同仁
				贵南柳	*Salix juparica Gorz*	生于海拔 2700 ~ 4100 米的山坡林中、沟谷林缘、峡谷石隙、河岸灌丛	产互助、循化、贵南、同德、兴海、乌兰、泽库、河南、玛沁、玛多、玉树、**囊谦**
				光果贵南柳	*Salix juparica Gorz var. tibetica*	生于海拔 2700 ~ 4100 米的沟谷林缘、河岸灌丛、山坡林下、峡谷石缝	产互助、循化、贵南、同德、兴海、乌兰、泽库、河南、玛沁、玛多、玉树、**囊谦**
				拉马山柳	*Salix lamashanensis*	生于海拔 1800 ~ 3400 米的山坡灌丛、河谷林缘、河溪岸边	产民和、西宁、贵德、乌兰

续表

科名		属名		种名		生境	省内分布区
中文名	拉丁名	中文名	拉丁名	中文名	拉丁名		
				青藏垫柳	*Salix lindleyana Wall*	生于海拔 4200 米左右的阴坡高山灌丛、河滩沙地灌丛	产曲麻莱
				长花柳	*Salix longiflora Anderss*	生于海拔 2200～3800 米的山坡林下、河谷林缘、高山灌丛	产民和、互助、乐都、循化、化隆、海晏、都兰、玛沁、甘德、久治、班玛、玉树、囊谦
				旱柳	*Salix matsudana Koidz*	生于海拔 1800～2800 米的山坡、沟谷、河岸、村舍周围	产循化、湟中、西宁、都兰、格尔木、尖扎、同仁、班玛
				岷江柳	*Salix minjiangensis*	生于海拔 2800 米左右的山坡及沟谷林缘	产循化
				坡柳	*Salix myrtillacea Anderss*	生于海拔 2400～4200 米的山坡林缘、沟谷林中、高山灌丛、河滩疏林下、河溪水边	产互助、乐都、湟中、湟源、大通、门源、海晏、贵德、同德、乌兰、尖扎、同仁、泽库、河南、玛沁、班玛、玉树、囊谦
				新山生柳	*Salix neoamnemat-chinensis*	生于海拔 2400～3700 米的山坡灌丛、沟谷林缘、河岸林下、阴坡高山灌丛	产民和、互助、乐都、循化、化隆、平安、湟中、湟源、大通、门源、贵德、贵南、尖扎、同仁。
				毛坡柳	*Salix obscura Anderss*	生于海拔 3000～3800 米的山坡灌丛、沟谷林缘、河溪水边、山沟石隙	产大通、班玛
				迟花柳	*Salix opsimantha Schneid*	生于海拔 2400～3000 米的山坡林下、河谷林缘、河岸灌丛	产循化

科名		属名		种名		生境	省内分布区
中文名	拉丁名	中文名	拉丁名	中文名	拉丁名		
				山生柳	*Salix oritrepha Schneid*	生于海拔 2000 ~ 4700 米的山坡林缘、沟谷林下、阴坡高山灌丛、高山草甸、河滩及湖滨滩地、河谷阶地、河岸灌丛草甸、砂砾山坡、峡谷石缝	产民和、互助、乐都、循化、化隆、平安、湟中、湟源、西宁、大通、门源、祁连、海晏、刚察、贵德、贵南、同德、共和、兴海、天峻、都兰、乌兰、格尔木、尖扎、同仁、泽库、河南、玛沁、甘德、班玛、久治、达日、玛多、称多、玉树、囊谦、曲麻莱、杂多、治多、唐古拉
				青山生柳	*Salix oritrepha Schneid.var. amnematchinensis*	生于海拔 2000 ~ 4700 米的阴坡高山灌丛、河谷林缘、河岸阶地、砂砾河滩、湖滨滩地、峡谷石隙、高山草甸	产民和、互助、乐都、循化、化隆、平安、湟中、湟源、西宁、大通、门源、祁连、海晏、刚察、贵德、贵南、同德、共和、兴海、天峻、都兰、乌兰、格尔木、尖扎、同仁、泽库、河南、玛沁、甘德、班玛、久治、达日、玛多、称多、玉树、囊谦、曲麻莱、杂多、治多、唐古拉
				康定柳	*Salix paraplesia Schneid*	生于海拔 2100 ~ 4000 米的山坡林间、沟谷林缘、河岸河滩疏林中	产互助、乐都、循化、湟中、湟源、西宁、大通、门源、祁连、海晏、贵德、同德、兴海、同仁、泽库、玛沁、班玛
				毛枝康定柳	*Salix paraplesia Schneid.var. pubescens*	生于海拔 1780 米左右的山谷林缘	产循化

续表

科名		属名		种名		生境	省内分布区
中文名	拉丁名	中文名	拉丁名	中文名	拉丁名		
				大苞柳	*Salix pseudospissa*	生于海拔2700～3900米的山坡及沟谷灌丛中	产互助、玉树
				青皂柳	*Salix pseudo-wallichiana*	生于海拔2500～3150米的山坡林中、沟谷林缘、河流两岸、河滩疏林下	产互助、乐都、循化、门源、同德
				川滇柳	*Salix rehderiana Schneid*	生于海拔2200～3800米的山坡林下、沟谷林缘、河岸溪边、阴坡高山灌丛、河滩疏林中、湖滨沙滩、砾石河谷	产民和、互助、乐都、循化、化隆、湟中、湟源、西宁、大通、门源、祁连、海晏、贵德、贵南、同德、共和、兴海、乌兰、都兰、格尔木、尖扎、同仁、泽库、河南、玛沁、班玛、玉树
				灌柳	*Salix rehderiana Schneid.var. dolia*	生于海拔2700～3900米的山谷林缘、山坡林下、河溪水边、沟谷灌丛	产互助、乐都、西宁、门源、尖扎、泽库、玉树
				杜鹃叶柳	*Salix rhododendrifolia*	生于海拔3100～4100米的高山阴坡灌丛、河滩沙地、沟谷石峡岩隙	产泽库、称多、玉树、囊谦
				硬叶柳	*Salix sclerophylla*	生于海拔2800～4600米的高山灌丛、山坡林中、河湖岸边、山顶石隙、河滩沙地	产互助、门源、祁连、海晏、同德、共和、兴海、泽库、河南、玛沁、班玛、玛多、称多、玉树、囊谦、曲麻莱、杂多、治多
				近硬叶柳	*Salix sclerophylloides*	生于海拔2800～4600米的高山灌丛、沟谷林缘、河湖岸边、峡谷石隙、阴坡高寒灌丛草甸	产互助、门源、祁连、玛沁、久治、班玛、玉树、囊谦、曲麻莱

科名		属名		种名		生境	省内分布区
中文名	拉丁名	中文名	拉丁名	中文名	拉丁名		
				小硬叶柳	*Salix sclerophylla Anderss.var. tibetica*	生于海拔3350米左右的高山灌丛、沟谷林缘、山坡石隙、河流两岸	产门源
				山丹柳	*Salix shandanensis*	生于海拔2500~3800米的山坡林下、河谷林缘、山沟溪水边、河岸灌丛、河滩疏林边	产湟源、门源、囊谦
				中国黄花柳	*Salix sinica (Hao)C.Wang et C.F.Fang*	生于海拔2000~3400米的山坡林缘、沟谷林下、河岸溪边灌丛、河滩疏林中、峡谷岩缝	产民和、互助、乐都、循化、化隆、平安、湟中、西宁、大通、门源、贵南、尖扎、同仁、泽库、班玛
				齿叶黄花柳	*Salix sinica (Hao)C.Wang et C.F.Fang var.dentat*	生于山坡林下、沟谷林缘、山沟灌丛、河岸水边	产大通、门源
				红皮柳	*Salix sinopurpurea*	生于海拔2150米左右的山坡林下、河谷林缘、河流溪水岸边	产循化
				黄花垫柳	*Salix souliei*	生于海拔3700~4700米的山坡石隙、阴坡高山灌丛、河滩及湖滨高寒灌丛	产河南、久治、达日、玛多、称多、玉树、囊谦、曲麻莱
				匙叶柳	*Salix spathulifolia*	生于海拔2200~3960米的山坡林缘、沟谷灌丛、高山阴坡灌丛、河流溪水边	产乐都、互助、循化、化隆、湟中、湟源、西宁、大通、门源、祁连、贵德、尖扎、泽库、久治、班玛、玉树
				巴郎柳	*Salix sphaeronymphe*	生于海拔3300~3650米的山坡林中、沟谷林缘、河岸灌丛	产玛沁、班玛、久治、玉树、囊谦

续表

科名		属名		种名		生境	省内分布区
中文名	拉丁名	中文名	拉丁名	中文名	拉丁名		
				光果巴郎柳	*Salix sphaeronymphoides*	生于海拔 2080 米左右的河岸	产尖扎
				缘毛周至柳	*Salix tangii Hao var. villosa*	生于海拔 3000 米左右的山坡及沟谷林下、林缘灌丛	产循化
				洮河柳	*Salix taoensis Gorz*	生于海拔 2200 ~ 4100 米的山坡林缘、沟谷林下、河岸灌丛、河滩疏林中、山沟溪水边、高山灌丛边缘、峡谷崖下	产互助、乐都、循化、化隆、湟中、西宁、大通、门源、祁连、贵德、贵南、同德、都兰、尖扎、同仁、泽库、河南、玛沁、久治、班玛、玉树、囊谦
				光果洮河柳	*Salix taoensis Gorz var. glabra*	生于海拔 2800 米左右的山坡及河谷林缘灌丛	产门源
				线叶柳	*Salix wilhelmsiana*	生于海拔 2800 ~ 3200 米的河滩疏林中、沟谷林缘、河谷沙地	产祁连、贵德、贵南、同德、共和
				宽线叶柳	*Salix wilhelmsiana. M.B.var. latifolia*	生于海拔 3200 米左右的河滩沙地	产共和
胡桃科	Juglandaceae	胡桃属	Juglans Linn.	核桃	*Juglans regia Linn*	多植于海拔 1750 ~ 2300 米的庭院、田园、村舍宅旁	民和、循化、西宁有栽培
桦木科	Betulaceae	桦木属	Betula Linn.	红桦	*Betula albo-sinensis Burk*	生于海拔 2500 ~ 3600 米的山坡林下、沟谷林缘、河沟岸边、山顶林中	产互助、循化、大通、门源、尖扎、同仁、玉树
				坚桦	*Betula chinensis Maxim*	生于海拔 3600 ~ 3800 米的河谷林中、山坡林下、山沟林缘	产囊谦
				白桦	*Betula platyphylla Suk*	生于海拔 2200 ~ 3900 米的山坡林中、沟谷林缘、河岸溪边	产民和、互助、乐都、循化、华隆、平安、湟中、湟源、大通、门源、祁连、海晏、贵德、同德、尖扎、同仁、泽库、玛沁、玉树

科名		属名		种名		生境	省内分布区
中文名	拉丁名	中文名	拉丁名	中文名	拉丁名		
				矮桦	*Betula potaninii Batal*	生于海拔3500~3600米的山坡林下、沟谷林缘	产玉树
				糙皮桦	*Betula utilis*	生于海拔2500~3900米的山坡林下、沟谷林缘、河岸林中、山麓河边	产民和、互助、乐都、循化、湟中、门源、尖扎、泽库、班玛、玉树
		榛属	Corylus Linn.	毛榛	*Corylus mandshurica Maxim.*	生于海拔2200~2400米的山坡林缘、沟谷林下、河溪岸边林中	产民和、循化
壳斗科	Fagaceae	栎属	Quercus Linn	辽东栎	*Quercus liaotungensis Koidz*	生于海拔1900~2600米的沟谷及山坡林缘、林区半阳坡	产民和、循化
榆科	Ulmaceae	榆属	Ulmus Linn	春榆	*Ulmus davidiana Planch*	生于海拔2000~2300米的沟谷土坡、干旱阳坡	产循化
				圆冠榆	*Ulmus densa Lilv*		
				旱榆	*Ulmus glaucescens Franch*	生于海拔2100~2200米的河谷山坡、沟谷石崖上	产民和、循化、西宁、互助
				毛果旱榆	*Ulmus glaucescens Franch. Var. Iasiocarpa*	生于海拔2500~2600米的河谷阶地、干旱山坡，西宁有栽培	产尖扎、互助
				欧洲白榆	*Ulmus laevis Pall*	植于海拔2200~2400米的庭院、公园、行道边	西宁有栽培
				大果榆	*Ulmus macrocarpa Hance*	生于海拔2200米以下的干山坡灌丛中	产循化、尖扎
				榆	*Ulmus pumila Linn*	植于海拔1800~2800米的河谷阶地、戈壁河滩、沟谷山脚、村舍路边、河岸渠边、庭院宅旁	民和、互助、乐都、循化、化隆、平安、湟中、湟源、西宁、大通、乌兰、都兰、格尔木有栽培

续表

科名		属名		种名		生境	省内分布区
中文名	拉丁名	中文名	拉丁名	中文名	拉丁名		
				龙爪榆	*Ulmus pumila Linn.var. pendula Rehd*	植于海拔1700~2300米的庭院公园、行道边	民和、互助、乐都、循化、化隆、平安、湟中、湟源、西宁、大通有栽培
桑科	Moraceae	葎草属	Humulus Linn	华忽布花	*Humulus lupulus Linn*	生于海拔2200~2400米的山坡林缘、沟谷草地、河岸水沟边、河沟灌丛、路边荒地	产循化、大通，乐都、西宁有栽培
		桑属	Morus Linn	桑	*Morus alba Linn*	植于海拔1800~2400米的庭院宅旁、村舍周围	民和、乐都、循化、华隆、西宁、尖扎有栽培
荨麻科	Urticaceae	荨麻属	Urtica Linn.	异株荨麻	*Urtica dioica Linn.Sp.Pl*	生于海拔3500~4500米山坡砾地、山麓砾石堆、沟谷石隙、河岸阶地、山坡下部	产班玛、称多
				高原荨麻	*Urtica hyperborea Jacq.*	生于海拔3300~5400米的砾石山坡、山麓乱石堆、河谷阶地、草滩、沟谷岩石缝隙	产兴海、天峻、玛沁、久治、玛多、玉树、曲麻莱、治多、杂多
				宽叶荨麻	*Urtica laetevirens Maxim. Bull.*	生于海拔2100~3600米的河滩草地、山坡岩石、山沟林下	产互助、囊谦
				齿叶荨麻	*Urtica laetevirens Maxim. subsp. dentata*	生于海拔2100~3600米的沟谷岩石下、山坡潮湿处、山沟林下	产互助、囊谦
				西藏荨麻	*Urtica tibetica W. T. Wang.*	生于海拔3400~3700米的沟谷滩地、山坡草地	产海晏、刚察、共和、兴海
				三角叶荨麻	*Urtica triangularis Hand.- Mazz. Symb. Sin.*	生于海拔3500~4150米的山坡草地、河滩砾地、山麓沟底、路边草丛	产海晏、刚察、共和、同仁、玉树、囊谦、曲麻莱、治多

科名		属名		种名		生境	省内分布区
中文名	拉丁名	中文名	拉丁名	中文名	拉丁名		
				羽裂荨麻	*Urtica triangularis Hand. -Mazz .subsp. pinnatifida*	生于海拔 1850 ~ 4000 米的山坡草地、河滩沙地、林缘灌丛、河边草甸、山麓河岸、田边地头	产民和、互助、乐都、循化、西宁、大通、门源、海晏、刚察、共和、称多、玉树、囊谦、杂多
				毛果荨麻	*Urtica triangularis Hand. -Mazz .subsp. trichcarpa.*	生于海拔 2500 ~ 3800 米的山坡草地、河谷林缘、灌丛草甸、田边渠岸、河滩草甸、山麓砾地	产互助、乐都、湟中、湟源、大通、门源、贵德、同德、同仁、泽库、河南、班玛
桑寄生科	Loranthaceae	油杉寄生属	Arceuthobium M. Bieb	油杉寄生	*Arceuthobium chinense Lecomte*	寄生于海拔 2800 ~ 3700 米的青海云杉、川西云杉树干或枝条上	产乐都、门源、祁连、泽库、班玛、玉树、囊谦
蓼科	Polygonaceae	冰岛蓼属	Koenigia Linn.	冰岛蓼	*Koenigia islandica Linn.*	生于海拔 2000 ~ 4400 米的沙砾河滩、河谷阶地、山坡草地、高山草甸、河沟石隙、沼泽草甸中岩缝	产民和、互助、乐都、循化、门源、贵德、兴海、同仁、泽库、河南、玛沁、久治、称多、玉树、曲麻莱、治多
		山蓼属	Oxyria Hill.	肾叶山蓼	*Oxyria digyna （Linn.）Hill. Hort. Kew.*	生于海拔 3400 ~ 4400 米山坡草地、河谷阶地、高山草甸石隙、河沟水边岩缝、河滩湿地	产河南、玛沁、玉树、囊谦
藜科	Chenopodiaceae	甜菜属	Beta Linn	甜菜	*Beta vulgaris Linn.*		民和、互助、乐都、循化、化隆、平安、湟中、湟源、贵德、贵南、同德、共和、兴海、天峻、都兰、乌兰、格尔木、德令哈、大柴旦、尖扎、同仁有栽培
				饲用甜菜	*Beta vulgaris Linn. var. lutea*		都兰、乌兰、格尔木、德令哈有栽培
				糖用甜菜	*Beta vulgaris Linn.var. saccharifera*		贵德、贵南、同德、共和、兴海、都兰、乌兰、格尔木、德令哈有栽培

续表

科名		属名		种名		生境	省内分布区
中文名	拉丁名	中文名	拉丁名	中文名	拉丁名		
		驼绒藜属（Tourn.）Gagnebin	Ceratoides（Tourn.）Gagnebin	华北驼绒藜	*Ceratoides arborescens*	生于海拔 1700 ~ 3200 米的固定沙丘、干旱荒坡、沟谷沙地、河谷阶地	产民和、乐都、循化、平安、都兰
				垫状驼绒藜	*Ceratoides compacta*	生于海拔 4100 ~ 5000 米的高寒荒漠、高原河滩砾地、干旱山坡、湖滨盐碱滩地、荒漠草原、河谷阶地、山前冲积扇	产祁连、格尔木、德令哈、大柴旦、冷湖、茫崖、玛多、曲麻莱、治多（可可西里 4700 ~ 5100 处）、唐古拉
				长毛垫状驼绒藜	*Ceratoides compacta*（*Losinsk.*）*Tsien et C. G. Ma var. longipilosa*	生于海拔 4800 ~ 5000 米的湖滨荒漠、干旱山坡、河岸石隙、河滩沙地、山麓沙丘	产治多
				驼绒藜	*Ceratoides latens*	生于海拔 2500 ~ 4500 米的干旱山坡、干旱河谷阶地、山坡林缘、高寒草原带沙地、山麓砾地、沟谷石隙、河岸灌丛中、荒漠平原、河滩砾地	产互助、乐都、循化、西宁、大通、门源、同德、共和、兴海、天峻、都兰、乌兰、格尔木、德令哈、大柴旦、冷湖、茫崖、同仁、泽库、河南、玛沁、玛多、玉树
		虫实属	Corispermum Linn	绳虫实	*Corispermum declinatum Steph*	生于海拔 2200 ~ 3300 米的河谷沙滩、干旱的草原沙丘、湖滨沙滩、戈壁荒滩、干旱沙土荒地	产西宁、贵南、兴海
				毛果绳虫实	*Corispermum declinatum Steph. var. tylocarpum*	生于海拔 2900 米左右的荒漠盐碱地、戈壁流水线	产德令哈
				粗咀虫实	*Corispermum dutreuilii*	生于海拔 2700 ~ 3300 米的沙质荒地、干旱河谷阶地、山前砾滩、沙砾河滩、荒漠戈壁	产乌兰、格尔木

科名		属名		种名		生境	省内分布区
中文名	拉丁名	中文名	拉丁名	中文名	拉丁名		
				中亚虫实	*Corispermum heptapotamicum*	生于海拔 2800 ~ 3200 米的固定沙丘、河滩沙砾地、沙砾山坡、干旱沙质荒地	产共和、都兰
				青海虫实	*Corispermum lepidocarpum Grub*	生于海拔 3160 ~ 3200 米的湖滨沙丘、沙滩砾地	产海晏、共和
				蒙古虫实	*Corispermum mongolicum*	生于海拔 1800 ~ 2800 米的河滩沙砾地、风蚀沙丘、山前沙砾滩、河谷阶地	产循化、贵德、格尔木
				帕米尔虫实	*Corispermum pamiricum*	生于海拔 3100 ~ 3800 米的山地荒漠、戈壁沙丘、河滩砾地	产都兰、格尔木、德令哈、大柴旦
				华虫实	*Corispermum stauntonii*	生于海拔 3600 ~ 4000 米的江边、沙砾山坡、河滩沙丘、干旱沙滩砾地	产囊谦、治多
				藏虫实	*Corispermum tibeticum*	生于海拔 2600 ~ 2900 米的河边沙地、河岸阶地、荒漠砾地、戈壁沙滩、半固定沙丘	产共和、都兰
				毛果藏虫实	*Corispermum tibeticum Iljin var. pilocarpum*	生于海拔 2900 ~ 3300 米的河谷沙滩、沙丘砾地、荒漠草原砾石堆	产贵南、共和（模式标本产地）
		地肤属	Kochia Roth	黑翅地肤	*Kochia melanoptera Bunge*	生于海拔 2600 ~ 3600 米的低山岩漠、砾坡石隙、干旱谷地岩石坡	产共和、都兰
				木地肤	*Kochia prostrata*	生于海拔 2550 米左右的河边沙滩	产兴海

续表

科名		属名		种名		生境	省内分布区
中文名	拉丁名	中文名	拉丁名	中文名	拉丁名		
				地肤	*Kochia scoparia*	生于海拔 2300 ~ 3300 米的村舍田边、庭院花园、路边荒地、草滩畜圈、渠岸沟旁	产乐都、西宁、贵南、同德、共和、兴海、乌兰、格尔木、同仁
				碱地肤	*Kochia scoparia（Linn）Schrad.var. sieveriana*	生于海拔 2600 ~ 2900 米的田边荒地、河岸草地	产共和、同仁
石竹科	Caryophyllaceae	无心菜属	Arenaria Linn	点地梅状老牛筋	*Arenaria androsacea*	生于海拔 4100 米左右的山坡草地	产冷湖
				八宿雪灵芝	*Arenaria baxoiensis*	生于海拔 3850 米左右的阴坡草地、高寒草原、河谷砾滩	产玉树
				雪灵芝	*Arenaria brevipetala*	生于海拔 4000 ~ 4300 米的高山岩隙、阳坡草地、高山草原、河滩砾地、高山流石坡、河谷阶地	产玉树、囊谦
				藓状雪灵芝	*Arenaria bryophylla*	生于海拔 4200 ~ 4350 米的高山草甸裸地、高寒草原、干山坡草地、河岸阶地、山坡岩石缝隙	产湟中、祁连、玛沁、玛多、称多、杂多、治多
				密生福禄草	*Arenaria densissima*	生于海拔 4500 ~ 4700 米的高山砾石带、高山草原裸地、山顶石隙、高山垫状植被带	产囊谦
				山居雪灵芝	*Arenaria edgeworthiana Majumdar*	生于海拔 4050 ~ 4800 米的山顶流石坡、阳坡草地、河谷阶地、宽谷湖盆、河漫滩草地、山前沙砾地、沟谷崖边	产兴海、河南、玛沁、囊谦、曲麻来、杂多、治多

续表

科名		属名		种名		生境	省内分布区
中文名	拉丁名	中文名	拉丁名	中文名	拉丁名		
				狐茅状雪灵芝	*Arenaria festucoides* Benth	生于海拔 3500～4000 米的山顶垫状植被带、山坡草地	产冷湖
				短梗藓状雪灵芝	*Arenaria bryophylla*	分布于可可西里海拔 4750～5200 处	产可可西里
				格拉丹东雪灵芝	*Arenaria geladaindongensis*	分布于可可西里（海拔 5250～5300 处）	产可可西里
				小腺无心菜	*Arenaria glanduligera*	分布于可可西里（海拔 5450～5500 处）	产可可西里
				西南无心菜	*Arenaria forrestii* Diels	生于海拔 4100～4500 米的山间石缝、高山碎石带、沙砾河滩、湖滨砾地、河谷阶地、高山垫状植被中	产祁连、同仁、玛多、称多、囊谦、曲麻莱、杂多、治多
				甘肃雪灵芝	*Arenaria kansuensis* Maxim	生于海拔 3000～5000 米的高山垫状植被中、高山流石坡、山顶砾石带、阳坡岩隙、高山草甸、河岸裸地、河滩沙地、高山草原、宽谷湖盆砾地	产互助、湟中、大通、门源、祁连、贵德、同德、同仁、河南、玛沁、久治、班玛、达日、玛多、称多、玉树、囊谦
				澜沧雪灵芝	*Arenaria lancangensis*	生于海拔 4700 米左右的山顶垭口、高山草原、阳坡石缝、高山垫状植被带	产囊谦、杂多
				黑蕊无心菜	*Arenaria melanandra*	生于海拔 3750～4700 米的高山草甸、河边岩石上、流石滩、高山草甸砾石带	产互助、湟中、大通、门源、同德、共和、同仁、泽库、河南、玛沁、久治、玛多、玉树
				山生福禄草	*Arenaria orcophila* Hook	生于海拔 3500～5000 米的高山流石坡、草甸	产囊谦

科名		属名		种名		生境	省内分布区
中文名	拉丁名	中文名	拉丁名	中文名	拉丁名		
				团状福禄草	*Arenaria polytrichoides* Edgew	生于海拔 4200 ~ 4700 米的河谷砾地、高寒草甸裸地、高山流石坡稀疏植被、山坡石隙、高山顶部垭口	产玉树、囊谦、杂多、治多
				福禄草	*Arenaria przewalskii* Maxim	生于海拔 3500 ~ 4700 米的高山流石滩、山坡草地、阳坡砾地、高山稀疏植被中、山顶石隙、高山垭豁	产互助、乐都、循化、湟中、大通、门源、祁连、同德、兴海、同仁、泽库、玛沁、久治、达日、玉树
				青海雪灵芝	*Arenaria qinghaiensis*	生于海拔 4500 ~ 4900 米的高山砾石带、山坡岩缝、高寒草原、河谷阶地、高山垫状植被中	产都兰、共和、甘德、曲麻莱
				四齿无心菜	*Arenaria quadridentata*	生于海拔 3800 米左右的高山灌丛草甸中	产循化
				宽萼雪林芝	*Arenaria latisepala*	分布于可可西里海拔 4800 米处	产可可西里
				改则雪灵芝	*Arenaria gerzeensis*	分布于可可西里海拔 4600 ~ 4850 米处	产可可西里
				卵瓣雪灵芝	*Arenaria kansuensis*	分布于可可西里海拔 4800 ~ 5000 米处	产可可西里
				青藏雪灵芝	*Arenaria roborowskii* Maxim	生于海拔 3800 ~ 5100 米的山顶阳坡、高寒草原、山坡石隙、河滩沙地、高原干山坡、高山稀疏植被中、高山流石坡、沟谷砾石带	产大通、兴海、玛沁、达日、称多、玉树、囊谦、杂多
				漆姑无心菜	*Arenaria saginoides* Maxim	生于海拔 2300 ~ 5000 米的河岸沙地、山坡草地、高山草甸	产西宁、共和、兴海、天峻、玛沁、玛多、杂多、治多

科名		属名		种名		生境	省内分布区
中文名	拉丁名	中文名	拉丁名	中文名	拉丁名		
				无心菜	*Arenaria serpyllifolia* Linn	生于海拔 2800 ~ 3900 米的田野荒地、山坡草地、河谷阶地、林缘草甸	产门源、祁连、玉树
				杂多雪灵芝	*Arenaria zaduoensis*	生于海拔 4400 ~ 4680 米的高山砾地稀疏植被、高山草地、山沟石崖下	产杂多、治多
		卷耳属	Cerastium Linn	卷耳	*Cerastium arvense* Linn	生于海拔 2350 ~ 4200 米的山坡草地、田边地埂、高山草甸、灌丛草甸	产西宁、大通、门源、祁连、同德、同仁、河南、玛沁、久治、囊谦、治多
				簇生卷耳	*Cerastium caespitosum*	生于海拔 2350 ~ 4600 米的山坡草地、沟谷林下、林缘灌丛、高寒草原、高寒草甸、高山流石坡、河谷阶地、湖滨沙地、沙砾河漫滩	产民和、互助、乐都、循化、化隆、平安、湟中、西宁、大通、门源、祁连、海晏、刚察、贵德、贵南、同德、天峻、尖扎、同仁、泽库、河南、玛沁、久治、达日、玛多、称多、玉树、囊谦、曲麻莱、治多
				苍白卷耳	*Cerastium pusillum*	生于海拔 2380 ~ 4500 米的高山草甸、河谷阶地、沙砾河滩、阳坡草地	产大通、门源、祁连、海晏、刚察、兴海
		女娄菜属	Melandrium Roehl	无瓣女类菜	*Melandrium apetalum*	生于海拔 2800 ~ 5600 米的高山草甸、山坡石缝、湖岸山崖、高山冰缘、沙砾河滩、高山碎石带、高山砾石流	产互助、循化、门源、祁连、贵德、兴海、同仁、泽库、河南、玛沁、久治、达日、玛多、玉树、囊谦、治多
				喜马拉雅女娄菜	*Melandrium apetalum*	生于海拔 2800 ~ 5600 米的高山草甸、山坡石隙、高山冰缘、河谷阶地、河滩砾地、高山碎石带、沟谷砾石流	产互助、循化、门源、祁连、贵德、兴海、同仁、泽库、河南、玛沁、久治、达日、玛多、玉树、囊谦、治多

科名		属名		种名		生境	省内分布区
中文名	拉丁名	中文名	拉丁名	中文名	拉丁名		
				女娄菜	*Melandrium apricum*	生于海拔 2100~4250 米的高寒草原、山坡草地、灌丛草甸、沟谷林下、河边石缝、沙砾滩地、冰川边缘、山地裸露岩石上	产民和、互助、乐都、循化、湟源、西宁、大通、门源、刚察、同德、贵南、共和、兴海、天峻、同仁、泽库、河南、玛沁、久治、达日、玛多、称多、玉树、曲麻莱、杂多
				簇生女娄菜	*Melandrium caespitosum*	生于海拔 4000~4500 米的山顶草甸、高山砾坡、河岸石隙、山崖陡壁、高山稀疏植被	产玉树、囊谦
				坚硬女娄菜	*Melandrium firmum*	生于海拔 2700 米左右的沙砾滩地、河谷阶地边、黄土山坡草地	产门源
				腺女娄菜	*Melandrium glandulosum*	生于海拔 2800~4800 米的山坡、草甸、阴坡、高山砾石带、滩地	产互助、门源、同德、共和、兴海、玛沁、玛多、玉树、杂多
				六瓣女娄菜	*Melandrium glandulosum*（*Maxim.*）*F.N.Williams var. hexapetalum*	生于海拔 3650 米左右的山麓砾地、沟谷岩隙	产玉树
				长柱腺女娄菜	*Melandrium glandulosum*（*Maxim.*）*F.N.Williams var. longistylum*	生于海拔 2500~4400 米的山坡草地、阴坡岩石裸露处	产玛沁、玉树（模式标本产地）、囊谦

科名		属名		种名		生境	省内分布区
中文名	拉丁名	中文名	拉丁名	中文名	拉丁名		
				大根女娄菜	*Melandrium macrorhizum*	生于海拔 3600 ~ 5600 米的山坡石隙、高山流石滩、山前冲积扇、河谷阶地、高山草甸、冰斗间碎石带、高山冰缘、高山泥石流石缝	产门源、祁连、玛多、囊谦
				多茎女娄菜	*Melandrium multicaule*	生于海拔 2600 ~ 4400 米的山坡灌丛、高山草甸、沙砾河滩、沟谷石隙、砾石山坡、高山稀疏植被	产门源、祁连、共和、兴海、同仁、泽库、河南、玛沁、久治、囊谦、治多
				变黑女娄菜	*Melandrium nigrescens*	生于海拔 4100 ~ 4400 米的高山草甸、高山砾石带、河谷阶地、山坡石隙、河沟乱石缝	产湟中、祁连、乌兰、泽库、玛沁、囊谦、曲麻莱、治多
		剪秋罗属	Lychnis Linn	大花剪秋罗	*Lychnis fulgens Fisch*		西宁有栽培
		漆姑草属	Sagina Linn	漆姑草	*Sagina japonica*	生于海拔 2300 米左右的田边草丛、宅旁荒地	产西宁
				平铺漆姑草	*Sagina saginoides*	生于海拔 4150 ~ 4200 米的河谷阶地、河岸沟边、湖滨草地、沼泽草甸	产治多
		蝇子草属	Silene Linn	高雪轮	*Silene armeria*		西宁、囊谦有栽培
				麦瓶草	*Silene conoidea*	生于海拔 1940 ~ 3600 米的麦田中、田边荒地、宅前村旁、山坡草地、河谷路边	产民和、互助、湟源、西宁、大通、玉树、囊谦
				银柴胡	*Silene jenisseensis*	生于海拔 3300 米左右的山坡草地、岩石缝隙	产共和

续表

科名		属名		种名		生境	省内分布区
中文名	拉丁名	中文名	拉丁名	中文名	拉丁名		
				囊谦绳子草	*Silene nangqenensis*	生于海拔 3800～4000 米的山坡草地、河谷阶地、河滩砾地、湖岸山崖、沟谷石隙	产玛沁、久治、玛多、**囊谦**（模式标本产地）、杂多
				大蔓樱草	*Silene pendula*		西宁、同仁有栽培
				蔓麦瓶草	*Silene repens*	生于海拔 2500～5000 米的山顶倒石堆、高山冰缘、高山泥石流缝隙、河谷阶地、山坡石缝、山顶草甸、阳坡砾地、河滩草地	产大通、祁连、兴海、玛沁、甘德、囊谦、杂多、治多
				腺蔓麦瓶草	*Silene repens Patr. var. glandulosa*	生于海拔 3600～3800 米的阳坡砾石地、山坡岩隙、河谷沙砾草地、湖岸崖壁、山沟乱石堆	产玉树（模式标本产地）、囊谦
				宽叶蔓麦瓶草	*Silene repens Patr. var. latifolia Turcz*	生于海拔 2700～3600 米的阳坡砾石地、峡谷石壁、山坡草地、河沟岸边、沟谷石缝	产门源、祁连、玉树
				细绳子草	*Silene tenuis Willd*	生于海拔 2400～4300 米的高山草甸、山坡草地、沟谷林下、林缘灌丛、砾石河滩、湖岸河边、岩石缝隙、多砾山坡	产民和、互助、乐都、湟中、湟源、大通、门源、祁连、刚察、贵德、贵南、同德、共和、兴海、天峻、乌兰、同仁、泽库、河南、玛沁、久治、玛多、称多、玉树、囊谦、曲麻莱、治多
				具齿细绳子草	*Silene tenuis Willd*	生于海拔 4000～4250 米的岩石裸露处、高山草原、山坡石隙、山麓乱石丛	产乌兰、德令哈、玉树

科名		属名		种名		生境	省内分布区
中文名	拉丁名	中文名	拉丁名	中文名	拉丁名		
				变红细绳子草	*Silene tenuis Willd. var. rubescens Franch*	生于海拔 3420 ~ 4400 米的山坡岩石上	产泽库、玉树、囊谦、杂多、治多
毛茛科	Ranunculaceae	乌头属	Aconitum Linn	西伯利亚乌头	*Aconitum barbatum*	生于海拔 1800 ~ 2200 米的山坡林下、河谷林缘、沟谷草地、灌丛草甸	产民和
				褐紫乌头	*Aconitum brunneum Hand*	生于海拔 3950 ~ 4000 米的灌丛中	产久治
				祁连山乌头	*Aconitum chilienshanicum*	生于海拔 3000 ~ 3900 米的河滩灌丛、沟谷林缘、山坡草甸石缝、阴坡草地	产循化、祁连
				伏毛铁棒锤	*Aconitum flavum Hand*	生于海拔 2600 ~ 4700 米的河谷阶地、山麓砾地、高山草甸裸地、高寒草原砾地、山前冲积扇、山坡草地、沟谷林缘、山坡灌丛、河岸石隙、高山流石坡、湖滨砾地、溪水沟边、河滩草甸、退化草场	产民和、互助、乐都、大通、门源、祁连、泽库、久治、玛多、治多
				露蕊乌头	*Aconitum gymnandrum Maxim*	生于海拔 2230 ~ 4300 米的山坡砾地、河谷湿地、农田边、沟谷林缘、灌丛草甸、高寒草原裸地、退化草场、畜圈灰堆、田埂渠岸、河滩草甸	产民和、互助、乐都、循化、化隆、平安、湟中、湟源、西宁、大通（模式标本产地）、门源、祁连、贵德、同德、共和、兴海、尖扎、同仁、泽库、河南、玛沁、甘德、久治、班玛、达日、玛多、称多、玉树、囊谦、曲麻莱、杂多、治多

科名		属名		种名		生境	省内分布区
中文名	拉丁名	中文名	拉丁名	中文名	拉丁名		
				铁棒锤	*Aconitum pendulum Busch*	生于海拔 2600 ～ 4700 米的山坡砾地、河岸石隙、退化高寒草原、高山流石坡、山前洪积扇、河谷阶地、山麓砾地、高山草甸裸地、河滩草甸、水边沙砾地	产互助、门源、祁连、贵南、兴海、泽库、玛沁、玛多、玉树、曲麻莱、杂多
				高乌头	*Aconitum sinomontanum Nakai*	生于海拔 2300 ～ 3200 米的山坡林下、沟谷林缘、河滩灌丛、山坡草地、河边草甸	产互助、循化、大通、门源、同仁、班玛
				松潘乌头	*Aconitum sungpanense Hand*	生于海拔 2000 ～ 2800 米的山坡林下、沟谷林缘、河滩湿草地、灌丛草甸	产民和、互助、乐都、循化
				甘青乌头	*Aconitum tanguticum*	生于海拔 3450 ～ 4700 米的河滩草甸、阴坡灌丛、高山草甸、河谷阶地草甸、高山流石坡	产互助、循化、湟中、大通、门源、祁连、兴海、同仁、泽库、河南、久治、玛多、玉树、囊谦、曲麻莱、治多、杂多
				毛果甘青乌头	*Aconitum tanguticum*（*Maxim.*）*Stapf var. trichocarpum*	生于海拔 3000 ～ 4400 米的沟谷林缘、灌丛草甸、河滩湿地、河谷阶地、高山草甸	产民和、互助、乐都、循化、化隆、平安、湟中、湟源、大通、门源、贵德、尖扎、同仁、泽库、河南、玛沁、久治、班玛
类叶升麻属	Actaea Linn			类叶升麻	*Actaea asiatica Hara*	生于海拔 2700 ～ 2750 米的山坡林下、沟谷、林缘、河岸灌丛	产循化
楼斗菜属	Aquilegia Linn			无距楼斗菜	*Aquilegia ecalcarata Maxim*	生于海拔 2100 ～ 3800 米的山坡林下、沟谷林缘、灌丛草甸、河滩草地、山坡岩石缝隙、河岸向阳处	产民和、循化、大通、门源、尖扎、同仁、班玛

科名		属名		种名		生境	省内分布区
中文名	拉丁名	中文名	拉丁名	中文名	拉丁名		
				甘肃耧斗菜	*Aquilegia oxysepala Trautv*	生于海拔 2200 ~ 3200 米的沟谷林下、山坡林缘、河沟灌丛、石壁岩缝	产民和、互助、大通
				耧斗菜	*Aquilegia viridiflora Pall*	生于海拔 2200 ~ 3200 米的山坡林缘、沟谷林下、山坡岩石缝隙、河沟水边	产互助、乐都、循化、西宁、大通、门源、尖扎、同仁
				紫花耧斗菜	*Aquilegia viridiflora Pall. form. atropurpurea*	生于海拔 2400 ~ 2500 米的沟谷林中、林缘灌丛、山坡岩缝、河沟小溪边	产门源
				普通耧斗菜	*Aquilegia vulgaris Linn*	现全国大多城市均有栽培。原产欧洲	西宁有栽培
		升麻属	Cimicifuga Linn	升麻	*Cimicifuga foetida Linn*	生于海拔 2700 ~ 3650 米的沟谷林下、山坡林缘、河谷灌丛	产互助、循化、湟中、大通、门源、同仁、泽库、班玛
		翠雀属	Delphinium Linn	白蓝翠雀花	*Delphinium albocoeruleum*	生于海拔 2850 ~ 4300 米的河谷阶地、沙砾山坡、高山草甸、高山流石坡、高寒草原裸地、山顶退化草甸、湖岸石隙、河滩沙地	产大通、祁连、共和、兴海、都兰、德令哈、同仁、泽库、河南、久治、玛多、囊谦、曲麻莱
				川黔翠雀花	*Delphinium bonvalotii*	生于海拔 3200 ~ 3700 米的林缘沟边、山坡灌丛、河谷草地、溪边田梗	产班玛
				蓝翠雀花	*Delphinium caeruleum*	生于海拔 2700 ~ 4300 米的高山灌丛、高寒草甸、山前洪积扇、河岸湿地、泉边砾地、河谷阶地、山麓石隙、山坡草地	产循化、湟中、湟源、大通、贵南、兴海、天峻、同仁、泽库、久治、玛多、玉树、囊谦、杂多

科名		属名		种名		生境	省内分布区
中文名	拉丁名	中文名	拉丁名	中文名	拉丁名		
				美叶翠雀花	*Delphinium calophyllum*	生于海拔3600米左右的高山草甸、山坡砾地、沟谷沙地、山麓乱石堆、河岸石隙	产青海河南县
				单花翠雀花	*Delphinium candelabrum*	生于海拔3500～5000米的高山倒石堆、泉水边砾地、高山冰缘湿地、山坡湿沙地、河谷山麓、高山、流石滩、河滩砾地	产祁连、德令哈、同仁、泽库、玛多、囊谦、曲麻莱、杂多、治多、可可西里（4800-5000米处）
				密花翠雀	*Delphinium densiflorum*	生于海拔3700～4500米的沟谷岩隙、河滩砾地、沙砾山坡、泉水出露处、山沟湿沙地、山前冲积扇、高山倒石堆、高山草甸	产互助、同仁、泽库、玛多
				青海翠雀	*Delphinium qinhaiense*	分布于可可西里（海拔4800～5000米处）	产可可西里
				翠雀	*Delphinium grandiflorum*	生于海拔4200米左右的阴坡草甸、高山灌丛、河谷草地	产杂多
				腺毛翠雀	*Delphinium grandiflorum Linn. var. glandulosum*	生于海拔2500～3000米的山坡草地、河滩疏林、沟谷林缘、河岸草甸	产乐都、西宁、大通
				展毛翠雀花	*Delphinium kamaonense Huth var. glabrescens*	生于海拔3400～4360米的山坡草地、河谷阶地、高寒灌丛中、田边地埂、河谷草地、高山草甸、河岸岩缝、沙砾山坡	产同仁、泽库、河南、玛沁、久治、玛多、称多、玉树、囊谦、曲麻莱、杂多
				囊谦翠雀花	*Delphinium nangchienense*	生于海拔4200米左右的沟谷林缘、阴坡草地、高山灌丛、河谷阶地、河岸砾坡	产囊谦（模式标本产地）

科名		属名		种名		生境	省内分布区
中文名	拉丁名	中文名	拉丁名	中文名	拉丁名		
				粗距翠雀花	*Delphinium pachycentrum Hemsl*	生于海拔 3950 ~ 4600 米的山麓砾地、高山草甸、阴坡灌丛、山坡石隙间、河滩沙砾草地	产久治、达日
				大通翠雀花	*Delphinium pylzowii Maxim*	生于海拔 2500 ~ 5000 米的山坡草地、沟谷灌丛、高山草甸裸地、高寒草原砾地、河谷阶地、林缘草地、冰缘湿地、河滩沼泽草甸、高山流石坡	产互助、循化、湟中、大通、祁连、同德、兴海、泽库、河南、达日、玛多、称多、玉树、囊谦、曲麻莱、杂多、治多
				三果大通翠雀花	*Delphinium pylzowii Maxim.var. trigynum*	生于海拔 3950 ~ 4000 米的沙砾山坡、高山草甸、沼泽草甸、沙滩砾地	产兴海、泽库、玛多、玉树、曲麻莱
				五果翠雀花	*Delphinium sinopentagynum*	生于海拔 2400 米左右的山沟林下、林缘灌丛	产互助
				川甘翠雀花	*Delphinium souliei French*	生于海拔 3950 ~ 4000 米的高山灌丛、沟谷林缘	产久治
				疏花翠雀	*Delphinium sparsiflorum Maxin*	生于海拔 2500 米左右的山坡草地、沟谷林缘	产门源
				唐古拉翠雀花	*Delphinium tangkulaense*	生于海拔 4700 ~ 4800 米的山坡裸岩缝隙、高山流石坡、河谷阶地、高山草甸裸地、河谷砾地、山前冲积扇、冰缘砾石坡	产曲麻莱
				青海翠雀花	*Delphinium tatsienense French, var, chinghaiense*	生于海拔 4000 米的山坡草地、河谷阶地、高山草甸裸地、山前沙砾地	产班玛

科名		属名		种名		生境	省内分布区
中文名	拉丁名	中文名	拉丁名	中文名	拉丁名		
				毛翠雀花	*Delphinium trichophorum*	生于海拔 3200 ~ 4350 米的高山灌丛、河谷阶地、沟谷河岸、山坡石隙、冲沟砾地、泉边湿地、高山草甸	产门源、河南、泽库、久治、玉树、囊谦、曲麻莱、杂多、治多
				粗距毛翠雀花	*Delphinium trichophorum Franch var. platycentrum*	生于海拔 3750 ~ 4000 米的山坡、砾地、高山草甸、河谷阶地、泉水出露处、沟谷潮湿砾地、山前洪积扇	产久治、玉树
		碱毛茛属	Halerpestes Greene	水葫芦苗	*Halerpestes cymbalaris*	生于海拔 2230 ~ 2900 米的山坡林下、沟谷林缘湿地、灌丛草甸、河溪水池边、沼泽浅水中	产西宁、大通、都兰、德令哈
				长叶碱毛茛	*Halerpestes ruthenica*	生于海拔 3000 米左右的盐碱沼泽地、河滩湿草地	产青海
				三裂碱毛茛	*Halerpestes tricuspis*	生于海拔 2230 ~ 4600 米的河沟水渠边、高山草甸、湖滨湿砾地、河漫滩草甸、河边湿草地、沼泽草甸、阴坡草地、山麓潮湿沙地	产互助、西宁、大通、门源、共和、兴海、同仁、久治、达日、玛多、称多、玉树、治多
		芍药属	Paeonia Linn	毛果芍药	*Paeonia lactiflora Pall.var. trichocarpa*		西宁有栽培
				牡丹	*Paeonia suffruticosa Andr*		西宁有栽培
				紫斑牡丹	*Paeonia suffruticosa Andr. var. papaveraces*		西宁有栽培

科名		属名		种名		生境	省内分布区
中文名	拉丁名	中文名	拉丁名	中文名	拉丁名		
				川赤芍	*Paeonia veitchii Lynch*	生于海拔 2500～3700 米的山坡林下、沟谷林缘、河岸灌丛、林区半阴湿的山崖下	产民和、互助、乐都、循化、湟中、大通、尖扎、同仁、班玛
		白头翁属 Pulsatilla Adans		蒙古白头翁	*Pulsatilla ambigua Trucz*	生于海拔 3000～3900 米的山坡草地、沟谷砾地、河谷阶地、岩石缝隙	产门源、祁连
				白头翁	*Pulsatilla chinensis*	生于海拔 2100～2200 米的山坡岩石缝隙、河谷阶地草丛	产循化
		水毛茛属 Batrachium S.F.Gray		水毛茛	*Batrachium bungei*	生于海拔 3000～4700 米的河滩沼泽、河湾死水坑、沼泽草甸积水处、河漫滩、湖边浅水中、小溪、河沟水池中	产大通、祁连、同仁、泽库、河南、玛沁、甘德、久治、达日、玛多、称多、玉树、曲麻莱、杂多、治多
				硬叶水毛茛	*Batrachium foeniculaceum*	生于海拔 3000 米左右的河滩沼泽、河边浅水中、溪水沟边	产大通
		驴蹄草属 Caltha Linn		花葶驴蹄草	*Caltha scaposa Hook*	生于海拔 3000～4600 米的高寒沼泽草甸、高山冰缘湿地、山坡草地、高寒灌丛、高寒草甸、河滩草甸、湖滨湿地	产互助、湟中、同仁、久治、玛多、称多、玉树、囊谦、治多、杂多
		唐松草属 Thalictrum Linn		高山唐松草	*Thalictrum alpinum Linn*	生于海拔 2500～4700 米的高山草甸、山顶裸地、山麓砾地、河谷阶地、湖滨河岸、河漫滩草地、谷地岩缝	产西宁、门源、海晏、共和、兴海、玛沁、玛多、玉树、曲麻莱、杂多、治多、可可西里（海拔 5000 米处）
				直梗高山唐松草	*Thalictrum alpinum Linn. var. elatum Ulbr*	生于海拔 3300～4000 米的高山草甸、河岸溪边、山顶裸地、山前砾地、高寒草原裸地、河谷草地	产互助、门源、大通、兴海、尖扎、同仁、泽库、河南、久治、玛沁、玉树

续表

科名		属名		种名		生境	省内分布区
中文名	拉丁名	中文名	拉丁名	中文名	拉丁名		
				唐松草	*Thalictrum aquilegifolium Linn. var, sibiricum*	生于海拔 2200 米左右的山坡草地、沟谷林缘、灌丛草甸	产循化
				贝加尔唐松草	*Thalictrum baicalense Turcz*	生 于 海 拔 2200 ~ 3000 米的山地阴坡林下、沟谷林缘、灌丛草甸	产民和、互助、乐都、循化、西宁、大通
				丝叶唐松草	*Thalictrum foeniculaceum Bunge,*	生 于 海 拔 1700 ~ 1800 米的干旱山坡、沟谷草地	产民和
				腺毛唐松草	*Thalictrum foetidum Linn.*	生 于 海 拔 2560 ~ 3060 米的沟谷林下、山坡林缘、河岸灌丛、河谷阶地、滩地草甸、山坡草地、河沟水边、岩石缝隙	产西宁、门源、贵南、共和、兴海、乌兰、都兰、德令哈、河南、玉树、囊谦
				白茎唐松草	*Thalictrum leuconotum Franch.*	生 于 海 拔 3600 ~ 3800 米的山地草丛、高山草地、河谷阶地、山麓砾地、河沟水边	产玉树、囊谦
				亚欧唐松草	*Thalictrum minus Linn.*	生 于 海 拔 2460 ~ 3700 米的沟谷林缘、灌丛草甸、河沟水边、山坡草地	产民和、互助、大通、门源、祁连、共和、兴海、尖扎、同仁、河南、班玛
				东亚唐松草	*Thalictrum minus Linn. var. hypoleucum*	生 于 海 拔 2100 ~ 3100 米的沟谷林缘、河岸溪边、河滩草甸、山坡草地、河谷地带、林缘灌丛	产互助、循化、祁连、尖扎、同仁
				稀蕊唐松草	*Thalictrum oligandrum Maxim.*	生于海拔 3250 米左右的沟谷林下、山坡林缘、倒地腐木旁	产泽库

科名		属名		种名		生境	省内分布区
中文名	拉丁名	中文名	拉丁名	中文名	拉丁名		
				瓣蕊唐松草	*Thalictrum petaloideum Linn.*	生于海拔2800~4300米的山坡林缘、沟谷灌丛、河滩草地、河谷阶地、高寒草甸、山沟砾地	产互助、乐都、循化、西宁、大通、门源、尖扎、同仁、玛多
				长柄唐松草	*Thalictrum przewalskii Maxim.*	生于海拔2200~3650米的山坡林下、沟谷林缘、河岸灌丛、山坡岩石缝隙、河滩草地	产民和、循化、湟中、西宁、大通、门源、同仁、泽库、河南、玛沁、久治、班玛
				芸香叶唐松草	*Thalictrum rutifolium Hook.*	生于海拔3200~4600米的山麓乱石堆、山坡砾地、河滩草地、沟谷疏林下、林缘灌丛、高山草甸、河谷阶地、河岸沟边	产大通、共和、兴海、尖扎、同仁、泽库、河南、久治、玛多、玉树、囊谦、曲麻莱、杂多、治多
				箭头唐松草	*Thalictrum simplex Linn. Mant.*	生于海拔2200米左右的山坡草地、河沟岸边	产西宁
				短梗箭头唐松草	*Thalictrum simplex Linn. var.brevipes*	生于海拔2700~3000米的山坡草地、河溪水沟边	产大通、尖扎
				石砾唐松草	*Thalictrum squamiferum Lecoy, Bull.*	生于海拔3800~4200米的山坡灌丛、沟谷林下、林缘草地、高山草甸、河边砾地	产玉树、囊谦、可可西里
				展枝唐松草	*Thalictrum squarrosum Steph. ex Will.*	生于海拔2230~2780米的田边荒地、山坡草地	产西宁、大通
				细唐松草	*Thalictrum tenue Franch. Nouv.*	生于海拔3000~3600米的干燥山坡、山麓草地、沟谷河岸、田边荒地	产尖扎、泽库

续表

科名		属名		种名		生境	省内分布区
中文名	拉丁名	中文名	拉丁名	中文名	拉丁名		
				钩柱唐松草	*Thalictrum uncatum Maxim.*	生于海拔 3000 ~ 3500 米的山坡草地、林缘、灌丛、沟谷林下、河岸草甸	产民和、互助、同仁、河南、玉树
		金莲花属	Trollius Linn	金莲花	*Trollius chinensis Bunge*		西宁有栽培
				矮金莲花	*Trollius farreri Stapf in Curtis's Bot*	生于海拔 2900 ~ 5200 米的山坡灌丛、高山草甸、高寒沼泽草甸、湖滨湿地、高山冰缘湿地、河谷岸边沙地、高山流石坡、河滩草甸	产互助、乐都、湟源、大通、贵南、兴海、乌兰、同仁、河南、玛沁、玛多、玉树、囊谦、治多
				小金莲花	*Trollius pumilus D*	生于海拔 2500 ~ 4200 米的山坡湿地、高山草甸、湖滨湿沙地、沼泽草甸、河滩草甸、沟谷草地	产循化、门源、同仁、泽库、河南、玉树
				青藏金莲花	*Trollius pumilus D.Don var.tanguticus*	生于海拔 2700 ~ 5200 米的山坡、林缘、高寒沼泽草甸、河谷阶地、泉水边、草地、河滩草甸、高山草甸、高山冰缘湿地、沟谷林下、阴坡灌丛草甸、山前洪积扇	产循化、大通、门源、兴海、尖扎、同仁、泽库、久治、玛多、玉树、囊谦、杂多
				德格金莲花	*Trollius pumilus D.Don var. tehkehensis*	生于海拔 5200 米左右的高山沼泽草甸、高山冰缘湿地、高寒草甸	产囊谦
				毛茛状金莲花	*Trollius ranunculoides Hemsl*	生于海拔 2500 ~ 3900 米的高山草甸、河滩草甸、湖滨湿地、山坡草地、林缘草甸、河溪水边灌丛草甸、沼泽草甸	产民和、互助、乐都、大通、同仁、玉树

科名		属名		种名		生境	省内分布区
中文名	拉丁名	中文名	拉丁名	中文名	拉丁名		
小檗科	Berberidaceae	小檗属	Berberis Linn	锥花小檗	*Berberis aggregata Schneid*	生于海拔 2450 ~ 2600 米的阳坡山麓、山谷灌丛、河沟岸边	产互助、门源
				毛叶小檗	*Berberis brachypoda Maxim*	生于海拔 2500 米左右的河谷灌丛、山坡林缘、河岸石隙	产民和
				秦岭小檗	*Berberis circumesrrata*（*Schneid.*）	生于海拔 3200 ~ 3600 米的山坡林缘、沟谷灌丛、河谷阶地	产互助、乐都、同仁、河南
				直穗小檗	*Berberis dasystachya Maxim.*	生于海拔 2500 ~ 3800 米的山坡林缘、山麓砾地、河谷灌丛	产民和、互助、乐都、循化、平安、湟中、湟源、大通、门源、尖扎、同仁、泽库、玉树
				多花直穗小檗	*Berberis dasystachys Maxim. Var. pluriflora*	生于海拔 2200 ~ 3100 米的沟谷林缘、山坡灌丛中	产循化、大通、门源、泽库
				鲜黄小檗	*Berberis diaphana Maxim.*	生于海拔 2395 ~ 3850 米的山坡林缘、沟谷林下、河谷灌丛	产民和、互助、乐都、循化、湟中、湟源、大通、贵德、同德、尖扎、同仁、泽库、河南、玛沁、久治、玉树、杂多
				刺红珠	*Berberis dictyophylla Franch.*	生于海拔 3500 ~ 3920 米的阳坡山麓、半阳坡灌丛、沟谷河岸砾地	产同仁、久治、玉树
				拟小檗	*Berberis dubia Schneid.*	生于海拔 2500 ~ 3850 米的干山坡、干旱的冲沟两侧、河谷灌丛	产民和、湟源、门源、祁连、贵德、贵南、都兰、乌兰、德令哈、尖扎、同仁、泽库、河南、玛沁、称多、囊谦、玉树、治多

续表

科名		属名		种名		生境	省内分布区
中文名	拉丁名	中文名	拉丁名	中文名	拉丁名		
				川滇小檗	*Berberis jamesiana Forrest et W.*	生于海拔 3600 ~ 3850 米的沟谷林缘、河岸沟边、阴坡灌丛、流石冲沟	产兴海、玛沁
				甘肃小檗	*Berberis kansuensis Schneid.*	生于海拔 2400 ~ 2800 米的山坡林下、河谷阶地、沟谷林缘、河岸灌丛中	产民和、互助、乐都、循化、大通、门源、尖扎、同仁
				细叶小檗	*Berberis poiretii Schneid.*	生于海拔 1700 ~ 2300 米的山坡灌丛、河岸沟边、林下林缘	产民和、循化、西宁
				延安小檗	*Berberis purdomii Schneid.*	生于海拔 2350 ~ 2500 米的干燥谷地、田边荒坡、河岸河滩、山坡灌丛中	产西宁、大通、尖扎
				西北小檗	*Berberis vernae Schneid.*	生于海拔 2700 ~ 3850 米的阳坡山麓、干涸河床、河谷渠岸、沙砾河漫滩、田地边土崖	产民和、互助、乐都、湟中、大通、门源、兴海、尖扎、同仁、称多、玉树
				变绿小檗	*Berberis virescens Hook.*	生于海拔 1900 ~ 2100 米的阳坡山麓、河滩灌丛、沟谷林缘、田埂地头	产循化
				刺檗	*Berberis vulgaris Linn.*	生于海拔 2240 ~ 4100 米的林下、山坡、河谷	产互助、乐都、西宁、大通、门源、贵南、同德、兴海、德令哈、尖扎、同仁、泽库、河南、玛沁、玉树、曲麻莱、治多
				小叶小檗	*Berberis wilsonae Hemsl.*	生于海拔 2000 ~ 3680 米的干旱阳坡、沟谷河岸	产循化、囊谦
罂粟科	Papaveraceae	紫堇属	Corydalis Vent.	灰绿黄堇	*Corydalis adunca Maxim.*	生于海拔 1700 ~ 4300 米的山坡灌丛中、沟谷林下、田边荒地、阴坡潮湿处、河溪冲沟、渠岸沟沿、山前洪积扇、河滩沙地	产民和、互助、乐都、循化、西宁、大通、同德、兴海、尖扎、同仁、玛多

科名		属名		种名		生境	省内分布区
中文名	拉丁名	中文名	拉丁名	中文名	拉丁名		
				多茎天山黄堇	*Corydalis capnoides*	生于海拔3900~4300米的山坡砾地、高山草甸、高山流石坡、河谷沙地、山麓断崖下	产玛沁、久治、达日、玛多
				斑花黄堇	*Corydalis conspersa Maxim.*	生于海拔3820~5300米的高山草甸、山麓滑塌处、高山流石坡、冰缘湿砾地、河漫滩、沼泽、砾质沙丘、河溪泉水中、沟谷石隙	产久治、玉树、囊谦、杂多、治多
				鸡冠状紫堇	*Corydalis crista-galli Maxim.*	生于海拔3400~4100米的沟谷林缘、阳坡山麓、河滩草甸、河岸沟边、断崖石缝、灌丛草甸	产同德、治多
				假柔软紫堇	*Corydalis crista-galli Maxim.var. pseudoflaccidus*	生于海拔4000米左右的山坡砾地、高山草甸、河沟水边	产囊谦
				弯花紫堇	*Corydalis curviflora Maxim.*	生于海拔2600~4000米的高山草甸、阴坡灌丛中、沟谷林下、湿沙山坡、河岸沟沿、崖边岩缝	产乐都、循化、湟中、大通、海晏、贵德、贵南、同德、尖扎、同仁、玛沁、久治、玉树
				具爪弯花紫堇	*Corydalis curviflora Maxim.ex Hemsl.var. rosthornii*	生于海拔3800~4300米的高山草甸、沼泽草甸、路边断崖、山坡石隙、沙砾河滩、水边砾地	产共和、尖扎、玛沁、久治
				叠裂黄堇	*Corydalis dasysptera Maxim.*	生于海拔2700~4800米的高山稀疏植被、高山草甸、砾石河滩、高山流石坡、高寒草原、冰缘砾石湿地、河岸石隙、泉水浸漫处、塌方的湿沙砾坡、阴坡灌丛中	产互助、乐都、湟中、大通、门源、祁连、海晏、刚察、贵南、同德、共和、兴海、天峻、尖扎、同仁、泽库、河南、玛沁、久治、达日、玛多、称多、玉树、囊谦、曲麻莱、杂多、治多、唐古拉

续表

科名		属名		种名		生境	省内分布区
中文名	拉丁名	中文名	拉丁名	中文名	拉丁名		
				紫堇	Corydalis edulis Maxim.	生于海拔 3000 米左右的河谷草地、河沟水溪边	产循化
				粉绿延胡索	Corydalis glaucescens Regel，	生于海拔 4850 米左右的山坡草地、高山草甸、高山流石坡、河岸石隙	产玉树
				塞北紫堇	Corydalis impatiens（Pall.）	生于海拔 2300～4500 米的山麓砾地、岩石缝隙、阴坡林下、林缘灌丛中、高山草甸、高山流石坡下部、退化草场、沟谷水边、滑塌山坡	产民和、互助、乐都、湟中、湟源、门源、祁连、同仁、泽库、玛沁、久治
				条裂黄堇	Corydalis linarioides Maxim.	生于海拔 2800～4700 米的阴坡草地、高山草甸、高山流石坡、河谷阶地、高寒灌丛、沟谷灌丛草甸、河滩沙地、冰缘砾地、山坡岩隙	产民和、互助、乐都、循化、湟中、大通、门源、祁连、海晏、同德、共和、同仁、河南、玛沁、久治、达日、玛多、称多、玉树、囊谦
				裂苞紫堇	Corydalis linarioides Maxim.Var. fissibracteata	生于海拔 2800～4800 米的阴坡草地、高山流石坡稀疏植被、沟谷石缝、河滩湿沙地、河漫滩、山坡灌丛中、灌丛草甸、泉水浸漫的沙砾地	产河南、玛沁、久治、玉树
				二色紫堇	Corydalis livida Maxim.	生于海拔 3000～4000 米的河谷阶地、河溪水边、高山草甸、沟谷灌丛边草甸、山坡草地	产民和、互助、乐都、循化、化隆、平安、尖扎、同仁、泽库、河南
				暗绿紫堇	Corydalis melanochlora Maxim.	生于海拔 3200～5000 米的高山流石坡、沟谷砾石隙、高山草甸裸地、河谷阶地、山坡崖壁、沙砾河滩、冰缘湿沙砾地	产互助、门源、祁连、共和、河南、玉树、杂多

科名		属名		种名		生境	省内分布区
中文名	拉丁名	中文名	拉丁名	中文名	拉丁名		
				尖突黄堇	*Corydalis muscronifera Maxim.*	生于海拔4200~4700米的滑塌沙砾坡、高山流石坡、沙砾山坡、泉水出露处、沙砾河漫滩	产玛沁、达日、玛多、称多、囊谦、曲麻莱、杂多
				黑顶黄堇	*Corydalis nigro-apiculata C.*	生于海拔约3000米的山坡草地、阴坡疏林下、林缘灌丛、河谷草甸裸地	产玉树
				蛇果黄堇	*Corydalis ophiocarpa Hook.*	生于海拔2300~3500米的山坡草地、河滩沙地、河边石隙	产互助、西宁、同德、河南、玉树
				宽瓣延胡索	*Corydalis pauciflora*（*Steph.*）	生于海拔4000~4800米的高山砾石带、山坡草地、沟谷灌丛中、高山草甸裸地、沙砾山坡、湖滨岩缝、河岸水边、林下林缘	产大通、门源、尖扎、同仁、玛沁、久治
				半裸茎黄堇	*Corydalis potaninii Maxim.*	生于海拔3000~4300米的高山流石坡、河谷阶地、高山草甸、高寒草原裸地、山坡草地	产民和、互助、乐都、循化、化隆、平安、湟中、湟源、尖扎、同仁、泽库、河南、玛沁、甘德、久治、班玛、达日、玛多
				粗毛黄堇	*Corydalis pseudochlechterian Fedde,*	生于海拔3000~4700米的山坡草地、河沟石隙、高山流石坡、高寒草甸裸地、冰缘湿砾地、沟谷水边沙地、阴坡灌丛中、山坡滑塌处湿沙地	产久治、班玛、玉树、囊谦
				红花紫堇	*Corydalis punicea C.*	生于海拔3400~4700米的高山草甸、高山流石坡、河谷沙滩、山麓砾地、阴坡灌丛草甸	产循化、同仁、河南、玛沁、久治、玉树

科名		属名		种名		生境	省内分布区
中文名	拉丁名	中文名	拉丁名	中文名	拉丁名		
				扇苞黄堇	*Corydalis rheinbabeniana Fedde*，	生于海拔3000~3800米的沟谷灌丛、山坡砾地、河岸沟边、林缘石隙、高山草甸	产同仁、泽库、玛沁、久治
				粗糙紫堇	*Corydalis scaberula Maxim.*	生于海拔3800~5600米的高山草甸、高山流石坡、滑塌山坡、冰缘湿地、退化高寒草原、河滩砾地、沟谷石隙、河溪水沟边	产兴海、玛沁、久治、达日、玛多、称多、玉树、曲麻莱、杂多、治多、唐古拉
				草黄花黄堇	*Corydalis straminea Maxim.*	生于海拔2400~3600米的阴坡灌丛草甸、沟谷林下、河岸溪边、河滩草甸、林缘草甸	产民和、互助、乐都、循化、大通、同德、尖扎、玛沁、久治
				直立黄堇	*Corydalis stricta Steph.*	生于海拔3200~4900米的山坡草地、高山流石坡、高山草甸、冰缘湿地、阴坡沙地、河谷阶地、湖滨沙滩、泉水出露处石隙、高寒草原裸地、退化草场、沟谷岩石缝隙	产刚察、共和、兴海、格尔木、玛沁、达日、玛多、玉树
				糙果紫堇	*Corydalis trachycarpa Maxim.*	生于海拔3100~4500米的高山流石坡、高山草甸、河滩湿沙地、山麓砾石堆、河溪水沟边、林缘崖壁、灌丛草地、岩石缝隙	产互助、湟中、大通、门源、祁连、天峻、贵德、共和、同仁、河南、玛沁、久治、达日、玛多、称多、玉树
				杂多紫堇	*Corydalis zadoiensis L.*	生于海拔3350~4200米的沙砾河滩、高山草甸砾地、岩石缝隙、水边沙地、山麓倒石堆、河岸沟沿、山坡砾地、高山流石滩、山顶半阴坡草地滑塌处。青海特有	产称多、玉树、囊谦、杂多（模式标本产地）、治多

科名		属名		种名		生境	省内分布区
中文名	拉丁名	中文名	拉丁名	中文名	拉丁名		
		绿绒 蒿属	Meconopsis Vig.	久治绿 绒蒿	*Meconopsis barbiseta C.*	生于海拔 4400 米左 右的湖畔砾地、高 山草甸、河谷阶地。 青海特有	产久治（模式标本 产地）
				多刺绿 绒蒿	*Meconopsis horridula Hook.*	生于海拔 3700 ~ 4800 米的高山流石 坡、河滩砾地、沙 砾山坡、沟谷河岸、 山麓石堆、林缘石 隙、高山草甸	产乐都、大通、门 源、祁连、同德、 共和、兴海、达日、 玛多、称多、玉树、 囊谦、曲麻莱、杂 多、治多
				总状花 绿绒蒿	*Meconopsis horridula Hook.f.et Thoms.var. racemosa*	生于海拔 3200 ~ 5000 米的阴坡灌丛 下、沟谷林下、林 缘草地、高山草甸 裸地、河谷砾地、 山麓石隙、高山倒 石堆、山坡草甸、 宽谷湖盆砂砾地	产互助、大通、门 源、贵南、同德、 兴海、尖扎、同仁、 泽库、河南、玛沁、 久治、达日、玛多、 称多、玉树、囊谦、 曲麻莱、治多
				刺瓣绿 绒蒿	*Meconopsis horridula Hook, f.et Thoms.var. spinulifera*	生于海拔 4000 ~ 4200 米的山顶草地、 高山草甸、山麓砾 地、砾石河岸阶地	产玉树
				全缘叶 绿绒蒿	*Meconopsis integrifolia* （*Maxim.*）	生于海拔 3200 ~ 4700 米的高山草甸、 山坡草地、河滩砾 地、退化草甸、沟 谷河岸、湖滨草甸、 高山岩隙、河谷阶 地	产互助、乐都、循 化、大通、门源、 祁连、同德、同仁、 泽库、河南、玛沁、 甘德、久治、班玛、 达日、玛多、称多、 玉树、囊谦、曲麻 莱、杂多、治多
				红花绿 绒蒿	*Meconopsis punicea Maxim.*	生于海拔 2300 ~ 4600 米的山坡草地、 高山灌丛草甸	产循化、同仁、泽库、 河南、玛沁、久治、 班玛、达日、玉树
				白花绿 绒蒿	*Meconopsis punicea Maxim.form. aibiflora*	生于海拔 3600 ~ 3800 米的山坡灌丛 草甸	产久治

续表

科名		属名		种名		生境	省内分布区
中文名	拉丁名	中文名	拉丁名	中文名	拉丁名		
				五脉绿绒蒿	*Meconopsis quintupllineergia Regel.*	生于海拔 2400 ~ 4300 米的高山草甸、灌丛草甸、山麓砾地、河岸石隙	产民和、互助、乐都、循化、湟中、大通、门源、祁连、贵南、同德、兴海、共和、尖扎、同仁、泽库、河南、玛沁、久治、达日、玛多、玉树
				单叶绿绒蒿	*Meconopsis simplicifolia* （*D. Don*） *Walp*	生于海拔 4250 ~ 4300 米的湖畔草甸、山坡、草地、高山草甸、河谷阶地	产久治
		罂粟属	Papaver Linn.	山罂粟	*Papaver nudicaule Linn.*	生于海拔 2800 ~ 3000 米的山地阴坡、河谷砾地、溪边石隙	产民和、互助、乐都、化隆、平安、湟中、大通、贵德、泽库
				虞美人	*Papaver rhoeas Linn.*	植于海拔 2200 ~ 3000 米的庭院公园	互助、乐都、循化、化隆、平安、湟中、湟源、西宁、大通、门源、贵德、同德、共和、尖扎、同仁、玉树有栽培
				罂粟	*Papaver somniferum Linn.*	植于海拔 2200 ~ 3200 米的庭院公园	西宁、大通、共和、同仁曾见零散栽培
十字花科	Cruciferae	南芥属	Arabis Linn.	贺兰山南芥	*Arabis alaschanica Maxim.*	生于海拔 3400 米左右的山谷石缝、山坡草地、高山草甸、阴湿崖下	产贵德
				硬毛南芥	*Arabis hirsuta* （*Linn.*）	生于海拔 2200 ~ 2800 米的山坡林间、沟谷林缘、灌丛草甸、河溪水边、河岸石缝	产互助、循化、大通
				宽翅南芥	*Arabis latialata Y.*	生于海拔 3500 米左右的林缘路边、沟谷灌丛草甸、河溪水边	产玉树

科名		属名		种名		生境	省内分布区
中文名	拉丁名	中文名	拉丁名	中文名	拉丁名		
				垂果南芥	*Arabis pendula Linn.*	生于海拔 1800 ~ 4200 米的林缘草地、沟谷溪边、阴湿崖下、山坡灌丛边、河滩湖滨、田边荒地	产民和、互助、大通、同德、兴海、泽库、班玛、玛多、玉树、囊谦
		山芥属	Barbarea R.Br	山芥	*Barbarea orthoceras Ledeb.*	生于海拔 3500 ~ 4300 米的河边山脚下、人工草场中、林缘草地、河谷草甸	产玛多、玉树
		芸苔属	Brassica Linn.	油菜	*Brassica campestris Linn.*	多生长在田间、河塘边、山坳里	民和、互助、乐都、循化、化隆、平安、湟中、湟源、西宁、大通、门源、祁连、海晏、刚察、贵德、贵南、同德、共和、兴海、天峻、都兰、乌兰、格尔木、德令哈、尖扎、同仁、泽库、河南、玛沁、甘德、久治、班玛、玉树、囊谦有栽培或为野生
				青菜	*Brassica chinensis Linn.*		民和、互助、乐都、循化、化隆、平安、湟中、湟源、西宁、大通、门源、祁连、海晏、刚察、贵德、贵南、同德、共和、兴海、天峻、都兰、乌兰、格尔木、德令哈、尖扎、同仁、泽库、河南、玛沁、甘德、久治、班玛、玉树、囊谦有栽培

续表

科名		属名		种名		生境	省内分布区
中文名	拉丁名	中文名	拉丁名	中文名	拉丁名		
				芥菜	*Brassica juncea*(*Linn.*)		民和、互助、乐都、循化、化隆、平安、湟中、湟源、西宁、大通、门源、海晏、刚察、贵德、贵南、同德、共和、天峻、乌兰、都兰、格尔木、德令哈、尖扎、同仁有栽培或在田边荒地成半野生
				油芥菜	*Brassica juncea*(*Linn.*) *Czem.et Coss. var.gracilis*		民和、互助、乐都、循化、化隆、平安、湟中、湟源、西宁、大通、门源、祁连、海晏、刚察、贵德、贵南、同德、共和、兴海、天峻、都兰、乌兰、格尔木、德令哈、尖扎、同仁、泽库、河南有栽培
				雪里蕻	*Brassica juncea*(*Linn.*)		民和、互助、乐都、循化、化隆、平安、湟中、湟源、西宁、大通、门源、祁连、海晏、刚察、贵德、贵南、同德、共和、兴海、天峻、都兰、乌兰、格尔木、德令哈、尖扎、同仁、泽库、河南、玛沁、甘德、久治、班玛、玉树、囊谦有栽培
				欧洲油菜	*Brassica napus Linn.*		民和、乐都、西宁有栽培
				花椰菜	*Brassica oleracea Linn. Var.botrytis*		民和、互助、乐都、循化、化隆、平安、湟中、湟源、西宁、大通、门源、贵德、尖扎、同仁、贵南有栽培

科名		属名		种名		生境	省内分布区
中文名	拉丁名	中文名	拉丁名	中文名	拉丁名		
				甘蓝	*Brassica oleracea Linn. var.capitata*		民和、互助、乐都、平安、循化、化隆、湟中、湟源、西宁、大通、门源、贵德、尖扎、同仁有栽培
				白菜	*Brassica pekinensis*（*Lour.*）		民和、互助、乐都、循化、化隆、平安、湟中、湟源、西宁、大通、门源、祁连、海晏、刚察、贵德、贵南、同德、共和、兴海、天峻、都兰、乌兰、格尔木、德令哈、尖扎、同仁、泽库、河南、玛沁、甘德、久治、班玛、玉树、囊谦有栽培
				芜菁	*Brassica rapa Linn.*		民和、乐都、互助、乐都、循化、化隆、平安、湟中、湟源、西宁、大通、门源、祁连、海晏、刚察、贵德、贵南、同德、共和、兴海、天峻、都兰、乌兰、格尔木、德令哈、尖扎、同仁、泽库、河南、玛沁、甘德、久治、班玛、玉树、囊谦、移多、杂多、治多、曲麻莱有栽培
		肉叶荠属	Braya Sternb.	青海肉叶荠	*Braya kokonorica 0.*	生于海拔4000~4850米的冰缘湿沙滩、河滩沙砾地、轻度盐碱地、高寒沼泽草甸、高山流石坡、高山灌丛边沙地。青海特有	产乐都、玛沁、称多、囊谦

科名		属名		种名		生境	省内分布区
中文名	拉丁名	中文名	拉丁名	中文名	拉丁名		
				红花肉叶荠	*Braya rosea* (*Turcz.*)	生于海拔4000～5000米的潮湿沙砾河滩、高山碎石岩屑坡、山坡草地、冰缘沙滩、高寒沼泽草甸沙砾地	产乌兰、玛沁、玉树、囊谦、曲麻莱、杂多
				无毛肉叶荠	*Braya rosea* (*Turcz.*)	生于海拔4000～5000米的潮湿沙砾河滩、宽谷湿沙砾滩、山麓岩屑坡、高山草地、高山流石坡、冰缘湿沙滩、泉边砾地、高寒沼泽草甸沙砾地。	产玛沁、玉树、囊谦、曲麻莱、杂多、治多（可可西里）
				长角肉叶荠	*Braya siliquosa Bunge,*	生于海拔4600米左右的高山流石坡、山麓草甸、冰缘湿地、湿沙河滩、山前冲积扇	产玛沁
				短葶肉叶荠	*Braya tibetica Hook.*	分布于可可西里4700-4800米处	
				西藏肉叶荠	*Braya tibetica Hook.*	生于海拔3800～5200米的高山流石坡、山顶平缓岩屑坡、冰缘砾地、河滩湿沙地、泉水出露处砾滩、高山稀疏草滩、河沟水边沙滩、湖滨沙砾地	产兴海、天峻、乌兰、玛沁、达日、玛多、称多、玉树、囊谦、曲麻莱、治多（可可西里4950-5200处）
				条叶肉叶荠	*Braya tibetica Hook.f.et Thoms.form. sinuata*	生于海拔3850～5300米的高山流石坡、冰缘湿沙砾滩、河滩沙地、轻盐斑地、湖畔碎石草地	产玛沁、玉树、曲麻莱、杂多、治多
				羽叶肉叶荠	*Braya tibetica Hook.f.et Thoms.form. sinuata*	生于海拔3600～5200米的沟谷河岸、湿沙河湖滩地、沙砾山坡、高山流石坡、高山沙砾质稀疏灌丛、河谷草滩、冰缘湿沙地、轻度盐碱地	产共和、兴海、天峻、玛沁、玛多、囊谦、杂多

科名		属名		种名		生境	省内分布区
中文名	拉丁名	中文名	拉丁名	中文名	拉丁名		
		荠属	Capsella Medic.	荠	*Capsella bursa-pastoris*（*Linn.*）	生于海拔1700~4200米的农田渠岸、山坡地边、河谷沟边、高山草地、沙砾山坡、园林宅旁、林缘草地、河滩草甸、疏林灌木间、路边荒地	产民和、互助、乐都、循化、化隆、平安、湟中、湟源、西宁、大通、门源、祁连、海晏、刚察、贵德、贵南、同德、共和、兴海、天峻、都兰、乌兰、格尔木、德令哈、尖扎、同仁、泽库、河南、玛沁、甘德、久治、班玛、达日、玛多、称多、玉树、囊谦、曲麻莱、杂多、治多
		桂竹香属	Cheiranthus Linn.	红紫桂竹香	*Cheiranthus roseus Maxim.*	生于海拔2800~5200米的高山草甸、阴坡灌丛、高山岩屑碎石坡、湖滨砾地、河滩湿润砂砾地、山前冲积扇、高山稀疏植被、冰缘湿地、山坡石隙	产互助、乐都、化隆、大通、门源、祁连、兴海、同德、泽库、河南、玛沁、久治、可可西里4800-5200处、达日、玛多、称多、玉树、囊谦、曲麻莱、杂多、治多
		播娘蒿属	Descurainia Webb et Berth.	播娘蒿	*Descurainia sophia*（*Linn.*）	生于海拔2700~4600米的田边渠岸、村舍周围、宅旁庭院、路旁荒地、河沟岸边、河滩草甸、人工草场、牲畜棚圈周围、残垣断壁下、阴湿山崖下、沟谷灌丛边、疏林下、山坡砾质草地	产民和、互助、乐都、循化、化隆、平安、湟中、湟源、西宁、大通、门源、祁连、海晏、刚察、贵德、贵南、同德、共和、兴海、天峻、都兰、乌兰、格尔木、德令哈、尖扎、同仁、泽库、河南、玛沁、甘德、班玛、久治、达日、玛多、称多、玉树、囊谦、杂多、治多

科名		属名		种名		生境	省内分布区
中文名	拉丁名	中文名	拉丁名	中文名	拉丁名		
		葶苈属	Draba Linn.	高山葶苈	*Draba alpina Linn.*	生于海拔 3500 ~ 4700 米的高山灌丛、高山草甸、山坡草地、沟谷石隙、河谷阶地、河滩砾地可可西里4800–4900米处。	产互助、玛沁
				阿尔泰葶苈	*Draba altaica（C. A. Mey）*	生于海拔 4100 ~ 4950 米的山坡草地、山前冲积扇、山顶裸地、河谷阶地、湖滨碎石滩边、沙砾河滩、高山流石坡稀疏植被、冰缘砾地、沟谷岩隙	产兴海、玛多、囊谦、曲麻莱、杂多、可可西里4000 ~ 5100米处
				小果阿尔泰葶苈	*Draba altaica（C. A. Mey.）Bunge var. microcarpa*	生于海拔 4850 米左右的山顶草甸、高山流石滩、河谷滩地、高寒草原砾地	产玉树
				苞叶阿尔泰葶苈	*Draba altaica（C. A. Mey.）Bunge var. modesta*	生于海拔 3700 ~ 5100 米的山顶流石滩、山麓潮湿砾地、高山草甸裸地、沟谷石隙、冰缘泉水附近、河边碎石草滩	产大通、门源、玛沁、玛多、玉树、杂多、治多
				总序阿尔泰葶苈	*Draba altaica（C. A. Mey.）Bunge var. racemosa*	生于海拔 4400 米以上的山前洪积扇、冰缘湿地、河谷阶地、高山草甸裸地、高山流石坡、山坡砾地	产玛沁
				北方葶苈	*Draba borealis DC.*	生于海拔 4500 米左右的高山岩砾坡、高山草甸裸地、高寒草原沙砾地、河沟湖岸石缝、河谷阶地	产玉树

科名		属名		种名		生境	省内分布区
中文名	拉丁名	中文名	拉丁名	中文名	拉丁名		
				柱形葶苈	*Draba dasyastra Gilg et O.*	生于海拔 4700~5000 米的高山稀疏植被、山顶砾石地、坡麓洪积扇、沟谷沙砾地、冰缘湿砾地、泉边湿地	产杂多、唐古拉
				椭圆果葶苈	*Draba ellipsoidea Hook.*	生于海拔 3200~4600 米的高寒草甸、高山草原裸地、河岸阶地、湖滨沙地、沟谷湿地、砾石坡地	产兴海、久治、杂多、治多
				毛葶苈	*Draba eriopoda Turcz、Bull.*	生于海拔 2300~4500 米的山坡林缘、沟谷灌丛、沙砾河滩、山坡岩缝、高山草甸砾地、高寒草原、河谷阶地、河岸沟边、温湿草地	产民和、互助、乐都、循化、化隆、平安、湟中、湟源、西宁、大通、门源、贵德、同德、兴海、乌兰、同仁、泽库、河南、玛沁、久治、班玛、达日、玛多、称多、玉树、囊谦、曲麻莱
				福地葶苈	*Draba fladnizdensis Wulfen in Jacq*	生于海拔 3650 米左右的阴坡	产大通
				球果葶苈	*Draba glomerata Royle,*	生于海拔 3600~5100 米的山坡草地、沙砾质草甸、高寒草原砾地、高山流石坡、冰缘湿砾地、沟谷阴坡石隙	产门源、祁连、玛多、囊谦、杂多
				粗球果葶苈	*Draba glomerata Royle var. dasycarpa*	生于海拔 3600 米左右的山坡草地、沟谷岩缝	产贵德
				灰白葶苈	*Draba incana Linn.*	生于海拔 3600~4000 米的高山草原砾地、河滩沙质草地、沟谷岩石缝、沙砾山坡、高寒草甸裸地	产玛多、称多、囊谦

续表

科名		属名		种名		生境	省内分布区
中文名	拉丁名	中文名	拉丁名	中文名	拉丁名		
				总苞葶苈	*Draba involucrata*（*W. W. Smith*）*W.*	生于海拔 4600～4900 米的高山流石坡、冰缘湿地、高山石隙	产曲麻莱、囊谦
				苞序葶苈	*Draba ladyginii Pohle,*	生于海拔 2500～5200 米的沙砾河滩、高寒草甸、山坡砾地、林缘草地、灌丛草甸、高山草原、高山流石坡、冰缘稀疏植被、阴坡高寒灌丛石隙	产互助、乐都、循化、门源、贵南、兴海、天峻、乌兰、同仁、泽库、玛沁、达日、玛多、称多、玉树、囊谦、曲麻莱、杂多、治多
				毛果苞序葶苈	*Draba ladyginii Pohle var. thichocarpa*	生于海拔 4300 米左右的山前冲积滩地、高寒草原砾地、阴坡石隙、高寒草甸裸地	产玛多
				紫茎锥果葶苈	*Draba lanceolata Royle var. chingii*	生于海拔 3600～4200 米的沟谷灌丛、河滩砾石地、河谷阶地、沙砾山地、河沟岩隙	产门源、兴海、乌兰、久治
				光锥果葶苈	*Draba lanceolata Royle var. leiocarpa*	生于海拔 2800～4500 米的阴坡高寒灌丛、河滩林缘灌丛、湿润砂砾地、高山草原、高山草甸、沟谷石缝、河谷阶地、沙砾山坡	产互助、乐都、门源、刚察、共和、兴海、乌兰、尖扎、玛沁、久治、达日、玛多、称多、囊谦、曲麻莱
				毛叶葶苈	*Draba lasiophylla Royle,*	生于海拔 4500 米左右的高山流石坡、高寒草原砾地、山顶石隙	产玉树
				光果毛叶葶苈	*Draba lasiophylla Royle var. leiocarpa*	生于海拔 3800～4200 米的高寒草甸裸地、河谷阶地、岩屑山坡、高山石缝、多石滩地	产泽库、乌兰、玛多

科名		属名		种名		生境	省内分布区
中文名	拉丁名	中文名	拉丁名	中文名	拉丁名		
				丽江葶苈	*Draba lichiangensis W.*	生于海拔4300～4800米的山坡草甸、冰缘碎石坡、高山流石坡、高寒草原砾地、山崖石隙	产同仁、玛沁、称多、玉树、囊谦、杂多、可可西里5100米处
				蒙古葶苈	*Draba mongolica Turcz*	生于海拔2900～4100米的山顶石缝、沟谷草坡、林缘灌丛、高山草原砾地、高寒草原裸地、河边湖岸岩隙、山沟水边湿地	产互助、循化、大通、兴海、天峻
				毛果蒙古葶苈	*Draba mongolica Turcz.var. trichocarpa*	生于海拔3800米左右的山沟阴湿石隙、水沟边沼泽草甸	产兴海
				葶苈	*Draba nemorosa Linn.*	生于海拔2000～4200米的田边荒地、林区草坡、沟谷林缘、灌丛草甸、河滩疏林下、山坡石缝	产大通、循化、囊谦
				宽叶葶苈	*Draba nemorosa Linn.form. latifolia*	生于海拔2100～2300米的山坡林下、沟谷林缘、灌丛草甸、河滩渠岸	产民和、互助、乐都、循化、化隆、平安、湟中、湟源、西宁、大通
				光果葶苈	*Draba nemorosa Linn.Var. leiocarpa*	生于海拔2300～3660米的沟谷林缘、河边草甸、河岸岩缝、沙砾山坡	产互助、同仁、达日、玉树
				喜山葶苈	*Draba oreades Schrenk in Fisch.*	生于海拔3800～4950米的冰缘湿地、高山流石坡、砾石堆积处、沟谷砾地、山坡石隙、高山泥石流、高寒灌丛草地	产湟中、祁连、词德、兴海、泽库、河南、玛沁、达日、玛多、称多、曲麻菜

续表

科名		属名		种名		生境	省内分布区
中文名	拉丁名	中文名	拉丁名	中文名	拉丁名		
				高喜山葶苈	*Draba oreades* Schrenk var. *alpicola*	生于海拔 5000～5300 米的冰缘砾石地、高山流石滩、山坡沙砾地	产可可西里、唐古拉
				中国喜山葶苈	*Draba oreades* Schrenk var. *chinensis*	生于海拔 3900～4000 米的高山流石滩阴坡灌丛、高山草甸、沟谷石缝、砾石堆中	产湟中、兴海、祁连
				矮喜山葶苈	*Draba oreades* Schrenk var. *commutata*	生于海拔 3800～5100 米的高山岩屑坡、高山草甸、高寒灌丛岩缝。分布于可可西里 4900～5300 米处	产门源、祁连、格尔木、玛多、玉树、囊谦
				长纤毛喜山葶苈	*Draba oreades* Schrenk var. *tafellii*	生于海拔 3600 米左右的高山灌丛、山坡草甸	产贵德
				小花葶苈	*Draba parviflora*（E. Regel）O.	生于海拔 4100 米左右的山谷滩地、沙砾山坡、高山草甸裸地、河岸草地	产玉树
				匍匐葶苈	*Draba piepunensis* O.	生于海拔 4900 米左右的高山流石坡、山坡岩缝、冰缘砾地	产囊谦
				沼泽葶苈	*Draba rockii* O.	生于海拔 4500～5100 米的高山岩屑坡、河滩沙地、高山稀疏草甸、湖滨低洼地、冰缘湿地、泉水浸漫的沙砾地、高寒沼泽草甸沙砾地	产格尔木、玉树、治多（可可西里 4600～5000 米处）
				衰老葶苈	*Draba senilis* O.	生于海拔 4900～5200 米的高山草甸裸地、冷湿砾石山坡	产玛多、称多

科名		属名		种名		生境	省内分布区
中文名	拉丁名	中文名	拉丁名	中文名	拉丁名		
				无毛狭果葶苈	*Draba stenocarpa Hook.*	生于海拔3500～4300米的高山草甸、沟谷灌丛边、山坡砾地、河谷阶地、湖滨滩地	产刚察、玉树、囊谦
				半抱茎葶苈	*Draba subamplexicaulis C.*	生于海拔4500～4800米的山坡草甸、沟谷岩石下阴湿处、高山草原砾地、高山流石滩稀疏植被	产杂多
		山葶菜属	Eutrema R.	西北山萮菜	*Eutrema edwardsii R*	生于海拔2600～4500米的山坡草地、高寒草甸裸地、高山砾石地、河谷岸边、高山草原湿沙地	产兴海、达日、玛多、称多
				密序山萮菜	*Eutrema heterophylla (W. W. Smith)*	生于海拔3000～4800米的山坡草地、阴坡高寒、灌丛边、高寒草甸裸地、高山流石坡、沟谷河岸边沙砾地	产互助、乐都、湟中、大通、门源、祁连、兴海、尖扎、泽库、久治、达日、玛多、称多、玉树、囊谦、杂多
				川滇山萮菜	*Eutrema lancifolium (Franch.)*	生于海拔3500米左右的山坡灌丛、沟谷草地、高山草甸裸地、山顶砾地	产囊谦
				歪叶山萮菜	*Eutrema obliquum K.*	生于海拔3650～4500米的阴坡草地、河谷灌丛下、高山草甸、灌丛草甸、高山沙砾坡	产泽库、玛沁
		条果芥属	Parrya R.	裸茎条果芥	*Parrya nudicaulis (Linn.)*	生于海拔4500米左右的山地砾石坡、河谷阶地	产玉树
		大蒜芥属	Sisymbrium Linn.	垂果大蒜芥	*Sisymbrium heteromallum C*	生于海拔2500～4300米的沟谷林下、山坡林缘、河岸灌丛、河溪水沟边、宽谷河滩草甸、阴湿崖下	产门源、祁连、刚察、共和、兴海、天峻、乌兰、玛沁、久治、班玛、玛多、称多、玉树、囊谦、曲麻莱、杂多、治多

续表

科名		属名		种名		生境	省内分布区
中文名	拉丁名	中文名	拉丁名	中文名	拉丁名		
				全叶大蒜芥	*Sisymbrium luteum* (*Maxim.*)	生于海拔 1900～2200 米的山坡林缘、阴湿山崖下、沟谷灌丛边、河滩草甸	产循化
				准噶尔大蒜芥	*Sisymbrium polymorphum* (*Murray*) *Roth.*	生于海拔 3800～4200 米的沟谷沙滩地、潮湿河滩砾地	产河南、玛沁
		菥蓂属	Thlaspi Linn.	菥蓂	*Thlaspi arvense Linn.*	生于海拔 2000～4200 米的田边、路旁、宅旁、沟边及山坡荒地	产民和、互助、乐都、循化、化隆、平安、湟中、湟源、西宁、大通、门源、祁连、海晏、刚察、贵德、贵南、同德、共和、兴海、天峻、都兰、乌兰、格尔木、德令哈、尖扎、同仁、泽库、河南、玛沁、甘德、久治、班玛、玉树、囊谦
景天科	Crassulaceae	八宝属	Hylotelephium H.	狭穗八宝	*Hylotelephium angustum* (*Maxim.*)	生于海拔 2000～3500 米的山坡林下、林缘灌丛、沟谷石隙	产互助、乐都、循化、化隆、湟中、西宁、大通、班玛
		红景天属	Rhodiola Linn.	唐古特红景天	*Rhodiola algida* (*Ledeb.*)	生于海拔 3090～4850 米的高山草甸、阳坡砾地、河谷阶地、高山流石坡、河沟灌丛岩隙	产互助、乐都、循化、化隆、平安、湟中、湟源、大通、共和、兴海、天峻、都兰、乌兰、德令哈、泽库、河南、玛沁、久治、班玛、达日、玛多、称多、玉树、曲麻莱、杂多
				德钦红景天	*Rhodiola atuntsuensis* (*Praeg.*)	生于海拔 3700～4500 米的高山石隙、阳坡砾地	产同仁、久治

科名		属名		种名		生境	省内分布区
中文名	拉丁名	中文名	拉丁名	中文名	拉丁名		
				大花红景天	*Rhodiola crenulata* (*Hook. f. et Thoms.*)	生于海拔 4400～5400 米的高山流石坡、山顶岩缝	产久治、玉树、囊谦
				小丛红景天	*Rhodiola dumulosa* (*Franch.*)	生于海拔 2500～4100 米的高山草甸、山坡岩隙、林缘灌丛	产互助、乐都、循化、化隆、平安、湟中、湟源、大通、门源、尖扎
				宽果红景天	*Rhodiola eurycarpa* (*Fröd.*)	生于海拔 2800～3950 米的山坡林下、沟谷草地	产循化、同仁、久治、班玛
				喜马红景天	*Rhodiola himalensis* (*D. Don*)	生于海拔 3000～4500 米的高山草甸、山顶岩隙、沟谷灌丛	产互助、湟中、大通、门源、祁连、尖扎、同仁、河南、玛沁、久治、称多、玉树、囊谦、杂多
				狭叶红景天	*Rhodiola kirilowii* (*Regel*) *Maxim.*	生于海拔 2300～4500 米的高山岩隙、高寒草甸砾石地、河谷灌丛、山沟林下、林缘草地	产民和、互助、乐都、循化、化隆、平安、湟中、湟源、西宁、大通、门源、祁连、贵德、同仁、泽库、河南、玛沁、甘德、久治、班玛、达日、玛多、称多、玉树、囊谦
				四裂红景天	*Rhodiola quadrifida* (*Pall.*)	生于海拔 2800～4800 米的高山草甸裸地、山坡砾石地、高山流石坡、山坡岩隙、河谷阶地、湖滨河岸沙砾地	产互助、乐都、湟中、门源、祁连、贵德、贵南、同德、共和、兴海、天峻、乌兰、都兰、格尔木、德令哈、尖扎、同仁、泽库、河南、玛沁、甘德、久治、班玛、达日、玛多、称多、玉树、囊谦、曲麻莱、杂多、治多（可可西里）、唐古拉

续表

科名		属名		种名		生境	省内分布区
中文名	拉丁名	中文名	拉丁名	中文名	拉丁名		
				长毛圣地红景天	*Rhodiola sacra*（*Prain ex Hamet*）*S.*	生于海拔 3500 ~ 3900 米的山地阳坡石隙	产玉树
				对叶红景天	*Rhodiola subopposita*（*Maxim.*）	生于海拔 3800 ~ 4100 米的高山流石坡、阳坡沙砾地。模式标本采自青海大通河流域。青海特有。	产互助、大通、门源
				洮河红景天	*Rhodiola taohoensis S.*	生于海拔 2600 ~ 4300 米的高山草甸、山坡及山顶岩隙、沟谷湖滨砾石草地	产大通、刚察、兴海、天峻、都兰、乌兰、德令哈、玛多、玉树
				粗茎红景天	*Rhodiola wallichiana*（*Hook.*）	生于海拔 3500 ~ 3800 米的山地阳坡石隙、林下、林缘灌丛	产玉树、囊谦
		景天属	Sedum Linn.	费菜	*Sédum aizoon Linn.*	生于海拔 2200 ~ 2700 米的山沟林下、林缘灌丛草甸、河滩草甸	产互助、乐都、循化、平安
				乳毛费菜	*Sedum aizoon Linn.Var. scabrum*	生于海拔 2200 ~ 3500 米的山沟林下、林缘灌丛、河滩渠岸、田埂路边	产互助、乐都、循化、西宁、同仁、泽库
				隐匿景天	*Sedum celatum Frod*	生于海拔 2800 ~ 4200 米的高山草甸、山坡石隙或石上	产兴海、同仁、泽库、河南、达日、玛多、杂多
				大炮山景天	*Sedum erici-magnusii Frod.*	生于海拔 3800 米左右的山坡草地	产乐都
				尖叶景天	*Sedum fedtschenkoi Hamet*	生于海拔 3800 ~ 4350 米的高山草甸、河滩砾地、山顶石上	产玉树、囊谦
				小景天	*Sedum fischeri Hamet*	生于海拔 4300 米左右的高山草甸、高山石隙	产玛沁

科名		属名		种名		生境	省内分布区
中文名	拉丁名	中文名	拉丁名	中文名	拉丁名		
				锡金景天	*Sedum gagei Hamet*	生于海拔4000米左右的高山阴坡石缝中	产杂多
				道孚景天	*Sedum glaebosum Fröd.*	生于海拔4000~4300米的高山草甸石隙、山坡石崖	产称多、玉树、杂多、治多
				绿瓣景天	*Sedum prasinopetalum Fröd.*	生于海拔4200米左右的高山草甸、砾石山坡、灌丛	产久治
				牧山景天	*Sedum pratoalpinum Fröd.*	生于海拔4620米左右的高山石隙、山顶砾石地	产治多
				高原景天	*Sedum przewalskii Maxim.*	生于海拔3000~4200米的高山草甸、林缘草地、灌丛草地石隙	产互助、乐都、循化、化隆、门源、玛沁、玛多、杂多
				阔叶景天	*Sedum roborowskii Maxim.*	生于海拔2200~4500米的高山草甸岩隙、山顶、阳坡石缝、高寒灌丛岩石上	产互助、循化、化隆、大通、门源、祁连、兴海、同仁、泽库、河南、玛沁、称多、玉树、杂多、治多
				冰川景天	*Sedum sinoglaciale K.*	生于海拔3400~4700米的高山砾石堆、山谷草地、高山草甸岩石缝隙	产贵德、玛沁、玉树、囊谦、曲麻莱、治多
				缘毛景天	*Sedum trullipetalum Hook*	生于海拔4000米左右的高山草甸岩隙、山坡石缝	产囊谦、杂多
				青海景天	*Sedum tsinghaicum K.*	生于海拔3500~4100米的高山石崖、高山草甸岩石缝。青海特有	产玛沁（模式标本产地）、甘德
				甘南景天	*Sedum ulricae Fröd.*	生于海拔4000米左右的高山岩石缝隙	产杂多
虎耳草科	Saxifragaceae	落新妇属	Astilbe Buch.-Ham.	落新妇	*Astilbe chinensis*（*Maim.*）	生于海拔2200米左右的林缘、沟边草地	产循化

续表

科名		属名		种名		生境	省内分布区
中文名	拉丁名	中文名	拉丁名	中文名	拉丁名		
		金腰属	Chrysosplenium Linn.	长梗金腰	*Chrysosplenium axillare Maxim.*	生于沟谷林下、林缘灌丛、河沟石隙	产互助、循化、久治、班玛
				居间金腰	*Chrysosplenium griffithii Hook*	生于海拔4400～4500米的高山岩隙、高山草甸砾地	产班玛、囊谦
				裸茎金腰	*Chrysosplenium nudicaule Bunge in Ledeb.*	生于海拔3470～4600米的高寒草甸、河滩湿沙地、河岸石隙	产互助、大通、祁连、兴海、泽库、久治、达日、玛多、称多、囊谦
				柔毛金腰	*Chrysosplenium pilosum Maxim. var.*	生于海拔2800米左右的山坡林下、河谷林缘灌丛	产循化
				中华金腰	*Chrysosplenium sinicum Maxim.*	生于海拔2300～2700的沟谷灌丛、林缘草地	产民和、互助
				单花金腰	*Chrysosplenium uniflorum Maxim.*	生于海拔3100～4700米的高山草甸、阴坡灌丛、河谷崖下、阴坡石隙	产互助、兴海、泽库、河南、玛沁、久治、达日、玛多、称多、杂多、治多
		梅花草属	Parnassia_ Linn	短柱梅花草	*Parnassia brevistyla* （*Brieg.*）	生于海拔3200～3700米的山坡草地、沟谷阴湿处	产班玛
				玛多梅花草	*Parnassia filchnert U1br*	生于海拔4260米左右的高山草甸、高寒灌丛草甸、高山岩缝。模式标本采自黄河南源卡日曲。青海特有。	产玛多
				黄瓣梅花草	*Parnassia lutea Batalin,*	生于海拔3700～4300米的高山草甸、河沟石隙、高山灌丛，模式标本采自青海大通河流域。	产互助、祁连、刚察、共和、称多、玉树、杂多
				细叉梅花草	*Parnassia oreophila Hance,*	生于海拔2500～3800米的山地草甸、砾石山坡、沟谷草地、河滩湿地、阴坡岩缝	产互助、乐都、循化、湟中、湟源、大通、门源、祁连、兴海、同仁、泽库、玛沁

科名		属名		种名		生境	省内分布区
中文名	拉丁名	中文名	拉丁名	中文名	拉丁名		
				多裂梅花草	*Parnassia palustris_Linn*	生于海拔 2200 米左右的山沟林缘湿草地、阴坡岩缝	产循化
				小梅花草	*Parnassia pusilla Wall*	生于海拔 3800～4300 米的高山草甸、宽谷湖盆、河滩草甸、砾石山坡	产称多、玉树、杂多、治多
				青海梅花草	*Parnassia qinghaiensis J.*	生于海拔 4000～4250 米的高山草甸、高寒灌丛草甸。青海特有。	产达日、玉树（模式标本产地）
				三脉梅花草	*Parnassia trinervis Drude,*	生于海拔 2800～4500 米的阴坡灌丛、高山草甸、沟谷河滩、山坡林缘、林下灌丛、山沟石缝	产门源、祁连、共和、兴海、德令哈、泽库、玛沁、久治、玉树、囊谦、杂多
				绿花梅花草	*Parnassia trinervis Drude var. viridiflora*	生于海拔 3400～3950 米的河滩草甸、沟谷林缘、灌丛岩隙、沿泽草甸、山沟林下	产互助、大通、门源、兴海、久治
		山梅花属	philadelphus Linn	山梅花	*Philadelphus incanus Koehne*	生于海拔 2200～3700 米的沟谷林下、山坡林缘、河岸灌丛	产互助、循化、湟源、班玛
				甘肃山梅花	*Philadelphus kansuensis（Rehd.）*	生于海拔 2300～2500 米的山沟林下、林缘灌丛、河谷两岸	产民和、互助、循化、大通
				毛柱山梅花	*Philadelphus mitsai*	生于海拔 2240～2600 米山沟林缘灌丛、河岸道旁、村舍庭院	产互助、西宁
				太平花	*Philadelphus tenuifolius Rupr.*	植于海拔 2230 米左右的庭院、公园内	西宁有栽培

续表

科名		属名		种名		生境	省内分布区
中文名	拉丁名	中文名	拉丁名	中文名	拉丁名		
		茶藨子属	Ribes Linn	长刺茶藨	*Ribes alpestre Wall*	生于海拔 2700～4000 米的山沟林缘、沟谷河沿、山谷灌丛	产互助、河南、玛沁、班玛、玉树、囊谦
				蔓茶藨	*Ribes fasciculatum Sieb*	生于海拔 3600～4200 米的山坡石隙、湖畔灌丛	产久治、班玛
				腺毛茶藨	*Ribes giraldii Jancz*	生于海拔 2000～2500 米的河谷林缘灌丛、山坡林下	产互助、大通、门源
				冰川茶藨	*Ribes glaciale wall*	生于海拔 2150～4010 米的山坡林下、林缘、高山灌丛、沟谷岩隙、江岸坡地	产循化、西宁、门源、共和、兴海、泽库、河南、玛沁、久治、班玛、玉树、囊谦、曲麻莱、杂多、治多
				糖茶藨	*Ribes himalense Royle ex Decne*	生于海拔 2300～4100 米的沟谷灌丛、山坡林下、林缘、河滩沟谷	产民和、互助、乐都、循化、湟源、西宁、大通、门源、祁连、海晏、乌兰、尖扎、同仁、河南、玛沁、班玛、玉树、囊谦、治多
				狭萼茶藨	*Ribes laciniatum Hook*	生于海拔 2800～3100 米的沟谷林下、山坡林缘、河谷灌丛	产互助、尖扎
				尖叶茶藨	*Ribes maximowiczianum Kom*	生于海拔 2000～2400 米的林缘灌丛、沟谷河岸、林下	据《青海木本植物志》载，产互助北山林区、循化孟达林区
				门源茶藨	*Ribes menyuanense J.*	生于海拔 2800 米左右的山麓灌丛。青海特有。	产门源（模式标本产地）
				穆坪茶藨	*Ribes moupinense*	生于海拔 2300 米左右的山坡林缘、林区路边、山谷林下	产循化

科名		属名		种名		生境	省内分布区
中文名	拉丁名	中文名	拉丁名	中文名	拉丁名		
				柱腺茶藨	*Ribes orientale Desf*	生于海拔 2700 ~ 4300 的沟谷林下、林缘灌丛、山坡路边、河谷沿岸	产互助、乐都、循化、同仁、泽库、河南、玛沁、玉树
				美丽茶藨	*Ribes pulchellum Thurcz*	生于海拔 2600 米左右的山坡、河沟林缘、灌丛	产循化
				青藏茶藨	*Ribes qingzangense J.*	生于海拔 2600 ~ 3700 米的山坡林下、河谷灌丛	产互助、祁连、班玛
				坛状茶藨	*Ribes qingzangense J.T.Pan var. urceolatum*	生于海拔 3800 ~ 4000 米的峡谷山坡、林缘、河谷沟沿	产囊谦
				狭果茶藨	*Ribes stenocarpum Maxim*	生于海拔 2300 ~ 3280 米的山坡石隙、阴坡林下、河谷林缘	产互助、循化、湟源、门源、尖扎、同仁
				细枝茶藨	*Ribes tenue Jancz.*	生于海拔 3200 ~ 3650 米的山坡林缘、河谷灌丛	产班玛
		虎耳草属	Saxifraga（Tourn ex Linn.）	具梗虎耳草	*Saxifraga afghanica Aitch.*	生于海拔 4100 ~ 4500 米的高山碎石隙、沙砾山坡	产囊谦、杂多
				黑虎耳草	*Saxifraga atrata Engl*	生于海拔 3000 ~ 4500 米的高山草甸、砾石山坡、河谷阶地、高山灌丛、沟谷石隙	产互助、乐都、湟源（模式标本产地）、大通、门源、祁连、共和、天峻、乌兰、同仁、玛多
				零余虎耳草	*Saxifraga cernua Linn*	生于海拔 3900 ~ 4700 米的高山流石坡、河谷阶地、砾石山坡、沟谷石缝、沙砾河滩、高山草甸	产门源、祁连、兴海、天峻、乌兰、同仁、泽库、河南、久治、玛多、囊谦、治多
				棒腺虎耳草	*Saxifraga consanguinea W.*	生于海拔 3800 ~ 5400 米的高山草甸、河谷沙砾滩地、高山碎石隙	产久治、玉树、囊谦、曲麻莱、杂多、治多

科名		属名		种名		生境	省内分布区
中文名	拉丁名	中文名	拉丁名	中文名	拉丁名		
				叉枝虎耳草	*Saxifraga diwaricata Engl*	生于海拔3800～3850米的河边草丛	产久治
				优越虎耳草	*Saxifraga egregia Engl*	生于海拔2800～4000米的山坡林下、沟谷灌丛、高山草甸	产互助、乐都、门源、泽库、久治、班玛
				小芽虎耳草	*Saxifraga gemmuligera Engl.*	生于海拔3500～4560米的高山草甸、沙砾河滩、高寒裸地、河沟水边石隙。模式标本采自青海泽库夏哈日山。青海特有。	产泽库、久治、班玛、玛多
				冰雪虎耳草	*Saxifraga glacialis H*	生于海拔4300～4600米的高山岩隙、沟谷河滩、高山草甸、阳坡岩缝、岩屑堆	产久治、玛多
				半球虎耳草	*Saxifraga hemisphaerica Hook.f*	生于海拔4500～5000米的沙砾山坡、山前积扇、高山碎石隙	产玉树、囊谦、杂多
				唐古拉虎耳草	*Saxifraga hirculoides Deche*	生于海拔5100米左右的高山草甸、山坡岩缝、高寒草原	产唐古拉山
				丽江虎耳草	*Saxifraga likiangensis Franch.*	生于海拔4900米左右的高山碎石隙、河谷阶地	产囊谦
				燃灯虎耳草	*Saxifraga lychnitis Hook.*	生于海拔4280米左右的山坡草地	产乌兰
				黑蕊虎耳草	*Saxifraga melanocentra Franch*	生于海拔3000～4800米的高山碎石隙、山坡流石滩、河岸阶地、山前冲积扇、河滩草地、岩屑坡石缝、高山草甸、高山灌丛	产循化、祁连、兴海、同仁、泽库、河南、玛沁、久治、玛多、称多、玉树、囊谦、曲麻莱、杂多、治多

科名		属名		种名		生境	省内分布区
中文名	拉丁名	中文名	拉丁名	中文名	拉丁名		
				小果虎耳草	*Saxifraga microgyna Engl*	生于海拔 4400 米左右的高山草甸、沙砾山坡	产久治
				山地虎耳草	*Saxifraga montana H.*	生于海拔 3200～4800 米的高山碎石隙、高山草甸、河谷阶地、高寒草原、砾石河滩、山顶石缝、高山灌丛	产互助、乐都、循化、湟源、大通、门源、祁连、海晏、刚察、贵德、同德、共和、兴海、都兰、乌兰、同仁、泽库、河南、玛沁、甘德、久治、班玛、达日、玛多、称多、玉树、囊谦、曲麻莱、杂多、治多
				类毛瓣虎耳草	*Saxifraga montanella H.*	生于海拔 4200 米左右的高山草甸、河岸阶地	产玉树
				矮生虎耳草	*Saxifraga nana Engl*	生于海拔 3900～4100 米的高山碎石隙	产互助（模式标本产地）
				光缘虎耳草	*Saxifraga nanella Engl*	生于海拔 4200～4900 米的高山碎石隙、高山草甸裸地	产乌兰、河南、玉树、谦、曲麻莱、可可西里（模式标本产地）
				囊谦虎耳草	*Saxifraga nangqianicaJ.*	生于海拔 5200 米左右的高山碎石隙。青海特有	产囊谦（模式标本产地）
				小虎耳草	*Saxifraga parva Hemsl.*	生于海拔 4200～4500 米的高寒草原、高山草甸、山坡石隙、河谷砾地、河滩草甸	产达日、玛多、玉树、曲麻莱、治多
				青藏虎耳草	*Saxifraga przewalskii Engl*	生于海拔 3700～4850 米的砾石山坡、河谷阶地、高山灌丛、高山草甸、高山碎石隙	产互助、乐都、化隆、门源、祁连、共和、兴海、天峻、乌兰、尖扎、同仁、泽库、河南、玛沁、甘德、达日、玛多、称多、曲麻莱、治多

续表

科名		属名		种名		生境	省内分布区
中文名	拉丁名	中文名	拉丁名	中文名	拉丁名		
				狭瓣虎耳草	*Saxifraga pseudohirculus Engl*	生于海拔 3100 ~ 4500 米的沙砾山坡、高山碎石隙、河谷阶地、高山草甸、宽谷湖盆草地、高山灌丛	产互助、门源、兴海、同仁、泽库、河南、久治、班玛、玛多、玉树、囊谦、杂多
				青海虎耳草	*Saxifraga qinghaiensis J*	生于海拔 4350 ~ 4850 米的高山石隙。青海特有	产玛沁、玉树（模式标本产地）
				红虎耳草	*Saxifraga sanguinea Franch*	生于海拔 3800 米左右的高山阳坡草丛	产久治
				西南虎耳草	*Saxifraga signata Engl*	生于海拔 3800 ~ 4600 米的山坡石隙、沙砾河滩、河谷阶地	产久治、玛多、称多、玉树、囊谦
				金星虎耳草	*Saxifraga stella-aurea Hook*	生于海拔 4350 ~ 4850 米的高山草甸、山坡石隙、沙砾河谷阶地	产兴海、玉树
				唐古特虎耳草	*Saxifraga tangutica Engl*	生于海拔 2900 ~ 4600 米的高山草甸、沟谷林下、林缘灌丛、山顶石隙	产民和、互助、乐都、循化、大通、门源、祁连、刚察、贵南、共和、兴海、天峻、乌兰、尖扎、同仁、河南、玛沁、久治、班玛、玛多、称多、玉树、囊谦、曲麻莱莱、杂多、治多
				西藏虎耳草	*Saxifraga tibetica A*	生于海拔 4080 ~ 4450 米的高山草甸、山前冲积扇、河谷阶地、山沟石隙	产兴海、玛沁、达日、玛多、玉树、囊谦、曲麻莱、杂多、治多
				瓜瓣虎耳草	*Saxifraga unguiculata Engl*	生于海拔 3200 ~ 4800 米的高山草甸、高寒灌丛草甸、河谷阶地、阴坡砾地、高山碎石隙	产互助、乐都、大通、祁连、兴海、同仁、玛沁、久治、班玛、玛多、称多、玉树、曲麻莱、治多

科名		属名		种名		生境	省内分布区
中文名	拉丁名	中文名	拉丁名	中文名	拉丁名		
				玉树虎耳草	*Saxifraga yushuensis J*	生于海拔 4350 米左右的高山碎石隙	产玉树（模式标本产地）
				泽库虎耳草	*Saxifraga zekoensis J*	生于海拔 3000 米左右的草甸。青海特有。	产泽库（模式标本产地）
				治多虎耳草	*Saxifraga zhidoensis J*	生于海拔 4900 ~ 4980 米的砾石山坡、高山草甸、高山碎石隙。青海特有。	产囊谦、治多（模式标本产地）
蔷薇科	Rosaceae	龙芽草属	Agrimonia Lnn.	龙芽草	*Agrimonia pilosa Ledeb.*	生于海拔 1850 ~ 3500 米的阳坡林下、林缘草地、河岸灌丛、山坡草地、田埂路边、宅旁荒地、河滩草地	产民和、互助、乐都、循化、化隆、平安、湟中、大通、门源、泽库、班玛、玉树
		羽衣草属	Alchemilla Linn.	羽衣草	*Alchemilla japonica Nakai et Hara*		据《中国植物志》载，产青海
		樱属	Cerasus Mill	锥腺樱桃	*Cerasus conadenia (Koehne) Yu et Li*	生于海拔 2000 ~ 2500 米的山坡林下、沟谷林缘灌丛中	产循化
				细齿樱桃	*Cerasus serrula (Franch.)*	生于海拔 3200 米的左右的山谷林缘、河沟灌丛。	产班玛
				刺毛樱桃	*Cerasus setulosa (Batal.)*	生于海拔 2500 ~ 2600 米的沟谷林缘、山坡灌丛	产民和、循化
				托叶樱桃	*Cerasus stipulacea (Maxim.)*	生于海拔 2000 ~ 3450 米的河谷林下、山坡林缘、山沟灌丛	产民和、互助、乐都、循化、湟源、西宁（栽培）、大通、尖扎、同仁、河南、久治
				毛樱桃	*Cerasus tomentosa (Thunb.)*	生于海拔 2200 ~ 2950 米的山坡林下、沟谷林缘灌品，山涧河谷或植物园、庭院公园栽培	产互助、循化、西宁、门源、尖扎、同仁

续表

科名		属名		种名		生境	省内分布区
中文名	拉丁名	中文名	拉丁名	中文名	拉丁名		
				川西樱桃	*Cerasus trichostoma* (*Koehne*) *Yu et Li*	生于海拔2400 ~ 3950米的山坡灌丛、河谷杂木林下、林缘草地	产大通、泽库、班玛、玉树、囊谦
		沼委陵菜属	Comarum Linn	西北沼委陵菜	*Comarum salesovianum* (*Steph.*)	生于海拔1900 ~ 4160米的河滩灌丛、河谷沙地、山坡草地、山麓碎石堆	产民和、乐都、循化、湟源、门源、祁连、贵德、兴海、都兰、乌兰、德令哈、大柴旦、同仁、泽库、玛多
		枸子属	CotoneasterB. Ehrhart	尖叶枸子	*Cotoneaster acuminatus* *Lindl*	生于海拔2000 ~ 3800米的山坡林缘、山沟灌丛、河谷阶地、白桦林中	产民和、乐都、平安、湟源、大通
				灰枸子	*Cotoneaster acutifolius* *Turcz*	生于海拔2100 ~ 3800米的山坡及河谷林中、林缘、沟谷灌丛、河岸石隙	产民和、互助、乐都、循化、湟源、大通、门源、尖扎、同仁、泽库、班玛、玉树、囊谦
				密毛灰枸子	*Cotoneaster acutifolius Turcz.var. villosulus*	生于海拔3200 ~ 3700米的山坡林下、林缘灌丛	产班玛
				匍匐枸子	*Cotoneaster adpressus Bois in Vilm*	生于海拔2200 ~ 4100米的多石山坡、山顶裸地、岩石缝隙、阳坡灌丛、林间草地、陡崖石壁	产民和、互助、乐都、循化、平安、湟源、大通、同德、尖扎、同仁、泽库、河南、玛沁、久治、班玛、称多、玉树、囊谦
				川康枸子	*Cotoneaster ambiguus* *Rehd.*	生于海拔2500 ~ 2700米的河岸阶地、山坡灌丛、沟谷林下、林缘	产民和、泽库
				散生枸子	*Cotoneaster divaricatus* *Rehd*	生于海拔3000 ~ 3900米的山坡灌丛、水沟边石隙、林缘、林下	产乐都、同仁、玉树、囊谦

科名		属名		种名		生境	省内分布区
中文名	拉丁名	中文名	拉丁名	中文名	拉丁名		
				细弱枸子	*Cotoneaster gracilis Rehd*	生于海拔 2000 米左右的山坡灌木林中	产循化
				钝叶枸子	*Cotoneaster hebephyllus Diels Not*	生于海拔 3200～3700 米的沟谷丛林、林缘灌丛、河岸阶地、山坡石隙	产班玛、玉树
				平枝枸子	*Cotoneaster horizontalis Dcne*	生于海拔 3200～3750 米的干旱石质山坡、河岸岩缝、沟谷灌丛	产同德、玛沁、玉树
				全缘枸子	*Cotoneaster integerrimus Medic*	生于海拔 2500 米左右的石砾坡地或桦木林内	据《青海木本植物志》载，产循化等地
				小叶枸子	*Cotoneaster microphyllus Wall*	生于海拔 2500～4100 米的多石山坡及灌丛中	据《青海木本植物志》载，产循化孟达林区
				水枸子	*Cotoneaster multiflorus Bunge in Ledeb*	生于海拔 1800～3700 米的山坡灌丛、河谷阶地、沟谷林间、林缘路边	产民和、互助、循化、平安、湟中、湟源、西宁、大通、门源、兴海、尖扎、同仁、泽库、玛沁、班玛、玉树
				准噶尔枸子	*Cotoneaster soongoricus（Regel. et Herd.）*	生于海拔 1800～2400 米的干燥山坡、林缘或沟谷边	据《青海木本植物志》载，产循化、祁连、果洛等地
				毛叶水枸子	*Cotoneaster submultiflorus Popov Bull*	生于海拔 1700～4200 米的河谷滩地、山沟灌丛、山坡林下、林缘草地	产民和、互助、乐都、平安、湟中、湟源、大通、门源、祁连、兴海、尖扎、泽库、玛沁、玉树、囊谦
				细枝枸子	*Cotoneaster tenuipes Rehd*	生于海拔 3200～3800 米的河滩、林下、山坡灌丛	产班玛、玉树
				西北枸了	*Cotoneaster zabelii Schneid*	生于海拔 2300～3400 米的山沟林缘、河溪流水旁、河岸灌丛中	产循化、兴海

续表

科名		属名		种名		生境	省内分布区
中文名	拉丁名	中文名	拉丁名	中文名	拉丁名		
		山楂属	Crataegus Linn	甘肃山楂	*Crataegus kansuensis Wils*	生于海拔2100～2800米的河谷阶地、山坡林缘、河岸路边或庭院栽培	产民和、互助、循化、化隆、湟源、西宁、大通、贵德、尖扎、同仁
				山楂	*Crataegus pinnatifida Bunge*	生于海拔1700～2200米的山坡灌丛、河岸宅旁	民和、循化、西宁（栽培）
		草莓属	Fragaria Linn	纤细草莓	*Fragaria gracilis Lozinsk*	生于海拔2000～2800米的阴坡林下、林缘灌丛、河滩草甸、山坡草地	产民和、互助、乐都、湟中
				西南草莓	*Fragaria moupinensis* (*Franch.*) *Card*	生于海拔2300～2900米的山坡草地、河谷灌丛、阴坡林下、林缘草甸	产民和、循化、西宁、同仁
				东方草莓	*Fragaria orientalis Lozinsk*	生于海拔2300～4100米的高山灌丛、山顶疏林下、沟谷林缘、灌丛草甸、河滩草甸、山坡草丛	产民和、互助、乐都、循化、化隆、平安、湟中、西宁、大通、门源、祁连、同德、兴海、尖扎、同仁、泽库、河南、玛沁、班玛、玉树、囊谦
				五叶草莓	*Fragaria pentaphylla Lozinsk*	生于海拔2700～3950米的沟谷林间、林缘灌丛草甸、河边潮湿处、山坡草地	产民和、玉树、囊谦
				野草莓	*ragaria vesca Linn*	生于海拔2300～2600米的阴坡林下、林缘灌丛草甸、河滩草甸、山坡草地	产互助、大通
		水杨梅属	Geum Linn	路边青	*Geum aleppicum Jacq*	生于海拔1850～3800米的沟谷林下、林缘灌丛边、河漫滩草甸、路边荒地、溪边沟沿、山坡草地	产民和、互助、乐都、循化、化隆、平安、湟中、大通、门源、同德、泽库、河南、玛沁、班玛、玉树

科名		属名		种名		生境	省内分布区
中文名	拉丁名	中文名	拉丁名	中文名	拉丁名		
		苹果属	Malus Mill	花红	*Malus asiatica Nakai in Matsumura*		民和、互助、乐都、循化、化隆、平安、湟中、湟源、西宁、大通、贵德、尖扎、同仁有栽培
				山荆子	*Malus baccata*（*L.*）*Borkh*	生于海拔2300～2500米的山坡杂木林下或山谷灌丛、河岸阶地	产西宁（栽培）、互助、循化、门源
				陇东海棠	*Malus kansuensis*（*Batal.*）*Schneid.*	生于海拔1800～2600米的山坡林中、沟谷河岸、杂木林缘	产民和、互助、乐都、循化、化隆、平安、西宁、门源、祁连、贵德
				毛山荆子	*Malus manshurica*（*Maxim.*）*Kom.*	生于海拔2100～2600米的沟谷灌丛、河岸阶地、山坡林中，庭院公园有栽培	产民和、循化、西宁、贵德
				西府海案	*Malus micromalus Makino Bot*	植于海拔2000～3000米的山坡、河岸及居民点周围	据《青海木本植物志》载，民和、乐都、循化、平安、西宁、贵德、尖扎有栽培
				楸子	*Malus prunifolia*（*Willd.*）*Borkh*		民和、互助、乐都、循化、化隆、平安、湟中、湟源、西宁、贵德、尖扎、同仁有栽。
				苹果	*Malus pumila Mill*	生于海拔1700～2900米的河谷阶地、丘陵、村庄附近、庭院公园内	民和、互助、乐都、循化、化隆、平安、湟中、西宁、大通、贵德、共和、都兰、尖扎、同仁有栽培

续表

科名		属名		种名		生境	省内分布区
中文名	拉丁名	中文名	拉丁名	中文名	拉丁名		
				三叶海棠	*Malus sieboldii* (*Regel.*) *Rehd*	生于海拔 1800 ~ 2800 米的山坡或沟谷灌丛、林间空地	据《青海木本植物志》载，产循化孟达林区
				新疆野苹果	*Malus sieversii* (*Ledeb.,*) *Roem*		民和、乐都、平安、西宁有栽培
				海棠花	*Malus spectabilis* (*Ait.*) *Borkh.*		民和、互助、乐都、循化、化隆、平安、湟中、湟源、西宁、贵德、尖扎有栽培
				花叶海棠	*Malus transitoria* (*Batal.*) *Schneid*	生于海拔 2000 ~ 3700 米的山坡丛林中、河滩林缘、沟谷灌丛、河谷阶地	产民和、互助、乐都、循化、化隆、湟中、湟源、西宁、门源、尖扎、同仁、泽库、班玛、玉树
				长果花叶海棠	*Malus transitoria* (*Batal.*) *Schneid*	生于海拔 2200 ~ 3800 米的山坡林缘、河谷阶地灌丛	产湟中、湟源、西宁（模式标本产地）、同仁、班玛、玉树
		稠李属	Padus Mill	稠李	*Padus racemosa* (*Lam.*) *Gilib*	生于海拔 200 ~ 2600 米的山坡林下、山沟灌丛、河谷疏林林缘	产民和、循化、西宁（栽培）
		委陵菜属	Potentilla Linn	星毛委陵菜	*Potentilla acaulis Linn.*	生于海拔 2300 ~ 3300 米的干旱山坡、河谷阶地、冲积扇、沙砾河滩、草地、宽谷干草原、固定沙丘	产循化、西宁、大通、刚察、贵南、尖扎
				窄裂委陵菜	*Potentilla angustiloba Yü et Li*	生于海拔 3000 ~ 3800 米的山坡草地、河谷滩地、田埂路边、宅周荒地、水渠边	产大通、祁连、刚察、兴海、都兰、玛沁

科名		属名		种名		生境	省内分布区
中文名	拉丁名	中文名	拉丁名	中文名	拉丁名		
				蕨麻	*Potentilla anserina Linn.*	生于海拔 1700 ~ 4400 米的高山草甸、山麓砾地、山前凹地、湖滨宽谷草甸、山坡湿润草地、河谷疏林下、河滩草甸、溪水沟边、田埂路旁、畜圈附近	产民和、互助、乐都、循化、化隆、平安、湟中、湟源、西宁、大通、门源、祁连、海晏、刚察、贵德、贵南、同德、共和、兴海、天峻、乌兰、都兰、格尔木、德令哈、茫崖、尖扎、同仁、泽库、河南、玛沁、甘德、久治、班玛、达日、玛多、称多、玉树、囊谦、曲麻莱、杂多、治多
				无毛蕨麻	*Potentilla anserina Linn. var.nuda*	生于海拔 2900 ~ 4300 米的田边湿草地、山坡草甸、河岸水沟边、河滩疏林下、村庄附近	产门源、乌兰、杂多
				二裂委陵菜	*Potentilla bifurca Linn.*	生于海拔 2080 ~ 4300 米的高山草原、河谷阶地、荒漠沙丘、干山坡、宅旁田边、撂荒地、河岸路边、沙砾河滩、沟谷疏林、阴坡灌丛下	产民和、互助、乐都、循化、化隆、平安、湟中、湟源、西宁、通、门源、祁连、海晏、刚察、贵德、贵南、同德、共和、兴海、天峻、乌兰、都兰、格尔木、德令哈、冷湖、大柴旦茫崖、尖扎、同仁、泽库、河南、玛沁、甘德、久治、班玛、达日、玛多、称多、玉树、囊谦、曲麻莱、杂多、治多（可可西里）、唐古拉

续表

科名		属名		种名		生境	省内分布区
中文名	拉丁名	中文名	拉丁名	中文名	拉丁名		
				矮生二裂委陵菜	*Potentilla bifurca Linn.*	生于海拔 3200 ~ 4950 米的高寒草原、山坡草地、河谷阶地、山前冲积扇、山沟石隙、河漫滩、渠岸路边、砂砾草地	产西宁、门源、刚察、共和、天峻、泽库、河南、玛沁、久治、达日、玛多、称多、玉树、囊谦、曲麻莱、治多
				长叶二裂委菜	*Potentilla bifurca Linn. var.major*	生于海拔 2230 ~ 3200 米的田埂路边、湖滨滩地、林缘荒地、山坡草地、河滩疏林下	产西宁、贵南、贵德、共和、同仁
				委陵菜	*Potentilla chinensis Ser*	生于海拔 2100 ~ 2400 米的山坡草地	产循化、西宁、尖扎
				匍枝委陵菜	*Potentilla flagellaris Willd*	生于海拔 2200 ~ 2400 米的水库岸旁、山坡草地、沟谷渠岸、水沟边	产民和、互助
				金露梅	*Potentilla fruticosa Linn*	生于海拔 2500 ~ 4300 米的山崖石缘、沟谷林缘、高山草甸、河滩草甸、山坡灌丛、路旁河岸、河谷阶地	产民和、互助、乐都、循化、化隆、平安、湟中、湟源、西宁、大通、门源、祁连、海晏、刚察、贵德、贵南、同德、共和、兴海、天峻、乌兰、都兰、格尔木、德令哈、尖扎、同仁、泽库、河南、玛沁、甘德、久治、班玛、达日、玛多、称多、玉树、囊谦、曲麻莱、杂多、治多（可可西里）、唐古拉
				白毛金露梅	*Potentilla fruticosa Linn. var.albicans*	生于海拔 2000 ~ 3700 米的山谷河滩、固定沙丘、山沟林缘、河谷灌丛、河岸草甸	产民和、乐都、循化、门源、贵南、兴海

科名		属名		种名		生境	省内分布区
中文名	拉丁名	中文名	拉丁名	中文名	拉丁名		
				垫状金露梅	*Potentilla fruticosa Linn. var.pumila*	生于海拔 3800 ~ 5450 米的高山草甸、河谷阶地、高山流石滩、石崖缝隙、山坡灌丛、冰川砾石坡	产乐都、乌兰、格尔木、玛沁、久治、唐古拉
				银露梅	*Potentilla glabra Lodd*	生于海拔 2470 ~ 4200 米的山坡云杉林缘、河漫滩、河谷阶地、林缘灌丛、河岸石隙	产互助、乐都、平安、湟中、大通、门源、祁连、同德、尖扎、同仁、泽库、久治、班玛、达日、称多、玉树、囊谦
				白毛银露梅	*Potentilla glabra Lodd.var. mandshurica*	生于海拔 2230 ~ 4200 米的高山山坡、河谷阶地、河漫滩、山坡林下、林缘灌丛	产民和、互助、乐都、循化、湟中、湟源、西宁、大通、门源、祁连、海晏、共和、兴海、格尔木、尖扎、同仁、泽库、河南、玛沁、玉树、囊谦、杂多
				腺粒委陵菜	*Potentilla granulosa Yu et Li*	生于海拔 3200 ~ 4500 米的河漫滩草甸、田边荒地、高山草地	产门源、天峻、泽库、玛沁、玉树、曲麻莱
				薄毛委陵菜	*Potentilla inclinata Vill*	生于海拔 2300 ~ 2600 米的山坡开阔谷地	产互助
				腺毛委陵来	*Potentilla longifolia willd*	生于海拔 2300 ~ 3200 米的山坡草地、河岸阶地、河漫滩、河谷灌丛、山沟林下、林缘砾地	产互助、循化、西宁、祁连、同德、兴海、同仁、泽库
				多茎委陵菜	*Potentilla multicaulis Bunge*	生于海拔 2300 ~ 4800 米的高寒草原、沙砾山坡、河滩疏林、沟谷林缘、河谷阶地、高山石隙、向阳山坡、湖滨草地、河滩渠岸、田边荒地、路旁宅周	产互助、乐都、湟中、西宁、大通、门源、刚察、贵南、共和、兴海、同仁、达日、玛多、曲麻莱、治多（可可西里）

续表

科名		属名		种名		生境	省内分布区
中文名	拉丁名	中文名	拉丁名	中文名	拉丁名		
				多头委陵菜	*Potentilla multiceps Yu et Li*	生于海拔 4000 ~ 4600 米的河滩草地	产乌兰、格尔木、冷湖
				多裂委陵菜	*Potentilla multifida Linn*	生于海拔 3200 ~ 4200 米的山坡草地、河漫滩、河谷阶地、高山草原、湖滨沙砾滩地、田林路边、宅旁荒地、沟谷灌丛、林缘草地	产互助、乐都、湟中、西宁、大通、门源、祁连、贵德、共和、尖扎、同仁、称多、玉树
				矮生多裂委陵菜	*Potentilla multifida Linn. var.nubigena*	生于海拔 3200 ~ 4200 米的山坡草地、河谷阶地、高寒草原、山坡石缝、河漫滩、村舍宅旁、田埂路边、沙砾滩地	产共和、兴海、天峻、乌兰、都兰、格尔木、德令哈、河南、玉树、曲麻菜、治多
				掌叶多裂委陵菜	*Potentilla multifida Linn.var. ornithopoda*	生于海拔 2100 ~ 4300 米的沟边、河滩路边、山坡草地及林缘灌丛中	产互助、循化、西宁、大通、尖扎、泽库、玛多
				高原委陵菜	*Potentilla pamiroalaica Juzep*	生于海拔 4000 ~ 4300 米的高山草原、河谷阶地、沙砾质山坡草地、山坡石缝。	产天峻、玛多
				小叶金露梅	*Potentilla parvifolia Fisch*	生于海拔 2230 ~ 5000 米的高山草甸、沟谷林缘、河谷灌丛、河漫滩草地、湖岸沟沿、山坡岩隙	产民和、互助、乐都、循化、化隆、平安、湟中、湟源、西宁、大通、门源、祁连、海晏、刚察、贵德、贵南、同德、共和、兴海、天峻、乌兰、都兰、格尔木、德令哈、尖扎、同仁、泽库、河南、玛沁、甘德、久治、班玛、达日、玛多、称多、玉树、囊谦、曲麻菜、杂多、治多（可可西里）、唐古拉

科名		属名		种名		生境	省内分布区
中文名	拉丁名	中文名	拉丁名	中文名	拉丁名		
				铺地小叶金露梅	*Potentilla parvifolia Fisch.var. armerioides*	生于海拔3200~5300米的山坡草地、高山流石滩、山坡灌丛草甸、河岸阶地、沟谷石隙	产都兰、德令哈、玛沁、玛多、称多、治多（可可西里）
				白毛小叶金露梅	*Potentilla parvifolia Fisch.var. hypoleuca*	生于海拔3000~3800米的干山坡、固定沙丘、河谷阶地、湖岸河畔、陡坡石隙、山坡灌丛	产乐都、刚察、贵南、共和、大柴旦、尖扎、玛沁、班玛。
				羽毛委陵菜	*Potentilla plumosa Yu et Li*	生于海拔3200~4050米的高山草坡、河谷草地、河岸岩隙、沟谷阶地、湖滨沙地、水渠边、河滩湿地	产门源、刚察、贵南、同德、兴海、同仁、泽库、玛沁、久治、玉树、囊谦、杂多。
				华西委陵菜	*Potentilla potaninii Wolf*	生于海拔2300~4000米的山坡草地、河岸疏林下、田埂路边、宅旁荒地、林缘灌丛、河漫滩草地。	产民和、互助、乐都、西宁、大通、贵南、同德、同仁、泽库、河南、玛沁、久治、玉树、囊谦、治多
				裂叶华西委陵菜	*Potentilla potaninii Wolf var. compsophylla*	生于海拔3600米左右的山坡草地	产玛沁县
				钉柱委陵菜	*Potentilla saundersiana Royle*	生于海拔2500~5400米的阴坡岩隙、高寒草原、高山灌丛、高山草甸、河谷阶地、山前洪积扇、山坡草地、沙砾河漫滩、多石山顶	产互助、乐都、湟中、湟源、西宁、大通、门源、祁连、海晏、贵德、同德、共和、兴海、天峻、乌兰、德令哈、尖扎、同仁、泽库、河南、玛沁、甘德、久治、达日、玛多、称多、玉树、囊谦、曲麻莱、杂多、治多（可可西里）、唐古拉

科名		属名		种名		生境	省内分布区
中文名	拉丁名	中文名	拉丁名	中文名	拉丁名		
				丛生钉柱委陵菜	*Potentilla saundersiana Role var. caespitosa*	生于海拔 3000～5500 米的高山草甸、高寒草原、阳坡石隙、沟谷灌丛、高山流石滩、河谷阶地、山前冲积扇、干山坡草地	产互助、乐都、大通、门源、祁连、同德、共和、天峻、乌兰、同仁、玛沁、甘德、久治、达日、玛多、称多、玉树、囊谦、曲麻莱、杂多、治多
				羽叶钉柱委陵菜	*Potentilla saundersiana Royle var. subpinnata*	生于海拔 3600～4200 米的干山坡草地、山顶石隙、沙砾阶地	产玛沁、达日、囊谦
				绢毛委陵菜	*Potentilla sericea Linn*	生于海拔 3200～4300 米的沙砾山坡草地、高寒草原、河谷阶地、干旱山坡、湖岸岩缝、山前冲积扇、山麓碎石地	产刚察、兴海、玛沁、玛多、玉树
				变叶绢毛委陵菜	*Potentilla sericea Linn. var.polyschista*		据《西藏植物志》载，青海有分布，我们尚未采到标本
				等齿委陵菜	*Potentilla simulatrix Wolf*	生于海拔 2300～2800 米的河岸草地、山沟林下、林缘灌丛、山坡草地、河谷水沟边	产互助、乐都、循化、大通
				西山委陵菜	*Potentilla sischanensis Bunge ex Lehrm*	生于海拔 2750 米左右的干旱山坡。	产尖扎
				齿裂西山委陵菜	*Potentilla sischanensis Bunge ex Lehm.var. peterae*	生于海拔 1700～3600 米的山坡草地、田埂渠岸、路旁荒地、水沟边、河滩疏林草甸	产民和、乐都、循化、湟源、西宁、贵德

科名		属名		种名		生境	省内分布区
中文名	拉丁名	中文名	拉丁名	中文名	拉丁名		
				朝天委陵菜	*Potentilla supina Linn*	生于海拔 2230~2350 米的山坡湿地、田埂路边、宅旁荒地、疏林林缘草地	产西宁
				菊叶委陵菜	*Potentilla tanacetifolia Willd*	生于海拔 2150~3200 米的山坡草地、河谷阶地、河边渠岸、田埂路边、沙砾山坡、山谷林缘、灌丛草地	产民和、乐都、循化、平安、湟源、西宁、大通、贵德
				密枝委陵菜	*Potentilla virgata Lehm. Monogr*	生于海拔 2800~3100 米的山前冲积洪积扇、沙砾滩地、农田边。分布于新疆	产乌兰、都兰
				羽裂密枝委陵菜	*Potentilla virgata Lehm. var.pinnatifida*	生于海拔 2800~3100 米的沟谷林下、山坡灌丛	产互助
		蔷薇属	Roca.Linn	刺蔷薇	*Rosa acicularis Lindl*	生于海拔 2200~2800 米的山坡及沟谷林下、河岸林缘灌丛中	据《青海木本植物志》载，产循化
				腺齿蔷薇	*Rosa albertii Regel Acta Hort*	生于海拔 2400~3400 米的沟谷河岸、林下林缘、山坡灌丛中	据《青海木本植物志》载，产海东、海北
				月季花	*Rosa chinensis Jacq*		民和、互助、乐都、循化、化隆、平安、湟中、湟源、西宁、大通、门源、祁连、海晏、刚察、贵德、贵南、同德、共和、天峻、都兰、乌兰、格尔木、德令哈、尖扎、同仁有栽培
				西北蔷薇	*Rosa davidii Crep*	生于海拔 2100~2300 米的山坡林下、沟谷灌丛、河岸林缘	产循化、西宁（栽培）、同仁

续表

科名		属名		种名		生境	省内分布区
中文名	拉丁名	中文名	拉丁名	中文名	拉丁名		
				陕西蔷薇	*Rosa giraldii Crep*	生于海拔 2300 ~ 3100 米的山坡林下、林缘灌丛、沟谷河岸、河滩阶地	产互助、湟源、西宁、大通、门源、祁连、海晏、贵德、同德、尖扎、同仁、玛沁
				细梗蔷薇	*Rosa graciliflora Rehd*	生于海拔 2700 ~ 3700 米的沟谷云杉林下、林缘灌丛、河谷阶地、山坡岩缝	产乐都、湟中、湟源、尖扎、同仁、泽库、班玛
				黄蔷薇	*Rosa hugonis Hemsl*	生于海拔 2200 ~ 2600 米的山坡灌丛、沟谷林缘或庭院公园栽培	产民和、互助、乐都、循化、化隆、平安、湟中、西宁、尖扎、同仁、泽库
				疏花蔷薇	*Rosa laxa Retz*	生于海拔 3550 米左右的沟谷林下、山坡灌丛、河沟岸边	据《青海木本植物志》载，产玉树
				华西蔷薇	*Rosa moyesii Hemsl*	生于海拔 2100 ~ 3500 米的河岸阶地、山坡林下、河谷岸边、山沟灌丛	产民和、互助、乐都、湟中、湟源、西宁、大通、门源、祁连、尖扎、同仁、泽库、玉树
				峨眉蔷薇	*Rosa omeiensis Rolfe in Curtis's Bot*	生于海拔 2300 ~ 3900 米的阴坡林内、沟谷林缘、山坡灌丛、河谷山坡、河岸溪边	产民和、互助、乐都、循化、化隆、平安、湟中、湟源、西宁、大通、门源、祁连、尖扎、同仁、泽库、班玛
				扁刺峨眉蔷薇	*Rosa omeiensis Rolfe form. Pteracantha*	生于海拔 2700 米左右的山坡及沟谷林下、林缘灌丛、河岸阶地	产大通
				玫瑰	*Rosa rugosa Thunb*		民和、互助、乐都、循化、化隆、平安、湟中、湟源、西宁、大通、门源、祁连、海晏、刚察、贵德、贵南、同德、共和、天峻、都兰、乌兰、格尔木、尖扎、同仁有栽培

科名		属名		种名		生境	省内分布区
中文名	拉丁名	中文名	拉丁名	中文名	拉丁名		
				钝叶蔷薇	*Rosa sertata Rolfe in Curtis's Bot*	生于海拔 1800 ~ 2200 米的山坡及沟谷林下、河岸灌丛	产民和、互助、乐都、循化、门源
				刺梗蔷薇	*Rosa setipoda Hemsl*	生于海拔 1800 ~ 2200 米的河边灌丛中、沟谷林下、山坡林缘。分布于陕西、四川、湖北。	产民和、互助、乐都、循化
				扁刺蔷薇	*Rosa sweginzowii Koehne in Fedde*	生于海拔 1800 ~ 3200 米的山坡林下、林缘、沟谷灌丛、河岸林中、河溪边石隙或为花园、庭院栽培。分布于甘肃、陕西、西藏、云南、四川。	产民和、互助、乐都、循化、化隆、平安、湟中、湟源、西宁、大通、门源、尖扎、同仁、泽库
				腺叶扁刺蔷薇	*Rosa sweginzowii Koehne var. glandulosa*	生于海拔 3000 ~ 3200 米的河谷灌丛、河岸阶地、山沟林木缘、沟沿石隙	产循化、同仁、泽库
				秦岭蔷薇	*Rosa tsinglingensis Pax et Hoffm*	生于海拔 2400 ~ 3400 米的沟谷林下、山坡林缘灌丛中	据《青海木本植物志》载，产民和、循化、果洛等地
				藏边蔷薇	*Ros webbiana wall*	生于海拔 2400 ~ 3700 米的山坡林下、沟谷林缘、河岸灌丛中	据《青海木本植物志》载，产互助、玉树
				小叶蔷薇	*Rosa willmottiae Hemsl*	生于海拔 2200 ~ 3400 米的沟谷林缘、山坡灌丛、河岸溪边疏林中	产民和、互助、乐都、循化、化隆、湟中、西宁、大通、门源、祁连、贵德、同德、同仁、泽库、玛沁、玉树、囊谦
				多腺小叶蔷薇	*Rosa willmottiae Hemsl.var. glandulifera*	生于海拔 3450 米左右的沟谷林缘、山坡灌丛	产玉树

科名		属名		种名		生境	省内分布区
中文名	拉丁名	中文名	拉丁名	中文名	拉丁名		
				黄刺玫	*Rosa xanthina Lindl*	植于庭院花园及街旁	西宁、互助有栽培
				单瓣黄刺玫	*Rosa xanthina Lindl.form. normalis*	生于海拔 2300 米左右的沟谷林下、林缘灌丛、河岸阶地	产循化、西宁（栽培）
		地榆属	Sanguisorba Linn	矮地榆	*Sanguisorba filiformis (Hook.f.) Hand*	生于海拔 4000 ~ 4400 米的沼泽草甸、山坡林下、河滩草甸、沟谷潮湿草地	产尖扎、同仁、久治、囊谦
				地榆	*Sanguisorba officinalis Linn*	生于海拔 2000 ~ 3000 米的田边路旁、水沟草丛、宅旁荒地、渠岸碎石丛、山坡草地、河岸草甸	产民和、互助、乐都、循化、化隆、平安、湟中、西宁、大通、门源、尖扎、同仁、泽库
		花楸属	Sorbus.Linn.	湖北花楸	*Sorbus hupehensis Schneid*	生于海拔 2000 ~ 3500 米的山坡灌丛、沟谷林内、河岸林缘	产民和、循化、湟源、大通、门源、刚察、尖扎、同仁、河南
				陕甘花楸	*Sorbus koehneana Schneid*	生于海 2000 ~ 3800 米的山坡林下、山沟林缘、沟谷灌丛、河岸阶地、山沟杂木林内	产民和、互助、乐都、循化、平安、湟中、湟源、西宁、大通、门源、贵德、同仁、泽库、班玛、玉树
				西南花楸	*Sorbus rehderiana Koehne in Sarg*	生于海拔 3200 ~ 4300 米的山谷林内、河沟岸边林缘	产玛沁、班玛、玉树、囊谦
				四川花楸	*Sorbus setschwanensis (Schneid.) Koehne in Sarg*	生于海拔 2600 米左右的河谷岸边及山坡林下	据《青海木本植物志》载，产互助、循化、果洛等地
				太白花楸	*Sorbus tapashana Schneid.*	生于海拔 2300 ~ 3800 米的山坡林内、沟谷河岸	产民和、循化、湟中、大通、同仁、泽库、玉树
				天山花楸	*Sorbus tianschanica Rupr*	生于海拔 2300 ~ 3600 米的山坡云杉及油松林内、沟谷林缘、河岸崖边	产互助、乐都、湟源、大通、门源、祁连、同德、兴海、尖扎、同仁、泽库、河南

科名		属名		种名		生境	省内分布区
中文名	拉丁名	中文名	拉丁名	中文名	拉丁名		
		绣线菊属	Spiraea Linn.	高山绣线菊	*spiraea alpina Pall.*	生于海拔 2900～4600 米的高山山坡、高山草甸、阴坡灌丛、河漫滩、沟谷石隙、河谷阶地	产民和、互助、乐都、循化、化隆、湟中、大通、门源、祁连、海晏、同德、共和、兴海、尖扎、同仁、泽库、河南、玛沁、久治、班玛、玛多、玉树、囊谦
				楼斗菜叶绣线菊	*Spiraea aquilegifolia Pall.*	生于海拔 2000～2100 米的山坡灌丛、沟谷林缘	产互助
				蒙古绣线菊	*Spiraea mongolica Maxim. Bull. Acad. Sci. St.*	生于海拔 2100～4100 米的河漫滩、河谷阶地、山坡岩缝、河谷灌丛、林下林缘	产民和、互助、乐都、循化、平安、湟中、湟源、西宁、大通、门源、尖扎、同仁、泽库、久治、班玛、称多、玉树、囊谦、曲麻莱、治多
				毛枝蒙古绣线菊	*Spiraea mongolica Maxim. Var. Tomentulosa Yu*	生于海拔 3500～4100 米的山坡灌丛中	产班玛、玉树、囊谦
				细枝绣线菊	*Spiraea myrtilloides Rehd.*	生于海拔 2600～4100 米的山坡杂木林下、沟谷灌丛、河谷林缘	产西宁、门源、同仁、玛沁、班玛、玉树、囊谦
				南川绣线菊	*Spiraea rosthornii Pritz. In Engl.*	生于海拔 2000～3800 米的山沟林缘、山坡林中、林缘灌丛、河岸路边	产民和、互助、乐都、循化、久治、班玛
				西藏绣线菊	*Spiraea tibetica yu et Lu*	生于海拔 3800～4100 米的山坡灌丛、沟谷林缘	产玛沁、班玛、称多
豆科	Leguminosae	岩黄芪属	Hedysarum Linn.	块茎岩黄芪	*Hedysarum algidum*	生于海拔 2500～3500 米的高出角山草甸、阴坡灌丛、河滩草地	产民和、互助、乐都、循化、化隆、平安、湟中、湟源、西宁、大通、贵德、贵南、同德、共和、兴海、尖扎、同仁、泽库、河南、玛沁

续表

科名		属名		种名		生境	省内分布区
中文名	拉丁名	中文名	拉丁名	中文名	拉丁名		
				美丽岩黄芪	*Hedysarum algidum*	生于海拔 300 左右的高山草甸及流石滩	产玛沁
				滇岩黄芪	*Hedysarum limitaneum Hand.*	生于海拔 3450 米的林缘灌丛	产玉树
				红花岩黄芪	*Hedysarum multijugum Maxim.*	生于海拔 1800 ~ 3800 米的阳坡崖壁、沟谷、河滩、堤岸、沙砾地	产民和、互助、乐都、循化、化隆、平安、湟中、湟源、西宁、大通、门源、祁连、海晏、刚察、贵德、贵南、同德、共和、兴海、天峻、乌兰、都兰、格尔木、德令哈、尖扎、同仁、泽库、河南、玛沁、甘德、么治、班玛、称多、玉树、囊谦
				多序岩黄芪	*Hedysarum polybotrys Hand.*		西宁有栽培
				细枝岩黄芪（花棒）	*Hedysarum scoparium Fisch.et Mey.*	生于海拔 2200 ~ 2800 米的荒漠和半荒漠地区的固定及流动沙丘	产贵德、同德、共和、兴海、都兰
				锡金岩黄芪	*Hedysarum sikkimense Benth.ex Baker.*	生于海拔 3500 ~ 4900 米的高寒草甸、高寒灌丛、林缘草地	产同仁、泽库、河南、玛沁、甘德、久治、班码、达日、玛多、称多、玉树、囊谦、曲麻莱、杂多、治多（可可西里）、唐古拉山
		棘豆属	Oxytropis DC.	刺叶柄棘豆	*Oxytropis aciphylla Ledeb.*	生于海拔 2800 ~ 3500 米的荒漠草原带的砾石山坡、沙丘、沙砾滩地、阳坡阶地	产循化、海晏、共和、兴海、乌兰、都兰、格尔木

科名		属名		种名		生境	省内分布区
中文名	拉丁名	中文名	拉丁名	中文名	拉丁名		
				八宿棘豆	*Oxytropis baxoiensis*	生于海拔 3900 ~ 4000 米的高山草甸、沙砾滩地	产杂多
				二色棘豆	*Oxytropis bicolor Bunge, Mém. Acad.*	生于海拔 2100 ~ 3600 米的干旱山坡草地、山脊、沙砾滩地、渠岸	西宁、大通、民和、互助、乐都、湟源、同德、尖
				短梗棘豆	*Oxytropis brecipedunlata*	生于海拔 4800 ~ 5400 米的山坡沙砾质草地、水边草甸	产可可西里
				急弯棘豆	*Oxytropis deflexa* (*Pall.*)	生于海拔 2900 ~ 4500 米的高山草甸、林缘灌丛、河滩沙地及阳坡草地	产民和、互助、乐都、循化、化降、平安、湟中、湟源、大通、门源、祁连、海晏、刚察、贵德、贵南、同德、共和、兴海、天峻、乌兰、都兰、格尔木、德令哈、玛沁、甘德、久治、班玛、达日、玛多、称多、玉树、囊谦、曲麻莱、杂多、治多
				密丛棘豆	*Oxytropis densa Benth.*	生于海拔 3200 ~ 5200 米的高寒草原、草甸砾地、河岸石隙、沙砾山坡、湖滨沙滩	产乌兰、都兰、格尔木、德令哈、玛多、曲麻莱
				镰形棘豆	*Oxytropis falcata*	生于海拔 2700 ~ 4900 米的湖滨沙滩、河谷砾石地、山坡草地、河滩灌丛	产门源、祁连、海晏、刚察、共和、兴海、天峻、乌兰、都兰、格尔木、德令哈、大柴旦、泽库、河南、玛沁、甘德、久治、班玛、达日、玛多、称多、玉树、囊谦、曲麻莱、杂多、治多（可可西里）

续表

科名		属名		种名		生境	省内分布区
中文名	拉丁名	中文名	拉丁名	中文名	拉丁名		
				华西棘豆	*Oxytropis giraldii* Ulbr.	生于海拔2400米的林缘灌丛下	产循化
				小花棘豆	*Oxytropis glabra* (*Lam.*)	生于海拔2200～3000米的干草原带、荒漠草原、荒漠区的河滩低湿沙地、湖盆边缘、沙丘间的盐湿地、山坡草地	产民和、互助、乐都、循化、化隆、平安、湟中、湟源、西宁、门源、祁连、海晏、刚察、贵德、贵南、同德、共和、兴海、玛多
				小叶棘豆	*Oxytropis glabra* (*Lam.*) DC.var.tannis	生于海拔2800～3000米的河滩盐渍地、水沟边低湿沙地	产贵南、都兰
				冰川棘豆	*Oxytropis glacialis*	生于海拔4500～5200米的高寒草原、山坡砾地、高寒荒漠草原、河滩沙砾地、宽谷草地	产格尔木、玛多、玉树、可可西里
				贵南棘豆	*Oxytropis guinanensis*	生于海拔3200米左右的固定沙丘	产贵南
				铺地棘豆	*Oxytropis humifusa*	生于海拔3600～3800米的河滩草地、高山草甸	产泽库、称多、玉树。
				密花棘豆	*Oxytropis imbricata* Kom.	生于海拔1800～3800米的山坡草地、河滩湿沙地、干山坡石隙、路边荒地、田埂、河岸、林间草地、沟谷台地	产西宁、大通、民和、互助、乐都、湟中、湟源、门源、刚察、贵德、同德、共和、兴海、乌兰、德令哈、尖扎、同仁、玛沁

科名		属名		种名		生境	省内分布区
中文名	拉丁名	中文名	拉丁名	中文名	拉丁名		
				甘肃棘豆	*Oxytropis kansuensis*	生于海拔 2300～4600 米的高山草甸、山沟林下、阴坡灌丛、河滩草地、沙砾滩地	产西宁、大通、民和、互助、乐都、循化、化隆、平安、湟中、湟源、门源、祁连、海晏、刚察、贵德、贵南、同德、共和、兴海、天峻、乌兰、都兰、格尔木、德令哈、冷湖、大柴旦、茫崖、尖扎、同仁、泽库、河南、玛沁、甘德、久治、班玛、达日、玛多、称多、玉树、囊谦、曲麻莱、杂多、治多（可可西里）
				宽苞棘豆	*Oxytropis latibracteata Jurtz.*	生于海拔 2500～4500 米的高寒草甸、高寒草原、荒漠带的河滩草地、林缘灌丛、干旱阳坡草地、石隙、砾地	产民和、互助、乐都、循化、化隆、平安、湟中、湟源、大通、门源、祁连、海晏、刚察、贵德、贵南、同德、共和、兴海、天峻、乌兰、都兰、格尔木、德令哈、尖扎、同仁、泽库、河南、玛沁、玛多、玉树、治多
				长宽苞棘豆	*Oxytropis latibracteata Jurtz.var. longibracteata*	生于海拔 3500～3700 米的灌丛草地	产共和（模式标本产地）
				玛多棘豆	*Oxytropis maduoensis*	生于海拔 4300～4600 米的高山草甸、高寒草原	产玛多（模式标本产地）、称多、曲麻莱
				玛沁棘豆	*Oxytropis maqinensis*	生于海拔 3300～4500 米的高山草甸、山坡砾地	产共和、兴海、河南、玛多、玛沁（模式标本产地）

续表

科名		属名		种名		生境	省内分布区
中文名	拉丁名	中文名	拉丁名	中文名	拉丁名		
				黑萼棘豆	*Oxytropis melanocalyx Bunge, Mém.*	生于海拔 3500~4300 米的高山草甸、阴坡灌丛、林缘草地	产湟中、贵德、同德、河南、玛沁、久治、玛多、称多、玉树、囊谦、杂多
				米尔克棘豆	*Oxytropis merkensis Bunge, Bull.*	生于海拔 2600~3900 米的干旱阳坡草地、荒漠沙地、河滩等处	产贵德、同德、共和、兴海、乌兰、德令哈
				软毛棘豆	*Oxytropis mollis Royle ex Benth.*	生于海拔 3900 米左右的阴坡草地	产玉树（江西沟）
				黄毛棘豆	*Oxytropis ochrantha Turcz.*	生于海拔 2300~4200 米的草原带的干旱山坡草地、沟谷渠岸、河滩草甸、湖滨砾地	产西宁、互助、门源、共和、兴海、同仁、玉树、囊谦
				白毛棘豆	*Oxytropis ochrantha Turcz.var. albopilosa*	生于海拔 3000 米左右的山坡草地、河谷阶地	产门源、共和
				黄花棘豆	*Oxytropis ochrocephala*	生于海拔 2000~4300 米的林缘草地、沟谷灌丛、河滩草甸、高山草甸、河谷阶地、山坡砾地	产西宁、大通、民和、互助、乐都、循化、化隆、平安、湟中、湟源、门源、祁连、海晏、刚察、贵德、贵南、同德、共和、兴海、天峻、乌兰、都兰、德令哈、尖扎、同仁、泽库、河南、玛沁、甘德、久治、班玛、达日、玛多、称多、玉树、囊谦、曲麻莱、杂多、治多
				少花棘豆	*Oxytropis pauciflor*	生于海拔 3600~5000 米的高山草甸、河滩草地、阴坡灌丛、高寒草原、沙砾湿滩地	产大通、互助、乌兰、格尔木、同仁、玛沁、久治、玛多、称多、囊谦、曲麻莱、杂多、治多（可可西里）

科名		属名		种名		生境	省内分布区
中文名	拉丁名	中文名	拉丁名	中文名	拉丁名		
				宽瓣棘豆	*Oxytropis platysema Schrenk, Bull.*	生于海拔 3500～5000 米的高山草甸、滩地沼泽草甸、冰川附近草地、阴坡高寒灌丛下、沙砾湿地	产乌兰、同仁、玛沁、玛多、称多、杂多
				细小棘豆	*Oxytropis pusilla*	生于海拔 2900～3600 米的高山草甸、河滩和湖滨草地	产德令哈
				祁连山棘豆	*Oxytropis qilianshanica*	生于海拔 2800～4200 米的高山草甸、山坡草地	产乐都、同仁、泽库、玛多
				青海棘豆	*Oxytropis qinghaiensis*	生于海拔 3000～3600 米的高山草甸、沟谷林缘、山坡灌丛草地	产门源、同德（模式标本产）、共和、河南、玛沁、甘德、达日、玉树
				青南棘豆	*Oxytropis qingnanensis*	生于海拔 3900～4100 米的林缘山坡草地	产囊谦（模式标本产地）
				伊朗棘豆	*Oxytropis savellanica Bunge ex Boiss.*	生于海拔 4200～5200 米的高草地、多砾石处	产玛多
				鳞萼棘豆	*Oxytropis squammulosa*	生于海拔 3000～3300 米的砾石滩地、阳坡草地、河谷阶地沙质土上	产刚察
				胀果棘豆	*Oxytropis stracheyana Bunge,*	生于海拔 3200～5000 米的山坡草地、河滩砾地、山顶石隙、砾石阳坡、河谷沙丘	产祁连、刚察、贵南、乌兰、都兰、格尔木、德令哈、玛沁、玛多、玉树、曲麻莱、杂多、治多（可可西里）
				长喙棘豆	*Oxytropis thomsonii Benth.*	生于海拔 3560～3800 米的阳坡草地、灌丛边	产玉树（江西沟）

续表

科名		属名		种名		生境	省内分布区
中文名	拉丁名	中文名	拉丁名	中文名	拉丁名		
				胶黄芪状棘豆	*Oxytropis tragacanthoides Fisch.*	生于海拔 2800 ~ 4150 米的荒漠区和荒漠草原区的干山坡草地、砾石山麓、石质和砾石质阳、沟谷石隙	产祁连、共和、格尔木、大柴旦、玛多
				兴隆山棘豆	*Oxytropis xinglongshanica*	生于海拔 2200 ~ 2700 米的阴坡草地	产大通、循化、同仁
				云南棘豆	*Oxytropis yunnanensis Franch.*	产格尔木、玛沁、玛多、称多、囊谦、曲麻莱、杂多、治多（可可西里）	生于海拔 3900 ~ 5000 米的高山草甸砾地、山坡灌丛、河滩草甸、沟谷沙砾湿地
				泽库棘豆	*Oxytropis zekuensis*	生于海拔 2700 ~ 3500 米的山坡草地、河滩草甸	产大通、泽库（模式标本产地）
		胡卢巴属	Trigonella Linn.	胡卢巴	*Trigonella foenum-graecum Linn. Sp.*		民和、互助、乐都、循化、化隆、平安、湟中、湟源、西宁、大通、门源、祁连、海晏、贵德、贵南、同德、共和、天峻、乌兰、都兰、格尔木、德令哈、尖扎、同仁、泽库有栽培
		紫藤属	Wisteria Nutt.	紫藤	*Wisteria sinensis*（Sims）*Sweet*，*Hort. Brit.*		西宁有栽培
		山黧豆属	Lathyrus Linn.	毛山黧豆	*Lathyrus palustris var. pilosus*	生于海拔 2700 米左右的林缘灌丛中	产乐都
				牧地山黧豆	*Lathyrus pratensis Linn.*	生于海拔 2700 米左右的林缘草地、河边草甸、沟谷灌丛	产民和、循化

科名		属名		种名		生境	省内分布区
中文名	拉丁名	中文名	拉丁名	中文名	拉丁名		
				山黧豆	*Lathyrus quinguenervius* (*Miq.*)	生于海拔1800～2600米的林缘、灌丛、河沟、草甸、田边、山坡	产民和、互助、乐都、循化、化隆、平安、湟中、湟源、西宁、大通、门源、祁连、贵德、尖扎、同仁
		野碗豆属	*Vicia* Linn.	山野豌豆	*Vicia amoena Fisch.in DC. Prodr*	生于海拔1800～3800米的林缘灌丛草地、沟谷、河边草甸、田埂路旁	产民和、互助、乐都、循化、化隆、平安、湟中、湟源、西宁、大通、门源、贵德、尖扎、同仁、玉树、囊谦
				狭叶山野豌豆	*Vicia amoena Fisch.var. oblongifolia Regel，Tent*	于海拔1800～2800米的林缘灌丛草地、河边草甸、田埂路边	产民和、互助、乐都、循化、化隆、平安、湟中、湟源、西宁、大通、门源、贵德
				窄叶野豌豆	*Vicia angustifolia Linn.Amoen. Acad.*	生于海拔1800～3300米的田边、河滩灌丛、林缘草地	产民和、互助、乐都、循化、化隆、平安、湟中、湟源、西宁、大通、门源、祁连、海晏、贵德、贵南、同德、共和、兴海、乌兰、都兰、格尔木、尖扎、同仁、泽库、河南、班玛
				三齿萼野豌豆	*Vicia bungei Ohwi，Journ. Jap.Bot.*	生于海拔2200～2500米的林缘草地、沟谷、河滩草甸、田边湿沙	产循化、西宁、大通、班玛
				新疆野豌豆	*Vicia costata Ledeb.Fl.Alt.*	生于海拔1800～3900米的林缘灌丛、山坡林下、河滩草甸、沟谷草地、田边	产民和、互助、乐都、循化、化隆、平安、湟中、湟源、西宁、玉树

续表

科名		属名		种名		生境	省内分布区
中文名	拉丁名	中文名	拉丁名	中文名	拉丁名		
				广布野豌豆	*Vicia cracca Linn.Sp.Pl.*	生于海拔 1800 ~ 2800 米的林缘灌丛、河滩草甸、沟谷草地及田边	产民和、互助、乐都、循化、化隆、平安、湟中、湟源、西宁、大通、门源
				蚕豆	*Vicia faba Linn.Sp.Pl.*		民和、互助、乐都、循化、化隆、平安、湟中、湟源、西宁、大通、门源、祁连、海晏、贵德、贵南、同德、共和、尖扎均有大面积栽培
				硬毛果野豌豆	*Vicia hirsuta*（*Linn.*）*S.F.Gray, Syst. Arang. Brit.Pl.*		产青海
				东方野豌豆	*Vicia japonica A.Gray Mem. Amer.Acad.Sci*	生于海拔 2800 ~ 3840 米的林缘草地、河滩灌丛、阳坡草甸、河谷阶地、山坡石隙	产同德、兴海、河南、玛沁、久治、玉树、囊谦
				大花野豌豆	*Vicia megalotropis Ledeb.Fl.Alt.*	生于海拔 2600 ~ 4200 米的阴坡灌丛、阳坡疏林下、阳坡草甸、河谷阶地、田边	产乐都、循化、兴海、尖扎、同仁、久治、玉树、囊谦
				多茎野豌豆	*Vicia multicaulis Ledeb.Fl.Alt.*	生于海拔 3300 ~ 3850 米的林缘灌丛、阳坡高山草甸	产同德、玛沁、玉树
				西南野豌豆	*Vicia nummularia Hand.-Maz, Symb.Sin.*	生于海拔 3600 米的田边、阳坡草地	产称多
				大叶野豌豆	*Vicia pseudorobus Fisch.et C.A.Mey.*		产我国西北、西南、华北

科名		属名		种名		生境	省内分布区
中文名	拉丁名	中文名	拉丁名	中文名	拉丁名		
				救荒野豌豆	*Vicia sativa Linn.Sp.Pl.*	生于海拔 1800～2900 米的沟谷林下、田埂、路边及荒地中、河滩疏林、麦田中	产民和、互助、乐都、循化、化隆、平安、湟中、湟源、西宁、大通、门源、祁连、海晏、贵德、贵南、乌兰、都兰、格尔木、尖扎、同仁、班玛、久治
				野豌豆	*Vicia sepium Linn.Sp.Pl.*	生于海 2400 米左右的山坡林下、林缘草甸	产循化（孟达林场）
				西藏野豌豆	*Vicia tibetica Prain ex C.A.Fisch. Kew.Bull.*	生于海拔 2800～3850 米的山坡林缘、沟谷灌丛、河谷阶地、河滩草甸	产同德、兴海、河南、玛沁、久治、囊谦
				歪头菜	*Vicia unijuga R.Br.Ind.Sem. Hort. Berol. （App.）*	生于海拔 1800～3000 米的林缘草甸、沟谷灌丛、河岸及山坡湿草地	产民和、互助、乐都、循化、化隆、平安、湟中、湟源、西宁、大通、门源、祁连、海晏、刚察、贵德、尖扎、同仁、泽库、河南、班玛
				柔毛野豌豆	*Vicia villosa Roth. Tent. Fl.Germ.*	生于海拔 1800～3800 米的山坡草地、河滩沙地、杂木林缘	民和、互助、乐都、循化、化隆、平安、湟中、门源、贵德、尖扎、同仁有栽培
亚麻科	Linaceae	亚麻属	Linum Linn.	短柱亚麻	*Linum pallescens Bunge in Ledeb.*	生于海拔 2300～3800 米的山坡草地、山沟荒地、田埂路边	产民和、西宁、门源、都兰、尖扎、共和、同仁、玛沁、玉树
				多年生亚麻	*Linum Perenne Linn.*		产乐都、化隆、湟源、西宁、贵南、同德、共和、都兰、同仁、河南、班玛、玉树、囊谦

续表

科名		属名		种名		生境	省内分布区
中文名	拉丁名	中文名	拉丁名	中文名	拉丁名		
				亚麻	*Linum usitatissimum Linn.*		民和、互助、乐都、循化、化隆、平安、湟中、湟源、西宁、大通、门源、祁连、海晏、刚察、贵德、贵南、同德、共和、都兰、尖扎、同仁有栽培或逸为野生
水马齿科	Callitrichaceae	水马齿属	Callitriche Linn.	沼生水马齿	*Callitriche Palustris Linn.*	生于海拔 4200 ~ 4600 米的沼泽水域	产达日
槭树科	Aceraceae	槭属	Acer Linn.	青榨槭	*Acer davidii Franch.Nouv. Arch.Mus.Hist. Nat.Paris*	生于海拔 2300 米以下的山坡和沟谷疏林中	产互助、循化
				苦茶槭	*Acer ginnala Maxim.*	生于海拔 1800 ~ 2400 米的山坡丛林中	产循化
				葛萝槭	*Acer grosseri Pax, in Engl. Pflanzenr.*	生于海拔 1800 米左右的山坡丛林中	产循化
				五尖槭	*Acer maximowiczii Pax in Hook.1c. Pl.*	生于海拔 1800 ~ 2600 米的山坡林下、河谷林缘或疏林中	产民和、循化
				五角枫	*Acer mono Maxim.Bull.*		民和、互助、乐都、循化、化隆、平安、湟中、西宁、大通有栽培
				梣叶槭	*Acer negundo Linn.Sp.Pl.*		民和、互助、乐都、循化、化隆、平安、湟中、湟源、西宁、大通、都兰有栽培
				桦叶四蕊槭	*Acer tetramerum Pax in Hook. var.*	生于海拔 2200 ~ 2600 米的山坡沟谷林下	产互助、循化

科名		属名		种名		生境	省内分布区
中文名	拉丁名	中文名	拉丁名	中文名	拉丁名		
				元宝槭	*Acer truncatum Bunge，Mém. Acad.Sci.St. Pétersb.Sav. Etr.*		民和、互助、乐都、循化、化隆、平安、湟中、湟源、西宁、大通有栽培
椴树科	Tiliaceae	椴树属	Tilia Linn.	网脉椴	*Tilia dictyoneura V.*		西宁有栽培
锦葵科	Malvaceae	锦葵属	Malva Linn.	锦葵	*Malva sinensis Cavan.*		互助、西宁、大通、门源、同仁有栽培
				冬葵	*Malva verticillata Linn.*	生于海拔1800~4200米的田边荒地、村旁路边、河滩渠岸	产民和、互助、乐都、循化、湟中、湟源、西宁、大通、门源、贵南、同德、共和、兴海、尖扎、同仁、泽库、河南、玛沁、玉树、囊谦、治多
				中华野葵	*Malva verticillata Linn.var. chinensis*	生于海拔2000~3800米的山坡草地、农田路边、河边渠岸	产民和、西宁、同德、同仁、班玛
胡颓子科	Elaeagnaceae	胡颓子属	Elaeagnus Linn	沙枣	*Elaeagnus angustifolia Linn.*		民和、互助、乐都、西宁、贵德、都兰有栽培
				牛奶子	*Elaeagnus umbellata Thunb.*	生于海拔2200~2500米的山坡半阳坡林缘、沟谷灌丛中	产循化，湟中、湟源有栽培
柳叶菜科	Onagraceae	柳兰属	Chamaenerion Seguier	柳兰	*Chamaenerion angustifolium（Linn.）*	生于海拔2150~3800米的山坡林下、林缘草地、沟谷灌丛、河滩草甸、河岸草丛	产民和、互助、乐都、循化、化隆、平安、湟中、湟源、西宁、大通、门源、祁连、贵德、同德、同仁、泽库、河南、玛沁、班玛、玉树、囊谦

续表

科名		属名		种名		生境	省内分布区
中文名	拉丁名	中文名	拉丁名	中文名	拉丁名		
		露珠草属	Circaea Linn.	高山露珠草	*Circaea alpina Linn*	生于海拔2300～4300米的阴坡崖下、沟谷林下、林缘灌丛、河滩湿地、田边	产民和、互助、乐都、循化、化隆、平安、湟中、湟源、大通、门源、祁连、贵德、同德、同仁、泽库、久治、班玛、玉树、囊谦
		月见草属	Oenothera Linn.	待霄草	*Oenothera odorata Jacq.*		西宁有栽培
		柳叶菜属	Epilobium Linn.	毛脉柳叶菜	*Epilobium amurense Hausskn.*	生于海拔2000～3100米的山坡林下、林缘灌丛、山沟河边、河滩草甸	产民和、互助、乐都、平安、湟中、大通、门源
				沼生柳叶菜	*Epilobium palustre Linn.*	生于海拔1800～4500米的高山灌丛、沟谷林下、林缘草地、河谷阶地、河湖岸边、河滩草地、路边	产民和、互助、乐都、循化、化隆、平安、湟中、湟源、西宁、大通、门源、祁连、海晏、贵德、同德、共和、兴海、乌兰、同仁、泽库、河南、玛沁、甘德、达日、玛多、称多、玉树、囊谦、曲麻莱、治多
				喜山柳叶菜	*Epilobium royleanum Hausskn.*	生于海拔1700～4200米的山坡林下、林缘、河沟灌丛、河滩草甸	产民和、互助、乐都、循化、化隆、平安、湟中、湟源、大通、门源、贵德、同德、玛沁、班玛、玉树
伞形科	Umbelliferae	页蒿属	Carum.Linn.	田页蒿	*Carum buriaticum Turcz.*	生于海拔1700～3610米的阴坡灌丛、沟谷林下、林缘草甸、山坡草地、河谷滩地、宅周道旁、田边渠岸	产民和、互助、乐都、循化、化隆、平安、湟中、湟源、西宁、大通、门源、祁连、海晏、贵德、贵南、同德、共和、尖扎、同仁、泽库、班玛、囊谦

科名		属名		种名		生境	省内分布区
中文名	拉丁名	中文名	拉丁名	中文名	拉丁名		
				页蒿	*Carum carvi Linn.*	生于海拔 2080 ~ 4250 米的高山草甸、高山灌丛、沟谷林下、林缘草甸、道旁渠岸、田边宅旁	产民和、互助、乐都、循化、化隆、平安、湟中、湟源、西宁、大通、门源、海晏、刚察、贵德、贵南、同德、共和、兴海、天峻、乌兰、都兰、格尔木、德令哈、尖扎、同仁、泽库、河南、玛沁、甘德、久治、班玛、达日、玛多、称多、玉树、**囊谦**、曲麻莱、杂多、治多
				细页蒿	*Carum carvi Linn.form. gracile*	生于海拔 2700 ~ 3400 米的山地阳坡、山沟林缘、河滩草甸	产乐都、大通、门源、河南
		毒芹属	Cicuta Linn.	毒芹	*Cicuta virosa Linn.*	生于海拔 2990 米左右的沼泽草甸	产德令哈
		芫荽属	Coriandrum Linn.	芫荽	*Coriandrum sativum Linn.*		民和、互助、乐都、循化、化隆、平安、湟中、湟源、西宁、大通、门源、祁连、海晏、刚察、贵德、贵南、同德、共和、兴海、天峻、都兰、乌兰、格尔木、德令哈、尖扎、同仁、泽库、河南、玛沁、玉树有栽培
		胡萝卜属	Daucus.Linn.	胡萝卜	*Daucus carota Linn.*		民和、互助、乐都、循化、化隆、平安、湟中、湟源、西宁、大通、门源、贵德、贵南、同德、共和、都兰、乌兰、格尔木、德令哈、尖扎、同仁、玛沁、甘德、久治、址坞、称多、玉树、**囊谦**有栽培

科名		属名		种名		生境	省内分布区
中文名	拉丁名	中文名	拉丁名	中文名	拉丁名		
		独活属	Heracleum Linn.	白亮独活	*Heracleum candicans Wall.*	生于海拔3300~3700米的高山草甸、山坡草地、河边湿沙地	产大通、班玛、玉树
				裂叶独活	*Heracleum millefolium*	生于海拔2700~4800米的高山草甸、高寒草原、阴坡灌丛、沟谷林下、河滩湿沙地、山坡岩隙	产湟源、大通、祁连、刚察、贵南、同德、共和、兴海、天峻、同仁、泽库、河南、玛沁、甘德、久治、达日、玛多、称多、玉树、曲麻莱、杂多、治多
		藁本属	Ligusticum Linn.	串珠藁本	*Ligusticum moniliforme Z.*	生于海拔3100~4150米的河谷灌丛草甸、高山草甸、河边岩缝	产大通、门源、刚察、同德、共和、同仁、泽库、河南、班玛、囊谦、曲麻莱、治多
				长茎藁本	*Ligusticum thomsonii Clarke in Hook.*	生于海拔2600~4300米的山坡林下、林缘草甸、高山灌丛、沟谷岩隙、高山草甸、田边	产互助、乐都、大通、门源、祁连、刚察、兴海、德令哈、同仁、泽库、河南、玛沁、甘德、久治、班玛、达日、玛多、玉树、曲麻莱、杂多、治多
				玉树藁本	*Ligusticum yushuense J.*		玉树
		当归属	Angelica Linn.	白芷	*Angelica dahurica（Fisch.ex Hoffm.）*		民和、互助、乐都、循化、化隆、湟中、湟源、西宁有栽培
				青海当归	*Angelica nitida wolff, Acta Herb.*	生于海拔3100~4050米的山沟灌丛、河滩疏林下、灌丛草甸、阴坡林缘、山坡草地、河谷阶地	产互助、大通、门源、贵德、同德、尖扎、同仁、泽库、河南、玛沁、甘德、久治、班玛、达日

科名		属名		种名		生境	省内分布区
中文名	拉丁名	中文名	拉丁名	中文名	拉丁名		
		柴胡属	Bupleurum Linn.	线叶柴胡	*Bupleurum angustissimum* （*Franch.*）	生于海拔 2700 米左右的沟河边草地	产互助
				紫花鸭跖柴胡	*Bupleurum commelyncideum H.*	生于海拔 3200 ~ 3400 米的山地半阴坡灌丛、河滩林缘草地	产共和、河南
				簇生柴胡	*Bupleurum condensatum Shan et Y.*	生于海拔 3000 ~ 3650 米的山坡林缘、灌丛草地、河滩草甸	产门源、祁连、海晏、刚察、贵德、贵南、同德、共和（模式标本产地）、兴海、天峻、乌兰、都兰、格尔木、德令哈、冷湖、大柴旦、茫崖、尖扎、同仁、泽库、河南、玛沁、甘德、久治、班玛、达日、玛多
				密花柴胡	*Bupleurum densiflorum Rupr.*	生于海拔 3200 ~ 3420 米的固定沙丘、峡谷林缘、灌丛草甸、河滩草甸	产贵南、共和、泽库、河南
				空心柴胡	*Bupleurum longicaule Wall.ex DC.var. franchetii*	生于海拔 2500 米左右的河谷林缘、山麓草地	产民和
				秦岭柴胡	*Bupleurum longicaule Wall.ex DC.var. giraldii*	生于海拔 2600 ~ 4400 米的沙砾山坡、高山草甸、河谷滩地、林缘灌丛	产互助、乐都、海晏、刚察、贵德、兴海、玛沁、玉树、囊谦
				坚挺柴胡	*Bupleurum longicaule Wall.*	生于海拔 3200 ~ 4000 米的山坡草地、林间空地、沟谷灌丛	产湟源、同仁、杂多

续表

科名		属名		种名		生境	省内分布区
中文名	拉丁名	中文名	拉丁名	中文名	拉丁名		
				紫花大叶柴胡	*Bupleurum longiradiatum Turcz.var.*	生于海拔2400米左右的林下、林缘、灌丛、沟谷、阴湿地	产循化
				马尔康柴胡	*Bupleurum malconense Shan et Y.*	生于海拔3200~3750米的河谷阶地、溪水沟边、河滩草甸	产同德、河南、玛沁、班玛、玉树
				窄竹叶柴胡	*Bupleurum marginatum Wall.*	生于海拔1850~3000米的沟谷灌丛、河岸沟沿、山坡草地	产循化、同仁
				短茎柴胡	*Bupleurum pusillum Krylov, Acta Mort.*	生于海拔3200~3800米的高山草甸、山坡草地、林缘草丛	产共和、泽库、称多
				黑柴胡	*Bupleurum smithii Wolff, Acta Hort.*	生于海拔2400~3800米的河谷灌丛、林缘草甸、山坡草地、田埂路边	产民和、互助、乐都、循化、湟中、湟源、西宁、大通、门源、祁连、同仁、泽库、班玛、久治、玉树
				小叶黑柴胡	*Bupleurum smithii wolff var.*	生于海拔2309~4100米的高山草甸、阴坡灌丛、沟谷林缘、山坡草丛、固定沙丘、渠岸田边	产互助、乐都、循化、西宁、大通、门源、祁连、刚察、贵南、共和、同仁、泽库、河南、玉树、治多
				三辐柴胡	*Bupleurum triradiatum Adams ex Hoffm.*	生于海拔3400~3700米的阴坡灌丛、高山峡谷、河岸阶地、阴坡林缘	产共和、泽库、河南、玛沁、称多
				银州柴胡	*Bupleurum yinchowense Shan et Y.*	生于海拔1850~3000米的阳坡山麓、山沟草地、河谷阶地	产民和、互助、乐都

科名		属名		种名		生境	省内分布区
中文名	拉丁名	中文名	拉丁名	中文名	拉丁名		
山茱萸科	Cornaceae	梾木属	Cornus Linn.	红瑞木	*Cornus alba Linn.*	生于海拔 2200 ~ 2500 米的山坡林缘、沟谷及河岸灌丛中	产民和、循化
				沙梾	*Cornus bretschneideri L.*	生于海拔 1800 ~ 2280 米的山谷林内、林缘灌丛、河畔湿地	产民和、互助、循化、西宁（栽培）
				红椋子	*Cornus hemsleyi Schneid.*	生于海拔 2200 ~ 2600 米的山沟林缘、山坡草地；西宁有栽培	产民和、循化
鹿蹄草科	Pyrolaceae	单侧花属	Orthilia Rafin.	钝叶单侧花	*Orthilia obtusata (Turcz.) Hara*	生于海拔 3100 米左右的林下草地、山坡林缘、沟谷灌丛	产贵德
		鹿蹄草属	Pyrola (Tourn.) Linn.	鹿蹄草	*Pyrola calliantha H. Andr.*	生于海拔 2600 ~ 3200 米的阴山坡草地、河沟林下、林缘	产民和、互助、循化、门源
杜鹃花科	Ericaceae	北极果属	Arctostaphylos Adans.	北极果	*Arctostaphylos alpinus (Linn.) Spreng.*	生于海拔 2800 ~ 4200 米的云杉或阔叶树林下、山坡林缘、河岸灌丛	产互助、乐都、湟中、门源、祁连、贵德、乌兰、泽库、久治
		杜鹃花属	Rhododendron Linn.	海绵杜鹃	*Rhododendron aganniphum Balf.*	生于海拔 3300 ~ 4700 米的高山阴坡、河滩灌丛、阴坡或沟谷林缘	产久治、班玛、玉树、囊谦
				烈香杜鹃	*Rhododendron anthopogonoides Maxim.*	生于海拔 3000 ~ 4100 米的高山阴坡灌丛	产民和、互助、循化、乐都、湟中、门源、海晏、贵德、泽库、河南
				腺梗杜鹃	*Rhododendron balfourianum Diels, Not.*	生于海拔 3300 ~ 3800 米的阴坡及沟谷灌丛	产班玛
				头花杜鹃	*Rhododendron capitatum Maxim.*	生于海拔 2970 ~ 4300 米的高山阴坡、河谷滩地灌丛中	产互助、乐都、循化、平安、湟中、门源（模式标本产地）、贵德、同德、兴海、尖扎、同仁、泽库、河南、玛沁

科名		属名		种名		生境	省内分布区
中文名	拉丁名	中文名	拉丁名	中文名	拉丁名		
				秀雅杜鹃	*Rhododendron concinuum Hemsl.*	生于海拔 3000 米右的沟谷及山坡林中	产门源仙米林区
				密枝杜鹃	*Rhododendron fastigiatum Franch.*	生于海拔 3000~4000 米的山地灌丛中	产泽库、班玛
				粉枝杜鹃	*Rhododendron impeditum I.*	生于海拔 3200 米左右的山地阴坡、半阴坡和山顶灌丛中	产门源县朱固林区
				光亮杜鹃	*Rhododendron nitidulum Rehd.*	生于海拔 3750~4100 米的沟谷河岸、山地阴坡灌丛中	产久治、班玛
				雪层杜鹃	*Rhododendron nivale Hook, f.*	生于海拔 3850~4700 米的山地阴坡或高山柳灌丛中	产称多、玉树、囊谦、杂多
				北方雪层杜鹃	*Rhododendron nivale Hook. f.subsp. boreale*	生于海拔 4200~4500 米的山地阴坡及山谷灌丛中	产囊谦
				直枝杜鹃	*Rhododendron orthocladum I.*	生于海拔 3700 米左右的山地阴坡林	产班玛玛可河林区
				樱草杜鹃	*Rhododendron primuliflorum Bur.*	生于海拔 3470~4700 米的高山阴坡灌丛、沟谷林下	产玉树、囊谦
				微毛樱草杜鹃	*Rhododendron primuliflorum Bur.et Franch.var. cephalanthoides*	生于海拔 3900~4700 米的高山阴坡林缘、沟谷灌丛	产囊谦
				紫斑杜鹃	*Rhododendron principis Bur.*	生于海拔 3600~4000 米的阴坡林下、沟谷阴温灌丛中	产班玛玛可河林区和玉树江西沟林区
				青海杜鹃	*Rhododendron przewalskii Maxim.*	生于海拔 2800~3800 米的高山阴坡灌丛、沟谷林缘	产互助、乐都、湟中、循化、贵德、尖扎、泽库

科名		属名		种名		生境	省内分布区
中文名	拉丁名	中文名	拉丁名	中文名	拉丁名		
				红背杜鹃	*Rhododendron rufescens Franch.*	生于海拔 3980 ~ 4100 米的高山阴坡、河谷沟沿灌丛	产久治、班玛
				黄毛杜鹃	*Rhododendron rufum Batal.*	生于海拔 2800 ~ 3200 米的山地阴坡灌丛	产民和、循化
				杜鹃	*Rhododendron simsii Planch.*		西宁有栽培
				百里香杜鹃	*Rhododendron thymifolium*	生于海拔 2800 ~ 3800 米的山地阴坡灌丛	产互助、乐都、平安、循化、门源（模式标本产地）、贵德、尖扎、同仁、泽库
				毛嘴杜鹃	*Rhododendron trichostomum*	生于海拔 3670 ~ 4700 米的高山阴坡及林缘灌丛	产称多、玉树、囊谦
				簇毛杜鹃	*Rhododendron wallichii*	生于海拔 3200 米以上的山坡及沟谷灌丛	据《青海木本植物志》载，产互助北山林区
报春花科	Primulaceae	点地梅属	Androsace Linn.	杂多点地梅	*Androsace alaschanica Maxim*	生于海拔 4400 ~ 4500 米的阴坡石隙	产杂多
				玉门点地梅	*Androsace brachystegia Hand. - Mazz*	生于海拔 3000 ~ 4600 米的山地半阴坡草地	产久治
				弯花点地梅	*Androsace cernuiflora*	生于海拔 3850 ~ 4000 米的高山岩隙	产玉树
				高葶点地梅	*Androsace elatior Pax et Hoffm*	生于海拔 3450 米左右的阴坡林下及灌丛中	产玉树
				直立点地梅	*Androsace erecta Maxim*	生于海拔 2600 ~ 4000 米的山坡草地、河漫滩、沟谷草滩	产民和、互助、乐都、循化、化隆、平安、大通、湟源、门源、贵德、同德、兴海、同仁、泽库、玛沁、玉树、杂多

续表

科名		属名		种名		生境	省内分布区
中文名	拉丁名	中文名	拉丁名	中文名	拉丁名		
				小点地梅	*Androsace gmelinii* (*Gaertn.*) *Roem*	生于海拔 2400 ~ 4500 米的林缘灌丛、山坡草地	产大通、湟中、互助、循化、祁连、同德、尖扎、同仁、玛沁、久治
				石莲叶点地梅	*Androsace integra* (*Maxim.*) *Hand*	生于海拔 3200 ~ 3450 米的林下	产班玛
				西藏点地梅	*Androsace mariae Kanitz*	生于海拔 2030 ~ 4500 米的山坡草地、灌丛、高山草甸、沟谷林缘	产民和、互助、西宁、湟源、大通、循化、乐都、门源、贵德、共和、兴海、同德、乌兰、都兰、尖扎、同仁、泽库、玛多、玛沁、久治、称多、囊谦、杂多
				大苞点地梅	*Androsace maxima Linn*	生于海拔 2200 ~ 4020 米的山前冲积滩、沙砾质干滩	产乐都、柴达木盆地
				鳞叶点地梅	*Androsace squarrosula Maxim*	生于海拔 4000 ~ 5050 米的山坡草地、山顶、河滩砾地、湖滨河岸	产乌兰、都兰、格尔木、河南、玛沁、玛多、称多
				唐古拉点地梅	*Androsace tanggulashanensis*	生于海拔 5100 ~ 5500 米的沙砾河滩、山坡草地	产格尔木、曲麻莱、治多（可可西里）
				垫状点地梅	*Androsace tapete Maxim*	生于海拔 3800 ~ 5200 米的山顶石隙、河谷滩地、沙砾山坡、湖滨河岸湿沙地	产格尔木、玛沁、甘德、达日、玛多、称多、玉树、曲麻莱、杂多、治多（可可西里）
				雅江点地梅	*Androsace yargongensis Petitm*	生于海拔 3500 ~ 5000 米的高山草甸、山坡砾地、河岸阶地、山坡草地	产互助、循化、门源、同德、兴海、河南、玛沁、久治、班玛、玛多、玉树、曲麻莱、治多

科名		属名		种名		生境	省内分布区
中文名	拉丁名	中文名	拉丁名	中文名	拉丁名		
				高原点地梅	*Androsace zambalensis*（Petitm.）	生于海拔3600~5000米的沼泽草甸、高山湿地、河谷阶地、砾沙质草滩	产兴海、玛沁、甘德、达日、玛多、称多、玉树、曲麻莱、杂多、治多（可可西里）、唐古拉
		海乳草属	Glaux Linn.	海乳草	*Glaux maritima Linn*	生于海拔2800~4500米的河滩湿沙地、湖滨沼泽、高寒草甸、盐碱地、水渠沟边、河谷阶地	产民和、互助、乐都、循化、化隆、平安、湟中、湟源、西宁、大通、门源、祁连、海晏、刚察、贵德、贵南、兴海、同德、共和、乌兰、格尔木、大柴旦、尖扎、同仁、泽库、河南、玛沁、甘德、久治、班玛、达日、玛多、称多、玉树、囊谦、曲麻莱、杂多、治多
		报春花属	Primula Linn.	裂瓣穗状报春	*Primula aerinantha Balf.*	生于海拔2700米左右的沟谷林下、河岸灌丛	产循化
				小苞报春	*Primula bracteata Franch*	生于海拔3490~3900米的高山草甸及山坡岩石缝隙处	产囊谦、玉树、治多
				大通报春	*Primula farreriana Balf*	生于海拔4000~4500米的阴湿岩缝中	产互助、大通
				束花粉报春	*Primula fasciculata Balf.*	生于海拔3490~4900米的河滩沼泽草甸、阴坡湿草地。	产河南、玛沁、甘德、久治、达日、玛多、称多、玉树、曲麻莱、杂多、治多
				黄花粉叶报春	*Primula flava Maxim*	生于海拔3200~4300米的灌丛草甸、林下岩石缝	产同德、同仁、泽库、河南、玛沁、久治、玉树

续表

科名		属名		种名		生境	省内分布区
中文名	拉丁名	中文名	拉丁名	中文名	拉丁名		
				苞芽粉报春	*Primula gemmifera Batal*	生于海拔 2300 ~ 4550 米的高山灌丛、阴坡草地、河谷湿地	产互助、循化、门源、祁连、同德、尖扎、同仁、河南、玛沁、久治、玛多、玉树、杂多、治多
				囊谦报春	*Primula lactucoides*	生于海拔 3500 米左右的河边湿草地。	产玉树、囊谦
				天山报春	*Primula nutans Georgi*	生于海拔 2700 ~ 4500 米的沼泽草甸、河边湿地、灌丛草甸、山坡石隙	产乐都、门源、祁连、刚察、共和、兴海、天峻、格尔木、德令哈、尖扎、同仁、泽库、河南、玛沁、甘德、久治、班玛、达日、玛多、玉树、曲麻莱
				心愿报春	*Primula optata Farrer*	生于海拔 3900 ~ 4300 米的阴坡草地、高山草甸、河滩湿地	产玛沁、久治、囊谦
				圆瓣黄花报春	*Primula orbicularis Hemsl*	生于海拔 3650 ~ 4500 米的高山草甸、沙砾河滩、高山砾石滩、阴坡碎石堆处	产玛沁、玉树、囊谦、杂多、治多
				多脉报春	*Primula polyneura Franch*	生于海拔 3500 ~ 4200 米的河滩湿地、高山草甸、高寒灌丛草甸、河边草地	产玉树、曲麻莱、治多、囊谦
				柔小粉报春	*Primula pumilio Maxim*	生于海拔 3700 ~ 5100 米的河滩草甸、高山砾石滩、高山草甸、阴坡石隙	产玛沁、玛多、玉树、曲麻莱、治多（可可西里）
				紫罗兰报春	*Primula purdomii Craib*	生于海拔 3700 ~ 5000 米的高山草甸、砾石坡、高山流石滩、沟谷湿地	产贵德、同德、河南、久治、称多、玉树、囊谦、曲麻莱、杂多、治多

科名		属名		种名		生境	省内分布区
中文名	拉丁名	中文名	拉丁名	中文名	拉丁名		
				青海报春	*Primula qinghaiensis Chen et C*	生于海拔 3200～4100 米的高山草地、乱石堆	产玉树、囊谦
				钟花叶报春	*Primula sikkimensis Hook*	生于海拔 3500～4200 米的河滩湿地、阴坡草甸、山沟阴湿石隙、河边草地	产玉树、囊谦、曲麻莱、治多
				车前叶报春	*Primula sinophantaginea Balf.*	生于海拔 4100～4400 米的峡谷阴湿石下	产囊谦
				狭萼报春	*Primula stenocalyx Maxim.*	生于海拔 2300～4400 米的山地灌丛、阴坡林下、河滩草地	产民和、互助、乐都、门源、贵德、同德、尖扎、同仁、玛沁、久治、称多、玉树、囊谦、杂多
				甘青报春	*Primula tangutica Duthie*	生于海拔 2600～4100 米的阴坡湿地、高山草甸、林下及河滩草地、沟谷灌丛	产民和、互助、乐都、循化、湟中、大通、门源、祁连、贵德、同德、共和、兴海、天峻、尖扎、同仁、河南、玛沁、甘德、久治、玉树
				荨麻叶报春	*Primula urticifolia Maxim*	生于海拔 2800～4000 米的山坡及沟谷的石灰岩缝隙	产互助、西宁、大通
				岷山报春	*Primula woodwardii Balf*	生于海拔 3100～4800 米的山坡乱石堆、河谷湿地、山顶岩缝、高山灌丛草甸、阴坡草地	产互助、乐都、循化、门源、祁连、共和、兴海、尖扎、同仁、河南、玛沁、久治、达日、玛多、玉树、曲麻莱、治多
木犀科	Oleaceae	白蜡属	Fraxinus Linn.	小叶白蜡	*Fraxinus Bunaeana DC*	植于海拔 2230 米左右的庭院公园	西宁有栽培
				白蜡	*Fraxinus chinensis Roxb.*	植于海拔 1800～2230 米的庭院宅旁及公园	循化、西宁有栽培

续表

科名		属名		种名		生境	省内分布区
中文名	拉丁名	中文名	拉丁名	中文名	拉丁名		
				红梣	*Fraxinus pensylvanica Marsh.*		西宁有栽培
				花曲柳	*Fraxinus rhynchophylla*	植于海拔 2200 米左右的庭院公园	西宁有栽培
		茉莉属	Jasminum Linn.	探春	*Jasminum floridum*		西宁有栽培
				迎春	*Jasminum nudiflorum Lindl*		循化、西宁有栽培
				茉莉花	*Jasminum sambac* (*Linn.*)		西宁有栽培
龙胆科	Gentianaceae	喉毛花属	Comastoma	镰萼喉毛花	*Comastoma falcatum*	生于海拔 3200 ~ 4850 米的高山草甸、高山流石滩、河谷阶地、沙砾滩地、山坡草地、沼泽草甸	产互助、乐都、化隆、兴海、共和、德令哈、乌兰、都兰、泽库、班玛、玛沁、玛多、称多、囊谦、玉树、曲麻莱、治多、杂多
				久治喉毛花	*Comastoma jiuzhiense*	生于海拔 4200 ~ 4600 米的阴坡草地、灌丛草甸、河谷灌丛中	产久治（模式标本产地）、玛沁
				长梗喉毛花	*Comastoma pedunculatum*	生于海拔 3200 ~ 4420 米的河谷阶地、山坡草地、沼泽草甸、高山草甸	产互助、祁连、天峻、兴海、德令哈、河南、泽库、称多、曲麻莱、可可西里
				皱边喉毛花	*Comastoma polycladum*	生于海拔 2500 ~ 3670 米的高山草甸、山坡草地、沙砾河滩	产循化、门源、祁连、共和、德令哈、泽库、马沁、玉树
				喉毛花	*Comastoma pulmonarium*	生于海拔 2600 ~ 4500 米的沟谷林下、林缘灌丛、山坡草甸、河滩湖滨、高山草地	产民和、互助、乐都、化隆、循化、湟中、大通、门源、祁连、贵德、共和、兴海、同仁、泽库、玛沁、久治、班玛、称多、囊谦、玉树、曲麻莱、杂多、治多

科名		属名		种名		生境	省内分布区
中文名	拉丁名	中文名	拉丁名	中文名	拉丁名		
		假龙胆属	Gentianella Moench	紫红假龙胆	*Gentianella arenaris*	生于海拔3500～5400米的高山流石滩、山前洪积扇、河滩砾石中、高山草原、河谷草地	产门源、祁连、共和、玛沁、称多、囊谦、玉树、曲麻莱、杂多、治多
				黑边假龙胆	*Gentianella azurea*	生于海拔2700～4850米的高山流石滩、高山草甸、河滩砾石地、沙砾、山坡草地、湖边沼泽地	产乐都、湟中、大通、化隆、门源、祁连、刚察、同德、共和、兴海、德令哈、河南、泽库、玛沁、玉树、曲麻莱、治多、杂多、囊谦
				矮假龙胆	*Gentianella pygmaea*	生于海拔4000～4250米的河谷草地	产称多、治多（可可西里）
		扁蕾属	Gentianopsis Ma	扁蕾	*Gentianopsis barbata*	生于海拔2700～4000米的沼泽草甸、河滩水边、山坡林缘、河谷灌丛	产民和、乐都、化隆、平安、湟中、湟源、西宁、大通、门源、贵德、共和、兴海、天峻、乌兰、都兰、德令哈、同仁、泽库、玉树、囊谦
				黄白扁蕾	*Gentianopsis barbata*（*Froel.*）*Ma, var.albo-flavida*	生于海拔3050～4000米的阳坡圆柏林下、山坡草地、沼泽草甸	产门源、兴海、泽库、玉树、杂多
				细萼扁蕾	*Gentianopsis barbata*（*Froel.*）*Ma var.stenocalyx*	生于海拔3700～4300米的高山草甸、山坡灌丛中、沟谷林缘、湖滨河滩、沼泽草甸	产祁连、刚察、兴海、都兰、玛沁、玛多、称多、玉树、囊谦、曲麻莱、杂多
				回旋扁蕾	*Gentianopsis contorta*（*Royle*）	生于海拔2230～2500米的山坡草地	产西宁、循化

续表

科名		属名		种名		生境	省内分布区
中文名	拉丁名	中文名	拉丁名	中文名	拉丁名		
				湿生扁蕾	*Gentianopsis paludosa*	生于海拔 2400 ~ 4500 米的山坡草地、山麓、灌丛、河滩	产门源、祁连、海晏、刚察、互助、民和、乐都、循化、化隆、湟中、湟源、大通、贵德、共和、兴海、天峻、乌兰、河南、泽库、同仁、久治、班玛、玛沁、玛多、称多、囊谦、玉树、曲麻莱、治多、杂多
				高原扁蕾	*Gentianopsis paludosa*	生于海拔 2800 ~ 4500 米的高山草甸、河滩草地、林缘灌丛、高山砾石坡	产门源、祁连、久治（模式标本产地）、玉树
				卵叶扁蕾	*Gentianopsis paludosa*	生于海拔 2800 ~ 2900 米的山坡草地、林缘灌丛、河谷草甸	产民和、化隆、湟中
		花锚属	Halenia Borkh.	椭圆叶花锚	*Halenia elliptica D.*	生于海拔 1900 ~ 4000 米的林中空地、林缘草地、河谷灌丛、阴坡草地、河滩草甸	产民和、互助、乐都、循化、化隆、湟中、湟源、西宁、大通、门源、祁连、泽库、河南、同仁、久治、班玛、玛沁、称多、玉树、囊谦、杂多
		肋柱花属	Lomatogonium	短药肋柱花	*Lomatogonium brachyantherum*	生于海拔 3200 ~ 4200 米的湖边草地、沙砾河滩地	产共和、德令哈、可可西里
				肋柱花	*Lomatogonium carinthiacum*	生于海拔 3656 ~ 4700 米的高山砾石质山坡、高山草甸、河滩湿地、宽谷阶地	产共和、泽库、河南、玛沁、玛多、称多、玉树、曲麻莱、杂多、治多。
				合萼肋柱花	*Lomatogonium gamosepalum*	生于海拔 2900 ~ 4400 米的山坡草地、林缘灌丛、河湖岸边、河滩草地	产大通、同仁、泽库、河南、玛沁、称多、玉树、囊谦、曲麻莱、杂多、治多

科名		属名		种名		生境	省内分布区
中文名	拉丁名	中文名	拉丁名	中文名	拉丁名		
				大花肋柱花	*Lomatogonium macranthum*	生于海拔 3200 米~4700 米的高山草甸、湖滨沙地、河谷阶地、林下林缘空地、山坡灌丛	产循化、祁连、共和、兴海、泽库、河南、玉树、囊谦、杂多、治多
				宿根肋柱花	*Lomatogonium perenne*	生于海拔 3950~4800 米的高山草甸、阴坡高寒灌丛	产久治、囊谦
				辐状肋柱花	*Lomatogonium rotatum*	生于海拔 3000~4100 米的山坡草地、河谷灌丛、河滩湿沙地	产祁连、乐都、湟中、门源、刚察、共和
				密序肋柱花	*Lomatogonium rotatum*	生于海拔 3200~3400 米的山坡草地、沟谷灌丛	产共和、兴海
		獐牙菜属	Swertia Linn	二叶獐牙菜	*Swertia bifolia*	生于海拔 3200~4500 米的高山草甸、阴坡灌丛、河谷阶地、高山流石滩	产乐都、循化、化隆、湟中、共和、天峻、泽库、河南、玛沁、久治、达日、玛多、玉树、称多
				歧伞獐牙菜	*Swertia dichotoma*	生于海拔 2300~3300 米的沟谷灌丛、阴坡林下、溪水沟边、田埂路边、山坡草甸	产民和、互助、乐都、平安、湟源、大通、门源、尖扎、同仁、泽库
				北方獐牙菜	*Swertia diluta*	生于海拔 2600 米左右的山坡草地	产门源
				红直獐牙菜	*Swertia erythrosticat*	生于海拔 2700~3200 米的沟谷林缘、河沟水边、山坡灌丛	产互助、乐都、平安、湟中、湟源、门源、同仁、泽库
				素色獐牙菜	*Swertia erythrosticta Maxim. var. epunctata*	生于海拔 2900~2930 米的河谷林缘、灌丛草甸、山坡草地	产湟中（模式标本产地）、泽库
				抱茎獐牙菜	*Swertia franchetiana*	生于海拔 2300~3800 米的林缘、山坡草地、河滩	产互助、乐都、化隆、湟中、西宁、大通、共和、同仁、泽库、河南、玛沁、称多、玉树

续表

科名		属名		种名		生境	省内分布区
中文名	拉丁名	中文名	拉丁名	中文名	拉丁名		
				川西獐牙菜	*Swertia mussotii*	于海拔 3500 ～ 4500 米的高山草甸、山坡草地、河谷阶地、河漫滩、阳坡灌丛	产班玛、达日、玛多、称多、玉树、囊谦生
				黄花川西獐牙菜	*Swertia mussotii Franch. var. flavescens*	生于海拔 3700 米左右的河滩	产称多（模式标本产地）
				祁连獐牙菜	*Swertia przewalskii*	生于海拔 3200 ～ 4300 米的山坡草甸、河漫滩、沼泽水边、阴坡灌丛、高山流石滩	产门源、祁连
				四数獐牙菜	*Swertia tetraptera*	生于海拔 2300 ～ 4000 米的高山草甸、山坡湿地、阴坡山麓、湖盆河滩、沟谷灌丛中	产民和、互助、乐都、化隆、湟中、湟源、大通、门源、祁连、海晏、刚察、贵德、共和、兴海、泽库、河南、同仁、久治、玛沁、班玛、玛多、称多、玉树、囊谦、杂多
				华北獐牙菜	*Swertia wolfangiana*	生于海拔 3470 ～ 4600 米的河谷阶地、高山草甸、沼泽水边、阴坡灌丛	产互助、兴海、河南、同仁、泽库、久治、玛沁、玛多、称多、玉树、曲麻莱
花荵科	Polemoniaceae	花荵属	Polemonium Linn	中华花荵	*Polemonium coeruleum Linn*	生于海拔 2300 ～ 3700 米的河谷草甸、林下灌丛、林间空地、河漫滩	产民和、互助、乐都、循化、湟中、大通、门源、玛沁
		齿缘草属	Eritrichium Schrad	针刺齿缘草	*Eritrichium acicularum*	生于海拔 2800 ～ 3300 米的阳坡灌丛、沟谷草地	产湟源、同德
				半球齿缘草	*Eritrichium hemisphaericum*	生于海拔 4900 米的沟谷石缝湿处	产治多

科名		属名		种名		生境	省内分布区
中文名	拉丁名	中文名	拉丁名	中文名	拉丁名		
				异果齿缘草	*Eritrichium heterocarpum*	生于海拔 3200 ~ 3300 米的干旱砾石质山坡、河谷阶地	产同德、同仁（模式标本产地）、河南
				矮齿缘草	*Eritrichium humillimum*	生于海拔 3600 ~ 4900 米的高山流石滩、高山草甸、山坡、河滩砾地、宽谷阶地、石缝、河边灌丛	产贵德、都兰、称多、囊谦、治多（模式标本产地）
				疏花齿缘草	*Eritrichium laxum*	生于海拔 4700 ~ 5000 米的湖盆阶地、沙砾河滩、高山流石滩及山顶	产称多、玉树、囊谦
				长梗齿缘草	*Eritrichium longipes*	生于海拔 3450 ~ 4100 米的山地阴坡岩石缝中	产玉树（模式标本产地）、囊谦
				青海齿缘草	*Eritrichium medicarpum*	生于海拔 3200 ~ 3900 米的山坡草地、河谷灌丛、半固定沙丘、阳坡砾沙地	产祁连、刚察、贵南、共和、乌兰、都兰（模式标本产地）、德令哈、玛沁
				篦毛齿缘草	*Eritrichium pectinato - ciliatum*	生于海拔 4100 米左右的干旱山坡	产治多（模式标本产地）
				唐古拉齿缘草	*Eritrichium tangkulaense*	生于海拔 3200 米左右的河谷干旱石隙	产同德
		鹤虱属	Lappula V. Wolf	蓝刺鹤虱	*Lappula consanguinea*	生于海拔 2000 ~ 3600 米的沙砾河滩、村舍边、撂荒地、路边及干旱山坡	产乐都、湟源、西宁、德令哈、香日德、都兰、共和
				两形果鹤虱	*Lappula duplicicarpa*	生于海拔 2770 米左右的沙砾滩地	产都兰
				卵盘鹤虱	*Lappula redowskii*	生于海拔 1800 ~ 3500 米的干旱山坡、田边	产民和、互助、乐都、循化、西宁、门源、刚察、海晏、贵南、贵德、同德、兴海、共和、乌兰、尖扎、同仁、玛沁

续表

科名		属名		种名		生境	省内分布区
中文名	拉丁名	中文名	拉丁名	中文名	拉丁名		
				狭果鹤虱	*Lappula semiglabra*	生于海拔3200米左右的干旱沙砾山坡、石砾滩地	产乌兰、都兰、格尔木、共和
				异形狭果鹤虱	*Lappula semiglabra*（*Ledeb.*）*Gurke, var. heterocaryoides*	生于海拔2740~3060米的河漫滩、沙砾山坡、干涸河床	产格尔木
唇形科	Labiatae	风轮菜属	Clinopodium Linn	灯笼草	*Clinopodium polycephalum*	生于海拔2000~2600米的山谷坡地、沟沿山脚	产循化、民和
		青兰属	Dracocephalum Linn.	皱叶毛建草	*Dracocephalum bullatum*	生于海拔4800~4900米的高原山坡裸地、高山流石滩、河谷阶地、沙砾山坡	产杂多、**囊谦**
				异叶青兰	*Dracocephalum heterophyllum*	生于海拔2000~4700米的沙砾干山坡、沟谷河滩、高山草原、沟渠河岸、林缘灌丛边、田边、沙丘	产民和、互助、乐都、循化、化隆、平安、湟中、湟源、西宁、大通、门源、祁连、海晏、刚察、贵德、贵南、同德、共和、兴海、天峻、乌兰、都兰、格尔木、德令哈、茫崖、尖扎、同仁、泽库、河南、玛沁、甘德、久治、班玛、达日、玛多、称多、玉树、**囊谦**、曲麻莱、杂多、治多（可可西里）、唐古拉
				岷山毛建草	*Dracocephalum purdomii*	生于海拔2000~3000米的沟谷草甸、河滩林下、水沟边、林缘灌丛	产民和、互助、乐都、门源
				毛建草	*Dracocephalum rupestre*	生于海拔2300~3800米的河谷灌丛草甸、林下林缘	产民和、互助、乐都、湟中、门源

科名		属名		种名		生境	省内分布区
中文名	拉丁名	中文名	拉丁名	中文名	拉丁名		
				甘青青兰	*Dracocephalum tanguticum*	生于海拔 2400 ~ 4300 米的阳坡草地、田埂荒地、阴坡林下、灌丛河谷阶地	产民和、互助、乐都、循化、化隆、平安、湟中、湟源、大通、门源、祁连（模式标本产地）、贵德、同德、兴海、天峻、乌兰、都兰、尖扎、同仁、泽库、河南、玛沁、甘德、久治、班玛、称多、玉树、囊谦、杂多、治多
				灰毛青兰	*Dracocephalum tanguticum*	生于海拔 3700 ~ 4800 米的山地阳坡草丛	产称多、玉树
		薄荷属	Mentha Linn	薄荷	*Mentha haplocalyx*	生于海拔 1900 ~ 2600 米的田埂路边、水沟边	产民和、循化、乐都、湟源、西宁、同仁
玄参科	Scrophulariaceae	小米草属	Euphrasia Linn	小米草	*Euphrasia pectinata Ten*	生于海拔 2200 ~ 4600 米的高山灌丛、河谷草甸潮湿处、山沟流水旁、河漫滩、林缘林下草甸	产互助、循化、门源、同德、共和、兴海、同仁、泽库、囊谦
				短腺小米草	*Euphrasia regelii Wettst*	生于海拔 2200 ~ 4200 米的阴坡林下、林缘草地、河滩湿地、沟谷灌丛、阶地草甸、河边沼泽化草甸	产民和、互助、乐都、循化、湟中、湟源、西宁、大通、门源、祁连、同德、共和、兴海、泽库、同仁、尖扎、河南、玛沁、甘德、久治、称多、玉树、囊谦、曲麻莱、杂多
		兔耳草属	Lagotis Gaertn	狭苞兔耳草	*Lagotis angustibracteata*	生于海拔 4600 ~ 4700 米的高山流石滩	产称多、囊谦、杂多

续表

科名		属名		种名		生境	省内分布区
中文名	拉丁名	中文名	拉丁名	中文名	拉丁名		
				短穗兔耳草	*Lagotis brachystachya*	生于海拔2600~4400米的河边沙砾滩地、阔叶疏林下、河谷灌丛、山麓湿沙地、弃耕地及山坡裸地	产湟源、西宁、大通（模式标本产地）、祁连、刚察、贵南、同德、共和、兴海、天峻、河南、泽库、同仁、尖扎、玛沁、甘德、久治、达日、玛多、称多、玉树、囊谦、曲麻莱、杂多、治多
				短管兔耳草	*Lagotis brevituba* Maxim	生于海拔3700~5150米的河谷阶地、高山流石滩、高山草甸、河滩砾地	产互助、大通、门源、祁连、贵德、同德、共和、兴海、天峻、乌兰、河南、泽库、同仁、玉树、囊谦、杂多
				全缘兔耳草	*Lagotis integra*	生于海拔4600~5600米的山顶草甸、河谷草甸、山顶沼泽化草甸	产玉树、囊谦、杂多
				圆穗兔耳草	*Lagotis ramalana* Batal	生于海拔4100~5300米的高山流石滩、河沟砾地、高山草甸砾石裸地	产同德、河南、玛沁、久治、玛多、玉树、囊谦
		马先蒿属	Pedicularis Linn	阿拉善马先蒿	*Pedicularis alaschanica* Maxim	生于海拔2300~4300米的干旱阳坡、河谷沙地、田林路边、沙砾山坡、湖滨砾地、草甸化草原、河漫滩	产民和、互助、乐都、循化、化隆、平安、西宁、大通、门源、祁连、海晏、刚察、贵南、贵德、同德、共和、兴海、天峻、乌兰、都兰、德令哈、格尔木、同仁、尖扎、河南、玛沁、达日、玛多、称多、玉树、囊谦、曲麻莱、杂多、治多

科名		属名		种名		生境	省内分布区
中文名	拉丁名	中文名	拉丁名	中文名	拉丁名		
				鸭首马先蒿	*Pedicularis anas Maxim*	生于海拔 3200 ~ 4000 米的沟谷林缘、河滩草甸、高山灌丛、高山草甸	产乐都、平安、西宁、同德、泽库、同仁、班玛
				黄花鸭首马先蒿	*Pedicularis anas Maxim. var.xanthantha*	生于海拔 3400 ~ 3700 米的高山草甸、河滩草甸、河谷林下、林缘灌丛、干旱山坡	产兴海、同德、泽库
				刺齿马先蒿	*Pedicularis armata Maxim*	生于海拔 4000 米左右的山坡灌丛中	产久治
				二齿马先蒿	*Pedicularis bidentata Maxim*	生于海拔 3300 ~ 3700 米的沟谷林缘草地	产班玛
				短唇马先蒿	*Pedicularis brevilabris Franch*	生于海拔 2300 ~ 4000 米的山坡林下、林缘灌丛草甸、河滩灌丛、田林路边	产互助、乐都、大通、同德、泽库、同仁、久治、班玛、玉树、囊谦
				碎米蕨叶马先蒿	*Pedicularis cheilanthifolia*	生于海拔 2500 ~ 4700 米的高寒草原、山坡砾地、湖滨草甸、河谷杨树林下、云杉林下、河滩地、路边、高山草甸裸地、高山灌丛、林缘草甸	产乐都、互助、大通、西宁、门源、祁连、刚察、贵南、贵德、同德、共和、兴海、天峻、德令哈、格尔木、河南、泽库、同仁、玛沁、久治、玛多、称多、玉树、囊谦、曲麻莱、杂多、治多
				紫斑马先蒿	*Pedicularis cheilanthifolia Schrenk.subsp. svenhedinii*	生于海拔 4000 ~ 4500 米的沙砾河滩、河滩草地、高山草甸、高山流石滩、冰缘草甸、河谷碎石堆	产玛多、玉树、囊谦、治多
				等唇马先蒿	*Pedicularis cheilanthifolia Schrenk var. isochila*	生于海拔 3200 ~ 5000 米的高山灌丛、河谷草甸、高寒草甸裸处、山前洪积扇、湖盆滩地	产同德、兴海、乌兰、同仁、玛沁、久治、达日、玛多、玉树、曲麻莱、杂多、治多

科名		属名		种名		生境	省内分布区
中文名	拉丁名	中文名	拉丁名	中文名	拉丁名		
				鹅首马先蒿	*Pedicularis chenocephala*	生于海拔 4500 米左右的高山灌丛、高山草甸	产玛多
				中国马先蒿	*Pedicularis chinensis Maxim*	生于海拔 2300 ~ 3600 米的河滩草地、沟谷灌丛草甸、林缘灌丛、林间空地湿草地、阴坡高寒灌丛	产民和、互助、乐都、循化、化隆、平安、湟中、湟源、大通、门源、祁连、海晏、刚察、贵德、同德、兴海、同仁、泽库、河南、玛沁、久治
				轮枝马先蒿	*Pedicularis chingii*	生于海拔 2900 ~ 3300 米的阳坡灌丛、河谷林缘	产泽库、同仁
				灰色马先蒿	*Pedicularis cinerascens*	生于海拔 4000 米左右的河谷草甸、山坡草地	产达日
				凸额马先蒿	*Pedicularis cranolopha*	生于海拔 3000 ~ 4400 米的山坡林缘、沟谷灌丛、河湖溪水边草甸、河漫滩潮湿处、较干旱沙砾质山坡	产门源、祁连、同德、兴海、德令哈、泽库、河南、玛沁、久治、班玛、玉树、囊谦、杂多
				长角马先蒿	*Pedicularis cranolopha Maxim.var. longicornuta*	生于海拔 2700 ~ 3700 米的山坡草地、河滩草甸、沟谷林下、林缘灌丛草甸	产河南、泽库、同仁
				具冠马先蒿	*Pedicularis cristatellau*	生于海拔 2700 ~ 3650 米的山坡灌丛草甸、沟谷林下、林缘草甸、河滩灌丛、河岸沙地	产同仁、泽库、玛沁、班玛
				凹唇马先蒿	*Pedicularis croizatiana Li*	生于海拔 3700 ~ 4000 米的高山草甸、阴坡高寒灌丛草甸、河湖溪水边草地、河漫滩潮湿处	产称多、玉树、囊谦

科名		属名		种名		生境	省内分布区
中文名	拉丁名	中文名	拉丁名	中文名	拉丁名		
				弯管马先蒿	*Pedicularis curvituba Maxim*	生于海拔 2400 ~ 3600 米的阳坡、林缘灌丛、河滩草地、田边荒地、路边渠岸	产民和、互助、乐都、共和、德令哈
				斗叶马先蒿	*Pedicularis cyathophylla*	生于海拔 3800 米左右的山坡草甸、林下向阳处	产玉树
				胡萝卜叶马先蒿	*Pedicularis daucifolia Bonati*	生于海拔 3800 ~ 4000 米的山坡路边石隙	产称多、玉树
				极丽马先蒿	*Pedicularis decorissima*	生于海拔 2900 ~ 3050 米的河谷林下、林缘草地、阳坡灌丛	产同仁
				密穗马先蒿	*Pedicularis densispica*	生于海拔 3650 米左右的路边沙地、田边、阳坡草地、河滩草甸	产囊谦
				裹盔马先蒿	*Pedicularis elwesii*	生于海拔 3200 ~ 3800 米的林缘灌丛草甸、山坡草地	产囊谦
				多花马先蒿	*Pedicularis floribunda*	生于海拔 3500 米左右的河谷草甸	产班玛
				草莓状马先蒿	*Pedicularis fragarioides*	生于海拔 3000 米左右的山顶草地	产循化
				狭叶马先蒿	*Pedicularis heydei Prain*	生于海拔 3350 ~ 4700 米的高山灌丛、高寒草甸、高山沼泽草甸、河谷阶地、河漫滩、溪边河岸、山坡林下、林缘草地、沟谷灌丛	产祁连、同德、兴海、天峻、玛沁、久治、称多、玉树、囊谦、杂多、治多
				硕大马先蒿	*Pedicularis ingens Maxim*	生于海拔 3400 ~ 4600 米的山谷草甸、河边灌丛、河谷阶地、山坡草地、高山草甸、公路边	产贵德、兴海、河南、泽库、玛沁、久治、甘德、达日、玛多、囊谦、杂多

科名		属名		种名		生境	省内分布区
中文名	拉丁名	中文名	拉丁名	中文名	拉丁名		
				全缘马先蒿	*Pedicularis integrifolia*	生于海拔 3850～4500 米的高山灌丛、高寒草甸、河谷溪边	产称多、玉树、囊谦、杂多
				甘肃马先蒿	*Pedicularis kansuensis*	生于海拔 2200～4600 米的山谷林下、林缘草甸、弃耕地、河滩草甸、干旱阳坡、村舍旁、山坡灌丛、河岸草甸	产民和、互助、乐都、平安、循化、化隆、湟中、西宁、大通、门源、祁连、海晏、刚察、贵南、贵德、共和、兴海、天峻、乌兰、都兰、同仁、尖扎、泽库、玛沁、久治、玛多、称多、玉树、曲麻莱、杂多
				白花马先蒿	*Pedicularis kansuensis Maxim.subsp. kansuensis fom.allbiflora*	生于海拔 2700～4600 米的山谷林下、林缘灌丛、弃耕地、河滩砾地、阳坡草地、高山草甸、湖滨沙滩	产祁连、贵南、同德、天峻、都兰、尖扎、泽库、河南、玛沁、达日、玛多、称多、玉树、曲麻莱、杂多、治多
				青海马先蒿	*Pedicularis kansuensis Maxim.subsp. kokonorica*	生于海拔 2450～4200 米的沟谷林下、林缘灌丛、河滩疏林下、田边渠岸、村舍宅旁	产民和、互助、西宁、祁连、刚察、同德、共和、兴海、乌兰、德令哈、玛沁、达日、玛多、称多、玉树、曲麻莱、杂多、治多
				厚毛马先蒿	*Pedicularis kansuensis Maxim.subsp. villosa*	生于海拔 4100 米左右的河漫滩草地	产曲麻莱
				绒舌马先蒿	*Pedicularis lachnoglossa*	生于海拔 3650～4300 米的沟谷灌丛草甸、林缘草地、河谷滩地、沼泽草甸、山坡草地	产班玛、玉树、囊谦

科名		属名		种名		生境	省内分布区
中文名	拉丁名	中文名	拉丁名	中文名	拉丁名		
				毛额马先蒿	*Pedicularis lasipohrys*	生于海拔 2500 ~ 4800 米的高山草甸、高寒灌丛、河谷阶地草甸、沙砾河滩、沼泽滩地、林缘灌丛、林下草地、公路边、岩石缝中、高山碎石带	产乐都、湟中、大通、门源、祁连、共和、兴海、天峻、泽库、同仁、玛沁、久治、玛多、玉树、囊谦、杂多
				宽喙马先蒿	*Pedicularis latirostis*	生于海拔 3600 ~ 3800 米的高山灌丛、河谷草甸、山谷林缘	产大通、同仁
				长花马先蒿	*Pedicalaris longiflora*	生于海拔 2700 ~ 4100 米的沼泽草甸、河溪水边、疏林下灌丛、河谷滩地	产循化、大通、刚察、门源、共和、兴海、天峻
				斑唇马先蒿	*Pedicularis longiftora Rudolph subsp. tubiformis*	生于海拔 2100 ~ 4800 米的高山灌丛、高山草甸湿处、高寒沼泽草甸、泉水出露处、河湖岸边积水处、河滩灌丛	产互助、乐都、大通、门源、祁连、海晏、贵德、同德、共和兴海、德令哈、河南、泽库、同仁、玛沁、久治、达日、玛多、称多、玉树、囊谦、曲麻莱、杂多、治多
				长柄马先蒿	*Pedicularis longistipitata*	生于海拔 3850 米左右的山顶草甸	产玉树
				琴盔马先蒿	*Pedicularis lyrata*	生于海拔 2800 ~ 4250 米的山谷林缘、高山灌丛、高山草甸、沙砾山坡、河谷阶地、阳坡圆柏林下、河滩草地	产门源、祁连、同仁、泽库、河南、玛沁、久治、玉树、曲麻莱、杂多、治多
				藓生马先蒿	*Pedicularis muscicola*	生于海拔 2300 ~ 3500 米的山坡及沟谷杂木林或云杉林下、阴湿灌丛、河谷石缝	产民和、乐都、互助、湟中、循化、湟源、平安、大通、门源、祁连、海晏、同德、兴海、厍库、同仁、尖扎

续表

科名		属名		种名		生境	省内分布区
中文名	拉丁名	中文名	拉丁名	中文名	拉丁名		
				华马先蒿	*Pedicularis oederi*	生于海拔 2800 ~ 5085 米的高山灌丛草甸、沼泽草甸、河谷阶地、高山流石滩、河谷草甸、阴坡石隙、泉水出露处	产互助、乐都、循化、化隆、大通、门源、祁连、海晏、刚察、贵德、同德、共和、兴海、天峻、乌兰、都兰、德令哈、格尔木、同仁、尖扎、泽库、河南、玛沁、甘德、久治、达日、玛多、称多、玉树、囊谦、曲麻莱、治多（可可西里）、杂多
				大唇马先蒿	*Pedicularis rhinanthoides*	生于海拔 2700 ~ 4800 米的河谷林缘溪水边、高山草甸湿处、高山沼泽草甸、泉水出露处、沟谷林下草甸、沙滩灌丛	产互助、循化、大通、门源、祁连、天峻、乌兰、格尔木、同仁、泽库、河南、玛沁、久治、班玛、达日、玛多、称多、玉树、囊谦、曲麻莱、杂多、治多
				川滇马先蒿	*Pedicularis oliveriana*	生于海拔 4100 米左右的向阳草坡、沟谷林缘	产囊谦
				拟篦齿马先蒿	*Pedicularis pectinatiformis*	生于海拔 3600 ~ 3900 米的山坡草地、河谷阶地、阴坡灌丛草甸	产兴海、久治
				绵穗马先蒿	*Pedicularis pilostachya*	生于海拔 3200 ~ 4500 米的高山流石滩、高山草甸。沟谷林缘、灌丛草甸	产湟中、门源、祁连、贵德、乌兰
				皱褶马先蒿	*Pedicularis plicata*	生于海拔 3200 ~ 4700 米的高山灌丛、河谷草甸	产互助、循化、玉树、囊谦

科名		属名		种名		生境	省内分布区
中文名	拉丁名	中文名	拉丁名	中文名	拉丁名		
				多齿马先蒿	*Pedicularis polyodonta*	生于海拔 3000 ~ 4200 米的高山草甸、阴坡灌丛、河谷林缘、林间草地、沙砾河滩草地、向阳山坡、河谷阶地	产同德、兴海、同仁、泽库、班玛、玉树、囊谦
				青海马先蒿	*Pedicularis przewalskii*	生于海拔 3400 ~ 4950 米的沟谷林缘、高山草甸、阴坡灌丛、河湖水边草甸	产互助、乐都、兴海、大通、玛沁、达日、玛多、称多、玉树、囊谦、曲麻莱、治多、杂多
				青南马先蒿	*Pedicularis przewalskii Maxim.subsp. austalis*	生于海拔 4100 ~ 4500 米的高山草甸、河谷草地、河滩溪边	产久治、玛多、玉树、囊谦
				矮小马先蒿	*Pedicularis przewalskii Maxim.subsp. microphyton*	生于海拔 3500 ~ 3680 米的高山草甸、沟谷林下、林缘灌丛草甸	产同仁
				假弯管马先蒿	*Pedicularis pseudocurvituba*	生于海拔 3300 ~ 4300 米的干旱山坡、湖滨沙地、河漫滩、山坡林下、林缘灌丛、沟谷岩石缝	产刚察、兴海、天峻、都兰、德令哈、格尔木、大柴旦、玛沁、达日、玛多、称多、曲麻莱
				假硕大马先蒿	*Pedicularis pseudo - ingens*	生于海拔 3600 米左右的河谷阶地灌丛、河滩草甸	产玛沁
				假山萝花马先蒿	*Pedicularis pseudomelampyriflora*	生于海拔 3550 ~ 4000 米的阳坡草地、路边河谷、灌丛草甸	产玉树、囊谦
				侏儒马先蒿	*Pedicularis pygmaea*	生于海拔 3400 ~ 4500 米的山坡林缘、林下灌丛、河谷草甸、河边疏林、沼泽草甸	产互助、河南、玛多、称多、玉树

科名		属名		种名		生境	省内分布区
中文名	拉丁名	中文名	拉丁名	中文名	拉丁名		
				青甘马先蒿	*Pedicularis roborowskii*	生于海拔 2400 ~ 3400 米的山坡林下、林缘、灌丛、河滩草甸、田边渠岸	产民和、互助、乐都、循化、化隆、平安、湟中、湟源、门源、海晏、贵德
				草甸马先蒿	*Pedicularis roylei*	生于海拔 3400 ~ 4900 米的湖滨河滩草甸、高山草甸、沟谷灌丛	产互助、大通、祁连、兴海、天峻、泽库、玛沁、久治、玉树、囊谦、治多、杂多
				灰毛草甸马先蒿	*Pedicularis roylei Maxim. subsp. shawii*	生于海拔 4400 ~ 5000 米的高山草甸、河谷阶地	产杂多、囊谦
				大花草甸马先蒿	*Pedicularis roylei Maxim.var. megalantha*	生于海拔 4700 米左右的高山山顶、阳坡高寒草甸	产玉树
				粗野马先蒿	*Pedicularis rudis*	生于海拔 2000 ~ 3700 米的山坡灌丛、河谷林缘及林下草甸	产民和、平安、乐都、湟中、大通、贵德、泽库、同仁、班玛
				鹬形马先蒿	*Pedicularis scolopax*	生于海拔 3000 ~ 3900 米的河谷阶地、干旱山坡、弃耕地、沙砾滩地、公路边、河滩草地	产同德、兴海、玛沁、称多、玉树、治多
				半扭转马先蒿	*Pedicularis semitorta*	生于海拔 3000 ~ 4600 米的沙棘或圆柏林缘、林下草甸、沟谷灌丛、向阳山坡、干旱草坡、宽谷草原、沙砾河滩	产湟中、门源、同德、玛沁、久治、玉树
				管花马先蒿	*Pedicularis siphonantha*	生于海拔 3550 ~ 4500 米的河滩草甸、沟谷林下、林缘草甸	产玉树、囊谦
				团花马先蒿	*Pedicularis sphaerantha*	生于海拔 3200 ~ 4200 米的高山草甸、高寒灌丛、湖盆谷地、山前冲积扇、沙砾山坡、山麓乱石堆	产互助、乐都、同德、泽库、玛沁、称多、玉树、杂多

科名		属名		种名		生境	省内分布区
中文名	拉丁名	中文名	拉丁名	中文名	拉丁名		
				穗花马先蒿	*Pedicularis spicata*	生于海拔 2150 ~ 2800 米的山坡灌丛、沟谷林下、林缘草甸、河边渠岸	产民和、乐都、循化
				蛛丝红纹马先蒿	*Pedicularis striata*	生于海拔 2900 ~ 4500 米的河边沼泽草甸、山地草甸、水边滩地	产民和、互助、循化、门源、祁连、冷湖
				四川马先蒿	*Pedicularis szetschuanica*	生于海拔 3200 ~ 4300 米的山脊草甸、圆柏林下、沟谷林缘、河滩和湖滨草甸、高山灌丛草甸	产同德、河南、泽库、同仁、玛沁、久治、称多、玉树
				打箭马先蒿	*Pedicularis tatsienensis*	生于海拔 4100 ~ 4300 米的高山草甸、阴坡高寒灌丛	产玉树
				细茎马先蒿	*Pedicularis tenera*	生于海拔 4400 米左右的阳坡沙砾草地	产久治
				三叶马先蒿	*Pedicularis ternata*	生于海拔 3000 ~ 4500 米的高山灌丛、河滩林下、草甸	产乐都、湟中、大通、贵德、门源、祁连、共和、兴海、天峻、乌兰、德令哈、河南、玛沁、久治、玛多、囊谦
				西藏马先蒿	*Pedicularis tibetica*	生于海拔 3950 ~ 4000 米的山坡灌丛、高山草甸	产久治
				扭旋马先蒿	*Pedicularis torta*	生于海拔 2300 ~ 2700 米的河边草地、疏林草甸	产民和
				阴郁马先蒿	*Pedicularis tristis Linn*	生于海拔 2700 ~ 4000 米的河谷疏林、山坡灌丛、河滩草甸、林间草地、山脊云杉林下、田边	产门源、贵德、同德、河南、泽库、同仁、尖扎、玛沁、久治、玉树

科名		属名		种名		生境	省内分布区
中文名	拉丁名	中文名	拉丁名	中文名	拉丁名		
				毛舟马先蒿	*Pedicularis tuichocymba*	生于海拔 3500 ~ 3700 米的河边草甸、山地阴坡	产玉树、囊谦
				毛盔马先蒿	*Pedicularis trichoglossa*	生于海拔 3500 ~ 4600 米的高山灌丛、林缘草甸、山顶草甸、沟谷林下、河谷阶地	产久治、称多、玉树、囊谦、杂多
				轮叶马先蒿	*Pedicularis verticillata*	生于海拔 3380 ~ 4600 米的高山阳坡草甸、河谷灌丛、河边滩地	产湟中、大通、门源、刚察、同德、兴海、天峻、尖扎、玛沁、玛多、称多、玉树、曲麻莱、治多、杂多
				唐古特马先蒿	*Pedicularis verticillata Linn.subsp.*	生于海拔 3060 ~ 4380 米的山坡草甸、阴坡灌丛、沟谷、河边	产互助、乐都、大通、海晏、同德、共和、兴海、乌兰、玛沁、玉树
		玄参属	Scrophularia Linn	砾玄参	*Scrophularia incisa*	生于海拔 2550 ~ 3400 米的山坡林缘、干旱山坡、河谷阶地、沙砾河滩、沙质草滩	产民和、门源、祁连、刚察、同德、共和
				甘肃玄参	*Scrophularia kansuensis*	生于海拔 3450 米左右的圆柏林下	产同德
				青海玄参	*Scrophularia przewalskii*	生于海拔 4360 ~ 4500 米的多石砾阳坡及宽叶荨麻丛中	产达日、甘德、玛多
				小花玄参	*Scrophularia souliei*	生于海拔 2900 ~ 4000 米的山坡林缘、河谷滩地、干旱阳坡草地	产共和、同德、河南、同仁、久治、称多
		婆婆纳属	Veronica Linn.	北水苦荬	*Veronica anagallis-aquatica*	生于海拔 2200 ~ 3900 米的河沟水中、沼泽地	产民和、互助、湟中、湟源、西宁、大通、同仁、称多、玉树

科名		属名		种名		生境	省内分布区
中文名	拉丁名	中文名	拉丁名	中文名	拉丁名		
				长果水苦荬	*Veronica anagalloides*	生于水沟、河边及湿地	产德令哈
				两裂婆婆纳	*Veronica biloba Linn.*	生于海拔 2500 ~ 3700 米的山坡疏林下、沟谷林缘、河滩灌丛边、高山草甸、弃耕地及草甸裸地	产互助、循化、西宁、大通、门源、同德、同仁、河南、泽库、玉树
				长果婆婆纳	*Veronica ciliata*	生于海拔 2450 ~ 4600 米的高山灌丛、高寒草甸及草甸裸地、林下、河谷阶地、沙砾河滩、阳性干旱山坡、高山流石滩、高山冰缘草甸	产互助、乐都、湟中、湟源、大通、门源、祁连、海晏、刚察、贵德、同德、共和、兴海、天峻、乌兰、都兰、格尔木、河南、泽库、同仁、玛沁、久治、玛多、称多、玉树、囊谦、曲麻莱、治多、杂多
				婆婆纳	*Veronica didyma*	生于海拔 2500 ~ 2600 米的山坡草地、河边滩地	产互助、循化、同仁
				毛果婆婆纳	*Veronica eriogyne*	生于海拔 2500 ~ 4500 米的湖滨草地、河滩灌丛、沙砾质高山草地、高山灌丛、高寒草甸、沟谷林下	产民和、互助、门源、祁连、贵德、同德、共和、海晏、河南、泽库、同仁、玛沁、久治、班玛、达日、玛多、称多、玉树、曲麻莱
				丝梗婆婆纳	*Veronica filipes Tsoong*	生于海拔 3700 ~ 4350 米的高山流石滩、高寒草甸、高寒沼泽草甸砾地	产乌兰、贵德、兴海、泽库、河南、称多
				水蔓菁	*Veronica Linariifolia*	生于海拔 2300 米左右的林缘、河边草地	产互助北山林场

续表

科名		属名		种名		生境	省内分布区
中文名	拉丁名	中文名	拉丁名	中文名	拉丁名		
				光果婆婆纳	*Veronica rockii*	生于海拔 2400 ～ 4400 米的沟谷林下、河谷阶地、林缘灌丛、沙砾山坡、林间空地、湖滨河滩、灌丛草甸	产民和、互助、乐都、循化、大通、同德、河南、泽库、玛沁、久治、班玛、称多、玉树、囊谦
				四川婆婆纳	*Veronica szechuanica Batal.*	生于海拔 2500 米左右的河滩草地	产民和
				唐古拉婆婆纳	*Veronica vandellioides Maxim.*	生于海拔 2300 ～ 3850 米的沟谷林缘、阴坡灌丛、沙砾河滩、林下草甸	产民和、互助、乐都、同德、河南、同仁、玛沁、久治、班玛、玉树（模式标本产地）、囊谦
列当科	Orobanchaceae	列当属	Orobanche Linn.	弯管列当	*Orobanche cernua*	寄生于海拔 2100 ～ 3100 米的蒿属植物根部	产西宁、兴海、共和、尖扎
				列当	*Orobanche coerulesens*	寄生于海拔 2300 ～ 3500 米的蒿属植物根部	产互助、西宁、贵德、同德、共和、称多、囊谦
				四川列当	*Orobeanche sinensis*	生于海拔 3500 米左右的阳坡圆柏林下、岩石缝中，寄生于蒿属植物根部	产囊谦
狸藻科	Lentibulariaceae	捕虫堇属	Pinguicula Linn.	高山捕虫堇	*Pinguicula alpina*	生于海拔 300 米左右的山坡林下	产循化
茜草科	Rubiaceae	茜草属	Rubia Linn.	茜草	*Rubia cordifolia*	生于海拔 2000 ～ 4200 米的河谷灌丛、阴坡林缘、河滩疏林下、湿沙丘、村舍宅旁围篱边	产民和、互助、乐都、循化、化隆、平安、湟中、湟源、大通、门源、祁连、贵德、同德、贵南、兴海、尖扎、同仁、泽库、玛沁、班玛、称多、囊谦、玉树
忍冬科	Caprifoliaceae	忍冬属	Lonicera Linn.	蓝靛果	*Lonicera caerulea*	生于海拔 2400 ～ 2800 米的河谷沟沿、山坡林缘、林下灌丛	产民和、互助、门源、尖扎

科名		属名		种名		生境	省内分布区
中文名	拉丁名	中文名	拉丁名	中文名	拉丁名		
				金花忍冬	*Lonicera chrysantha*	生于海拔 2230～2700 米的河谷、林缘灌丛、山沟林下	产民和、互助、乐都、循化、大通、西宁、门源、尖扎
				线叶金花忍冬	*Lonicera chrysantha Turcz.ex Ledeb.var. linearifolia*	生于海拔约 2400 米的山沟河岸、河谷、林下、林缘灌丛	产互助
				葱皮忍冬	*Lonicera ferdinandii*	生于海拔 2000～2500 米的山谷林缘、河岸溪边、山坡林下	产民和、循化、尖扎
				叶藏花	*Lonicera harmsii*	生于海拔 2000 米左右的山坡林下、沟谷林缘灌丛，或栽培于庭院花园	产循化
				刚毛忍冬	*Lonicera hispida*	生于海拔 2450～4200 米的河谷林下、山坡岩缝、山沟灌丛、边林缘	产民和、互助、乐都、循化、化隆、平安、湟源、西宁、大通、门源、祁连、贵德、共和、兴海、乌兰、尖扎、同仁、泽库、玛沁、久治、班玛、称多、玉树、囊谦、曲麻莱、杂多、治多
				金银花	*Lonicera japonica*	植于海拔 2230 米左右的庭院公园	西宁有栽培
				光枝柳叶忍冬	*Lonicera lanceolata*	生于海拔 2200～2500 米的山坡林下、沟谷林缘、河岸灌丛中	产循化
				小叶忍冬	*Lonicera microphylla*	生于海拔 2300～3900 米的河岸渠边、山坡、河谷林下、林缘	产民和、互助、循化、乐都、大通、湟源、门源、格尔木、德令哈、尖扎

科名		属名		种名		生境	省内分布区
中文名	拉丁名	中文名	拉丁名	中文名	拉丁名		
				矮生忍冬	*Lonicera minuta*	生于海拔 2780～4550 米的沙砾河滩、高寒草原砾地、河谷阶地、干旱山坡	产祁连、门源、海晏、刚察、兴海、共和、都兰、乌兰、德令哈、河南、玛沁、久治、达日、玛多、称多、曲麻莱、治多
				红脉忍冬	*Lonicera nervosa Maxim*	生于海拔 2200～3100 米的山谷河边、山坡灌丛、沟谷石缝、林下林缘	产民和、互助（模式标本产地）、乐都、循化、化隆、湟源、西宁、大通、门源、祁连、尖扎、同仁、泽库
				岩生忍冬	*Lonicera rupicola Hook*	生于海拔 3200～4500 米的山谷石缝、山坡砾地、河滩沙土、林缘灌丛	产河南、玛沁、久治、班玛、称多、囊谦、玉树、曲麻莱、杂多、治多
				红花岩生忍冬	*Lonicera rupicola Hook. f.et Thoms.var. syringantha*	生于海拔 2400～3750 米的山谷林边、山坡灌丛、河滩砾石隙	产民和、互助（模式标本产地）、乐都、湟中、湟源、西宁、大通、门源、祁连、贵德、共和、兴海、同仁、尖扎、泽库、河南、玛沁、久治
				袋花忍冬	*Lonicera saccata*	生于海拔 2100～3100 米的山沟河谷、山坡林缘、河岸灌丛	产民和、尖扎、同仁、泽库
				毛药忍冬	*Lonicera serreana Hand*	生于海拔 3650 米左右的高山疏林下、阳坡灌丛、沟谷林缘	产玉树
				四川忍冬	*Lonicera szechuanica Batal*	生于海拔 2800～4100 米的山谷河岸、山坡林下、林缘岩缝	产乐都、囊谦、玉树

科名		属名		种名		生境	省内分布区
中文名	拉丁名	中文名	拉丁名	中文名	拉丁名		
				太白忍冬	*Lonicera taipeiensis*	生于海拔 2600 米左右的山谷林缘	产循化
				唐古特忍冬	*Lonicera tangutica*	生于海拔 2450~3750 米的山沟河谷、山坡林下、林缘灌丛	产民和、互助（模式标本产地）、乐都、循化、化隆、平安、西宁、大通、门源、祁连、贵德、尖扎、同仁、泽库、班玛、玉树
				西藏忍冬	*Lonicera tibetica*	生于海拔 3200~4000 米的高寒山沟、沟谷林中	产柴达木盆地俄当山、德令哈、班玛、玉树
				盘叶忍冬	*Lonicera tragophylla*	植于海拔 1800~2300 米的庭院公园	循化、西宁有栽培
				毛花忍冬	*Lonicera trichosantha*	生于海拔 2900~3700 米的河岸沟边、河滩林缘、半阴坡石缝	产循化、同仁、泽库、班玛、囊谦、玉树
				华西忍冬	*Lonicera webbiana*	生于海拔 2000~4200 米的沟谷林下、林缘、山坡灌丛、河岸沟边	产民和、久治、班玛、玉树
		接骨木属	Sambucus Linn	血满草	*Sambucus adnata Wall*	生于海拔 1800~2800 米的山坡林下、林缘灌丛、河滩疏林、沟谷溪边	产民和、互助、乐都、循化、化隆、湟中、大通
				接骨木	*Sambucus williamsii*	植于海拔 2300 米以下的山坡林缘、灌丛、路边	西宁有栽培
		荚蒾属	Viburnum Linn.	桦叶荚蒾	*Viburnum betulifolium*	生于海拔 2200~2400 米的沟谷林缘、山坡灌丛	产循化
				香荚蒾	*Viburnum farreri*		民和、互助、乐都、循化、化隆、平安、湟中、西宁有栽培
				八仙花	*Viburnum macrocephalum*	生于海拔 2500 米以下的山坡林缘、沟谷灌丛	循化、西宁有栽培

续表

科名		属名		种名		生境	省内分布区
中文名	拉丁名	中文名	拉丁名	中文名	拉丁名		
				蒙古荚蒾	*Viburnum mongolicum*	生于海拔 2300 ~ 2800 米的山坡灌丛、田林路边、沟谷林下	产民和、互助、乐都、平安、湟源、西宁、大通、门源
				陕西荚蒾	*Viburnum schensianum*	生于海拔 2200 ~ 2500 米的山坡疏林下、沟谷灌丛、河岸溪水边	产民和、循化
		锦带花属	Weigela Thunb.	锦带花	*Weigela florida*	植于海拔 1800 ~ 2230 米的庭院公园	民和、乐都、循化、西宁、尖扎有栽培
五福花科	Adoxaceae	五福花属	Adoxa Linn.	五福花	*Adoxa moschatellina Linn. Sp. Pl.*	生于海拔 2600 ~ 3600 米的阴坡林下、河谷灌丛	产互助、循化、大通、门源、祁连、海晏、同德、玛沁
败酱科	Valerianaceae	缬草属	Valeriana Linn	髯毛缬草	*Valeriana barbulata Diels*	生于海拔 3070 ~ 4200 米的山麓灌丛中、山沟河谷林下、林缘、河滩石缝	产同仁、泽库、杂多、玉树、囊谦
				毛果缬草	*Valeriana hirticalyx*	生于海拔 4100 ~ 4900 米的山坡草地、沟谷河滩碎石地、阳坡砾石地	产祁连、天峻、河南、杂多、囊谦
				细花缬草	*Valeriana meonantha*	生于海拔 2300 ~ 3800 米的山坡林缘灌丛、河沿石隙、沟谷林下草地	产互助、乐都、门源、同仁、河南、玉树
				小花缬草	*Valeriana minutiflora Hand*	生于海拔 3200 ~ 4400 米的沟谷石崖、河边林下、林缘灌丛中、阴山坡草地	产班玛、曲麻莱、称多、玉树、囊谦
				缬草	*Valeriana pseudofficinalis*	生于海拔 2600 ~ 4000 米的沟谷林下、林缘灌丛、河沟石隙、疏林草甸	产民和、互助、乐都、循化、化隆、湟中、湟源、大通、门源、祁连、贵德、同仁、泽库、河南、玛沁、久治、班玛、称多、玉树、囊谦

科名		属名		种名		生境	省内分布区
中文名	拉丁名	中文名	拉丁名	中文名	拉丁名		
				小缬草	Valeriana tangutica	生于海拔 2800 ~ 6300 米的沟谷林下、山坡林缘灌丛、河岸石缝、田林路边	产互助、乐都、门源、祁连、循化、贵南、贵德、同德、兴海、共和、天峻、德令哈、同仁、尖扎、泽库、河南、玛沁、治多、囊谦
茄科	Solanaceae	枸杞属	Lycium Linn.	宁夏枸杞	Lycium barbarum Linn	生于海拔 1900 ~ 3450 米的干旱阳坡、河谷土崖、水边、田埂路边	产民和、互助、乐都、循化、化隆、平安、西宁、贵南、共和、兴海、尖扎、玉树
				北方枸杞	Lycium chinense	生于海拔 2230 ~ 2560 米的路边、草丛、断崖边、冲沟沟底	产西宁、同仁
				柱筒枸杞	Lycium cylindricum		产柴达木盆地
				新疆枸杞	Lycium dasystemum Pojark	生于海拔 2900 ~ 3300 米的撂荒地、河岸草地、山前冲积扇	产乌兰、都兰、德令哈
				红枝枸杞	Lycium dasystemum Pojark.var. rubrucaulium	生于海拔 2960 米左右的灌丛	产都兰
				黑果枸杞	Lycium ruthenicum Murr	生于海拔 2780 ~ 2906 米的沟谷沙滩、河滩草甸、田边荒地	产都兰、乌兰、德令哈、格尔木
桔梗科	Campanulaceae	风铃草属	Campanula Linn.	钻裂风玲草	Campanula aristata Wall.	于海拔 3200 ~ 4600 米的高山流石滩、高寒灌丛中、高山草甸、山沟岩隙、河谷阶地、山坡草地	产湟中、门源、祁连、刚察、兴海、天峻、同仁、泽库、玛沁、杂多、称多、囊谦、玉树、治多

科名		属名		种名		生境	省内分布区
中文名	拉丁名	中文名	拉丁名	中文名	拉丁名		
菊科	Compositae	蓍属	Achillea Linn	齿叶蓍	*Achillea acuminata*	生于海拔 2500~2600 米的河滩疏林下、林缘灌丛草甸	产民和
				高山蓍	*Achillea alpina Linn.*		西宁、大通、循化、化隆、尖扎、同仁有栽培
		和尚菜属	Adenocaulon Hook.	和尚菜	*Adenocaulon hinalaicun Edgew.*	生于海拔 2400 米左右的沟谷林下	产循化
		香青属	Anaphalis DC.	黄腺香青	*Anaphalis aureo-punctata*	生于海拔 1850~4000 米的沟谷林下、林缘、河沟灌丛、疏林、草滩、高寒草原、山坡砾地、河谷阶地	产民和、互助、乐都、循化、平安、湟中、大通、门源、同仁、久治、班玛
				二色香青	*Anaphalis bicolor (Franch.)*	生于海拔 3440~4300 米的河谷阶地、高山草原、山前洪积扇、山坡石缝、沙砾山坡、阳坡林下	产玛沁、班玛、泽库、河南、称多、囊谦、玉树
				青海香青	*Anaphalis bicolor (Franch.) Diels var. kokonorica*	生于海拔 2400~3800 米的干旱山坡、高山草原、阳坡石缝、山坡灌丛、河滩砾地	产门源、刚察（模式标本产地）、互助、乐都、循化、平安、贵德、同德、兴海、共和、泽库、河南、玛沁、久治
				淡黄香青	*Anaphalis flavescens Hand.*	生于海拔 2200~4800 米的河滩草甸、山坡砾地、高山草地、河沟石堆中、高山流石滩、山沟岩隙	产互助、平安、乐都、循化、西宁、大通、门源、祁连、贵德、同德、共和、兴海、天峻、乌兰、尖扎、同仁
				糙叶纤枝香青	*Anaphalis gracilis Hand.*	生于海拔 3670 米左右的高山草甸	产玛沁
				玲玲香青	*Anaphalis hancockii Maxim.*	生于海拔 2800~4600 米的湖滨、河滩、高寒草地、河岸山谷、沙砾山坡、沟谷灌丛及高山草甸	产民和、互助、乐都、循化、化隆、平安等地

科名		属名		种名		生境	省内分布区
中文名	拉丁名	中文名	拉丁名	中文名	拉丁名		
				乳白香青	*Anaphalis lactea Maxim.*	生于海拔 2600 ~ 4700 米的高寒草原、河谷砾地、高山草甸、山谷滩地、山坡草甸、山顶岩缝、沟谷灌丛、山坡及河滩林下、林缘灌丛、河边草甸、田边荒地	产民和、互助、乐都、循化、化隆、平安等地
				绿色宽翅香青	*Anaphalis latialata Ling et Y.*	生于海拔 2700 ~ 3800 米的山坡草地、沟谷灌丛、河滩疏林下	产湟中、泽库、玉树
				珠光香青	*Anaphalis margaritacea* (*Linn.*)	生于海拔 1900 ~ 3000 米的河滩石堆、田边荒地、山坡、林缘、沟谷灌丛	产民和、互助、乐都、循化、化隆、平安、湟中、大通、门源、祁连、同仁
				尼泊尔香青	*Anaphalis nepalensis* (*Spreng.*)	生于海拔 3750 ~ 6700 米的沟谷林下、林缘灌丛	产玉树
				蜀西香青	*Anaphalis souliei Diels*,	生于海拔 3600 ~ 5700 米的宽谷河滩、沙砾山坡、河谷阶地、高寒草原裸地、阳坡林下、高山碎石地	产久治、曲麻莱、杂多、称多、囊谦、玉树、治多
		蒿属	*Artemisia Linn.*	阿坝蒿	*Artemisia abaensis Y.*	生于海拔 2600 ~ 2700 米的山沟草地、河谷灌丛、田边荒地	产平安、大通
				碱蒿	*Artemisia anethifolia Web.*	生于海拔 2230 ~ 3230 米的撂荒地、田埂路边、干旱草原、宽谷河滩、沟沿渠岸、河岸阶地	产西宁、刚察、贵南、共和、兴海
				莳萝蒿	*Artemisia anethoides Mattf.*	生于海拔 2900 ~ 3600 米的干旱山坡、宽谷草原、荒漠沙砾地	产共和、都兰、格尔木

科名		属名		种名		生境	省内分布区
中文名	拉丁名	中文名	拉丁名	中文名	拉丁名		
				黄花蒿	*Artemisia annua Linn.*	生于海拔 2230 ~ 3200 米的田林路边、宅旁、荒地、河滩林下、渠岸墙根、山麓阴湿处	产民和、互助、乐都、循化、平安、湟中、西宁、贵德、同德、尖扎、同仁
				艾蒿	*Artemisia argyi Levl.*	生于海拔 1800 ~ 2230 米的田边、沟沿、宅旁荒地	产民和、乐都、循化、化隆、西宁
				褐头蒿	*Artemisia aschurbajewli C.*		产青海
				班玛蒿	*Artemisia baimaensis Y.*	生于海拔 3440 米左右的河谷林缘。	产班玛（模式标本产地）
				绒毛蒿	*Artemisia campbellii Hook.*	生于海拔 3800 ~ 4500 米的阳坡灌丛、山坡石缝、河谷阶地、山麓石堆、山沟岩隙、河滩砾地、湖边陡崖	产兴海、达日、玛多、称多、治多、曲麻莱、杂多、玉树
				米蒿	*Artemisia dalai - lamae Krasch.*	生于海拔 2300 ~ 3800 米的干旱山坡、荒漠草原、河谷阶地、山前洪积扇	产民和、乐都、循化、平安、湟源、西宁、海晏、乌兰、都兰、格尔木
				纤杆蒿	*Artemisia demissa Krasch.*	生于海拔 3200 ~ 4200 米的沙砾滩地、河谷阶地、山坡下部砾石隙	产共和（模式标本产地）、玛多、治多
				沙蒿	*Artemisia desertorum Spreng.*	生于海拔 2400 ~ 4750 米的固定沙丘、干旱坡麓、灌丛石隙、田边荒地、河岸阶地、湖滨沙砾滩地、干山坡草地、沟谷林缘	产互助、乐都、平安、湟中、大通、西宁等
				矮沙蒿	*Artemisia desertorum Spreng.var. foetida*	生于海拔 3200 ~ 4300 米的河谷阶地、干旱山坡、固定沙丘、山麓砾石草地	产共和、曲麻莱、称多

科名		属名		种名		生境	省内分布区
中文名	拉丁名	中文名	拉丁名	中文名	拉丁名		
				龙蒿	*Artemisia dracunculus Linn.*	生于海拔3100～3900米的干旱草原、河谷阶地、灌丛草地、河滩砾地、高山草原、宅旁荒地	产门源、刚察、共和、兴海、德令哈、乌兰、泽库
				杭爱龙蒿	*Artemisia dracunculus Linn.var. changaica*	生于海拔2420～3400米的干旱山坡、河谷阶地、沙砾滩地	产门源、祁连、共和
				青海龙蒿	*Artemisia dracunculus Linn.*	生于海拔2500～3500米的田边荒地、宅旁路边	产门源（模式标本产地）、祁连
				牛尾蒿	*Artemisia dubia Wall.*	生于海拔2200～4300米的河滩湿沙地、河谷阶地、高寒草原裸地、村舍宅旁、田边荒地	产互助、乐都、循化、大通、同德、共和、兴海、河南、泽库、同仁、班玛、玛多
				青藏蒿	*Artemisia duthreuil -de - rhinsi Krasch.*	生于海拔3300～4750米的砾石山坡、河谷阶地、固定沙丘、干山坡草地、山前冲积扇、河谷灌丛	产祁连（模式标本产地）、兴海、达日、玛多、玛沁、久治、玉树、治多（可可西
				直茎蒿	*Artemisia edgeworthii Balark.*	生于海拔3000～4300米的沙砾河滩、田边荒地、河谷滩地、山前冲积扇、干旱山坡	产互助、门源、同德、共和、兴海、河南、泽库
				冷蒿	*Artemisia frigida Willd.*	生于海拔2230～4300米的高寒草原、高山草甸下部裸地、干旱山坡、湖滨沙滩、河岸阶地、沟谷石隙	产民和、互助、乐都、循化
				紫花冷蒿	*Artemisia frigida Willd.var. atropurpurea*	生于海拔2400～3500米的沟谷山麓、干旱山坡、河谷阶地、杯卜草地、河滩灌丛	产互助、贵南、同德、共和、都兰、格尔木

续表

科名		属名		种名		生境	省内分布区
中文名	拉丁名	中文名	拉丁名	中文名	拉丁名		
				甘肃蒿	*Artemisia gansuensis Ling et Y.*	生于海拔 2300 米左右的河滩草地	产贵德
				细裂叶莲蒿	*Artemisia gmelinii Web.*	生于海拔 2900 ~ 4350 米的干旱阳坡、砾石地、固定沙丘、山坡灌丛边、河岸阶地、坡麓石堆、河滩沙地	产门源、同德、贵南、共和、兴海
				江孜蒿	*Artemisia gyangzeensis Ling et Y.*	生于海拔 2820 ~ 3300 米的半固定沙丘、河谷阶地、山麓砾沙滩、山前洪积扇	产共和、都兰
				臭蒿	*Artemisia hedinii Ostenf.*	生于海拔 1800 ~ 4600 米的高山草原裸地、湖滨滩地、河谷阶地、河滩湿沙地	产民和、互助、乐都
				白叶蒿	*Artemisia leucophylla*	生于海拔 2560 ~ 2800 米的沟谷林缘、灌丛草甸、林区田边山坡草地	产乐都、大通、泽库
				大花蒿	*Artemisia macrocephala Jacq.*	生于海拔 2900 ~ 4280 米的山麓沙滩、河谷阶地、砾石缝隙、路边草丛	产都兰、德令哈、玛多
				粘毛蒿	*Artemisia mattifeldii Pamp.*	生于海拔 2600 ~ 3800 米的沟谷砾地、山坡草地、山麓乱石堆	产门源、泽库、班玛、久治
				垫型蒿	*Artemisia minor Jacq.*	生于海拔 2900 ~ 4600 米的湖滨沙滩、干旱山坡	产共和、兴海、乌兰、都兰、格尔木、玛多
				蒙古蒿	*Artemisia mongolica*	生于海拔 2000 ~ 3200 米的砾石河滩、河边疏林下、灌丛中	产民和、互助、乐都、循化

科名		属名		种名		生境	省内分布区
中文名	拉丁名	中文名	拉丁名	中文名	拉丁名		
				小球花蒿	*Artemisia moorcroftiana Wall.*	生于海拔 2900～4500 米的沙砾河滩、阳坡岩石缝	产互助、乐都、循化、化隆
				多花蒿	*Artemisia myriantha Wall. e*	生于海拔 3040～3700 米的河滩草地、沟谷石隙、山坡干旱处、沙砾草坡、阳坡林缘	产玛沁、玉树、囊谦
				昆仑蒿	*Artermisia nanshanica Krasch.*	生于海拔 3200～4600 米的山坡石隙、沙砾滩地、湖滨沙滩、河谷阶地、固定沙丘、河湖岸边、高山草地	产祁连（模式标本产地）、刚察、共和、兴海、德令哈、久治、达日、玛沁、玛多、称多、曲麻莱、治多、杂多
				黑沙蒿	*Artemisia ordosica Krasch Not.*	生于海拔 3000～3600 米的沙区和荒漠	据《青海木本植物志》载，产柴达木盆地和海南藏族自治州沙区
				西南牡蒿	*Artemisia parviflora Buch.*	生于海拔 1850～2700 米的山顶石隙、山坡草地、河岸沙地、渠岸沟沿、冲沟荒地	产民和、乐都、大通
				纤梗蒿	*Artemisia pewzowi C.*	生于海拔 2560～4000 米的河岸阶地、干旱山坡、河谷滩地、高山草原	产乐都、湟源、刚察、同德、贵南、共和、兴海、同仁、泽库、河南
				褐苞蒿	*Artemisia phaeolepis Krasch.*	生于海拔 2900～5350 米的沟谷灌丛、林缘草甸、山坡草地、河谷阶地、河滩沙地	产大通、门源、海晏、刚察、贵德、同德、兴海、德令哈、泽库、达日、玛多、玉树、曲麻莱
				叶苞蒿	*Artemisia phyllobotrys*	生于海拔 3610～4000 米的山坡草地、高山峡谷、阳坡柏林边缘、田埂路边	产称多、玉树、囊谦

科名		属名		种名		生境	省内分布区
中文名	拉丁名	中文名	拉丁名	中文名	拉丁名		
				藏岩蒿	*Artemisia prattii* （Pamp.）	生于海拔2900~3300米的固定沙丘、山前洪积沙滩、戈壁砾地	产共和、乌兰、都兰、德令哈、格尔木、大柴旦
				甘青小蒿	*Artemisia przewalskii* Krasch.	生于海拔2700~3300米的沙砾河滩、戈壁荒漠	产柴达木盆地西部（模式标本产地）
				柔毛蒿	*Artemisia pubescens* Ledeb		据《中国植物志》载，产青海
				灰苞蒿	*Artemisia roxburghiana* Bess.	生于海拔2200~4200米的田边渠岸、弃耕地、山坡草地	产乐都、循化、平安、西宁、大通、门源
				香叶蒿	*Artemisia rutifolia* Steph.	生于海拔3200~3800米的山间盆地戈壁、荒漠、河谷阶地、山坡冲沟	产格尔木、大柴旦
				白莲蒿	*Artemisia sacrorum* Ledeb.	生于海拔2300~3600米的砂砾干河滩、田边荒地、山坡、崖顶、沟谷林缘	产互助、乐都、循化、化隆、平安、大通、西宁、同德、河南、泽库、尖扎、玛沁
				猪毛蒿	*Artemisia scoparia* Waldst.	生于海拔2230~3600米的山坡草地、河谷湿沙地、宅旁荒地、田边沟沿、渠岸墙根	产互助、乐都、西宁、门源、同德、贵南、共和、泽库、天峻、都兰、玛沁
				大籽蒿	*Artemisia sieversiana* Ehrhart ex Willd.	生于海拔2000~4300米的田边渠岸、宅旁荒地、河谷阶地、沙砾河滩、半阴坡草地	产民和、互助、乐都、循化
				西南圆头蒿	*Artemisia sinensis* （Pamp.）	生于海拔3650~4000米的河滩林缘、沟谷灌丛、山坡草地、石隙	产玛沁、久治

科名		属名		种名		生境	省内分布区
中文名	拉丁名	中文名	拉丁名	中文名	拉丁名		
				球花蒿	*Artemisia smithii Mattf.*	生于海拔 4300 米左右的高山草甸	产久治
				圆头蒿	*Artemisia sphaerocephala Krasch.*	生于海拔 3100 ~ 3250 米的固定沙丘、荒漠砾地	产贵南、共和、乌兰、都兰、格尔木
				阴地蒿	*Artemisia sylvatica Maxim.*	生于海拔 2400 米左右的山坡草地、沟谷林缘	产大通
				甘青蒿	*Artemisia tangutica Pamp.*	生于海拔 2000 ~ 2900 米的山谷草地、山沟林缘、河滩灌丛、田边荒地	产民和、互助、乐都、循化、化隆、平安、大通（模式标本产地）、西宁、门源
				指裂蒿	*Artemisia tridactyla Hand.*	生于海拔 3800 米左右的阳坡灌丛中	产久治
				高原蒿	*Artemisia youngii Y.*	生于海拔 3500 ~ 3800 米的高山草原、山坡草地、沟谷路边	产称多、囊谦（模式标本产地）
				毛莲蒿	*Artemisia vestita Wall.*	生于海拔 2400 ~ 3900 米的干旱阳坡、河沟石隙、河边渠岸、田边路边、林缘灌丛、河滩砾地、疏林下	产互助、乐都、循化、化隆
				腺毛蒿	*Artemisia viscida* (*Mattf.*)	生于海拔 2500 米左右的河边林缘、灌丛草甸、沟谷石隙	产乐都
				北艾	*Artemisia vulgaris Linn.*	生于海拔 2230 ~ 2400 米的山坡草地、田边荒地、宅旁路边	产西宁
				藏龙蒿	*Artemisia waltonii*	生于海拔 3200 ~ 42 米的阳坡圆柏林下、林缘草地、山崦岩隙、阴坡及山麓草地	产同德、玛沁、班玛、治多、杂多、囊谦、称多、里树

续表

科名		属名		种名		生境	省内分布区
中文名	拉丁名	中文名	拉丁名	中文名	拉丁名		
				内蒙古旱蒿	*Artemisia xerophytica Krasch.*	生于海拔 2850 米左右的砾石质山坡	产德令哈
				日喀则蒿	*Artemisia xigazeensis*	生于海拔 2900 ~ 3000 米的河谷草地、路边、草丛	产兴海
		矢车菊属	Centaurea Linn. (	矢车菊	*Centaurea cyanus Linn.*		都兰、格尔木、尖扎、同仁有栽培
		蓟属	Cirsium Mill.	藏蓟	*Cirsium lanatum*	生于海拔 1800 ~ 3290 米的村舍宅旁、荒地、田埂渠岸、水沟路边、农田、河滩疏林草甸	产民和、乐都、循化、刚察、共和、兴海、乌兰、都兰、格尔木、德令哈、泽库、同仁
				刺儿菜	*Cirsium setosum*	生于海拔 1800 ~ 2700 米的宅旁荒地、田埂路边、农田、河岸水沟边、河滩疏林下	产互助、民和、乐都、大通、西宁、贵德、泽库、同仁、尖扎
				牛口刺	*Cirsium shansiense*	生于海拔 2500 米左右的田边渠岸、路旁荒地	产循化
				葵花大蓟	*Cirsium souliei*	生于海拔 2500 ~ 4400 米的高寒草甸裸地、河谷阶地、高山草地、河滩荒地	产互助、乐都、大通、门源
		还阳参属	Crepis Linn.	还阳参	*Crepis crocea*	生于海拔 2230 ~ 3300 米的固定沙丘、宅旁荒地、沟谷石隙、渠岸田边、河谷阶地、河岸水沟边、干旱山坡	产乐都、西宁、贵南、兴海、都兰、尖扎
				弯茎还阳参	*Crepis flexuosa*	生于海拔 1900 ~ 5000 米的山坡石隙、田边荒地、河滩沙地、河谷阶地、湖边砾地	产互助、循化、化隆、平安等

科名		属名		种名		生境	省内分布区
中文名	拉丁名	中文名	拉丁名	中文名	拉丁名		
				草甸还阳参	*Crepis pratensis*	生于海拔 2760～2980 米的盐碱滩地、河谷阶地、田边荒地	产乌兰、格尔木、茫崖
				西藏还阳参	*Crepis tibetica Babc.*	生于海拔 3500 米左右的山坡草地	产玉树
		火绒草属	Leontopodium R.	美头火绒草	*Leontopodium calocephalum*	生于海拔 2600～3900 米的河谷阶地、宽谷湖盆、河滩草地、砾石山坡、河谷灌丛、高山草甸	产互助、乐都、循化、化隆、湟中、湟源、大通、门源、贵德、共和、兴海、同仁、泽库、河南、久治、班玛、玛沁
				戟叶火绒草	*Leontopodium dedekensii*	生于海拔 2380～4400 米的河谷砾地、山坡草原、阴坡灌丛、河沟林下、高寒草原	青海多地有分布
				小头戟叶火绒草	*Leontopodium dedekensii Beauv.var. microcalathium*	生于海拔 4000 米左右的高寒草原、山顶草地	产玉树
				香芸火绒草	*Leontopodium haplophylloides Hand.*	生于海拔 2600～3800 米的疏林草甸、山坡石崖、阳坡草地、河谷灌丛	产民和、互助、乐都、平安、循化、化隆、湟中、大通、西宁、门源、同仁、泽库、河南、玛沁、久治
				火绒草	*Leontopodium leontopodioides（Willd.）*	生于海拔 1700～3600 米的田边荒地、干山坡草地、河渠水边、河滩疏林下、林缘草甸	产民和、互助、乐都、平安、循化、化隆、西宁、大通、门源、祁连、海晏、共和、兴海、乌兰、都兰、德令哈、泽库、同仁
				长叶火绒草	*Leontopodium longifolium Ling,*	生于海拔 3200～4400 米的高山草地、沙砾河滩、山坡岩隙、河谷阶地、阳坡山麓、洪积扇、高山草甸、山顶倒石堆	青海多地有分布

科名		属名		种名		生境	省内分布区
中文名	拉丁名	中文名	拉丁名	中文名	拉丁名		
				矮火绒草	*Leontopodium nanum*（	生于海拔 3200 ~ 5000 米的河滩滨湖沙地、高寒草原裸地、河谷阶地、山前洪积扇、山坡岩缝、山谷滩地、高山草甸、山坡草地	青海多地有分布
				黄白火绒草	*Leontopodium ochroleucum Beauv.*	生于海拔 3300 ~ 4500 米的山坡路边、湖盆宽谷、沼泽草甸、河滩砾地、山顶石缝、草甸裸地	产海晏、祁连、同德、兴海、都兰、乌兰
				弱小火绒草	*Leontopodium pusilum*（ *Beauv.*）	生于海拔 3600 ~ 5000 米的高寒草原、退化草地、宽谷河滩渠岸、沙砾山坡、湖盆砾地、高山草甸、沼泽草甸、河谷岩隙、山顶湿草甸	产祁连、兴海、都兰、乌兰、德令哈、格尔木、玛沁、达日、玛多、治多、杂多、称多、囊谦、玉树
				银叶火绒草	*Leontopodium souliei Beauv.*	生于海拔 3700 ~ 4750 米的沙砾河滩、高山草原裸地、砾石山坡、高山草甸、河谷阶地、高山倒石堆	产互助、乐都、大通、门源、祁连、共和、河南、泽库、玛沁、杂多
				毛香火绒草	*Leontopodium stracheyi*（ *Hook.*	生于海拔 3450 ~ 4000 米的山沟林下、山谷岩石缝	产玉树
		蜂斗菜属	Petasites Mill.	毛裂蜂斗菜	*Petasites tricholobus Franch.*	生于海拔 2000 ~ 4000 米的沟谷林下、林缘灌丛、河滩草甸、山坡湿草地	产民和、门源、泽库、囊谦、玉树
		风毛菊属	Saussurea DC.	草地风毛菊	*Saussurea amara*	生长海拔 2230 ~ 2500 米的河溪水边、田边荒地、山谷疏林下	产湟中、西宁

科名		属名		种名		生境	省内分布区
中文名	拉丁名	中文名	拉丁名	中文名	拉丁名		
				黑苞风毛菊	*Saussurea apus Maxim.*	生于海拔 4000 ~ 5300 米的高山流石滩、高山草甸破坏处、泉水出露处、河滩沙砾地、山坡潮湿砾地	产祁连、兴海、德令哈、乌兰、玛沁、达日、玛多、曲麻莱、治多、称多、玉树
				沙生风毛菊	*Saussurea arenaria Maxim.*	生于海拔 3200 ~ 4500 米的沙砾河滩、湖滨沙地、退化的高寒草原、河谷阶地、人工草场、山坡草地、山顶草甸	产祁连、同德、贵南、共和、兴海、大柴旦、德令哈、都兰、泽库、河南、玛沁、甘德、达日、玛多、称多、曲麻莱、囊谦、治多
				云状雪兔子	*Saussurea aster Hemsl.*	生于海拔 3900 ~ 5000 米的高山水源湿沙砾地、泉水边、高山流石滩、高山草甸裸地、河沟水浸地	产玛沁、玛多、治多、曲麻莱、杂多、称多、囊谦
				青藏风毛菊	*Saussurea bella Ling.*	生于海拔 3600 ~ 4500米的宽谷湖盆、河谷阶地、河滩沙地、山坡草地、山坡砾地、沟谷灌丛草甸	产祁连、同德、共和（模式标本产地）、兴海、都兰、河南、玛沁、达日、玛多、曲麻莱、杂多、称多、囊谦、治多
				褐毛风毛菊	*Saussurea brunneopilosaHand.*	生于海拔 3000 ~ 4500 米的高山碎石带、高山草甸、阴坡灌丛、河谷阶地、湖滨滩地	产互助、乐都、化隆、门源、祁连、刚察
				灰白风毛菊	*Saussurea cana Ledeb.*	生于海拔 2100 ~ 2700 米的干旱山坡、冲沟谷底	产互助、平安、西宁、贵德、共和
				康定风毛菊	*Saussurea ceterach Hand.*	生于海拔 4100 ~ 4400 米的高寒草甸、山顶草地、山地阴坡、灌丛草地	产久治、称多、玉树

科名		属名		种名		生境	省内分布区
中文名	拉丁名	中文名	拉丁名	中文名	拉丁名		
				仁昌风毛菊	*Saussurea chingiana Hand.*	生于海拔2600～3450米的沟谷林下、林间草地、河滩草甸、山坡草地、宅旁路边、田边荒地、河边沟沿	产互助、乐都、湟中、大通、祁连、门源、贵南、泽库、同仁
				冷地雪兔子	*Saussurea chionophora Hand.*	生于海拔4400米左右的河滩湿沙砾石中	产杂多
				达乌里风毛菊	*Saussurea davurica Adams.*	生于海拔2670～3600米的盐碱滩地、沼泽草甸、湖边草甸	产共和、兴海、乌兰、都兰、大柴旦、格尔木
				昆仑雪兔子	*Saussurea depsangensis Pamp.*	生于海拔4800～5400米的高山冰缘带湿沙砾地、山顶砾石地、高山流石滩	产玛沁、达日、玛多、曲麻莱、治多、称多
				川西风毛菊	*Saussurea dzeurensis Franch.*	生于海拔2600～3870米的阳坡林缘、山坡石崖上、河谷阶地	产同德、河南、泽库、久治、班玛
				矮丛风毛菊	*Saussurea eopygmaea Hand.*	生于海拔3300～4950米的河沟灌丛、宽谷滩地、荒漠化草原、河谷阶地、高寒草原、沙砾山坡、高山草甸	产门源、共和、贵南、河南、泽库、同仁、班玛、玛沁、达日、玛多、曲麻莱、治多、杂多、称多、囊谦、玉树
				柳兰叶风毛菊	*Saussurea epilobioides Maxim.*	生于海拔2500～4200米的河岸石隙、田埂路边、山坡草丛、河谷灌丛	产互助、民和、乐都、门源、祁连、同德、兴海、泽库、同仁、久治、班玛、玛沁
				红柄雪莲	*Saussurea erubescens Lipsch.*	生于海拔3150～4800米的高寒草甸、高山沼泽草甸、河滩草甸、山谷湿沙地	产共和（模式标本产地）、兴海、泽库、玛沁、甘德、达日、玛多、治多、曲麻莱、杂多、称多、玉树

科名		属名		种名		生境	省内分布区
中文名	拉丁名	中文名	拉丁名	中文名	拉丁名		
				球苞雪莲	*Saussurea globosa Chen.*	生于海拔 3160～4800 米的高山草甸、河谷阶地、湖滨滩地、高山沼泽草甸、阴坡灌丛中	产互助、湟源、门源、祁连、共和、兴海、河南、泽库、玛沁、玛多、称多、囊谦、玉树
				鼠麴雪兔子	*Saussurea gnaphalodes（Royle）Sch*	生于海拔 4000～5300 米的高山流石滩、河谷阶地、河沟沙砾地、泉边砾地、冰缘湿地	产祁连、兴海、天峻、乌兰、德令哈、玛沁、达日、玛多、玉树、曲麻莱、治多、称多
				纤细风毛菊	*Saussurea graciliformis Lipsch,*	生于海拔 2600～3400 米的河滩草地、山坡石隙、沟谷林下	产乐都、门源、祁连
				椭圆苞雪莲	*Saussurea hookeri C.*	生于海拔 5230 米左右的山顶高寒草甸	产唐古拉山
				黑毛雪兔子	*Saussurea hypsipeta Diels*	生于海拔 3700～5000 米的高山流石滩、泉水出露处沙砾地、冰缘草甸砾地	产门源、祁连、共和、乌兰、泽库、同仁、久治、玛沁、达日、玛多、曲麻莱、杂多、称多、玉树
				甘肃风毛菊	*Saussurea kansuensis Hand.*	生于海拔 4260 米左右的高山草甸	产泽库
				重齿风毛菊	*Saussurea katochaete Maxim.*	生于海拔 2800～4650 米的河滩草甸、阴坡灌丛、高山草甸、河谷溪水边、高山流石滩	产互助、乐都、循化、平安
				狮牙风毛菊	*Saussurea leontodontoides（DC.）*	生于海拔 3500～4850 米的阳坡碎石地、河谷滩地、高山草原、缓坡灌丛草甸、流石滩地、湖滨草地、半阴坡草地	产河南、玛沁、久治、达日、玛多、曲麻莱、治多、杂多、称多、玉树

科名		属名		种名		生境	省内分布区
中文名	拉丁名	中文名	拉丁名	中文名	拉丁名		
				长叶雪莲	*Saussurea longifolia Franch.*	生于海拔4600米左右的高寒草甸、高山流石坡稀疏植被、山坡草地	产囊谦
				皱叶风毛菊	*Saussurea malitiosa Maxim.*	生于海拔3000~4300米的阴坡灌丛、砂质山坡、沟谷草地	产共和、兴海、都兰、德令哈、大柴旦、玛沁、达日、玛多
				水母雪兔子	*Saussurea medusa Maxim.*	生于海拔3700~5200米的高山流石滩	产互助、湟中、湟源、大通
				披针叶风毛菊	*Saussurea minuta C.*	生于海拔3500~4900米的高山流石滩、高寒草原、山坡砾地、河滩沙地、阴坡高寒灌丛中	产互助、乐都、循化、祁连、同德、兴海、泽库、河南、久治、玛沁、达日、玛多、称多、曲麻莱、治多
				华北风毛菊	*Saussurea mongolica （Franch.）*	生于海拔2700~2800米的山坡草地、林缘草甸	产民和、乐都
				线苞风毛菊	*Saussurea nematolepis Ling,*	生于海拔3500~3800米的山坡草地、沟谷林缘、阴坡灌丛草甸	产称多、玉树
				瑞苓草	*Saussurea nigrescens Maxim.*	生于海拔2900~3950米的阴坡灌丛、河滩草甸、沟谷林缘、山谷草地、山坡草甸	产互助、乐都、湟中、大通、门源、刚察、共和、贵德、兴海、乌兰、德令哈、泽库、同仁
				苞叶雪莲	*Saussurea obvallata （DC.）*	生于海拔4100~4700米的高山草甸、河谷草甸裸地、高山流石滩	产玛多、称多、玉树
				卵叶风毛菊	*Saussurea ovata Benth.*	生于海拔4300~4600米的沙砾河滩、高山草甸、河溪岸边草甸	产曲麻莱、治多、杂多、囊谦

科名		属名		种名		生境	省内分布区
中文名	拉丁名	中文名	拉丁名	中文名	拉丁名		
				小花风毛菊	*Saussurea parviflora* (*Poir.*)	于海拔 2300～3400 米的沟谷林下、林缘灌丛、山坡草地、河滩谷底	产互助、乐都、循化、湟中、湟源、大通、贵南、河南、泽库、同仁、班玛、玛沁
				红叶雪兔子	*Saussurea paxiana Diels in Fedde*	生于海拔 4000～5000 米的高山流石滩、高山冰缘沙砾湿地、河滩湿沙地、高山冰缘草甸	产祁连、兴海、河南、泽库、玛沁、玛多、治多、称多、囊谦
				褐花雪莲	*Saussurea phaeantha Maxim.*	生于海拔 3300～4900 米的高寒沼泽地、阴坡高寒灌丛草甸、高山草甸、高山流石滩	产互助、乐都、循化、化隆、湟中（模式标本产地）
				尖苞雪莲	*Saussurea polycolea Hand.*	生于海拔 3400～4900 米的河滩草甸、山坡草地、河谷阶地、冰缘砾地、高山草甸	产贵南、兴海、柴达木、河南、泽库、同仁、久治、班玛、玛沁、曲麻莱、治多、杂多、称多、囊谦
				弯齿风毛菊	*Saussurea przewalskii Maxim.*	生于海拔 3000～4500 米的阴坡草地、杜鹃灌丛、河谷林下	产互助、乐都、循化、湟中、湟源、祁连、共和、兴海、河南、泽库、久治、班玛、称多、玉树
				柴达木风毛菊	*Saussurea pseudomalitiosa Lipsch.*	生于海拔 3300 米左右的云杉林下	产都兰（模式标本产地）
				中亚风毛菊	*Saussurea pseudosalsa Lipsch.*	生于海拔 2700～2800 米的戈壁水渠边、湖边草地	产格尔木、都兰
				美头风毛菊	*Saussurea pulchra Lipsch.*	生于海拔 2450～3100 米的河岸疏林下、河滩沙地、沟谷阶地草甸	产门源、循化、同仁

科名		属名		种名		生境	省内分布区
中文名	拉丁名	中文名	拉丁名	中文名	拉丁名		
				垫状风毛菊	*Saussurea pulvinata Maxim.*	生于海拔 3700 ~ 4100 米的干旱山坡、沟谷砾地、河滩砾石间	产都兰、大柴旦
				小风毛菊	*Saussurea pumila*	生于海拔 3600 ~ 4700 米的河岸水边、高寒沼泽草甸、河谷阶地、山顶裸地、河滩灌丛草甸、高山草甸	产同德、兴海、泽库、河南、玛沁、达日、玛多、玉树、曲麻莱、治多、称多、杂多
				青海风毛菊	*Saussurea qinghaiensis*	生于海拔 3600 米左右的河边草甸	产玉树（模式标本产地）
				柳叶风毛菊	*Saussurea salicifolia*	生于海拔 3400 米左右的溪边渠岸、河滩砾石中	产同仁、泽库
				盐地风毛菊	*Saussurea salsa*	生于海拔 2800 米左右的湖边草地	产德令哈
				聚头风毛菊	*Saussurea semifasciata Hand.*	生于海拔 3850 ~ 4800 米的山坡灌丛、河滩沙地、草坡裸地、砾石滩地、河滩草丛	产曲麻莱、治多、杂多、称多、玉树
				星状雪兔子	*Saussurea stella Maxim.*	生于海拔 2450 ~ 4500 米的河滩草甸、河沟水边、高山阴湿山坡、高寒沼泽草甸	产互助（模式标本产地）、乐都、门源
				藏西风毛菊	*Saussurea stoliczkai*	生于海拔 4060 ~ 4500 米的湖滨草地、河滩草甸、阳坡高山草甸	产格尔木、久治
				钻叶风毛菊	*Saussurea subulata*	生于海拔 4100 ~ 4700 米的沙砾河滩、河谷阶地、湖滨滩地、山沟流水浅边、退化的高寒草原、荒漠化草原、宽谷湖盆、沙土滩地、沼泽草地	产乌兰、德令哈、玛沁、达日、玛多、称多、曲麻莱、治多（可可西里）

科名		属名		种名		生境	省内分布区
中文名	拉丁名	中文名	拉丁名	中文名	拉丁名		
				钻苞风毛菊	*Saussurea subulisquama Hand.*	生于海拔 3230 ~ 4600 米的山坡砾地、河滩草甸、山坡灌丛、河谷阶地、泉水边、圆柏林下	产门源、祁连、共和、兴海、久治、班玛、玛沁、达日、玛多、曲麻莱、杂多、囊谦、玉树
				美丽风毛菊	*Saussurea superba Anth.*	生于海拔 2850 ~ 4600 米的高山冰缘湿地、山坡草地、湖滨滩地、沟谷河沿、河滩草甸、高山草甸、河谷灌丛	青海多地有分布
				林生风毛菊	*Saussurea sylvatica Maxim.*	生于海拔 2700 ~ 4200 米的沟谷林下、林缘灌丛、河滩草甸、山坡草地	产湟中、大通、祁连、门源、共和、兴海、河南、泽库、久治、班玛、玛沁、称多、玉树
				唐古特雪莲	*Saussurea tangutica Maxim.*	生于海拔 3800 ~ 5000 米的高山流石滩、河谷阶地、山麓砾石堆、高山草甸	青海多地有分布
				缘毛风毛菊	*Saussurea tatsienensis Franch.*	生于海拔 3700 ~ 4600 米的沟谷灌丛、河滩草地、高山草甸、山坡草丛	产称多、囊谦、玉树
				肉叶雪兔子	*Saussurea thomsonii*	生于海拔 4200 ~ 4700 米的高山流石坡、泉水边沙地、河滩沙地、湖岸沙滩、沟谷沙砾湿地	产祁连、格尔木、玛沁、达日、玛多、称多、曲麻莱、治多
				草甸雪兔子	*Saussurea thoroldii Hemsl.*	生于海拔 3150 ~ 4750 米的河滩湿沙地、沟谷草甸、沙丘河谷及湖滨沼泽草甸、高山草甸	产刚察、祁连、共和、兴海、德令哈、玛沁、玛多、达日、治多
				河源风毛菊	*Saussurea tibetica*	生于海拔 3400 ~ 4700 米的高寒沼泽草甸、河滩高寒灌丛、高山草甸	产兴海、河南、玛沁、达日、玛多、曲麻莱、治多、杂多、称多

科名		属名		种名		生境	省内分布区
中文名	拉丁名	中文名	拉丁名	中文名	拉丁名		
				膜鞘雪莲	*Saussurea tunicata Hand.*	生于海拔4000~4700米的高山冰缘带砾石地、高山流石坡、高山草甸、山顶草甸	产杂多、称多、玉树
				乌苏里风毛菊	*Saussurea ussuriensis Maxim.*	生于海拔2400~2900米的沟谷林下、山坡林缘、灌丛草地	产湟中、循化、同仁
				变裂风毛菊	*Saussurea variiloba Ling.*	生于海拔2500米左右的山坡草地	产循化
				羌塘雪兔子	*Saussurea wellbyi Hemsl.*	生于海拔4300~5300米的河谷湿沙地、湖滨河滩草甸、沟谷泉水出露处、高山流石滩、山顶湿草地	产兴海、玛沁、达日、玛多、曲麻莱、治多、称多、囊谦、玉树
				牛耳风毛菊	*Saussurea woodiana Hemsl.*	生于海拔3150~4200米的河滩草甸、湖滨湿沙滩地、山坡沙砾地、高山草甸	产河南、泽库、久治、玛沁
				玉树雪兔子	*Saussurea yushuensis*	生于海拔4750~4950米的高山流石滩。青海特有	产囊谦、称多
		苦苣菜属	Sonchus Linn.	苣荬菜	*Sonchus arvensis Linn.*	生于海拔2000~4000米的田林路边、河渠水沟旁、宅旁荒地、山坡湿地	青海多地有分布
				苦苣菜	*Sonchus oleraceus Linn.*	生于海拔2230~3450米的宅旁荒地、渠岸水沟边、庭院周围草丛、田间路边	青海多地有分布
		蒲公英属	TaraxacumWigg.	短喙蒲公英	*Taraxacum brevirostre Hand*	生于海拔3700~5200米的阴坡岩缝、高山草甸、山坡草地、河谷阶地、沟谷灌丛中石隙	产门源、祁连、泽库、玛沁、达日、玛多、称多、曲麻莱、唐古拉山

科名		属名		种名		生境	省内分布区
中文名	拉丁名	中文名	拉丁名	中文名	拉丁名		
				多裂蒲公英	*Taraxacum dissectum*	生于海拔 2230 ~ 3200 米的河沟林下、山坡草地、河滩草甸、河谷阶地	产民和、西宁、门源、贵南、兴海、同仁、尖扎
				亚洲蒲公英	*Taraxacum leucanthum*	生于海拔 2600 ~ 4800 米的河滩草地、山坡崖下、高山草甸、砾坡岩隙	青海多地有分布
				川甘蒲公英	*Taraxacum lugubre* Dahlst.	生于海拔 2500 ~ 4500 米的河滩草甸、山坡草地、沟谷碎石地、湖滨滩地	产互助、循化、大通、兴海、泽库、久治、玛沁、曲麻莱、杂多、玉树
				川藏蒲公英	*Taraxacum maurocarpum* Dahlst.	生于海拔 2500 ~ 4100 米的山坡草地、河滩、水边、路边	产互助、门源、刚察、兴海、共和、天峻、河南、泽库、同仁、久治、杂多、玉树
				蒲公英	*Taraxacum mongolicum* Hand.	生于海拔 2000 ~ 4000 米的宅旁荒地、村舍周围、沟渠水边、田林路边、林缘草甸、沟谷石隙、沙砾河滩	青海多地有分布
				白缘蒲公英	*Taraxacum platypecidum*	生于海拔 3400 ~ 4600 米的轻度盐碱滩地、山坡碎石地、河滩草地、沟谷石隙、山顶草甸	产门源、兴海、泽库、同仁、玉树
				锡金蒲公英	*Taraxacum sikkimense* Hand.	生于海拔 2800 ~ 4800 米的林间空地、阴湿山坡岩隙、高山草甸、河滩沙地草甸	产同仁、治多、杂多、曲麻莱、囊谦、玉树
		狗舌草属	Tephroseris Reichenb.	狗舌草	*Tephroseris kirilowii*	生于海拔 2500 ~ 3500 米的田边荒地、阳坡草地、干旱草坡	产门源、共和、同仁、尖扎

续表

科名		属名		种名		生境	省内分布区
中文名	拉丁名	中文名	拉丁名	中文名	拉丁名		
				橙红狗舌草	*Tephroseris rufa*	生于海拔 3200 ～ 4250 米的山坡草地、阴坡灌丛、沟谷林下、高山草甸	青海多地有分布
				毛果狗舌草	*Tephroseris rufa*（*Hand.-Mazz*）*B.Nord.var. chaetocarpa*	生于海拔 3200 米左右的山坡草地	产共和
泽泻科	Alismataceae	泽泻属	Alisma Linn.	草泽泻	*Alisma gramineune*	生于海拔 2000 ～ 2800 米的淡水湖泊、河湾浅水处	产民和、乌兰
				泽泻	*Alisma orientale*	生于海拔 2000 ～ 2500 米的静水池塘、河沟浅水中、沼泽积水处	产民和、互助、乐都、循化、化隆、尖扎
禾本科	Gramineae	冰草属	Agropyron J.	冰草	*Agropyron cristatum*	生于海拔 2800 ～ 4500 米的干旱山坡、高寒草原、沙砾滩地、山谷草地、湖岸阶地	产西宁、门源、祁连、刚察、贵南、共和、兴海、乌兰、都兰、格尔木、德令哈、玛多
				光穗冰草	*Agropyron cristatum*	生于海拔 2300 米左右的山坡草地	产民和、同仁
				毛沙生冰草	*Agropyron desertorum*	生于海拔 3200 米左右的沙砾质土壤	产门源、共和
		看麦娘属	Alopecurus Linn.	苇状看麦娘	*Alopecurus arundinaceus Poir.*	生于海拔 2250 ～ 2800 米的山坡草地、溪水边	产西宁、门源
				短穗看麦娘	*Alopecurus brachystachyus Bieb.*	生于海拔 3820 米的高山草甸	产门源
		燕麦属	Avena Linn.	野燕麦	*Avena fatua Linn.*	生于海拔 1700 ～ 3750 米的荒芜田野，或为田间杂草	青海多地有分布
				光稃野燕麦	*Avena fatua Linn.*	生于海拔 1700 ～ 3600 米的山坡草地、路旁及农田中	青海多地有分布

科名		属名		种名		生境	省内分布区
中文名	拉丁名	中文名	拉丁名	中文名	拉丁名		
				燕麦	*Avena sativa Linn.*		青海多地有分布
		茵草属	Beckmannia Host.	茵草	*Beckmannia syzigachne（Steud.）*	生于海拔 2225～3600 米的水沟边、沙砾河滩、林缘草甸、路边草丛	产民和、互助、乐都、西宁、大通、门源、刚察、共和、兴海、天峻、德令哈、河南、班玛、玉树
		短柄草属	Brachypodium Beauv.	草地短柄草	*Brachypodium pratense*	生于海拔 2700～3400 米的草地	产乐都、循化、湟源、泽库、玉树
				短柄草	*Brachypodium sylvaticum*	生于海拔 2300～4300 米的山坡、林下	产互助、湟中、同德、泽库、河南、班玛、玉树、囊谦
				小颖短柄草	*Brachypodium sylvaticum*	生于海拔 2300～3200 米的山坡、草甸、林下、灌丛	产民和、互助、乐都、大通、河南、玉树
				细株短柄草	*Brachypodium sylvaticum*	生于海拔 2300～3200 米的草地	产互助、乐都、大通、同德、同仁、泽库、玛沁、班玛
		雀麦属	Bromus Linn.	南疆雀麦	*Bromus gedrosianus Penzes,*	生于海拔 2900 米的渠边	产乌兰
				无芒雀麦	*Bromus inermis Leyss.*	生于海拔 2230～3800 米的路边、河岸、山坡草地	产互助、西宁、同德、共和、泽库、玉树
				雀麦	*Bromus japonicus Thunb.*	生于海拔 2420～3200 米的山坡草地、田埂、林缘、河漫滩	产乐都、湟中、贵南、共和、兴海、乌兰、格尔木、大柴旦、泽库
				大雀麦	*Bromus magnus Keng,*	生于海拔 2250～3440 米的林缘、石隙、水边	产西宁、同德、泽库
				滇雀麦	*Bromus mairei Hack.*	生于海拔 3800～4300 米的高山半阴坡、灌丛、河漫滩	产久治、玉树

续表

科名		属名		种名		生境	省内分布区
中文名	拉丁名	中文名	拉丁名	中文名	拉丁名		
				多节雀麦	*Bromus plurinodis*	生于海拔2700~2900米的沟边、河边林下、阴坡灌丛	产互助、乐都、大通、泽库、班玛、玉树、囊谦、杂多
				疏花雀麦	*Bromus remotiflorus*	生于海拔2700~4100米的林缘、山坡、河边	产互助、玉树、囊谦
				华雀麦	*Bromus sinensis*	生于海拔2900~4400米的灌丛、高山草丛、山坡草地	产互助、共和、泽库、玛沁、久治、玉树、囊谦、杂多
				旱雀麦	*Bromus tectorum Linn.*	生于海拔2300~4200米的山坡、河滩、田边、高山灌丛、林缘	青海多地有分布
		拂子茅属	Calamagrostis Adans.	拂子茅	*Calamagrostis epigeios*	生于海拔2300~3200米的沟渠旁及河滩湿地	产西宁、共和
				短芒拂子茅	*Calamagrostis hedinii*	生于海拔2230~4200米的水沟边及河滩湿地	产西宁、乌兰、玉树
				大拂子茅	*Calamagrostis macrolepis Litv.*	生于海拔3200米的山坡草地	产贵南
				假苇拂子茅	*Calamagrostis pseudophragmites*	生于海拔1650~3900米的山坡草地、河岸阶地潮湿处、盐碱化河滩沙地	青海多地有分布
		沿沟草属	Catabrosa Beauv.	沿沟草	*Catabrosa aquatica*	生于海拔2230~4000米的水溪边、河岸、沼泽边湿地	产西宁、大通、门源、祁连、共和、乌兰、久治、玛多、称多、玉树
				窄沿沟草	*Catabrosa aquatica（Linn.）Beauv.var. angusta*	生于海拔3200~4700米的河滩	产共和、同仁、河南、玛沁、玉树、曲麻莱、治多

科名		属名		种名		生境	省内分布区
中文名	拉丁名	中文名	拉丁名	中文名	拉丁名		
		发草属	Deschampsia Beauv.	发草	*Deschampsia caespitosa*（*Linn.*）	生于海拔 2300 ~ 4500 米的高山草甸、灌丛、河滩地、林缘、路旁、田边、山坡草地	青海多地有分布
				小穗发草	*Deschampsia caespitosa*（*Linn.*）*Beauv.var. microstachya*	生于海拔 3100 ~ 3600 米的河滩草地、灌丛及林缘草甸。	产湟源、大通、刚察、共和、班玛
				穗发草	*Deschampsia koelerioides Regel.*	生于海拔 3200 ~ 4500 米的高山灌丛草甸、山坡草地、河漫滩、灌丛间	产大通、门源、祁连、兴海、乌兰、格尔木、泽库、玛沁、玉树、囊谦、曲麻莱
				滨发草	*Deschampsia littoralis*	生于海拔 3400 ~ 4300 米的高山草甸、阴坡灌丛、沟谷、河滩湿地、水边草丛、林下	产互助、乐都、大通、门源、祁连、同德、共和、兴海、乌兰、泽库、玛沁、久治、玛多、称多、囊谦
				短枝发草	*Deschampsia littoralis*（*Gaud.*）*Reuter var. ivanovae*	于海拔 2780 ~ 4500 米的高山草甸、河滩湿地、林缘草地、灌丛草甸	产互助、循化、门源、祁连、刚察、同德、兴海、都兰、格尔木、同仁、泽库、玛沁、囊谦、曲麻莱、杂多、治多
				多花发草	*Deschampsia multiflora*	生于海拔 3150 米的高山草甸及河漫滩	产门源（模式标本产地）
		野青茅属	Deyeuxia Clarion	野青茅	*Deyeuxia arundinacea*	生于海拔 2800 ~ 3300 米的林缘草甸及灌丛	产互助、河南
				密穗野青茅	*Deyeuxia conferta*	生于海拔 3200 ~ 3400 米的山坡草地	产门源、泽库、河南
				黄花野青茅	*Deyeuxia flavens Keng*	生于海拔 2800 ~ 4500 米的高山草甸、林间草地、河谷草丛、阴坡及沟谷灌丛	产互助、乐都、湟源、大通、门源、祁连、同德、兴海、河南、泽库、玛沁、称多、玉树、囊谦、曲麻莱、杂多

续表

科名		属名		种名		生境	省内分布区
中文名	拉丁名	中文名	拉丁名	中文名	拉丁名		
				青藏野青茅	*Deyeuxia holciformis*	生于海拔 3400 米的山坡砂砾地	产玉树
				青海野青茅	*Deyeuxia kokonorica*	生于海拔 3150 ~ 4200 米的高山草甸、灌丛草甸、湖边草地	产门源、祁连、刚察、共和（模式标本产地）、泽库、玉树
				光柄野青茅	*Deyeuxia levipes Keng*	生于海拔 4000 米的高山草甸、阴坡灌丛	产玉树、杂多
				瘦野青茅	*Deyeuxia macilenta*	生于海拔 2700 ~ 4500 米的高山草地、高寒草原沙砾地	产格尔木、茫崖、泽库
				糙野青茅	*Deyeuxia scabrescens*	生于海拔 2300 ~ 4300 米的高山草地、林下、灌丛、山坡、河滩	产民和、互助、大通、同德、河南、玛沁、久治、班玛、称多、玉树、囊谦、杂多
				矮野青茅	*Deyeuxia tibetica Bor.*	生于海拔 2900 ~ 4750 米的高寒草原、高山草甸、山坡砾地、河谷阶地、沟谷石隙	产兴海、德令哈、玛沁、玛多、玉树、杂多、治多
		稗属	Echinochloa Beauv.	稗	*Echinochloa crusgalli (Linn.)*	生于海拔 2225 ~ 2520 米的路边、山坡、水沟边、农田中	产西宁、共和
				无芒稗	*Echinochloa crusgalli (Linn.) Beauv.var. mitis*	生于海拔 2200 ~ 2600 米的水边、路边草地	产乐都、西宁、共和
		披碱草属	Elymus Linn.	硕穗披碱草	*Elymus barystachyus*	生于海拔 2700 ~ 3300 米的河岸湿地、林缘灌丛	产共和、班玛
				短芒披碱草	*Elymus breviaristatus*	生于海拔 2700 ~ 4300 米的山坡及沟谷草地、湖岸、河边	产西宁、门源、刚察、共和、兴海、乌兰、玛沁、玛多、囊谦、杂多

科名		属名		种名		生境	省内分布区
中文名	拉丁名	中文名	拉丁名	中文名	拉丁名		
				圆柱披碱草	*Elymus cylindricus*	生于海拔 1800 ~ 3800 米的山坡草地、沟谷河岸、林缘草甸、路旁	产西宁、大通、民和、乐都、循化、祁连、河南、玉树
				披碱草	*Elymus dahuricus Turcz.*	生于海拔 1800 ~ 4100 米的山坡草地、河滩沙地、沟谷草甸、林缘、路边及灌丛中	青海多地有分布
				青紫披碱草	*Elymus dahuricus Turcz.ex Griseb.var. violeus*	生于海拔 1800 米左右的山坡草地	产循化
				肥披碱草	*Elymus excelsus Turcz.*	生于海拔 3200 米左右的山坡草地及林缘灌丛	产乌兰
				青海披碱草	*Elymus geminatus*	生于海拔 3000 米左右的河滩沙砾地	产门源
				垂穗披碱草	*Elymus nutans Griseb.*	生于海拔 2600 ~ 4900 米的山坡草地、林缘及灌丛下、田埂、路旁、河滩草甸、湖岸	青海多地有分布
				老芒麦	*Elymus sibiricus Linn.*	生于海拔 2200 ~ 4100 米的山坡草地、路旁、河滩草甸、沟谷渠岸、林缘灌丛	青海多地有分布
				细弱披碱草	*Elymus sibiricus Linn. var.gracilis*	生于海拔 3200 ~ 4100 米的山坡草地、河谷草甸、疏林下及林缘草地、灌丛中	产互助、门源、同德、共和、都兰、泽库、河南、班玛、玛多
				麦㢖草	*Elymus tangutorus（Nevski）Hand.*	生于海拔 3900 米左右的山坡草地	产称多

科名		属名		种名		生境	省内分布区
中文名	拉丁名	中文名	拉丁名	中文名	拉丁名		
				西宁披碱草	*Elymus xiningensis*	生于海拔 2600 米左右的干旱阳坡	产西宁（模式标本产地）
		冠芒草属	Enneapogon Desv.	冠芒草	*Enneapogon brachystachyus* (*Jaub.*)	生于海拔 1890 ~ 3200 米的干山坡草地、河滩砾地	产乐都、循化、化隆、共和、兴海
		羊茅属	Festuca Linn	葱岭羊茅	*Festuca amblyodes Krecz.*	生于海拔 3230 ~ 3650 米的山沟、阳坡、草甸草原	产门源、祁连、刚察、共和、泽库
				短叶羊茅	*Festuca brachyphylla Schult.*	生于海拔 2700 ~ 4500 米的高山草甸、山坡、河漫滩、碎石带	产大通、门源、祁连、同德、共和、兴海、玛多
				矮羊茅	*Festuca coelestis*	生于海拔 2900 ~ 4600 米的高山草甸、山坡草地、灌丛、林缘、河滩等处	产大通、门源、兴海、同仁、玛多、称多、玉树、囊谦、曲麻莱、杂多、治多
				达乌里羊茅	*Festuca dahurica*	生于海拔 3150 ~ 3200 米的干旱山坡	产同德、天峻
				长花羊茅	*Festuca dolichantha*	生于海拔 2300 ~ 3900 米的山坡草地、沟谷林下、林缘灌丛、河边草甸	产互助、乐都、大通、同德、同仁、玛沁、治多
				远东羊茅	*Festuca extremiorientalis Ohwi,*	生于海拔 3800 米的林下	产互助
				玉龙羊茅	*Festuca forrestii St.*	生于海拔 3200 ~ 4400 米的高山草甸、阳山坡、沟谷、草地	产民和、门源、祁连、海晏、贵南、共和、兴海、格尔木、玉树、囊谦、曲麻莱、杂多、治多
				甘肃羊茅	*Festuca kansuensis I*	生于海拔 3200 ~ 3700 米的阳坡、草甸化草原	产祁连、同德、共和、兴海

科名		属名		种名		生境	省内分布区
中文名	拉丁名	中文名	拉丁名	中文名	拉丁名		
				毛稃羊茅	*Festuca kirilowii Steud.*	生于海拔 2150～4500 米的阳坡、灌丛草甸、林下草丛、河滩、河谷阶地	产民和、互助、乐都、湟中、大通、门源、祁连、海晏、共和、兴海、天峻、乌兰、都兰、尖扎、玛沁、久治、玛多、玉树、囊谦、曲麻莱、杂多、治多
				弱须羊茅	*Festuca leptopogon Stapf in Hook.*	生于海拔 3450 米左右的河边。	产玉树
				东亚羊茅	*Festuca litvinovii* (*Tzvel.*)	生于海拔 3690～4170 米的山坡	产柴达木（当金山）
				素羊茅	*Festuca modesta Steud.*	生于海拔 2300～4600 米的山坡林缘、灌丛草甸、山沟林下	产互助、乐都、湟源、大通、同德、同仁、河南、玛沁、玉树、囊谦、曲麻莱、杂多、治多
				微药羊茅	*Festuca nitidula Stapf in Hook.*	生于海拔 2500～4800 米的高山草甸、河滩湿草地、灌丛	产互助、大通、门源、祁连、海晏、同德、兴海、泽库、久治、玛多、称多、玉树、囊谦、曲麻莱、杂多
				羊茅	*Festuca ovina Linn*	生于海拔 3200～4750 米的山坡草地、高山草甸、河岸沙滩地	产乐都、门源、贵南、共和、兴海、天峻、同仁、玛沁、玉树、曲麻莱、杂多、治多
				紫羊茅	*Festuca rubra Linn.*	生于海拔 3200～4650 米的山地草原、草甸、山坡阴处、河漫。	产门源、祁连、海晏、刚察、贵南、同德、共和、兴海、天峻、格尔木、德令哈、尖扎、玉树、囊谦、杂多、治多

续表

科名		属名		种名		生境	省内分布区
中文名	拉丁名	中文名	拉丁名	中文名	拉丁名		
				中华羊茅	*Festuca sinensis Keng ex S.*	生于海拔2150~4800米的湿草地、林缘、山坡、山谷及草甸	产互助、乐都、湟中、西宁、大通、门源、祁连、海晏、贵德、同德、兴海、泽库、河南、玛沁、玛多、称多、玉树、囊谦、曲麻莱、杂多、治多
				瑞士羊茅	*Festuca valesiaca Schleich ex Gaud.*	生于海拔3200~4100米的山坡草地、草滩	产湟源、海晏、共和、兴海、玉树、治多
		异燕麦属	Helictotrichon Bess	高异燕麦	*Helictotrichon altius*	生于海拔2500~3400米的山坡草丛、阴坡灌丛中	产民和、河南、玛沁
				光华异燕麦	*Helictotrichon leianthum*	生于海拔2300米的林下	产大通
				异燕麦	*Helictotrichon schellianum*	生于海拔2800~4300米的山坡草地、高山灌丛、山地草原	产循化、门源、祁连、刚察、贵南、兴海、天峻、同仁、泽库、称多、玉树、囊谦、杂多
				藏异燕麦	*Helictotrichon tibeticum*	生于海拔2860~4520米的高山草原、高寒草甸、阴坡灌丛、沟谷林下及湿润草地	产民和、互助、乐都、循化、化隆、平安、湟中、湟源、西宁、大通、门源、祁连、海晏、刚察、贵德、贵南、同德、共和、兴海、天峻、乌兰、都兰、格尔木、德令哈、冷湖、大柴旦、茫崖、尖扎、同仁、泽库、河南、玛沁、甘德、久治、班玛、达日、玛多、称多、玉树、囊谦、曲麻莱、杂多、治多

科名		属名		种名		生境	省内分布区
中文名	拉丁名	中文名	拉丁名	中文名	拉丁名		
				疏花异燕麦	*Helictotrichon tibeticum*	生于海拔 3200～3400 米的山坡、草甸草原	产门源、兴海
				变绿异燕麦	*Helictotrichon virescens*	生于海拔 2000～2900 米的山坡草地、林缘滩地	产民和、循化
		茅香属	Hierochloe R.	光稃香草	*Hierochloe glabra Trin.*	生于海拔 2200～4100 米的山坡湿草地、河漫滩及湖边草甸、路边、林缘灌丛	产西宁、大通、刚察、共和、兴海、尖扎、泽库、玛沁、玛多、玉树、囊谦
				茅香	*Hierochloe odcrata (Linn.)*	生于海拔 2900～4500 米的水旁、阴坡、河滩沙地、湿润草地	产西宁、门源、玛多、玉树、曲麻莱、杂多
				毛鞘茅香	*Hierochloe odorata (Linn.) Beauv.var. pubescens*	生于海拔 3000～4300 米的沟谷草地、河滩湿沙地	产兴海、尖扎、玛沁、玛多、囊谦
		大麦属	Hordeum Linn.	野生六棱大麦	*Hordeum agriocrithon Aberg.*	生于海拔 1800～3200 米的农田中	产民和、互助、乐都、循化、化隆、平安、湟中、湟源、西宁、大通、门源、贵德、尖扎、同仁、河南、久治、班玛
				布顿大麦	*Hordeum bogdanii*	生于海拔 2900～3200 米的沟谷、河滩、湿润草地	产都兰、德令哈
				短芒大麦	*Hordeum brevisubulatum*	生于海拔 2800～3300 米的河滩草甸、渠岸及湿润草地上	产都兰、德令哈
				摄威大麦	*Hordeum brevisubulatum (Trin.) Link subsp.*	生于海拔 2800～3500 米的湖边草甸、轻度盐渍化的河滩草地、农田附近	产德令哈、茫崖

续表

科名		属名		种名		生境	省内分布区
中文名	拉丁名	中文名	拉丁名	中文名	拉丁名		
				球茎大麦	*Hordeum bulbosum Linn.*		西宁有栽培
				栽培二棱大麦	*Hordeum distichon Linn.*		民和、互助、乐都、循化、化隆、平安、湟中、湟源、门源、祁连、海晏、刚察、贵德、贵南、同德、共和、兴海、乌兰、都兰、同仁、河南、玛沁、久治、班玛有栽培
				内蒙古大麦	*Hordeum inrermongolicum Kuo et L.*	生于海拔 2600 ～ 3400 米的山坡草甸、河谷湿地	产门源、同德
				野生瓶形大麦	*Hordeum lagunculiforme Bakht.*	生于海拔 1800 ～ 2200 米的田埂地边及农田中	产民和、乐都、循化、西宁
				小药大麦	*Hordeum roshevitzii Bowd.*	生于海拔 2300 ～ 3200 米的湖岸渠边、河滩草甸、林缘灌丛、山坡草地	产湟源、西宁、贵德、贵南、共和、兴海、乌兰、德令哈
				大麦草	*Hordeum secalinum Schreb.*		刚察、同德有栽培
				钝稃野大麦	*Hordeum spontaneum C.*	生于海拔 1800 ～ 3600 米的农田中	产民和、互助、乐都、循化、化隆、平安、湟中、门源、海晏、贵德、贵南、同德、共和、乌兰、都兰、同仁、河南、玛沁、久治、班玛
				紫大麦草	*Hordeum violaceum Boiss.*	生于海拔 2800 ～ 3600 米的河滩草地、沙砾河岸、湖滨沙地、河谷阶地水沟边、路边渠岸。	产门源、祁连、海晏、刚察、共和、乌兰、都兰、格尔木、德令哈、茫崖

科名		属名		种名		生境	省内分布区
中文名	拉丁名	中文名	拉丁名	中文名	拉丁名		
				大麦	*Hordeum vulgare Linn.*		民和、互助、乐都、循化、化隆、平安、湟中、湟源、西宁、大通、门源、贵德、贵南、同德、共和、都兰、乌兰、尖扎、同仁、班玛、久治有栽培
				青稞	*Hordeum vulgare Linn.*		民和、互助、乐都、循化、化隆、平安、湟中、湟源、大通、门源、祁连、海晏、刚察、贵德、贵南、同德、共和、兴海、同仁、泽库、河南、玛沁、称多、玉树、囊谦有栽培或部分地区曾有栽培
				藏青稞	*Hordeum vulgare Linn.*		称多、玉树、囊谦有栽培
		溚草属	Koeleria Pers.	溚草	*Koeleria cristata*	生于海拔2320~4000米的林缘、灌丛、山坡草地、草原、河边、路旁	产民和、互助、乐都、循化、化隆、平安、湟中、湟源、西宁、大通、门源、祁连、海晏、刚察、贵德、贵南、同德、共和、兴海、天峻、乌兰、都兰、德令哈、尖扎、同仁、泽库、河南、玛沁、甘德、久治、班玛、达日、玛多、称多、玉树、囊谦、治多
				小花溚草	*Koeleriacristata (Linn.) Pers. var.poaeformis*	生于海拔3150~3620米的山坡草地、滩地、路旁、草甸草原	产互助、门源、刚察、同德、共和、兴海、天峻、泽库

科名		属名		种名		生境	省内分布区
中文名	拉丁名	中文名	拉丁名	中文名	拉丁名		
				芒洿草	*Koeleria litvinowii*	生于海拔 2230～4300 米的山坡草地、林缘、河滩、灌丛、山坡草甸	产民和、互助、乐都、湟中、西宁、大通、门源、贵德、同德、共和、兴海、都兰、泽库、河南、玛沁、久治、玛多、称多、玉树、囊谦、曲麻莱、杂多、治多
				矮洿草	*Koeleria litvinowii Dom.var.tafelii*	生于海拔 3200～4500 米的高山草甸、河滩	产乐都、共和、尖扎、玛多、玉树、囊谦、曲麻莱、杂多
		臭草属	Melica Linn.	黄穗臭草	*Melica flava Z.*	生于海拔 3600 米的山坡草地。青海特有。	产玛沁（模式标本产地）、甘德
				柴达木臭草	*Melica kozlovii Tzvel.*	生于海拔 2000～3830 米的山坡、路边及谷地湿处。	产民和、乐都、西宁、大通、都兰、德令哈、尖扎、同仁
				甘肃臭草	*Melica przewalskyi Roshev*	生于海拔 2300～4100 米的林下、灌丛、路旁	产互助、湟中、湟源、大通、门源、祁连、同德、兴海、同仁、泽库、河南、久治、玛多、称多、玉树、囊谦
				臭草	*Melica scabrosaTrin.*	生于海拔 1800～2560 米的山坡、荒野、路旁	产民和、互助、西宁、大通、尖扎、同仁
				青甘臭草	*Melica tangutorum*	生于海拔 2230～3150 米的山脚阳坡、河谷、山坡灌丛	产西宁、大通、兴海
				藏东臭草	*Melica schuetzeana*	生于海拔 3500 米的林边	产玉树
				藏臭草	*Melica tibetica*	生于海拔 3900～4300 米的山麓灌丛下、山地阴坡	产称多、玉树、囊谦、治多

科名		属名		种名		生境	省内分布区
中文名	拉丁名	中文名	拉丁名	中文名	拉丁名		
				抱草	*Melica virgata Turcz.*	生于海拔 2248~3900 米的山坡、风化岩石间	产西宁、兴海、称多、玉树
		落芒草属 Oryzopsis Michx.		落芒草	*Oryzopsis munroi*	生于海拔 2230~4100 米的高山灌丛、林缘、山地阳坡、沙砾滩地、农田路边	产互助、循化、西宁、大通、门源、刚察、同德、共和、兴海、泽库、河南、玛沁、久治、称多、玉树、囊谦、曲麻莱、杂多、治多
				藏落芒草	*Oryzopsis tibetica*	生于海拔 2100~3900 米的山坡草地、阳坡砂砾地、河边草地、山麓田边	产互助、循化、大通、西宁、同德、兴海、班玛、称多、玉树
		黍属 Panicum Linn.		穄子	*Panicum miliaceum Linn.*		同仁有栽培；西宁、化隆、平安、湟中、大通、贵德、尖扎、民和、互助、乐都、循化、宁、共和、兴海有逸生
		虉草属 Phalaris Linn.		虉草	*Phalaris arundinacea Linn.*	生于海拔 3200~3660 米的山坡或沟谷林下及灌丛中	产玛沁、班玛
		碱茅属 Puccinellia Parl.		展穗碱茅	*Puccinellia diffusa*	生于海拔 1900~4300 米的河边砾石地、盐碱草滩、草地	产民和、共和、乌兰、玛多、囊谦
				碱茅	*Puccinellia distans (Linn.) Parl.*	生于海拔 1900~4400 米的沟边、路边、草丛、河滩、林下	产民和、湟中、西宁、贵德、都兰、格尔木、曲麻莱
				毛稃碱茅	*Puccinellia dolicholepis V.*	生于海拔 3900~4300 米的盐生草甸、沙砾滩地	产共和、格尔木、玛多
				鹤甫碱茅	*Puccinellia hauptiana Krecz.*	生于海拔 2900 米的路边草丛	产格尔木、德令哈

科名		属名		种名		生境	省内分布区
中文名	拉丁名	中文名	拉丁名	中文名	拉丁名		
				光稃碱茅	*Puccinellia leiolepis*	生于海拔3050～3200米的草地	产格尔木、德令哈、茫崖
				微药碱茅	*Puccinellia micrandra*（*Keng*）	生于海拔2230～3100米的渠边、路边草丛、田边	产西宁、共和、天峻、乌兰、都兰、格尔木
				小碱茅	*Puccinellia minuta*	生于海拔2850～4500米的沙石边	产茫崖、玛多
				多花碱茅	*Puccinellia multiflora*	生于海拔2990～3200米的冲积扇、沟旁	产乌兰、德令哈
				裸花碱茅	*Puccinellia nudiflora*	生于海拔3200～4300米的湖边砾石滩、河滩、草甸	产都兰、玛多
				帕米尔碱茅	*Puccinellia pamirica*	生于海拔4200～4700米的滩地、冲积地、沙砾地	产玛多、曲麻莱
				疏穗碱茅	*Puccinellia roborovskyi Tavel.*	生于海拔3200～4300米的湖边沙地、滩地	产共和、玛多
				星星草	*Puccinella tenuiflora*	生于海拔1850～4000米的河滩、水沟旁、农田边、渠岸、芨芨草滩中	产民和、西宁、海晏、刚察、贵南、同德、共和、兴海、都兰
		针茅属	Stipa Linn.	异针茅	*Stipa aliena Keng, Sunyatsenia*	生于海拔3100～4600米的阳坡草地、高寒草原、阳坡灌丛、沙砾河滩、冲积扇、河谷阶地	产大通、门源、祁连、刚察、贵南、同德、共和、兴海、天峻、泽库、河南、玛沁、久治、玛多、玉树、囊谦、曲麻莱、杂多、治多
				狼针草	*Stipa baicalensis Rosnev.*	生于海拔2900～3100米的阳坡草地、沙砾阶地、河滩	产大通、贵南、共和、泽库
				羽柱针茅	*Stipa basiplumosa Munro ex Hook.*	生于海拔4000～4500米的阳坡草地、沙砾滩地、高寒草原	产玛多、囊谦

科名		属名		种名		生境	省内分布区
中文名	拉丁名	中文名	拉丁名	中文名	拉丁名		
				短花针茅	*Stipa breviflora Griseb.*	生于海拔 2230～3800 米的干旱阳坡草地、石质山坡、河谷阶地、沙砾滩地	产民和、乐都、湟源、西宁、海晏、刚察、贵德、贵南、共和、兴海、天峻、乌兰、都兰、德令哈、尖扎、玉树
				长芒草	*Stipa bungeana Trin.*	生于海拔 1800～3900 米的砾石质山坡、黄土丘陵、河谷阶地、路旁	产民和、互助、乐都、循化、化隆、平安、西宁、门源、贵德、同德、共和、兴海、尖扎、同仁、玛沁、玉树、囊谦
				丝颖针茅	*Stipa capillacea Keng,*	生于海拔 2900～4200 米的高山灌丛、高寒草原、高山草甸、干山坡草地、河谷阶地	产大通、刚察、泽库、河南、玛沁、久治、称多、玉树、囊谦、治多、杂多
				沙生针茅	*Stipa glareosa P. Smim.*	生于海拔 2890～4100 米的石质山坡、河谷阶地、戈壁沙滩	产祁连、刚察、共和、都兰、格尔木、德令哈、大柴旦
				大针茅	*Stipa grandis P. Smim. in Fedde, Repert.*	生于海拔 2700～3400 米的沙砾质干山坡、干旱草原	产乐都、祁连、刚察、贵南、共和、兴海、同仁
				西北针茅	*Stipa krylovii Roshev.*	生于海拔 2200～3900 米的干旱山坡草地、平滩地、河谷阶地、山前洪积扇、路边	产互助、乐都、平安、西宁、门源、祁连、海晏、刚察、同德、共和、兴海、天峻、乌兰、都兰、德令哈、泽库、玉树
				东方针茅	*Stipa orientalis Trin.*	生于海拔 3400 米的阳坡草地	产祁连、刚察
				疏花针茅	*Stipa penicillata Hand.*	生于海拔 3100～4500 米的林缘草甸、阳坡草地、河谷阶地、高山草甸	产大通、门源、祁连、刚察、贵南、同德、共和、兴海、天峻、都兰、德令哈、泽库、河南、玛沁、久治、玛多、称多、玉树、囊谦、曲麻莱、杂多、治多

科名		属名		种名		生境	省内分布区
中文名	拉丁名	中文名	拉丁名	中文名	拉丁名		
				毛疏花针茅	*Stipa penicillata Hand.-Mazz. var.hirsuta*	生于海拔 3600 ~ 4500 米的山坡下部沙地或沟坡上	产贵德、贵南、同德、共和、兴海、天峻、乌兰、都兰、格尔木、德令哈、冷湖、大柴旦、茫崖、称多、玉树、囊谦、曲麻莱、杂多、治多
				甘青针茅	*Stipa przewalskyi Roshev.*	生于海拔 1900 ~ 3300 米的林缘灌丛草甸、山坡草地、路旁	产民和、互助、乐都、西宁、大通、门源、同仁、泽库
				紫花针茅	*Stipa purpurea Griscb.*	生于海拔 2700 ~ 4700 米的高山草甸、高寒草原、山前洪积扇、河谷阶地、沙砾干山坡及河滩沙地	产乐都、门源、祁连、刚察、贵南、共和、兴海、天峻、乌兰、都兰、同仁、泽库、河南、玛沁、玛多、称多、玉树、囊谦、曲麻莱、杂多、治多
				狭穗针茅	*Stipa regeliana Hack.*	生于海拔 3100 ~ 4600 米的高山草原、山谷冲积平原沙砾滩地、河谷阶地	产祁连、天峻、同德、共和、兴海、泽库、河南、玛沁、久治、玛多、称多、玉树、曲麻莱、杂多、治多
				昆仑针茅	*Stipa roborowskyi Roshev.*	生于海拔 3600 ~ 4100 米的山坡草地、高寒草原、冲积扇、河滩沙砾地	产都兰、玛多
				座花针茅	*Stipa subsessiliflora*	生于海拔 2600 ~ 4400 米的山坡草甸、高寒草原、沙砾滩地、河谷阶地	产海晏、刚察、共和、都兰、格尔木、德令哈、大柴旦、玛多
				天山针茅	*Stipa tianschanica Roshev.*	生于海拔 2100 ~ 2600 米的干山坡、砾石堆上	产格尔木、大柴旦、小柴旦

科名		属名		种名		生境	省内分布区
中文名	拉丁名	中文名	拉丁名	中文名	拉丁名		
				戈壁针茅	*Stipa tianschanica Roshev. var. gobica*	生于海拔 2100～3800 米的砾石山坡、戈壁滩、沙砾质河谷阶地	产民和、循化、平安、湟源、西宁、大通、祁连、刚察、共和、兴海、乌兰、都兰、德令哈、大柴旦、尖扎、泽库
		三毛草属	Trisetum Pers.	长穗三毛草	*Trisetum clarkei*	生于海拔 2850～4500 米的高山林下、灌丛、山坡草地、草原	产民和、互助、乐都、湟中、西宁、大通、门源、祁连、同德、兴海、泽库、河南、久治、班玛、玛多、玉树、囊谦、杂多
				康定三毛草	*Ttisetum clarkei (Hook. f.) R. R. Stewart var. kangdingensis*	生于海拔 3850 米左右的草地湿润处	产玉树、囊谦
				西伯利亚三毛草	*Trisetum sibiricum Rupr.*	生于海拔 2900～4000 米的山坡草地、草原、林缘灌丛、高山草甸等处	产互助、乐都、湟中、大通、门源、祁连、海晏、共和、同仁、泽库、玛沁、久治、玉树
				穗三毛	*Trisetum spicatum (Linn.)*	生于海拔 2300～4200 米的山坡草地、高山草原、高山草甸、林下、灌丛潮湿处	产门源、祁连、乌兰、大柴旦、泽库、玛沁、玛多、称多、玉树、曲麻莱
				喜马拉雅穗三毛	*Trisetum spicatum (Linn.) Richt. var. himalaicum*	生于海拔 4400～4800 米的山坡、高山草甸	产玛沁、玛多、玉树、曲麻莱
				蒙古穗三毛	*Trisetum spicatum (Linn.) Richt. var. mongolicum (Hult.)*	生于海拔 2900～5400 米的山坡草地、高山草原、流石滩	产大通、祁连、兴海、格尔木、玛沁、玛多、治多

科名		属名		种名		生境	省内分布区
中文名	拉丁名	中文名	拉丁名	中文名	拉丁名		
莎草科	Cyperaceae	嵩草属	Kobresia Willd.	嵩草	*Kobresia bellardii*	生于海拔2100~4500米的高山草甸、沙砾山坡、河滩草甸、阴坡灌丛、湖盆谷地、沟谷林下、林缘草地、草甸化草原、高山流石坡	产民和、互助、乐都、循化、化隆、平安、湟中、湟源、门源、祁连、海晏、刚察、贵德、贵南、同德、共和、兴海、天峻、都兰、乌兰、格尔木、德令哈、茫崖、尖扎、同仁、泽库、河南、玛沁、甘德、久治、班玛、达日、玛多、称多、玉树、囊谦、曲麻莱、杂多、治多（可可西里）、唐古拉
				线叶嵩草	*Kobresia capillifolia*	生于海拔2400~4700米的高山草甸、高山灌丛草甸、山麓砾地、山坡草地、沟谷林间、林缘灌丛、草甸化草原、河谷阶地、溪边、河滩草甸	产民和、互助、乐都、循化、化隆、平安、湟中、湟源、西宁、大通、门源、祁连、海晏、刚察、贵德、贵南、同德、共和、兴海、天峻、都兰、乌兰、格尔木、德令哈、大柴旦、冷湖、茫崖、尖扎、同仁、泽库、河南、玛沁、甘德、久治、班玛、达日、玛多、称多、玉树、囊谦、曲麻莱、杂多、治多（可可西里）、唐古拉
				截形嵩草	*Kobresia cuneata Kuekenth Acta Hort.*	生于海拔4000~4600米的山顶草甸、山地缓坡、河滩草甸、高山草甸、高寒灌丛草甸	产玉树、囊谦
				弧形嵩草	*Kobresia curvata*（*Boott*）	生于海拔3800~4400米处的干燥阳坡草甸	产于青藏交界地带

科名		属名		种名		生境	省内分布区
中文名	拉丁名	中文名	拉丁名	中文名	拉丁名		
				细叶嵩草	*Kobresia filifolia* (*Turcz.*)	生于海拔 2400 ~ 4200 米的河滩草甸、高山草甸、山地缓坡、沟谷及山坡林下、林缘灌丛、湖滨沙丘、阳坡草甸	产互助、乐都、门源、祁连、贵德、贵南、共和、兴海、尖扎、玉树、囊谦
				囊状嵩草	*Kobresia fragilis*	生于海拔 3700 米的阶地农田附近	产玉树
				禾叶嵩草	*Kobresia graminifolia*	生于海拔 3600 ~ 4600 米的山顶草甸、山坡林下、林缘灌丛、河滩草甸	产乐都、河南、玛沁
				矮生嵩草	*Kobresia humilis*	生于海拔 2500 ~ 4700 米的高寒草甸、湖盆谷地、河滩草甸、阴坡灌丛、河谷阶地、泉水流经处、林缘林下、高寒沼泽草甸、山坡草甸	产互助、乐都、门源、刚察、贵南、共和、兴海、天峻、都兰、德令哈、泽库、河南、玛多、玛沁、甘德、达日、称多、玉树、囊谦、曲麻莱、杂多、治多(可可西里)、唐古拉
				甘肃嵩草	*Kobresia kansuensis* Kuekenth.	生于海拔 3500 ~ 4800 米的山顶草地、阴坡草甸、高山灌丛、高寒草甸、河谷阶地、河滩草甸、山谷盆地、湖滨河岸、沙砾山坡、沼泽草甸	产同德、同仁、泽库、河南、玛沁、久治、称多、玉树、囊谦、曲麻莱、杂多、治多
				藏北嵩草	*Kobresia littledalei* C.	生于海拔 3750 ~ 5500 米的高寒沼泽草甸、泉水出露处、山坡高寒草甸、宽谷湖盆高寒草甸、山前低湿处	产玛多、称多、玉树、囊谦、曲麻莱、杂多、可可西里

续表

科名		属名		种名		生境	省内分布区
中文名	拉丁名	中文名	拉丁名	中文名	拉丁名		
				大花嵩草	*Kobresia macrantha Boeck.*	生于海拔 2500 ～ 4800 米的固定沙丘、河谷沙地、沙砾河滩草地、湖边沙梁、平缓山坡	产互助、门源、海晏、刚察、贵南、共和、玉树、可可西里
				门源嵩草	*Kobresia menyuanica*	生于海拔 2800 米左右的河滩草甸、沟谷河岸、山坡灌丛草甸。青海特有	产门源
				短轴嵩草	*Kobresia Prattii C.*	生于海拔 3200 ～ 4800 米的河谷阶地、湖滨湿草地、高山草甸、山坡林缘、宽谷滩地、沟谷灌丛	产互助、乐都、大通、兴海、同仁、玛多、玉树、囊谦、曲麻莱、杂多
				高山嵩草	*Kobresia Pygmaea C.*	生于海拔 3200 ～ 4800 米的河滩草甸、山坡草地、山顶草甸、沟谷河岸、湖滨砾石滩地、沟谷灌丛草甸、林下林缘	产互助、乐都、循化、化隆、平安、湟中、湟源、西宁、大通、门源、祁连、海晏、刚察、贵德、贵南、共和、兴海、天峻、都兰、乌兰、格尔木、德令哈、尖扎、同仁、泽库、河南、玛沁、甘德、久治、班玛、达日、玛多、称多、玉树、囊谦、曲麻莱、杂多、治多（可可西里）、唐古拉
				粗壮嵩草	*Kobresia robusta Maxim. Bull.*	生于海拔 2890 ～ 4700 米的固定沙丘、沙砾河滩、河岸沙地、干旱山坡、河谷阶地、湖滨砂砾地	产刚察、贵南、共和、兴海、乌兰、格尔木、玛沁、玛多、玉树、囊谦、杂多、可可西里

科名		属名		种名		生境	省内分布区
中文名	拉丁名	中文名	拉丁名	中文名	拉丁名		
				喜马拉雅嵩草	*Kobresia royleana* (*Nees*) *Boeck.*	生于海拔 2800 ~ 4650 米的高山草甸、山地阴坡、灌丛草甸、河谷阶地、河边草甸、湖边沙地、林下、林缘、沼泽草甸	产互助、乐都、循化、湟中、湟源、西宁、大通、门源、祁连、海晏、刚察、贵德、贵南、共和、兴海、天峻、都兰、乌兰、格尔木、德令哈、同仁、泽库、河南、玛沁、甘德、久治、班玛、达日、玛多、称多、囊谦、曲麻莱、杂多、治多（可可西里）、唐古拉
				西藏嵩草	*Kobresia schoenoides*	生于海拔 2550 ~ 4950 米的高寒沼泽草甸、河谷阶地、湖滨水边、河滩草甸、阴坡高寒灌丛、山顶石隙、山坡草甸	产互助、门源、祁连、刚察、同德、共和、兴海、天峻、乌兰、都兰、格尔木、泽库、河南、玛沁、甘德、达日、玛多、称多、囊谦、曲麻莱、杂多、治多（可可西里）、唐古拉
				四川嵩草	*Kobresia setchwanensis Hand.*	生于海拔 3800 ~ 4300 米的山坡草甸	产久治、囊谦
				窄果嵩草	*Kobresia stenocarpa*	生于海拔 3200 ~ 3400 米的湖边草地、沟谷山坡、河滩草甸	产大通、刚察
				玉树嵩草	*Kobresia yushuensis*	生于海拔 3800 ~ 4300 米的山坡草甸、沟谷草地、高山草甸、高寒灌丛草甸。青海特有	产玉树、囊谦

续表

科名		属名		种名		生境	省内分布区
中文名	拉丁名	中文名	拉丁名	中文名	拉丁名		
天南星科	Araceae	菖蒲属	Acorus Linn.	菖蒲	*Acorus calamus Linn. Sp. Pl.*	植于海拔 2000 ~ 2600 米沼泽积水池、河滩湿地	民和、互助、乐都、循化、化隆、平安、湟中、湟源、西宁、大通有栽培
		天南星属	Arsaema Mart	一把伞南星	*Arsaema erubesceus*	生于海拔 2400 ~ 2800 米的山坡林下、沟谷河岸、林缘灌丛。	产民和、循化
				隐序南星	*Arisaema wardii Marq .*	生于海拔 2300~2600 米的沟谷林下、林缘灌丛	产民和
百合科	Liliaceae	葱属	Allium Linn.	蓝苞葱	*Allium atrosanguineum Schrenk,*	生于海拔 3400 ~ 4880 米的高山流石滩、河谷阶地、河岸石隙、山坡灌丛、高山草甸、山崖岩缝、高寒草原、沼泽草甸	产互助、门源、祁连、兴海、河南、玛沁、久治、达日、玛多、称多、玉树、囊谦、杂多、治多（可可西里）、唐古拉
				镰叶韭	*Allium carolinianum*	生于海拔 2900 ~ 5000 米的高山流石滩、山崖岩隙、山间滩地、山前冲积扇、沟谷灌丛中石缝、河谷阶地、宽谷湖盆、干山坡疏林中	产祁连、海晏、共和、都兰、格尔木、德令哈、玛沁、达日、玛多、称多、玉树、囊谦、曲麻莱、杂多、治多（可可西里）、唐古拉
				洋葱	*Allium cepa Linn.*		民和、互助、乐都、循化、化隆、平安、湟中、西宁、大通、门源、贵德、尖扎、同仁有栽培
				黄花葱	*Allium chrysanthum Regel.*	生于海拔 3200 ~ 3600 米的高山草甸、沟谷岩隙、河岸崖壁、河谷阶地、高山灌丛、高寒草原砾地	产互助、乐都、门源、祁连

科名		属名		种名		生境	省内分布区
中文名	拉丁名	中文名	拉丁名	中文名	拉丁名		
				折被韭	*Allium chrysocephalum Regel,*	生于海拔 3400~4500米的山坡砾地、高山草甸、高山阴坡灌丛、高寒草原、沟谷岩缝	产湟中、门源、兴海、泽库、河南、甘德、玛沁、玛多、称多、玉树、囊谦、曲麻莱
				天蓝韭	*Allium cyaneum Regel, Acta Hort.*	生于海拔 2900~4800米的高山草原、高山流石滩、湖岸崖壁、河沟岸边、山顶草甸、山坡石隙、阴坡灌丛草甸	产互助、乐都、门源、祁连、共和、兴海、天峻、班玛、达日、玛多、称多、玉树、曲麻莱、治多
				杯花韭	*Allium cyathophorum Bur.*	生于海拔 3360~4400米的山坡林下、林缘草地、河岸石隙、阴坡灌丛	产同德、河南、玛沁、班玛、玉树、囊谦
				粗根韭	*Allium fasciculatum Rendle,*	生于海拔 3550~4350米的沟谷林下、林缘岩隙、山坡灌丛、湖滨沙地、河岸石缝、河谷阶地、高寒草原、农田路边	产玉树、囊谦、治多
				大葱	*Allium fistulosum Linn.*		民和、互助、乐都、循化、化隆、平安、湟中、湟源、西宁、大通、门源、祁连、海晏、刚察、贵德、贵南、同德、共和、兴海、天峻、都兰、乌兰、格尔木、德令哈、尖扎、同仁、泽库、河南、玛沁、甘德、久治、班玛、称多、玉树、囊谦有栽培
				梭沙韭	*Allium forrestii Diels,*	生于海拔 2400~2800米的山坡草甸、河岸石隙、砾石山坡	产民和、互助、乐都、循化、化隆、平安、湟中、大通、门源

续表

科名		属名		种名		生境	省内分布区
中文名	拉丁名	中文名	拉丁名	中文名	拉丁名		
				金头韭	*Allium herderianum Regel*，	生于海拔 3100 ~ 3850 米的干旱山坡、河岸岩缝、滩地干旱草原、沟谷灌丛	产乐都、门源、祁连
				蒙古韭	*Allium mongolicum Regel*，	生于海拔 2800 ~ 2900 米的干旱山坡、沙砾河滩、荒漠草原	产都兰、德令哈
				卵叶韭	*Allium ovalifolium Hand.*	生于海拔 2000 ~ 2700 米的山坡林下、林缘、沟谷灌丛、河岸石隙	产民和、互助、循化、同仁
				碱韭	*Allium polyrhizum Turcz.*	生于海拔 2700 ~ 3800 米的干旱山坡、滩地草原、湖滨滩地、盐湖边、沙砾河滩	产互助、湟源、海晏、刚察、贵德、共和、都兰、乌兰、德令哈
				太白韭	*Allium pratii C.*	生于海拔 3600 ~ 4200 米的沟谷林下、高山流石滩、林缘灌丛、河谷阶地石隙、山坡草丛	产称多、玉树、囊谦、曲麻莱、杂多、治多
				青甘韭	*Allium przewalskianum Regel, All.*	生于海拔 2300 ~ 4300 米的高山流石坡、阳坡石缝、河谷石崖、高寒草甸裸地、高寒草原、山坡田边、沟谷林缘、阴坡灌丛	产互助、乐都、湟中、门源、祁连、海晏、刚察、贵南、同德、共和、兴海、都兰、乌兰、德令哈、同仁、泽库、河南、玛沁、久治、达日、玛多、称多、玉树、囊谦、曲麻莱、治多
				野黄韭	*Allium rude J.*	生于海拔 3950 ~ 4600 米的高山流石坡、河滩草地、高寒草甸、高寒草原、山坡石崖、阴坡灌丛、沟谷石缝、河谷阶地	产玛沁、班玛、甘德、达日、久治、玉树、杂多、治多

科名		属名		种名		生境	省内分布区
中文名	拉丁名	中文名	拉丁名	中文名	拉丁名		
				大蒜	*Allium sativum Linn.*		民和、互助、乐都、循化、化隆、平安、湟中、湟源、西宁、大通、门源、祁连、海晏、刚察、贵德、贵南、同德、共和、格尔木、德令哈、乌兰、都兰、尖扎、同仁、称多、玉树、囊谦有栽培
				高山韭	*Allium sikkimense Baker, Journ.*	生于海拔2900~5000米的高山流石滩、河谷阶地、山坡灌丛、高山草甸、沟谷林缘、高寒草原、阳坡石隙、河岸山崖	产互助、湟中、湟源、门源、祁连、同德、共和、同仁、泽库、河南、玛沁、久治、达日、玛多、玉树、称多、囊谦、唐古拉
				唐古韭	*Allium tanguticum*	生于海拔2300~3500米的山地阳坡、沟谷灌丛、山崖石隙、山坡林下、林缘草地、河谷滩地、固定沙丘、田边荒地、土崖石堆中	产乐都、互助、西宁、海晏、刚察、同德、贵南、共和、乌兰、同仁、泽库、称多
				细叶韭	*Allium tenuissimum Linn.*	生于海拔1800~3600米的田边荒地、土崖石隙、干旱山坡、田林路边、河岸乱石堆	产民和、乐都、化隆、尖扎
				韭菜	*Allium tuberosum Rottl.*		民和、互助、乐都、循化、化隆、平安、湟中、湟源、西宁、大通、门源、祁连、海晏、刚察、贵德、贵南、同德、共和、都兰、乌兰、格尔木、德令哈、尖扎、同仁、久治、班玛、称多、玉树、囊谦有栽培。全国各地均有栽培

续表

科名		属名		种名		生境	省内分布区
中文名	拉丁名	中文名	拉丁名	中文名	拉丁名		
				白花韭	*Allium yanchiense*	生于海拔 2800～4300 米的阴坡高寒灌丛、高山草甸、河沟石隙、阴湿山坡崖缝	产久治、称多、玉树、囊谦、杂多
				齿被韭	*Allium yuanum*	生于海拔 4600 米左右的高山流石滩	产达日
				多星韭	*Allium wallichii*	生于海拔 3200～4600 米的高山草甸、山坡林缘、沟谷灌丛、阴坡高寒灌丛草甸、河岸沟边石隙	产玉树、囊谦
				茖葱	*Allium victorialis*	生于海拔 1800～3800 米的山坡林下、沟谷林缘、河岸灌丛	产民和、互助、乐都、循化、化隆、湟中、湟源、大通、门源、久治、班玛、称多、玉树、囊谦
		贝母属	Fritillaria Linn.	川贝母	*Fritillaria cirrhosa*	生于海拔 3800～4500 米的高寒草甸、山坡林下、沟谷林缘、阴坡灌丛	产久治、玉树、囊谦
				雪山贝母	*Fritillaria delavayi Franch.*	生于海拔 3800～4700 米的沟谷岩缝、高山流石滩、固定沙丘、河谷阶地	产称多、玉树、囊谦、杂多、治多
				甘肃贝母	*Fritillaria przewalskii Maxim.*	生于海拔 2400～4400 米的高山灌丛、山坡草地、沟谷林缘、河岸石隙	产民和、互助、乐都、循化、化隆、平安、湟中、贵德、贵南、河南、尖扎、同仁、泽库、玛沁、班玛、称多、玉树、囊谦、杂多
				华西贝母	*Fritillaria sichuanica*	生于海拔 3900～4400 米的沟谷灌丛中、河岸岩隙、山坡林缘、河滩草地	产玉树、囊谦、治多

科名		属名		种名		生境	省内分布区
中文名	拉丁名	中文名	拉丁名	中文名	拉丁名		
				松贝母	*Fritillaria sungbei*	生于海拔 3200 ~ 4100 米的高山草甸、山坡林缘、沟谷河岸、灌丛草甸、阴坡石隙	产同仁、泽库、河南、久治
				暗紫贝母	*Fritillaria unibracteata*	生于海拔 3600 ~ 4100 米的阴坡草丛、山坡林缘、灌丛草地	产兴海、河南、玛沁、久治
				新疆贝母	*Fritillaria walujewii*	生于海拔 2600 米左右的山坡灌丛中	产互助
		百合属	Lilium Linn.	野百合	*Lilium brownii*		民和、互助、乐都、循化、化隆、平安、湟中、湟源、西宁、大通、尖扎、同仁有栽培
				白花百合	*Lilium brownii F.EBrown.var. colchesteri*		民和、互助、乐都、循化、化隆、平安、湟中、西宁、大通有栽培
				川百合	*Lilium davidii*		民和、互助、乐都、循化、化隆、平安、湟中、湟源、西宁、大通、门源、贵德、尖扎、同仁有栽培
				卷丹	*Lilium lancifolium*		民和、互助、乐都、循化、化隆、平安、湟中、湟源、西宁、大通、贵德、贵南、共和、尖扎、同仁有栽培
				山丹	*Lilium pumilum*	生于海拔 1900 ~ 3500 米的干旱山坡、山坡灌丛、林缘、田边荒地	产民和、互助、乐都、循化、化隆、平安、湟中、湟源、西宁、大通、门源、贵南、兴海、同仁、泽库

续表

科名		属名		种名		生境	省内分布区
中文名	拉丁名	中文名	拉丁名	中文名	拉丁名		
		洼瓣花属	Lloydia Salisb.	尖果洼瓣花	*Lloydia oxycarpa Franch.*	生于海拔 3000 ~ 4200 米的山坡草地、沟谷疏林下、林缘灌丛、高寒草原、山顶岩缝、砾石山坡	产囊谦
				洼瓣花	*Lloydia serotina* (*Linn.*) *Rechb.*	生于海拔 2600 ~ 4100 米的高山草甸、河谷阶地、高寒草原、高山流石坡、山坡灌丛、沟谷林缘草地、河滩砾石中、山坡岩缝	产互助、循化、兴海、天峻、同仁、尖扎、玛沁、久治、玉树、曲麻莱、治多
				西藏洼瓣花	*Lloydia tibetica Baker ex Oliver in Hook.*	生于海拔 3200 米左右的山坡草地、阴湿沙砾山坡、湖滩砾地	产共和
		舞鹤草属	Maianthemum Weber.	舞鹤草	*Maianthemum bifotium* (*Linn.*)	生于海拔 1900 ~ 2800 米的山坡林下、沟谷林缘	产民和、互助、乐都、湟中、同仁、泽库
		黄精属	Polygonatum Mill.	卷叶黄精	*Polygonatum cirrhifolium* (*Wall.*)	生于海拔 2400 ~ 4000 米的山坡林下、林缘、草地、沟谷灌丛、河滩疏林、山坡草丛、河岸碎石堆中	产民和、互助、乐都、循化、化隆、湟中、湟源、平安、西宁、大通、门源、祁连、海晏、刚察、贵德、同德、共和、兴海、尖扎、同仁、河南、玛沁、久治、班玛、玉树、囊谦、杂多、治多
				独花黄精	*Polygonatum hookeri*	生于海拔 3650 ~ 4200 米的山坡草地、沙地	产玛沁、达日、久治、囊谦
				大苞黄精	*Polygonatum megaphyllum*	生于海拔 1900 ~ 2600 米的沟谷林缘、灌丛中	产互助、循化

科名		属名		种名		生境	省内分布区
中文名	拉丁名	中文名	拉丁名	中文名	拉丁名		
				玉竹	*Polygonatum odoratum*	生于海拔2200~3200米的山坡林下、沟谷林缘、灌丛中	产民和、互助、大通、循化、门源、祁连、尖扎、同仁
				西伯利亚黄精	*Polygonatum sibircum Delar.*	生于海拔2400~3600米的山坡林下、沟谷灌丛、河岸林缘、河滩砾石堆	产互助、循化、湟中、海晏、尖扎、同仁、泽库、河南、玛沁、久治、班玛、玉树、囊谦
				轮叶黄精	*Polygonatum verticillatum*	生于海拔2400~3800米的沟谷林下、林缘草地、山坡草地、山坡灌丛、河滩草甸	产民和、互助、乐都、循化、化隆、湟中、湟源、大通、门源、贵德、尖扎、同仁、泽库、玛沁、班玛、玉树、囊谦
		扭柄花属	Streptopus Michx.	扭柄花	*Streptopus obtusatus*	生于海拔2000~2400米的沟谷林下、山坡林缘灌丛	产民和、互助
鸢尾科	Iridaceae	鸢尾属	Iris Linn.	高原鸢尾	*Iris collettii Hook.*	生于海拔4200米左右的高山草甸、高寒草原、阳坡干旱草地	产玉树
				二叉鸢尾	*Iris dichotoma Pall.*	生于海拔2200~3200米的干旱山地、沙砾质草地、河谷阶地	产民和、互助、循化、湟源、共和
				剑叶鸢尾	*Iris ensata Thunb.*	生于海拔2000~4200米的河滩草甸、高寒草原、沙砾山地、河谷阶地、固定沙丘	产民和、互助、乐都、循化、化隆、平安、湟中、湟源、门源、祁连、海晏、玛多、称多、曲麻莱
				德国鸢尾	*Iris germanica Linn.*		民和、互助、乐都、循化、化隆、平安、湟中、湟源、西宁、大通、门源、贵德、尖扎、同仁有栽培

续表

科名		属名		种名		生境	省内分布区
中文名	拉丁名	中文名	拉丁名	中文名	拉丁名		
				锐果鸢尾	*Iris goniocarpa*	生于海拔 2400 ~ 4800 米的高山草甸、高寒草原、河谷阶地、山坡林下、林缘灌丛、沟谷河岸、灌丛草甸	产民和、互助、乐都、循化、化隆、平安、湟中、湟源、西宁、大通、门源、祁连、海晏、刚察、贵德、贵南、同德、共和、兴海、尖扎、同仁、泽库、河南、玛沁、甘德、久治、班玛、玛多、称多、玉树、囊谦、曲麻莱、杂多、治多（可可西里）、唐古拉
				大锐果鸢尾	*Iris goniocarpa Baker var. grossa*	生于海拔 2600 ~ 3800 米的高山草甸、阴坡高山灌丛、河谷阶地、河滩草地、沟谷林缘	产民和、久治、玉树、囊谦
				细锐果鸢尾	*Iris goniocarpa Baker var.*	生于海拔 2400 ~ 3000 米的山坡林缘、沟谷灌丛草甸。青海特有	产互助、循化
				白花马蔺	*Iris lactea Pall.*	生于海拔 2400 ~ 4200 米的高寒草原、干旱山坡、沙砾滩地、河滩草甸、河谷阶地	产民和、互助、循化、门源、海晏、刚察、共和、兴海
				马蔺	*Iris lactea Pall.var. chinensis*	生于海拔 2000 ~ 4300 米的山坡林缘、沟谷灌丛、河滩草甸、河谷阶地、河滩草甸、沙砾草滩、湖滨盐碱滩地、疏林草甸、田林路边、沟沿渠岸、村舍周围、宅旁荒地	产民和、互助、乐都、循化、化隆、平安、湟中、湟源、西宁、大通、门源、祁连、海晏、刚察、贵德、贵南、同德、共和、兴海、天峻、都兰、乌兰、格尔木、德令哈、尖扎、同仁、泽库、河南、玛沁、甘德、久治、班玛、玛多、玉树、囊谦、曲麻莱、杂多

续表

科名		属名		种名		生境	省内分布区
中文名	拉丁名	中文名	拉丁名	中文名	拉丁名		
				天山鸢尾	*Iris loczyi Kanitz.*	生于海拔 2000～4300 米的山坡灌丛、林缘草甸、河滩疏林下、高寒草甸、阳坡草地、河岸岩隙、沙砾山地、河谷草原	产民和、互助、乐都、循化、化隆、平安、湟中、湟源、西宁、大通、门源、祁连、海晏、刚察、贵德、贵南、同德、共和、兴海、天峻、都兰、乌兰、格尔木、德令哈、尖扎、同仁、泽库、河南、玛沁、甘德、久治、班玛、达日、玛多、称多、玉树、囊谦、曲麻莱、杂多、治多
				甘肃鸢尾	*Iris pandurarata Maxim.*	生于海拔 2100～3200 米的山坡草地、沟谷林缘、灌丛草甸、干旱草原	产民和、互助、西宁、大通、门源、共和、兴海、乌兰、尖扎、同仁
				卷鞘鸢尾	*Iris potaninii Maxim.*	生于海拔 3200～5300 米的高山草甸、高寒草原、沙砾山坡、河谷阶地、山顶石缝、阴坡高山灌丛	产门源、祁连、海晏、刚察、贵德、贵南、同德、共和、兴海、天峻、都兰、乌兰、格尔木、德令哈、尖扎、同仁、泽库、河南、玛沁、甘德、久治、班玛、达日、玛多、称多、玉树、囊谦、曲麻莱、杂多、治多（可可西里）、唐古拉
				蓝花卷鞘鸢尾	*Iris potaninii Maxim.*	生于海拔 3600～5200 米的高寒草原、高山草甸、河谷阶地、沙砾滩地、湖滨草地、阴坡高山灌丛、沟谷干山坡、山顶石隙	产门源、祁连、天峻、都兰、玛沁、达日、玛多、称多、玉树、杂多、治多、曲麻莱、唐古拉

续表

科名		属名		种名		生境	省内分布区
中文名	拉丁名	中文名	拉丁名	中文名	拉丁名		
				青海鸢尾	*Iris qinghainica Y.*	生于海拔2500~3400米的阳坡草地、干旱草原、湖滨沙砾地、芨芨草滩	产循化、刚察、贵南、共和、兴海、尖扎
				准噶尔鸢尾	*Iris songaria Schrenk.*	生于海拔2400~3600米的山坡林下、林缘草地、沟谷灌丛草甸、河滩草地、砾石山坡	产民和、互助、乐都、湟中、湟源、大通、门源、海晏、祁连、兴海
				鸢尾	*Iris tectorum Maxim.*		民和、互助、乐都、循化、化隆、平安、湟中(有野生)、湟源、西宁、大通、贵德、尖扎、同仁有栽培
兰科	Orchidaceae	凹舌兰属	Coeloglossum Hartm.	凹舌兰	*Coeloglossum viride（Linn.）*	生于海拔2300~4500米的山坡和沟谷林下、林缘灌丛、河岸草地	产民和、互助、乐都、循化、化隆、湟中、大通、门源、祁连、共和、兴海、同仁、河南、玛沁、称多、玉树、囊谦、杂多
		珊瑚兰属	Corallorthiza Gagneb.	珊瑚兰	*Corallorrhiza trifida*	生于海拔2190~3950米的山坡林下、林缘草地、沟谷灌丛	产大通、同仁、玉树、囊谦
		杓兰属	Cypripedium Linn.	黄花杓兰	*Cypripedium flavum Hunt et Summerh.*	生于海拔2300~2700米的山坡林下、沟谷林缘岩隙、河岸灌丛中	产民和、循化
				毛杓兰	*Cypripedium franchetii*	生于海拔2500~3800米的山坡林下、阴坡林缘、沟谷灌丛、河滩草地	产互助、乐都、大通、门源、玉树、囊谦
				紫斑杓兰	*Cypripedium guttatum*	生于海拔2700~4000米的山坡林下、林缘、沟谷灌丛草地	产循化、玉树、囊谦

科名		属名		种名		生境	省内分布区
中文名	拉丁名	中文名	拉丁名	中文名	拉丁名		
				大花杓兰	*Cypripedium macranthum*	生于海拔 3000～3800 米的山坡林下、林缘、沟谷灌丛草地	产同仁、班玛
				山西杓兰	*Cypripedium shanxiense*	生于海拔 2200～2700 米的沟谷林下、林缘灌丛草地	产民和、互助、循化、大通
		火烧兰属	Epipactis Zinn.	小花火烧兰	*Epipactis helleborine*	生于海拔 2230～2800 米的山坡林下、林缘灌丛草地、河滩疏林草甸、沟谷阴湿处	产互助、循化、湟中、湟源、西宁、大通、门源、尖扎、玉树
		斑叶兰属	Goodyera R.	小斑叶兰	*Goodyera repens（Linn.）*	生于海拔 2190～3500 米的山坡及沟谷林下、林缘灌丛、河沟阴湿处、阴湿石壁	产互助、乐都、大通、同德
		手参属	Gymnadenia R. Br.	西南手参	*Gymnadenia orchidis Lindl.*	生于海拔 3200～4300 米的山坡林下、沟谷灌丛、高山草甸半阴坡、河岸草甸	产同仁、河南、玛沁、久治、玉树、囊谦
		玉凤花属	Habenaria Willd.	小花玉凤花	*Habenaria acianthoides Schltr.*	生于海拔 1900 米左右的干山坡上	产循化
				落地金钱	*Habenaria aitchisoni Rchb.*	生于海拔 3400～3600 米的山坡林下、沟谷林缘、灌丛阴湿处、河岸岩隙	产玉树、囊谦
				西藏玉凤花	*Habenaria tibetica Schltr.*	生于海拔 3000～3600 米的山坡林下、林缘灌丛、沟谷阴湿处、河岸石隙	产乐都、湟中、大通、贵南、同仁、泽库
		角盘兰属	Herminium Linn.	裂瓣角盘兰	*Herminium alaschanicum Maxim.*	生于海拔 2600～4300 米的山水边湿草滩	产互助、乐都、湟中、湟源、大通、门源、祁连、海晏、刚察、贵德、贵南、同德、共和、兴海、同仁、泽库、河南、玛沁、玉树、囊谦

续表

科名		属名		种名		生境	省内分布区
中文名	拉丁名	中文名	拉丁名	中文名	拉丁名		
				角盘兰	*Herminium monorchis* (*Linn.*)	生于海拔 2300 ~ 4500 米的山坡林下、沟谷林缘、灌丛草甸、河岸草地、河滩疏林下、河沟水边草甸、沼泽地带	产民和、互助、乐都、化隆、湟中、湟源、大通、门源、祁连、贵德、同德、兴海、同仁、泽库、河南、玛沁、久治、玉树、囊谦
				剑唇角盘兰	*Herminium pugioniforme*	生于海拔 3600 ~ 4800 米的高山草甸、山坡及沟谷灌丛、河滩林缘草甸	产同仁、囊谦、杂多
		对叶兰属	Listera R. Br.	对叶兰	*Listera puberula Maxim.*	生于海拔 2000 ~ 3200 米的山坡林下、林缘草甸、沟谷灌丛、河谷阴湿处	产民和、互助、湟中、大通、贵德、同德
		兜被兰属	Neottianthe Schltr.	密花兜被兰	*Neottianthe calcicola*	生于海拔 3500 ~ 4000 米的沟谷林下、林缘灌丛、阴湿的山坡林中石隙、河岸草地	产玉树、囊谦
				二叶兜被兰	*Neottianthe cucullata* (*Linn.*)	生于海拔 2200 ~ 3800 米的山坡林下、林缘灌丛、沟谷阴湿石隙、河岸草甸	产互助、乐都、湟中、大通、门源、泽库、囊谦
				单叶兜被兰	*Neotianthe monophylla*	生于海拔 2000 ~ 2200 米的山坡和沟谷林下、河沟灌丛	产互助、门源
		红门兰属	Orchis Linn.	广布红门兰	*Orchis cbusua D.*	生于海拔 1800 ~ 4000 米的河滩草甸、山坡林下、沟谷林缘、灌丛草甸、河沟水边草地	产民和、互助、乐都、循化、平安、湟中、湟源、大通、贵德、同仁、河南、门源、玛沁、玉树、囊谦
				卵唇红门兰	*Orchis cyclochila*	生于海拔 2600 ~ 2900 米的山坡林下、林缘草甸、阴坡和沟谷杜鹃灌丛中	产民和、互助、湟中

科名		属名		种名		生境	省内分布区
中文名	拉丁名	中文名	拉丁名	中文名	拉丁名		
				二叶红门兰	*Orchis diantha Schltr.*	生于海拔 2800 米左右的沟谷林缘草甸、河岸灌丛草甸、山坡草地	产门源
				宽叶红门兰	*Orchis latifolia Linn.*	生于海拔 2800 ~ 3800 米的河滩草甸、山坡林下、林缘灌丛草甸、沟谷水边草地	产民和、互助、湟源、大通、门源、祁连、海晏、共和、天峻、乌兰、德令哈、同仁、泽库、河南、玛沁、玉树
				北方红门兰	*Orchis roborovskii Maxim.*	生于海拔 2400 ~ 3300 米的山坡林下、沟谷灌丛、林缘草甸、河滩草甸、河岸石隙	产湟中、湟源、大通、门源、同仁、河南、玉树
				河北红门兰	*Orchis tschiliensis*	生于海拔 3000 ~ 4200 米的山坡林下、沟谷林缘草地、灌丛草甸、河滩草甸、高山草甸、山麓草地	产互助、湟源、门源、同仁、玛沁、玉树、囊谦
		舌唇兰属	Platanthera L. C. Rich.	二叶舌唇兰	*Platanthera chlorantha*	生于海拔 2500 ~ 2800 米的山坡林下、林缘灌丛草甸	产互助、大通、门源、囊谦
				细距舌唇兰	*Platanthera metabifolia*	生于海拔 2100 ~ 2260 米的山坡林下、河谷林缘、灌丛草甸	产互助
		绶草属	Spiranthes L. C. Rich.	绶草	*Spiranthes sinensis*	生于海拔 1800 ~ 2300 米的山坡林下、林缘草甸、沟谷灌丛、河滩疏林草地、沼泽草甸	产民和、互助、乐都、循化、湟中、湟源、西宁、大通、门源

第九节 东亚—北美间断分布（9型）
（E.As.and N.Amer.Disjuncted）

东亚—北美间断分布（9型）是指间断分布于东亚和北美洲温带及亚热带地区的许多属。其中有些属虽然在亚洲和北美洲分布到热带，个别甚至出现于非洲南部、澳大利亚或中亚，但其现代分布中心仍在东亚和北美洲，也包括在此分布型中。东亚—北美间断分布是最早被植物学家认识的分布区类型。该分布型共有1个亚型，东亚和墨西哥美洲间断（9-1）。

该分布型在中国有69科129属，该分布型在青海植物区系中，有15科24属44种（表2.2.17）。其中有小檗科山荷叶属（1种），罂粟科花楞草属（1种），虎耳草科绣球属（1种），悬铃木科悬铃木属（1种），蔷薇科羽叶花属（2种）、珍珠梅属（1种），豆科紫穗槐属（1种）、刀豆属（1种）、皂荚属（4种）、胡枝子属（4种）、刺槐属（1种）、黄华属（6种），葡萄科蛇葡萄属（2种），五加科楤木属（2种）、人参属（3种），鹿蹄草科水晶兰属（3种），紫葳科梓树属（2种），列当科草苁蓉属（1种），忍冬科莛子藨属（1种），菊科蟹甲草属（3种）、大丁草属（2种），百合科粉条儿菜属（2种）、鹿药属（1种），兰科蜻蜓兰属（1种）。

表2.2.17 青海植物9型科属种数量统计表

科名	属	种	科名	属	种
小檗科	1	1	罂粟科	1	1
虎耳草科	1	1	悬铃木科	1	1
蔷薇科	2	3	豆科	6	14
葡萄科	1	2	五加科	2	5
鹿蹄草科	1	3	紫葳科	1	2
列当科	1	1	忍冬科	1	1
菊科	2	5	百合科	2	3
兰科	1	1			

表 2.2.18 青海植物东亚 – 北美间断分布属统计

科名		属名		种名		生境	省内分布区
中文名	拉丁名	中文名	拉丁名	中文名	拉丁名		
被子植物门 ANGIOSPERMAE							
小檗科	Berberidaceae	山荷叶属	Diphylleia Michx.	山荷叶	*Diphylleia sinensis H.*	生于海拔 2500 ~ 2600 米的山坡林缘、沟谷林下、河岸灌丛	产循化
罂粟科	Papaveraceae	花棱草属	Eschscholtzia Cham.	花棱草	*Eschscholtizia california Cham*		西宁有栽培
虎耳草科	Saxifragaceae	绣球属	Hydrangea Linn.	东陵八仙花	*Hydrangea bretschnderi Dipp.*	生于海拔 2100 ~ 2600 米的沟谷林下、河岸林缘、山坡灌丛。分布于甘肃、陕西、四川、山西、河北、河南、湖北。	产民和、互助、乐都、循化、大通、门源、尖扎、同仁
悬铃木科	Platanaceae	悬铃木属	Platanus Linn	悬铃木	*Platanus×acerifolia* (*P.orientaolis× occidentalis*)		循化有栽培
蔷薇科	Rosaceae	羽叶花属	Acomastylis Greenebe	羽叶花	*Acomastylis elata* (*Royle*) F.	生于海拔 3300 ~ 4500 米的高山灌丛、河滩草地	产大通、兴海、同仁、称多、囊谦、杂多
				光果羽叶花	*Acomastylis elata* (*wall.*)F.	生于海拔 3800 ~ 4200 米的高山阴坡草地、河谷灌丛	产湟中、大通、门源、久治
		珍珠梅属	Sorbaria A	华北珍珠梅	*Sorbaria kirilowii* (*Regel*) Maxim	生于海拔 1900 ~ 2500 米的河谷阶地、河岸路边、山坡向阳处、沟谷灌木林中、田边	产民和、互助、循化、西宁（栽培）
豆科	Leguminosae	紫穗槐属	Amorpha Linn.	紫穗槐	*Amorpha fruticiosa Linn.*		民和、乐都、循化、化隆、湟中、西宁、大通有栽培
		刀豆属	Canavalia DC.	刀豆	*Canavalia ensiformis DC.*		民和、互助、乐都、循化、化隆、平安、湟中、湟源、西宁、大通、门源、祁连、海晏、刚察、贵德、贵南、同德、共和、尖扎、同仁

科名		属名		种名		生境	省内分布区
中文名	拉丁名	中文名	拉丁名	中文名	拉丁名		
		皂荚属	Gleditsia Linn.	皂荚	*Gleditsia sinensis Lam.*		西宁有栽培
		胡枝子属	Lespedeza Michx	胡枝子	*Lespedeza bicolor Turcz.*	生于海拔1800～2000米的沟谷、山坡、河岸、林缘灌丛	产循化（孟达林区）
				达乌里胡枝子	*Lespedeza davurica* (*Laxm.*)	生于海拔1800～2900米的干山坡、河滩沙砾地、灌丛、石隙、田边	产民和、互助、乐都、循化、化隆、平安、湟中、湟源、西宁、贵德、贵南、同德、共和、尖扎
				牛枝子	*Lespedeza davurica* (*Laxm.*) *schindl.var. potaninii*	生于海拔1800～2200米的砾石质草原干山坡、丘陵地带、沟谷河滩、路边砾坡	产民和、互助、乐都、平安、循化、化隆、湟中、西宁
				多花胡枝子	*Lespedeza floribunda Bunge, Pl.*	生于海拔1800～2200米的干旱山坡、沟谷灌丛、林下林缘	产循化、尖扎
		刺槐属	Robinia Linn.	刺槐	*Robinia pseudoacacia Linn.*	生于海拔1800～2500米	民和、互助、乐都、平安、循化、化隆、湟中、湟源、西宁、大通、尖扎、同仁、泽库有栽培
		黄华属	Thermopsis R.Br.	高山黄华	*Thermopsis alpina* (*Pall.*) *Ledeb.Fl. Alt.*	生于海拔3800～4850米的阴坡灌丛、山坡草地	产果洛、玉树
				紫花黄华	*Thermopsis barbata Benth. in Royle.*	生于海拔3500～4000米的阳坡草地、林缘草甸、沟谷沙砾地	产囊谦
				胀果黄华	*Thermopsis inflata Camb. in Jacq.Voy Bot.*	常成片生于海拔3200～4500米的干旱阳坡沙砾质山麓、河漫滩及退化了的高寒草原和高寒草甸地带	产海北、海南、果洛、玉树

科名		属名		种名		生境	省内分布区
中文名	拉丁名	中文名	拉丁名	中文名	拉丁名		
				披针叶黄华	*Thermopsis lanceolata R.Br.in Ait. Hort.Kew ed.*	生于海拔 2000 ~ 4600 米的干旱山坡草地、田埂、路边及沙砾滩地	产民和、互助、乐都、循化、化隆、平安、湟中、湟源、西宁、大通、门源、海晏、刚察、贵德、贵南、同德、共和、兴海、天峻、乌兰、都兰、格尔木、德令哈、尖扎、同仁、泽库、河南、玛沁、玛多、达日、班玛、久治、甘德、称多、玉树、囊谦、杂多、曲麻莱、治多
				光叶黄华	*Thermopsis licentiana Peter.-Stib.Act. Hert.Gothob.*	生于海拔 2600 ~ 3700 米的沟谷林缘、河岸林下、阴坡灌丛及山坡草地	产民和、互助、乐都、循化、化隆、湟中、平安、湟源、西宁、大通、门源、贵德、同德、共和、兴海、尖扎、同仁、泽库、玛沁、称多、玉树
				玉树黄华	*Thermopsis yushuensis S.Q. Wei, Bull.Bot.Res.*	生于海拔 4200 米左右的高寒带、山坡草地	产玉树、称多、曲麻莱（模式标本产地）
葡萄科	Vitaceae	蛇葡萄属	Ampelopsis Michx.	乌头叶蛇葡萄	*Ampelopsis aconitifolia Bunge, Mém.*	生于海拔 1800 ~ 2400 米的山坡灌丛、河岸石堆、路边沟沿	产民和、乐都、尖扎，有的亦有栽培
				掌裂草葡萄	*Ampelopsis aconitifolis Bunge var.*	生于海拔 2100 ~ 2300 米的黄河沿岸沟谷灌丛、山坡林下、林缘	产循化、西宁
五加科	Araliaceae	楤木属	Aralia Linn.	楤木	*Aralia chinensis Linn.*	生于海拔 2200 ~ 2600 米的沟谷林缘、山坡灌丛	产循化、西宁

科名		属名		种名		生境	省内分布区
中文名	拉丁名	中文名	拉丁名	中文名	拉丁名		
				白背叶楤木	*Aralia chinensis Linn.*	生于海拔 2200～2600 米的沟谷林缘、山坡灌丛	产循化
		人参属	Panax Linn.	人参	*Panax ginseng C.*		互助有栽培
				竹节参	*Panax japonicus C.A.Mey.var. major*	生于海拔 2400～3300 米的沟谷林下、林缘灌丛	产互助、循化、班玛
				羽叶三七	*Panax japonicus C.A.Mey.var. bipinnatifidus*	生于海拔 2400～2800 米的沟谷林下、林缘灌丛	产循化（孟达）
鹿蹄草科	Pyrolaceae	水晶兰属	Monotropa Linn.	松下兰	*Monotropa hypopitys linn. Sp. Pl.*		据《青海植物志》载，青海有分布
				毛花松下兰	*Monotropa hypopitys linn. var.hirsuta Roth.*	生于海拔 2600 米左右的山坡阴湿林下，河谷河岸灌丛中	青海有分布
				水晶兰	*Monotropa uniflora linn. Sp. Pl.*		据《青海植物志》载，青海有分布
紫葳科	Bignoniaceae	梓树属	Catalpa Scop	灰楸	*Catalpa fargesii*	植于海拔 1890 米左右的河谷地带的庭院、村舍宅旁	循化有栽培
				梓树	*Catalpa ovata*	植于海拔 1800～2230 米的庭院、公园、村舍宅旁	循化、化隆、西宁有栽培
列当科	Orobanchaceae	草苁蓉属	Boschniakia C. A. Mey. Ex Bongard	丁座草	*Boschniakia himalaica*	寄生于海拔 2800～4200 米的青海杜鹃根部	产互助、乐都、湟中、大通、门源、祁连、尖扎、久治
忍冬科	Caprifoliaceae	莛子藨属	Triosteum Linn.	莛子藨	*Triosteum pinnatifidum*	生于海拔 2500～3700 米的山坡林缘灌丛、沟谷林下	产民和、互助、乐都、循化、湟中、大通、同仁、玛沁、班玛

科名		属名		种名		生境	省内分布区
中文名	拉丁名	中文名	拉丁名	中文名	拉丁名		
菊科	Compositae	蟹甲草属	Cacalia Linn.	三角叶蟹甲草	*Cacalia deltophylla*（*Maxim.*）	生于海拔2450～3850米的河滩草甸、山坡草丛、沟谷林下、林缘灌丛	产互助、乐都、循化、湟中、泽库、玛沁
				太白蟹甲草	*Cacalia pilgeriana*（*Diels*）*Ling*	生于海拔2000米左右的沟谷林下、林缘灌丛	产循化
				蛛毛蟹甲草	*Cacalia roborowskii*（*Maxim.*）	生于海拔2230～2800米的林区沟谷田边、渠岸水边、山坡草地、河谷灌丛、山沟林下	产互助、民和、乐都、湟中、湟源、循化、大通、西宁、门源
		大丁草属	Leibinitzia Cass.	大丁草	*Leibinitzia anandria*（*Linn.*）	生于海拔2200～2600米的山坡草地、山沟石隙	产循化、大通
				尼泊尔大丁草	*Leibinitzianepalensis*	生于海拔3500米左右的沟谷林下草地	产玉树
百合科	Liliaceae	粉条儿菜属	Aletris Linm.	无毛粉条儿菜	*Aletris glabra Bur.*	生于海拔3200～3700米的林区山坡苗圃中	产班玛
				少花粉条儿菜	*Aletris pauciflora*（*Klotz.*）*Franch.*	生于海拔4100米左右的高山阴坡草地	产囊谦
		鹿药属	Smilacina Desf.	合瓣鹿药	*Smilacina tubifera Batal.*	生于海拔2200～2600米的沟谷林下、山坡林缘草地	产民和、循化
兰科	Orchidaceae	蜻蜓兰属	Tulotis Rafin.	蜻蜓兰	*Tulotis asiatica Hara*，	生于海拔2300～3700米的山坡和沟谷林下、林缘灌丛草甸	产互助、循化、湟中、大通、门源、玛沁

第十节　旧世界温带分布（10型）（Old World Temp.）

旧世界温带分布（9型）一般是指广泛分布于欧洲、亚洲中高纬度的温带和寒温带属。它基本上以草本为多，并比较集中在一些以草本为主的大科和以古地中海起源或集中分布的一些草本大科。该分布型共有3个亚型，地中海、西亚（或中亚）和东亚间断（10-1），地中海和喜马拉雅间断（10-2），欧亚和南部非洲间断（10-3）。

该分布型在中国有32科130属，该分布型在青海植物区系中，有24科73属239种（表2.2.19）。其中有荨麻科墙草属（1种），蓼科木蓼属（2种）、荞麦属（2种），石竹科石竹属（4种）、石头花属（3种）、麦蓝菜属（1种），毛茛科侧金盏花属（2种）、美花草属（1种）、扁果草属（1种），小檗科淫羊藿属（1种），罂粟科白屈菜属（1种），十字花科萝卜属（2种），蔷薇科梨属（5种）、山莓草属（5种），豆科苜蓿属（2种）、草木樨属（5种）、驴食豆属（1种），芸香科白藓属（1种）、黄柏属（1种），柽柳科水柏枝属（6种）、柽柳属（11种），瑞香科瑞香属（4种），胡颓子科沙棘属（3种），伞形科峨参属2种、前胡属（1种）、茴芹属（1种）、棱子芹属（10种）、西风芹属（1种）、窃衣属（1种），木犀科丁香属（11种），唇形科筋骨草属（3种）、香薷属（6种）、鼬瓣花属（1种）、香茶菜属（3种）、夏至草属（2种）、野芝麻属（1种）、益母草属（2种）、荆芥属（3种）、糙苏属（2种）、百里香属（1种），茄科天仙子属（1种）、茄参属（1种），川续断科川续断属（2种）、刺参属（4种），桔梗科沙参属（6种），菊科牛蒡属（1种）、飞廉属（1种）、金挖耳属（3种）、菊属（3种）、多榔菊属（2种）、蓝刺头属（1种）、旋覆花属（3种）、莴苣属（1种）、漏芦属（1种）、橐吾属（7种）、毛连菜属（1种）、福王草属（1种）、蚤草属（1种）、小黄菊属（1种）、麻花头属（1种）、款冬属（1种），禾本科芨芨属（8种）、隐子草属（4种）、隐花草属（1种）、偃麦草属（1种）、以礼草属（12种）、赖草属（9种）、黑麦草属（3种）、鹅观草属（29种），莎草科扁穗草属（2种），百合科顶冰花属（2种）、萱草属（4种）、重楼属（2种），兰科鸟巢兰属（3种）。

表 2.2.19 青海植物 10 型科属种数量统计表

科名	属	种	科名	属	种
荨麻科	1	1	蓼科	2	4
石竹科	3	8	毛茛科	3	4
小檗科	1	1	罂粟科	1	1
十字花科	1	2	蔷薇科	2	10
豆科	3	8	芸香科	2	2
柽柳科	2	17	瑞香科	1	4
胡颓子科	1	3	伞形科	5	16
木犀科	1	11	唇形科	10	24
茄科	2	2	川续断科	2	6
桔梗科	1	6	菊科	16	29
禾本科	8	67	莎草科	1	2
百合科	3	8	兰科	1	3

表 2.2.20 青海植物旧世界温带分布属统计

科名 中文名	科名 拉丁名	属名 中文名	属名 拉丁名	种名 中文名	种名 拉丁名	生境	省内分布区
被子植物 ANGIOSPERMAE							
荨麻科	Urticaceae	墙草属	Parietaria Linn.	墙草	Parietaria micrantha Ledeb.	生于海拔 2700～3600 米的沟谷林下、岩石缝隙、湖滨草寺、山坡阴湿石隙	产海晏、刚察、共和、同仁、泽库
蓼科	Polygonaceae	木蓼属	Atraphaxis Linn	沙木蓼	Atrapaxis braceata A	生于海拔 2800～3300 米的荒漠平原沙地、戈壁沙滩、山前冲积扇、干旱沙砾河滩、固定半固定沙丘	产乌兰、格尔木
				锐枝木蓼	Atraphaxis pungens	生于海拔 2700～3060 米的荒漠平原、戈壁砾地、山麓沙丘、河谷阶地、干旱河滩、山前洪积扇	产都兰、乌兰、格尔木、大柴旦

续表

科名		属名		种名		生境	省内分布区
中文名	拉丁名	中文名	拉丁名	中文名	拉丁名		
		荞麦属	Fagopyrum Gaertn	荞麦	*Fagopyrum esculentum Moench Meth*	生于海拔2100 ~ 2600米	民和、互助、乐都、循化、化隆、平安、湟中、湟源、西宁、大通、贵德、贵南、同德、共和、兴海、尖扎、同仁、泽库、河南有栽培或逸为野生
				苦荞麦	*Fagopyrum tataricum*	生于海拔2100 ~ 4000米的林缘草甸、沟谷灌丛边、山坡草地、河边湿地、渠岸水边、田边荒地	产民和、互助、乐都、湟源、西宁、大通、贵德、同德、兴海、泽库、同仁、玛沁、班玛、称多、玉树、囊谦、治多
石竹科	Caryophyllaceae	石竹属	Dianthus Linn	须苞石竹	*Dianthus barbatus Linn*		民和、互助、乐都、循化、化隆、平安、湟中、湟源、西宁、大通、贵德、贵南、同德、共和、尖扎、同仁有栽培
				麝香石竹	*Dianthus caryophyllus*		西宁有栽培
				石竹	*Dianthus chinensis Linn*		民和、互助、乐都、循化、化隆、平安、湟中、湟源、西宁、大通、门源、海晏、刚察、贵南、贵德、同德、共和、尖扎、同仁有栽培
				瞿麦	*Dianthus superbus*	生于海拔3000 ~ 3500米的高山草地、林缘灌丛、山坡石隙、河滩草甸	产民和、互助、循化、湟中、湟源、大通、同德、泽库、河南、玛沁、久治、班玛
		石头花属	Gypsophila Linn	尖叶石头花	*Gypsophila acutifolia*	生于海拔2240 ~ 2800米的河谷阶地、山坡草地、沟谷石隙	产互助、湟源、西宁、贵德、同仁

科名		属名		种名		生境	省内分布区
中文名	拉丁名	中文名	拉丁名	中文名	拉丁名		
				丝石竹	*Gypsophila elegans*	植于海拔 2200 米左右的庭院公园	西宁有栽培
				紫萼石头花	*Gypsophila patrinii*	生于海拔 2240 ~ 2560 米的山坡草地、河岸沙地、田边荒地、沟谷阴坡、岩石缝隙	产民和、湟源
		麦蓝菜属	Vaccaria Medic	麦蓝菜	*Vaccaria segetalis*	生于海拔 2300 ~ 3040 米的菜地、田间、田边荒地、河谷地带	产互助、共和
毛茛科	Ranunculaceae	侧金盏花属	Adonis Linn	甘青侧金盏花	*Adonis bobroviana* Sim	生于海拔 2250 ~ 2400 米的山地阴坡草地	产西宁
				蓝侧金盏花	*Adonis coerulea* Maxim	生于海拔 2230 ~ 4700 米的山坡草地、高山草甸、高山流石坡、阴坡灌丛中、河谷阶地、沙砾山坡、固定沙丘、高寒草原裸地、畜圈周围、河滩砾地	产互助、乐都、大通、门源、同德、兴海、格尔木、尖扎、同仁、河南、玛沁、久治、达日、玛多、称多、玉树、曲麻莱、治多
		美花草属	Callianthemum C.A.Mey	美花草	*Callianthemum pimpinelloides*	生于海拔 3200 ~ 4600 米的山坡灌丛、高山流石坡、河谷阶地、山坡草地、高寒草甸、河滩砾地、冰缘湿地、沙砾山坡、高山稀疏植被	产互助、湟中、同仁、玛沁、久治、达日、玛多、称多、玉树、囊谦、曲麻莱、杂多、治多
		扁果草属	Isopyrun Linn	扁果草	*Isopyrum anemonoides*	生于海拔 2600 ~ 4490 米的山坡草地、沟谷林下、林缘灌丛、河漫滩	产民和、互助、门源、尖扎、同仁
小檗科	Berberidaceae	淫羊藿属	Epimedium LInn	淫羊藿	*Epimedium berviornum* Maxim.	生于海拔 2400 ~ 2600 米的山坡灌丛中、沟谷林下、林缘沟边	产民和、循化

科名		属名		种名		生境	省内分布区
中文名	拉丁名	中文名	拉丁名	中文名	拉丁名		
罂粟科	Papaveraceae	白屈菜属	Chelidonium Linn.	白屈菜	*Chelidonium majus Linn.*	生于海拔 2230 ~ 2700 米的沟谷林下、山坡林缘	产互助、西宁、大通
十字花科	Cruciferae	萝卜属	Raphanus Linn	野萝卜	*Raphanus raphanistrum Linn.*	生于海拔 3500 米左右的河谷草地	产班玛、囊谦
				萝卜	*Raphanus sativus Linn.*		民和、互助、乐都、循化、化隆、平安、湟中、湟源、西宁、大通、门源、祁连、海晏、刚察、贵德、贵南、同德、共和、兴海、天峻、都兰、乌兰、格尔木、德令哈、大柴旦、冷湖、尖扎、同仁、泽库、河南、玛沁、甘德、久治、班玛、玉树、囊谦有栽培
蔷薇科	Rosaceae	梨属	Pyrus Linn	杜梨	*Pyrus betulaefolia Bungle*		民和、互助、乐都、循化、化隆、平安、湟中、湟源、西宁、大通、贵南
				白梨	*Pyrus bretschneideri Rehd*	生于海拔 1800 ~ 2800 米的河岸草地、宅旁溪边、山坡林缘	产民和、乐都、循化、平安、西宁（栽培）、贵德
				新疆梨	*Pyrus sinkiangensis Yu*		民和、互助、乐都、循化、化隆、平安、湟中、湟源、西宁、大通、贵德、尖扎、同仁有栽培
				秋子梨	*Pyrus ussuriensis Maxim*		民和、互助、乐都、循化、化隆、平安、湟中、湟源、西宁、贵德、尖扎、同仁有栽培

科名		属名		种名		生境	省内分布区
中文名	拉丁名	中文名	拉丁名	中文名	拉丁名		
				木梨	*Pyrus xerophila Yü, Acta Phytotax*	生于海拔 1700～2600 米的山坡	民和、乐都、循化、平安、西宁有栽培
		山莓草属	Sibbaldia Linn	伏毛山莓草	*Sibbaldia adpressa Bunge in Ledeb*	生于海拔 2350～4200 米的农田边、山坡砾地、河谷阶地、河岸岩隙、河滩砾石地、林间空地、干旱山坡	产互助、乐都、西宁、大通、门源、祁连、刚察、贵德、贵南、同德、共和、兴海、乌兰、尖扎、同仁、玛沁、玉树、囊谦、杂多、治多（可可西里）
				五叶山莓草	*Sibbaldia pentaphylla J.*	生于海拔 4100～4600 米的高山半阴坡草甸、古冰斗前沿	产久治
				隐瓣山莓草	*Sibbaldia procumbens Linn*	生于海拔 3200～4500 米的高山草地、河谷阶地、沼泽草甸、沙砾河滩、山坡灌丛	产互助、乐都、同仁、河南、久治、班玛、玉树、囊谦
				纤细山莓草	*Sibbaldia tenuis Hand*	生于海拔 2800～3400 米的阴坡云杉林下、河滩柳树林下、林缘草甸、沟谷石隙、溪水道旁	产互助、门源、同德、泽库
				四蕊山莓草	*Sibbaldia tetrandra Bunge*	生于海拔 3800～5100 米的高山流石滩、山坡碎石缝、沟谷岩隙、河谷阶地、河滩沙地、山坡草地	产互助、湟中、大通、祁连、贵德、乌兰、囊谦、治多、杂多
豆科	Leguminosae	苜蓿属	Medicago Linn.	天蓝苜蓿	*Medicago lupulina Linn.*	生于海拔 2000～3500 米的山坡及沟谷草地、河滩草甸、田边、荒地、水边湿草地	产民和、互助、乐都、循化、化隆、平安、湟中、湟源、西宁、大通、门源、祁连、海晏、刚察、贵德、贵南、同德、共和、兴海、尖扎、同仁、河南、泽库、玛沁、甘德、久治、班玛、达日、称多、玉树、囊谦、曲麻莱、杂多、治多

续表

科名		属名		种名		生境	省内分布区
中文名	拉丁名	中文名	拉丁名	中文名	拉丁名		
				紫花苜蓿	*Medicago sativa Linn.*	生于海拔 1700 ~ 2900 米	民和、互助、乐都、循化、化隆、平安、湟中、湟源、西宁、大通、门源、贵德、贵南、同德、共和、乌兰、都兰、格尔木、尖扎、同仁、泽库有栽培或逸生
		草木樨属	Melilotus Mill.	白花草木樨	*Melilotus albus Desr.*	生于海拔 2300 ~ 2600 米	民和、互助、乐都、循化、化隆、平安、湟中、湟源、西宁、大通、门源、贵德、尖扎、同仁、泽库有栽培或逸生
				细齿草木樨	*Melilotus dentatus*（*Waldst.et Kitag.*）	生于海拔 2330 米左右的水沟边、山坡草地	产西宁
				印度草木樨	*Melilotus indicus*（*Linn.*）	生于海拔 3000 ~ 3500 米的沟谷河岸、田边、林缘	产互助、都兰、玉树
				黄花草木樨	*Melilotus officinalis*（*Linn.*）	生于海拔 1800 ~ 2800 米的山沟林下、沟边灌丛、田边荒地、山麓林缘、水边渠岸	民和、互助、乐都、循化、化隆、平安、湟中、湟源、西宁、大通、门源、乌兰、都兰、格尔木有栽培或逸生
				草木樨	*Melilotus suaveolens Ledeb*	生于海拔 1700 ~ 2550 米的河滩、沟谷、湖盆、田边及林缘水边等低湿或轻度盐化的草甸中	产民和、互助、乐都、循化、化隆、平安、湟中、湟源、西宁、大通、门源、贵德、贵南、同德、共和、天峻、乌兰、都兰、格尔木、德令哈、尖扎、同仁、泽库
		驴食豆属	Onobrychis Mill.	红豆草	*Onobrychis viciifolia Scop Fl.*		民和、平安、西宁、同德有栽培

科名		属名		种名		生境	省内分布区
中文名	拉丁名	中文名	拉丁名	中文名	拉丁名		
芸香科	Rutaceae	白藓属	Dictamnus Linn.	白藓	*Dictamnus dasycarpus Turcz. Bull. Soc. Nat. Mosc.*	生于海拔 2300 米左右的山坡疏林下	产循化
		黄柏属	Phellodendron Rupr	黄柏	*Phellodendron amurense Rupr.Bull. Phys.-Math. Acad.Pétersb.*		青海省东部河谷台地的杂木林中有栽培
柽柳科	Tamaricaceae	水柏枝属	Myricaria Desv.	大苞水柏枝	*Myricaria alopecuroides Schrenk in Fisch.*	生于海拔 2800 米左右的荒漠	产柴达木盆地
				宽苞水柏枝	*Myricaria bracteata Royle，Illustr.*	生于海拔 2650～4000 米的河滩沙地、荒漠草原、河谷阶地、湖滨湿地、山前冲积扇	产同仁、班玛、杂多
				秀丽水柏枝	*Myricaria elegans Royle，Illustr.*	生于海拔 2800 米左右的河滩、山谷	产柴达木盆地
				水柏枝	*Myricaria germanica（L.）Desv.*	生于海拔 2300～3000 米的河漫滩、冲积扇流水线附近	产柴达木盆地的大柴旦、格尔木
				葡匐水柏枝	*Myricaria prostrata Hook.*	生于海拔 3600～4800 米的泉水边碱滩、河滩草甸、宽谷湖盆、平缓山坡、河谷沙滩、砾石山坡、沼泽草甸裸地	产刚察、祁连、化隆、玛多、曲麻莱、治多
				具鳞水柏枝	*Myricaria squamosa Desv.*	生于海拔 2200～4000 米的河漫滩、沟谷河岸、河谷乱石隙、荒漠带河边沙丘	产民和、乐都、循化、西宁、门源、祁连、海晏、同仁、河南、玛沁、久治、玉树、囊谦

科名		属名		种名		生境	省内分布区
中文名	拉丁名	中文名	拉丁名	中文名	拉丁名		
				密花柽柳	*Tamarix arcenthoides Bunge, Mém.*		产柴达木盆地
				甘蒙柽柳	*Tamarix austromongolica Nakai, Journ.*	生于海拔 1800 ~ 2200 米的干旱山坡与河滩	产青海境内黄河流域、湟水流域
				柽柳	*Tamarix chinensis Lour.*	生于海拔 2880 ~ 2960 米的黄河峡谷阴湿处，西宁有栽培	产兴海
				长穗柽柳	*Tamarix elongata Ledeb.*	生于海拔 2700 米左右的荒漠地带	产柴达木托拉海
				翠枝柽柳	*Tamarix gracilis Willd.*	生于海拔 2700 ~ 2990 米的沙滩和盐碱滩地	产柴达木盆地的诺木洪、托拉海、中加、德令哈、格尔木
		柽柳属	Tamarix.linn	刚毛柽柳	*Tamarix hispida Willd.*	生于海拔 2700 米左右的戈壁沙滩	产柴达木盆地
				多花柽柳	*Tamarix hohenackeri Bunge, Tentam.*	生于海拔 2700 ~ 2900 米的戈壁沙滩	产柴达木盆地的中加、托拉海
				盐地柽柳	*Tamarix karelinii Bunge, Tentam.*	生于海拔 2900 米左右的戈壁沙滩、盐碱滩地	产柴达木盆地的中加
				短穗柽柳	*Tamarix laxa willd.*	生于海拔 2990 ~ 3200 米的戈壁沙丘、山前冲积扇前沿、河滩盐渍地、干涸河流两岸	产都兰、德令哈
				细穗柽柳	*Tamarix leptostachys Bunge, Mém.*	生于海拔 2700 ~ 2900 米的戈壁荒漠盐渍化土壤	产柴达木盆地

科名		属名		种名		生境	省内分布区
中文名	拉丁名	中文名	拉丁名	中文名	拉丁名		
				多枝柽柳	*Tamarix ramosissima Ledeb.*	生于海拔 2550～3200 米的河滩沙地、固定沙丘、荒漠地带、河岸阶地、盐碱滩地	产兴海、都兰、德令哈
瑞香科	Thymelaeaceae	瑞香属	Daphne Linn.	黄瑞香	*Daphne giraldii Nitsche, Dissert.*	生于海拔 200～3050 米的高山灌丛、山坡林缘、沟谷疏林下	产民和、互助、乐都、循化、湟中、湟源、门源、尖扎、同仁、泽库
				五裂瑞香	*Daphne myritilloides Nitsche, Dissert.*	生于海拔 2500～3000 米的沟谷林缘、山坡疏林、河谷灌丛、河岸石	产循化、玉树
				凹叶瑞香	*Daphne retusa Hemsl.*	生于海拔 2600～3800 米的林间空地、沟谷林缘、山坡灌丛、河谷灌丛	产互助、乐都、湟中、尖扎、玛沁、玉树
				唐古特瑞香	*Daphne tangutica Maxim.*	生于海拔 2400～4300 米的山坡林下、阴坡灌丛、高山灌丛草甸、沟谷林缘	产民和、互助、乐都、循化、化隆、湟中、湟源、大通、门源、祁连、尖扎、同仁、泽库、班玛、久治、玉树、囊谦
胡颓子科	Elaeagnaceae	沙棘属	Hippophae Linn.	肋果沙棘	*Hippophae neurocarpus S.*	生于海拔 2900～4000 米的河漫滩、河岸阶地、沟谷干坡	产祁连、兴海、河南、久治、称多、玉树、囊谦、杂多、曲麻莱、治多
				黑刺	*Hippophae rhamnoides, Linn.*	生于海拔 1800～4500 米的高原沟谷、林缘、灌丛、山坡疏林、河滩灌丛、河谷阶地、山前洪积扇、山麓沙砾滩	产民和、互助、乐都、循化、化隆、平安、湟中、湟源、西宁、大通、门源、祁连、刚察、天峻、共和、贵南、尖扎、同仁、玛沁、班玛、曲麻莱、治多

续表

科名		属名		种名		生境	省内分布区
中文名	拉丁名	中文名	拉丁名	中文名	拉丁名		
				西藏沙棘	*Hippophae thibetana* Schlecht.	生于海拔2200～4400米的山坡石隙、河滩沙地、高寒草原、沙砾滩地、山麓石堆、河谷阶地、山前冲积扇	产互助、大通、门源、祁连、贵南、尖扎、泽库、河南、久治、玛多、称多、曲麻莱、杂多、治多
伞形科	Umbelliferae	峨参属	Anthriscus Hoffm.	刺果峨参	*Anthriscus nemorosa*（M.Bieb.）	生于海拔3550～3900米的河滩湿地、高山草甸	产玉树
				峨参	*Anthriscus sylvestris*（Linn.）	生于海拔2300～2700米的山坡灌丛、河谷林下	产民和、互助、班玛、玉树
		前胡属	Peucedanum Linn.	镰叶前胡	*Peucedanum falcaria* Turcz.	生于海拔3440米左右的于山坡草地	产共和
		茴芹属	Pimpinella Linn.	直立茴芹	*Pimpinella smithii* Wolff, Acta Hort.	生于海拔1800～3650米的阴坡灌丛草地、沟谷林下、林缘草甸、河畔田边	产互助、乐都、循化、湟中、大通、门源、班玛
		棱子芹属	Pleurospermum Hoffm.	粗茎棱子芹	*Pleurespermum crassicaule wolff in Fedde, Repert.*	生于海拔3050～4000米的山坡石隙、高山灌丛、沟谷山崖、高山草甸	产乐都、大通、门源、祁连、久治
				鸡冠棱子芹	*Pleurespermum cristatum* H.	生于海拔2500米左右的河谷林下	产循化
				松潘棱子芹	*Pleurespermum franchetianum* Hemsl.	生于海拔2300～2800米的阴坡灌丛、山谷林下、林缘草甸、河滩地埂	产互助、乐都、循化、湟中、湟源、西宁、同仁、泽库
				垫状棱子芹	*Pleurespermum hedinii* Diels in Sven Hedin, Shouth.	生于海拔3980～4900米的高山碎石隙、高草甸、阴坡岩缝。	产兴海、玛沁、达日、玛多、称多、曲麻莱、治多
				西藏棱子芹	*Pleurespermum hookeri* Clarke var.	生于海拔3230～4750米的高山灌丛、沟谷砾地、高山草甸、山崖岩隙、高山流石坡	产大通、祁连、同德、兴海、泽库、玛沁、甘德、久治、达日、玛多、称多、玉树、囊谦、曲麻莱、治多

科名		属名		种名		生境	省内分布区
中文名	拉丁名	中文名	拉丁名	中文名	拉丁名		
				康定棱子芹	*Pleurespermum prattii Wolff in Fedde, Repert.*	生于海拔 3400 ~ 4000 米的高山草甸、山沟砾地、山坡岩缝	产玛沁、久治、班玛、玉树、囊谦
				青藏棱子芹	*Pleurespermum pulszkyi Kanitz in Szechenyi, Wiss, Ergeb.*	生于海拔 3800 ~ 4900 米的高山灌丛、河谷阶地、高山草甸、高山碎石隙	产互助、乐都、大通、门源、祁连、兴海、天峻、乌兰、同仁、泽库、河南、玛沁、久治、达日、玛多、玉树、杂多、治多
				青海棱子芹	*Pleurespermum szechenyii Kanitz in Szechenyii, Wiss.*	生于海拔 3230 ~ 4150 米的沟谷山崖草甸化草原、高山草甸、砾石河岸、高山碎石隙	产共和、兴海、河南、玛沁、甘德、曲麻莱
				泽库棱子芹	*Pleurespermum tsekuense Shan, Fl.*	生于海拔 3470 ~ 3850 米的高山沼泽草甸、阴坡灌丛、沟谷石缝	产泽库（模式标本产地）、玛沁
				瘤果棱子芹	*Pleurespermum wrightianum H.*	生于海拔 3400 ~ 4500 米的阴坡崖顶、高山灌丛、高山草甸、河谷阶地	产同德、玛沁、久治、班玛、称多、玉树、杂多
		西风芹属	Seseli Linn.	粗糙西风芹	*Seseli squarrulosum Shan et Shen, Acta Phytotax.*	生于海拔 2248 ~ 3200 的山坡灌丛、山坡草甸、沟谷河滩、田埂	产互助、湟中、湟源、西宁、大通、门源、尖扎、同仁、泽库（模式标本产地）
		窃衣属	Torilis Adans.	小窃衣	*Torilis japonica (Houtt.) DC.*	生于海拔 1850 ~ 2500 米的山坡、河滩	产民和、循化
木犀科	Oleaceae	丁香属	Syringa Linn.	紫丁香	*Syringa oblata Lindl*	生于海拔 2050 ~ 3580 米的山坡灌丛、林缘、林下	产民和、互助、循化

续表

科名		属名		种名		生境	省内分布区
中文名	拉丁名	中文名	拉丁名	中文名	拉丁名		
				北京丁香	*Syringa pekinensis Rupr.*		民和、互助、乐都、循化、化隆、平安、湟中、湟源、西宁、大通、贵德、尖扎、同仁有栽培
				花叶丁香	*Syringa persica Lim.*	生于海拔 2200 米以下的阳坡	产循化孟达林区
				羽叶丁香	*Syringa pinnatifolia Hemsl*	生于海拔 2100 米的干旱山坡或干河滩	产循化
				华丁香	*Syringa protolaciniata*	生于海拔 2500 米的山坡林缘	产循化
				毛叶丁香	*Syringa pubescens Turcz*		产大通河下游林区
				小叶丁香	*Syringa pubescens Turcz*	生于海拔 2000 ~ 2310 米的林下、林缘及山坡灌丛中	产民和、互助、乐都、循化、化隆、平安、西宁、大通、湟中、湟源、门源、贵德、贵南、同德、共和、尖扎、同仁、玉树、囊谦有栽培
				暴马丁香	*Syringa reticulata（Blume）*		互助、循化、湟中（塔尔寺）、西宁、大通、门源、同仁有栽培
				四川丁香	*Syringa sweginzowii Koeh*	生于海拔 3200 ~ 3700 米的阴坡林下、河岸林缘	产班玛
				欧洲丁香	*Syringa vulgaris Linn*	植于海拔 1700 ~ 2300 米的庭院公园、街道两旁	民和、互助、乐都、循化、化隆、平安、湟中、湟源、西宁、大通、尖扎、同仁有栽培
				云南丁香	*Syringa yunnanensis Franch.*		西宁有栽培

科名		属名		种名		生境	省内分布区
中文名	拉丁名	中文名	拉丁名	中文名	拉丁名		
唇形科	Labiatae	筋骨草属	Ajuga Linn	白苞筋骨草	*Ajuga Iupulina Maxim*	生于海拔 2900 ~ 4500 米的河岸阶地、河谷滩地、山坡草地、沟谷灌丛林缘、高山草甸	产民和、互助、乐都、循化、化隆、平安、湟中、湟源、西宁、大通（模式标本产地）、门源、祁连、海晏、刚察、贵德、贵南、同德、兴海、同仁、泽库、河南、玛沁、甘德、久治、班玛
				圆叶筋骨草	*Ajuga ovalifolia Bur*	生于海拔 3300 ~ 3900 米的河谷草甸、山坡灌丛、林缘、阴坡草地	产久治、班玛
				美花筋骨草	*Ajuga ovalifolia Bur*	生于海拔 3200 ~ 4100 米的沟谷林下、山坡草地、灌丛	产久治、班玛、玉树
		香薷属	Elsholtzia Willd	小头花香薷	*Elsholtzia cephalantha*	生于海拔 3400 ~ 4200 米的河谷阶地、半阴坡裸地	产久治、同德
				密穗香薷	*Elsholtzia densa Benth*	生于海拔 1800 ~ 4300 米的宅旁荒地、村舍及畜圈周围、田边、路边、水沟边、河滩疏林下、灌丛中	产民和、互助、乐都、循化、化隆、平安、湟中、湟源、西宁、大通、门源、祁连、海晏、刚察、贵德、贵南、同德、共和、兴海、天峻、乌兰、都兰、格尔木、德令哈、尖扎、同仁、泽库、河南、玛沁、甘德、久治、班玛、玛多、玉树、囊谦
				萼果香薷	*Elsholtzia densa Benth*	生于海拔 3200 ~ 4200 米的草滩裸地、河谷林边、水沟边	产门源、天峻、泽库、玛沁、久治、玉树
				细穗香薷	*Elsholtzia densa*	生于海拔 2300 ~ 3700 米的撂荒地、田边、山坡草地	产乐都、西宁、门源、祁连、大通（模式标本产地）、贵德、兴海、格尔木、同仁、达日、曲麻莱、玉树

科名		属名		种名		生境	省内分布区
中文名	拉丁名	中文名	拉丁名	中文名	拉丁名		
				高原香薷	*Elsholtzia feddei*	生于海拔 2000~4100 米的牲畜圈棚周围、河滩草甸、田边路旁、弃荒地、山坡草丛	产互助、民和、循化、西宁、同德、泽库、同仁、称多、玉树、囊谦、曲麻莱、治多
				鸡骨柴	*Elsholtzia fruticosa*	生于海拔 3600~4300 米的山坡草地、河谷砾地	产称多、囊谦、玉树
		鼬瓣花属	Galeopsis Linn	鼬瓣花	*Galeopsis bifida* Boenn	生于海拔 1850~3700 米的田林路边、河滩草地、荒地	产民和、循化、湟中、大通、门源、同德、同仁、泽库、河南、班玛、称多、玉树、囊谦
		香茶菜属	Isodon	鄂西香茶菜	*Isodon henryi*	生于海拔 2200~2600 米的山谷灌丛中	产民和、循化
				川藏香茶菜	*Isodon pharicus*	生于海拔 3450~4000 米的沟谷林边、山地灌丛、阳坡山脚下	产玉树、囊谦
				马尔康香茶菜	*Isodon smithianus*	生于海拔 3200~3750 米的山谷林缘灌丛	产班玛
		夏至草属	Lagopsis Bunge	毛穗夏至草	*Lagopsis eriostachys*	生于海拔 3350~4000 米的沙砾干河滩、高山流石滩、山坡草地	产祁连
				夏至草	*Lagopsis supina*	生于海拔 2000~3450 米的田埂路边、宅旁墙根、水沟边、撂荒地	产民和、互助、乐都、湟中、循化、化隆、平安、西宁、同仁、尖扎、玉树
		野芝麻属	Lamium Linn	宝盖草	*Lamium amplexicaule*	生于海拔 2160~4300 米的田埂路边、田间、宅旁、河谷水沟边、林缘灌丛草甸	产互助、民和、乐都、循化、化隆、平安、湟中、湟源、西宁、大通、门源、贵德、兴海、河南、泽库、同仁、久治、玛沁、称多、囊谦、玉树、曲麻莱、治多、杂多

科名		属名		种名		生境	省内分布区
中文名	拉丁名	中文名	拉丁名	中文名	拉丁名		
		益母草属	Leonurus Linn	益母草	*Leonurus japonicus*	生于海拔 2000 ~ 3000 米的村舍周围、宅旁荒地、田埂路边、渠岸水沟边、河边岩隙、沙砾滩地	产民和、乐都、循化、平安、同仁
				细叶益母草	*Leonurus sibiricus Linn*	生于海拔 2230 ~ 2600 米的阳坡、河沟边、田边荒地、路边砾石地	产互助、乐都、循化、西宁、尖扎、同仁
		荆芥属	Nepeta Linn	蓝花荆芥	*Nepeta coerulescens Maxim*	生于海拔 2900 ~ 4600 米的灌丛草甸、高山草甸、山坡沙砾质草地、高山流石滩、山麓沟底、河滩砾地、河谷阶地、田地	产门源、祁连、兴海、德令哈、河南、泽库、同仁、玛沁、玛多、称多、玉树、囊谦、曲麻莱、杂多、治多
				齿叶荆芥	*Nepeta dentata*	生于海拔 3500 米左右的林缘草地	产玉树
				康藏荆芥	*Nepeta prattii Levl*	生于海拔 2300 ~ 3900 米的沟谷灌丛、山坡草地、河谷阶地、砾石山麓、田边	产互助、乐都、循化、民和、湟中、湟源、大通、门源、同德、兴海、河南、泽库、同仁、玛沁、班玛、称多、玉树、囊谦
		糙苏属	Phlomis Linn	尖齿糙苏	*Phlomis dentosa Franch*	生于海拔 1800 ~ 2800 米的干旱山坡、田林路边、河滩砾石地	产民和、互助、乐都、循化、西宁、贵德、尖扎、同仁
				光叶尖齿糙苏	*Phlomis dentosa Franch*	生于海拔 2600 米左右的山谷草丛、干旱阳坡	产贵德
		百里香属	Thymta Linn	百里香	*Thymus mongolicus Ronn*	生于海拔 1900 ~ 3000 米的干旱河滩、林缘草地、干山坡	产民和、循化、化隆

科名		属名		种名		生境	省内分布区
中文名	拉丁名	中文名	拉丁名	中文名	拉丁名		
茄科	Solanaceae	天仙子属	Hyoscyamus Linn	天仙子	*Hyoscyamus niger* Linn	生于海拔 1900～3250 米的撂荒地、田边、地头、村庄附近、河滩、墙根、渠岸沟底、林缘山坡	产民和、互助、乐都、化隆、循化、平安、西宁、湟中、门源、贵南、贵德、兴海、同德、尖扎、同仁、玛沁
		茄参属	Mandragora Linn	青海茄参	*Mandragora chinghaiensis*	生于海拔 3200～4500 米的沙砾河滩、阳坡或山麓	产祁连、久治（模式标本产地）、达日、玛沁、杂多、玉树
川续断科	Dipsacaceae	川续断属	Dipsacus Linn.	日本续断	*Dipsacus japonicus* Miq.	生于海拔 1850～2800 米的水沟边、河滩、山坡	产民和、乐都、平安、循化
				大头续断	*Dipsacus mitis* D.	生于海拔 3200～3700 米的山坡林缘、林下灌丛草地、林场苗圃中	产班玛、玉树
		刺参属	Morina Linn.	白花刺参	*Morina alba* Hand.	生于海拔 2800～4400 米的山坡灌丛、高山草甸、宽谷湖盆草甸、河谷砾地、山坡草地	产互助、乐都、河南、玛沁、班玛、杂多、称多、囊谦、玉树
				圆萼刺参	*Morina chinensis* (*Bat.*)	生于海拔 2200～4850 米的河谷灌丛中、高山草甸、山坡草地、山沟林中空地、河滩草地	产乐都、大通、门源、祁连、刚察、同德、贵德、兴海、共和、同仁、泽库、河南、玛沁、达日、玉树
				绿花刺参	*Morina chlorantha*	生于海拔 3100～3900 米的山坡草地、沟谷林缘、灌丛草甸	产囊谦、玉树
				青海刺参	*Morina kokonorica*	生于海拔 3100～4800 米的平缓山坡、河谷湖滩、草地、高山草甸、阴坡灌丛草甸	产刚察、共和、兴海、同仁、囊谦、曲麻莱、杂多、玉树、治多

科名		属名		种名		生境	省内分布区
中文名	拉丁名	中文名	拉丁名	中文名	拉丁名		
桔梗科	Campanulaceae	沙参属	Adenophora Fisch.	喜马拉雅沙参	*Adenophora himalayana*	生于海拔2400~4500米的林中空地、河谷灌丛、山坡草地、崖顶石隙	产互助、乐都、大通、门源、贵德、河南、泽库、同仁、班玛、曲麻莱、杂多、囊谦、称多、玉树、治多
				川藏沙参	*Adenophora liliifolioides*	生于海拔3200~3650米的阳坡草地、峭壁崖顶、田边地埂。	产久治、班玛、玉树
				泡沙参	*Adenophora potaninii*	生于海拔1900~2900米的阳坡、灌丛、田边	产门源、互助、民和、乐都、湟中、湟源、循化、大通、西宁、泽库、同仁
				长叶泡沙参	*Adenophora potaninii Korsh.*	生于海拔2300~2600米的沟谷林下、林间空地、山坡石缝	产互助
				长柱沙参	*Adenophora stenanthia* (*Ledeb.*)	生于海拔2600~3900米的阳坡柏树林下、沟谷灌丛、断崖草坡、田边路旁、渠岸、河谷砾地	产门源、祁连、刚察、民和、互助、乐都、循化、化隆、平安、湟中、湟源、西宁、大通、贵德、贵南、同德、兴海、共和、乌兰、天峻、都兰、德令哈、尖扎、同仁、泽库、河南、玛沁、久治、囊谦、玉树
				皱叶沙参	*Adenophora stenanthia* (*Ledeb.*)	生于海拔2500~3600米的山坡林下、河谷灌丛中、山坡土崖	产乐都、西宁、祁连、兴海、都兰、德令哈、大柴旦、同仁、泽库
菊科	Compositae	牛蒡属	Arctium Linn.	牛蒡	*Arctium lappa*	生于海拔1800~2500米的河滩疏林边、荒地、田边渠岸、它旁村边、河沟路边	产民和、互助、乐都、循化、化隆、西宁、尖扎、同仁

续表

科名		属名		种名		生境	省内分布区
中文名	拉丁名	中文名	拉丁名	中文名	拉丁名		
		飞廉属	Carduus Linn.	飞廉	*Carduus crispus Linn.*	生于海拔2230~4000米的宅旁荒地、河滩疏林边、村舍路边、山坡草甸、田边渠岸	产民和、互助、乐都、循化、化隆
		金挖耳属	Carpesium Linn.	矮天名精	*Carpesium humile C.*	生于海拔2300~2800米的山谷草甸、沟谷灌丛、河岸渠边、林间空地、林缘草地	产民和、互助、贵德（模式标本产地）
				高原天名精	*Carpesium lipskyi C.*	生于海拔2500~3700米的沟谷林缘、灌丛草甸、田边渠岸、河滩疏林下	产民和、互助、乐都、循化、湟中、大通、门源、班玛、玉树
				粗齿天名精	*Carpesium trachelifolium Less.*	生于海拔2500米左右的沟谷林下	产循化
		菊属	Dendranthema（DC.）	小红菊	*Dendranthema chanetii*（*Levl.*）	生于海拔1800~2500米的山坡林缘、河滩草甸	产民和、互助、乐都、化隆、循化
				甘菊	*Dendranthema lavandulifolium*	生于海拔2000米左右的山坡草地	产循化
				菊花	*Dendranthema morifolium*		民和、互助、乐都、循化、化隆、平安、湟中、湟源、西宁、大通、门源、祁连、海晏、刚察、贵德
		多榔菊属	Doronicum Linn.	阿尔泰多榔菊	*Doronicum altaicum Pall.*	生于海拔4500~4750米的高山流石滩、河谷阶地、山前冲积扇、高山草甸裸地	产久治、称多、玉树
				多榔菊	*Doronicum stenoglossum Mxaim.*	生于海拔2700~4200米的沟谷灌丛、山坡林下、林缘草地	产互助、湟中、祁连、泽库、班玛、玛沁、称多、囊谦、玉树

科名		属名		种名		生境	省内分布区
中文名	拉丁名	中文名	拉丁名	中文名	拉丁名		
		蓝刺头属	Echinops Linn	砂蓝刺头	*Echinops gmelini Turcz.*	生于海拔 2200 ~ 3400 米的沙漠戈壁、细沙河滩、沙丘河堤上	产贵德、共和、乌兰、都兰
		旋覆花属	Inula Linn.	旋覆花	*Inula japonica Thunb.*	生于海拔 1900 ~ 3000 米的河沟水边、渠岸林缘、农田路边	产民和、乐都、循化、化隆、西宁、贵德、尖扎、同仁
				总状土木香	*Inula racemosa Hook.*		西宁、同仁、囊谦有栽培
				蓼子朴	*Inula salsoloides (Turcz.)*	生于海拔 1880 ~ 3000 米的沙丘、河滩砾地、湖边沙地、疏林下、水边草地	产民和、乐都、循化、化隆、西宁、贵德、乌兰、格尔木、尖扎
		莴苣属	Lactuca Linn.	莴苣	*Lactuca sativa Linn.*		民和、互助、乐都、循化、化隆、平安、湟中、湟源、西宁、大通、门源、海晏、贵德、贵南、尖扎、同仁有栽培
		漏芦属	Leuzea DC.	漏芦	*Leuzea unifora (Linn.)*	生于海拔 2300 ~ 2400 米的阳坡草地、田边荒地	产循化、民和、乐都、同仁
		橐吾属	LigulariaCass.	缘毛橐吾	*Ligularia liatroides*	生于海拔 3700 ~ 4450 米的阴坡潮湿处、河谷阶地、山麓湿沙地、高山草甸、高山沼泽草甸、河谷灌丛草甸、河岸水边草地、山坡砾石地	产久治、称多、杂多、囊谦、玉树
				大齿橐吾	*Ligularia macrodonta Ling,*	生于海拔 2600 ~ 3800 米的高山草甸、河滩草甸	产循化（模式标本产地）
				掌叶橐吾	*Ligularia przewalskii (Maxim.)*	生于海拔 2000 ~ 4200 米的河滩沼泽草甸、河谷草地、山坡灌丛、沟谷林下、林缘草甸、高山草甸	青海多地有分布

科名		属名		种名		生境	省内分布区
中文名	拉丁名	中文名	拉丁名	中文名	拉丁名		
				褐毛橐吾	*Ligularia purdomii*（*Turrill*）	生于海拔3600~3900米的高山沼泽草甸、河边草甸、沼泽浅水处	产班玛、久治
				箭叶橐吾	*Ligularia sagitta*（*Maxim.*）	生于海拔1950~3800米的高山草甸、沙砾山坡、沟谷林缘、河岸灌丛草甸、河滩疏林下、渠岸溪边、田边荒地	产互助、乐都、循化、平安、湟中、西宁、大通、门源、祁连、海晏、贵德、同德、共和、兴海、乌兰、德令哈、玛沁、囊谦
				唐古特橐吾	*Ligularia tangutorum* Pojark.	生于海拔2700~4000米的高山草甸、山坡砾地、河谷灌丛、河滩疏林下	产民和、互助、乐都、化隆、平安、大通、门源、同德、泽库、河南、玛沁
				黄帚橐吾	*Ligularia virgaurea*（*Maxim.*）	生于海拔2700~4600米的高寒草甸裸地、沼泽边缘、山麓沙砾草地、退化的高寒草原、湖滨沙砾滩、沟谷溪边、河谷阶地、山坡泉水边	青海多地有分布
		毛连菜属	Picris Linn.	毛连菜	*Picris japonica* Thunb.	生于海拔2230~3800米的田边荒地、河滩草甸、山坡林缘	产民和、乐都、循化、大通、湟源、西宁、同德、泽库、同仁、尖扎、班玛、玛沁、称多、囊谦、玉树
		福王草属	Prenanthes Linn.	多裂福王草	*Prenanthes macrophylla* Franch.	生于海拔1850米的左右的水边草地	产循化
		蚤草属	Pulicaria Gaertn.	臭蚤草	*Pulicaria insignis* Drumm.	生于海拔3640~4300米的山坡、山坡岩石缝	产囊谦、玉树
		小黄菊属	Pyrethrum Zinn.	川西小黄菊	*Pyrethrum tatsienense*	生于海拔2600~4850米的高山草地、河谷阶地、河滩砾地、阴坡高山、灌丛	产河南、玛沁、久治、达日、玛多、称多、囊谦、玉树

科名		属名		种名		生境	省内分布区
中文名	拉丁名	中文名	拉丁名	中文名	拉丁名		
		麻花头属	Serratula Linn	蕴苞麻花头	*Serratula strangulata*	生于海拔2230～3200米的田林路边、宅旁荒地、河滩疏林缘、水渠沟边	产互助、民和、乐都、循化、湟中、大通、西宁、贵德、同仁
		款冬属	Tussilago Linn.	款冬	*Tussilago farfara Linn.*	生于海拔约2500米的河边草甸、山坡草地	产民和、互助、乐都、循化、化隆、平安、湟中、湟源、大通、门源、贵德、尖扎、同仁
禾本科	Gramineae	芨芨草属	Achnatherum Beauv.	细叶芨芨草	*Achnatherum chingii*（*Hitchc.*）	生于海拔2170～3800米的山坡林缘、林下、沟谷阶地、湖滨草地	产互助、乐都、大通、门源、贵德、同德、泽库、班玛、玉树
				林荫芨芨草	*Achnatherum chingii*（*Hitche.*）	生于海拔3300～3800米山地林下、林缘灌丛	产大通、玛沁、班玛、玉树
				远东芨芨草	*Achnatherum extremiorientale*	生于海拔2330～3400米的山坡草地、林缘、灌丛、河滩草甸	产互助、乐都、循化、门源、祁连、同仁
				醉马草	*Achnatherum inebrians*（*Hance*）	生于海拔1900～3700米的山坡草地、田边、路旁、草丛、河滩、高山灌丛	青海省多地有分布
				光药芨芨草	*Achnatherum psilantherum Keng ex Tzvel.*	生于海拔2300～4050米的山坡草地、河岸草丛、河滩砾地	产互助、湟源、西宁、大通、门源、祁连、海晏、刚察、同德、共和、兴海、乌兰、格尔木、同仁、泽库、玉树、治多
				毛颖芨芨草	*Achnatherum pubicalyx*（*Ohwi*）	生于海拔2700米的林下	产互助
				羽茅	*Achnatherum sibiricum*（*Linn.*）	生于海拔2200～3400米的山坡草地、林缘草甸	产民和、祁连、兴海

续表

科名		属名		种名		生境	省内分布区
中文名	拉丁名	中文名	拉丁名	中文名	拉丁名		
				芨芨草	*Achnatherum splendens* （*Trin.*）	生于海拔 1900 ~ 4100 米的砾石质山坡、干旱阳坡、林缘草地、微碱性草滩、荒漠草原	青海省多地有分布
		隐子草属	Cleistogenes Keng	中华隐子草	*Cleistogenes chinensis* （*Maxin.*）	生于山坡草地、丘陵及林缘草地	据《中国植物志》载，产青海
				小尖隐子草	*Cleistogenes mucronata Keng ex Keng et L.*	生于山坡碎石中、山麓冲积地	据《中国植物志》载，产青海
				无芒隐子草	*Cleistogenes songorica* （*Roshev.*）	生于海拔 2400 ~ 2800 米的干山坡、河漫滩	产西宁、兴海、共和
				糙隐子草	*Cleistogenes squarrosa* （*Trin.*）	生于海拔 3300 米的干草原、滩地	产兴海
		隐花草属	Crypsis Ait.	隐花草	*Crypsis aculeata* （*Linn.*）	生于海拔 3000 米的河岸沟旁、盐碱滩地	产乌兰
		偃麦草属	Elytrigia Desv.	偃麦草	*Elytrigia repens* （*Linn.*）	生于海拔 2400 米左右的山坡草地、河岸阶地	产西宁市
		以礼草属	Kengyilia Yen et J.L.Yang	大颖草	*Kengyilia grandiglumis* （*Keng*）*J.*	生于海拔 2300 ~ 4100 米的山坡草地、河滩草甸、峡谷砾地、沙丘河湖渠岸田埂。青海特有	产互助、海晏、贵南、共和、河南（模式标本产地）、玉树、囊谦
				糙毛以礼草	*Kengyilia hirsuta* （*Keng*）*J.L.Yang, Yen et Baum, Hereditas*	生于海拔 3000 ~ 4300 米的山坡草地、河滩草甸、河湖渠岸	产门源、海晏、刚察、贵德、同德、共和、兴海、乌兰、泽库、河南、玛沁、玛多、玉树、囊谦、曲麻莱、杂多

科名		属名		种名		生境	省内分布区
中文名	拉丁名	中文名	拉丁名	中文名	拉丁名		
				显芒以礼草	*Kengyilia hirsuta* (*Keng*) *J.L.Yang, Yen et Baum var. obviaristata*	生于海拔 3200 米左右的山坡草地	产共和
				青海以礼草	*Kengyilia kokonorica* (*Keng*) *J.*	生于海拔 3200~4100 米的干山坡草地、砾石坡地、河边沙地	产湟源、玛沁、玉树
				疏花以礼草	*Kengyilia laxiflora* (*Keng*) *J.*	生于海拔 2800~3300 米的河谷渠岸、林缘草地。分布于甘肃、四川	产兴海、同仁、班玛
				黑药以礼草	*Kengyilia melanthera* (*Keng*) *J.*	生于海拔 3800~4550 米的河滩沙地、山坡砾石堆、沙砾质河谷阶地	产达日、玛多、玉树、囊谦、曲麻莱、杂多、治多
				大河坝黑药草	*Kengyilia melanthera* (*Keng*) *J.*	生于海拔 2700~4300 米的山坡草地、灌丛草甸、河岸沙地。青海特有	产大通、门源、共和、兴海（模式标本产地）、都兰、德令哈、玛多
				无芒以礼草	*Kengyilia mutica* (*Keng*) *J.*	生于海拔 2900~4000 米的河岸阶地、沙滩及山坡草地。青海特有。	产祁连、贵德（模式标本产地）、囊谦
				硬秆以礼草	*Kengyilia rigidula* (*Keng*) *J.*	生于海拔 3000~3400 米的山坡草地、灌丛、林缘、河谷沙砾地	产同德、泽库、河南
				毛鞘以礼草	*Kengyilia rigidula* (*Keng*) *J.L.Yang, Yen et Baum var. trichocolea*	生于海拔 4000 米左右的阳坡草地	产称多

续表

科名		属名		种名		生境	省内分布区
中文名	拉丁名	中文名	拉丁名	中文名	拉丁名		
				窄颖以礼草	*Kengyilia stenachyra* （*Keng*）*J.*	生于海拔 3200 ~ 4300 米的河滩沙砾地、阳坡草地	产刚察、同德、玛多、玉树、杂多
				梭罗草	*Kengyilia thoroldiana* （*Oliv.*）*J.*	生于海拔 3700 ~ 5000 米的山坡草地、高寒草原、多沙处、河岸阶地、沙砾滩地	产祁连、格尔木、玛沁、达日、玛多、玉树、囊谦、曲麻莱、杂多、可可西里
		赖草属	Leymus Hochst.	羊草	*Leymus chinensis* （*Trin.*）*Tzvel.*	生于海拔 2700 米左右的水旁砾石草地	产兴海
				粗穗赖草	*Leymus crassiusculus L.*	生于海拔 2500 ~ 2900 米的山坡、河滩、草地、农田边	产兴海、大柴旦
				弯曲赖草	*Leymus flexus L.*	生于海拔 2200 ~ 4000 米的山坡草地、水渠地、撂荒地	产西宁、门源、兴海、格尔木、冷湖、玛多、囊谦
				宽穗赖草	*Leymus ovatus* （*Trin.*）*Tzvel.*	生于海拔 2800 ~ 3650 米的河滩草甸、沟沿、湖岸、山间草地、草场	产祁连、刚察、同德、共和、都兰
				毛穗赖草	*Leymus paboanus* （*Claus*） *Pilger in Engl.*	生于海拔 2750 ~ 3100 米的滩地草甸、河岸沙地、沟沿、山坡砾地	产格尔木、德令哈、大柴旦
				柴达木赖草	*Leymus pseudoracemosus Yen et J.*	生于海拔 2900 米左右的戈壁砾地	产都兰
				若羌赖草	*Leymus ruoqiangensis S.*	生于海拔 2500 ~ 3000 米的干山坡、湖滩草甸、河边盐碱滩	产格尔木、德令哈、冷湖、茫崖

科名		属名		种名		生境	省内分布区
中文名	拉丁名	中文名	拉丁名	中文名	拉丁名		
				赖草	*Leymus secalinus*	生于海拔 1900 ~ 4300 米的山坡草地、河滩湖岸、田边沙地、林缘路旁、山麓砾石中	产民和、互助、乐都、循化、化隆、平安、湟中、湟源、西宁、大通、门源、祁连、海晏、刚察、贵德、贵南、同德、共和、兴海、天峻、乌兰、都兰、格尔木、德令哈、冷湖、大柴旦、茫崖、尖扎、同仁、泽库、河南、玛沁、甘德、久治、班玛、达日、玛多、称多、玉树、囊谦、曲麻莱、杂多、治多（可可西里）
				糙稃赖草	*Leymus secalinus* (*Georgi*) *Tzvel. var. pubescens*	生于海拔 3200 ~ 4550 米的山坡草地、路旁、河滩、湖岸	产刚察、玉树、曲麻莱、杂多、治多
		黑麦草属	Lolium Linn.	黑麦草	*Lolium perenne Linn.*	生于海拔 2250 ~ 3100 米的田边	产西宁、共和
				欧毒麦	*Lolium persicum Boiss*		西宁、共和田间有逸生
				毒麦	*Lolium temulentum Linn.*	生于麦田边	产乐都、循化
		鹅观草属	Roegneria C.Koch	高株鹅观草	*Roegmeria altissima Keng et S.*	生于海拔 3700 米左右的山坡及沟谷草地	产都兰
				芒颖鹅观草	*Roegneria aristiglumis Keng et S.*	生于海拔 3400 ~ 5000 米的甘肃、山坡、草地、高寒草原、沟谷草甸、河滩沙砾地	产门源、兴海、都兰、格尔木、玛多、玉树、可可西里
				毛盘鹅观草	*Roegneria barbicalla*	生于海拔 2000 米左右的林缘草甸和灌丛中	产民和、西宁

科名		属名		种名		生境	省内分布区
中文名	拉丁名	中文名	拉丁名	中文名	拉丁名		
				毛叶毛盘草	*Roegneria barbicalla Ohwi var. pubifolia*	生于海拔 2600 ~ 3100 米的山坡草地及沟谷河岸	产西宁、同德
				短颖鹅观草	*Roegneria breviglumis Keng et S.*	生于海拔 3000 ~ 4500 米的河边沙地、路旁、灌丛草甸、山坡草地、林缘	产互助、乐都、湟源、门源、祁连、同德、兴海、同仁、玛沁、班玛、玉树、囊谦、曲麻莱
				短柄鹅观草	*Roegneria brevipes Keng et S.*	生于海拔 3200 ~ 4520 米的山坡及沟谷草甸	产乐都、玛沁、玛多、玉树、曲麻莱
				岷山鹅观草	*Roegneria dura（Keng）*	生于海拔 3000 ~ 5400 米的山坡、砾地、林缘、草地、灌丛及砾石滩地	产互助、同德、兴海、格尔木、河南、玛多
				光穗鹅观草	*Roegneria glaberrima*	生于海拔 2300 米左右的林缘草地	产西宁
				直穗鹅观草	*Roegneria gmelinii（Ledeb.）Kitag.*	生于海拔 2600 米左右的河谷草甸、林缘灌丛	产乐都
				善变鹅观草	*Roegneria hirsuta Keng var.*	生于海拔 3000 米左右的阳坡草地	产湟源、海晏、共和
				五龙山鹅观草	*Roegneria hondai Kitag.*	生于海拔 2200 ~ 3500 米的林下及林缘草地	产循化、玉树
				矮鹅观草	*Roegneria humilis Keng et S. L.Chen,*	生于海拔 3200 米左右的路旁草丛	产海晏
				光花鹅观草	*Roegneria leiantha Keng et S. L.Chen,*	生于海拔 2300 ~ 3200 米的河沟渠岸水边草甸。青海特有。	产大通、兴海
				小株鹅观草	*Roegneria minor Keng et S.L.Chen*	生于海拔 3000 ~ 3800 米的路旁、林缘灌丛草地、撂荒地	产门源、玉树、囊谦

科名		属名		种名		生境	省内分布区
中文名	拉丁名	中文名	拉丁名	中文名	拉丁名		
				多秆鹅观草	*Roegneria multiculmis Kitag.*	生于海拔 2200 米左右的林下及灌丛中	产循化
				垂穗鹅观草	*Roegneria nutans*（*Keng*）*Keng,*	生于海拔 2800 ~ 4400 米的山坡沙砾质草地、林缘、灌丛及河谷草甸	产乐都、化隆、门源、贵德、同德、共和、兴海、乌兰、都兰、德令哈、同仁、泽库、河南、玛沁、班玛、玉树、囊谦、曲麻莱、杂多
				小颖鹅观草	*Roegneria parvigluma Keng et S.*	生于海拔 2600 ~ 4000 米的山坡砾地、河滩草甸、灌丛、河谷湿沙地、林缘、路边	产门源、泽库、班玛、玉树、囊谦
				贫花鹅观草	*Roegneria pauciflora*（*Schwein.*）*Hylander,*		贵德、贵南、同德、共和、兴海、尖扎、同仁、泽库、河南有栽培
				缘毛鹅观草	*Roegneria pendulina Nevski in Kom.*	生于海拔 2600 米左右的河边林下、灌丛草地	产互助
				毛节缘毛草	*Roegneria pendulina Nevski var. pubinodis*	生于海拔 2600 米左右的河谷草地及林下灌丛中	产互助
				紫穗鹅观草	*Roegneria purpurascens Keng et S.*	生于海拔 3800 米左右的山坡草地	产门源
				扭轴鹅观草	*Roegneria schrenkiana*	生于海拔 3700 ~ 4100 米的山坡草地、河滩草甸、沟渠河岸	产湟中、兴海、冷湖、河南
				中华鹅观草	*Roegneria sinica Keng et S.*	生于海拔 2200 ~ 3600 米的山坡草地、沟谷草甸、林缘灌丛、田边	产乐都、循化、共和、泽库

续表

科名		属名		种名		生境	省内分布区
中文名	拉丁名	中文名	拉丁名	中文名	拉丁名		
				肃草	*Roegneria stricta Keng et S.*	生于海拔 2200 ~ 3800 米的山坡草地、沟谷林缘、河滩草甸	产互助、乐都、循化、湟中、共和、兴海、同仁、玉树、囊谦
				林地鹅观草	*Roegneria sylvatica Keng et S.*	生于海拔 3300 米左右的林缘和灌丛草甸	产同德
				毛穗鹅观草	*Roegneria trichospicula L.*	生于海拔 3500 ~ 4400 米的林缘和灌丛草甸。青海特有。	产玉树、囊谦
				高山鹅观草	*Roegneria tschimganica* (*Drob.*)	生于海拔 3300 ~ 4500 米的沙砾山坡、河谷草甸、高山草原	产都兰、达日、玛多、囊谦
				多变鹅观草	*Roegneria varia Keng et S.*	生于海拔 2900 ~ 3300 米的山坡草地、林缘及灌丛草甸	产乐都、乌兰
				玉树鹅观草	*Roegneria yushuensis L*	生于海拔 3500 ~ 4100 米的山坡草地、路旁、高寒草原沙砾地	产泽库、玉树、囊谦
莎草科	Cyperaceae	扁穗草属	Blysmus Panz.	内蒙古扁穗草	*Blysmus rufus* (*Huds.*)	生于海拔 2900 ~ 3200 米的河岸溪边、湖滨河滩、沼泽草甸、泉水流经处草甸	产海晏、刚察、共和、乌兰、都兰、格尔木、德令哈
				华扁穗草	*Blysmus sinocompressus*	生于海拔 1800 ~ 4500 米的高寒草甸、高寒沼泽草甸、沟谷林缘、河岸溪边草地、河漫滩潮湿处、河谷阶地、湖滨沙地、沼泽地	产民和、互助、乐都、循化、化隆、平安、湟中、湟源、西宁、大通、门源、祁连、海晏、刚察、贵德、贵南、同德、共和、兴海、天峻、都兰、乌兰、格尔木、德令哈、茫崖、尖扎、同仁、泽库、河南、玛沁、甘德、久治、班玛、达日、玛多、称多、玉树、囊谦、曲麻莱、杂多、治多（可可西里）、唐古拉

科名		属名		种名		生境	省内分布区
中文名	拉丁名	中文名	拉丁名	中文名	拉丁名		
百合科	Liliaceae	顶冰花属	Gagea Salisb.	林生顶冰花	*Gagea filiformis* (*Ledeb.*)	生于海拔4400～4800米的高寒草原、沙砾滩地、山坡草地	产可可西里
				少花顶冰花	*Gagea pauciflora Turcz.*	生于海拔2300～4500米的高山流石滩、荒漠草原、山坡灌丛、高寒灌丛草甸、高寒草原、湖滨草丛、沙砾河滩	产西宁、门源、刚察、同德、兴海、德令哈、尖扎、同仁、河南、玛沁、甘德、达日、玛多、称多、治多、曲麻莱
		萱草属	Hemerocallis Linn.	黄花菜	*Hemerocallis citrina*		民和、互助、乐都、循化、化隆、平安、湟中、湟源、西宁、大通、门源、海晏、刚察、贵德、尖扎、同仁有栽培
				北萱草	*Hemerocallis esculenta Koidz.*	生于海拔2100～2250米的山坡下部、林缘灌丛、林间空地、坡麓农田边	产民和、互助
				萱草	*Hemerocallis fulva* (*Linn.*)		产民和、互助、乐都、循化、化隆、平安、湟中、湟源、西宁、大通、门源、祁连、海晏、刚察、贵德、贵南、同德、共和、兴海、天峻、都兰、乌兰、格尔木、德令哈、尖扎、同仁、泽库、河南、玛沁、甘德、久治、班玛、玉树、囊谦有栽培
				小黄花菜	*Hemerocallis minor Mill.*		民和、互助、乐都、循化、化隆、平安、湟中、湟源、西宁、大通、门源、尖扎、同仁有栽培

科名		属名		种名		生境	省内分布区
中文名	拉丁名	中文名	拉丁名	中文名	拉丁名		
		重楼属	Paris Linn.	重楼	*Paris polyphylla Sm.*	生于海拔 2300 ~ 2500 米的山坡及沟谷林下、林缘灌丛中	产循化
				北重楼	*Paris verticillata M.*	生于海拔 2700 米左右的沟谷及山坡林下、林缘	产循化
兰科	Orchidaceae	鸟巢兰属	Nentin Guet.	尖唇鸟巢兰	*Neottia acuminata Schltr.*	生于海拔 2200 ~ 3400 米的山坡云杉林下或杂木林下、林缘草地	产互助、乐都、门源、祁连、贵德、同德
				堪察加鸟巢兰	*Neottia camtschatea* (*Linn.*)	生于海拔 2100 ~ 2600 米的山坡林下、沟谷林缘	产互助、大通、门源
				高山鸟巢兰	*Neottia listeroides Lindl.*	生于海拔 2600 ~ 3900 米的山坡林下、沟谷林缘灌丛草地、河滩草地	产互助、玉树、囊谦

第十一节 温带亚洲分布（11 型）（Temp.As.）

温带亚洲分布型是指分布区主要局限于亚洲温带地区的属。其分布范围一般包括从南俄罗斯至东西伯利亚和东北亚，南部边界至喜马拉雅山区，中国西南、华北至东北，朝鲜和日本北部。该分布型大多分布在亚洲东北部，由于大面积的草原荒漠和高山高原的阻断而局限，此型没有亚型。

该分布型在中国有 24 科 62 属，该分布型在青海植物区系中，有 16 科 25 属 84 种（表 2.2.21）。其中有蓼科大黄属（11 种），藜科轴藜属（3 种），石竹科太子参属（5 种），毛茛科鸦跖花属（1 种）、十字花科寒原荠属（3 种）、鼠耳芥属（1 种）、异蕊芥属（2 种）、双果荠属（1 种），蔷薇科地蔷薇属（2 种）、无尾果属（1 种），豆科锦鸡儿属（24 种）、米口袋属（3 种）、苦马豆（1 种）、车轴草属（5 种），瑞香科狼毒属（1种）、荛花属（1种），龙胆科翼萼蔓属（1种），唇形科裂叶荆芥属（1种），玄参科大黄花属（1种），列当科豆列当属（2种），菊科亚菊属（8种）、鳍蓟属（1种），禾本科细柄茅属（5种），鸢尾科唐菖蒲属（1种）。

表 2.2.21　青海植物 11 型科属种数量统计表

科名	属	种	科名	属	种
蓼科	1	11	藜科	1	3
石竹科	1	3	毛茛科	1	1
十字花科	4	7	景天科	1	1
蔷薇科	2	3	豆科	4	33
瑞香科	2	2	龙胆科	1	1
唇形科	1	1	玄参科	1	1
列当科	1	2	菊科	2	9
禾本科	1	5	鸢尾科	1	1

表 2.2.22　青海植物温带亚洲分布属统计

科名		属名		种名		生境	省内分布区
中文名	拉丁名	中文名	拉丁名	中文名	拉丁名		
被子植物 ANGIOSPERMAE							
蓼科	Polygonaceae	大黄属	Rheum Linn	河套大黄	*Rheum hotaoense* C	生于海拔 2400 米左右的山沟林间、河谷林缘、灌丛中	产乐都
				丽江大黄	*Rheum likiangense* Sam	生于海拔 3600 ~ 4200 米的林下林缘、山坡草地、河湖水边、河谷阶地、高寒草甸、沼泽草甸砾地、沟谷灌丛草地	产称多、玉树、囊谦、治多
				卵果大黄	*Rheum moorcroftianum* Royle	生于海拔 4800 ~ 5000 米的平缓山坡、高山流石滩、河谷阶地、高山草原砾地、山前冲积扇、宽谷湖盆、山麓砂砾质草地、河漫滩沙地	产曲麻莱、可可西里 4750 ~ 4950 米处

科名		属名		种名		生境	省内分布区
中文名	拉丁名	中文名	拉丁名	中文名	拉丁名		
				卵叶大黄	*Rheum ovatum C*	生于海拔 3000 ~ 3700 米的山坡林缘、河岸灌丛、溪边岩缝、沟谷林下、河滩砾地、山麓草地	产班玛、称多、玉树
				掌叶大黄	*Rheum palmatum Linn*	生于海拔 2700 ~ 4000 米的河谷林缘、山坡灌丛、河岸溪边、灌丛草甸、坡麓砾地	产乐都、囊谦
				歧穗大黄	*Rheum przewalskii A*	生于海拔 3400 ~ 4900 米的高山流石坡、沟谷石缝、河谷阶地、高寒草原砾地、沙砾滩地、砾石山坡、山前冲积扇、干旱的河滩地	产门源、祁连、共和、德令哈、大柴旦、玛沁、玛多、治多
				小大黄	*Rheum pumilum Maxim*	生于海拔 3000 ~ 4700 米的高山草甸、高山沼泽草甸裸地、河谷阶地、湖滨草甸、河滩林缘、高山流石坡、高山灌丛草地	产互助、乐都、湟中、大通、门源、祁连、海晏、刚察、贵德、贵南、同德、共和、兴海、天峻、乌兰、尖扎、同仁、泽库、河南、玛沁、甘德、久治、班玛、达日、玛多、称多、玉树、囊谦、曲麻莱、杂多、治多
				菱叶大黄	*Rheum rhomboideum A*	生于海拔 4400 ~ 4800 米的平缓山顶、沙砾山坡、高山流石坡、河谷阶地、山前冲积扇、宽谷湖盆、河滩砂砾草地	产曲麻莱、杂多、治多
				穗序大黄	*Rheum spiciforme Royle Illustr*	生于海拔 3800 ~ 4800 米的高山流石滩、河谷阶地、山前冲积扇、沟谷岩隙、砾石山坡、河滩沙砾地	产互助、祁连、贵德、天峻、格尔木、玛多、玉树、囊谦、曲麻莱

科名		属名		种名		生境	省内分布区
中文名	拉丁名	中文名	拉丁名	中文名	拉丁名		
				鸡爪大黄	*Rheum tanguticum Maxim*	生于海拔 2300～4200 米的沟谷林缘、山坡林下、河岸溪水边、半阳坡灌丛	产民和、互助、乐都、循化、同德、泽库、河南、玛沁、久治、班玛
				单脉大黄	*Rheum uninerve Maxim*	生于海拔 1900～2100 米的干旱沙砾山坡、河谷阶地、山沟岩隙	产循化
藜科	Chenopodiaceae	轴藜属	Axyris Linn	轴藜	*Axyris amaranthoides Linn*	生于海拔 2400～4100 米的山沟路边、河滩草丛、林缘灌丛、河谷阶地、田边荒地、河沟渠岸	产互助、乐都、门源、玉树、曲麻莱
				杂配轴藜	*Axyris hybrida Linn*	生于海拔 2700～4200 米的田边荒地、沙质河滩、沟谷渠岸、山坡草地、山麓洪积扇	产湟源、刚察、贵南、共和、都兰、玛沁、玉树、治多
				平卧轴藜	*Axyris prostrata Linn*	生于海拔 3200～4800 米的沙砾河滩、高原湖边、河谷阶地、畜圈周围、山坡草地裸露处、宅旁灰堆边	产门源、刚察、贵南、共和、玛沁、玛多、治多
石竹科	Caryophyllaceae	太子参属	Pseudostellaria Pax	蔓生太子参	*Pseudostellaria davidii*	生于海拔 2700～4300 米的山坡林下、沟谷林缘、河沟灌丛石隙	产门源、久治
				喜马拉雅太子参	*Pseudostellaria heterantha*	生于海拔 4300 米左右的柏树林下、沟谷灌丛、山坡、石隙	产久治
				太子参	*Pseudostellaria heterophylla*	生于海拔 3200～3980 米的沟谷林下、林缘灌丛、山坡石隙	产泽库

科名		属名		种名		生境	省内分布区
中文名	拉丁名	中文名	拉丁名	中文名	拉丁名		
				假繁缕	*Pseudostellaria maximowicziana*	生于海拔 2450 ~ 4150 米的河谷灌丛、山坡林下、林缘岩缝	产民和、互助、大通、门源、同德、尖扎、泽库、玛沁、久治、玉树、囊谦
				窄叶太子参	*Pseudostellaria sylvatis*	生于海拔 2450 ~ 4000 米的山坡灌丛、沟谷林下、阴坡石隙、林缘草甸	产大通、循化、门源、祁连、泽库、久治
毛茛科	Ranunculaceae	鸦跖花属	Oxygraphis Bunge	鸦跖花	*Oxygraphis glacialis*	生于海拔 2300 ~ 4850 米的高山草甸、高寒沼泽草甸、河滩沙砾地、高山流石坡、山麓倒石堆、河溪水沟边、冰缘湿砾地	产互助、循化、大通、门源、祁连、同德、兴海、同仁、泽库、河南、玛沁、甘德、久治、达日、玛多、称多、玉树、曲麻莱、治多
十字花科	Cruciferae	寒原荠属	Aphragmus Andrz,	尖果寒原荠	*Aphragmus oxycarpus* (*Hook, f. et Thoms.*)	生于海拔 3800 ~ 5000 米的沙砾、山坡、高山流石坡、冰缘湿地、河滩草甸、山麓碎石地、高山草甸破坏处、高山稀疏植被	产玛沁、称多、玉树、囊谦、杂多、治多
				无毛寒原荠	*Aphragmus oxycarpus* (*Hook, f. et Thoms.*)	生于海拔 4700 ~ 5000 米的高山流石坡稀疏植被、冰缘砾地、高寒草甸砾地、河谷阶地、河滩草地	产可可西里、唐古拉山
				寒原荠	*Aphragmus tibeticus O.*	生于海拔 4880 ~ 5000 米的沙砾滩地、高山草甸裸地、高山流石坡、冰缘砾地、高山稀疏植被、冷湿草地	产治多（可可西里 4950 ~ 5000 米处）、唐古拉
		鼠耳芥属	Arabidopsis (DC.)	柔毛鼠耳芥	*Arabidopsis mollisiima* (*C. A. Mey.*)	生于海拔 4100 ~ 4200 米的阴坡灌丛下、沟谷灌丛草甸、高山草甸砾地、河溪水沟边、山坡石隙	产玛沁

科名		属名		种名		生境	省内分布区
中文名	拉丁名	中文名	拉丁名	中文名	拉丁名		
		异蕊芥属	Dimorphostemon Kitag.	腺异蕊芥	*Dimorphostemon glandulosus* (*Kar. et Kir.*)	生于海拔 3200～4900 米的沙砾河滩、高寒草原砾地、高山流石坡、河岸水沟边草地、湖滨砾地和沙质草甸	产互助、共和、乌兰、格尔木、同仁、久治、玉树、曲麻莱、杂多可可西里4600～4800 米处
				异蕊芥	*Dimorphostemon pinnatus* (*Pers.*)	生于海拔 2700～4200 米的林缘草地、田边荒地、山坡草甸、沟谷灌丛、河沟砾地	产乐都、门源、兴海、同仁、玉树
		双果芥属	Megadenia Maxim.	双果芥	*Megadenia pygmaea Maxim*	生于海拔 3000～4000 米的山坡灌丛、沟谷林下、林缘湿地、石崖下阴湿处	产互助、乐都、大通、门源、同德、玉树、囊谦
景天科	Crassulaceae	瓦松属	Orostachys (DC.)	瓦松	*Orostachys fimbriatus* (*Turcz.*)	生于海拔 1900～3500 米的干旱山坡、河滩崖缝	产民和、互助、乐都、循化、化隆、平安、湟中、西宁、大通、门源、贵德、贵南、都兰、乌兰、同仁、治多
蔷薇科	Rosaceae	地蔷薇属	Chamaerhodos Bunge	直立地蔷薇	*Chamaerhodos erecat* (*Linn.*)	生于海拔 2200～3400 米的高山灌丛、山坡草地、河谷阶地、河滩砾石地	产民和、互助、乐都、循化、湟中、湟源、大通、门源、祁连、海晏、贵德、共和、兴海、尖扎
				砂生地蔷薇	*Chamaerhodos sabulosa Bunge in Ledeb*	生于海拔 2440～3200 米的阳坡草地、河谷阶地、河滩沙地、河湖岸边	产西宁、刚察、共和
		无尾果属	Coluria R.	长叶无尾果	*Coluria longifolia Maxim*	生于海拔 2600～4850 米的高山草甸、高山砾石坡草地、河滩草地、阴坡灌丛	产互助、循化、湟中、大通、门源、祁连、共和、兴海、泽库、河南、玛沁、甘德、久治、达日、玛多、称多、玉树、曲麻莱、治多

科名		属名		种名		生境	省内分布区
中文名	拉丁名	中文名	拉丁名	中文名	拉丁名		
豆科	Leguminosae	锦鸡儿属	Caragana Fabr.	短叶锦鸡儿	*Caragana brevifolia* Kom.	生于海拔 2100 ~ 3800 米的山坡草地、沟谷林缘、河岸灌丛中	产民和、互助、乐都、循化、化隆、平安、湟中、湟源、西宁、大通、门源、祁连、海晏、刚察、贵德、贵南、同德、共和、兴海、尖扎、同仁、泽库、河南、玛沁、甘德、久治、班玛、玉树、囊谦、杂多、治多
				青海锦鸡儿	*Caragana chinghaiensis* Liou, Acta Phytotax.	生于海拔 2600 ~ 3600 米的阴坡灌丛、针叶林缘、河岸台地	产贵南、同德、兴海（模式标本产地）、河南、玛沁
				小锦鸡儿	*Caragana chinghaiensis* Liou var. minima	生于海拔 4100 米左右的山地灌丛下部	产玉树
				中间锦鸡儿	*Caragana davazamcii*	植于海拔 2100 ~ 2900 米的山坡、沙砾滩地	产民和、互助、乐都、循化、化隆、平安、湟中、西宁、同德、共和有栽培
				密叶锦鸡儿	*Caragana densa* Kom.	生于海拔 2000 ~ 3500 米的山地草原带灌丛中	产兴海、河南、玉树
				川西锦鸡儿	*Caragana erinacea* Kom.	生于海拔 2550 ~ 4600 米的砾质干山坡、河岸及林缘灌丛、田埂、路边	产大通、同德、河南、玛沁、久治、达日、玉树、囊谦
				印度锦鸡儿	*Caragana gerardiana* Royle ex Benth.	生于海拔 3500 ~ 400 米的阳坡灌丛、河岸草地	产玉树、囊谦

科名		属名		种名		生境	省内分布区
中文名	拉丁名	中文名	拉丁名	中文名	拉丁名		
				鬼箭锦鸡儿	*Caragana jubata*（*Pall.*）	生于海拔 3000～4700 米的阴坡高寒灌丛中	产民和、互助、乐都、循化、化隆、平安、湟中、湟源、西宁、大通、门源、祁连、海晏、刚察、贵、贵南、同德、共和、兴海、玛沁、甘德、久治、班玛、达日、玛多、称多、玉树、囊谦、杂多、曲麻莱、治多
				弯耳鬼箭	*Caragana jurata*（*Pall*）*Poir.var. biaurita*	生于海拔 4100 米左右的高山草甸和山坡灌丛中	产玉树
				双耳鬼箭	*Caragana jubata*（*Pall.*）*Poir.var.var. biaurita*	生于海拔 4000～4700 米的高山草甸、山坡灌丛	产杂多、曲麻莱
				通天锦鸡儿	*Caragana junatovii Gorb.*	生于海拔 3600～4100 米的山坡、林缘及河边陡壁上	产称多、玉树、囊谦、治多（模式标本产地）
				柠条锦鸡儿	*Caragana korshinskii Kom.*		产民和、互助、西宁、大通
				短荚柠条	*Caragana korshinskii Kom.form. brachypoda*	生于海拔 2200 米的沙地	产西宁
				沧江锦鸡儿	*Caragana kozlowi.Kom.*	生于海拔 3800～4000 米的阴坡灌丛	产称多、玉树
				白毛锦鸡儿	*Caragana licentiana Hand.*	生于海拔 1800～2200 米的山坡灌丛、田埂、草原砾石坡	产民和、互助
				矮锦鸡儿	*Caragana maximovicziana Kom.*	生于海拔 2800 米的沙丘及干沙砾滩	产共和

续表

科名		属名		种名		生境	省内分布区
中文名	拉丁名	中文名	拉丁名	中文名	拉丁名		
				小叶锦鸡儿	*Caragana microphylla Lam.*	生于海拔 2000 米左右的干旱山坡、河岸及荒地	产民和、互助、乐都、循化、化隆、平安、湟中、西宁、共和
				甘蒙锦鸡儿	*Caragana opulens Kom.*	生于海拔 1800～3600 米的草原砾石山坡、河岸灌丛、干旱山坡及林缘陡坡、山麓田埂	产民和、互助、乐都、循化、化隆、平安、湟中、湟源、西宁、大通、贵德、贵南、同德、共和、兴海、尖扎、同仁、泽库、玉树、称多、囊谦
				荒漠锦鸡儿	*Caragana roborovskyi Kom.*	生于海拔 1700～3200 米的荒漠带和半荒漠带的草原干山坡、沙砾地、田埂荒地、路边	产民和、乐都、循化、化隆、平安、西宁、贵德、同德、共和、兴海、尖扎
				树锦鸡儿	*Caragana sibirica Fabr.*		西宁有栽培
				狭叶锦鸡儿	*Caragana stenophylla Pojark.*	生于海拔 3000 米左右的山地半荒漠草原的干山坡、沙丘、沙滩	产大通
				甘青锦鸡儿	*Caragana tangutica Maxim.*	生于海拔 2200～3800 米的山坡林缘、沟谷林下、河边灌丛中	产互助、乐都、西宁、大通、玉树
				川青锦鸡儿	*Caragana tibetica Kom.*	生于海拔 2200～3500 米的草原和半荒漠草原地带的干旱阳坡、河谷滩地	产乐都、西宁、贵德、贵南、同德、共和、玉树
				变色锦鸡儿	*Caragana versicolor.*（*Wall.*）	生于海拔 3000～3600 米的河谷阳坡、山沟灌丛、山麓林缘	产玛沁、甘德、久治、班玛、称多、玉树、弈谦、治多
		米口袋属	Gueldenstaedtia Fisch.	甘肃米口袋	*Gueldenstaedtia gansuensis*	生于海拔 2000～2300 米的阳坡草地、河岸沙地	产西宁

科名		属名		种名		生境	省内分布区
中文名	拉丁名	中文名	拉丁名	中文名	拉丁名		
				米口袋	*Gueldenstaedtia multiflora Bunge, Mém.*	生于海拔 1800 ~ 2300 米的草原干山坡	产民和
				狭叶米口袋	*Gueldenstaedtia stenophylla Bunge, Enum.*	生于海拔 2000 ~ 2500 米的草原干山坡、河谷滩地	产民和、互助、乐都、循化、化降、平安、湟中、湟源、西宁、大通、门源
		苦马豆属	Sphaerophysa DC.	苦马豆	*Sphaerophysa salsula (Pall.) DC. Prodr.*	生于海拔 2000 ~ 3200 米的河谷滩地沙质土	产民和、互助、乐都、循化、化隆、平安、湟中、湟源、西宁、大通、门源、贵德、贵南、同德、共和、乌兰、都兰、格尔木、德令哈、尖扎、同仁、泽库
		车轴草属	Trifolium Linn.	草莓车轴草	*Trifolium fragiferum Linn. Sp.Pl.*		西宁有栽培
				杂种车轴草	*Trifolium hybridum Linn. Sp.Pl.*		西宁有栽培
				绛车轴草	*Trifolium incarnatum Linn. Sp.Pl.*		西宁有栽培
				红车轴草	*Trifolium pratense Linn. Sp.*		民和、乐都、互助、湟中、西宁、大通有栽培
				白车轴草	*Trifolium repens Linn. Sp.Pl.*		西宁有栽培
瑞香科	Thymelaeaceae	狼毒属	stellera.linn	狼毒	*Stellera chamaejasme Linn.*	生于海拔 2800 ~ 3800 米的河谷阶地、山坡草地、宽谷滩地、田边荒地、渠岸道旁	产互助、乐都、西宁、门源、祁连、海晏、刚察、同德、贵南、共和、尖扎、玛沁、班玛、称多、玉树、囊谦、杂多、治多、曲麻莱

续表

科名		属名		种名		生境	省内分布区
中文名	拉丁名	中文名	拉丁名	中文名	拉丁名		
		荛花属	W: kstroemia	丽江荛花	*W.lichiangensis w.w.Smith*		产玉树相古、东仲林区
龙胆科	Gentianaceae	翼萼蔓属	Pterygocalyx Maxim	翼萼蔓	*Pterygocalyx volubilis*	生于海拔 2500 ~ 2800 米的河谷林缘灌丛、山坡林下、山坡草甸	产湟中、湟源、循化、门源、同仁
唇形科	Labiatae	裂叶荆芥属	Schizonepeta Briq	多裂叶荆芥	*Schizonepeta multifida*	生于海拔 2400 ~ 2900 米的河谷林下、灌丛草地、河滩草甸	产循化、西宁、同仁
玄参科	Scrophulariaceae	大黄花属	Cymbaria Linn	蒙古芯芭	*Cymbaria mongolica Maxim*	生于海拔 1800 ~ 3200 米的干旱山坡、滩地草原、田埂路边	产民和、互助、乐都、循化、化隆、平安、西宁、贵南、共和、同仁、尖扎
列当科	Orobanchaceae	豆列当属	Mannagettaea H. Smith	短生豆列当	*Mannagettaea hummelii H. Smith*	寄生于海拔 3200 ~ 4300 米处的鬼箭锦鸡儿的根部	产祁连、同德、共和、兴海、玛沁、称多
				豆列当	*Mannagettaea labiata H.*	寄生于海拔 3200 ~ 3700 米的锦鸡儿属植物树部	产共和、班玛
菊科	Compositae	亚菊属	Ajania Poljak.	灌木亚菊	*Ajania fruticulosa* (Ledeb.)	生于海拔 2000 ~ 2830 米的干旱山坡、田边草地、河岸石堆、阳坡土崖、沙砾干河滩	产民和、乐都、循化、化隆、平安、西宁等。
				铺散亚菊	*Ajania khartensis* (Dunn)	生于海拔 2900 ~ 5000 米的荒漠沙滩、高山草甸裸地、河谷阶地、沙丘、多砾石山坡、山麓沟沿多石处、河漫滩草地。	产刚察、德令哈、格尔木、河南、泽库、曲麻莱、治多、杂多、唐古拉。
				多花亚菊	*Ajania myriantha* (Franch.)	生于海拔 3000 ~ 4300 米的沙砾山坡、阳坡柏林下、河谷阶地	产乐都、同仁、曲麻莱、治多、称多、玉树。

科名		属名		种名		生境	省内分布区
中文名	拉丁名	中文名	拉丁名	中文名	拉丁名		
				丝裂亚菊	*Ajania nematoloba* (*Hand.-Mazz.*)	生于海拔2200~2400米的干旱山坡、田边荒地、河岸、冲沟	产乐都、循化、平安、西宁
				细裂亚菊	*Ajania przewalskii* Poljak.	生于海拔3000~3950米的河滩疏林下、山坡灌丛中、阳坡草地、田边荒地、断崖冲沟、河谷阶地	产湟中、河南、泽库、同仁、久治
				柳叶亚菊	*Ajania salicifolia* (*Mattf.*)	生于海拔2450~3440米的沟谷林缘、河滩疏林下、山坡灌丛、河岸乱石堆、田边荒地、山野路边	产民和、互助、乐都、循化、化隆、平安、湟中等
				单头亚菊	*Ajania scharnhorstii* (*Regel et Schmalh.*)	生于海拔2800米左右的山坡碎石中、荒漠干滩	产柴达木盆地
				细叶亚菊	*Ajania tenuifolia* (*Jacq.*)	生于海拔3000~4500米的沙砾河滩、高山草甸裸地、宽谷湖岸、河谷阶地、高寒草原、石砾山坡。	产互助、乐都、循化、平安、大通等
		鳍蓟属	Olgaea Iljin	青海鳍蓟	*Olgaea tangutica* Iljin,	生于海拔1900~2700米的山坡、山坡灌丛下、田边	产民和、互助、乐都、循化、化隆、平安、湟中、西宁、大通、门源、贵德、尖扎
禾本科	Gramineae	细柄茅属	Ptilagrostis Griseb.	太白细柄茅	*Ptilagrostis concinna* (*Hook.f.*) Roshev.	生于海拔3900~4700米的高山草甸、山顶草地、山地阴坡灌丛	产门源、兴海、泽库、久治、玉树、囊谦、曲麻莱、杂多
				双叉细柄茅	*Ptilagrostis dichotoma* Keng ex Tzvel.	生于海拔3200~4500米的高山草甸、山坡草地、河滩灌丛中	产互助、大通、门源、祁连、共和、兴海、天峻、泽库、河南、久治、玉树、囊谦、杂多、治多

续表

科名		属名		种名		生境	省内分布区
中文名	拉丁名	中文名	拉丁名	中文名	拉丁名		
				小花细柄茅	*Ptilagrostis dichotoma Keng ex Tzvel.*	生于海拔 2400 ~ 5000 米的高山草甸、河谷阶地、河漫滩、丘陵坡地、沟旁	产门源、祁连、兴海、天峻、泽库、玉树、曲麻莱、治多
				窄穗细柄茅	*Ptilagrastis junatovii Grub.*	生于海拔 3200 ~ 4500 米的高山草甸、山坡草地、河滩草丛、林下、灌丛中	产门源、祁连、兴海、河南、乌兰
				中亚细柄茅	*Ptilagrostis pelliotii*（*Danguy*）*Grub.*	生于海拔 3160 ~ 3460 米的戈壁滩、河谷阶地、河滩石砾地、砾石质山坡草地	产柴达木、大柴旦
鸢尾科	Iridaceae	唐菖蒲属	Gladiolus Linn.	唐菖蒲	*Gladiolus gandavensis Van*		民和、乐都、循化、化隆、平安、湟中、西宁、大通有栽培

第十二节　中亚、西亚至地中海分布（12 型）（Mesit.，W.As.to C.As）

　　中亚、西亚至地中海分布的范围在现代地中海周围，经过西亚或西南至俄罗斯南部的中亚各国和我国的新疆、青藏高原及蒙古高原一带。由于地中海区系扩散到欧洲，故而它和欧亚温带分布型，即 10 型很接近。又由于地中海南岸的非洲两度通过阿拉伯半岛和欧亚大陆相连或不连，而致使本类型的变型较多，大致有 6 个，地中海至中亚和南部非洲、大洋洲间断（12-1），地中海至中亚和墨西哥至美国南部间断（12-2），地中海至温带—热带亚洲、大洋洲和南美洲间断（12-3），地中海至热带非洲和喜马拉雅间断（12-4），地中海至北非、中亚、北美洲西南、南部非洲、智利和大洋洲间断（泛地中海）（12-5），地中海至中亚、热带非洲、华北和华东、金沙江河谷间断（12-6）。

该分布型在中国有 31 科 110 属，它们最东不到华东、华中，大多数只到新疆和青藏高原，止于横断山区。该分布型在青海植物区系中，有 18 科 42 属 80 种（表 2.2.23）。其中有蓼科沙拐枣属（3 种），藜科雾冰藜属（1 种）、盐生草属（3 种）、梭梭属（1 种）、盐爪爪属（4 种）、小蓬属（1 种），石竹科裸果木属（1 种）、薄蒴草属（1 种）、肥皂草属（1 种），毛茛科（1 种），罂粟科角茴香属（1 种），十字花科芝麻菜属（2 种）、糖芥属（5 种）、四棱荠属（1 种）、离蕊芥属（3 种）、念珠芥属（8 种）、燥原荠属（1 种）、棒果芥属（2 种），蔷薇科桃属（4 种）、杏属（4 种）、鲜卑花属（2 种），豆科骆驼刺属（1 种）、鹰嘴豆属（1 种）、甘草属（1 种）、兵豆属（1 种）、豌豆属（1 种），牻牛儿苗科薰倒牛属（1 种）、牻牛儿苗属（1 种），蒺藜科白刺属（3 种）、骆驼蓬属（1 种）、霸王属（4 种），柽柳科枇杷柴属（2 种），锁阳科锁阳属（1 种），伞形科阿魏属（1 种）、茴香属（1 种），蓝雪科小蓝雪花属（1 种），木犀科雪柳属（1 种）、连翘属（2 种），玄参科疗齿草属（1 种），川续断科翼首花属（1 种），菊科顶羽菊属（1 种）、鸦葱属（3 种）。

表 2.2.23　青海植物 12 型科属种数量统计表

科名	属	种	科名	属	种
蓼科	1	3	藜科	5	10
石竹科	3	3	毛茛科	1	1
罂粟科	1	1	十字花科	7	22
蔷薇科	3	10	豆科	5	5
牻牛儿苗科	2	2	蒺藜科	3	8
柽柳科	1	2	锁阳科	1	1
伞形科	2	2	蓝雪科	1	1
木犀科	2	3	玄参科	1	1
川续断科	1	1	菊科	2	4

表 2.2.24　青海植物地中海、西至中亚分布属统计

科名		属名		种名		生境	省内分布区
中文名	拉丁名	中文名	拉丁名	中文名	拉丁名		
被子植物 ANGIOSPERMAE							
蓼科	Polygonaceae	沙拐枣属	Calligonum Linn	青海沙拐枣	*Calligonum kozlovi A*	生于海拔 2700 ～ 3100 米的戈壁沙砾滩、荒漠河滩、湖盆沙滩、河岸沟边砾地、河谷阶地、山麓沙丘	产都兰、乌兰、格尔木、德令哈
				沙拐枣	*Calligonum mongolicum Turcz*	生于海拔 2800 ～ 3000 米的山前积扇、河谷阶地、荒漠戈壁、沙砾滩地、固定沙丘	产都兰、格尔木、大柴旦
				柴达木沙拐枣	*Calligonum zaidamense A*	生于海拔 2800 ～ 3200 米的山前冲积扇、荒漠沙丘、河谷阶地、沙砾质戈壁平原、河滩砾地	产格尔木、德令哈、大柴旦
藜科	Chenopodiaceae	雾冰藜属	Bassia All	雾冰藜	*Bassia dasyphylla*	生于海拔 2700 ～ 3200 米的荒漠沙滩、盐碱荒地、戈壁沙丘、沙砾河滩	产贵南、同德、共和、都兰、格尔木、德令哈
		盐生草属	Halogeton C. A. Mey.	白茎盐生草	*Halogeton arachnoideus*	生于海拔 2200 ～ 3400 米的荒漠盐碱滩地、河谷沙地、干旱山坡、宽谷盆地	产西宁、兴海、都兰、乌兰、格尔木、德令哈、大柴旦
				盐生草	*Halogeton glomeratus*	生于海拔 3000 米左右的荒漠盐碱沙地	产都兰
				西藏盐生草	*Halogeton glomeratus*	生于海拔 3000 ～ 3500 米的干旱沙砾质滩地、湖岸沙丘山坡砾地	产乌兰、德令哈
		梭梭属	Haloxylon Bunge	梭梭	*Haloxylon ammodendron*	生于海拔 2600 ～ 3000 米的荒漠戈壁滩、山前洪积扇、干旱沙河滩、山麓沙丘、沙砾滩地、盐碱土荒漠	产都兰、乌兰、格尔木、德令哈

科名		属名		种名		生境	省内分布区
中文名	拉丁名	中文名	拉丁名	中文名	拉丁名		
		盐爪爪属	Kalidium Moq	里海盐爪爪	*Kalidium caspicum*	生于海拔2650～2850米的戈壁荒漠、盐湖边、盐碱滩地	产都兰、乌兰
				黄毛头	*Kalidium cuspidatum*	生于海拔1700～3900米的荒漠山丘、干旱山坡、山麓砾地、山前洪积扇边缘、荒漠草原	产循化、共和、都兰、乌兰、格尔木
				盐爪爪	*Kalidium foliatum*	生于海拔2700～3200米的盐碱化滩地、戈壁盐沼、盐湖边湿地	产都兰、乌兰、格尔木、德令哈、大柴旦
				细枝盐爪爪	*Kalidium gracile*	生于海拔2500～3200米的戈壁盐沼、荒漠地带、黄河谷地盐碱滩	产共和、都兰、乌兰、德令哈
		小蓬属	Nanophyton Less	小蓬	*Nanophyton erinaceum*	生于海拔2100～2600米的河谷阶地、干旱砾质山坡、干山坡草地、河滩沙地、河堤沟沿	产贵德、共和、尖扎
石竹科	Caryophyllaceae	裸果木属	Gymnocarpos Forsk	裸果木	*Gymnocarpos przewalskii Maxim*	生于海拔3200～3500米的荒漠砾坡、干旱山坡石隙	产共和
		薄蒴草属	Lepyrodiclis Fenzl	薄蒴草	*Lepyrodiclis holosteoides*	生于海拔2280～4150米的山坡草地、林间空地、宅旁荒地、渠岸沟边、田野地埂、河滩草地	产民和、互助、乐都、循化、化隆、平安、湟中、湟源、西宁、大通、门源、海晏、祁连、刚察、贵德、贵南、同德、共和、兴海、尖扎、同仁、泽库、河南、囊谦、杂多
		肥皂草属	Saponaria Linn	肥皂草	*Saponaria officinalis*		西宁有栽培
毛茛科	Ranunculaceae	飞燕草属	Consolida	飞燕草	*Consolida ajacis*	我国大多城市均有种植	西宁有栽培

续表

科名		属名		种名		生境	省内分布区
中文名	拉丁名	中文名	拉丁名	中文名	拉丁名		
罂粟科	Papaveraceae	角茴香属	Hypecoum Linn.	细果角茴香	*Hypecoumleptocarpum Hook.*	生于海拔 2250～4800 米的山地阳坡、高山草甸裸地、高山流石坡、阴坡灌丛中、沙砾山坡、河滩砾地、湖滨沙地、沟谷渠岸、河沟流水线、河谷滩地	产民和、互助、乐都、循化、化隆、平安、湟中、湟源、西宁、大通、门源、祁连、海晏、刚察、贵德、贵南、同德、共和、兴海、天峻、德令哈、尖扎、同仁、泽库、河南、玛沁、甘德、久治、达日、玛多、称多、玉树、囊谦、曲麻莱、杂多、治多、可可西里、唐古拉
十字花科	Cruciferae	芝麻菜属	Eruca Mill.	芝麻菜	*Eruca sative Mill.*	生于海拔 1800～3000 米的浅山阴坡、田边荒地、河沟渠岸	产民和、循化、湟中、西宁、门源、乌兰、尖扎
				毛果芝麻菜	*Eruca sative Mill.var. eriocarpa*	生于海拔 2100～3100 米的山坡草地、田边荒地	产循化、西宁、祁连、泽库、玛沁、玉树
		糖芥属	Erysimum Linn.	糖芥	*Erysimum bungei* (*Kitag.*)	生于海拔 3650～3800 米的沟谷河边、山麓砾地、湖滨河岸草地、高寒灌丛草甸	产玉树
				紫花糖芥	*Erysimum chameaephyton Maxim.*	生于海拔 3900～5400 米的高寒砾石山坡、河滩草地、高山流石滩、湖滨滩地	产贵德、玛沁、久治、玛多、称多、玉树、囊谦、曲麻莱、杂多、治多
				小花糖芥	*Erysimum cheiranthoides Linn.*	生于海拔 3500～3700 米的沟谷路边、田边荒地、河谷阶地、山坡草地、高山草原、阴坡灌丛、峡谷石隙	产玉树、称多

科名		属名		种名		生境	省内分布区
中文名	拉丁名	中文名	拉丁名	中文名	拉丁名		
				蒙古糖芥	*Erysimum flavum*（*Georgi*）*Bobrov*	生于海拔 3430 米左右的干旱河谷、砾质山坡、沟谷灌丛边、河沟溪边草地	产同德
				山柳菊叶糖芥	*Erysimum hieracifolium Linn.*	生于海拔 4250～4500 米的高寒草原、山坡砾地、石峡岩隙、阴坡灌丛草甸、河谷阶地	产玛多
		四棱荠属	Goldbachia DC.	四棱荠	*Goldbachia laevigata*	生于海拔 2800～4040 米的田边渠岸、河滩草地、山坡石隙、弃耕地、沟谷崖边、灌丛草甸、林边荒地	产乐都、西宁、刚察、共和、兴海、乌兰、都兰、玛沁、称多、玉树、囊谦、治多
		离蕊芥属	Malcolmia R	涩芥	*Malcolmia africana*（*Linn.*）	生于海拔 2100～3700 米的田边荒地、河溪水沟边、山坡草地、沟谷河滩	产民和、互助、西宁、祁连、同德、兴海、都兰、尖扎、同仁、泽库、玉树
				短梗涩芥	*Malcolmia brevipes*（*Kar. et Kir.*）	生于海拔 2300～3400 米的田边渠岸、山坡草地、沙砾、河滩草甸、宅旁荒地	产乐都、西宁、大通、贵德、贵南、同德、共和、泽库
				刚毛涩芥	*Malcolmia hispida Litw.*	生于海拔 2300～3000 米的田埂渠岸、干旱山坡、河滩盐碱荒地	产民和、乐都、西宁、大通、门源、贵德、同德、兴海、乌兰、都兰、同仁、泽库
		念珠芥属	Neotorularia Hedge et	蚓果芥	*Neotorularia humilis*（*C. A. Mey.*）	生于海拔 1700～4800 米的砾石山坡、高寒草甸砾地、山沟石隙、山坡林下、沟谷林缘、高寒草原、灌丛草甸、河滩草地、河谷阶地、田边荒地	产民和、互助、乐都、循化、化隆、平安、湟中、湟源、西宁、大通、门源、祁连、海晏、刚察、贵德、贵南、同德、共和、兴海、天峻、都兰、乌兰、格尔木、德令哈、大柴旦、冷湖、茫崖、尖扎、同仁、泽库、河南、玛沁、甘德、久治、班玛、达日、玛多、称多、玉树、囊谦、曲麻莱、杂多、治多（可可西里）、唐古拉

科名		属名		种名		生境	省内分布区
中文名	拉丁名	中文名	拉丁名	中文名	拉丁名		
				窄叶蜩果芥	*Neotorularia humilis（C. A. Mey.）Hedge et J.Leonard form. angustifolis*	生于海拔1700～4200米的山坡砾地、山崖沟边、林下林缘、沟谷灌丛、高山草原、山前冲积扇、宽谷湖盆、高寒草甸、退化草地、田边荒地	产民和、互助、乐都、循化、化隆、平安、湟中、湟源、西宁、大通、门源、祁连、海晏、刚察、贵德、贵南、同德、共和、兴海、天峻、都兰、乌兰、格尔木、德令哈、大柴旦、冷湖、茫崖、尖扎、同仁、泽库、河南、玛沁、甘德、久治、达日、玛多、称多、玉树、囊谦、曲麻莱、杂多、治多（可可西里）、唐古拉
				大花蜩果芥	*Neotorularia humilis（C. A. Mey.）Hedge et J.Leonard form. grandiflora*	生于海拔1700～4200米的沙砾山坡、高寒草原、高山草甸、山麓砾石滩、山前冲积扇、山沟砾地、林下林缘、沟谷灌丛、山坡草地、田边荒地	产民和、互助、乐都、循化、化隆、平安、湟中、湟源、西宁、大通、门源、祁连、海晏、刚察、贵德、贵南、同德、共和、兴海、天峻、都兰、乌兰、格尔木、德令哈、大柴旦、冷湖、茫崖、尖扎、同仁、泽库、河南、玛沁、甘德、久治、达日、玛多、称多、玉树、囊谦、曲麻莱、杂多、治多（可可西里）、唐古拉

科名		属名		种名		生境	省内分布区
中文名	拉丁名	中文名	拉丁名	中文名	拉丁名		
				喜湿蚓果芥	*Neotorularia humilis（C. A. Mey.）Hedge et J.Leonard form. hygrophila*	生于海拔3400米左右的河边草地、林缘灌丛、沙砾滩地	产同德
				甘新念珠芥	*Neotorularia korolkowii（Regel. et Schmalh.）*	生于海拔2800~4200米的河边砾地、湖滨沙滩、田边荒地、路边沙地、高山草原、山麓沙砾滩、干旱山坡草地	产天峻、乌兰、都兰、格尔木、德令哈、冷湖、大柴旦、茫崖、称多
				绒毛念珠芥	*Neotorularia mollipila（Maxim.）*	生于海拔3000~3800米的荒漠砾地、干旱山沟、沙砾河滩、山坡石崖下、草原破坏处沙地	产都兰、德令哈、大柴旦
				小念珠芥	*Neotorularia parva（Z. X. An）Z.*	生于海拔4100~5000米的高山草原砾地、高寒草甸裸地、高山流石坡稀疏草地、山麓岩屑坡、宽谷河滩、湖盆岩屑沙砾地、固定沙丘	产囊谦、曲麻莱、可可西里
				西藏念珠芥	*Neotorularia tibetica（Z. X. An）Z*	生于海拔3000~4550米的高寒草原砾地、退化草场、较干旱沙砾山坡草地、山沟沙地、河滩砾地	产格尔木、德令哈、称多、囊谦
		燥原荠属	Ptilotricum C.	燥原荠	*Ptilotricum canescens（DC.）*	生于海拔3600~4200米的干旱砾质山坡、河谷阶地、山前冲积扇、宽谷湖盆、河滩干沙地	产德令哈、大柴旦、玛多

科名		属名		种名		生境	省内分布区
中文名	拉丁名	中文名	拉丁名	中文名	拉丁名		
		棒果芥属	Sterigmostemum M.	大花棒果芥	*Sterigmostemum grandiflorum K.*	生于海拔 3000 ~ 3200 米的山前洪积扇、荒漠山坡、沙砾河谷、干旱山沟	产乌兰、都兰、大柴旦
				紫花棒果芥	*Sterigmostemum matthioloides* (*Franch.*)	生于海拔 2750 ~ 3200 米的荒漠沙滩、山麓砾地、山前洪积扇、河岸路边、干涸沟谷、河谷阶地、沙砾滩地	产都兰、格尔木、德令哈
蔷薇科	Rosaceae	桃属	Amygdalus Linn.	山桃	*Amygdalus davidiana* (*Carr.*) *C.*	生于海拔 1700 ~ 2300 米的干山坡灌丛或为栽培	产民和、乐都、循化、西宁
				甘肃桃	*Amygdalus kansuensis* (*Rehd.*)	生于海拔 1700 ~ 2200 米的山坡灌丛、沟谷林内、林缘	产民和、循化
				桃	*Amygdalus persica Linn*		民和、循化、西宁、贵德、同仁有栽培
				榆叶梅	*Amygdalus triloba* (*Lindl.*)		民和、互助、乐都、循化、化隆、平安、湟中、湟源、西宁、大通有栽培
		杏属	Armeniana Mill.	藏杏	*Armeniana holosericea* (*Batal.*)	生于海拔 2200 米左右的干山坡。分布于陕西、西藏、四川	产循化
				山杏	*Armeniana sibirica* (*Linn.*)		西宁有栽培
				杏	*Armeniana vulgaris Lam*		民和、互助、乐都、循化、化隆、平安、湟中、湟源、西宁、大通、贵德、尖扎、同仁、班玛有栽培
				野杏	*Armeniana vulgaris Lam*	栽培或野生于海拔 2200 ~ 2800 米的山沟林下、林缘、沟谷灌丛、河流两岸干旱山坡	产互助、西宁、尖扎、同仁

科名		属名		种名		生境	省内分布区
中文名	拉丁名	中文名	拉丁名	中文名	拉丁名		
		鲜卑花属	Sibiraea Maxim	窄叶鲜卑花	*Sibiraea angustata* (*Rehd.*) *Hand*	生于海拔 2500～4300 米的高山山坡、河谷灌丛、阴坡林缘、山顶疏林、河漫滩	产互助、乐都、平安、湟中、湟源、大通、门源、海晏、刚察、同德、共和、乌兰、同仁、泽库、河南、玛沁、久治、班玛、称多、玉树、囊谦、曲麻莱、杂多
				鲜卑花	*Sibiraea laevigata* (*Linn.*) *Maxim*	生于海拔 2300～4000 米的高山山坡、沟谷林缘、草甸边缘、阴坡灌丛、河滩灌丛	产民和、互助、乐都、湟中、西宁、大通、门源、祁连、海晏、同德、共和、兴海、尖扎、同仁、泽库、玛沁、久治、治多
豆科	Leguminosae	骆驼刺属	Alhagi Tourn. ex Adans.	骆驼刺	*Alhagi sparsifolia Shap.*	生于海拔 2800～3000 米的荒漠戈壁、轻度盐渍化的低湿沙砾滩地带	产柴达木
		鹰嘴豆属	Cicer Linn.	鹰嘴豆	*Cicer aritinum Linn.*		民和、乐都、循化、化隆、平安、湟中、西宁有少量栽培
		甘草属	Glycyrrhiza Linn.	甘草	*Glycyrrhiza uralensis Fisch.*	生于海拔 2000～3000 米的碱化沙地、沙质土草原、山坡田埂、路边荒地、河岸土崖、山麓沙滩	产民和、互助、乐都、循化、化隆、平安、湟中、湟源、西宁、大通、贵德、贵南、同德、共和、乌兰、都兰、尖扎
		兵豆属	Lens Mill.	兵豆	*Lens culinaris Medic.*		民和、乐都、循化、化隆、平安、湟中、西宁有栽培
		豌豆属	Pisum Linn.	豌豆	*Pisum sativum Linn.*		民和、互助、乐都、循化、化隆、平安、湟中、湟源、西宁、大通、贵德、贵南、同德、共和、尖扎、同仁、班玛有栽培

续表

科名		属名		种名		生境	省内分布区
中文名	拉丁名	中文名	拉丁名	中文名	拉丁名		
牻牛儿苗科	Geraniaceae	薰倒牛属	Bieberstenis. Steph.ex Fisch.	薰倒牛	*Bieberstenia heterostemon Maxim.Mel.*	生于海拔 1900 ~ 3700 米的山地阴坡、河岸草地、田边荒地、林缘路旁、河滩砾地	产民和、互助、乐都、平安、湟中、西宁、同德、兴海、尖扎、同仁、泽库、玛沁、玉树
		牻牛儿苗属	Erodium L'Her.	牻牛儿苗	*Erodium stephanianum Willd. Sp.Pl.*	生于海拔 1700 ~ 3750 米的山坡草地、田边荒地、宅周路旁。河滩疏林下草甸、渠岸沟缘	产民和、互助、乐都、西宁、贵南、同德、兴海、德令哈、同仁、泽库、玛沁、玉树、囊谦
蒺藜科	Zygophyllacea	白刺属	Nitraria Linn	大白刺	*Nitraria roborowskii Kom.Act*, Hort Petrop.	生于海拔 2300 ~ 3300 米的荒漠草原、河谷阶地、戈壁沙滩、固定沙丘、阳坡山麓、渠边荒地、沟边沙地	产西宁、贵德、贵南、都兰、乌兰、格尔木、德令哈、茫崖
				小果白刺	*Nitraria sibirica Pall. Fl.Ross*,	生于海拔 1850 ~ 3700 米的山坡滩地、阳坡山麓、湖边沙地、荒漠草原、固定沙丘、路旁砾石地	产民和、乐都、循化、化隆、西宁、贵德、共和、兴海、都兰、乌兰、格尔木、德令哈、大柴旦、尖扎
				白刺	*Nitraria tangutorum Bobr.Sovetsk, Bot.*	生于海拔 1900 ~ 3500 米的干旱山坡、山麓沟沿、河谷阶地、沙砾河滩、荒漠草原、戈壁沙滩、冲积扇前缘	产民和、西宁、贵德、共和、兴海、都兰、乌兰、格尔木、德令哈、大柴旦、同仁
		骆驼蓬属	Peganum Linn.	多裂骆驼蓬	*Peganum multisectum* (*Maxim.*) *Bobr. Fl.*	生于海拔 1700 ~ 3900 米的干山坡、河谷阶地、沟沿草地、固定沙丘、路旁荒地	产民和、乐都、循化、湟中、西宁、大通、贵德、共和、乌兰、尖扎、同仁
		霸王属	Zygophyllum Linn	驼蹄瓣	*Zygophyllum fabago Linn.*	生于海拔 2800 ~ 2900 米的河漫滩沙地、戈壁水沟边、田埂渠岸	产大柴旦

科名		属名		种名		生境	省内分布区
中文名	拉丁名	中文名	拉丁名	中文名	拉丁名		
				粗茎霸王	*Zygophyllum loczyi Kanitz Pl. Szechenyi（Kolozsvar）*	生于海拔 2900～3000 米的荒漠草原、戈壁沙砾地	产德令哈、大柴旦
				蝎虎霸王	*Zygophyllum mucronatum Maxim.*	生于海拔 1800～3500 米的山地荒漠、干旱山坡、河谷滩地、河流阶地、湖积平原、田旁荒地	产循化、化隆、贵德、共和、乌兰
				霸王	*Zygophyllum xanthoxylon（Bunge）Maxim. Pl.Mongol.*	生于海拔 1600～2800 米的荒漠草原、河谷阶地、干旱冲沟、干山坡、黄土陡壁、河谷沙土地	产民和、乐都、西宁、贵德、尖扎、同仁
柽柳科	Tamaricaceae	枇杷柴属	Reaumuria Linn.	五柱枇杷柴	*Reaumuria kaschgarica Rupr.*	生于海拔 2300～3800 米的阴坡砾地、湖滨沙地、山前冲积扇、荒漠草原、盐土荒漠、沟谷河岸干山坡	产西宁、共和、乌兰、德令哈。
				枇杷柴	*Reaumuria soongarica（Pall.）*	生于海拔 1700～3000 米的干旱山坡、砾石沙地、河谷阶地、荒漠草原、盐渍荒漠、湖滨沙地、盐碱滩地、干旱草地、山坡及山麓沙砾地	产民和、乐都、循化、兴海、共和、乌兰、德令哈
锁阳科	Cynomoriaceae	锁阳属	Cynomorium Linn.	锁阳	*Cynomorium songaricum Rupr.*	生于海拔 2700 米的左右的沙丘、田边、山脚沙地，寄生于白刺根部	产乌兰、格尔木
伞形科	Umbelliferae	阿魏属	Ferula Linn	河西阿魏	*Ferula hexiensis K.*	生于海拔 2300 米左右的河谷草地	产循化

续表

科名		属名		种名		生境	省内分布区
中文名	拉丁名	中文名	拉丁名	中文名	拉丁名		
		茴香属	Foeniculum Mill.	茴香	*Foeniculum vulgare* Mill.		民和、互助、乐都、循化、化隆、平安、湟中、湟源、西宁、大通、门源、海晏、刚察、贵德、贵南、同德、共和、都兰、乌兰、尖扎、同仁、泽库、玛沁、久治、班玛、玉树有栽培
蓝雪科	plumbaginaceae	小蓝雪花属	Plumbagella Spach	小雪花花	*Plumbagella micrantha*	生于海拔2230～4200米的撂荒地、田边、河滩草甸、沙砾山坡、河岸阶地、草甸中裸地	产互助、乐都、湟源、西宁、门源、祁连、刚察、贵南、共和、德令哈、泽库、河南、玛沁、久治、达日、杂多、治多
木犀科	Oleaceae	雪柳属	Fontanesia Labill.	雪柳	*Fontanesia fortunei* Carr		西宁有栽培
		连翘属	Forsythia Vahl	连翘	*Forsythia suspensa*		民和、互助、乐都、平安、西宁、大通有栽培
				金钟花	*Forsythia viridissima* Lindl.		民和、互助、乐都、循化、化隆、平安、湟中、湟源、大通、门源、贵德、都兰、乌兰、格尔木、德令哈、尖扎、同仁有栽培
玄参科	Scrophulariaceae	疗齿草属	Odontites Ludwig	疗齿草	*Odontites serotina*	生于海拔1900～2300米的河滩草地、干旱阳坡	产民和、循化、西宁
川续断科	Dipsacaceae	翼首花属	Pterocephalus Vaill.	匙叶翼首花	*Pterocephalus hookeri*（C.	生于海拔3200～4400米的河沟林缘草甸、河谷阶地、山坡草地、沙砾河岸、石崖缝中	产玛沁、久治、班玛、杂多、囊谦、玉树、称多

续表

科名		属名		种名		生境	省内分布区
中文名	拉丁名	中文名	拉丁名	中文名	拉丁名		
菊科	Compositae	顶羽菊属	Acroptilon Cass.	顶羽菊	*Acroptilon repens*(*Linn.*)	生于海拔1800~3000米的荒漠草原、河谷阶地、农田边、干山坡沙地、撂荒地	产民和、互助、乐都、循化、化隆、平安等
		鸦葱属	Scorzonera Linn.	鸦葱	*Scorzonera austriaca Willd.*	生于海拔2200~3400米的干旱山坡、沟谷田边、河岸草地	产民和、互助、乐都、西宁、大通、门源、乌兰、尖扎、同仁、玛沁
				蒙古鸦葱	*Scorzonera mongolica Maxim.*	生于海拔2800~3500米的干旱草原、河滩沙地、盐碱滩地、芨芨草丛	产乌兰、都兰、格尔木
				帚状鸦葱	*Scorzonera pseudodivaricata Lipsch.*	生于海拔2100~3200米的河岸沙砾地、干旱山坡草地、山前滩地、荒漠草原、河谷阶地	产民和、乐都、循化、化隆、西宁、贵德、共和、兴海、大柴旦、德令哈、乌兰、都兰、尖扎、同仁

第十三节　中亚分布（13型）（CAs）

中亚分布是中亚特有分布，位于古地中海的东半部。它可以到达西亚，但绝不见于地中海。由于中亚多高山和高原，且地处大陆内部，故多反映高山、高原干旱草原和半干旱荒漠的性质，它包括亚洲中部和中亚在内，东界常在我国西部，东到内蒙古、甘肃、青海、西藏，甚至横断山区，但一般不到喜马拉雅。该分布型有4个亚型，中亚东部（或中部亚洲）（13-1），中亚至喜马拉雅和华西南（13-2），西亚至西喜马拉雅和西藏（13-3），中亚至喜马拉雅—阿尔泰和太平洋北美间断（13-4）。

该分布型在中国有14科77属，该分布型在青海植物区系中，有12科33属54种（表2.2.25）。其中有桑科大麻属（1种），藜科沙蓬属（1种）、合头草属（1种），石竹科柔子草属（1种），毛茛科蓝堇属（1种）、拟耧斗菜属（2种），十字花科高原荠属（6种）、双脊荠属（3种）、花旗杆属（1种）、藏荠属（1种）、屈曲花属（2种）、高河菜属（2种）、沟子荠属（1种），豆科扁蓿豆属（3种），伞形科栓果芹属（1种）、迷果芹属（1种），夹竹桃科罗布麻属（1种）、白麻属（1种），紫葳科角蒿属（5种），菊科紫菀木属（1种）、短舌菊属（1种）、小甘菊属（2种）、女蒿属（1种）、栉叶蒿属（2种）、扁芒菊属（1种），禾本科沙鞭属（1种）、新麦草属（1种）、冠毛草属（2种）、钝基草属（1种）、三角草属（1种）、固沙草属（1种）、扇穗茅属（3种），百合科假百合属（1种）。

表 2.2.25　青海植物 13 型科属种数量统计表

科名	属	种	科名	属	种
桑科	1	1	藜科	2	2
石竹科	1	1	毛茛科	2	3
十字花科	7	16	豆科	1	3
伞形科	2	2	夹竹桃科	2	2
紫葳科	1	5	菊科	6	8
禾本科	7	10	百合科	1	1

表 2.2.26　青海植物中亚分布属统计

科名		属名		种名		生境	省内分布区
中文名	拉丁名	中文名	拉丁名	中文名	拉丁名		
被子植物门 ANGIOSPERMAE							
桑科	Moraceae	大麻属	Cannabis Linn	大麻	*Cannabis sativa Linn*	常逸生于海拔2200～2800米的宅旁荒地、田埂路边、农田中、林缘灌丛、河沟渠岸边	民和、互助、乐都、西宁有栽培
藜科	Chenopodiaceae	沙蓬属	Agriophyllum Bieb	沙蓬	*Agriophyllum squarrosum*	生于海拔2900～3200米的固定沙丘、荒漠沙坡、河岸沙滩	产贵德、贵南、同德、共和、兴海、都兰

科名		属名		种名		生境	省内分布区
中文名	拉丁名	中文名	拉丁名	中文名	拉丁名		
		合头草属	Sympegma Bunge	合头草	*Sympegma regelii Bunge*	生于海拔 2300～3600 米的干旱阳坡、低山荒漠、盐碱河谷、荒漠干滩、石质山坡、山麓盐碱滩地	产西宁、共和、都兰、格尔木、大柴旦
石竹科	Caryophyllaceae	柔子草属	Thylacospermum Fenzl	簇生柔子草	*Thylacospermum caespitosum*	生于海拔 4500～5100 米的高山冰缘地带、河谷阶地、沙砾河滩、高山草甸、山坡砾地、高山稀疏植被带、高山流石滩顶部	产兴海、玛沁、久治、囊谦、杂多
毛茛科	Ranunculaceae	蓝堇草属	Leptopyrum Reichb	蓝堇草	*Leptopyrum fumarioides*	生于海拔 2200 米左右的田边荒地、干山坡草地	产民和、祁连
		拟楼斗菜属	Paraquilegia Dnumm	乳突拟楼斗菜	*Paraquilegia anemonoides*	生于海拔 2300～3800 米的山坡灌丛、沟谷林缘、河岸崖壁、岩石缝隙	产民和、互助、湟中、祁连
				小叶拟楼斗菜	*Paraquilegia microphylla*	生于海拔 2800～4800 米的岩石缝隙、山坡灌丛、沟谷林缘、河岸崖壁	产互助、循化、门源、祁连、同德、共和、兴海、同仁、泽库、河南、玛沁、久治、称多、玉树、囊谦、曲麻莱、杂多、治多
十字花科	Cruciferae	高原芥属	Christolea Camb.	藏北高原芥	*Christolea baiogoensis K.*	生于海拔 4850～5000 米的山坡砾地、高山流石坡、河谷阶地、沙砾河滩、高寒荒漠草原、荒漠砾地、山前冲积扇	产治多（可可西里 4850～4900 米处）
				高原芥	*Christolea crassifolia Camb.*	生于海拔 4800～5200 米的高山流石坡稀疏植被、河谷阶地、山前冲积扇、高寒荒漠草原、河滩砾地	产可可西里

续表

科名		属名		种名		生境	省内分布区
中文名	拉丁名	中文名	拉丁名	中文名	拉丁名		
				喜马拉雅高原荠	*Christolea himalayensis*（*Camb.*）	生于海拔4900~5000米的山谷湖盆、高原沙砾滩地、河滩碎石岩屑地、高山流石坡、高寒沟谷砾地、高山稀疏植被	产可可西里4900~5100米处
				丛生高原荠	*Christolea prolifera*（*Maxim.*）	生于海拔4700~5100米的干涸河滩、高山流石坡、山前冲积扇、河谷碎石滩	产玛沁、曲麻莱、治多
				柔毛高原荠	*Christolea villosa*（*Maxim.*）	生于海拔3300~4500米的阴坡灌丛下、高山草甸裸地、高山流石滩、河谷砾地、山前冲积扇、河滩湖滨沙地。分布于西藏东北部	产互助、尖扎、河南、玛沁、久治、治多
				宽丝高原荠	*Christolea villosa*（*Maxim.*）*Jafri var. platyfilamenta*	生于海拔3300~4600米的阴坡草甸、高山灌丛、山顶岩屑滩、高山流石坡、沙砾河滩、沟谷砾地	产互助、循化、尖扎、同仁、河南、玛沁
		双脊荠属	Dilophia Thoms.	无苞双脊荠	*Dilophia ebracteata Maxim.*	生于海拔3100~5300米的河滩湿沙砾地、冰缘砾石湿地、泉边湿沙地、高山流石坡湿地、盐碱滩地	产门源、祁连、乌兰、玛沁、玛多、称多、曲麻莱、杂多、治多
				双脊荠	*Dilophia fontana Maxim.*	生于海拔3200~4800米的高山流石坡湿地、高寒草甸裸地、冰缘湿地、泉水出露处、盐碱滩地、沼泽草甸滑塌处、河滩沙砾地	产互助、化隆、门源、祁连、贵德、同仁、河南、玛沁、称多、玉树、曲麻莱、杂多、治多

续表

科名		属名		种名		生境	省内分布区
中文名	拉丁名	中文名	拉丁名	中文名	拉丁名		
				盐泽双脊荠	*Dilophia salsa* Thoms.	生于海拔3300~4700米的河滩湿沙地、高寒沼泽草甸沙砾地、湖滨的低洼沙砾地、泉眼周围、盐碱滩地、高山湿沙坡地	产祁连、兴海、天峻、格尔木、玛沁、玛多、称多、曲麻莱、杂多、治多、可可西里4700~5100米处等
		花旗杆属	Dontostemon Andrz.	线叶花旗杆	*Dontostemon integrifolius* (*Linn.*)	生于海拔3200~3300米的河滩草地、湖滨滩地、干旱草滩、固定沙丘、水边沙地、山坡草地	产贵德、共和、河南
		藏荠属	Hedinia Ostenf	藏荠	*Hedinia tibetica* (*Thoms.*) *Ostenf.*	生于海拔2900~5100米的冰缘湿地、河沟砾地、山前冲积扇、沙砾河滩、沟谷湖畔、高寒草原、高山草甸裸地、河谷阶地、山坡砂砾质草地、山沟流水线附近	产门源、祁连、贵德、共和、兴海、乌兰、都兰、格尔木、德令哈、泽库、玛沁、久治、达日、玛多、称多、玉树、囊谦、曲麻莱、杂多、治多
		屈曲花属	Iberis Linn.	屈曲花	*Iberis amara* Linn.	植于海拔2200~2300米的公园、花圃、庭院	西宁有栽培
				披针叶屈曲花	*Iberis intermedia* Guersent	植于海拔2200~2300米的庭院、公园、花圃	西宁有栽培
		高河菜属	Megacarpaea DC.	短羽裂高河菜	*Megacarpaea delavayi* Franch	生于海拔3000~4300米的沟谷林缘、河滩疏林下、山坡灌丛	产乐都、循化、久治
				大果高河菜	*Megacarpaea megalocarpa* (*Fisch.Ex DC.*)	生于海拔2800~3600米的荒漠洼地、干旱草地、沙砾滩地、沙丘周围	产天峻、都兰、乌兰、格尔木、德令哈、大柴旦、冷湖、茫崖
		沟子荠属	Taphrospermum C.	沟子荠	*Taphrospermum altaicum C.*	生于海拔3600~3700米的山顶草甸、沟谷石缝、河沟边砾地、峡谷山崖缝隙	产门源、祁连、囊谦

续表

科名		属名		种名		生境	省内分布区
中文名	拉丁名	中文名	拉丁名	中文名	拉丁名		
豆科	Leguminosae	扁蓿豆属	Melilotoides Heist.ex Fabr.	青藏扁蓿豆	*Melilotoides archiducis-nicolai*（*Sirj.*）	生于海拔 2000 ~ 4250 米的沟谷草甸、河滩砾地、林缘灌丛、山坡草地、田埂路边	产民和、互助、乐都、循化、化隆、平安、湟中、湟源、西宁、大通
				毛果扁蓿豆	*Melilotoides pubescens*（*Edgew.ex Baker*）	生于海拔 3500 ~ 4000 米的山坡草地、路边、河岸、河滩砾地	产玉树、囊谦、治多
				扁蓿豆	*Melilotoides ruthenica*（*Linn.*）	生于海拔 1900 ~ 2700 米的田埂、干旱山坡草地、林缘草甸	产民和、互助、乐都、循化、化隆、平安、湟中、湟源、西宁、大通、门源、海晏、贵德、尖扎、同仁
伞形科	Umbelliferae	栓果芹属	Cortiella Norman	宽叶栓果芹	*Cortiella aespitos Shan et Sheh, Acta Phvtotax.*	生于海拔 4800 ~ 5150 米的河谷阶地、高山草甸、山麓砾石地、宽谷湖盆	产可可西里、唐古拉山
		迷果芹属	Sphallerocarpus Bess.ex DC.	迷果芹	*Sphallerocarpus gracilis*（*Frevir*）*K.*	生于海拔 1800 ~ 4350 米的山坡林下、林缘灌丛、河滩草甸、草原湿地、田边荒地、河畔草地、渠岸路边	产民和、互助、乐都、循化、化隆、平安、湟中、湟源、西宁、大通、贵德、贵南、同德、共和、兴海、乌兰、德令哈、尖扎、同仁、泽库、河南、玛沁、班玛、玛多、玉树、囊谦、曲麻莱、治多
夹竹桃科	Apocynaceae	罗布麻属	Apocynum Linn.	罗布麻	*Apocynum venetum Linn*	生于海拔 2600 ~ 3200 米的戈壁滩、沙砾河滩、盐碱化河谷草甸、荒漠草原、河岸阶地疏林下或灌木丛中	产都兰、乌兰、格尔木、德令哈、大柴旦、冷湖、茫崖
		白麻属	Poacynum Baill.	大叶白麻	*Poacynum hendersonii*	生于海拔 2700 ~ 3100 米的湖滨沙滩、盐土草甸、河谷盐碱滩	产乌兰、格尔木

科名		属名		种名		生境	省内分布区
中文名	拉丁名	中文名	拉丁名	中文名	拉丁名		
				白麻	*Poacynum pictum*	生于海拔 2700 ~ 3000 米的荒漠草原、戈壁砾地、河谷盐化草甸	产都兰、格尔木、茫崖、玉树
紫葳科	Bignoniaceae	角蒿属	Incarvillea Juss	四川角蒿	*Incarvillea beresowskii*	生于海拔 3500 ~ 3800 米的河谷阶地、山坡草地、田边荒地	产贵南、玛沁、玉树
				密花角蒿	*Incarvillea compacta*	生于海拔 2400 ~ 4600 米的山前冲积扇、干旱阳坡砾地、河谷阶地、沙砾河滩、高寒草原裸地、高寒草甸、河岸石缝、山麓砾石隙	产民和、互助、乐都、循化、化隆、平安、湟中、湟源、西宁、大通、门源、祁连、海晏、刚察、贵德、贵南、同德、兴海、天峻、格尔木、都兰、乌兰、德令哈、尖扎、同仁、泽库、河南、玛沁、甘德、久治、达日、班玛、玛多、称多、玉树、囊谦、曲麻莱、杂多、治多（可可西里）、唐古拉
				大花角蒿	*Incarvillen mairei*	生于海拔 3000 ~ 4400 米的山坡灌丛草地、河谷阶地、沙砾滩地、固定沙丘	产德令哈、格尔木、同仁、尖扎、玛多、称多、玉树、囊谦
				黄花角蒿	*Incarvillea sinensis*	生于海拔 1950 ~ 2540 米的干旱山坡、山坡灌丛边、阴坡干燥处	产民和、乐都、循化、西宁、门源、尖扎
				藏角蒿	*Incarvillea younghusbandii*	生于海拔 3550 ~ 3670 米的山前冲积扇、河滩砾地、平坦沙砾滩、干旱山坡草地	产曲麻莱、玉树、囊谦

续表

科名		属名		种名		生境	省内分布区
中文名	拉丁名	中文名	拉丁名	中文名	拉丁名		
菊科	Compositae	紫菀木属	Asterothamnus Novopokar.	中亚紫菀木	*Asterothamnus centrali*	生于海拔 1880～3600 米的干旱阳坡、河谷阶地、沙砾河滩、山前洪积扇、河岸石隙、荒漠水边	产民和、乐都、平安、循化、化隆、贵德、共和、都兰、大柴旦、德令哈、格尔木、同仁、尖扎
		短舌菊属	Brachanthemum DC.	星毛短舌菊	*Brachanthemum pulvinatum*	生于海拔 2300～3800 米的山沟石隙、山前洪积扇、沙砾干河滩、河谷阶地、干旱山坡、盐碱滩地	产西宁、贵德、德令哈、大柴旦
		小甘菊属	Cancrinia Kar.	毛果小甘菊	*Cancrinia lasiocarpa*	生于海拔 2800 米左右的干山坡草地	产天峻
				灌木小甘菊	*Cancrinia maximowiczii C.*	生于海拔 1850～3900 米的干旱黄土山坡、沙砾干河滩、沟谷河岸、阳坡土崖	产民和、互助、化隆、西宁
		女蒿属	Hippolytia Poljak.	束伞女蒿	*Hippolytia desmantha Shih,*	生于海拔 3450～4300 米的山谷阳坡、河谷阶地、沙砾山坡、山沟岩石缝、河谷灌丛	产称多（模式标本产地）、玉树
		栉叶蒿属	Neopallasia (pall.)	栉叶蒿	*Neopallasia pectinata (Pall.)*	生于海拔 2100～2600 米的戈壁荒漠、河谷阶地、沙砾干河滩、山坡草地、宅旁荒地	产化隆、西宁、兴海、乌兰、德令哈、尖扎
				西藏栉叶蒿	*Neopallasia tibetica Y.*	生于海拔 3500～3600 米的沟谷田边、沙砾河滩、山坡草地。	产称多、囊谦、玉树
		扁芒菊属	Waldheimia Kar.	西藏扁芒菊	*Waldheimia glabra (Decne.)*	生于海拔 5100 米左右的高山流石滩	产杂多、可可西里
禾本科	Gramineae	沙鞭属	Psammochloa Hitchc.	沙鞭	*Psammochloa villosa (Trin.) Bor,*	生于海拔 2900～3400 米的沙丘上	产乌兰、都兰

科名		属名		种名		生境	省内分布区
中文名	拉丁名	中文名	拉丁名	中文名	拉丁名		
		新麦草属	Psathyrostachys Nevski	单花新麦草	*Psathyrostachys kronenburgli (Hack.) Nevski in Kom.*	生于海拔 2100～3200 米的山坡草地、河岸阶地、田埂	产西宁、乐都、共和、尖扎
		冠毛草属	Stephanachne Keng	黑穗茅	*Stephanachne nigrescens*	生于海拔 3300～4600 米的高山草地、山地阳坡、林缘灌丛	产河南、久治、班玛、玉树、杂多
				冠毛草	*Stephanachne pappophorea (Hack.) Keng in Contrib.*	生于海拔 2230～3600 米的沙砾山坡、干旱草原、干河滩及路边	产西宁、都兰、共和、兴海、柴达木、格尔木
		钝基草属	Timouria Roshev.	钝基草	*Timouria saposhnicowii*	生于海拔 2350 米的干山坡	产西宁、贵德、都兰
		三角草属	Trikeraia Bor	假冠毛草	*Trikeraia pappiformis*	生于海拔 3400～4300 米的黄河河谷、半阴坡及林缘草地	产河南、玉树、囊谦
		固沙草属	Orinus Hitchc.	青海固沙草	*Orinus kokonorica*	生于海拔 2230～4400 米的干旱山坡、高山草原、山麓沙土地、固定沙丘	产乐都、西宁、门源、祁连、海晏、刚察、贵德、贵南、同德、共和（模式标本产地）、兴海、乌兰、称多、玉树、囊谦、曲麻莱、杂多、治多
		扇穗茅属	Littledalea Hemsl	扇穗茅	*Littledalea racemosa Keng*	生于海拔 2700～4900 米的山坡草地、灌丛、河边、滩地、草甸、沙滩	产湟源、门源、祁连、贵德、都兰、格尔木、玛沁、玛多、称多、玉树、曲麻莱
				寡穗茅	*Littledalea przewalskyi Tzvel.*	生于海拔 3700～4700 米的山坡、冲积滩地	产尖扎、泽库、玛多、玉树、杂多、治多
				藏扇穗茅	*Littledalea tibetica Hemsl.*	生于海拔 3000～4800 米的高寒草甸、河谷砾地	产门源、天峻、玛沁、玛多、玉树

科名		属名		种名		生境	省内分布区
中文名	拉丁名	中文名	拉丁名	中文名	拉丁名		
百合科	Liliaceae	假百合属	Notholirion Wall. ex Boiss.	假百合	*Notholirion bulbuliferum* (*Lingelsh.*)	生于海拔 3300 ~ 3800 米的山坡灌丛、沟谷林缘草丛	产班玛

第十四节 东亚分布（14型）（E As）

东亚分布是我国 15 个分布区类型中最富于特色的一个，东亚区即东亚的东北部，包括俄罗斯的远东及日本、韩国和朝鲜，北以我国的内蒙古的阴山和狼山为界，向西南达陕北至甘东北的森林草原区，然后西以甘东南、青海的大通河流域（唐古特区），达横断山区北段，西以横断山区与青藏高原为界，南至西藏东南和云南西北的三大峡谷区，南界包括泰国东北部、老挝、越南北部，以我国南岭以北，南以滇东南至闽南一线，再向东回到我国台湾的东海岸，向东北到琉球和小笠原群岛。在这一广大区域内，基本上是由东北到西南，由温带针阔混交林至亚热带常绿阔叶林的各类森林为主体的森林植物区系。它含有世界上最广阔的亚热带常绿阔叶林，是白垩纪——古近纪以来变动最少的木本植物领地，所以它包含世界上温带至亚热带地区的常绿阔叶和落叶阔叶的众多属种，特别是许多孑遗类型。该分布型有两个亚型，中国—日本（14-1），中国—喜马拉雅（14-2）。

该分布型在中国有 48 科 77 属，该分布型在青海植物区系中，有 24 科 48 属 92 种（表 2.2.27）。其中有银杏科银杏属（1 种），柏科侧柏属（1 种），胡桃科枫杨属（1 种）、商陆属（1 种），毛茛科星叶草属（1 种），罂粟科荷包牡丹属（1 种）、秃疮花属（1 种），小檗科桃儿七属（1 种），十字花科单花荠属（2 种）、簇芥属（1 种）、丛菔属（3 种），蔷薇科棣棠花属（1 种）、臭樱属（1 种）、扁核木属（1 种），猕猴桃科猕猴桃属（1 种），五加科五加属（7 种），伞形科丝瓣芹属（4 种）、凹乳芹属（1 种）、囊瓣芹属（2 种）、东俄芹属（3种），龙胆科口药花属（1种），马鞭草科莸属（3种）、赪桐属（1种），唇形科绵参属（1种）、独一味属（1种）、扭连钱属（1种），茄科山莨菪属（2种），玄参科肉果草属（1种）、藏玄参属（1种）、泡桐属（2种）、松蒿属（2种），苦苣苔科珊瑚苣属（1种），败酱科败酱属（1种）、甘松属（1种），桔梗科党参属（5种）、蓝钟花属（3种），菊科垂头菊属（9种）、狗哇花属（5种）、黄瓜菜属（1种）、帚菊属（2种）、绢毛菊属（3种）、黄鹌菜属（4种），禾本科毛蕊草属（1种）、箭竹属（1种），鸢尾科射干属（1种），兰科兜蕊兰属（1种）、山兰属（1种）。

表 2.2.27　青海植物 14 型科属种数量统计表

科名	属	种	科名	属	种
银杏科	1	1	柏科	1	1
胡桃科	1	1	商陆科	1	1
毛茛科	1	1	罂粟科	2	2
小檗科	1	1	十字花科	4	7
蔷薇科	3	3	猕猴桃科	1	1
五加科	1	7	伞形科	4	10
龙胆科	1	1	马鞭草	2	4
唇形科	3	3	茄科	1	2
玄参科	4	6	苦苣苔科	1	1
败酱科	2	2	桔梗科	2	8
菊科	6	24	禾本科	2	2
鸢尾科	1	1	兰科	2	2

表 2.2.28　青海植物东亚分布属统计

科名		属名		种名		生境	省内分布区
中文名	拉丁名	中文名	拉丁名	中文名	拉丁名		
裸子植物 GYMNOSPERMAE							
银杏科	Ginkgoaceae	银杏属	Ginkgo Linn.	银杏	*Ginkgo biloba Linn.Mant.Pl.*	植于海拔 1700 ~ 2250 米的庭院、公园及绿化区	民和、西宁有栽培

续表

科名		属名		种名		生境	省内分布区
中文名	拉丁名	中文名	拉丁名	中文名	拉丁名		
柏科	Cupressaceae	侧柏属	Platycladus Spach	侧柏	*Platycladus orientalis* (*Linn.*) *Franco*	植于海拔 1800 ~ 2300 米的庭院公园	民和、乐都、循化、西宁、尖扎有栽培
被子植物 ANGIOSPERMAE							
胡桃科	Juglandaceae	枫杨属	Pterocarya Kunth	枫杨	*Pterocarya stenoptera DC. Ann.*		民和、互助、乐都、循化、化隆、平安、湟中、湟源、贵德有栽培
商陆科	Phytolaccaceae	商陆属	Phytolacca Linn.	商陆	*Phytolacca acinosa Roxb. Hort.Beng.*		互助、西宁、门源有栽培
毛茛科	Ranunculaceae	星叶草属	Circaeaster Maxim	星叶草	*Circaeaster agrestis Maxim*	生于海拔 3050 ~ 4500 米的山坡林下、沟谷灌丛、高山草甸裸地、河岸石崖下、潮湿山谷、荫蔽岩壁下	产互助、乐都、大通、祁连、同德、泽库、河南、玛沁、久治、班玛、玛多、玉树、囊谦、杂多、治多
罂粟科	Papaveraceae	荷包牡丹属	Dicentra Bernh.	荷包牡丹	*Dicentra Spectabilis* (*Linn.*)	我国北方各省多有栽培	民和、互助、乐都、循化、化隆、湟中、湟源、西宁、尖扎、同仁有栽培
		秃疮花属	Dicranostigma Hook.	秃疮花	*Dicranostigma leptopodium* (*Maxim.*)	生于海拔 3100 ~ 3350 米的沟谷林缘、山坡灌丛	产同德、班玛
小檗科	Berberidaceae	桃儿七属	Sinopodophyllum Ying	桃儿七	*Sinopodophyllum hexandrum* (*Royle*) *Ying*,	生于海拔 2300 ~ 3800 米的阴坡林下、沟谷灌丛中、疏林草甸、河滩林缘湿地	产民和、互助、乐都、循化、大通、门源、贵德、同仁、班玛、玉树、囊谦
十字花科	Cruciferae	单花荠属	Pegaeophyton Hayek et Hand.	单花荠	*Pegaeophyton scapiflorum* (*Hook. f et Thoms.*)	生于海拔 4100 ~ 5400 米的岩屑碎石山顶、砾石坡地、河谷滩地、盐化草甸、多石的阴坡高寒灌丛草甸、沟谷岩缝	产乌兰、格尔木、同仁、泽库、达日、玛多、称多、囊谦、曲麻莱、杂多

科名		属名		种名		生境	省内分布区
中文名	拉丁名	中文名	拉丁名	中文名	拉丁名		
				毛萼单花芥	*Pegaeophyton scapiflorum* (*Hook. f. et Thoms.*) *Marq.et Shaw var.pilosicalyx*	生于海拔 2800 ~ 4850 米的高山岩屑坡、山麓碎石堆、山顶裸地、河溪水边砾地、河谷阶地、湖边碎石滩地草甸、沟谷石缝	产大通、门源、天峻、乌兰、都兰、格尔木、德令哈、大柴旦、冷湖、茫崖、同仁、玛沁、久治、达日、玛多、称多、玉树、囊谦、曲麻莱、杂多
		簇芥属	Pycnoplinthus O.	簇芥	*Pycnoplinthus uniflorus* (*Hook. f.et Thoms.*)	生于海拔 3900 ~ 5000 米的高原河滩、高寒荒漠、高山稀疏植被中、沙砾质山坡	产德令哈、曲麻莱、治多（可可西里）
		丛菔属	Solms–Laubachia Muschl	睫毛丛菔	*Solms-Laubachia ciliaris* (*Bur. et Franch.*)	生于海拔 4100 米左右的高原干旱山坡砾地、山顶沙砾地、山麓乱石丛	产囊谦
				宽果丛菔	*Solms-Laubachia eurycarpa* (*Maxim.*)	生于海拔 4000 ~ 4700 米的冰缘砾地、高山稀疏植被、高山碎石带、沟谷石缝中	产河南、玉树、囊谦
				短柄丛菔	*Solms-Laubachia eurycarpa* (*Maxim.*)	生于海拔 4000 ~ 4900 的山坡石崖下、冰缘砾地、高山稀疏植被中、山顶岩缝、高山流石坡	产玉树、囊谦、曲麻莱
		无隔芥属	Staintoniella Hara	轮叶无隔芥	*Staintoniella verticillata*	生于海拔 3800 ~ 4700 米的高山碎石坡、砾石质草甸、泉边沙砾地、河滩沙地	产门源、贵德、玛沁、玉树
蔷薇科	Rosaceae	棣棠花属	Kerria DC	棣棠花	*Kerria japonica* (*Linn.*) *DC*		平安、西宁有栽培
		臭樱属	Maddenia Hook	四川臭樱	*Maddenia hypoxantha Koehne*	生于海拔 2300 ~ 2600 米的山坡林缘、沟谷河岸灌丛中	产民和、循化、西宁（栽培）

续表

科名		属名		种名		生境	省内分布区
中文名	拉丁名	中文名	拉丁名	中文名	拉丁名		
		扁核木属	Prinsepia Royle	齿叶扁核木	*Prinsepia uniflora Batal.*	生于海拔 1850～2200 米的山坡路边、河岸林缘、山沟灌丛	产循化
猕猴桃科	Actinidiaceae	猕猴桃属	Actinidia Lindl	四蕊猕猴桃	*Actinidia tetramera Maxim.*	生于海拔 2100～2600 米的沟谷灌丛、山坡林缘	产循化
五加科	Araliaceae	五加属	Acanthopanax Miq.	乌蔹莓五加	*Acanthopanax cissifolius*（*Griff.*）*Harms in Engl.*	生于海拔 2200～3600 米的山坡林缘、沟谷灌丛	产民和、循化、门源、尖扎、泽库
				红毛五加	*Acanthopanax giraldii Harms, Bot.*	生于海拔 2300～3600 米的林缘灌丛、沟谷林中	产民和、互助、循化、大通、门源、同仁、班玛
				毛梗红毛五加	*Acanthopanax giraldii Harms var.hispidus*	生于海拔 2600～3700 米的山坡灌丛中	产民和、班玛
				毛叶红毛五加	*Acanthopanax giraldii Harms var.pilosulus*	生于海拔 1800～3000 米的山坡林下、林缘沟谷、灌丛	产民和、互助、乐都、循化、湟中、西宁、大通、门源、尖扎、同仁、泽库
				糙叶五加	*Acanthopanax henryi*（*Oliv.*）*Horms in Engl.*	生于海拔 2200～2400 米的山坡林下、沟谷林缘、河岸灌丛中	产循化孟达林区
				刺五加	*Acanthopanax senticosus*（*Rupr.et Maxim.*）*Harms in Engl.*	生于海拔 3000 米左右的山坡林中、林缘灌丛、沟谷河岸	产班玛
				狭叶五加	*Acanthopanax wilsonii Harms in Sarg.*	生于海拔 3300～3900 米的沟谷林下、林缘灌丛	产班玛、玉树、囊谦
伞形科	Umbelliferae	丝瓣芹属	Acronema Edgew.	高山丝瓣芹	*Acronema alpinum S.*	生于海拔 3800～4400 米的阴湿岩隙、河沟灌丛、山坡林下、林缘草甸	产玉树、囊谦

科名		属名		种名		生境	省内分布区
中文名	拉丁名	中文名	拉丁名	中文名	拉丁名		
				尖瓣芹	*Acronema chinense wolff, Acta Hort.*	生于海拔 2600～3880 米的阴坡灌丛下、河谷林缘	产乐都、同德、泽库、玛沁、班玛
				矮尖瓣芹	*Acronema chinense Wolff var.humile*	生于海拔 4000～4600米的河岸阶地、高山草甸、山沟石隙	产共和、玛多、治多（模式标本产地）
				四川丝瓣芹	*Acronema sichuanense S.*	生于海拔 3550 米左右的沟谷林下或山坡岩隙	产玉树
		凹乳芹属	Vicatia DC.	西藏凹乳芹	*Vicatia thibetica H.*	生于海拔 3200～3800 米的河谷阶地、山坡草地	产班玛、称多
		囊瓣芹属	Pternopetalum Franch.	矮茎囊瓣芹	*Pternopetalum brevium（Shan et Pu）K.*	生于海拔 2600 米左右的沟谷林下	产大通
				羊齿囊瓣芹	*Pternopetalum filicinum（Franch.）*	生于海拔 2600～3560米的山沟林下、林缘灌丛、河谷草甸	产互助、循化、大通、班码
		东俄芹属	Tongoloa Wolff	大东俄芹	*Tongoloa elata wolff, Acta Hort.*	生于海拔 2600～3200米的沟谷林下、山坡石崖、河滩草甸	产互助、循化、湟中、大通
				纤细东俄芹	*Tongoloa gracilis Wolff, Notizbl.*	生于海拔 3950 米左右的沟谷及山坡灌丛中	产久治
				条叶东俄芹	*Tongoloa taeniophylla（H.Boiss.）Wolff, Notizbl.*	分布于海拔 3650～4600 米的阴坡灌丛、砾石山坡、高山草甸、高山碎石隙、河谷阶地、山沟岩缝	产同德、河南、玛沁、甘德、久治、达日
龙胆科	Gentianaceae	口药花属	Jaeschkea Kurz	小籽口药花	*Jaeschkea microsperma*	生于海拔 4200 米左右的河边草地	产称多

续表

科名		属名		种名		生境	省内分布区
中文名	拉丁名	中文名	拉丁名	中文名	拉丁名		
马鞭草科	Verbenaceae	莸属	Caryopteris Bunge	蒙古莸	*Caryopteris mongholica*	生于海拔 2200 ~ 3200 米的干旱阳坡	产循化、共和、兴海、鸟兰、同仁
				唐古特莸	*Caryopteris tangutica*	生于海拔 1850 ~ 3500 米的阳坡草地、灌丛	产门源、互助、民和、乐都、循化、平安、湟中、湟源
				毛球莸	*Caryopteris trichosphaera*	生于海拔 3500 ~ 4000 米的河谷阶地、干山坡、灌丛草地	产称多、囊谦、玉树
		赪桐属	Clerodendrum Linn.	海州常山	*Clerodendrum trichotomum*		西宁有栽培
唇形科	Labiatae	绵参属	Eriophyton Benth	绵参	*Eriophyton wallichii*	生于海拔 4000 ~ 4700 米的山坡岩隙、高山流石滩、山前冲积扇	产称多、囊谦、曲麻莱、杂多、治多
		独一味属	Lamiophlomis Kudo	独一味	*Lamiophlomis rotata*	生于海拔 3430 ~ 4300 米的林缘草地、高山草甸、沟谷灌丛、河滩草甸	产民和、河南、久治、玛沁、达日、称多、囊谦、玉树、杂多
		扭连钱属	Phyllophyton Kudo	扭连钱	*Phyllophyton complanatum*	生于海拔 4600 ~ 4900 米的沙砾河滩、阳坡草地、高山流石滩	产玉树、囊谦、杂多、治多
茄科	Solanaceae	山莨菪属	Anisodus Link	唐古特山莨菪	*Anisodus tanguticus*	生于海拔 2300 ~ 4150 米的田林路边、山谷草甸、阳坡草地、村庄周围、河岸灌丛边	产互助、乐都、湟中、湟源、门源、海晏、刚察、祁连、同德、共和、贵南、兴海、河南、泽库、同仁、班玛、玛沁、曲麻莱、杂多、称多、囊谦、玉树
				黄花山莨菪	*Anisodus tanguticus*（*Maxim.*）*Pasher, var. yir*	生于海拔 2680 ~ 3250 米的山坡草地	产祁连

科名		属名		种名		生境	省内分布区
中文名	拉丁名	中文名	拉丁名	中文名	拉丁名		
玄参科	Scrophulariaceae	肉果草属	Lancea Hook	兰石草	*Lancea tibetica* Hook	生于海拔2200～4600米的湖盆河谷草甸、高山灌丛、高寒草甸、河漫滩湿沙地、弃耕地、砾石滩地、林缘灌丛、河边草地、疏林内	产民和、互助、乐都、循化、化隆、平安、湟中、湟源、门源、祁连、海晏、刚察、贵德、贵南、同德、共和、兴海、天峻、乌兰、都兰、格尔木、德令哈、尖扎、同仁、泽库、河南、玛沁、甘德、久治、班玛、达日、玛多、称多、玉树、囊谦、曲麻莱、杂多、治多（可可西里）、唐古拉
		藏玄参属	Oreosolen Hook	藏玄参	*Oreosolen wattii* Hook	生于海拔4300～4500米的高山草甸沙砾地、阳坡草滩、山坡裸露处	产玉树、杂多、治多
		泡桐属	Paulownia Sieb	兰考泡桐	*Paulownia elongata*	植于海拔1800～1900米的庭院公园及苗圃	循化有栽培
				光泡桐	*Paulownia tomentosa*	植于海拔1800～2230米的庭院公园、宅旁村边	民和、循化、西宁有栽培
		松蒿属	Phtheriospermum Bunge	松蒿	*Phtheriospermum japonica*	生于海拔1800～2000米的林缘草地	产循化
				细裂叶松蒿	*Phtheirospermum tenuisectum*	生于海拔3650～4500米的山坡砾石草地、高山灌丛、高寒草甸	产玉树、囊谦
苦苣苔科	Gesneriaceae	珊瑚苣苔属	Corallodiscus Batal.	卷丝苣苔	*Corallodiscus kingianus*	生于海拔3600～4400米的沟谷林下石隙潮湿处	产囊谦
败酱科	Valerianaceae	败酱属	Patrinia Juss	异叶败酱	*Patrinia heterophylla*	生于海拔1800～1850米的干山坡草地、河谷滩地、田边渠岸	产民和、循化

科名		属名		种名		生境	省内分布区
中文名	拉丁名	中文名	拉丁名	中文名	拉丁名		
		甘松属	Nardostachys	甘松	*Nardostachys chinensis*	生于海拔3200～4200米的阴坡高山灌丛下草甸、高山草甸、河漫滩、山坡草地、河谷湿地、沼泽地等	产同仁、河南、泽库、久治、玛沁、班玛
桔梗科	Campanulaceae	党参属	Codonopsis Wall.	二色党参	*Codonopsis bicolor Nannf.*	生于海拔3300～3650米的河沟林缘、山坡灌丛	产班玛
				灰毛党参	*Codonopsis canescens Nannf.*	生于海拔3500～4200米的山坡林缘、干山坡草丛、河谷灌丛	产囊谦、玉树
				脉花党参	*Codonopsis nervosa*（Chipp.）	生于海拔3950～4500米的沟谷灌丛、山坡林下、山沟石缝、林缘草甸	产久治、班玛、囊谦
				党参	*Codonopsis pilosula*（Franch.）	生于海拔2000～2500米沟谷林下、山坡林缘灌丛	产民和、循化
				绿花党参	*Codonopsis viridiflora Maxim.*	生于海拔2750～3800米的山沟灌丛、河滩疏林下、山坡林缘、田边石隙	产民和、互助、乐都、平安、循化、化隆、湟中、湟源、门源、贵德、尖扎、同仁、泽库、囊谦、玉树
		蓝钟花属	Cyananthus Wall.ex Benth	蓝钟花	*Cyananthus hookeri*	生于海拔3500～3900米的山坡草地、河谷阶地草甸、路边	产同德、同仁、囊谦、玉树
				灰毛蓝钟花	*Cyananthus incanus*	生于海拔3800～4700米的高山草甸、河谷阶地岩缝、山坡灌丛、夹谷林下、林缘草甸	产杂多、囊谦、玉树
				大萼蓝钟花	*Cyananthus macrocslyx*	生于海拔4600米左右的山坡草地	产囊谦

科名		属名		种名		生境	省内分布区
中文名	拉丁名	中文名	拉丁名	中文名	拉丁名		
菊科	Compositae	垂头菊属	Cremanthodium Benth.	褐毛垂头菊	*Cremanthodium brunneopilosum*	生于海拔 3300～6400 米的高山沼泽草甸、湖滨湿沙地、河谷滩地、高山草甸	产同德、兴海、泽库、同仁、河南、久治、达日、玛沁、玛多、玉树、治多、曲麻莱
				喜马拉雅垂头菊	*Cremanthodium decaisnei*	生于海拔 4100～4800 米的河谷阶地、高山流石滩、退化的高山草原、山麓沙砾地、高山草甸裸地	产河南、玛沁、杂多
				盘花垂头菊	*Cremanthodium discoideum Maxim.*	生于海拔 3000～4800 米的高山草甸、砾石山坡、河滩湿沙地、高山草地、流石滩、灌丛中	产互助、乐都、循化、大通
				车前状垂头菊	*Cremanthodium ellisii*	生于海拔 3500～4900 米的高山沼泽草甸、河谷阶地、山前冲积扇、退化的高寒草原、湖滨滩地、高山草甸、高山流石滩	产互助、乐都、循化、化隆、湟中
				祁连垂头菊	*Cremanthodium ellisii* (*Hook. f.*) *Kitam.var. ramosum*	生于海拔 3800 米左右的高山流石滩、高山草甸边缘	产祁连（模式标本产地）
				矮垂头菊	*Cremanthodium humile Maxim.*	生于海拔 3500～4900 米的高山草甸裸地、高山沼泽草甸、河谷阶地	产互助、乐都、循化、化隆
				条叶垂头菊	*Cremanthodium lineare Maxim.*	生于海拔 3100～4500 米的河谷阶地、河滩湿沙地、高山沼泽草甸	产门源、同德、共和、兴海、河南、泽库
				小舌垂头菊	*Cremanthodium microglossum*	生于海拔 4200～5400 米的高山草甸裸地、山麓沙砾地、高山流石滩	产祁连、河南、曲麻莱、治多、称多、囊谦、玉树

科名		属名		种名		生境	省内分布区
中文名	拉丁名	中文名	拉丁名	中文名	拉丁名		
				狭舌垂头菊	*Cremanthodium stenoglossum*	生于海拔 3700 ~ 4700 米的山坡灌丛、高山沼泽草地、河溪水边、高山草甸裸地、沟谷岩石隙、高山草原湿沙地	产称多（模式标本产地）
		狗哇花属	Heteropappus Less.	阿尔泰狗哇花	*Heteropappus altaicus*（*Willd.*）	生于海拔 1800 ~ 4350 米的沙砾河滩、高寒草原、山坡草地	青海多地有分布
				青藏狗哇花	*Heteropappus bowerii*	生于海拔 3600 ~ 4700 米的高山草地、沙砾滩地、河谷阶地、山前冲积扇、湖边砾地、河漫滩草地	产祁连、玛多、治多（可可西里）。
				圆齿狗哇花	*Heteropappus crenatifolius*	生于海拔 2230 ~ 4300 米的沙砾河滩、干旱高山草原裸地、田埂路边、山坡草地	青海多地有分布
				拉萨狗哇花	*Heteropappus gouldii*	生于海拔 3160 ~ 4300 米的干旱山坡、沟谷石崖、河谷阶地、草甸裸地	产贵南、共和、兴海、泽库、河南、曲麻莱、杂多、称多、囊谦、玉树
				半卧狗哇花	*Heteropappus semiprostratus Griers.*	生于海拔 3160 ~ 4500 米的砾石山坡、湖滨沙地、阳坡岩隙、河滩草地	产祁连、刚察、都兰、共和、玛沁、玛多、称多、曲麻莱
		黄瓜菜属	Paraixeris Nakai	黄瓜菜	*Paraixeris denticulata*	生于海拔 2000 ~ 2500 米的山坡草地、河滩疏林下	产互助、循化、门源
		帚菊属	Pertya Sch.	两色帚菊	*Pertya discolor Rehd.*	生于海拔 2000 ~ 3300 米的沟谷林下、林缘灌丛、河滩草甸、渠岸路边	产民和、循化、同仁、泽库
				青海帚菊	*Pertya uniflora*（*Maxim.*）	生于海拔 2200 ~ 3000 米的山地荒漠草原、半干旱山坡草地、林下、林缘灌丛边	产泽库、同仁

科名		属名		种名		生境	省内分布区
中文名	拉丁名	中文名	拉丁名	中文名	拉丁名		
		绢毛菊属 Soroseris Stebb.		糖芥绢毛菊	*Soroseris erysimoides*	生于海拔 3300～5400 米的高山草甸阴坡高山灌丛	青海多地有分布
				团伞绢毛菊	*Soroseris glomerata*	生于海拔 3800～5200 米的河滩湿沙地、河岸草甸裸地、高山流石滩	产祁连、河南、玛沁、达日、玛多、曲麻莱、治多（可可西里）、杂多、囊谦、称多
				金沙绢毛菊	*Soroseris trichocarpa*	生于海拔 4000～4600 米的阴坡高山灌丛、高山草甸、河滩草甸	产曲麻莱、杂多、玉树、囊谦
		黄鹌菜属 Youngia Cass.		无茎黄鹌菜	*Youngia simulatrix*	生于海拔 3100～4400 米的高山草甸裸地、河滩草甸、湖滨湿沙地、山坡草地、沼泽地、田边荒地	产乐都、门源、祁连、刚察、贵南、共和、都兰、天峻、同仁、河南、泽库、玛沁、达日、玛多、称多、曲麻莱、杂多、囊谦、玉树、治多
				细叶黄鹌菜	*Youngia tenuifolia*	生于海拔 2300～3700 米的阳坡草地、沟谷岩隙、河滩沙地	产湟源、大通、兴海
				黄鹌菜	*Youngia zhenduoi*		
				蓝花黄鹌菜	*y.cyaneS.*		
禾本科	Gramineae	毛蕊草属	Duthiea Hack.	毛蕊草	*Duthieabrachypodia*	生于海拔 3260～4500 米的山坡草地、林缘灌丛	产大通、泽库、河南、久治、玉树
		箭竹属	Sinarundinaria Nakai	华西箭竹	*Sinarundinaria nitida*	生于海拔 2300 米左右的沟谷林缘灌丛	产循化，互助、门源有栽培
鸢尾科	Iridaceae	射干属	Belamcanda Adans.	射干	*Belamcanda chinensis*		民和、乐都、湟中、湟源、西宁有栽培

续表

科名		属名		种名		生境	省内分布区
中文名	拉丁名	中文名	拉丁名	中文名	拉丁名		
兰科	Orchidaceae	兜蕊兰属	Androcorys Schltr.	兜蕊兰	*Androcorys ophioglossoides Schltr.*	生于海拔 3000 ~ 3600 米的山坡林下、河谷林缘、灌丛草甸、河滩草地	产祁连、同仁、玛沁
		山兰属	Oreorchis Lindl.	硬叶山兰	*Oreorchis nana Schltr.*	生于海拔 2500 ~ 3000 米的山坡及沟谷林下、林缘草地	产循化、同仁

第十五节　中国特有分布（15 型）（Endemic to China）

中国特有分布型的分布范围一般在国界以内，但有少数越出国界，达到邻国边界内，这是在自然植物区与不同国家内行政区不相吻合的结果，是不可避免的。有些学者或把它们归为半特有属或准特有属。

该分布型在中国有 74 科 249 属，该分布型在青海植物区系中，有 16 科 26 属 35 种（表 2.2.29）。其中有桦木科虎榛子属（1 种），藜科小果滨藜属（1 种），毛茛科长果升麻属（1 种），十字花科穴丝荠属（1 种）、弯蕊芥属（2 种），杜仲科杜仲属（1 种），豆科藏豆属（1 种）、高山豆属（1 种），无患子科文冠果属（1 种），猕猴桃科藤山柳属（1 种），伞形科矮泽芹属（2 种）、羌活属（2 种）、小芹属（1 种）、舟瓣芹属（1 种），报春花科羽叶点地梅属（1 种），龙胆科辐花属（1 种），茄科马尿泡属（1 种），玄参科细穗玄参属（1 种），五福花科华福花属（1 种），菊科毛鳞菊属（2 种）、毛冠菊属（3 种）、华蟹甲草属（1 种）、合头菊属（4 种）、黄缨菊属（1 种），禾本科拐棍竹属（1 种）、三蕊草属（1 种）。

表 2.2.29　青海植物 15 型科属种数量统计表

科名	属	科名	属	种
桦木科	1	藜科	1	1
毛茛科	1	十字花科	2	3
杜仲科	1	豆科	2	2

续表

科名	属	科名	属	种
无患子科	1	猕猴桃科	1	1
伞形科	4	报春花科	1	1
龙胆科	1	茄科	1	1
玄参科	1	五福花科	1	1
菊科	5	禾本科	2	2

表 2.2.30　青海植物中国特有分布种统计

科名		属名		种名		生境	省内分布区
中文名	拉丁名	中文名	拉丁名	中文名	拉丁名		
被子植物 ANGIOSPERMAE							
桦木科	Betulaceae	虎榛子属	Ostryopsis Decne.	虎榛子	*Ostryopsis davidiana Decne.*	生于海拔 2300 ~ 2500 米的山坡林缘、沟谷林下、河沟灌丛中、河岸水沟边	产民和、互助、乐都、循化、西宁、门源、尖扎、同仁
藜科	Chenopodiaceae	小果滨藜属	Microgynoecium Hook	小果滨藜	*Microgynoecium tibeticum*	生于海拔 3600 ~ 4400 米的圈窝灰堆、山坡下部、高寒草甸裸地、退化草场、山坡灌丛下	产同德、尖扎、同仁、泽库、河南、久治、曲麻莱
毛茛科	Ranunculaceae	长果升麻属	Souliea Franch	黄三七	*Souliea vaginata*	生于海拔 2800 ~ 3800 米的山坡林中、沟谷林缘、灌丛草甸	产尖扎、同仁、泽库、班玛
十字花科	Cruciferae	穴丝荠属	Coelonema Maxim.	穴丝荠	*Coelonema draboides Maxim.*	生于海拔 3500 ~ 4100 米的高山砾石地、高山草甸、阴坡灌丛、草甸石缝。分布于甘肃	产互助、大通、门源
		弯蕊芥属	Loxostemon Hook	宽翅弯蕊芥	*Loxostemon delavayi Franch.*	生于海拔 3600 米左右的山坡湿润处、高寒草甸、山顶裸地、山坡砾地。分布于西藏东南部、云南、四川西北部	产玉树

续表

科名		属名		种名		生境	省内分布区
中文名	拉丁名	中文名	拉丁名	中文名	拉丁名		
				弯蕊芥	*Loxostemon pulchellus* Hook	生于海拔 4400 米的高山草甸沙砾地、碎石山坡、山坡石缝、河谷砾地、高山草原、河沟溪边。分布于西藏、云南西北部、四川西北部；喜马拉雅山东部、不丹、锡金、尼泊尔也有	产玉树
杜仲科	Eucommiaceae	杜仲属	Eucommia Oliv.	杜仲	*Eaucomia ulmoides Oliv*	特产于我国，分布于西北、西南、华中、华西	互助、西宁、尖扎有栽培
豆科	Leguminosae	藏豆属	Stracheya Benth.	藏豆	*Stracheya tibetica Bengh.*	生于海拔 3900 ~ 4600 米的高山草地、沙砾滩地、湖滨滩地、河漫滩山前冲积扇	产玉树、囊谦、杂多、曲麻莱
		高山豆属	Tibetia（Ali）H.P.Tsui	高山豆	*Tibetia himalaica* （Baker）*H.P.Tsui, Bull.*	生于海拔 2400 ~ 4300 米的高山草甸、河谷阶地、林缘灌丛、滩地、阳坡、河漫滩	产民和、互助、乐都、循化、化隆、平安、湟中、湟源、大通、门源、祁连、海晏、刚察、贵德、贵南、同德、共和、兴海、天峻、乌兰、都兰、格尔木、德令哈、尖扎、同仁、泽库、河南、玛沁、甘德、久治、班玛、达日、玛多、称多、玉树、囊谦、曲麻莱、杂多、治多（可可西里）、唐古拉
无患子科	Sapindaceae	文冠果属	Xanthoceras Bunge	文冠果	*Xanthoceras sorbifolia Bunge*，Enum	生于海拔 1800 ~ 2800 米的沟谷林缘、黄土山坡、河岸沟沿，或栽培于院内及苗圃	产民和、乐都、循化（野生）、西宁、都兰

科名		属名		种名		生境	省内分布区
中文名	拉丁名	中文名	拉丁名	中文名	拉丁名		
猕猴桃科	Actinidiaceae	藤山柳属	Clematoclethra Maxim	藤山柳	*Clematoclethra lasioclada Maxim.*	生于海拔 2100 ~ 2600 米的山坡林中、沟谷林缘	产民和、循化
伞形科	Umbelliferae	矮泽芹属	Chamaesium Wolff	矮泽芹	*Chamaesium paradoxum wolff, Notizbl.*	生于海拔 3300 ~ 4600 米的沟谷林下、高山灌丛、高山草甸、河谷滩地	产同仁、玛沁、久治、班玛、达日、称多、玉树、治多
				松潘矮泽芹	*Chamaesium thalictrifolium Wolff, Acta Hort.*	生于海拔 3900 ~ 4800 米的高山灌丛、河谷阶地、湖滨砾地、高山草甸。	产玛沁、达日、玛多、玉树、曲麻莱、杂多
		羌活属	Notopterigium H.Boiss.	宽叶羌活	*Notopterigium forbesii H.*	生于海拔 2300 ~ 3900 米的高山灌丛草甸、河滩草甸、高山灌丛、沟谷林下、林缘草地	产民和、互助、乐都、循化、化隆、平安、湟中、湟源、大通、门源、祁连、贵德、同德、兴海、河南、同仁、泽库、玛沁、班玛
				羌活	*Notopterigium incisum Ting ex H.*	生于海拔 2700 ~ 4200 米的高山草甸、高山灌丛、河谷草甸、沟谷疏林下、林缘草丛。	产民和、互助、乐都、循化、化隆、湟中、门源、祁连、贵德、贵南、同德、共和、兴海、泽库、同仁、河南、玛沁、甘德、久治、班玛、达日、称多、玉树、曲麻莱（模式标本产地）
		小芹属	Sinocarum Wolff	阔鞘小芹	*Sinocarum vaginatum Wolff in Fedde, Repert.*	生于海拔 3450 ~ 4100 米的高山草甸、山坡石隙、河滩草地	产玉树、囊谦
		舟瓣芹属	Sinolimprchtia Wolff	舟瓣芹	*Sinolimprichtia alpina Wolff in Fedde, Repert.*	生于海拔 4350 ~ 4700 米的高山碎石隙、沙砾河岸、高山草甸裸地	产玛多、称多、囊谦、治多

续表

科名		属名		种名		生境	省内分布区
中文名	拉丁名	中文名	拉丁名	中文名	拉丁名		
报春花科	Primulaceae	羽叶点地梅属	Pomatosace Maxim.	羽叶点地梅	*Pomatosace filicula Maxim*	生于海拔3100~4800米的高山灌丛、林缘草地、山坡草甸、林下湖边、干旱的沙砾质山坡	产门源、祁连、海晏、刚察、同德、共和、兴海、天竣、尖扎、同仁、泽库、河南、玛沁、甘德、班玛、久治、达日、玛多、称多、玉树、囊谦、曲麻莱、杂多、治多
龙胆科	Gentianaceae	辐花属	Lomatogoniopsis	辐花	*Lomatogoniopsis alpina*	生于海拔3950~4200米的河谷阶地、高山草甸、沟谷林下、林缘灌丛草地	产久治、达日、玉树、杂多
茄科	Solanaceae	马尿泡属	Przewalskia Maxim	马尿泡	*Przewalskia tangutica*	生于海拔3400~5100米的砾石山坡、河谷滩地、河岸阶地、阳坡砾地、高山草甸多石裸地、废弃畜圈、山麓沟沿	产祁连、同德、兴海、河南、泽库、达日、玛沁、甘德、玛多、曲麻莱、称多、玉树、治多（可可西里）、唐古拉
玄参科	Scrophulariaceae	细穗玄参属	Scrofella Maxim	细穗玄参	*Scrofella chinensis*	生于海拔3100~3900米的沟谷林下、高山灌丛、河滩草地、沼泽草甸、宽谷滩地、林缘草地	产平安、同德、同仁、河南、玛沁、久治、班玛
五福花科	Adoxaceae	华福花属	Sinadoxa C.	华福花	*Sinadoxa corydalifoia*	生于海拔3900~4800米的山坡砾石堆、峡谷草地潮湿处、河沟林下、阴湿石缝	产囊谦、玉树
菊科	Compositae	毛鳞菊属	Chaetoseris Shih	祁连毛鳞菊	*Chaetoseris qiliangshanensis*	生于海拔2100~2300米的河边、林下	产互助
				川甘毛鳞菊	*Chaetoseris roborowskii*	生于海拔2300~3700米的山坡林下、沟谷林缘、河滩草甸、灌丛草地、山坡草丛、渠岸田边	产民和、互助（模式标本产地）、乐都、门源、同德、贵德、河南、泽库、同仁、玛沁、囊谦、玉树

科名		属名		种名		生境	省内分布区
中文名	拉丁名	中文名	拉丁名	中文名	拉丁名		
		毛冠菊属	Nannoglottis Maxim.	毛冠菊	*Nannoglottis carpesioides Maxim.*	生于海拔 2400～3400 米的沟谷林下、山坡林缘灌丛	产民和、乐都、循化、门源、同仁、尖扎
				狭舌毛冠菊	*Nannoglottis gynura*	生于海拔 3200～4000 米的沙砾河滩、沟谷林下、林缘灌丛、河谷阶地、山坡草地	产班玛、囊谦、玉树
				青海毛冠菊	*Nannoglottis ravida*	生于海拔 3700～4100 米的干旱阳坡草地、半阴坡石崖上、沟谷灌丛、林缘草甸	产曲麻莱、称多、杂多、治多
		华蟹甲草属	Sinacalia H.	华蟹甲草	*Sinacalia tangutica*	生于海拔 2300～2800 米的河沟水边、河滩草甸、沟谷林缘边、山坡林下、灌丛草甸	产互助、民和、乐都、循化、大通、同仁、门源
		合头菊属	Syncalathium Lipsch.	黄花合头菊	*Syncalathium chrysocephala*	生于海拔 4500～4700 米的高山流石滩	产囊谦
				盘状合头菊	*Syncalathium disciforme*	生于海拔 3500～4700 米的高山流石滩、河滩湿沙地、高山冰缘砾地、山坡沙砾地、路边碎石堆	产循化、河南、久治、达日、玛沁、曲麻莱、称多、治多
				柔毛合头菊	*Syncalathium pilosum*（*Ling*）	生于海拔 4100 米左右的河滩沙地	产杂多
				合头菊	*Syncalathium porphyreum*	生于海拔 4500 米左右的山坡裸地、沙砾河谷	产囊谦
		黄缨菊属	Xanthopappus C.	黄缨菊	*Xanthopappus subacaulis*	分布于海拔 2230～4350 米的山地阳坡、山麓沙地、河谷阶地、渠岸、荒地、山坡岩缝	产互助、乐都、平安、西宁、刚察、祁连、兴海、天峻、河南、达日、玛多、玉树、治多、曲麻莱、杂多、囊谦

续表

科名		属名		种名		生境	省内分布区
中文名	拉丁名	中文名	拉丁名	中文名	拉丁名		
禾本科	Gramineae	拐棍竹属	Fargesia Franch	华桔竹	*Fargesia spathacea Franch.*	生于海拔 2200 米左右的山坡和沟谷林缘灌丛中	产循化
		三蕊草属	Sinochasea Keng	三蕊草	*Sinochasea trigyna*	生于海拔 3800 ~ 4400 米的高山草甸、山坡草地、河谷阶地	产祁连、海晏、刚察、共和、兴海、河南、天峻、玉树、杂多

第二章　青海森林植被地理分区分析

第一节　森林植被地理分区

根据青海省森林植被特点，全省森林植被可以划为五大区域，分区系统如下：

一、祁连山地针阔叶林区

（一）黑河流域山地寒温性针阔叶林亚区

（二）大通河流域高山峡谷温性寒温性针阔叶林亚区

（三）湟水流域黄土丘陵温性寒温性针阔叶林亚区

（四）青海湖湖盆山地寒温性针叶疏林亚区

二、阿尼玛卿山—西倾山针阔叶林区

（一）黄河下段黄土丘陵山地温性寒温性针阔叶林亚区

（二）黄河上段（至省境）高山峡谷寒温性针阔叶林亚区

（三）隆务河流域高山峡谷寒温性针叶林亚区

三、巴颜喀拉山—果洛山针阔叶林

（一）黄河上游源头低山宽谷高寒灌丛亚区

（二）大渡河上游源头高山峡谷寒温性针阔叶林亚区

四、唐古拉山灌丛针阔叶林区

（一）通天河流域高山峡谷寒温性针叶林疏林亚区

（二）澜沧江流域高山峡谷寒温性针阔叶林和高寒灌丛亚区

五、柴达木盆地灌丛针阔叶疏林区

（一）内陆河流域东部盆地温性灌丛和寒温性针阔叶疏林亚区

（二）内陆河流域中部盆地温性荒漠灌丛亚区

第二节　祁连山地针阔叶林区

祁连山地位处我国经向气候带的第二带——森林草原气候带的西部边缘，众多的现代冰川和南北坡的森林构成了西北地区东部的巨大的生态屏障，地理位置十分重要。南坡属青海部分，在长期的历史发展中，森林遭到了很大程度的破坏，但在黑河、大通河流域仍然保存了一大部分，并且在新中国成立后的半个多世纪中，在很大程度上得到了恢复和发展。由于位处多条河流的上游，森林虽然没有在源头分布，多处在中下游一带，但仍然具有水源涵养、减弱地表径流、调节流量、护岸护坡等作用，同时还参与着当地水文网的初始循环，保护着下游地区的经济生活和国土安全，滋育万物生长，因而被称为命脉性森林。省政府早就批准将祁连山地区的森林划为水源涵养林区。2019 年国家又决定将整个祁连山区划为祁连山国家公园，由甘青两省共建，并于 2020 年启动试点，2021 年正式批准建园。

祁连山地针阔叶林区位于青海省东北部，也是青藏高原的东北部，西起东经 96° 06'，东至 102° 45'；北起北纬 35° 25'，南至北纬 39° 05'，东和北与甘肃省接界，西连柴达木盆地南与茶卡—共和盆地以及西倾山地毗连，包含海北藏族自治州的全部，海西蒙古族藏族自治州天峻县全部和乌兰县一小部分，还包括西宁市区全部，海东市的互助、乐都、民和、化隆、平安 5 县，还包括海南藏族自治州的共和、贵德两县各一部，总面积约 7 万余 km²。

本区地貌已如前述（第一篇第三章），属高原大陆性气候，温干、温润、寒润、冷干等类型兼备，年均气温 -5.7 ~ 3.8℃，最暖月均温 6 ~ 20℃；年降水量 391 ~ 600mm；年日照时数 2000 ~ 2873 小时；年大风日数 5 ~ 78 天。土壤类型多样，由下向上，有栗钙土、黑钙土、暗褐土、褐色森林土、灰褐土、高山草原土、高山灌丛草甸土、高寒草甸土、高寒漠土等，其中暗褐土、褐色森林土和灰褐土为重要的森林土壤。

区内森林类型较多，温性针叶林有油松林、青杆林；温性阔叶林有冬瓜杨林、小叶杨林、垂杨林、旱榆林等；寒温性针叶林有青海云杉林、祁连圆柏林；寒温性阔叶林有山杨林、白桦林、红桦林、糙皮桦林。森林植物区系以北温带分布的为主，还有旧世界温带分布、温带亚洲分布和世界广布属，中国特有属和热带成分不多。按照中国植物区系分区，属于青藏高原区系中的唐古特成分在本区占有统治地位，其他还有中国—日本区系中的华北成分和黄土高原成分。

本区共分为 4 个亚区，分述如下：

一是黑河流域山地寒温性针阔叶林亚区。黑河是一条内陆河，发源于青海祁连山南坡，主要依靠冰川和上游流域降水补给，北流入甘肃河西走廊，是"金张掖"地区的命脉之水。本亚区森林扼守上游咽喉地段，具有重要的水源涵养、调节流量和护岸护坡作用。

本亚区西起党河南山，东以青石嘴与门源回族自治县接界，北靠甘肃，西南与青海湖盆地相连，南邻大通河高山峡谷寒温性针阔叶林亚区。界于东经96°02′~100°54′，北纬37°20′~39°05′。包括祁连县全部和门源、天峻、乌兰、海晏、刚察诸县各一部。总面积 2.94 万 km²。

本区西部的森林植被主要是高寒灌丛，寒温性针阔叶林集中在黑河东西两源交汇地带（黑河上游走廊）的芒扎、八宝、黄藏寺和扎麻什等地，均属祁连林场管理，总面积约 0.2 km²。

森林类型以寒温性针叶林占绝对优势，多以片块分布，边界整齐清楚，原始状态显著。新中国成立后曾在这里生产商品木材 30 余万 m³，消耗资源 50余万 m³，由于气候寒冷，加上林内放牧，使森林更新困难，森林恢复进度缓慢。近数十年来，由于国家和青海省重视环境保护和生态建设，实施天然林保护工程，森林得到了很大程度的恢复和发展。

二是大通河流域高山峡谷温性寒温性针阔叶林亚区。包含大通河全流域范围，西起天峻县木里乡的岗格尔肖合力山，东至门源县朱固沟脑，北靠黑河流域山地寒温性针阔叶林亚区，南邻大通山—达坂山与湟水流域黄土丘陵温性寒温性针阔叶林亚区相连。介于东经98°58′~102°55′，北纬

37° 10 ' ~ 38° 15 '。包括门源县大部，天峻、刚察、祁连、互助、乐都一部分。总面积 1.3 万 km²。

森林集中分布于流域中下段，系青海最大的林区，由门源县的仙米和互助北山两个紧密连在一起的林场组成，林地总面积约 20 万 hm²。

森林类型较多，温性针阔叶林分布在门源朱固沟以下地段，树种有油松、青杆、刺柏、冬瓜杨、小叶杨、旱榆、山杏、青榨槭、桦叶四蕊槭、楝木、小叶朴等；寒温性针阔叶林树种主要有青海云杉、祁连圆柏、山杨、白桦、红桦、糙皮桦等，山地寒温性灌丛主要有匙叶小檗、秦岭小檗、鲜黄小檗、乌柳、洮河柳、川滇柳、陇蜀杜鹃等；高寒灌丛有山生柳、青山生柳、百里香杜鹃、头花杜鹃、鬼箭锦鸡儿等。林区在新中国成立前曾遭到长期反复掠夺式的采伐，曾是省内主要的木质农具生产基地，在长期无人管护和严重破坏的情况下，林相破败，生长衰退，更新不良，成为残败不堪的次生林区。新中国成立后，经过半个多世纪的管护、经营、更新、造林、防治病虫鼠害和抚育改造，森林得到很大恢复和发展，森林覆盖率大幅度提高，林相整齐，林木生长旺盛，郁郁葱葱，针叶林比重逐渐提高，大部分新旧迹地得到更新，林区内部经济结构得到合理调整，林业经济在当地国民经济中占有较大比重，林区群众已全部脱贫，场群关系融洽，毁林案件大幅下降。两个林场均多次受到表彰和奖励，互助北山林场曾被评为"全国十佳林场""全国最美林场"等称号。

三是湟水流域黄土丘陵温性寒温性针阔叶林亚区。包含湟水全流域，西起湟水源头，东至民和县的享堂，北以达坂山与大通河流域高山峡谷寒温性温性针阔叶林亚区相邻，南以青海南山—拉脊山与黄河下段黄土丘陵山地温性寒温性针阔叶林亚区毗连，介于东经 100° 58 ' ~ 103° 04 '，北纬 36° 05 ' ~ 37° 24 '。包括西宁市区、大通、湟源、平安三县全部，互助、乐都、湟中、民和四县大部以及海晏县一部分，总面积 1.61 万 km²。

本亚区是青海政治、经济、文化中心，开发历史悠久，垦殖率较高，是青海主要农业区之一，人口稠密，经济社会发展水平较高。全亚区被大通山—达坂山和青海南山—拉脊山所挟持，山前地带的沟谷两旁全被黄土所覆盖，成为我国黄土高原西端的一部分，水土流失严重，形成沟、梁、峁等典型的黄土地貌。虽然在全新世早期，这里属于森林草原地带，但在社会历史等因素的影响下，大部分地方的森林已经消失，代之以荒山，成为草原化的典型地区。

天然森林成片块状分布在两侧的高位石质山地，面积大都在 1 万 hm² 以下，有民和北山、西山，乐都上北山、药草台，平安峡群寺，互助南门峡，大通东峡、宝库，湟中水峡（上五庄），湟源东峡共 10 个林场。温性树种有油松、青杆等，天然分布极少，阔叶林同样。寒温性针阔叶林的树种与前一亚区基本相同。需要指出的是本亚区经过新中国成立后 70 多年的努力，河谷地带的宜林荒山荒地已全部实现绿化，包括农田小林网在内的湟水两岸绿树成荫，城市附近的山川也已出现了生态景观林，总之，人工森林植被是这里的优势植被。

四是青海湖湖盆山地寒温性针叶疏林亚区。以青海湖为中心，以四周高山的分水岭为边界，西接柴达木盆地，东至日月山，北与祁连县为邻，南以青海南山与茶卡—共和盆地接界，介于东经 97°52' ~ 101°18'，北纬 36°18' ~ 38°18'之间。包括天峻县、刚察县和海晏县大部以及共和县一部，环湖有 28 条河流注入青海湖，较大的有布哈河、刚察河和倒淌河等，湖滨发育着洪积平原。

本亚区气候属高原高寒半湿润气候类型，年平均气温 -0.6 ~ 0.7℃，最暖月均温 10 ~ 12℃，年降水量 329 ~ 454mm。从现有的残留林分来看，在人类早期这里应当分布着集中连片的针叶林，由于湖区水草丰美，历史上一直是各少数民族的世居之地，并且是统治中心，人口密集，湖边的伏俟城曾经是吐谷浑王国的国都，长达 351 年，应当是比较繁华的。吐蕃王国也曾统治过这里长达 846 年，后来又被蒙古族垄据。同时，汉民族也把统治势力延伸到此。为了巩固统治和扩大势力范围，争夺湖区地盘，各民族之间的战争连绵不断，加上湖区广袤千里，地形开阔，易于展开兵力，因而向为兵家必争之地。因此，战火毁林就成为湖区森林消失的主要原因。其次是乱砍滥伐，持续数千年对森林的不合理利用，包括工程兴建和能源消耗，也是森林遭到毁灭的主要原因。再次是烧牧。由于湖区的国民经济主要是畜牧业，尽量扩大草场面积便是发展牧业的主要手段，最简单的办法就是烧掉森林灌丛，这种习惯一直持续到新中国成立后很长一段时间。

目前湖区的主要植被类型是高寒草甸和草原化草甸，森林仅留下一些稀疏的残留林分，一处是在海晏县与共和县交界处的西麻拉登沙区，生长有青海云杉林，面积5.9 hm²；一处在共和县石乃亥乡的山上，有残存的祁连圆柏散生木，属于严重破坏后的残留木；还有在天峻县南山也有一些祁连圆柏的残留木，境况也大体上与石乃亥乡的相同。不过，湖区原先的灌木林倒是十分发育，沿布哈尔河和刚察河（伊支兰曲）河谷曾经有过稠密的沙棘、乌柳、柽柳灌木林，后来遭到破坏，近些年来已开始采取措施予以封护，可望在不久得到一定程度的恢复。

第三节 阿尼玛卿山—西倾山针阔叶林区

本区西起共和县沙珠玉河源头的共和盆地和茶卡盆地界山，东至民和县官亭乡张家坪省界；南起河南蒙古族自治县的欧拉乡省界，北至共和县黑马河乡的巴彦塘。介于东经99° 05 ' ~ 102° 58 '，北纬34° 05 ' ~ 36° 32 '。包括化隆、循化、同仁、泽库、尖扎、贵德、贵南、兴海、同德、玛沁和河南11个县全部，湟中、民和、共和县各一部。总面积约7.8万 km²。

本区是青海的一个特异地理单元，在第一篇第三章已做了概述，将其划为一级分区的理由主要是：一是复杂的地貌和地貌组合。这里实际上是黄河二次流进青海后，在省域东部形成了一段弧形谷地，在其两侧出现一系列复杂的地貌群，东有西倾山，西有鄂拉山，南有阿尼玛卿山，北有拉脊山，亚洲中部荒漠带的南部分支——柴达木、茶卡、共和盆地也伸入到这里，北边还有黄土、雪峰、冰川、高山峡谷、沙漠、荒原、台地、黄土丘陵、丹霞等地貌，几乎是省内其他地方具有的地貌这里都有。复杂的地貌必然导致水热条件的再分配，影响到森林植物的分布、演化和生长。二是气候的多型化。由于青海省的主暖区和次冷区（泽库）均位居于此，在边缘效应、热岛效应和狭管效应等的共同作用下，气候出现了异常复杂的表现，类型多样，既有冰缘冻土气候，也有温带的干热河谷气候型；在山地既有温带草原气候型，也有寒温带森林草原气候型；在台地上既有荒漠气候，也有荒漠草原气候。同时，气候的异常表现还在于北热南冷，完全打破了水平地带性规律。三是青海境内的生物富集区，是青海生物多样性最重要的地区。在动物方面，据粗略统计，这里分布着全省鸟类的 80%，兽类的 70% 左右，属于国家一级保护的动物有 10 种，二级保护的有 26 种，省级重点保护的动物有 31 种。在植物方面，这里的植物的总种数约占全省总种数的 90% 以上，植被类型有温性和寒温性针阔叶林、河谷灌丛、高寒灌丛、高寒草甸、高寒草原、高山流石坡稀疏植被（冰缘植被）、温带荒漠灌丛、温带草原以及荒漠草原等。区系成分汇集，虽然以青藏高原区的唐古特成分为主，但也包含有中国—日本植物区中的黄土高原成分，还有中国—喜马拉雅植物区中的横断山脉成分，甚至还有中亚成分。更为重要的是这里还是一些青海特有或青海基本特有种的模式标本产地，如青海杨、垂枝祁连圆柏、贵南柳、光果贵南柳、新山生柳、青山生柳，青海苔草、泽库苔草等。同时，在本区东北还有一处被称为"青海高原上的植物王国"孟达自然保护区，在不足 10 km² 的面积中，产有 517 种植物，其中有单种属 9 个、寡型属 23 个、中国特有属 15 个，有 41 种木本植物为青海其他林区所未见。四是青海森林分布的异常地带。是青海天然林最为集中的地区，分布有 31 个国有林场，沿西倾山北坡大致呈连续分布式由东向西展开，总体属于青藏高原东部弧形森林带的组成部分。这里有祁连圆柏的原始高产林分，每公顷蓄积量高达 400m³，可以与云杉林相媲美，说明这里就是它的适生中心；还有奇特的甘蒙柽柳的天然残留林分，其丛生状的树干复合体同样说明这里曾经是其分布中心。如果加上前述的孟达森林植物小区，完全可以证明这里曾经是青海森林最为密集的分布区。同时，由于植物区系汇集，使这里成为全省森林树种最多的地方。五是黄河水资源的富能区，使这里成为黄河水电的集中开发段，有关部门在此共规划了 26 座水电站，其中龙羊峡以下的 11 座已全部建成，龙羊峡以上还有 15 座正准备或已开工建设，然而，这里是黄河最上游的森林分布区，对黄河的防护功能十分突出，水电站虽有巨大的经济效益，但对生态环境的影响也要引起重视，主要是水库淹没，羊曲电站水库将淹没前述的特异的甘蒙柽柳天然残留林分；库岸长期水浸，稳定性变差，易于崩塌；截断水生生物的洄游线路，破坏水生生态。同时，龙羊峡以下地段是黄河地质条件最差的地方之一，滑坡、泥石流、水土流失等地质灾害频发，急需建设包括护库林在内的防护林体系，现有森林植被必将发挥更大作用。

本区共划分三个亚区：

一是黄河下段黄土丘陵山地温性寒温性针阔叶林亚区。这是黄河干流第二次流出省境前的一段，包括两侧山地和共和盆地，西起沙珠玉河源，东至民和官亭张家坪；南起循化县达加勒比，北至共和巴彦塘。介于东经90°05′~102°58′，北纬35°31′~36°32′。包括化隆、循化、尖扎、贵德、贵南县全部，兴海、共和、湟中、民和县各一部。总面积约3.2万km^2。

本亚区中的黄河谷地是青海的最暖区，但森林却大多分布于两侧的高位石质山地和黄河干流峡谷一带，有民和杏儿沟，化隆塔加、雄先，贵德江拉，湟中群加（以上为分布于黄河北岸列林区），贵德莫渠沟、东山，尖扎坎布拉、洛娃、东果，循化尕楞、文都、夕场、孟达，共13个林区（林场）。这里是全省森林类型最多的地方，温性针阔叶林有华山松、油松、侧柏、刺柏、辽东栎、旱榆、山杏、冬瓜杨等，寒温性针阔叶林有巴山冷杉、青海云杉、紫果云杉、祁连圆柏、方枝柏、山杨、白桦、红桦、糙皮桦等。在黄河河谷的河漫滩上，分布有甘蒙柽柳灌丛或小乔木林和小叶杨（或青海杨）林。

本亚区是青海最重要的经济带之一，也是瓜果之乡。由于气温较高，除了花椒、核桃等干果和一些水果林木外，还栽培着一些其他经济树木，如香椿（*Toona sinensis*）、栾树（*Koelreuteria paniculata*）、泡桐（*Paulownia tomentosa*）、法桐（*Platanus. acerifolia*）、合欢（*Albizia julibrissin*）等。

二是黄河上段（至省境）高山峡谷寒温性针叶林区。本亚区为黄河干流最上游乔木林分布区。西起兴海县大河坝河河源，东至河南县赛尔龙乡周曲河上游河边（省界处），南起河南县哲合拉本肖山，北至兴海县切吉城址以北6 km处。介于东经90°00′~100°55′，北纬34°20′~31°01′。包括同德、玛沁、河南三县全部和兴海县一部，总面积3.8万km^2。

本亚区位处山地峡谷向高原面的过渡地带，森林分布比较分散，且面积不大，集中分布在阿尼玛卿北坡的山地和峡谷地段，有兴海中铁，玛沁切木曲、羊玉、德可河（以上林区切位于黄河南岸和西岸），同德局布、江群、河北共

7 处，森林类型基本上与前述耐寒温性针叶林相似（阔叶林较少），但以祁连圆柏林占优势，这里可能是其适生之乡，分布海拔为 3300 ~ 3800m，疏林最高可达 3900m，多为原始成过熟林，有林地平均每公顷蓄积量达 171m³，最高可达 400m³。

青海云杉林分布在海拔 2800 ~ 3400m，这里是其分布的最南界，面积仅约 8000 hm²，亦多系原始成过熟林。

阔叶林面积共约 3600 hm²，以白桦居多，其他阔叶树种如红桦、糙皮桦和山杨面积较小，大部处于被青海云杉更替阶段，集中连片的不多。这里表现最突出的是柳类，由于处于南北汇合之处，所以种类较多，省内各地以及分布于甘肃、四川、西藏的种类，有些也分布至此。

由于黄河在这里切割十分强烈，形成了长达数百公里的峡谷型河道，两岸山高坡陡，分外险峻，因此，森林的生态防护功能就异常突出，不仅可以护岸护坡，防止水土流失，降低河流泥沙含量和水库淤积等，而且还有涵养水源、调节流量、减轻洪水灾害等作用，这里的森林植被就显得弥足珍贵，需要认真保护和发展。

三是隆务河流域高山峡谷寒温性针阔叶林亚区。是面积较小的亚区，仅包括同仁、泽库二县的全部，总面积 9.96 km²。将这里单独划为一个亚区的理由是这里林区比较集中，全流域的森林覆盖率较高，较大的林区有麦秀、多福屯、西卜沙、兰采和双朋西 5 个，有林地面积约 1.6 万 hm²、疏林地面积 0.64 万 hm²、灌木林面积 6.9 万 hm²。森林分布的海拔为 2600 ~ 3600m，多处于原始状态。

温性针阔叶林不多，主要是油松林，仅分布在兰采和双朋西二林区。林相比较整齐，多处于近熟林阶段。

温性阔叶林只有冬瓜杨林一种，但因长期遭受破坏，多呈散生状态，近若干年来正在恢复。

寒温性针叶林主要是紫果云杉林，几乎各林区均有，但集中分布于麦秀和兰采林区，由于多年来被采伐利用，资源大幅度减少，但麦秀林场从 20 世纪 70 年代起就开始进行森林更新工作，到 21 世纪初，已经形成 3000 余 hm² 的幼林，林相整齐，生长健壮。其次是青海云杉林，与紫果云杉林呈交错分布，但分布的海拔较低，一般不超过 3000m，同样也被采伐利用。还有祁连圆柏林在本亚区分布较广，主要生长在阳坡，多系稀疏林分，林龄达 200 年以上。

寒温性阔叶林主要是山杨和桦树（包括白桦、红桦和糙皮桦）林，纯林较少，多处于被更替阶段或与针叶树混交。值得一提的是在扎毛沟的沟底分布着较大面积的乌柳灌林，大多呈小乔木状态，群落较为稳定，在当地的生态防护中（主要是护岸护路和降低沟谷风速、稳定气温）作用比较显著。

第四节 巴颜喀拉山—果洛山针阔叶林区

本区位居省境最东南地段，西起玛多县与曲麻莱县境界，北以阿尼玛卿山与阿尼玛卿—西倾山针阔叶林区相邻，南与东均达至青海四川两省境界。介于东经 96°57' ~ 101°55'，北纬 32°20' ~ 35°38'。包括玛多、达日、甘德、久治和班玛 5 县全部。总面积 6.27 万 km²。

划定本区的理由是：一是本区跨有黄河和大渡河两大流域最上游的源头地段，是山地峡谷型地貌向高原型地貌转换的过渡地带，虽然森林植被不多，但是与川西山地森林相连系，在青海森林林种中具有特殊性，同时，这里接近南支西风环流的尾流旋涡——松潘小低压，降水量较大，久治县以年降水量高达 700mm 而成为全省降水中心，班玛县也在年降水量 650 ~ 700mm 等值线之间。除了森林灌丛之外，全区已基本上完成了草甸化阶段。二是本区同样属于树种的交汇区，是省内第二个树种较多的林区，分布有 4 种冷杉（紫果冷杉、黄果冷杉、鳞皮冷杉、岷江冷杉）、4 种云杉（紫果云杉、川西云杉、鳞皮云杉、麦吊云杉）、6 种圆柏（祁连圆柏、方枝柏、垂枝柏、密枝圆柏、大果圆柏、滇藏方枝柏），针叶树中还有红杉；阔叶树中除了杨桦之外，还有巴郎柳等，大部分树种为其他林区所未见。三是本区森林与大渡河中下游的森林呈连续分布，在川西森林尤其是大渡河流域的森林研究中，具有重要意义，因为它处在北部边缘一带，许多树种至此已是极限分布。同时，大渡河流域又处在横断山脉地区的东部边缘，不能不受到植物演化中心和高原生态地理边缘效应的影响。

本区下分为两个亚区:

一是黄河上游源头低山宽谷高寒灌丛亚区。本区东、西、北三界点均与一级区相同,南至久治县南界(年宝玉则山),介于东经96°57′～100°55′,北纬33°05′～35°38′。包括玛多、甘德、达日三县全部,久治县一部,总面积5.46万 km²。

本亚区无乔木林分布,森林植被只有高寒灌丛,由于长期经营畜牧业,加上草甸化的发展,高寒灌丛的发育也受到影响,支离破碎,很少有集中连片大面积的高寒灌丛,高度和盖度也较低。

二是大渡河上游源头高山峡谷寒温性针阔叶林亚区。本亚区北以巴颜喀拉山—果洛山与黄河上游源头低山宽谷高寒灌丛亚区紧连,南达青、川省界,西起多柯河源头达日县界,东至则昂沟东山(青、川界山)。介于东经94°45′～101°20′,北纬32°20′～33°40′。包括班玛县全部,久治县一部。总面积0.71万 km²。

亚区内的森林集中在玛可河和多柯河两岸,由于后者所占面积过小,故与玛可河流域一并叙述。这里是青海省较大的林区之一,森林分布比较集中,覆盖率高,原始林林分林相整齐,郁闭度大,生长健壮,大都处于成过熟龄阶段,单位蓄积量高,全林平均每公顷蓄积量高达400余 m³,可与我国东北林区的红杉林相媲美。森林类型以紫果云杉和川西云杉同龄纯林为主,辅以阳坡圆柏林,但阔叶林发育较差。

本亚区森林经受了较长期的采伐利用,1958年,即派森林调查队进行资源调查,1960、1961、1962年连续三年进行了森林调查,1964—1966年完成了总体规划设计,当时设计了一条可以说是罕见的运材线路,并在此期间,首次采用水运方式进行木材运输,即从林区的王柔沟、红军沟陆运木材至果洛州达日县,通过黄河河道运输至海南州的曲沟地区上岸,进行加工销售。1967～1968年调整了木材水运的线路,即由林区将木材投入玛可河(平均运距50km),向南向下游散放至四川阿坝县沙羊乡然木多处出河上岸,用汽车陆运至久治县六号桥(后改为四川阿坝墨尔玛)麦尔玛,陆运距离110km,投入久治河散放（俗称赶羊）15km 入黄河，由此排运 280km 至河南蒙古族自治县的香扎寺，再拆排散放 300km 至贵南县拉干峡，再排运 60km 至曲沟上岸，进入最终储木场，运材线路总长 810km。1966 年全面开工，至 1968 年建成并试运 8000m³ 木材获得成功。1969 年和四川协商，改为由青海每年通过玛可河向四川交付 5 万 m³ 木材，再由四川从其他地方（如广元）向青海交付等量木材，用铁路运回，但这一方案并未施行，此后一直采用汽车运输。木材生产一直持续至 1998 年才停止，前后共生产商品材约 80 余万 m³。随着天然林保护工程的实施，林区开始进入营林和全面保护阶段。

第五节　唐古拉山灌丛针阔叶林区

本区位于省域南部，西起东经 95°线，东至青、川两省境界；南起囊谦县与西藏丁青县境界，北至东昆仑山主脊，介于东经 95°00′～97°45′，北纬 31°39′～35°40′。包括玉树、称多、囊谦三县全部，曲麻菜、治多、杂多三县各一部。总面积约 9.45 万 km²。

建立本区的理由有三：一是本区跨有长江、澜沧江两大流域，地处高山峡谷地貌与高原地貌的过渡地段，也是横断山脉向高原主体的转折地带，山势走向由南北转为北西—南东方向，虽然同受南支西风环流的控制，但前者因受到多条峡谷型小气候的影响，成为中国—喜玛拉雅区系成份的核心地区；而后者则形成高寒气候区，植被也以青藏高原区系成分为主。二是本区的森林是分布最高的森林，也是深入高原内部最远的森林，还是高原化程度最大的森林，这里的寒温性针叶林最高可分布至海拔 4200m，散生木（疏林草甸）可达 5000m，但树种比较单纯，群落结构简单，林分一般稀疏低矮，自然整枝不良，单位蓄积量较低，生长缓慢。在寒温性针叶林之上，还分布着大面积的疏林草甸，小片林和散生木也多。三是高寒灌丛较为发育，分布范围广阔，约为 2 万 km² 左右，类型较多，高度和盖度均较大，群落密集，植物种的饱和度也高，多呈小片状分布，也有少数呈较大面积的连续分布，是全省高寒灌丛发育最好的区域。

本区分为两个亚区：

一是通天河流域高山峡谷寒温性针叶林疏林亚区。位处通天河东段，被巴颜喀拉山和格吉山（长江与澜沧江分水岭）从南此相挟持，西起东经95°线，东至玉树县治河河口，介于东经95°00′~97°50′，北纬30°25′~35°40′。包括称多县全部，玉树、曲麻莱、治多三县各一部。总面积7.01万km²。

本亚区虽有高山峡谷和低山宽谷两种地貌，但以前者为主，森林多分布于通天河河谷及其支流两侧的山地上，最东边是东仲林区，向西则成为疏林散生木地，圆柏疏林草甸以及若干残留林分，最上游至曲麻莱县的巴干乡，灌木林最远分布到治多县的科欠（日前）曲沟口一带，全流域共有森林植被面积12184.46 hm²，其中森林477.6 hm²、疏林草甸445.73 hm²、灌丛11261.13 hm²。[102]

东仲林区是本亚区唯一的天然林区，位于玉树县治河流域，也是金沙江最上游的天然林区，主要林分类型以川西云杉、密枝圆柏和白桦林为主，还有香柏、红桦、糙皮桦林，但面积都不大，不过在下木层中却出现了一些青海林区所未见的种类，如绿叶铁线莲（*Clematis canes end sip. viridis*）、丽江荛花（*Wikstroema lichiangensis*）、淡黄鼠李（*Rhamnus flavescens*）、多腺小叶蔷薇、细枝绣线菊（*Spiraea myrtilloides*）等，林下草本植物种类也有较多的变化，说明这里也是一个省内植物特异小区。

二是澜沧江上游高山峡谷寒温性针阔叶林高寒灌丛亚区。本亚区西起东经95°线，东至玉树县小苏莽乡曹盖松多，南起青、川省界，北至杂多县扎青乡。界于东经95°00′~97°25′，北纬31°35′~33°15′。包括囊谦县全部，杂多、玉树二县各一部，总面积2.6万km²。

澜沧江上游源头一带有许多支流，成掌状展开，由东向西依次为盖曲、子曲（支曲）、扎曲（干流）、巴曲、吉曲，均有森林分布，形成了江西、娘拉、乩扎、古曲、昂赛等林区，其中以江西、乩扎面积最大，是青海大型林区之一，盖曲河上的森林面积虽大，但属于青海省的不多，和江西林区合并一起，娘拉林区也是如此。此外，本亚区中有较多的小片林、疏林草甸和残留林分，较大的有卡达峡、尕羊、吉尼赛、东坝，多仑多等。森林类型以云杉林占优势，还有密枝圆柏林、大果圆柏林、白桦林等，红桦林仅在娘拉林区占优势。林内下木层发育不充分，一般较为稀疏，主要种类有四川忍冬（*Lonicera szechuanica*）、冰川茶藨子（*Ribes glaciale*）、灰栒子（*Cotoneaster acutifolius*）、樱草杜鹃、川滇柳、坡柳等。

本亚区森林也曾受到较长期的采伐利用，其中以江西林区采伐量较大，是玉树州的木材生产基地。需要指出的是在流行多年的盖房子方法中，一些林区的幼龄林遭受损失较大，因为所需要的是檩材、柱材和椽材，尤其是椽材用量较大，需要砍伐大量的云杉幼树，致使一些林内无健壮幼树，有些房屋甚至采用云杉幼树剥皮密排来代替屋面板，对森林的影响更大。

由于山高沟深坡度大，不利于牲畜活动，因而畜牧业受到限制，强度不大的放牧反而促进了高寒灌丛的发育，使得本亚区内的灌木类型较多，且分布较广，类型主要有柳灌丛（山生柳、青山生柳、硬叶柳、坡柳）、杜鹃灌丛（百里香杜鹃、玉树杜鹃、樱草杜鹃、陇蜀杜鹃）、金露梅灌丛、沙棘灌丛、通天锦鸡儿灌丛等。无论是河漫滩、沟谷、山坡、林线上方、高原面等处均有分布，一般群落密集稳定，生长健壮。

第六节　柴达木盆地灌丛针阔叶疏林区

柴达木盆地是一个独立的地理单元，西部的"待补水区"，本区实际上仅包括盆地的中部和东部（含茶卡盆地）。西起东经95°线，东至天峻、刚察两县县界；南以东昆仑山主脊为界，北以阿尔金—祁连山为界，介于东经95°00′～99°55′，北纬35°12′～39°19′。包括海西蒙古族藏族自治州所属的德令哈市、都兰县、乌兰县、天峻县全部，格尔木市、大柴旦镇各一部。总面积约12.69万 km²。

柴达木盆地由于地处荒漠带上，异常干旱，大大限制了森林的分布，使得在大范围内无乔林生长，仅在东部边缘山地分布着一些云杉和圆柏疏林，大都呈孤岛状，盆地底部仅在一些季节性河床上生长有少数胡杨林和青海杨林，同样被荒漠所包围。盆地内分布较广的植被类型是荒漠灌丛，虽然群落稀疏，盖度最大只有 25%，但却是盆地内的生态屏障，对于巩固土层，护覆地表，阻挡风沙有着重要作用，可惜曾遭到大规模的破坏，目前正在恢复。

本区下分两个亚区：

一是内陆河流域东部山地盆地温性荒漠草原寒温性针叶疏林亚区。本亚区的西部界线大致上是沿怀头他拉—都兰—巴隆一线区划，由于缺乏自然界线，也只能采取以经度线来做为分界线，亦即将东经 97°线做为二亚区之间的分界线，而东、南、北三面的界线均与一级区相同。包括天峻、乌兰二县全部，德令哈市和都兰县各一部，总面积约 8.77 万 km²。

本亚区森林主要分布在盆地东部山地，呈弧形围绕着盆地中央，从南面的香日德南山起，向东向北再向西，依次有都兰英得日、夏日哈、查查香卡，乌兰县铜普山、希里沟，赛什克，德令哈市泽林沟、怀头他拉北山等共 9 处，最大的为希里沟林区，另外还有一些残留林分。林相大都颓废，生长势弱，林分稀疏，更新不良。林分类型主要为祁连圆柏林，只有在希里沟、夏日哈和香日德南山有青海云杉分布，其中希里沟林区有片林。

占据本亚区最大面积的植被类型为荒漠草原，主要由红砂、白刺、驼绒藜、滨藜以及芨芨草、赖草、针茅等组成，本亚区北部还有较大面积的高寒草原分布。

二是内陆河流域中部盆地温性荒漠灌丛亚区。本亚区夹在东经 95°与 97°线之间，南起东昆仑山，北至阿尔金山省境，包括大柴旦镇、德令哈市、格尔木市、都兰县各一部，总面积约 3.92 万 km²。

本亚区森林植被主要是荒漠灌丛，集中分布于盆地南边昆仑山前戈壁、沙漠和"细土带"上，类型有柽柳、麻黄、梭梭、唐古特白刺、高叶猪毛菜等。

下　部

———————

总　说

第一章　20世纪青海林业取得的主要成就

　　新中国成立后，在一大批林业科技工作者的不懈努力下，青海林业建设取得了很大的成绩，尤其是进入新世纪以来成绩更为显著。

　　一是查清了全省森林资源。青海幅员辽阔，地处远僻，森林资源异常分散。在早期，既无地形图，也无航测照片，林区面积全靠调查队用仪器测量，为了保证精度，还需建立自己的控制系统，即林区大地测量，再用分区测线、林班线进行区划成图，最后交由调查人员入林分块设立样地，进行测树作业和划分小班，工作量极大。而当时调查人员缺乏，技术力量薄弱，使森林资源清查成为一项异常艰巨的任务。通过资源踏查、资源调查和森林经理调查等，到1964年，完成了全省第一次森林资源清查工作，后来陆续进行了定期资源复查，并采用了先进的数理统计抽样方法，在全省建立了数百个定期调查固定样地，实现了动态监测。通过资源清查，查清了森林分布、面积、林分类型、林木组成、林龄、直径、高度、单位蓄积量以及生长更新情况，有些林区还完成了包括植被、土壤、病虫害、种源、林型、树种资源以及森林更新等项专业调查，在此基础上为每个林场编制出了经营方案（施业案），并报送了建场设计任务书。

　　二是造林绿化成绩显著，森林覆盖率大幅度提高。截至2018年，全省造林保存面积和封山育林面积达19.1万 hm^2。东部河谷地带凡具备灌溉条件的宜林地已全部实现绿化，形成了湟水等地的人工河岸林带。农业区内由农田防护林、水土保持林、护岸林、护路林以及四旁树木共同构成的绿色防护体系已初具规模，干旱浅山多数通过整地涵蓄水分，改善了绿化条件，加上多地调整产业结构，禁牧限牧，使林草植被得到恢复，许多山地上还栽种了柠条（*Caragana korshinskii*）、四翅滨藜（*Atriplex canesens*）等耐旱灌木。柴达木——共和盆地建成了一系列绿洲。以西宁市南北山绿化为代表的一个新的林种—城市周边生态景观林体系也在全省各城镇中逐步形成，建成区内的园林绿地体系建设也在较高的层次上运行。同时，做为森林恢复和发展的另一主要手段——封山育林、封沙育林也在继续大力推行，使各地的残败林地、疏林散生尤其是灌木林重新恢复了生机。通过以上这些工作，全省森林覆盖率得到大幅度的提高，由20世纪70年代末期的2.5%提高到2019年的7.26%，净增4.76个百分点。

三是林业管护机制日臻完善。省、市州、县区都设有主管林草的职能部门，乡镇有农村社会经济服务中心，专设林草岗位，森林比较集中的天然林区设立了国有林场。同时，通过购买服务和生态补偿机制聘用了一批生态管护员，分区分片负责森林资源的管护工作，这些机构和人员组成了比较完整的资源管护体系。特别是近年来，随着无人机、视频监控、卫星等高新技术的应用，森林资源管护体制、机制日趋完善。

四是组建和培养了一支素质过硬的队伍。经过一代又一代林业人的努力，采用吸引、培训、选拔、送出去、请进来以及在生产实践中锻炼等手段，形成了从行政管理、操盘指挥、物流供应、后勤保障到门类齐全，高级、中级和初级职称兼备，以及老、中、青三代相结合的技术人员队伍，这中间有国内20多所大专院校为青海培训、输送的上千名林业专业人才，他们中的多数人不仅掌握专业知识，而且能够适应高原环境和艰苦的林区野外生活，安心本职工作，扎根青海，有些人为青海的生态建设而献身，有些人在此奋斗一生，终老山林；有些人的后代接过前辈的班，继续在此拼搏，成为新一代林业人、高原人。

五是加深了对青藏高原自然本底和环境条件的认识。通过多年的研究，对青海森林产生和演化过程以及发展趋势有了本质的了解，尤其是对高原高寒环境特有的严酷性、脆弱性和生态修复的艰巨性都有了全新的认识，因而对全省生态文明建设的重要性、历史责任、战略方针和指导思想有着更加清晰的理解。同时，对高原森林植被的发生发展内在规律性和特点也有了深刻的了解，基本上掌握了高原森林植被的高原化及其生物学特性和林学特性，在此基础上自然也就对不同于其他省区的青海林业建设有了正确的理解，针对有利条件和制约因素，更新传统观念，提出创新对策。

六是总结和推广了一批营林实用技术。通过多年实践，总结了包括干旱山区造林技术、高寒地带造林育苗技术、次生林抚育改造技术、森林更新技术、病虫害防治技术、主要树种育苗技术、重要树种引种驯化技术、森林经济植物栽培技术、林木选种育种技术、治沙技术等一批实用技术。这中间，有些技术向传统观念提出了挑战，有些则打破了林学上的经典理论，还有些为高原森林恢复与发展开辟了新的途径，例如采用冬灌解决了云杉育苗越冬问题，采用窄缝整地技术进行云杉造林等。如都兰县宗巴滩封沙育林成功后证明了荒漠灌丛可以恢复；湟中县南佛山原已草原化的荒山，采用云杉大苗造林获得成功，从而为同类型地森林恢复提供了示范；大通县东峡林区针叶林新中国成立前被严重破坏，后通过针叶树更新造林，森林面积得到逐步恢复；西宁湟水林场采用油松造林，同样为干旱浅山造林开创了新路子。

七是涌现并树立了一批先进典型。早期有湟源小高陵、互助刘家沟、湟中丰台沟、民和柴沟等造林示范基地，也有仓卓麻、金选奎等一批护林造林先进个人。此后在"三北"防护林工程建设中，涌现出许多先进集体和个人，也涌现出一批承包荒山发展林业的专业户，树立了尕布龙这一全国先进典型。到了20世纪末和新千年伊始，西宁市经过几代人的努力，在西北干旱半干旱地区创建了森林城市，森林覆盖率达到32%上，不仅环境大变样，而且生态建设与经济建设同步发展，在省会城市中处于前列。同时，一批国有林场也获得了各种奖励和荣誉称号，其中互助北山林场还获得了全国"十佳国有林场"的称号。

八是取得了一大批科研成果。林业科技得到较大程度的发展，包括森林生态系统的调查研究、森林防护功能研究、森林抚育采伐研究、治沙试验研究、森林病虫害分布和发生规律研究等。在取得这些科研成果的同时，还出版了一批科学著作，包括《青海森林》《青海植被》《青海植物志》《青海木本植物志》《青海经济植物志》《青海植被演化及重建》等。发表了数百篇学术论文，创办了《高原生物集刊》《青海农林科技》《青海环境》等国内外公开发行期刊和《青海林业》等内部刊物。

　　九是提高了人们的生态意识。绿色发展成为各行各业的指导方针，尊重自然，爱护自然，服从自然规律，爱林护林，维护生态平衡，坚持人与自然和谐共生已成为新的社会风尚，从城市到乡村，对生态文明建设的认识有了质的飞跃，党的十八大将生态文明建设纳入"五位一体"总体布局，成为新时代发展的核心要素。青海提出"生态立省"战略，将生态建设推向前所未有的高度，统筹山水林田湖草沙冰一体化系统治理，持续筑牢"中华水塔"生态安全屏障。

　　十是以国家公园为主体的自然保护地体系建设走在全国前列。高标准建设三江源国家公园，协同推动祁连山国家公园设园，加快推进青海湖国家公园创建进程，积极做好昆仑山国家公园创建前期工作，开展 4 个国家草原自然公园内草原生态保护修复，推动青藏高原国家公园群建设。全省共建立不同类型的自然保护区 12 处，保护区总面积 2182.25 万 hm^2，占全省总土地面积的33.9%，其中国家级的有 5 处，通过森林草原保护修复，为野生动植物的栖息提供了良好生存环境，在更高层次上为推动全球生态治理提供中国方案、中国示范。

第二章 青海林业特点的基本认识

青海林业有许多特点。其中最为突出的有以下几点。

一、高原林业

青海林业生产是在被称为"世界第三极"的青藏高原上开展的。严酷的自然环境在很大程度上制约着青海林业的各个方面,受寒旱和水热条件不均衡搭配的影响,森林多处在极限分布和边缘分布地段,树种少,生长慢,成材周期长,一经破坏,恢复不易。

在这里,自然环境对发展林业的限制性很大。地势高、风速大、雨量少和气温低是自然环境的基本特点。平均海拔达 3100m,最低海拔也有 1700m;平均年降水量不超过 450mm,柴达木盆地只有几十毫米,蒸发量一般为降水量的 5~60 倍,年平均气温一般均不超过 6℃,个别地方还在 0℃ 以下,这些特点在很大程度上限制了林业生产,使林木在成活、发育及生长方面受到极大的影响,林业生产的长期性和艰巨性表现得更为突出,在育苗、造林及更新上要花费很大的功夫才能见效。

在这里,造林难度极大,首先遇到的是成活问题。它不仅决定了林业建设的艰巨性,也决定了其长期性,需要几代人的努力,才能有较大的成效,不能急功近利,一劳永逸。要服从自然规律,采取精心设计、耐心发动的方法,集中人力物力,坚持"据点式"前进。不宜采取遍地开花和"大兵团"突击。同时,由于自然条件在总体上很差,广大地区不适于发展林业,只能利用大空间中的小差异,在若干局部条件较好的地方求得发展。因此,林业的总布局必然是分散的、零碎的、见缝插针式的。幅员虽大，但不可能形成很多集中连片的大面积基地，采用飞机播种、大规模机械化造林等方式，要慎之又慎。这已为事实所证明。

二、草原林业

青海省是我国四大牧区之一，草原面积达 4212.72 万 hm²，占全省国土面积的 60.44%，其中可利用草原面积达 3864.58 万 hm²。广阔的草原不仅在宏观上包围着森林，而且在林区内部也占有很大面积。

畜牧业在青海国民经济中占的比重很大。从畜牧部门讲，最大限度地发展牲畜业是他们的职责，因此，就要求尽可能多地占有和扩大草山面积，对于解决林牧矛盾并不感到十分必要和着急。发展畜牧业自然要求尽可能多地占有草场面积，而宜林土地又都宜牧，在土地利用上的林牧矛盾长期处于尖锐对立的局面，大面积的疏林、灌丛已被作为草场分配到户，并发放了草原使用证，分户承包。有些地区草山本来不足，还要无限制地发展牲畜，结果牛羊遍山，实施林内放牧，践踏或啃坏林木及幼苗，影响森林更新，甚至有烧灌木变草山的现象发生。在此形势下，造林、更新和封山育林的难度很大，地块不能落实，新旧迹地得不到恢复，幼林常遭牲畜践踏和啃食。东部水土流失区植被盖度原本已很低，因过度放牧破坏植被，造成水土流失，无法蓄水保墒，给造林工作带来很大困难，新造的林木也常被牛羊破坏。新造林地需雇专人看守，有些则要建网围栏，这加大了造林成本。因此，林牧矛盾仍然是当前青海林业生产中的重要矛盾。诚然，土地利用属于全国性问题，但青海省更为突出，林业建设首先遇到的不单是如何扩大森林资源，更为直接的是如何巩固林业阵地问题，亦即保护问题，这是草原林业的基本特点。

三、投入性林业

青海森林资源贫乏，林木生长量有限，木材产量很低，林副产品的种类更为稀少，资源总量不多，加之林区地处偏僻、交通闭塞、运距长，开发难度很大。因此，林业的总体经济实力较差，林业产值在农牧业总产值中的比重最大也不过占 8.5%，一般年份徘徊在 2% ~ 4% 之间。在指导思想上，单纯依靠林业自身力量来积累资金，采取封闭式自我循环，以寻求发展是不现实的。即使通过经济体制改革，转换经营机制，拓宽经营领域，兴办绿色产业，增加收入，也只能在一定程度上作些补充，亦即达到补给性林业经济的要求，不可能作到完全的自给。况且，很多林区地处江河源头和一部分荒漠带上，林业基本上是生态建设，经济效益较低。因此，在可预见的时期内，林业的发展还需要依靠较大规模的投入。

第三章　青海林业发展布局和重点分析

青海林业发展的重点是在东部还是天然林区，出现这种争议的实质，就是以扩大造林面积，提高覆盖率为主，还是以经营好现有森林为主的争议。当然，二者应当并重，不可偏废。但是，由于青海东部是省内的农业区，集中了全省70%以上的人口和农业土地，也是现阶段青海造林的重点地区，过去大部分林业投资也都集中于此，形成了较大比例的倾斜。近年来，东部地区造林面积成倍增加，特别是随着退耕还林还草工程的实施，森林覆盖率大幅提高，湟水、黄河谷地绿树成荫，成绩斐然。毫无疑问，这里仍然是今后林业建设的重要地区之一。

从林业生产本身的总体要求来看，以东部为重点也带来了若干问题，主要有：一是以造林种草为主的东部林业，基本上属于植被建设，国家投资的直接经济效益较低。林业资金被转化为扶贫和以工代赈性质，尽管有一定的社会效益，但林业经济并没有得到明显壮大，一旦进入市场经济，林业依然处于既穷又"死"的局面。二是粗放型林业特色显著，林分质量不高，生态系统脆弱。河谷地段树种单一，以青杨为主，结构单纯，抗病虫害能力较差，经济价值较低，山地造林以灌木为主。三是过于分散，斑点分布，不易集中管理。四是由于造林投入低，营造了大面积的灌木林和低质低效林分，树种结构单一，质量差，造成了大面积急需提质增效的林分。五是因青海自然环境制约，为了增加造林成活率，造林密度过大，部分林分成林后又得不到合理的抚育，导致现在大面积林分因过密而出现林业有害生物频发的现象。

近年来，随着林业资源管理划归自然资源管理部门，"三区三线"划定、国土"三调"的制约，在青海开展大面积的国土绿化可能已难以实施。当前，坚持人与自然和谐共生已成为人们的普遍共识，让林业提供更多优质生态产品也成为林业发展的重要任务之一，绿水青山就是金山银山成为建设生态文明的重要理念之一。为此，青海提出了建立以国家公园为主的自然保护地体系示范省建设，这为青海林业发展提供了前所未有的机遇，林业生产也由大规模造林向资源保护方向发展。

首先，准确定位国家公园建设。国家公园建设最重要的问题是能否把国家公园和自然保护地切实提升到生态文明建设的总体战略高度上认知。防止国家公园变形变质，不管是自然保护区或是国家公园，最终的目的是生态保护的作用。但有些地方将自然保护区转化成为国家公园，或者要建设国家公园，并不是为了生态保护第一，而是为了发展旅游，甚至有的企业想把国家公园变成一个旅游度假区、城市公园、郊野公园等。作为林业部门，要切实树立起国家公园生态保护第一、国家代表性和全民公益性的理念，防止简单将国家公园理解成为荒野区和无人区，更要防止国家公园从一个公益事业变质成企业的摇钱树，或者地方经济的发动机。

其次，保护好现有的天然林资源。青海省内天然林尽管资源不多，但毕竟还有 3000 万 m^3 的蓄积量和 300 万 hm^2 的林业用地。大部分处于中龄林阶段，也是针阔混交的演替阶段，在全省林业发展中，具有重要的战略地位。同时新旧迹地、林中空地和灌木林地面积较大，又有国有林场为依托，发展前景广阔。应当在战略布局上应进行调整，把重点向天然林区适当转移。但由于重保护轻抚育，现天然林区内存在诸多问题急需解决，办好国有林场，提高国有林场地位，是今后林业发展的重点方向。

第三，巩固好现有造林绿化成果。过去多年来，青海营造了大面积的人工林，但年年造林不见林的现象还存在，东部有些地区的造林地重复造林了很多次。当然这与青海特殊的自然地理条件制约，造林难度大、成活率低的原因是分不开的，但这也与每亩造林投资低、种苗建设滞后不无关系。近年来，随着退耕还林、"三北"防护林、天然林保护等重点工程的实施，造林投资逐年加大，高标准造林模式的推出，造林成效大幅提高，出现了大面积的未成林造林地和幼龄林，巩固好这些造林绿化成果，提高这些林地的效益，更是今后青海林业的主要方向。

第四，把恢复和发展灌木林作为重要内容。在省城东部，灌木林是水土保持与薪炭林的主体；在柴达木盆地，是防沙治沙，遏制沙漠化防护林体系的重要组成部分；而在广大牧区，则是护牧林的基本构成。作为生态环境治理核心的植被建设，乔木林的适生范围很小，在全省起不到主导作用。草地面积虽大，草原建设对生态也有良性作用，但毕竟属于生产性质，还存在着牲畜对其的消耗，二者往往相互抵消。其他人工植被对环境的作用更小，只有灌木林对生态环境有着强大的防护作用，其影响属于全局性的。从一定意义上讲，灌木林的发展程度，标志着全省环境的改善程度。同时，灌木林的恢复与重建，涉及多个部门的利益，更与广大农牧民群众的生产生活息息相关，直接牵动着国民经济的发展，同土地、草场一样，均为人民命脉所系，都具有战略性资源的地位。由此出发，应当把灌木林的恢复与发展作为生态建设的重要任务之一。

第四章　东部山地造林探讨

第一节　东部山地造林技术的探讨

青海东部山地造林地多处于半干旱的气候条件，造林难度较大，提灌上山是确保苗木成活的关键。像西宁南北山绿化作为一个成功典范，可在城市周边山地绿化中加以推广。但也存在一些问题，值得引起关注。

一是南北山绿化工程是举全省之力，筹措资金，动员大批人力，采用引水上山的方式，在短期内实现的绿化，但要巩固其成果却是长期的任务。由于林业生产周期长，经济效益低，特别是南北两山的造林是为城市绿化服务的，以发挥森林的生态效益和社会效益为主，难以作到以林养林。在经济条件限制下，如果长期进行灌溉，尤其是提灌，每年的电费、水费、人员工资等需要不断投入大量资金，这毕竟是一项难以承受的负担，一旦经费接济不上，灌溉停止，引起林木死亡，损失极大。

二是南北两山的自然条件较差，采用灌溉的方法虽然可以部分地改善立地条件，解决主要矛盾，实现绿化。但如果不从长远考虑，仅从当前任务出发，急于求成，忽视有关造林技术，即使成林，所形成的生态系统也将比较脆弱，易发生病虫害。

三是南北山地处湟水中游，从历史上和大气候带上看，湟水谷地应与它并列的黄河、大通河谷地有着相同的森林类型，由于这里开发较早，在长期的人为活动干扰下，形成了目前的少林状况。因此，在南北两山实施绿化造林，多少带有恢复原有森林植被的性质，此处的森林发展，应当纳入到上述三河流域

（即青海省东部）的大范围内去研究，即从这个区域的森林类型、林分结构、树种、动植物区系等方面进行综合分析，在此基础上确定正确的森林发展方向和造林技术。

从上述几点出发，作者认为青海山地绿化造林的总的指导思想应当是由"灌溉林业"向"旱作林业"转化，即利用灌溉造林上马，采取正确的造林措施，走完全依靠灌溉—部分灌溉—不需灌溉的路子，建立高效能的人工森林生态系统，充分发挥森林植被的作用，改善局部小气候，改良土壤，形成森林环境，使其成为一个体系完整的林区，各种林分类型都应当成为稳定的和耐病虫害的森林，以巩固绿化成果。

第二节　东部山地造林应坚持的原则

通过对湟水、大通河、黄河谷地近年来造林成效的研究，作者认为造林应注重以下几个原则。

一、按照天然林的模式进行人工造林

就是把人工林逐步变成天然林状态，至少在宏观上形成天然林景观。青海省以往的人工林大都表现为树种单一，层次简单，其生态系统非常脆弱，有些甚至连病虫害也抗御不了。因此，山地的绿化造林从一开始即应注意这个问题，摒弃旧的传统作法。其要点如下：

1.以营造混交林为主。

山地造林以营造混交林为主，尤其是针阔混交林，更应下功夫去培育。初始阶段可以营造耐旱的阔叶树为主，待阔叶林改善了立地条件，就应逐步抚育营造针叶树。根据立地条件、适地适树原则，以营造小团状混交林为主，避免均匀混交。实行针阔混交，还应注意喜光树种和耐荫树种的搭配和组合以及阶段发育特点，尽量减少相互间的抑制作用。

2.不必过份强调株行距的整齐划一。

同一块林地也不宜采取一种整地方式，应根据不同树种对水分的要求和易

于灌溉、节约用水的原则，随着小地段的变化，按照坡度的陡缓与土层的肥瘠，可疏可密，可灌可乔，允许有林中小空地和稀疏林分出现。总之，要有利于林木成活和生长，不宜过多地追求形式上的美观。即便是风景林，也应以天然林为模式，提高大范围内的整体美、自然美的景观价值。

3. 要有层次结构。

这是形成森林环境、建立稳定森林生态系统的重要环节。以往的人工林多为同种同龄单层郁闭式的纯林，由于上层林冠截留的降水较多，大部分蒸发于大气，林下水分条件较差，土壤干燥，且光照较弱，下木层和草本层不易发育，形成下木稀少或全无，草本层也多为一年生的纤弱种类，森林对林地的改良作用很差，一旦上层林冠衰老或采伐，林地又回复到荒山状态。因此，要实行多层郁闭。一般应有三个层次，即主林层、下木层和草本层。为了减少蒸腾和有利于形成层次结构，主林层（乔木层）可适当稀疏一些，郁闭度以不超过 0.5 为宜；下木层可同时营造或直播，也可在造林后补植，盖度也保持在 50% 左右或稍高，视立地条件而定。草本层主要靠自然形成，要严加保护林地，禁止割草、放牧和残踏，尽量促使多年生的宿根草类发育，以护覆林地，减少蒸发。将来随着森林环境的形成，无论下木或草类势必发生自然演替。

二、以常绿针叶树种为主

常绿针叶树种具有抗性强、生长周期长、蒸腾量小等特点，有些种类还相当耐旱，所形成的森林生态系统比较稳定。从以往造林实践来看，针叶树表现较好，有发展前途。从三河流域的森林现状来看，可供选择的常绿针叶树种主要有青海云杉、青杆、油松、刺柏、祁连圆柏等。这些树种在黄河谷地两侧多有分布，而那里的降水量远小于西宁市（370mm），蒸发比也大于西宁（1:4.8），如贵德（降水量 254.2mm，蒸发比 1:5.9）、尖扎（降水量 353.0mm，蒸发比 1:5.5）、循化（降水量 264.4mm，蒸发比 1:8.4）。如果形成森林群落，估计依靠自然降水是可以长期立足的。当然，从外地引进一些树种如樟子松、沙地柏、圆柏（Sabina chinesis）等也是可行的，但应立足于乡土树种资源，把到本省天然林中去选择树种作为总的原则。即使是阔叶树和观赏花木，也应如此，纠正营造单纯林分的传统，尽量采用诸如白榆、山杏、冬瓜杨及其变种光皮冬瓜杨、山杨、青海杨、河北杨、白桦等。

从以往的山地造林情况来看，采用大面积青杨、沙棘上山绝非长久之计，因为它们都是嗜水性植物，一旦水分不足或停止灌溉，会立即枯死，这已是许多林业科技工作者的共同看法。因此，除了沟谷和少数灌溉条件较好的地方之外，大部分山地都不宜发展此种类型，以减少损失。

三、按垂直分布规律进行造林设计

山地立地条件在总的方面一致，但因高差较大，水分和热量的垂直差异还是存在的，尤其在海拔 2350m 以下的山麓，不仅异常干旱，而且土壤基质和类型也不同，此处多为红土和灰钙土，其上则变为栗钙土。因此，无论阴坡还是阳坡，均宜划为两个垂直带来布置林分类型，下带的阳坡宜选用油松、刺柏、旱榆、山杏等，阴坡宜青杆、圆柏、山杨、白桦等，沟谷宜选用冬瓜杨、青杨、青海杨、旱柳等，最后形成以温性为主，温性和寒温性相结合的针阔叶混交林带；上带的阳坡应以祁连圆柏为主，辅以耐旱灌木，阴坡以青海云杉和白桦为主，半阴半阳坡可发展山杨，最后形成寒温性针阔叶林带。在山之顶部，由于降水较多，且灌溉困难，可发展旱作林业，以灌木为主，但不能连续成带。

第三节　东部山地造林的具体措施

已如前述，该区造林绿化属于干旱地区造林的范围，理应采取常规的造林技术，如"造林六项基本措施"等，但从各地的经验来看，还有如下一些特殊的具体措施。

一、冬灌与春灌是林木成活与生长的关键

该区的降水高度集中于夏季，冬春持续时间长且与风季相结合，寒冷干旱。经过漫长的冬季，土壤水分丧失较多，春季第一场透雨来得较晚，春旱频率达到 45% 以上，林木多在 3 月份枯死。因此，一定要实施冬灌（上冻之前）和

春灌（白天气温超过 0℃），夏季主要靠自然降水，如有不足，可予补充灌溉。

二、以团状密集栽植为过渡手段

针叶树苗木株形较小，在苗圃内处于密集生长状态，移栽于林地之后，如果株行距过大，一时很难适应新的环境，在强光照和风力的作用下，成活率通常不高，生长发育也受到抑制。因此，在造林时，第一步应先采取团状密集栽植的方法进行过渡，株行距以苗冠能相互衔接为准，待成活并生长 1~2 年之后，再进行就地移植。除了特殊需要之外，一般应采取这种方法，扭转为完成造林面积的单纯任务观点，不宜急于求成。同时，对针叶树造林，如有条件，可试行异龄苗木混合栽植的方法，即苗龄相差 2～3 年，大小苗相间，实行人为分化，使林木在幼龄期间即出现层次，以充分利用空间，加强竞争，提高生长势。

三、大力推广营养杯（袋）和本地苗木造林

营养杯（袋）造林其主要优点是成活率高，苗木易于同化环境，生长健壮，成林迅速，尤其是困难地段营造针叶树时，更宜采取此种措施。应积极鼓励育苗户和育苗单位进行营养杯（袋）育苗，大力推广营养袋育苗。另外，造林宜采用本地苗木，避免大距离长途用苗，根据造林地实际，可结合抚育进行间苗，将间出的苗木就近用于造林。像西宁南北山绿化区，因初期造林密度大，随着林木的生长，林内郁闭度过高，影响了林木的正常生长，急需间苗，间出的苗木可用于扩大造林面积。间苗期宜在造林后 5～10 年内进行，如果时间过长，苗龄过大，增加间苗和造林成本，影响造林成活率。

四、浅栽防淤，客土栽植

上述选择树种中许多都是浅根性树种，红土层的渗水能力差，覆土过厚，不利于林木对水分的利用，此为以往造林失败的原因之一。因此，覆土不宜过厚过深。同时，在整地和栽植时，一方面要充分利用径流水分，另一方面还要防止泥沙淤积，使林木根际保持良好的通气状况。此外，无论栗钙土或灰钙土，其表层很薄，腐殖质含量低，下层土壤的熟化过程很长，在大规模整地时，往往将生土

翻在上面，短期难以发育，影响林木生长，形成多年"树不出坑"的现象。有鉴于此，整地时要堆放一些表土，到造林时填入穴内，作到熟土或客土栽植。

五、大苗小冠，"矮林作业"

这主要是指阔叶树而言，大苗上山是有效的措施。由于山地干旱，蒸发强烈，采用提灌的方式，不可能得到充分的水分，因此在栽植后要立即进行适当修枝，缩小树冠，以减少蒸腾，提高成活率。即使在成林后也不要依靠自然整枝，而要人为控制树冠，调节郁闭度以适应水分缺乏的状况。同时，该区造林要以绿化为目的，不是培育用材林（也不宜发展用材林），除针叶树外，要控制林冠层高度，实施矮林作业，尤其是对杨树等高大乔木在达到一定高度（5～8m）时，要进行截顶，以加速径生长和根系发育，提高林木的抗风能力，适应大气干旱。

六、严格封育管护

造林后，至少在3～5年内，要实行林地封禁，除营林人员外，严禁任何人和牲畜进入破坏幼苗，尽快促使苗木生长发育。严格落实"三分造七分管"，要将管护责任落到实处，做到管护与造林验收、成效挂钩。

第五章　封山育林探讨

第一节　封山育林的必要性

　　根据青海森林植物的现状分析，不难看出，恢复与扩大青海省森林资源的主要途径就必然是封山育林、封山育草和以天然更新为主的森林更新方针。首先封山育林和封山育草完全符合自然规律，并能逐步克服一些自然环境的高度限制性。分析历史资料可以看出，青海省东部在很早以前，大部分是森林，由于长期的破坏，才造成了目前的缺林现象。由有林到无林的过程大致是：森林—灌木—草山—童山，要恢复与扩大森林资源，一般地都要按照童山—草山—灌木—森林这个反过程去开展工作，不通过草山和灌木阶段，在困难立地条件下想直接由童山变森林是困难的。同时，调查表明，林木与草类、主要树种与次要树种的互相更替规律十分明显，不考虑这一演变规律，单纯地从造林和更新的技术上去考虑是不够的。封山育林和封山育草完全符合这个过程和规律，是促使由无林到有林，由童山到草山、灌木坡，由灌木坡到森林等矛盾转化的基本条件之一。在天然林区，经过封育，有些可以直接长出乔木林，有些可以长出灌木林，这就给主要树种云杉、桦木等创造了生长的条件，便于进行更新；在浅山区，目前大家都注意整地和选择树种，这虽是很重要的措施，但要从根本上解决水的问题，还必须通过封山育草才行，采取抽水灌溉等办法，不是方向。当草木繁茂之后，无论用什么树种和造林措施都要容易得多。因此，只有封和育，才能改变自然环境的质，才能解决林木生长过程中的主导因子——光（天然林区）和水（浅山区）的问题，其中"封"是恢复与扩大森林资源中的第一道工序，也是最重要的一道工序，只有"封"，才能有"育"。

第二，封山育林和封山育草是解决林业生产对象同经济条件之间的矛盾，多快好省地发展林业的最好方法，它不需要很多的资金和劳力，也不受交通条件的限制，只要充分发动群众，就能很快见效。例如湟源县东峡林区，由于新中国成立前的破坏，在 1950 年调查时，只有 86.67hm² 了。新中国成立后，当地党政领导和群众坚持了封山育林，后期已经达到 1000hm²，仅仅十余年，森林面积扩大了 11 倍。又如民和县北山公社的德兴、永靖和牙合等生产大队，在近 500hm² 以灌木为主的山上搞封山育林，现在已长起了 466.67hm² 的杨桦幼林，平均胸径达 5cm。这些成绩如果以人工来搞，就可能需要几十万个劳动日和很多的资金。因此，在当前的条件下，采取封山育林的方法来恢复和扩大森林资源是最现实的方法。另外，通过封山育草，增加了造林的成功率，减少了因失败造成的损失，符合当前经济条件不足的特点，使人力、物力和财力都能够发挥其最大效用。

第三，通过封山育林和封山育草，可以逐步地解决林牧矛盾。在天然林区附近和脑山区的一些小块分散的林地上进行封山育林，不仅保证了林业的发展，也促进了畜牧业的发展，这是一个必然的因果关系，上述两个地区封山育林的结果正是如此。在浅山区封山育草的结果，不仅有利于发展林业，也能直接为发展牧业创造条件。例如湟源县和平乡小高陵大队，8 年来封山育草 66.67hm²，从 1963 年起，每年春秋两季，可以在育草区割草 7.5 万公斤，解决了近百头牲畜的饲草，牧业的发展远远地超过了 1957 年的水平。由此看来，林牧二业是一种相辅相成的关系，通过有计划的封育，完全可以做到齐头并进，互不影响。最近，畜牧部门也把封山育草视为发展牧业的措施之一。在牲畜多的情况下，无论进行造林或更新，第一道工序仍然是"封"，做不到封，在保护上就无保证，只造不封，仍是白费力气，得不到成效，这已为十余年来的事实所证明。

第四，封山育林和封山育草适合省境内大部分地区，浅山地区均可进行封山育草，天然林区现有旧迹地 66.67 万 hm²，也完全适合于封山育林。同时，像上述湟源县东峡和民和县北山的残败林地在青海省还很多，面积大的如大通宝库、安定峡、图关沟、霞峻寺等林区，小的如多家、贾家、夕昌、柏木峡以及各地的"占林"，都可以作为基地，采取封山育林的方式来扩大森林资源。可以设想，经过若干年的封山育林，将这些小块森林同现有大块森林连接成带（即使是断续的）也是可能的。封山育林和封山育草，决不是一项消极措施，并不意味着完全依靠自然的恩赐，不考虑人的主观能动性，封和育本身就包含着人的积极因素。

从上述几点来理解封育工作，而不是像以前理解的那样——只有在有可能成林的地方才能进行封山育林，而是在一切林业用地上均可进行。应当将准备造林的地方、新造幼林、新旧迹地、林中空地及暂不进行经营利用的林地都封起来。

第二节 封山育林的主要技术与措施

封山育林即对具有天然下种或萌蘖能力的疏林、未成林造林地、灌丛实施封禁，保护植物的自然繁殖生长，并辅以人工促进手段，促使恢复形成森林或灌草植被；以及对低质低效有林地、灌木林地进行封禁，并辅以人工促进经营改造措施，以提高森林质量的一项技术措施。相比于其他生态修复方式，封山育林的投资少，见效快，更符合我省基本省情。从近几十年的封育成效来看，封山育林已成为青海天然次生林修复最为重要的生态恢复举措。

青海省实施了大面积的封山育林，取得了良好成效，天然林区经封育后，面积不断扩大，但也存在一些不容忽视的问题，一是封山育林没有做到严格的封禁，有些地方牛羊啃食现象仍然存在；二是重任务轻效果，有些地方为了多争取资金，盲目要任务，只注重当年的实施成效，没有做到长期的跟踪调查；三是林牧矛盾突出，放牧户破坏围栏现象屡禁不止。诸多的原因导致当前封山育林成效不高，造成资金浪费。

一、封育方式

根据封育区群众活动和生态区位特点，可采取半封、全封、轮封的方式进行封育。但在生产实践中，半封实际等于没封，故不建议采用这种方式。另外，动辄上万亩的封育不切实际，特别是以牧为主的地区，"封"与"牧"之间矛盾突出，上万亩的封育必然造成当地牧户的破坏，有计划分步骤的小面积封育，既能保证封育效果又能保证当地牧户的利益。

二、封育类型

通过封育措施，封育区预期能形成的森林植被类型，按照培养目的和目的树种比例可分为乔木型、乔灌型、灌木型和灌草型四个封育类型。

一、具体管护措施

一要做好宣传工作，禁止在封育区内放牧、采石、取土、樵采等人为活动。二要在进入封育区山口设立标志碑牌。三要在封育区配备专职护林员，制定并落实管护制度，实行目标责任制，严格奖惩，责任到人。四要成立护林防火队伍，配备必要的森林防火及森林有害生物防治器械设备。五要利用高新技术手段，通过设置监控、无人机巡护等方式，提高封育效果。

五、育林措施

封育区内的目的树种均具有较强的天然下种能力，对灌草覆盖度较大从而影响目的树种种子触土的小班地块，在秋季可采取带状和块状除草、破土整地等人工促进更新的抚育措施，促进目的树种生长和自然下种更新，免除竞争。

在秋季至早春时节，人工清理项目区林分内的病死木、衰弱木、枯倒木，对有希望抚育成林的主要目的树种进行清杂、修枝和病虫害防治等，定向引导，增加林木生长量，提高现有林分质量。

砍灌清杂面积应视目的树种免受其他植被挤压和幼树高度决定，通常采用1.5米×1.5米，不允许全部清理杂灌，对仅有防护功能的陡坡地块不应采取抚育措施，尤其要注意保留林中自然生长的野山楂等灌木。可以在林地空地上就地挖坑，将抚育形成的细碎灌草集中堆放于坑中，并在灌草上面覆土形成土堆，使其自然腐熟降解，增加林地腐殖质和肥力，将较大的杂木集中捆扎带出山场，作木材和薪柴等用途。

六、森林保护

森林防火应贯彻"预防为主,科学防控"的方针。考虑到封育区在村镇附近,交通通畅,行人较多,为提高人们的防火意识,应在项目区的路口或显著位置挂设宣传标语,宣传防火知识。配备专职或兼职的护林员,签订管护合同,配置防火器械设备,对火灾要定期预测预报,设置防火带,禁止野营、野炊等野外用火活动进入林区。

七、森林病虫害防治

要提高营林技术水平,促进苗木生长,改善林地卫生状况,增强林木自身防病抗虫能力。加强森林病虫害监测,防止外来物种入侵。同时要加强林木病虫害宣传工作,提高广大群众防治森林病虫害意识和积极性。森林病虫害防治应坚持以营林措施为基础,提高营林技术水平,促进林木生长,改善林地卫生状况,增强林木自身防病抗虫能力,同时加强森林病虫害预测预报,病虫害发生时应及时组织防控,坚持"生物防治为主、化学防治为辅";进行化学防治必须遵守有关规定,防止环境污染,保证人畜安全,减少杀伤有益生物。

第三节　灌木林封育

青海有着大面积的灌木林,要从战略高度来认识和安排灌木林的恢复与发展,恢复的途径就是封育。要进一步调查灌木林资源,作好发展规划。目前,已查清灌木林在各地分布的总面积、主要类型,但按类型划分的面积、生长情况、种源和生物量等尚未查清,尤其是对原来灌木林的适生范围了解程度不够,需要在近期进行专项调查。在此基础上,编好全省灌木林发展的总体规划。规划应坚持以恢复为主,新建为辅;以封育为主,营造为辅;以旱作为主,灌溉为辅;以小片分散为主,集中连片为辅等原则,并将柴达木沙区、环湖和各天然林区周围作为近期的发展重点。东部地区要结合退耕还林(草)工程,扩大水土保持林的规模，改变以往偏重于新建的作法，在继续发展沙棘、柠条、怪柳和四翅滨藜（*Atripex canesens*）等灌木林的同时，要多发展一些如甘蒙锦鸡儿（*Caragana opulens*）、荒漠锦鸡儿（*C.roborouskyi*）、小叶铁线莲（*Clematis nannophylla*）、驼绒藜（*Ceratoides latens*）等乡土灌木树种，并增加发展细裂叶莲蒿（*Artemisia gmelinii*）、米蒿（*A.dalai-lamae*）等半灌木类型，使浅山区植被多样化。在柴达木盆地，应以发展当地沙生灌木为主。在青南高原，除了少数地区之外，均应以恢复扩大原有的高寒灌丛为主。

加大保护力度，作好资源管理。当前灌木林已被纳入天然林保护工程体系之中，各大自然保护区包括约占全省半壁河山的三江源自然保护区也都理所当然地将灌木林列为保护对象，但在实际上，对灌木林的破坏仍在继续。因此，应在传统授权管理保护的基础上，广开新的思路，用政策调动广大农牧民群众的积极性，实施全民保护，以减少单纯专业保护的局限性。在农业区，随着退耕还林（草）工程的开展，要建立新的保护机制，即组建群众性的保护队伍，包括专职、兼职护林员。在牧区，要适应和利用现有的经济体制，在进一步完善草场分户承包的同时，将分散的小片灌木林承包给牧户经营管理，在保护好的前提下，允许利用一部分。同时，要将全省灌木林纳入资源管理体系，逐片登记造册，建立资源档案。要明令禁止焚烧灌木林，取缔扩大草场的任务指标。牧区烧窑业耗能要改用煤炭，进入牧区进行工程施工、采金、挖药材、搞副业的要自带燃料或利用其他能源，不允许就地砍挖灌木作烧柴。对农牧林区传统的以灌木作为生活能源的地方，要划分樵采区，作到合理利用，有砍、有封、有栽，使灌木林加快发展，避免资源枯竭。

按护牧林要求，将发展灌木林作为草原建设的重要内容，灌木林与畜牧业息息相关，要改变传统认识，逐步建立起强大的护牧林体系，在草原建设规划设计项目中，要有护牧林的发展规划，并安排适当投资。凡是原先曾经有过灌木林的地方，应允许承包牧户进行封山育林，促其恢复。条件好的地方可采取移植天然植株、直播、培育苗木栽植等方法，重建灌木林资源。同时，对新造新育灌木林，要坚决贯彻"谁种谁有"的政策，其中包括林木本身和蕴藏的野生动植物资源。

第六章 青海省长江上游防护林建设探讨

长江防护林建设工程开展之后，作者参与完成了玉树、称多两县的县级总体规划设计，从中发现这里的防护林建设具有许多突出的特点，需要采取一系列独特的规划设计原则与设计思想，在长江上游地区有一定的代表性。

第一节 概况

玉树市、称多县位于长江上游干流通天河的下段，夹江对峙，以江为界。玉树市在江之南，称多县在江之北，两市县位于北纬 32° 41'34" ~ 34° 47'10"，东经 95° 41'40" ~ 97° 44'34"，总面积 31060.47km²。玉树市跨长江和澜沧江两大流域，大体各半；称多县跨长江和黄河两大流域而以前者为主。两县同属玉树藏族自治州管辖。

两市县分属于唐古拉山脉东段和巴颜喀拉山系，以山原地貌为主，是青藏高原的主体部分。面向通天河一侧均有多条大致平行的一级支流支沟，岭谷相间，包括通天河河谷在内，构成高山峡谷地貌，山势陡峻，地形复杂，最低海拔 3340m，最高海拔 5752m，平均海拔 4400m，山地高差多在 600 ~ 1000m之间，坡度在 35° ~ 40°。

气候属高原高寒类型，总的特点是热量低，降水高度集中，日照长，辐射强烈，两季性明显，冬长夏短。半数以上地区年平均气温在 0℃左右，仅生长牧草和少量灌丛，乔木不能生长。通天河两侧山地气温稍高，年平均气温 2 ~ 2.5℃，有乔林和散生木，灌丛分布较为集中。海拔 3800m 以下的河谷地带热量条件较好，年平均气温 2.6 ~ 4.3℃，最暖月气温 10 ~ 13.6℃，≥ 0℃ 积温 1400 ~ 2100℃；年降水量在 409 ~ 515mm 之间，是农牧结合的小块农业区。

土壤几乎全部属于高山土类，主要有高山草甸土、高山沼泽土、高山石质寒漠土等。森林分布地带以棕色针叶林土和高山灌丛草甸土为主，河谷则以冲积草原土为主。

两市县长江流域共有较大的一级支流 6 条，小支沟 42 条，加上通天河干流，流域面积共有 21448.51hm²，多年平均流量 467.4m³/s（不包括小支沟）。各小支沟常年有水，水资源比较丰富，可以保证农林灌溉。

植被以高寒草甸占优势，天然林主要分布于高山峡谷两侧山地，以圆柏疏林和灌丛为主，类型有大果圆柏和密枝圆柏疏林，分布高度为海拔 3700 ~ 4400m。海拔 3900 ~ 4800m 分布有高寒灌丛，多由金露梅、山生柳、百里香杜鹃等组成。河漫滩上有肋果沙棘和球花水柏枝灌丛。玉树市长江流域部分的疏林灌丛面积有 9.77 万 hm²，称多县有 4.97 万 hm²。玉树市有东仲林区和几处小片天然林，林地面积 0.82 万 hm²，除上述两种圆柏之外，还有川西云杉、桦树等。全市森林覆盖率 23.2%，其中长江流域为 11.8%。称多县森林覆盖率为 3.4%。森林分布从东南向西北，从下向上按寒温性针叶阔叶林、针叶疏林灌丛、高寒灌丛的顺序更迭，系高原特有的垂直—水平式带谱。

人工林分布在河谷阶地和河漫滩上，多为行列树，片林较少，以青杨为主，少数地方栽有旱柳，并引种沙棘等，栽培区海拔 3340 ~ 3800m。青杨栽培历史可达 150 年以上，一般生长良好。据综合农牧业区划资料统计，玉树市有宜林地 0.7 万 hm²，称多县有 1.31 万 hm²。

两市县共有人口 10.1 万，劳动力 3.7 万人，藏族人口占 90% 以上。两市县以牧为主，牧业产值各占 88.3% 和 92.4%。农作物以青稞为主，常遭低温冻害，粮食不能自给。工业基础薄弱，燃料紧缺，以畜粪和烧柴为主。

护林防火和造林是林业生产的主要工作，森林经营和育苗尚处于初始阶段，苗木自给率低，造林规模小，每年造林不足百公顷。由于对森林和草原植被保护不够，山火、乱砍滥伐不断发生，草场超载，加剧了生态环境的恶化，水土流失日趋严重，侵蚀模数已达 608t/（km^2·a）。

第二节　该区的主要特点

一是高寒特点。两市县处在青藏高原边缘山地向高原面的过渡地段，海拔高、气候冷、生长期短，对发展林业的限制性强；天然森林少，以疏林灌丛为主，利用价值低；人工林树种单一，林分结构简单，不耐摧残，且生长缓慢，青杨长成椽材或小檩材，一般需要 15 年左右；造林难度大，长达 7 个月的冬季干旱少雨，干季与风季相配合，苗木和幼林易受霜冻和生理干旱的侵害，不易成活和保存。与流域内其他地区相比，森林的近期经济效益较差，不易调动群众育林的积极性。但是，两市县的地理位置重要，森林的作用更为突出，两市县对全流域的防护林建设负有特殊的责任。

二是民族特点。因藏族地区长期处于荒僻封闭状态，民族经济不发达。新中国成立 70 余年来，取得了很大的发展，生态环境保护意识不断增强，但一些传统观念和习惯还在发挥作用。防护林建设成效需要巩固，就要激发群众的参与积极性。

三是牧区特点。在以牧为主的方针指导下，土地利用方向自然是尽可能扩大草场面积，所有疏林、灌丛甚至一些小片有林地均被划为"森林草场"或灌丛草场，并且将草原使用证分发到户。防护林建设首先遇到的是土地问题，如处理不当，必将形成牧林对立，影响群众积极性。同时，由于牲畜数量多，草原畜牧业的散放习惯在短期内难以改变，给新造幼林造成了极大威胁。多年经验证明，造林必须首先设置网围栏，才能确保林木安全。因此，前述的造林难度大不仅仅是技术方面的因素，更重要的是管护方面的原因。

第三节　建设的指导思想与规划原则

根据上述特点，防护林建设除了符合国家的总方针外，还必须根据地区特点，贯彻执行农林牧综合发展的方针，促进民族经济的发展。要努力建设具有高原特色、民族特色、草原特色、稳定而高效的防护林体系，充分发挥森林的水源涵养、护农护牧、水土保持、改善生态环境的多种功能，为长江中下游广大地区的国土整治、经济建设和人民生活提供安全保障。根据这一指导思想，防护林的建设应遵循以下原则：

第一，防护林必须以护牧林为核心，将营林事业纳入草原建设之中，作为发展畜牧业的重要一环。以林兴牧促农，妥善处理林牧关系，不搞对立，也不过分强调产业结构的调整，而是按照当前牧区经济体制和林业经营模式，承认牧民对疏林、灌丛及其附近草场的使用权，但要求按护牧林来经营。在现有土地利用状况的基础上，通过林业生产，提高产草量，给牲畜提供优良的庇护场所，增强牧业后劲和抗灾能力，改善由部门分工带来的不协调关系，实行观念更新。

高原特有的周期性雪灾常给畜牧业带来毁灭性的打击，而高寒灌丛不易被雪覆盖，可临时充作饲料，帮助牲畜渡灾，被群众称为"抗灾草"或"救命草"，凡是有灌丛的地方灾情要轻微得多。圆柏疏林地带背风向阳，林下草类繁茂，牲畜也不危害圆柏，此处风力小、辐射弱，利于牲畜栖息，是良好的冬春草场。因此，当地牧民对疏林、灌丛比较珍惜。近年来的乱砍滥伐，主要是由生活用柴的原因造成的，可以密切结合群众利益，让牧民接受并变成自觉行动。即使从林业生产角度出发，此类森林除了具有生态、社会效益之外，目前的主要利用价值也是放牧。

第二，以封山育林为主，造林为辅。由于民族经济力量薄弱，劳动力不足，对国家补贴的依赖性强，不可能进行大量的投入。因此应采取最经济、最有效的方法来恢复与扩大森林植被，通过封山育林来达到建设防护林的目的。两市县的自然条件虽然在总体上较差，但空间分异强烈，森林分布小区上的立地条件较好，只要采取适当措施，给树木生长以适宜的环境，无论是乔木林还是灌木林都可以得到恢复和发展，这已为实践所证明。封山育林必须采取有别于一般地区的做法，坚持以允许放牧的半封闭式为主，全封闭为辅；以恢复森林植被、提高林分质量为主，扩大为辅；以示范引导为主，行政动员为辅。由群众自选地点，自定封期，自立章程，实行轮流封育，有封有开，封而不死，开而不乱。根据立地状况和群众意愿，可以是长期封禁，也可以实行夏封冬开的季节性封禁，既要保证封山，也要保证放牧和樵采，因地而异，形式灵活多样，不追求一种模式。对于确因封山育林而造成生产生活困难的部分农牧民，可给予一定的补偿性照顾，如在生态护林员招聘等方面，让他们具有优先权，由此获得较大的收益。

第三，注重民族特点，发挥各方面的积极性。两市县有许多神山、宝地、寺院照山和部落之山，这是藏族地区在长期历史发展中形成的。防护林建设应当充分利用这些传统形式，在发展多种权属育林造林的同时，将寺院和宗教活动点也看成是一种林业特有权属加以依靠，与乡、村、镇和国有林场一起作为中心依托点，辐射发展。国家、集体、个人、寺院一起上，四轮驱动，多计兴林。僧众们多有护林、造林、育林的习惯和积极性，如称多县拉布寺活佛早在百年前就用牦牛从 800km 外的西宁驮运栽苗造林，寺区绿化程度很高，现有树木 4 万余株，被称为"绿色宝寺"。长江防护林建设工程开展后，许多寺院主动找政府要求任务，要求划给造林地，有的还要承包封山育林工程。他们一般愿意投资，其号召和动员能力很大，农牧民也乐于为寺院服务，因此，应当予以支助和扶持。对于神山，宝地、照山等应看作是一种特殊的自然保护区或封山育林区，继续予以利用并大力发展。

第四，遵循自然规律，注意高寒特点。高原水热条件的小区间变化强烈，现有疏林灌丛是长期适应与演化的产物，是特定地理环境的特种森林群落，最能适应高寒山地，具有地带性意义。因此，要以此为阵地，向四周护展，不强求发展严格意义上的森林系统，能乔则乔，宜灌则灌；可疏可密，高矮不论；针阔兼顾，混交为上。同时，还要按海拔高度做好分层分类指导，建立以垂直带谱为主的立体式防护林结构，"天然林占山，人工林占滩"，各得其所，使用林地、疏林散生林地、灌丛、草甸镶嵌在一起，成为草原林业独有的风貌。

第五，突出建设重心，明确发展方向。在防护林建设的诸多任务中，应以保护好现有森林植被为基础；乔、灌、草相结合，以灌为主；封、造、管相结合，以封为主；带、片、网相结合，以片为主；集中连片与小块分散相结合，以小块分散为主。在长、中、短期效益注重程度上，以中、短期为主，把防护林建设同乡村振兴结合起来，尽可能多地发挥防护林作用。

第四节　主要规划设计思路

为了突出重点，防护林建设范围中首先将不属于长江流域的部分划出，其次将流域内海拔4000m以上的高寒草甸纯牧区划出，作为暂不宜林区，不作设计，也不安排任务。在宜林区内根据森林分布和社会经济状况确定重点建设乡，按要求进行设计，非重点乡只提一般要求，待条件成熟时再实施。在工程项目划分上，由于营林地点分散、零碎，为便于管理，分别按营林类型，以小流域、小沟系为单元，将内部若干小块统一作为一项工程。一般每乡有1～3项封山育林和造林工程。

在立地条件类型划分上，由于营林类型简单，为了便于基层技术人员和群众掌握，只划到相当于类型组一级，尽量避免繁琐。即将中小地貌、森林或植被类型、土壤作为主导因子，注重景观差异，力求简单明了。

封山育林规划上，选择破坏严重、可望成林和交通闭塞的地段作为封山育林区。为了便于管理和实施多层次对照，提高群众封育信心，需突破以往的做法，要求每个封育区是一个完整的小沟系，四周自然界线清楚，其中80%以上面积作为半封闭区，只允许放牧（有的只允许冬季放牧），不允许樵采。在半封闭区内划定全封闭区，禁止一切人畜活动。在全封区内再划定示范区，用网围栏全封，在其内进行造林、更新、抚育等生产活动。每个封育区按面积大小设置专职和兼职护林员，负责管护。

造林规划利用河谷阶地和河漫滩，先围后造，建设灌溉和排水系统，采取易于设计和施工的乔灌带状混交方式，以充分利用光照条件，解决边行优势问题。以乡土树种为主，围墙内外栽种沙棘，形成绿篱，作为后备围墙，防止牲畜进人。由于高寒植被形成不易，在造林整地和幼林抚育时，应尽量避免破坏原有植被，大部分采用穴状或小块状整地，不搞松土除草，使林下草本地被层充分发育，建立多层次的人工林，提高森林生态系统的稳定性。根据以往经验，为了适应风蚀、风击和冻融强烈的气候特点，避免林木根系暴露，应把壅土、灌淤和定期培土作为主要措施。

在林种设计上，以防护林为主，比重在70%以上。各林种排列顺序是防护林、用材林、薪炭林、特用林（主要是城镇绿化和风景林）。在防护林中，以护牧林为主，其次是水源涵养林、水土保持林、护岸林和农田防护林。由于霜害严重，农田最忌遮荫，加上牲畜多，管护不易，难以形成林网，因此，农田防护林只能在耕地集中地段的河谷上下两端以及侵蚀和冲刷严重的沟口、河岸等处，营造具有较大宽度的林带或片林，以防止水土流失、滑坡和河岸崩塌。在造林林种上，以用材林为主，主要是人工青杨林，比例要求达到50%以上，以解决农村牧区修棚打圈、建立定居点等民需用材，提高森林的经济效益。对目前无力顾及或苗木缺乏的宜林地，可先行撒播沙棘，引洪灌淤，改良土壤，为营造乔木林作好准备。

第七章　环青海湖盆地森林植被恢复探讨

第一节　环青海湖盆地森林概述

前文对影响青海森林植物分布的地史因素进行了阐述，大致反映了青海湖盆地及其附近地区在青海湖未形成之前的森林状况。在早更新世，青藏高原上升到海拔 3000 ~ 4000m，季风气候进一步确立，并向干冷方向发展，青海湖盆地此时进一步形成，但水体不大，孢粉组合表明当时为森林草原景观，其中有不少阔叶林成分。据哈达滩组孢粉资料，早期气候温热偏干，森林以松、杨为主，还有栎、胡桃（*Juglans*）等，草本以百合科和豆科（*Leguminosae*）为主。后来气候再度变冷，降水增加，青海湖仍为外泄湖，但水体增大，森林以云杉林为主，还有雪松和柏科（*Cu-pressaceae*）植物，特别是此一时期在林下出现了蕨类（*Preridaceae*）的水龙骨科（*Pol-ypoliaceae*）植物，反映了当时的湿润程度。在本期的更晚些时候，即进入中更新世时，气候再度变干，青海湖被封闭，森林又从云杉林景观变为松林—草原景观，草本植物中也有蒿类出现。

在中更新世的早期，气候进一步变得比早更新世的早期更冷，祁连山区发育了第四纪最大的冰川，进入了斜河冰期（或冷龙冰期、酒泉冰期），冰川为山麓型，冰舌下至海拔 2500 ~ 2700m，冰后的温暖期是本区第四纪温度最高的时期，冰川消融。二郎尖的孢粉组合表明，此时森林繁茂，树种以松、杨为主，还有雪松、柏科、柳、胡桃、桦、桤木、冬青（*llez*）等。不过，由于柴达木盆地荒漠化进一步加剧，在湖区出现了少量的木贼麻黄（*Edhedna cquisetina*）。草本植物有禾本科、夹竹桃科（*Apocynaceae*）、茄科（*Solanaceae*）、桑科（*Moraceae*）、荨麻科（*Urticacae*）、藜科、苋科（*Amaran-thaceae*）以及百合科的贝母属（*Fritillaria*）、葱属（*Allium*）、天冬属（*Asparagus*）等，水中有眼子菜（*Potamogeton*）。从植物种来看，当时已出现了明显的垂直带谱，下部以松、杨、桤木、雪松、胡桃等组成温性针阔叶林，山地上部则以云杉、桦木、柳类组成寒温性针叶林。

到了晚更新世，本区发生了东沟冰期和三岔口冰期（或称达坂冰期的东沟和三岔口阶段），虽然此时山体上升高度较大，但由于气候进一步干燥，因而冰川规模较小，以山谷冰川为主，东沟冰期时冰川下限为海拔 3200 ~ 3300m，三岔口冰期时为海拔 3600 ~ 3800m，冰川仅作用于山地上部。在间冰期，森林以松林为主（孢粉占 26.8%），草类以蒿类为主（孢粉占 21.1%），豆科占 7.0%，其他各科的比例为：苋科占 5.7%，藜科占 4.3%，夹竹桃科、茜草科（*Rubiaceae*）、蔷薇科（*Rosaceae*）、柏科和蕨类植物各占 1.4%。

在全新世时，青海湖周围的山地仍在上升，地形高差进一步增大，湖体水面退缩，气候的大陆度增强，较之冰期转暖，但也经历了几个冷暖交替的短暂阶段。和以前一样，冷期森林以云杉为主，暖期以松为主，不过阔叶树仍占很大比重，其中又以杨、柳的比重最大，裸子植物中的雪松、麻黄等绝迹，阔叶树中的胡桃、桤木等也没有了，草本植物中仍以蒿类所占比重较大，豆科、藜科也不少，表现为草原和荒漠草原景观。后来，当进入新的冰期之后，气候再度变冷，年平均气温低于现代 2℃左右，松树消失，耐寒的禾本科、莎草科（*Cyperaceae*）植物发展，草甸化在四周进行，高寒灌丛形成。

第二节　历史时期对环湖地区植被的影响

在人类社会的早期阶段，刚刚脱离了末次冰期，气候转暖，并且逐渐趋于稳定，青海湖周围的森林应当得到恢复和发展。但是，目前在湖区都看不到像样的乔木林了，灌木林的面积也不大，这是什么原因造成的呢？

从自然因素方面来看，青海湖周围的山地仍在上升，气候继续朝干冷方向发展，湖水在下降，高寒生态条件不断在强化，荒漠化进程在继续和加剧，风沙活动强烈，这些都是限制森林生长分布的重要因素。但是，一些事实证明湖区的自然条件并未恶化到完全不适于林木生长的程度。主要依据是：一是据调查，湖区海拔 3280m 以下地段的最暖月平均气温＞10℃，≥5℃的积温在 900℃以上，持续天数在 100d 以上，年降水量 300mm 左右，林木可以生长。二是在湖东岸的西麻拉不登沙区（海晏县）一带，分布有残留的天然林，面积约 1.8km²，树种为青海云杉（*Picea crassifolia*）、小叶杨（*Populus simomii*）、青海杨（*P.przewalskii*）、沙地柏（*Sabina vulgaris*）、沙棘（*Hippophae rhamnoides*）、花楸（*Sorbus sp.*）等，林分呈团状生长在丘间洼地上，青海云杉高 2.9m，最大的树高年生长量达 30cm，胸径 3cm，林龄 30 年，系近期天然更新而成的幼林，说明森林尚有发展能力。有一伐根直径达 32cm，林龄为 150 年，估计当时这里是成片的云杉林，且杨树、沙棘和花楸的存在说明湿润程度很大。三是在石乃亥乡的西山残留有祁连圆柏（*Sabina przewalskii*）天然林数十公顷。在天峻县附近的山地发现了林龄达 917 年的祁连圆柏。从其生态条件推测，在以前，沿青海南山北坡是连片的圆柏林带，至少是圆柏疏林灌丛草甸区。

造成目前无林的状况的主要原因是什么呢？应当说，这是人类社会历史因素长期作用的结果，也就是人类对森林破坏的结果，而其中又以乱砍滥伐、战争和烧牧三者最为严重。

一是乱砍滥伐。青海湖盆地曾经是各少数民族的统治中心，羌族和吐谷浑的"国都"就建立在湖西的铁卜加，当时叫伏俟城，吐番和蒙古族也在这里建立过统治中心，其中羌族有历史记载的时间大约有 700 年，即由秦厉公至西晋永嘉年间（公元 312 年）。吐谷浑则由 4 世纪初至唐高宗龙朔三年（公元 663 年），前后 351 年。这一千多年，作为"国都"的伏俟城应当是比较繁华的。后来，"吐番赞婆屯青海"，该族在此活动到明武宗正德四年（1509 年），先后长达 846 年。又被蒙古族的亦不剌、阿尔秃厮"瞰知青海饶富，袭而据之"，此后蒙藏之间有四次的争夺。与此同时，汉民族的各王朝为了扩边，也把自己的势力伸入到青海湖区。汉平帝元始四年，王莽专政，在龙夷城（今海晏三角城）建西海郡，此地滨临湖盆，且"周海亭燧相望"。后来，不论是汉族或少数民族，被封为西海郡公的多人多次，他们都以青海湖盆地为活动中心，因为这里"海岸东西南北皆有水泉，厥草丰美，宜畜牧，素号乐土"。唐玄宗天宝七年（749年），哥舒翰在湖边筑起神威城，被吐番攻破后，又改筑于龙驹岛（即海心山）上，改名为"应龙城"。这些表明汉族各王朝对争夺湖区很重视。

林业实践告诉我们，在历史时期，一个地区森林破坏的程度与繁华的程度呈正比。由上述可知，湖盆周围曾经是各民族上层不断进行建设的重点地区，而且规模都很大。例如，明神宗万历六年（1579年）开始在铁卜加修建仰华寺，到万历十八年（1591年）迎佛先后经历了12年，可见其规模之大。修建城池、房屋以及生产生活设施都需要大量木材，而在生产力落后的时代，一般不可能从远处伐运，通常都是就地砍取，经过2500年的反复砍伐，造成了湖区森林的毁灭。同时，随着各民族的发展，人口不断增加，对薪柴的需求量也与日俱增。据《隋书·吐谷浑传》记载，到隋炀帝大业四年（608年），吐谷浑首领"伏允遁逃，部落来降者十余万口，六畜三十余万"，其中当有一部分是居住在湖区；明世宗嘉靖三十八年（1560年），"俺答携子宾兔、丙兔等数万众袭据其地"。明神宗万历十八年（1573年），郑洛进军青海，焚仰华寺后，安置8万余人于此。清末，在湖区形成了"环海八族"。如此众多的人拥挤在湖盆地区，需要大量的燃料，虽然要烧一部分畜粪，但居住在森林灌丛区的牧民仍然喜欢烧柴，多年反复砍挖，就造成了很大一部分地方无林，这个过程目前仍在有些林区进行。

二是战争。已如上述，青海湖区历来是各少数民族的居住区域，在长期的历史中，不断地发生着民族与民族、部落与部落之间的战争，汉民族的各王朝为了扩边，也常常对少数民族进行讨伐，多次将势力伸入到这里，尤其是湖区广表千里，地形开阔，易于展开兵力，历来为兵家必争之处，因而战争频繁。仅据有历史记载的、较为著名的战役即达15次以上，有些战役的规模还很大，如唐高宗仪凤三年（679年），李敬元"率将卒18万与吐蕃战于青海"。在战争中，战守均需大量木材，如修筑城堡、栅寨、鹿砦、桥涵，及制造车辆、兵器等，双方兵员还需准备大量烧柴。同时，战争有时还直接采用火攻的形式来破坏森林，如唐太宗贞观九年（636年）李靖征讨吐谷浑时，"军次伏俟城，吐谷浑尽火其莽，退保大非川"，采取了彻底的坚壁清野战略，这场火也包括青海湖区在内，恐怕是对这里的森林灌丛的一次最大的破坏。又如唐玄宗开元十五年（728年），王君追击吐蕃至青海，"烧野草皆尽，悉统罗遁大非川，无所牧马，死过半"。明正德四年亦不刺、阿尔秃厮袭据青海时，也"大肆焚掠"。这些是仅有的记载，可见战争毁林之一斑。

三是烧牧。就是有意识地用烧掉森林灌丛的办法来扩大草场。活动在湖滨的各少数民族均以牧为主，由于森林灌丛对牲畜的活动有一定的限制作用，牧民总想用火烧的办法来清除林木，甚至错误地认为通过火烧可以增加草场的产草量，因此常常纵火焚烧森林灌丛。这方面历史上虽无明确记载，但这种习惯一直延续至新中国成立之后。20世纪50年代，每年冬春几乎到处都在放火烧草山、烧灌木，目的都在扩大草场面积和所谓的增加产草量，甚至在70年代后期有些地方还在这样做。

第三节　环湖地区森林恢复的可能性与必要性分析

综上所述，青海湖盆地的森林经历了发生、发展与消亡的过程。消亡原因除了自然因素之外，很大程度上是由于人们对森林缺乏认识，特别是把森林的存在与畜牧业对立起来看待的结果，从而使森林遭到了毁灭性的破坏。实践证明，森林与畜牧业是相辅相成的关系，森林对牲畜和草场的防护作用远大于它的限制作用。为了发展环湖牧业和种殖业，把这里建成为青海省优良的牧业基地和油料基地，必须大力发展草场防护林（即护牧林）和农田防护林网。理由如下：

一、环湖区生态恶化，沙化严重

由于湖区靠近荒漠带，常年处在西风带急流控制之下，加上过牧、垦殖等，在较大的风速下，风沙危害愈来愈烈，仅海晏县的流动沙丘已达173km²，另有固定沙丘12km²、半固定沙丘29.8km²、沙岛湖33km²，受风沙侵蚀的草原达349km²。在湖西，从布哈河口至鸟岛之间新起的沙化面积已达1.3万余hm³。

二、湖区干旱程度在增加，草甸草原化和草场退化严重

原先的优良草甸草场中的草原成分在增加，很大范围内变为草原化草甸，有害草类繁衍，产草量下降，就连湖滨的沙蒿、赖草、青海固沙草等群落也日益凋残。

三、自然灾害频繁

湖滨为重春旱区，中等程度的频率在 46% ~ 65% 之间；沙尘暴日数在 10d 以上，天峻县＞5m/s（即起沙风速）风速的日数在全省名列第三，达 258.3d，刚察县的年雹日在 10d 以上，霜冻出现的频率也很高，经常危害油菜。

由上述可知，青海湖盆地目前主要属于灌丛草甸区，其气候要素对发展灌木林是没有问题的。而在海拔 3300m 以下地段还可以发展乔木林。近年来，青海湖鸟岛管理处等单位在自己院落内试植青海云杉成功便是证明。该树种前期生长良好，12 年生（不包括苗龄）树高已达 5m，说明这里属于青海云杉的适生区，经过努力，是可以营造成片的云杉林的。至于祁连圆柏就更易成功，它目前的天然林就分布在灌丛草甸带上。尤其是沙地柏，本区天然分布很多，是优良的固沙树种，可以在沙区大力发展。以前，在沙柳河、布哈河等河流下游均分布有大面积的沙棘林，经破坏后林相残败。沙棘林作为一项重要的经济林木，价值颇高，湖区发展前景也很广阔。至于湖滨有些单位栽植的杨树干梢甚多的问题，可能是由于此地不是青杨的稳定栽培区，如果换上本地的乡土树种——青海杨，可能会好些。总之，无论乔木林、灌木林，也无论是防护林、用材林或经济林，湖区均可大力发展。

第八章　黄河源区沙漠化现状与防治探讨

第一节　黄河源区沙漠化现状

黄河源区的沙漠分布于干流河谷滩地、河岸阶地和岸边山地，呈北西西—南东东方向展开，西起玛多县黑河乡星星海区中的绵沙岭，东至玛沁县优云乡的平沙塘，介于北纬 34°18'～34°49'，东经 98°05'～99°10'之间，东西长 96km，南北宽 52km，总面积 1266.6km²。另外，在扎陵湖西岸黄河入口处有一小片沙丘，扎陵、鄂陵二湖环湖的 1～2 级阶地上也有粉沙堆积。

沙区以东经 98°30'为界，大致分为两大部分：西半部为半固定沙丘，面积 25930hm²；东半部为流动沙丘，面积 100730hm²。按行政区城划分，则玛多县沙漠面积共有 72960 hm²，其中半固定沙丘 25930 hm²、流动沙丘 47030hm²，属黑河、黄河、清水三乡范围；玛沁县沙漠面积为 53700 hm²，全部为流动沙丘，属昌马河和优云乡范围。

半固定沙丘大部分位于黄河岸边和湖盆周围的平缓山地，地势起伏不平，植被盖度 30%～60%，呈小片状，多不连续，中间沙地裸露。植物以高寒草原和高寒草原化草甸的组成成分为主，常见有沙蒿（*Attenisia desertorum*）、紫花针茅（*Stipa purpurea*）、窄穗赖草（*Ameurolepidium angustum*）、粗壮嵩草（*Kovresia robusta*）、毛状叶蒿草（*K.caillifolia*）、硬叶苔草（*Carex moorcroftii*）、胶黄芪状棘豆（*Oxytropis tragacanthoides*）等；有些地方有山生柳（*Salix oritrepha*）和驼绒藜（*Ceratoides latens*）等灌木，少数地方镶嵌有以点地梅（*Androsace tapete*）、苔状雪灵芝（*Arenaria musicifoumis*）为主的垫状植被。

流动沙丘主要有波状、垄状、新月形沙丘，有些地方形成沙丘链，少数地方有沙堆和沙岗。黄河源区沙漠的主要危害表现在：一是掩埋草场，危害牲畜，影响畜牧业的发展。二是挤占、掩压黄河河道和湖泊水面，增大蒸发量和水体含沙量，不利于水源涵养和水质净化。三是阻塞交通。如西端的绵沙岭上沙漠经常掩埋 104 国道的部分地段，影响通车；东端的沙丘已向花班公路推进。四是扬沙污染大气，危害人畜健康。

第二节　黄河源区沙漠化成因分析

黄河源区沙漠成因作者认为主要有以下几个方面：

一是沙源丰富。据有关文献，黄河源区系一古湖盆，属于同一构造坳陷带。在早更新世晚期至中更新世早期的间冰期中，降水比较丰富，形成了一个相当大的湖泊，其范围西起星宿海西端，东至多石峡峡谷（玛多县县址下游 30km 处），长达 150km，南北宽约 70km。在中更新世至晚更新世初，青藏高原仍在整体抬升，但黄河源头的湖盆则保持相对沉降，湖泊缩小。到了晚更新世后，由于气候逐渐变干，统一湖泊开始解体，扎陵、鄂陵二湖形成，西部形成星宿海，东部形成一连串孤立的小湖泊（即"泻湖"），被称为"星星海"，包括哈盖盐池、隆热措（盐）、阿涌贡马措、阿涌哇玛措、阿涌尕玛措等，目前这个过程仍在继续，扎陵、鄂陵二湖还在缩小。因湖底暴露，出现了大面积的沙地，形成了丰富的沙源，这是沙漠出现的地质条件。

二是高原抬升，气候干旱，风力强劲。黄河源区地处高原腹地，大湖解体时期高原仍在抬升，当湖面缩小，湖底多年沉积的沙层露出之后，通过风力作用，沙粒被西风急流东移至绵沙岭以东地段，形成堆积。这从青海湖区正在进行的类似过程可以得到证明，目前，青海湖东岸已形成海晏沙区，并已出现泻湖。之后，一方面湖周地面抬升，沙区成为起伏不大的丘陵；另一方面，在晚更新世至全新世早期，曾有一段比较湿润的时期，从文献得知，这个时期可能在距今 7500 ~ 5000 年。在这个湿润期中，由于降水较多，又进行了草甸化过程，使得原始堆积而成的沙丘上出现植被，形成半固定沙丘或固定沙丘。再往后，由于近 5000 年来气候逐渐干旱，风力强劲，加上其他原因，使得一部分未被固定的沙丘东移，在星星海区以东形成大面积的流动沙丘。

据玛多、仁侠姆（中心站，或昌马河）二站的气象资料，多年平均降水量 303.9 ~ 444.1mm，其中固体降水占 2/3，且多暴雨。蒸发强烈，年蒸发量 1135.0 ~ 1374.6mm，为降水量的 4 倍。同时，由于地势高拔，被高原动力作用加强了的西风带风力大增，年平均风速 3.4 ~ 3.5m/s，最大风速 25m/s。年平均大风日数 62.3 ~ 73.6d，全部为西北风和西风，几乎天天午后有风。这是沙漠形成的气候条件。

三是过度放牧，草场退化，植被破坏。玛多、玛沁二县各有可利用草场面积 143.6 万 hm^2 和 105.2 万 hm^2，其冬春草场与夏秋草场之比均接近 1∶1。根据高原冬长夏短的特点，此比例应为 1.5∶1 方近合理。目前，玛多县牲畜头数大约保持在 80 万头只，理论上虽未超载，但冬春草场肯定不足。况且，玛沁县早在 1976 年即已超载 19 万头只，沙区各乡牲畜数量已达到或接近饱和。

此外，采金、挖药材和不合理樵采造成了沙区植被的破坏，也是沙漠化发展的因素之一。

第三节　黄河源区沙漠特点分析

特征一：近代沙漠。已如前述，黄河源区沙漠是从晚更新世开始，主要在全新世亦即近 1 万年内形成的。在河源区古文献中，人们的记述都没有涉及沙漠，最早见之于周希武的《宁海纪行》（《玉树调查记》，1914 年）一文，他曾记载："上下一沙岗（估计为绵沙岭），劲风挟沙，射面如割。"1969 ~ 1971 年全省航测，据此绘制了地形图，此时黄河源沙区的流动沙丘面积约 420km²。1981 ~ 1985 年，玛多县在进行综合农牧业区划时，通过现地调查，该县共有沙漠面积 710km²，其中固定沙丘 374.2km²、半固定沙丘 74.6km²、流动沙丘 261.20km²。1988 年，原地矿部遥感中心等部门采用 1∶25 万 TM30m 卫片解译，求得此处沙漠面积为 790.48km²，其中固定沙丘 210.16km³、半固定沙丘

136.56km²、流动沙丘 443.76km²。以上几次调查，由于对沙区地类的划分标准和精度要求不同，难以进行比较，因而目前还无法确定黄河源区沙漠的扩展速度。据作者后来的获得的数据分析，该区沙漠面积由 1970 年的 420 km² 增至 1995 年的 1266.6 km²，其中 1988 ~ 1995 年，由 790 km² 增至 1266.6 km²，7 年增加 476.6 km²，即每年平均增加 68 km²。

特征二：高寒沙漠。黄河源沙区海拔在 4160 ~ 4380m 之间，可能是世界上最高的沙漠。同时，沙区属于冰缘地貌的范围之内，热量极低，冷季长达 7 个月以上，系省内著名的冷区之一。据玛多和仁侠姆的气象资料，年平均气温为 -3.8 ~ 4.1℃，最暖月平均气温为 7.5℃，最冷月平均气温为 -16.5 ~ -16.8℃；极端最高气温 22.9 ~ 23.5℃，极端最低气温 -40.8 ~ -48.1℃，几乎没有 ≥ 10℃积温，自然也没有绝对无霜期，使得沙土发育微弱，胶膜原始，且不易形成，再因辐射强烈，表层冰融交替，很难固定。在如此严酷的条件下，加上地处偏远，人烟稀少，沙漠的治理难度很大。

特征三："隐域性"沙漠。本文所指的"隐域性"，系指黄河源区沙漠远离我国荒漠带及其南部分支——柴达木、共和盆地，呈孤岛状分布，因而易于为人们所忽视。尤其是地处高原面上，随着寒旱气候的进一步强化，其剥蚀与堆积有着与其他沙区不同的规律和特点，直接影响到河源乃至黄河中下游的生态环境，需要进行专题研究。

第四节　黄河源区沙漠化防治意见

一是持续开展沙漠调查。要防沙治沙，仅仅依靠现有资料是难以作出正确决策的，必须进一步查清黄河源区沙漠的形成过程，作好小区区划和细微的类型划分，筛选固沙植物并分析沙区植被演化规律，探讨沙漠治理的可能性程度，从而为防治工作提供可靠的科学依据。

二是纳入全省土地沙漠化监测体系之中。目前，有关部门在沙漠比较集中的柴达木、共和盆地已初步建立了沙漠化监测体系，应当积极创造条件，将监测工作也逐步扩大到黄河源沙区，埋设固定标志，布设固定样地，建立小班卡片和档案，作好定期（至少 2 年）观测和记载。当地有关部门要安排兼职人员负责此项工作，以便准确地掌握沙漠化动态变化，预测扩展速度和发展趋势，给决策部门作出正确预报。

三是调整产业结构，控制沙区放牧。要稳定现有牲畜数量，搞好畜牧业的"四配套建设"，努力改善畜群结构，提高牲畜质量和商品率，建立人工饲草饲料基地，尽量减少在半固定沙丘上放牧。对沙区土地已经进行了草场分户承包的，应尽可能予以重新调整，或者引导、安置这些牧户从事他业。

四是封沙育草，封沙育灌，保护沙生植被。尽管沙区高寒，植物生长期短，但并不属于寸草不生的不毛之地，既然在湿润期的草甸化过程中可以形成半固定沙丘，那么适当采取人工措施，实行封禁，并进行补播、补植等植被建设手段，使部分条件较好地段发生逆转，变沙为草是可能的。尤其是在湖盆底部、风速较小的山凹、河漫滩等处应当是有成效的。同时，沙区及其附近地方还分布有若干灌木，主要有山生柳、驼绒藜、水柏枝、唐古特铁线莲等，其固沙作用远大于草本植物，应当结合黄河上游生态建设工程，纳入到防护林体系之中，予以适当发展。此外，要尽力保护好沙生植物，禁止在沙区挖药材、采金和其他破坏植被的活动。

五是采取必要的若干工程措施。主要一是在公路沿线的风沙危害地段，可采取人工沙障予以治理；二是在风沙前沿地带，为了减缓沙漠的推进速度，保护优良草场，也可以采取人工沙障结合种草、育草育灌的方法来固定沙丘；三是在黄河沿岸的积沙较薄地段，可试行榆林地区的引水拉沙措施，清除部分沙丘，恢复草场。

第九章　青海东部残留林分调查及经营探讨

第一节　残留林分类型与分布

残留林分系指远离林区，四周被草原、荒漠或草甸包围而呈孤岛状的小片天然乔木林分。这种林分广布于青海东部地区，多达 192 片，总面积 4785.94hm²，具有重要的研究价值。以往，对其成因、类型、分布、面积和学术意义均未做过详细的调查研究，鲜为人知。

青海东部残留林分以落叶阔叶林中的杨桦林占绝对优势，共有 165 片，面积 3573.74hm²，分别占残留林分总片数和面积的 85.9%、74.7%。其次是常绿针叶林中的青海云杉林，有 18 片，708.33hm²。再次为圆柏林，有 5 片，446.54hm²。针阔混交林有 4 片，57.53hm²。就其类型看，与现有天然林完全一致。

残留林分主要分布于大通河、湟水和黄河下段的两侧山地，其中大通河下游为大面积的天然林区，上游未作调查，暂不述及。湟水流域共有 152 片、3295.80hm²，分别占总片数的 79.2% 和总面积的 68.9%，为最多。黄河下段有 40 片、1490hm²。按照山系划分，则大通山—达坂山南坡有 56 片、821.26hm²，拉脊山北坡有 96 片、2474.54hm²，拉脊山南坡有 15 片、673.14hm²，西倾山北坡有 25 片、817.00hm²。按照行政区域划分，东部 11 县市均有，其中以乐都县最多，达 79 片；其次为湟源县，有 25 片。面积也以此两县最大，各为 968.14hm² 和 968.33hm²。单片面积最大的是贵德县的都秀，有圆柏疏林 273.00hm²。其次是该县罗汉堂乡的甘家，有云杉林 219.00hm²。面积最小的是民和回族土族自治县满坪乡满坪村的山杨林，面积仅 0.67hm²。平均每片残留林分面积为 26.57hm²。

残留林分绝大部分处于次生状态，林相残败，有些是疏林或散生木，相当一部分为幼林，由幼苗或萌生幼条构成，可以明显地看出是经过了多次反复的砍伐。目前，有些林下无下木层，草本层中也侵入了大量的草原成分，森林小环境处于消亡前夕。当然也有保护较好的，但为数不多。

第二节　残留林分成因与变迁

大量残留林分的存在，提示了青海东部全新世早期的森林规模与环境演变。如果将 192 片残留林分按其位置绘成点状分布图，再将现有天然林区的范围标上，可以看出，沿着达坂山和拉脊山的南北二坡以及西倾山北坡，各有一条东西横贯的森林带，这 5 条森林带构成了古河湟地区的基本景观。目前，达坂山北坡的森林依然成带，西倾山北坡由于从东到西分布着孟达、文都、尕楞、双朋西、西卜沙、麦秀、兰采、东果、洛哇、坎布拉、东山和莫渠沟 12 个林区，加上 25 片残留林分，也大体成带。其余三带已支离破碎，不复连续。

对青海湖区沉积物的研究表明，距今 7500～5000 年时，青海东部（包括部分甘肃地区）气候比现在较为温暖潮湿，森林繁茂，有松、云杉、冷杉、栎和榆树，形成了以森林为主体的森林草原景观，上述的森林早期面貌也大约在此时出现。距今 5000～2500 年时，气候转凉，温度降低，早期为凉湿，晚期为凉干，松、冷杉、栎和天然分布的榆树退缩到湟水中下游和黄河下段，青海湖区的植被景观向疏林草原发展，估计此时东部地区的河谷草原范围扩大，森林逐渐向山地退缩，但因山脉走向多为南东东—北西西，东南季风尚可溯河谷而上，在两侧山地由较多的降水形成湿润带，适应凉温气候的云杉、圆柏、桦树和山杨得到发展，前述的 5 条森林带仍可得以保存。从 2500 年以后至今，虽然气候总体上处于干旱趋势，荒漠化和草原化进程加剧，但寒温性针叶林带的大气候环境并未彻底恶化，现有森林分布完全可以证实这一点。直到目前，青海湖区尚存在着云杉和圆柏。诚然，气候恶化使得一部分山地阳坡的乔木林消失，但在阴坡仍可大体成带，不会形成目前的大面积荒山。因此，很难认为自然因素是造成残留林分的主要原因。

在《青海森林》一书中，曾叙述了青海东部森林的历史变迁。森林是按照"集中连片—断续状态—进一步缩小—残留状态—彻底消失"的方向减少，战争、垦殖、滥砍乱伐和农牧交替是森林消失的主要原因，尤其是清朝初期至新中国成立前夕的 200 余年，是森林环境改变的重要时期。无疑，这些论断都是正确的。即是说，残留林分的形成，主要是社会因素在起着主导作用。

然而调查发现，残留林分中的绝大部分是所谓"占林"，即在新中国成立前，为某一村庄所"公有"，受全村群众集体保护，从而能够遗存至今，也就是说，同样是人为活动的结果。这就产生了一个奇怪的现象：一方面是大肆的破坏，另一方面又保护了若干残留林分，使其没有完全灭绝。应当如何解释这一矛盾？可以肯定，有一些是属于因交通不便而"没有来得及"破坏完毕的部分，但多数是人们自发加以保存的。显然，这不能简单地归结为以往统治者的保护法令在起作用，因为它并未阻止森林在大范围内的消失。也没有足够的历史文献来证明那时候多数人已具备了较强的环境意识，从而在大自然的惩罚面前得到感悟，充其量也不过有点景观概念或保护水泉之类的初级生态观念。现在看来，更为主要的恐怕还是为某些直接利益所驱使而采取的被动行为，因为在本村范围内保存一些小片天然林分，至少有以下几方面的作用：一可以砍取一些烧柴；二可以制作木质农具；三可以生产一点木料，收入作为支官差之用；四残留林分周围同荒山的交接地段上植被条件较好，可以放牧；五可以在这里挖草皮"烧灰"，充作肥料。

第三节 残留林分生产与学术意义

近年来，根据大量事实，学术界对青海东部的高位石质山地（脑山区），以往曾分布着集中连片森林的推断基本上没有争议，但对黄土丘陵区（浅山区）是否有过大面积森林却持有不同的看法，主要原因是证据不足。通过对残留林分的调查研究，可以作出肯定的结论，因为其中有许多片分布于此，如乐都县共和乡和中岭乡共有 9 片，化隆回族自治县的沙连堡乡和昂思多乡也各有 1 片。更有意义的是互助土族自治县红崖子沟乡大庄廊村有一片 35hm² 的桦树林，距湟水边的水平直线距离仅 20km；化隆县德恒隆乡哇加村有一片 50hm² 的山杨林，距黄河边只有 5km。虽然浅山区森林的规模和连续程度尚需进一步研究，但从多数残留林分地处山之中上部的情况来看，至少可以断定高海拔地段有林，这是由于这里的黄土丘陵属于山前覆盖，山势走向清楚，高差大，山地气候中的垂直地带性作用显著，山上部降水量和湿润程度较高的缘故。例如，西宁市河谷的年降水量为 368mm，而推测北山上部可达 400mm，成为农业种植区。

残留林分的存在，不仅可以推测以往森林的概貌，而且也反过来证明了经过努力，青海东部的森林能够得到恢复，至少在理论上是如此。这一点不仅可以增强人们的绿化信心，也对林业生产具有指导意义，即在总体上把这里看成是"旧迹地"，将一切营林活动都纳入到"恢复森林资源"的大概念之中。由此出发，具体的指导思想和技术路线应当是：一是将高位石质山地及其与黄土丘陵区的结合部（半浅半脑山区），作为造林的重点地区；二是根据条件，将部分残留林分作为发展森林的据点，编好规划；三是按照天然林的模式去营造人工林，亦即从天然林中去筛选造林树种，逐步代替一些农家树种，并注意混交配置和层次结构；四是服从垂直地带性规律，旱作造林应先在山之中上部进行，即"先戴帽子后穿鞋"；五是以封山育林作为恢复森林的主要手段，按草、灌、乔的逆过程去恢复。

祁连山地处黄土高原向青藏高原的过渡地带，在中国植被区划中的归属历来是有争议的。《中国植被》一书和文献认为，祁连山是一个孤立的山体，按照基带理论，其东部应当归入温带草原区域，西部归入温带荒漠区域，这里的山地森林属于垂直带谱组成部分。然而另一部分学者则认为祁连山地无论地质、地貌、气候、土壤等自然条件都与青藏高原属于同一类型，相互联系密切，内部植被的相似程度也高，是这个大地理单元的组成部分，至少是其延伸部分，因而应当归入青藏高原植被区域之中。按照"高原地带性"规律，山地森林属于水平—垂直带谱的一带，亦即环绕高原东部弧形森林带的一部，残留林分的存在及其与现有森林的联系，加上可恢复性质，无疑在一定程度上支持了后一种论点。

第四节 残留林分经营意见

一是进一步开展残留林分的资源清查工作。摸清其具体组成、结构、生长、演替、发展趋势和权属，尤其要查清周围土地利用现状和扩大的可能性，建立档案卡片，纳入到资源管理体系之中，至少应由县级林业主管部门掌握，乡站负责具体管护，当条件具备时，还应进行定期复查，了解其动态变化。

二是研究残留林分的管护方式和体制。权属不清的，应同其他林地一样，要通过调查发放林权证；属于国有的，要通过签订长期合同等形式，委托当地乡村代管；属于集体所有的，可建立乡村林场，委托专人管护；面积不大的，也可进行联户承包经营。无论何种形式，都要用书面文件明确规定双方的责、权、利，使其具有法律效力。在不影响林木生长的前提下，要允许承包者进行一些林副业生产。

三是将残留林分作为依托，开展封山育林工作。要继续发挥当地农牧民群众保护、恢复和扩大残留林分的积极性，引导并增强他们的生态意识，尽可能在残留林分周围划出一定地段予以封育，开始阶段不一定要求发展乔木林，应从改善植被条件着手，长期作战。同时，要结合当前利益，允许在封育区进行割草和季节性放牧，有些封育区还可与当地的综合农业开发工程或大型营林工程相结合，从经济上给予扶持。总之，绝不应当使残留林分在现代消失，而是要使之逐步扩大。

参考文献和参考资料

【1】中国地理志编辑部·中国自然区划草案，科学出版社，1956。

【2】中国科学院《中国自然地理》编辑委员会·中国自然地理·土壤地理，科学出版社，1981。

【3】中国科学院《中国自然地理》编辑委员会·中国自然地理·地貌，科学出版社，1984。

【4】中国科学院《中国自然地理》编辑委员会·中国自然地理·古地理（上册），科学出版社，1984。

【5】中国科学院《中国自然地理》编辑委员会·中国自然地理·植物地理（上册），科学出版社，1983。

【6】中国科学院青藏高原综合科学考察队·横断山考察专辑，云南人民出版社，1983。

【7】中国科学院《中国植物志》编辑委员会·中国植物志（已出版各卷），科学出版社

【8】中国科学院地理研究所经济地理研究室·中国农业地理总论，科学出版社，1981。

【9】中国科学院沙漠研究所·中国沙漠植物志（第一卷），科学出版社，1983。

【10】中国科学院青藏高原综合科学考察队·西藏植物志（1-4卷），科学出版社，1983-1985。

【11】中国科学院新疆综合考察队·新疆植被及其利用，科学出版社，

1978。

【12】中国科学院植物研究所·中国高等植物图鉴（1-5 册，外编 1-3 册），科学出版社，1972-1983。

【13】中国科学院土壤研究所·中国土壤，科学出版社，1978。

【14】中国科学院青藏高原综合科学考察队·青藏高原地质构造，科学出版社，1982。

【15】中国科学院西北高原生物研究所·高原生物集判（第一、二、三、四集），科学出版社，1981-1985。

【16】中国科学院西北高原生物研究所·高寒草甸生态系统，甘肃人民出版社，1981。

【17】中国科学院西北高原生物研究所，青海植物志编辑委员会·青海植物志（1-4 卷），青海人民出版社，1997-1999。

【18】中国科学院兰州分院·中国科学院西部资源环境研究中心·青海湖近代环境的演化和预测，科学出版社，1994。

【19】中国科学院青藏高原综合科学考察队·青藏高原隆起的时代，幅度和形式向题，科学出版社，1981。

【20】中国植被编辑委员会·中国植被，科学出版社，1980。

【21】中国森林编辑委员会·中国森林（1-4 卷），中国林业出版社，1998-2000。

【22】古生物学基础理论丛书编委会·中国古生物地理区系，科学出版社，1961。

【23】中华人民共和国商业部土产废品局·中国科学院植物研究所·中国经济植物志（上、下册），科学出版社，1961。

【24】《四川森林》编辑委员会·四川森林，中国林业出版社，1998。

【25】《云南森林》编辑委员会·云南森林，云南科技出版社，中国林业出版社，1983。

【26】《新疆森林》编辑委员会·新疆森林，新疆人民出版社，中国林业出版社，1990。

【27】《宁夏森林》编辑委员会·宁夏森林，中国林业出版社，1990。

【28】山地气候文集编委会·山地气候文集，气象出版社，1982。

【29】中国农学会气象研究会·中国林学会·林业气象论文集，气象出版社，1984。

【30】青藏高原气象安全论文集，科学出版社，1981。

【31】中华人民共和国林业部林业区划办公室·中国林业区划，中国林业出版社，1987。

【32】中国林学会·长江中上游防护林建设论文集，中国林业出版社，1991。

【33】青海省高原地理研究所·青海省农牧业综合区划研究所·青海省资源·区划·发展论文集，青海人民出版社，1991。

【34】青海森林编委会·青海森林，中国林业出版社，1991。

【35】青海省地方志编纂委员会·青海省志·林业志，青海人民出版社，1993。

【36】青海省畜牧厅畜牧业区划组·青海省畜牧业资源和区划，四川科学技术出版社，1967。

【37】青海省农牧业区划委员会办公室·青海土壤，中国农业出版社，1997。

【38】青海省农业资源区划办公室·中国科学院西北高原生物研究所·青海植物名录，青海人民出版社，1997。

【39】青海省地层表编写小组·西北地区区域地层表（青海分册），地质出版社，1980。

【40】河湟地区生态环境保护与可持续发展编辑委员会·河湟地区生态环境保护与可持续发展，青海人民出版社，2012。

【41】《三江源自然保护区生态保护与建设》编辑委员会·三江源自然保护区生态环境，青海人民出版社，2002。

【42】《三江源自然保护区生态环境》编辑委员会·三江源自然保护区生态环境，青海人民出版社，2002。

【43】《青海湖流域生态环境保护与修复》编辑委员会·青海湖流域生态环境保护与修复，青海人民出版社，2007。

【44】《柴达木生态环境保护与循环经济》编辑委员会·柴达木生态环境保护与循环经济，青海人民出版社，2013。

【45】《青海木本植物志》编辑委员会·青海木本植物志，青海人民出版社，1987。

【46】青海省林业区划办公室·青海省林业区划，中国林业出版社，1987。

【47】青海省林业局·青海省孟达自然保护区，青海人民出版社，1990。

【48】青海省农林厅种植业区划组·青海省种植业区划，青海人民出版社，1985。

【49】青海省综合农业区划编写组·青海省综合农业区划，青海人民出版社，1983。

【50】《青海省情》编写委员会·青海省情，青海人民出版社，1986。

【51】《青海百科大辞典》编纂委员会·青海百科大辞典，中国财政经济出版社，1994。

【52】青海省林业技术推广总站·青海省林业实用技术，青海人民出版社，2008。

【53】侯学煜·论中国植被分区的原则·依据和系统单位，植物生态学与植物学丛刊2（2），科学出版社，1964。

【54】吴中伦·川西高山林区主要树种的分布，林业科学（6），1959。

【55】郑才钧·中国林木分类分布的研究，林业科学，17（4），1981。

【56】李世英等·柴达木盆地植被与土壤调查报告，植物生态学与地植物学丛刊，18号，科学出版社，1958。

【57】李世英·从地植物学方面讨论柴达木盆地在中国自然区划中的位置，地理学报，23（3），1957。

【58】杨惠秋、江德昕·青海湖盆地第四纪孢粉组合及其意义，地理学报31（4），1965。

【59】张新时·西藏植被的高原地带性，植物学报20（2），1978。

【60】张新时·青藏高原的生态地理边缘效应，中国青藏高原研究会成立及学术讨论会论文集，1990。

【61】吴征镒·论中国植物区系的分区问题，云南植物研究，1979（1）。

【62】侯学煜、孙世洲、张经纬等·中华人民共和国植被图（1：4000000），地图出版社，1979。

【63】王金亭·青藏高原高山植被的初步研究，植物生态学与地植物学学报，1988（12）。

【64】菅中天·四川松杉植物地理，四川人民出版社，1982。

【65】周兴民等·青海植被，青海人民出版社，1987。

【66】张佃民·从阿尔金山的植被特点论柴达木盆地在植被区划的位置，西北植物研究，1983（2）。

【67】卓正大·从祁连山圆柏年轮的测定推论该地区气候和冰川变化的趋势，植物生态学与地植物学丛刊，1981。

【68】杜乃秋·青海湖——QH85-14C 孔孢粉分析及其大气环境的初步探讨，植物学报，1989，31（10）。

【69】应俊生、张志松等·中国植物区系中的特有现象——特有属的研究，植物分类学报，1984，22（4）。

【70】李成尊·青海省沙漠现状及形成与发展趋势，中国沙漠，1990，10（4）。

【71】郑光荣·大通河流域高等植物名录，青海人民出版社，2009。

【72】郑杰·青海省野生动物资源与管理，青海人民出版社，2003。

【73】郑杰·青海省自然保护区研究，青海人民出版社，2001。

【74】莫晓勇·青海省虮扎林区森林植被调查初报，植物生态学与地植物学学报，1986，10（4）。

【75】周立华·青海植被图（1：2500000）说明书，中国地图出版社，1991。

【76】邹寒雁等·青海中药资源及开发利用研究，东方出版社

【77】吴玉虎·黄河源区植物资源及其环境，青海人民出版社，2001。

【78】石蒙沂·青海植物演化及重建，青海人民出版社，2000。

【79】方根福、赵士洞·青藏高原的柳属植物的发生与分布，植物分类学报，19（3），1981。

【80】王谦·模糊聚类分析，在青海森林气候类型划分中的应用，青海气象，1986（5）。

【81】甘枝茂·从黄土地貌的发育中认识黄土高原的土壤浸蚀及其防治，水土保持通讯，1983。

【82】付抱璞·山谷风，气象科学1、2期，1982。

【83】左振常·论孟达植物区系与当地药用植物资源及发展的关系，西北植物研究，1987，3（2）。

【84】叶笃正、高由禧·青藏高原气候学，科学出版社，1979。

【85】朱夏·中国新生代盆地构造和演化，科学出版社，1983。

【86】孙应德·玛可河林区森林植被调查纪要，青海农林科技，1984，（1）。

【87】齐贵新、孙学冉·对青海省麦秀林区云杉林下土壤分类的初步探讨，西北华北林业调查规划，1986，（1）。

【88】陈秉渊·马步芳家族统治青海40年，青海人民出版社，1981。

【89】李光大阶等·青海乔灌木名录，青海农林科技，1981。

【90】杨寿庚、周鸣岐·青海省乔灌木气候初探，青海农林科技，1982，（3）。

【91】周鸣岐、陆文正·青海森林资源与保护恢复、扩大森林资源的几个意见，农牧资源与区划，1982，（1）。

【92】胡崇礼·青海高原干旱、半干旱地区几个灌木树种抗性生理研究初报，青海农林科技，1985，（4）。

【93】徐化成、冯林·油松天然林的地理分布和种源区的划分，林业科学，1981，17（3）。

【94】高元洪等·祁连林区天然林资源消长变化规律的初步分析，青海农林科技，1984，（1）。

【95】徐近之·青藏自然地理资源（植物部分），科学出版社，（内部刊物）。

【96】唐邻余、王睿·青海昆仑山垭口盆地第四纪湖相沉积孢粉组合及其意义，中国科学院冰川冻土沙漠研究所集刊，1976，第1号。

【97】黄汲清·特提斯—喜马拉雅构造域初步分析，地质学报，1984，58（1）。

【98】陈桂琛等·青海省隆务河流域森林、灌丛植被遥感分析，植物生态学报，1994，18（4）。

【99】陈桂琛、彭敏·青海湖地区植被及其分布规律，植物生态学与地植物学学报，1993，17（1）。

【100】彭敏、赵京·青海省东部地区的自然植被，植物生态学与地植物学学报，1989，13（3）。

【101】陈桂琛等·祁连山地植被特征及其分布规律，植物学报，1994，26（1）。

【102】魏振铎·三极觅翠——江河源林业学术论文选集，青海人民出版社，2004。

【103】魏振铎·昆仑引玉——青海林业文集，青海人民出版社，2014。

【104】魏振铎·青海省黄河弧形谷地环境特色与保护治理意见，青海人民出版社，2019，29（3）。

【105】张红等·青海省地图册，中国地图出版社，2005。

【106】中国植物学会·中国植物学会五十周年年会学术报告及论文摘要汇编，（铅印本），1983。

【107】青海省西宁市《西宁市林业园林志》编纂委员会·西宁市林业园林志，（审定本），2014。

【108】青海省草原总结·资源选编第一集，1982。

【109】青海省革命委员会科学技术委员会·草原调查研究专辑，（铅印本），1972。

【110】青海省林学会·青海省林业科技优秀论文选编（1978~1989），（铅印本），1991。

【111】青海省气象科学研究所、青海省气象局农牧业气候区划办公室·青

海省农牧业气候资源分析及区划,（铅印本）, 1985。

【112】青海省环境保护局·阿尼玛卿山地区植被考察报告,（打印本）, 1990。

【113】中国林学会·"三北"防护林建设体系学术讨论会论文集, 1980。

【114】中国科学院青藏高原综合科学考察队·昌都地区植被状况（内部刊印）, 1977。

【115】中华人民共和国林业部柴达木盆地考察队·柴达木盆地宜林地考察报告,（打印本）, 1984。

【116】中华人民共和国林业部第三森林经理大队·祁连山经理地区专业调查报告,（打印本）, 1958。

【117】中华人民共和国林业部第三森林经理大队·青海东部及甘肃南部森林经理地区专业调查报告,（打印本）, 1958。

【118】青海省气象科学研究所·1960-1980青海省气候资料,（内部刊印）, 1982。

【119】青海省气象科学研究所·青海气候特征,（打印本）, 1981。

【120】青海省水利厅区划办公室·青海省水利化简明区划报告

【121】可可西里综合考察队·可可西里自然环境,（铅印本）, 1991。

【122】青海省林业勘察设计队·青海省森林土壤分类系统,（草案,打印本）, 1981。

【123】国家林业和草原局西北调查规划设计院·青海省林业和草原局·青海省森林资源调查成果（铅印本）, 2019。

【124】中国科学院青藏高原综合科学考察队·西藏农业自然资源评价与农业发展分区,（内部刊印）, 1980。

【125】中国林学会森林旅游和森林公园分会·森林公园建设和森林旅游学术交流会文集,（内部刊印）, 1993。

【126】青海省农业区划委员会区划办公室·农牧业自然资源调查和农牧业区划资料选编,（1～8册）,（内部刊印）, 1982。

【127】青海省农牧业区划委员会办公室·有关林业各县县级农牧业综合区

划，（内部刊印），1981–1986。

【128】中国1：10万地貌图编辑委员会·中国地貌图说明书（西宁市幅10–47），（打印本），1982。

【129】王若夫·囊谦县森林气候若干问题，（打印本），1983。

【130】陈实·玛可河原始林风貌和立地条件型划分，（打印本），1980。

【131】周陆生·孟达自然保护区天池附近气候分析，青海省气象科学论文集（1978–1981）。

【132】高元洪等·青海省森林资源消长变化分析，（刊印本），1986。

【133】徐家骅等·祁连、黄南云杉更新调查，（油印本），1962。

【134】苟新京·囊谦植被研究，（打印本），1983。

【135】魏振铎·青海省乔灌木检索表·青海省林业勘察设计队刊印，1982。

【136】А·П·塔赫他间·植物演化形态学问题（匡可任、石铸译，青海省科学技术委员会刊印），1979。

【137】郑杰、时保国等·青海玛可河森林保育与发展研究，青海人民出版社，2012年。

【138】青海省林业技术推广总站·青海林业实用技术，青海人民出版社，2008年。

【139】张镱锂，刘林山，李炳元等.青藏高原范围数据集2021与2014年版比较研究［J］.全球变化数据学报（中英文），2021，5（03）：322–332+461–471.

后记（一）

作为魏振铎的外孙女，我代全家人执笔写下我们对他的深切思念！这不仅仅是他作为林业高级工程师的数十年的专业积累，也是对他作为三秦儿女无怨无悔将毕生致力于青藏高原林业的崇高敬意。

犹记得早在《昆仑引玉》（作者的第二本论文集）出版后，姥爷就想着发挥自己的余热，写一本关于青海森林地理分布的专著。希望能全面深刻地将他在青海林业的工作积累进行完整记录，以供后继者参考。整本书的构思过程历经 3 年之久，直至 2018 年（作者时年 84 周岁）才开始正式动笔。

起初他是用备课本书写，但由于年纪较大，且年轻时常年在风沙中奔波，夜晚熬夜画图，用眼过度，又受到老年白内障的影响，视力大大受损，为此专门做了白内障手术，做完之后才发现导致视力大幅度降低的是眼底黄斑病变，不可逆转。我们四处求医，也无转圜余地。可是姥爷依旧不肯放弃，继续坚持创作。我始终记得那一幕，他戴着老花镜，手拿放大镜，佝偻着身子，写一个字占三行，一页只能写几十个字。但由于字迹潦草，所以他也看不清晰，小舅刚开始给姥爷买了一台笔记本电脑，但由于笔记本电脑打字还是困难，妈妈觉得这样不行，就想着用平板电脑是否会好一点，可以放大加粗字体，然后就教姥爷如何使用。他特别用心地学，也学得非常快，学会之后，他说："呀，这个美滴很！这下只需戴着老花镜即可书写。"家中每星期的聚会，姥爷都会得意地汇报他的进展。后来平板电脑储存不下，就去打印店及时导到 U 盘，然后删掉再写。就这样不到一年，他完成了18万字的初稿。直至生病住院期间，他心里还是惦记稿子，大舅劝他不要写了，但他依旧躺着构思，想等回家再写，但身体每况愈下，直至离世前两周，依然给我打电话讲述了整本书的结构，弥留之际一直惦记着跟我讲本书的具体内容，想把细节都告诉我。可是天不遂人愿，我见到姥爷的时候他已经昏迷了，并没有进一步明确他后面的创作意图，留下了无尽的遗憾！

仔细回忆与姥爷在一起的日子，历历在目，片片在心。小时候他总会耐心的给我和弟弟讲睡前故事，解释每一种植物标本，会深入浅出地讲青海云杉的得名历史，会带着我们去南山公园看丁香，会告诉我如何采摘沙棘。上了小学，他每天帮我收拾书包，给我记作业，接送我上下学，路上给我唱儿歌。上了中学离家远，寒暑假回去姥爷会手把手教我练字，教我快速解方程、画辅助线。写下这些看似平凡普通的日常生活时，我早已泪流满面，想再来一次却绝无可能，惟愿本书能顺利出版，留存惦念。本书艰难的撰写过程，深刻诠释了姥爷的毕生夙愿，他的革命乐观主义精神，以及遇到困难绝不放弃的坚持在令我震撼感动的同时，也深深地影响着我们全家的每一个人。我们希望能有更多的同行感受到他对林业发自心底的热爱！

出游时，每当他看到森林，眼里都会闪着光，他是真心热爱林业，也想留下一些可供后人参考的书籍。作为一名共产党员，他将全部身心都奉献给祖国西部，扎根青海、建设青海，付出了辛劳的一生，他是我们永远的骄傲！

本书的出版过程实属艰难，在姥爷去世后，出版几乎成了奢望。但是苍天不负有心人，大舅小舅找到了省退耕退牧还林还草中心吴有林高级工程师，在吴工的积极推动下，在编撰小组的共同努力下，最终帮助姥爷完成了他的遗愿。在此，我们全家致以最诚挚最衷心的感谢！

最后以我姥爷已发表过的一首诗作为结尾，来缅怀他。

花甲初度

1993 年　七律

此生此日近黄昏，霜鬓疏残老骨存。

心系中华强国梦，脚留西海遍山痕。

浅章行世酬侪友，高格修身馈子孙。

正是河湟春色好，晚霞陪酒也销魂。

侯亦可

2022 年 11 月 21 日

后记（二）

　　魏振铎先生生于 1934 年，原籍陕西省周至县，系林业高级工程师、享受政府特殊津贴专家。自 1950 年在青海从事林业工作，足迹踏遍了青海的各个林区，长期在林业基层一线工作，几乎参与了林业生产的各个门类。在长达 45 年的职业生涯中，对青海森林进行了深入研究，参与编写《青海森林》《青海木本植物志》《青海省志·林业志》等书籍。退休后，魏翁仍旧情系林业，调查研究，将自己潜心研究整理成册，先后出版论文集两册。耄耋之年，魏翁欲将平生之研究撰写成书，2018 年开始本书的写作，历时 3 年完成本书的前半部，2021 年因病不幸离世。

　　有缘这部书稿由其家人交到青海省林学会秘书长殷光晶同志手中，认为这部书内容详实，条理清晰，对青海省森林资源现状、分类体系以及所面临的各类问题描述全面，分析到位，具有很强的参考价值，主持并组织编撰小组，安排由吴有林负责对文稿进行续编工作。在续编工作中，副主编祁生文负责中部第一章第一节至第八节 15.2 万字内容的收集、编写工作；副主编穆雪红负责中部第一章第九节至第十五节 15.1 万字内容的整理编写工作；副主编龚富玲负责中部第二章至下部总说 15.3 万字内容的整理编写工作。省林草局原总工程师徐生旺，省林业技术推广总站正高级工程师时保国，中国科学院西北高原生物研究所研究员、博士生导师周华坤，青海大学农牧学院教授、硕士生导师马明呈对书稿进行了审核和修改，省林草局项目办马良义主任对本书的出版给予了大力支持。在此，向为本书出版作出贡献的领导和同志们表示衷心的感谢，也向魏翁家人能将这部遗作公布于世致敬！

由于水平有限，后部内容编写根据魏翁《三极觅翠》《昆仑引玉》中相关内容进行了补充，对原稿中有些提法作了适当的修改完善，增加了部分图、文、表，可能有悖魏翁初衷，加之写作水平有限，难免出现缺点和错误，恳请读者对本书提出宝贵意见。

《青海植物区系与森林植被地理》编委会

2023 年 7 月 31 日